APPRECIATION

精彩案例欣赏

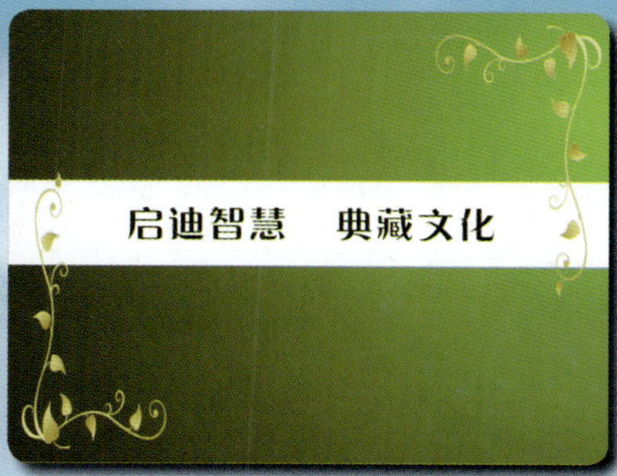

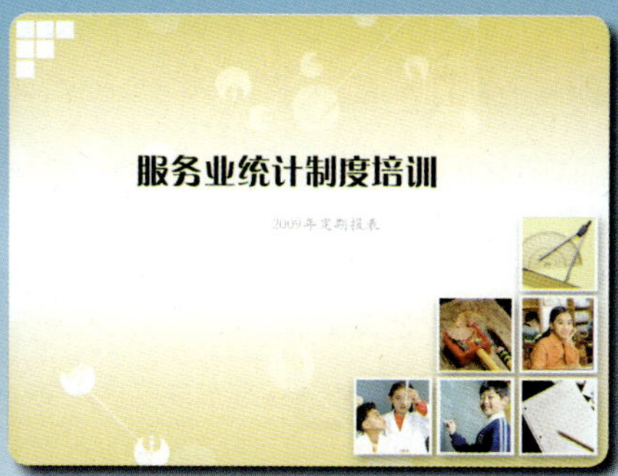

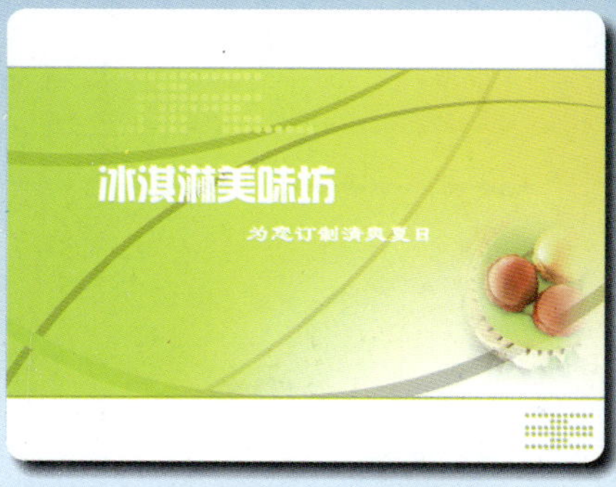

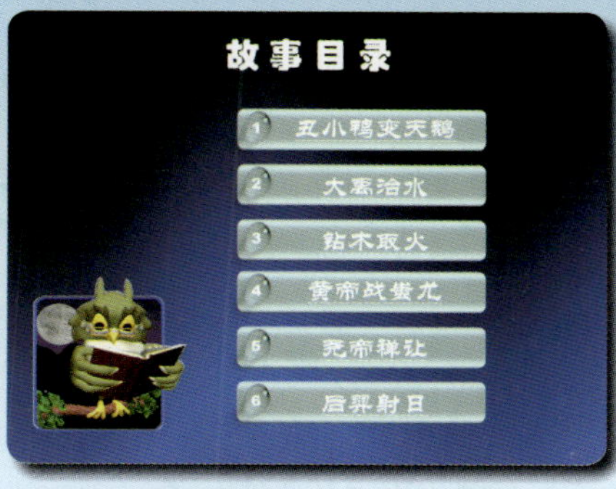

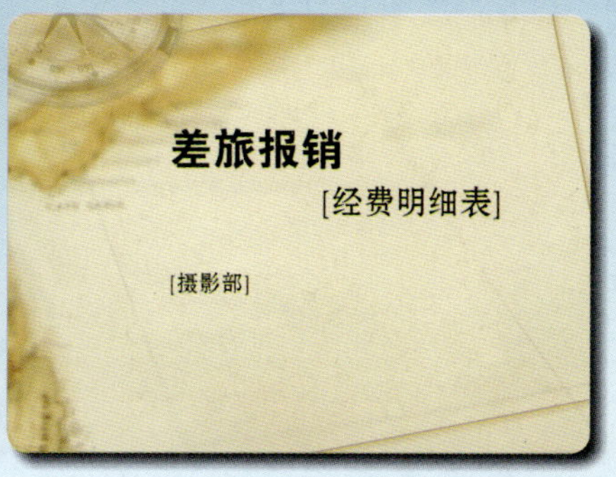

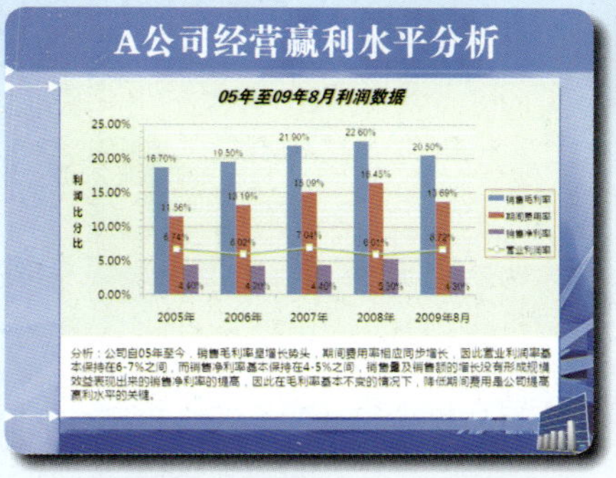

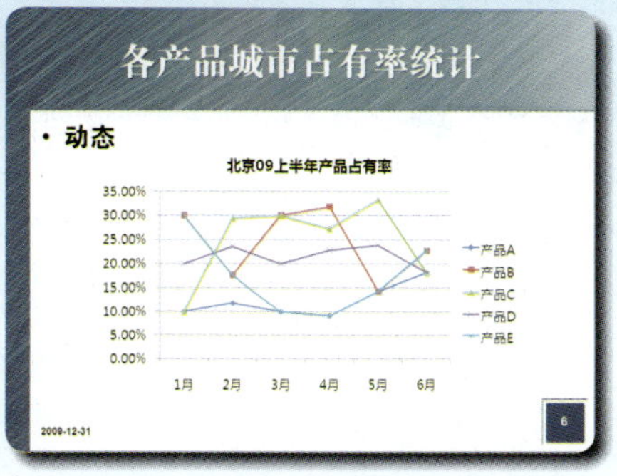

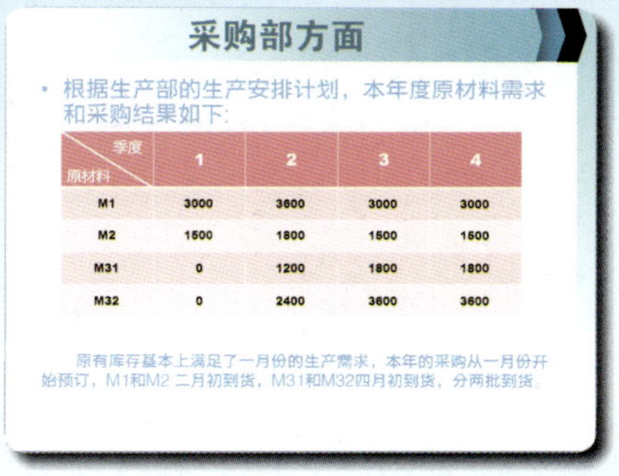

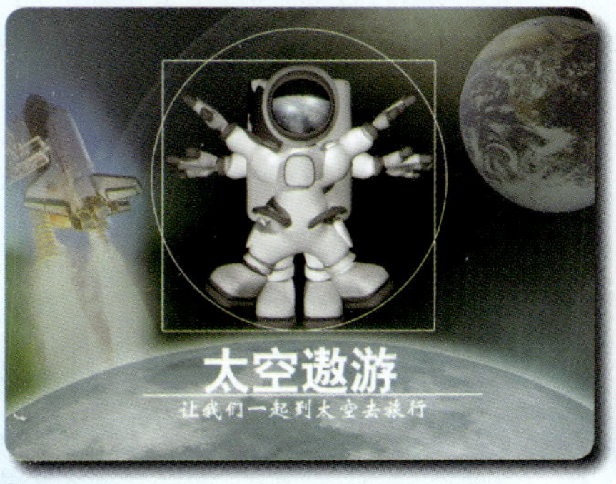

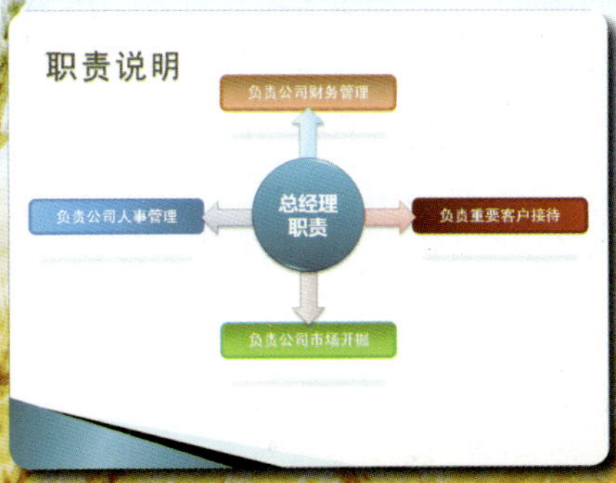

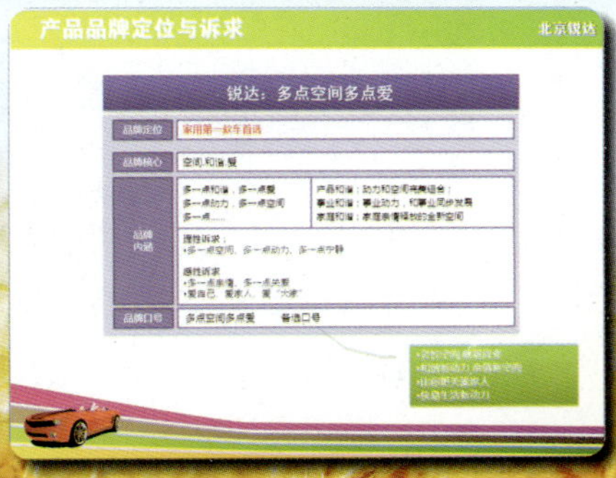

APPRECIATION 精彩案例欣赏

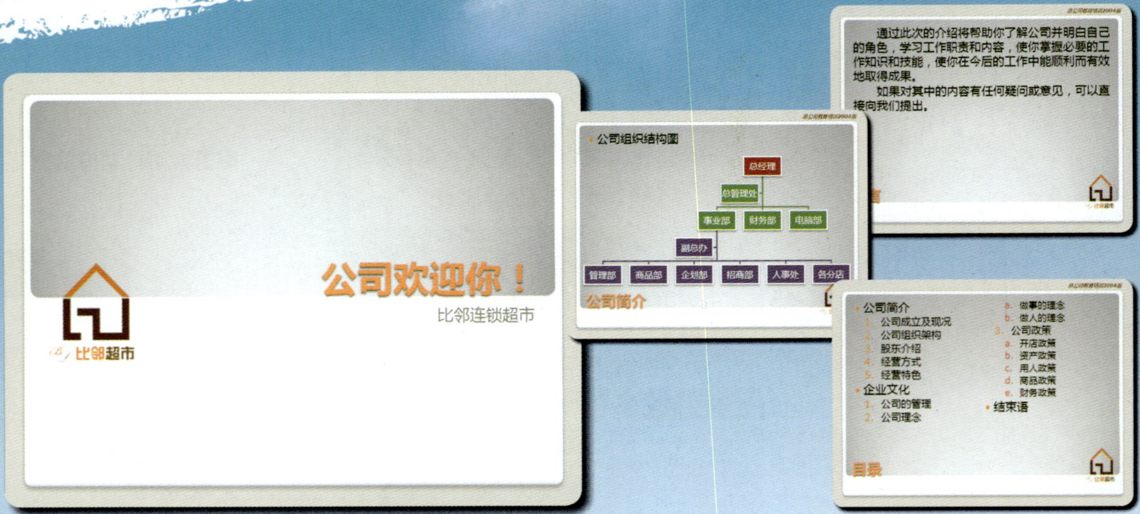

APPRECIATION

精彩案例欣赏

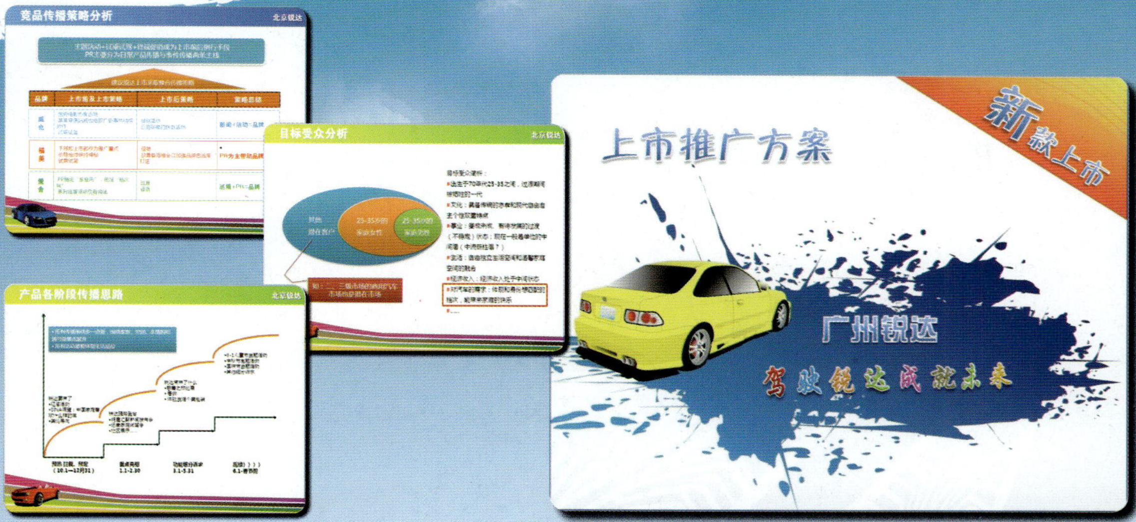

APPRECIATION

精彩案例欣赏

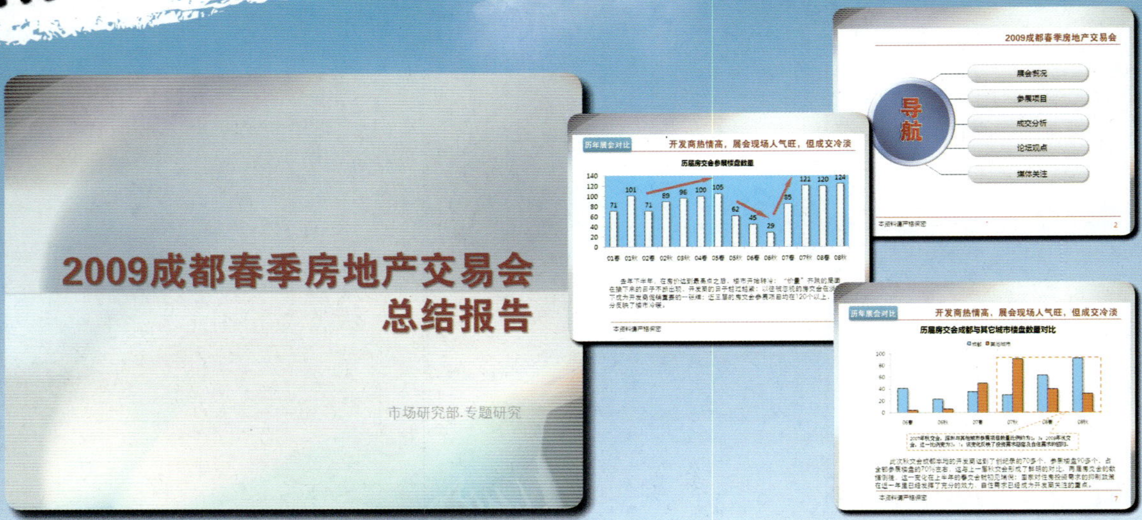

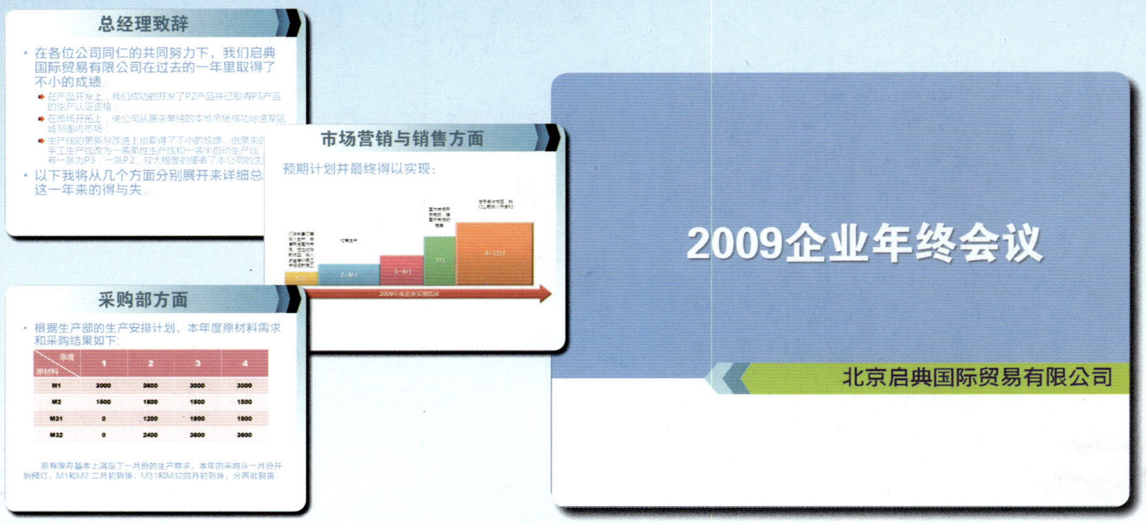

PowerPoint

核心关键技术解析

本书编委会 编著

超值版

中国铁道出版社
CHINA RAILWAY PUBLISHING HOUSE

内 容 简 介

本书是现代办公人员必备的一本系统地讲解 PowerPoint 幻灯片制作的教程。全书对 PowerPoint 2007 软件知识进行了仔细的分类整理，归纳成各项关键技术，并配合多个案例进行了详细讲解，涉及的主要知识包括 PowerPoint 软件应用导航、PowerPoint 基础操作、演示文稿和幻灯片操作、统一演示文稿的外观、量身处理文字、在幻灯片中使用图片、在幻灯片中使用图形与图示、明细化表格数据辅助演示、图形化数据辅助演示、媒体元素演示工具、演示文稿动画设置与放映、打印与输出演示文稿、校验演示文稿文字以及使用宏自定义命令等，最后以 3 章多个综合案例进一步巩固与提高所掌握的技巧。另外，精彩的随书光盘中还提供了 PowerPoint 的教学视频，并精选了全书多个案例的视频演示及精彩丰富的模板文件。

本书采用了自由的单双栏混合排版加边栏的方式，以知识点结合案例操作，图文并茂、以图析文、讲解详细，并在边栏中穿插了大量实用的说明、技巧和疑难问答等内容，实时地解决读者在学习过程中遇到的问题，拓展了读者的知识面。

本书主要定位于 PowerPoint 的初、中级用户，适合不同年龄段的公司管理人员、行政人员、文秘、企业员工、教师及公务员使用，也可作为各大中专院校及各类计算机培训班的教材。

图书在版编目（CIP）数据

PowerPoint核心关键技术解析 ：超值版 / 《PowerPoint核心关键技术解析 ：超值版》编委会编著 . -- 北京 ：中国铁道出版社，2011.12

ISBN 978-7-113-13538-6

Ⅰ.①P… Ⅱ. ①P… Ⅲ. ①图形软件，PowerPoint 2007 Ⅳ. ①TP391.41

中国版本图书馆CIP数据核字（2011）第192247号

书　　名：PowerPoint 核心关键技术解析（超值版）

作　　者：本书编委会　编著

策划编辑：苏　茜　　**读者热线电话**：010-63560056

责任编辑：吴媛媛　　**编辑助理**：王　佩

封面设计：张　丽　　**责任印制**：李　佳

出版发行：中国铁道出版社（北京市西城区右安门西街 8 号　　邮政编码：100054）

印　　刷：三河市华丰印刷厂

版　　次：2011 年 12 月第 1 版　　2011 年 12 月第 1 次印刷

开　　本：880mm×1230mm　1/16　**印张**：24.5　**插页**：2　**字数**：697 千

书　　号：ISBN 978-7-113-13538-6

定　　价：49.00 元（附赠光盘）

Foreword 前言

PowerPoint已经成为现代商务办公领域中不可或缺的工具，各行业人员都在使用它进行各种产品、会议、宣传、演讲等活动的辅助展示。在大家都需要掌握这样一门必备的办公技能的情况下，如何能更准确有效地学会PowerPoint各项功能并将其应用于工作中，如何让自己制作的演示文稿更加实用美观，如何让自己的工作脱颖而出赢得别人的青睐，这就需要大家在各项繁杂的软件功能与技巧中抓住学习的关键点，总结与分析各项知识的相关性与共同点，并能举一反三、触类旁通，这样才能迅速学以致用。

为此我们编写了本书，立足于PowerPoint在现代商务办公各领域中的应用，对软件的庞大功能进行了仔细的梳理与归纳，针对软件的各项关键知识，通过大量的案例进行了演练与拓展，力求让读者掌握使用PowerPoint的精髓，从而能迅速成长为PPT高手，制作出精美实用的演示文稿。

1. 本书内容

本书共分为6篇18章，其中Part 1~5分别对PowerPoint的各项关键技术进行了详细介绍，Part 6为多个精选综合案例的分析与制作，下面分别介绍各章包括的内容。

Chapter 1~4：主要介绍构建演示文稿与幻灯片的关键技术，包括了解PowerPoint的专业应用、掌握PowerPoint 2007的基础操作、演示文稿和幻灯片的操作以及如何统一演示文稿的外观。

Chapter 5~9：主要介绍幻灯片各项演示工具的关键技术，包括在幻灯片中制作文字内容、插入图片，绘制图形、制作图示、表格和图表等对象，并使用这些对象展示主题。

Chapter 10~11：主要介绍互动演示的关键技术，包括在幻灯片中插入声音与视频并进行相关的控制，以及对幻灯片中的对象或幻灯片本身设置动画，让其在放映时更加生动直观。

Chapter 12~13：主要介绍演示文稿的展示与输出关键技术，包括对演示文稿进行放映前的设置和放映过程中的控制，让其按需要的方式进行展示。另外，还介绍了演示文稿的打印以及其他输出方式。

Chapter 14~15：主要介绍PowerPoint的深度应用关键技术，包括使用其校验功能自动检查幻灯片中的文本内容是否存在文字或语法错误，以及使用宏功能来自定义可快速执行的命令，提高软件使用的效率。

Chapter 16~18：对多个综合案例进行了详细的分析与制作，包括企业新员工宣传、员工技能培训、部门工作报告、事件总结报告、企业年终报告、轿车上市推广方案以及电器销售数据统计等多个精彩案例。

2. 读者对象

本书主要定位于PowerPoint的初、中级用户，适合不同年龄段的公司管理人员、行政人员、文秘、企业员工、教师及公务员使用，也可作为各大中专院校及各类计算机培训班的PowerPoint教材使用。

3. 本书特点

系统精要的知识：本书涵盖了PowerPoint幻灯片制作的各项知识，并对所有内容进行了分别整理，归纳成几类关键技术。对需要重点掌握的关键知识点进行了系统、深入的解析，对其他有用的相关知识也一并进行了讲解，点面结合，主次明确，力求让读者在最短的时间内掌握最有效、最精要的技术。

灵活实用的版式：本书结合了基础书版式规范和专业书版式轻松的优点，采用了比较灵活的单双栏混合形式，并且增加了特色的边栏，其中为读者适时地提供了与当前学习内容相关的技巧、说明、疑难问答等提高内容，帮助读者拓展知识面。

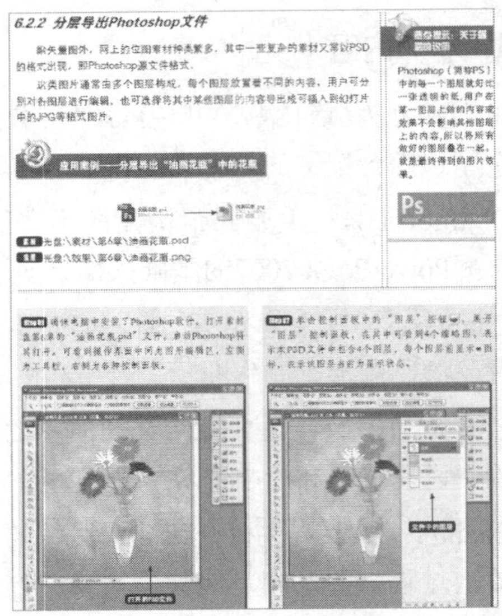

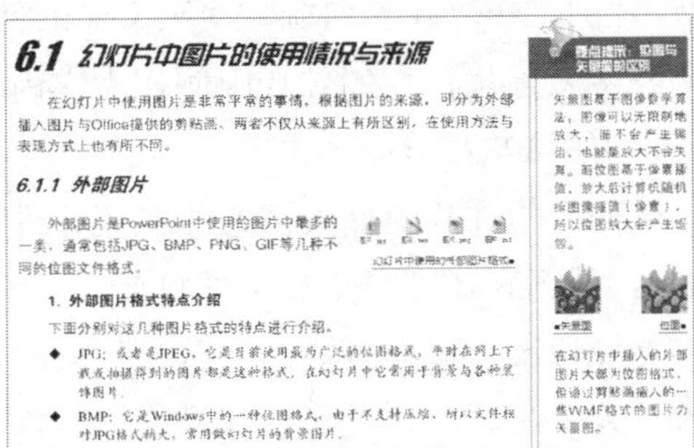

详尽细致的操作：本书在知识讲解部分和最后的综合案例部分均安排了大量的实例，并通过详尽的操作讲解，带领读者在实战中巩固与提炼知识，把实用作为学习的最终目标。

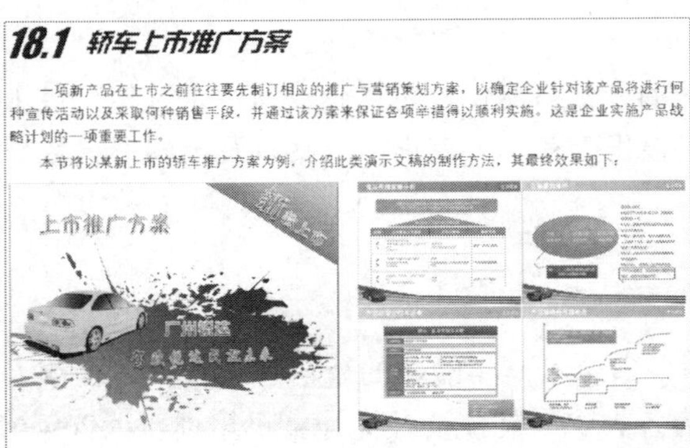

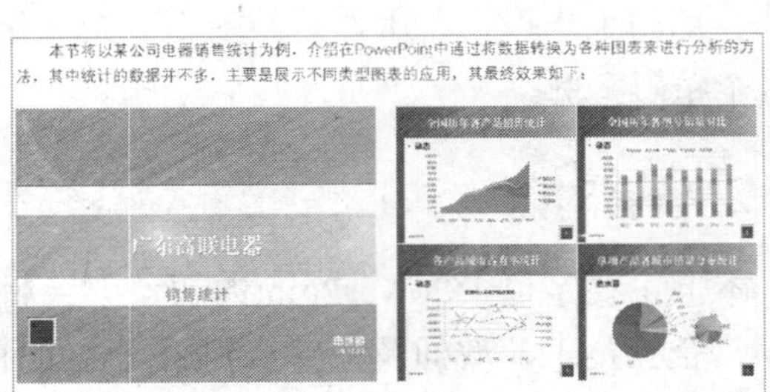

丰富实用的光盘：本书将书中涉及的所有素材、效果文件均归类收集到了光盘中，方便读者查找和使用。书中还为读者提供了大量实用、漂亮的模板文件，对于这些文件，读者利用学到的知识对其稍加修改，即可制作出适合自己需要的专业演示文稿。除此之外，光盘中还为读者提供了一套PowerPoint知识讲解视频教学系统以及书中多个案例的全程视频讲解，通过该视频系统的语音和动画教学，结合书本知识，可帮助读者更加系统全面地学习PowerPoint。

由于编者经验有限，书中难免会有疏漏和不足之处，恳请专家和读者不吝赐教。

编 者

2011年9月

Part 1
构建演示文稿的关键技术

Chapter 1 PowerPoint软件应用导航

Chapter 2 从操作PowerPoint 2007出发

Chapter 3 操作演示文稿和幻灯片之道

Chapter 4 统一演示文稿的外观

Part 2 幻灯片演示工具的关键技术

Chapter 5 量身处理文字

Chapter 6 文中有图才完美

Chapter 7 图形与图示化辅助演示

Chapter 8 明细化表格数据辅助演示

Chapter 9 图形化数据辅助演示

Part 3 互动演示的关键技术

Chapter 10 媒体元素演示工具

Chapter 11 让PPT轻舞飞扬

Part 4
展示与输出的关键技术

Chapter 12 放映演示文稿

Chapter 13 打印与输出演示文稿

Part 5
深度应用关键技术

Chapter 14 校验演示文稿中的文字

Chapter 15 自定义的命令——宏

Part 6 关键实例分析演练

Chapter 16 企业宣传与培训案例

Chapter 17 企业商务会议案例

Chapter 18 产品推广与销售

Part 1

构建演示文稿的关键技术

在使用PowerPoint的过程中，最基本的操作是构建演示文稿及其中的幻灯片，这需要用户首先掌握软件的各项基础知识，如本篇要介绍的软件应用导航、软件界面与功能介绍以及如何创建演示文稿与幻灯片并为其设置统一的外观等。

1 Chapter PowerPoint软件应用导航

READERS' GUIDE

要制作一个优秀、成功的PPT作品，掌握PowerPoint软件的使用方法固然重要，但首先需要了解制作PPT的一些专业知识和经验。本章就是为读者打开这扇导航之门。

MAIN CASES

1.1 什么是演示文稿、幻灯片、PPT

PowerPoint是Microsoft公司推出的Office系列产品之一，是制作和演示幻灯片的软件，使用该软件能把自己所要表达的信息组织在一组图文并茂的画面中。目前，使用比较广泛的新版本是PowerPoint 2007，本书就以此版本软件为基础来解析使用PowerPoint的核心关键技术。

无论是哪一类的学习对象，都首先应该清楚地知道PowerPoint中最基础的3个概念，分别如下：

- **演示文稿**：演示文稿就是利用PowerPoint软件制作出来的文件。演示文稿能集文字、图形、图像、声音以及视频剪辑等多媒体元素于一体。
- **幻灯片**：演示文稿中的每一页被称为幻灯片，每张幻灯片都是演示文稿中既相互独立又相互联系的内容。
- **PPT**：PPT是PowerPoint的简称，它已变成了一个常用的术语。使用PowerPoint 97 ~ PowerPoint 2003版本制作的演示文稿的扩展名为.ppt；使用PowerPoint 2007制作的演示文稿的扩展名为.pptx。

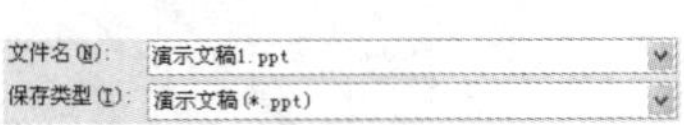

■PowerPoint 2003演示文稿扩展名

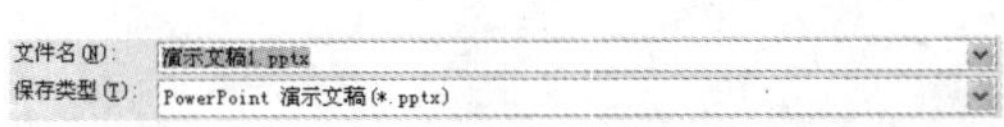

PowerPoint 2007演示文稿扩展名■

要点提示：PowerPoint 2007的兼容功能

虽然目前使用最为广泛的是PowerPoint 2007，但也有不少用户依然钟爱PowerPoint 2003。于是新版本的PowerPoint具备了向下兼容的功能。只要用户把在PowerPoint 2007中编辑的演示文稿另存为“PowerPoint 97-2003演示文稿”，原来的演示文稿即可在PowerPoint 2003中进行编辑和演示。

1.2 PPT的分类

PowerPoint可以设计并制作专家报告、教师授课、产品演示、广告宣传等演示文稿，种类非常丰富。评论和欣赏任何PPT的前提条件都基于PPT的分类，用一类的PPT设计原则来评论另一类的PPT设计原则不会有正确的结果。只有清晰地分类之后来讨论问题才有意义。

下面分别从不同的角度来论述PPT的分类情况。

1.2.1 从功能来分类

从PPT的功能出发可以归为以下4类：

- **演讲辅助**：这是所谓的presentation类，可以简单地理解为需要投影仪投影出来，然后由演讲者演说的一类。目前，国外关于PPT的设计理论原则，大部分是针对这一类的。
- **报告或文档**：这一类PPT通常都是给别人阅读的，一般不需要投影，更用不着公开演讲了。可以细分为电子文档或打印文档两类。比如研究报告、评估报告、自习用的课件等。

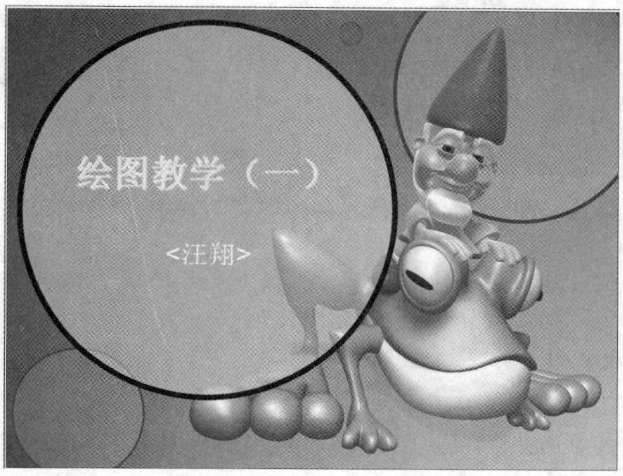

■教学课件

研究报告■

- **自动演示**：这一类PPT通常是用来看的，不需要演讲者。其中，需要投影仪投影出来的有产品展示或公司展示等；不需要投影仪投影出来的有网上相册集、幽默故事、贺卡等。
- **杂类**：这一类PPT通常能挖掘PowerPoint的功能而做出一些其他应用，比如交互式试题、分数统计、游戏等。

■公司展示

游戏■

1.2.2 从内容来分类

从PPT的内容上来看，类型太多，不易归纳总结，这里不再细究，读者了解即可。大致包括商务、技术、知识、书摘等类型。

要点提示：PPT设计原则和侧重点

设计每一类PPT都应该有原则和侧重点。比如，对于报告文档打印类，排版非常重要，版面中尽量不要使用大幅图片，不要设计背景，因为要考虑打印的时间和费用。成功的关键点是阅读者能否充分理解设计者的想法，从中得到一种阅读的愉快感。如果是报告文档电子文档类，则可以考虑更多；对于自动演示类PPT，可侧重于展示动画，选用适合的图片，甚至没有文字也行。

1.2.3 从概念来分类

这是一种比较新的分类观点，是从PPT的概念上获得的灵感。主要可以从以下3个方向分类：

- **15人以下/15人以上**：通常情况下，给15人以上演示的PPT是需要通过投影机投影出来的，人多空间大，PPT只作为辅助手段，重要的是演讲；而给15人以下演示的PPT，则可以在上面放上较多的内容。

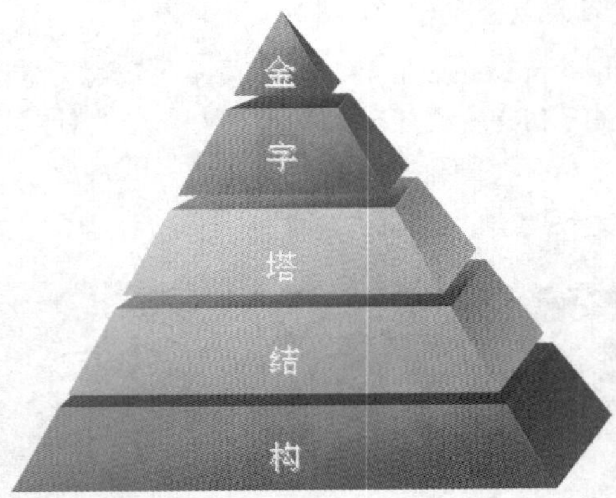

金字塔结构图示参考

- **说服性/知识性**：说服性的PPT要极具煽动性，目的就是要说服观众，促使观众接受、支持某个观点，有所行动。所以该类PPT最好采用金字塔结构，页面上不要包含太多文字，关键是演讲者把重要内容讲清楚，说服观众。对于知识性的PPT，主要目的是向观众传递知识，解释、说明复杂事物。可以多包含些文字，让观众全面了解详细过程。
- **“演示”类PPT/“演讲”类PPT**：“演示”类PPT包含演讲和展示两层意思，代表使用PPT演讲的人不仅要通过演说让自己的热情和观点被别人接受，让观众和自己同调，同时还要把内容详细地表达出来。现在的新兴行业咨询公司常使用的PPT就属于这一类，所以不能极端地认为每一页的文字不能超过7个，有时需要较多的文字才能详细地说明一个道理。而“演讲”类的PPT就全靠演讲者来发挥，不需要太多的文字内容展示。

使用技巧：如何检查效果

完成PPT之后，应该切换到“幻灯片浏览视图”，整体看看有没有不协调的地方、颜色有无突兀的地方，及时进行修改。

1.3 设计制作成功PPT的关键

通常情况下，在PowerPoint中使用一些自带的模板，再添加背景和文字就能轻松完成PPT的制作。但实际上并没有想象得这么简单，我们制作出的PPT要做到让观众理解作者所要表达的意思，就需要全面考虑，花费很多精力。若设计出的PPT杂乱无章、文字过多、颜色不漂亮，那么就不能组成一个吸引人的演示来传递信息。总结PPT高手的经验，下面提出6点建议，希望能帮助读者更高效地做出成功的PPT。

建议

1.3.1 正确的设计思路

在动手制作PPT之前，应该先根据要包含的内容，订好题目，再列出提纲，把重要的概念和关键词的关联性架构出来，接下来再加上自己的创意，以数据、图表、动画、声音等视觉工具来辅助说明。

1.3.2 具有恰当的目标

设计一个PPT要有明确的目标，首先应该清楚地知道以下4个要点：

- 一个PPT包含的内容只针对一类观众。
- 一个PPT的重点内容只有一个，不要试图在一个PPT中做到面面俱到。
- 演讲PPT的场合大小，观众数目的多少。
- PPT是为观众服务的，在设计时，千万不要以自我为中心。

1.3.3 具有说服力的逻辑

PPT的版面有限，内容安排是必须强调的重要问题。

- 一个PPT的结构逻辑要清晰、简明，采用“并列”或者“递进”两类逻辑关系就能够满足基本需求。
- 一个PPT中要通过多个（≤3）级别标题来体现内容层次关系。
- 一个PPT中若包含多个章节，应该在章节之间插入一个标题（目录）幻灯片或空白幻灯片，以示分隔。
- 如果PPT的内容较多，一定要标示内容大纲，帮助观众掌握进度。

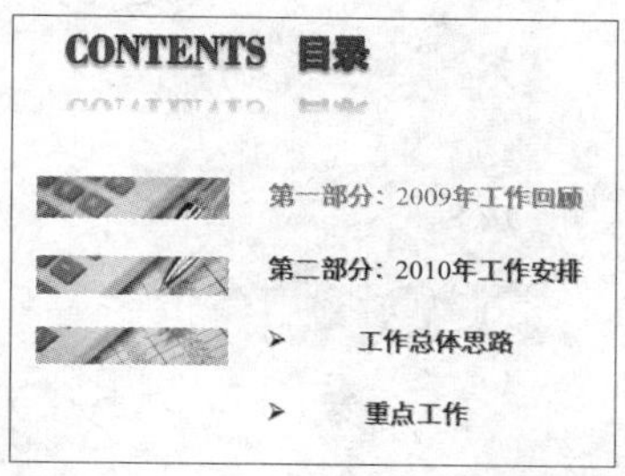

目录页参考

1.3.4 具有适宜的风格

PPT的风格要把握好，这样才更容易被人记住。

- 商业应用中的PPT一般采用较保守的风格。
- 绝大部分PPT的风格都应简明，尽量少使用文字，尽可能多地使用图表与简洁的数字来表达。
- 若背景为图片，注意重点是要凸现版面上的图形和文字。

使用技巧：幻灯片的对称与均衡

在版式设计中，对称是指图形被点、线或平面区分为相等部分；在演示文稿的实际制作过程中，大多数情况下版面构图是不对称的，这时就需要合理安排图形的大小与位置，使版式达到视觉上的均衡。

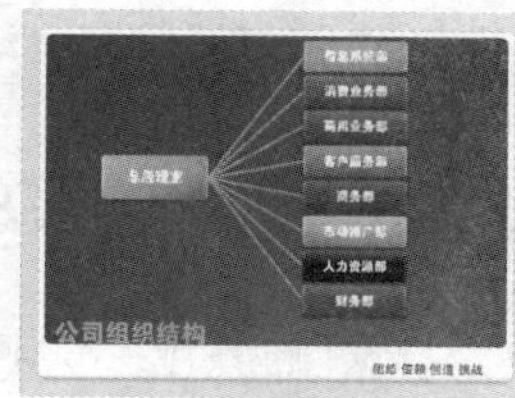

对称的版式可给人带来稳定、严谨或庄重的感觉，而不对称却又达到视觉均衡效果的版式则有灵动多变、活跃自由之感。两种不同的版式效果可结合恰当的色彩用于严肃或活跃的不同性质的商务场合。

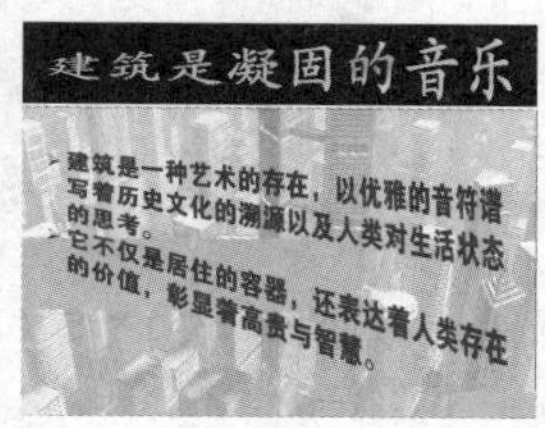

要点提示：PPT的KISS设计原则

PPT的KISS设计原则阐述了幻灯片应具有结构化布局这一观点，KISS是英文keep it simple and stupid的缩写，意思就是要保持简单版式布局。

■简洁的版式布局

背景图片与文字的运用■

◆ 不要为了个人风格自造一些不适当的图表样式，尽量使用标准的图表样式。

◆ 对于隆重的正规场合，尽量少使用动画和声音。

1.3.5 具有结构化的布局

让PPT具有结构化的布局，要注意以下3点：

◆ 一张幻灯片布局要有空余空间，要有均衡感。

◆ 一个PPT中要包括标题页、正文、结束页3类幻灯片才算完整。

◆ 一个PPT最好不要超过30页。

设置合理布局■

1.3.6 具有恰当的颜色

PPT的颜色会影响整个作品的观赏性，应该特别注意以下3点。

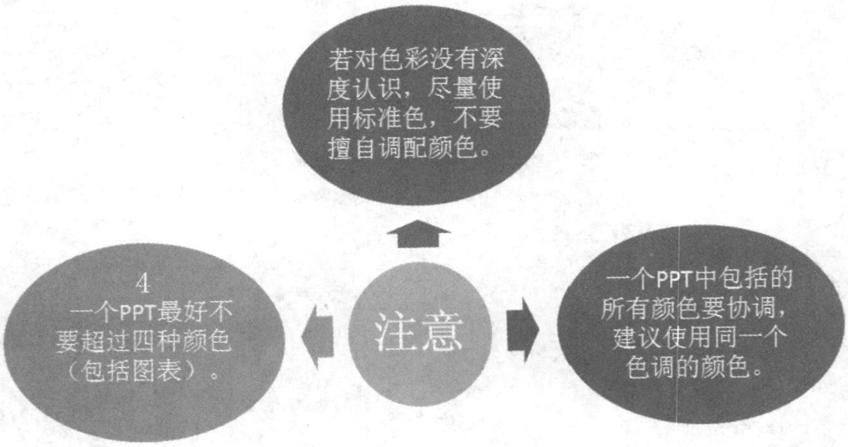

注意事项■

1.4 演示PPT过程的关键

PPT的优势就在于可以通过计算机屏幕或投影仪播放，方便演示，那么在演示的过程中，演讲者一定要注意以下关键法则，这样才能将PPT作品的魅力发挥到极致。

演示过程■

◆ 正确的演讲结构：开场白（适当的自我介绍）、主体演讲、结束语。

◆ 演讲者在演讲过程中怕遗漏重要信息，就按照幻灯片内容逐字宣读。

◆ 演讲的总时长最好不要超过40分钟，可以设置排练计时，手动控制幻灯片的播放，自定义每张幻灯片的播放时间，从而精确把握时间。

使用技巧：压缩图片精简PPT演示文稿

为了制作更具有个性化的PPT演示文稿，用户通常会插入很多精美的图片，但这会导致PPT运行速度缓慢，也不利于演示文稿的传送。这里教你一招压缩图片的方法：

在PowerPoint 2007中单击Office按钮；打开“另存为”对话框，单击左下角的“工具”按钮；选择“压缩图片”命令，单击“选项”按钮；在弹出的“压缩设置”对话框的“目标输出”选项组中根据需要选择压缩的类型，然后单击“确定”按钮，即可让PPT演示文稿变得小巧轻盈。

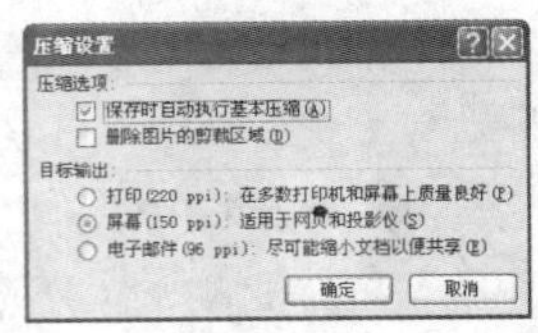

要点提示：PPT中使用图片的原则

虽然有巧妙的压缩图片的方法，但是PPT版面中尽量不要出现过多的图片，因为这样会降低信息传达效率。如果确实需要很多图片，这种情况一般都出现在演示文稿的封面页上。此外，在同一个PPT中尽量不要出现类似的图片，会让人觉得乏味。

- 不要在演讲时阐述复杂的概念，只说清晰、简明的事物。
- 在播放PPT时，尽量按顺序播放，避免出现回翻、跳节等操作，导致观众思路混乱。
- 应该演讲一个主题，暂停一下，再进行下一个主题，如此循环，使演讲平滑过渡。
- 善用比喻；在适当时机，善于调动听众参与互动；谨慎使用幽默。
- 结束时要帮助观众回忆今天演讲的内容，最后谢谢大家参与。

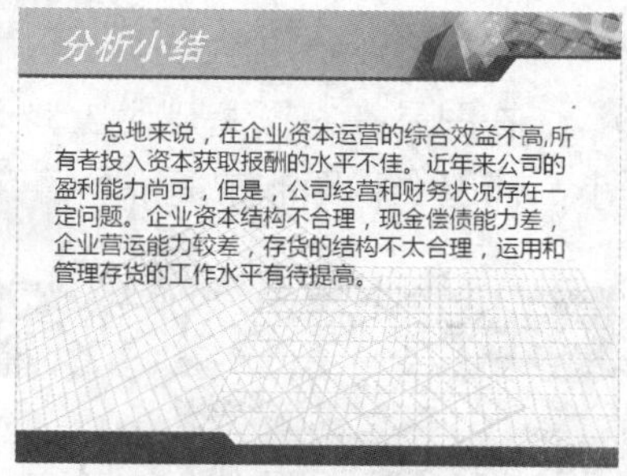

结束幻灯片■

1.5 不要走入PPT制作的误区

下面将通过一些具体案例中的截图来揭示几个常见的PPT制作误区。希望读者能从中汲取这些宝贵经验，制作出更好的PPT作品。

1.5.1 幻灯片中不要出现过多直角

左图中幻灯片的优点是清晰地区分了要表达的各项内容；存在的问题是构成幻灯片的图形全部都是矩形，并且都是横向排列对齐，这种结构容易与观众拉开距离，让观众感觉平淡乏味。

右图是在左图基础之上修改后的效果图，其中使用了渐变色彩的图形样式，使画面不再过于呆板，变得柔和。而且，根据该张幻灯片的内容，只在大项目上使用了图形样式，其他内容都是通过段落和项目符号来区分，非常整洁，使观众更容易理解内容。

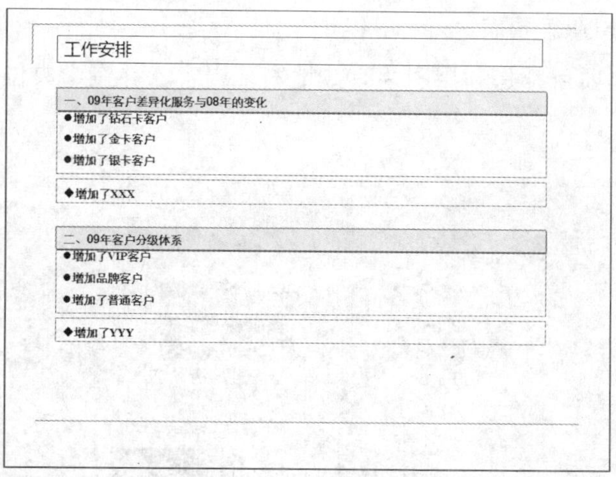

■失败作品

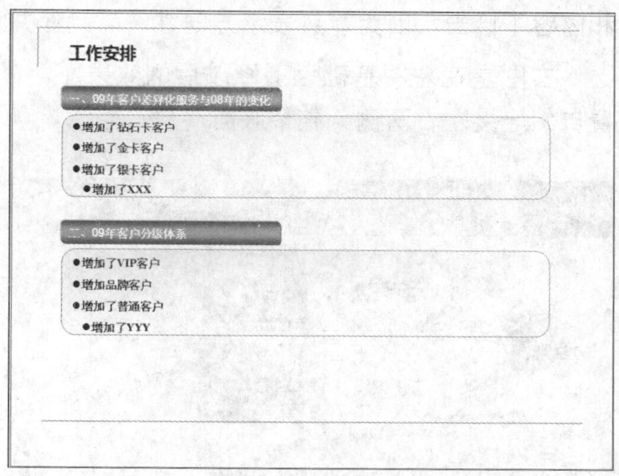

改良作品■

1.5.2 幻灯片中的文字和图像不要重叠

PPT版面中的文字可以放置在一个图像背景之内，这样会使文字显得更加生动，但不能以右图这种方式出现，因为文字与图形有部分交叉重叠，让人感觉杂乱。

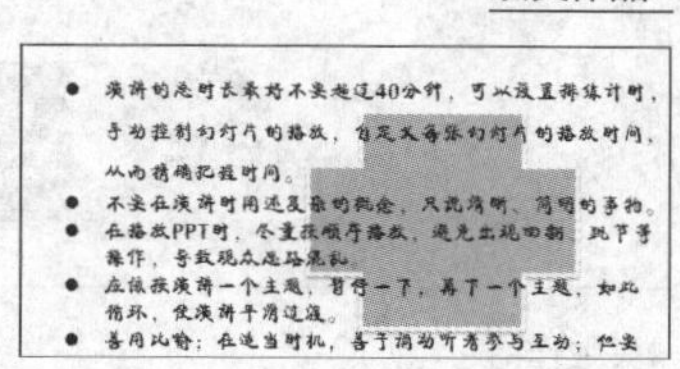
文字和图像不应重叠■

1.5.3 幻灯片中的图像要注意摆放

下面左图这张幻灯片中包含多张图片，它们的形式和大小都不相同，间隔和尺寸调节也不一致，显得杂乱无章，构图不协调。

右图是在左图基础之上修改后的效果图。在修改时，通过添加线条的方法，将图片区分隔成相同大小，使整个构图非常简练、清爽。

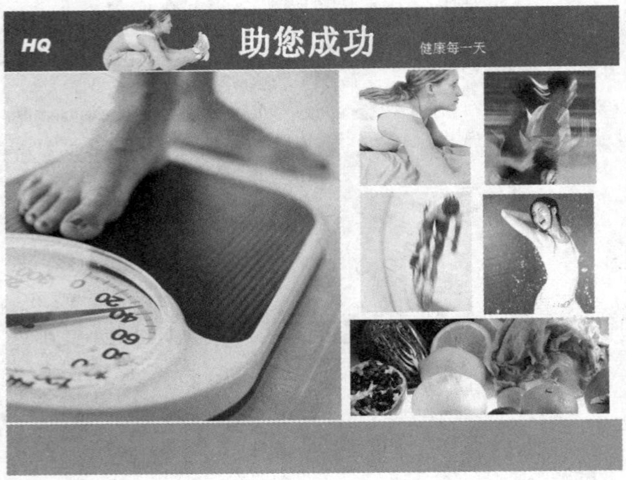

■失败作品

改良作品■

1.5.4 幻灯片中不要出现过于一致的对象

下面左图是许多PPT中常见的一种表达形式，即按垂直对齐方式来排列项目的幻灯片。布局画面结构比较清晰，但这种形式过于单调，让人有乏味感。另外，该构图中还有两个问题，第一是项目中的图片为了放置在项目中，出现变形，应该保持图片的正常比例；第二是滥用箭头。这里通过箭头来连接标题和内容不恰当，因为箭头表示方向性，而此处并没有这层意思要表达。

右图是在左图基础之上修改后的效果图。其中各个项目都是利用图片有效地表现内容，并在中央位置自然连接左右两侧。整个版面清爽、整洁。

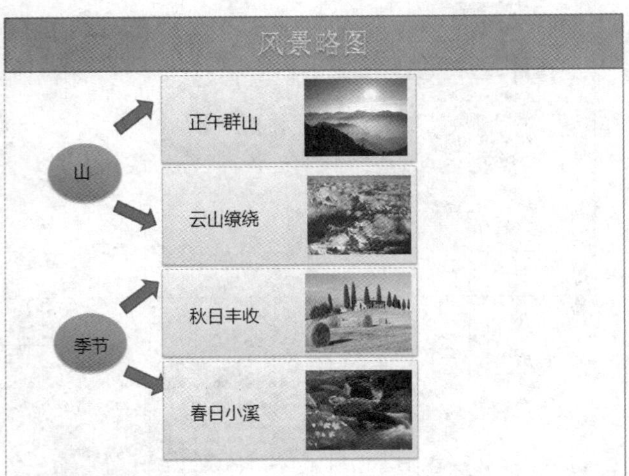

■失败作品

改良作品■

1.5.5 幻灯片中不要过度区分项目

下文左图幻灯片给人的感觉是过度区分项目，从而切断观众视线的移动，对理解内容起到阻碍作用。另外，该幻灯片是PPT中的一张标题幻灯片，它与整个PPT的结构一样，虽然很协调，但不能突出内容转换，达不到想传达的效果。因此，标题幻灯片与整个PPT最好采用不同的结构，要更收敛，同时又要更突出。

右图是在左图基础之上修改后的效果图。各项目通过圆形柔和地表现出来，并很好地提示了下一个要展开内容的主题，突出了内容转换这个阶段，引起观众的注意并集中视线。

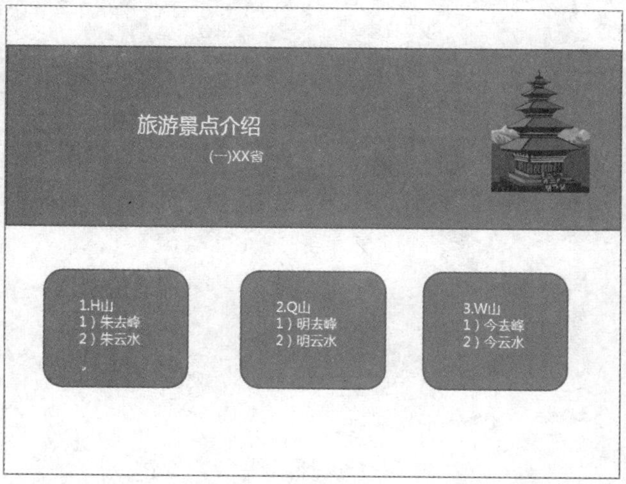

■失败作品

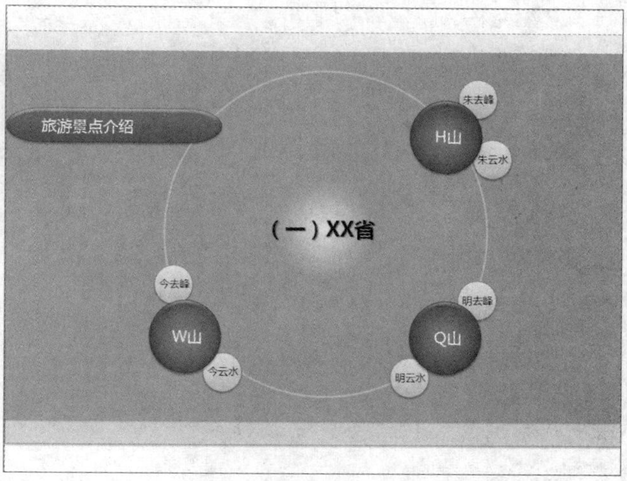

改良作品■

Chapter

2 从操作PowerPoint 2007出发

READERS' GUIDE

本章从使用PowerPoint 2007软件的基础入手，对该软件的操作特性、如何获取帮助、常用功能设置选项进行详细介绍。这样做的目的是让以后的学习更轻松。

MAIN CASES

2.1 启动和退出PowerPoint 2007

启动PowerPoint 2007的方法与启动其他应用程序的方法相同，经常使用的有如下两种，大家只需要掌握这些就足够了。

- **通过"开始"菜单**：选择"开始/所有程序/Microsoft Office/Microsoft Office PowerPoint 2007"命令，即可启动程序。
- **通过桌面快捷方式图标**：双击桌面上PowerPoint 2007的快捷方式图标，即可启动程序。

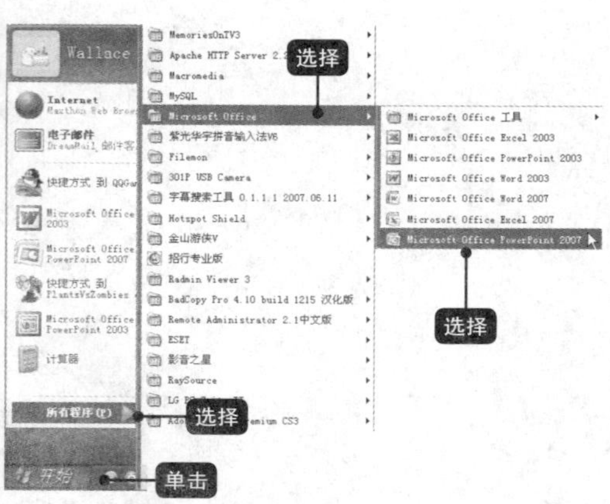

■通过"开始"菜单

通过桌面快捷方式图标■

疑难解答：创建桌面快捷方式图标

问：如果桌面上没有快捷方式图标怎么办？

答：如果桌面上没有快捷方式图标，用户可以自己创建。只需在"开始"菜单的Microsoft Office PowerPoint 2007命令上右击，在弹出的快捷菜单中选择"发送到/桌面快捷方式"命令，快捷方式图标即可自动发送到桌面上。

启动PowerPoint 2007后，屏幕上显示出PowerPoint 2007的工作界面，主要通过其中嵌入的命令来退出程序。

- 通过“关闭”按钮：单击PowerPoint 2007工作界面右上角的“关闭”按钮，即可退出程序。
- 通过“退出PowerPoint”按钮：在工作界面中单击Office按钮，在弹出的菜单右下角单击“退出PowerPoint”按钮，即可退出程序。
- 通过Office按钮：在工作界面中双击Office按钮，即可快速退出程序。

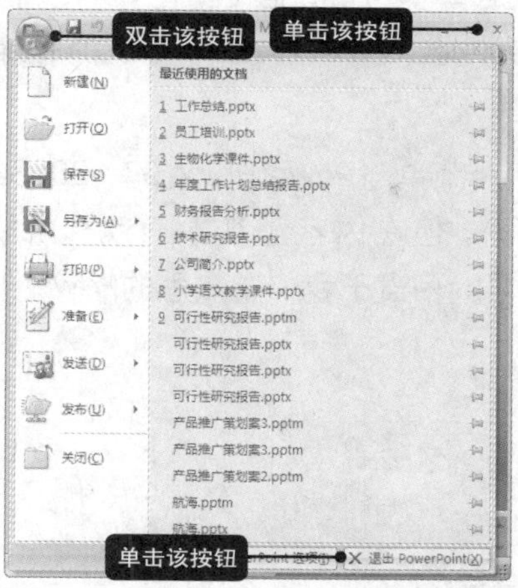

退出程序的图示■

使用技巧：PowerPoint 的快速启动

如果经常使用PowerPoint 2007，系统将自动在“开始”菜单的快速启动区中产生一个启动命令，直接选择该命令即可启动程序。

2.2 认识PowerPoint 2007的新环境

PowerPoint 2007是目前较成熟，且变化最大的一个新版本。很多新老用户怕难于使用，从而放弃学习使用该版本的软件，这对于大家来讲，无疑是一个损失，因为新改进的工作界面美观、大方，比以前操作起来更方便、快捷。下图是PowerPoint 2007默认的工作界面样式。

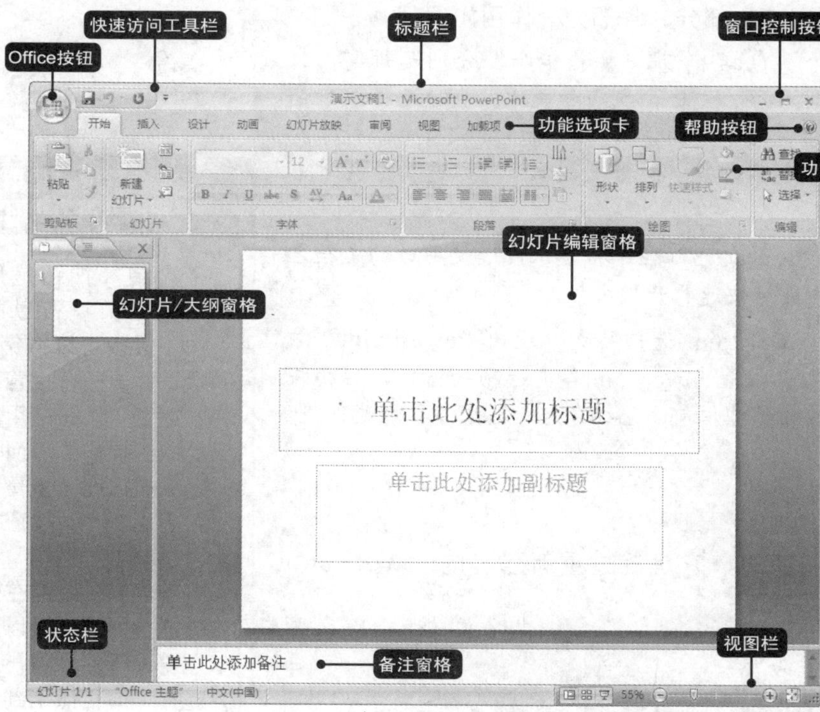

■完整的PowerPoint 2007工作界面

疑难解答：按钮的名称及作用

问：在PowerPoint中有些按钮的名称与菜单中的命令名称相同，那么它们的功能也相同吗?

答：单击PowerPoint中的按钮就相当于执行一个命令。所以，当按钮名称与一个命令名称相同时，其作用是基本相同的。如Office菜单中的“保存”命令与快速访问工具栏中的“保存”按钮的作用是相同的。这种同一操作有多种方法的现象很多，大家选择最适合自己使用习惯的方法进行操作即可。

2.2.1 Office按钮

通过Office按钮可以退出PowerPoint 2007，这是我们通过前面的学习已经掌握的知识点。除此之外，其实通过Office按钮打开的Office菜单中还集合了更多的功能。所以，它是PowerPoint 2007中公认的一个举足轻重的功能按钮。

PowerPoint 2007的Office菜单与PowerPoint 97~2003的“文件”菜单相比，虽然在外观上不尽相同，但在内容上基本一致，所以可以这样认为，PowerPoint 2007的Office菜单就相当于我们所熟悉的PowerPoint 97~2003中的“文件”菜单。

■PowerPoint 2007的Office菜单

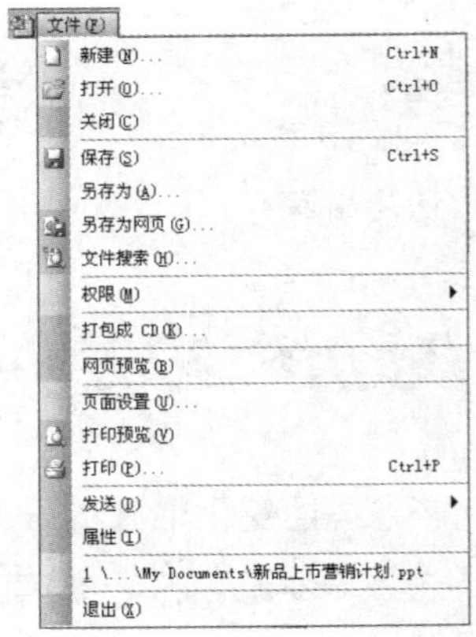

PowerPoint 2003的“文件”菜单■

下面从功能上将Office菜单划分为3个部分，各部分的作用如下：

- **常用命令**：Office菜单中一共包括9个基础操作命令，分别是新建、打开、保存、另存为、打印、准备、发送、发布和关闭。直接选择该命令即可实现对应的操作。至于这些命令的作用，将在后续章节中进行深入地学习。命令后有▸符号的表示该命令包括子菜单，可以选择子菜单中的命令进一步进行操作。
- **最近使用的文档**：“最近使用的文档”栏中将显示最近使用过的文档名称，选择其中的文档名称，即可快速打开该文档。
- **功能按钮**：功能按钮有“PowerPoint 选项”和“退出 PowerPoint”两个。前一个按钮的作用是打开设置PowerPoint各类选项的窗口，后面将介绍其操作方法。后一个按钮的作用前面已经介绍，这里不再赘述。

2.2.2 快速访问工具栏

快速访问工具栏在Office按钮旁边，它是经过重新包装的PowerPoint 97~2003中的工具栏，看上去更简化。

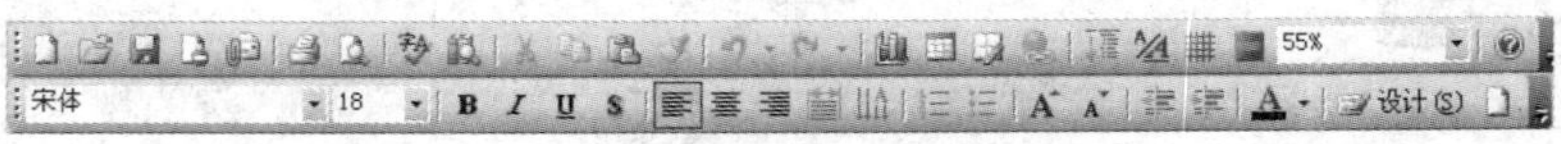

■PowerPoint 2003的工具栏

默认情况下，PowerPoint 2007中的快速访问工具栏只包括“保存”按钮、“撤销”按钮和“恢复”按钮，直接单击它们就可以实现对应操作。单击快速访问工具栏末端的“自定义快速访问工具栏”按钮，在弹出的

疑难解答：保留文档记录

问：在我的PowerPoint 2007的Office菜单中为什么看不到最近使用的任何文档？

答：有可能是系统管理员启用了“不要保留最近打开文档的记录”组策略命令，只要通过组策略编辑器将它关闭即可。也可以通过“PowerPoint选项”中的“高级”命令对最近使用过的文档的显示进行设置。

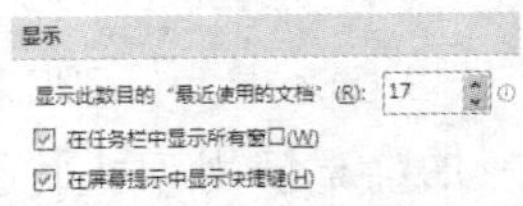

要点提示：“撤销”按钮的下拉按钮的作用

“撤销”按钮是用来撤销之前执行过的操作，最多可以撤销150次（需要进行设置）；“恢复”按钮是用来恢复撤销操作的。而“撤销”按钮比“恢复”按钮多出一个按钮，那么，单击“撤销”按钮右侧的按钮，在弹出的下拉列表中可以看到之前进行的操作，直接选择，即可撤销到指定的操作步骤。

下拉菜单中可以实现以下操作：

- **添加常用命令到快速访问工具栏中**：下拉菜单中前10个命令是常用的，其中“保存”命令、“撤销”命令和“恢复”命令由于已经以按钮的形式出现在快速访问工具栏中了，所以命令前出现✓符号。若要添加其他7个命令到快速访问工具栏中，直接选择即可添加成功。
- **添加其他命令到快速访问工具栏中**：在下拉菜单中选择“其他命令”命令，可以打开“PowerPoint选项”对话框，在其中可以选择更多的命令添加到快速访问工具栏中。
- **改变快速访问工具栏的位置**：在下拉菜单中选择“在功能区下方显示”命令，可以将快速访问工具栏移动到功能区下方显示。
- **最小化显示功能区**：在下拉菜单中选择“功能区最小化”命令，可以最小化显示功能区为只剩选项卡名称的形式。

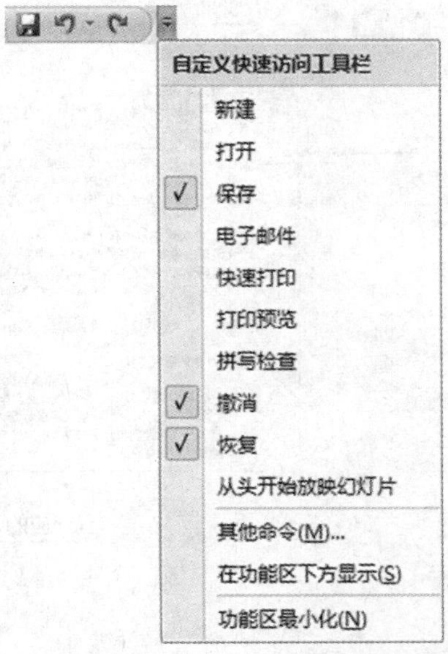

PowerPoint 2007快速访问工具栏

2.2.3 功能区与功能区选项卡

功能区是一个动态显示的长方形区域，形象直观。它代替了PowerPoint 97~2003中的大部分菜单栏和工具栏的功能。所以可以这样理解，功能区集中了演示文稿中所需的大部分菜单命令，常用的显示在外，不常用的保存在其内部，随时可以调用。

功能区中以相似功能的命令划分为几个部分，每个部分是以选项卡的形式表现的。当执行不同的任务时，功能区会根据实际情况进行智能变化，或增加一个设置功能的选项卡，或激活对应设置选项等。

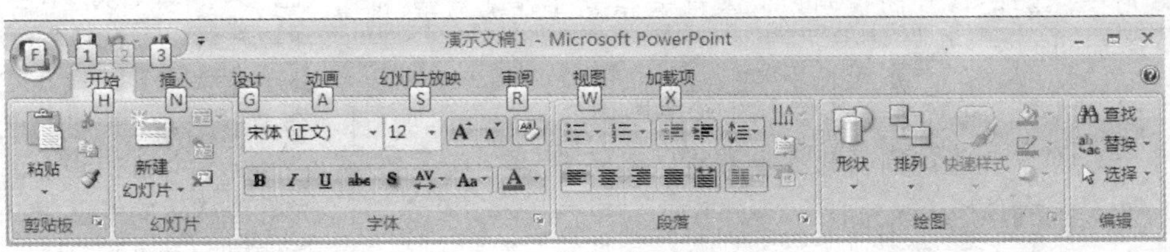

显示快捷键

2.2.4 幻灯片/大纲窗格

幻灯片/大纲窗格位于工作界面的左侧，通过单击顶部的选项卡可以在窗格之间进行切换。在“幻灯片”窗格中显示的是当前演示文稿中幻灯片的编号、动画标记及缩略图。使用缩略图能方便地浏览全部演示文稿，并观看任何设计更改的效果。在这里还可以轻松地重新排列、添加或删除幻灯片；在“大

使用技巧：显示命令的快捷键

按【Alt】键可以在功能区、Office按钮和快速访问工具栏中，只要有命令的地方显示命令的快捷键。单击这些快捷键，可以快速执行操作。如单击【1】键，可快速打开“另存为”对话框；单击【N】键，可快速切换到“插入”选项卡。

疑难解答：改变“幻灯片/大纲”窗格的宽度

问：如何将“幻灯片/大纲”窗格变宽，该窗格的大小能够随意改变吗？怎么才能改变它的大小呢？

答：“幻灯片/大纲”窗格是可以随意改变大小的，方法是拖动窗格右侧的分隔条，当窗格足够大时，可以看到窗格中选项卡上的完整名称。另外，还可以隐藏/显示窗格，方法是单击窗格右上角的“关闭”按钮可以隐藏窗格，此时工作界面的左侧会显示分隔条的边缘，向右拖动分隔条，又可以重新显示窗格。

纲”窗格中以大纲形式显示幻灯片文字，并能移动幻灯片和文字。

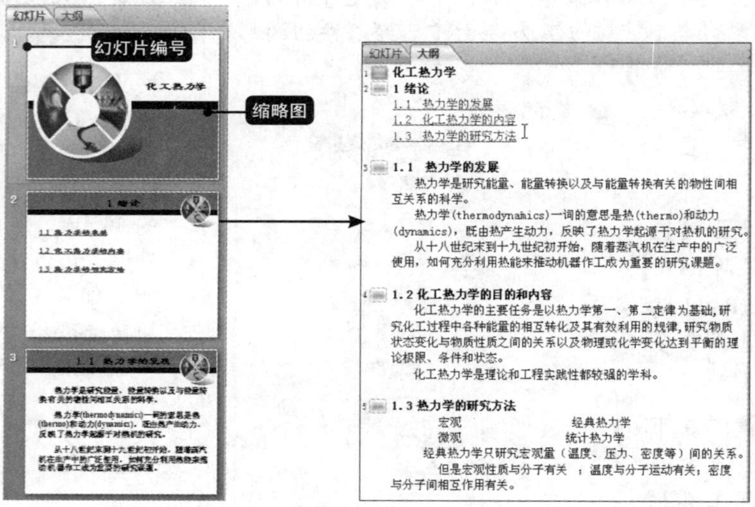

■“幻灯片”窗格示例　　　　对应的“大纲”窗格■

2.2.5 常规部分解析

至此，对比前面完整的工作界面，不难发现还有一部分没有给大家介绍，因为这些都是一些常见的组成部分。具有重要作用的部分在后续章节中单独介绍，下面仅简要列举出其作用。

- **标题栏**：标题栏位于工作界面的左上方，其中显示了演示文稿的名称和程序名称。
- **窗口控制按钮**：包括3个按钮，分别用于控制工作界面窗口的最小化、还原（最大化）和关闭操作。
- **帮助按钮**：帮助按钮用于获取帮助。
- **幻灯片编辑窗格**：幻灯片编辑窗格用于显示和编辑幻灯片。当显示当前幻灯片时，可以添加文本，插入图片、表、SmartArt图形、图表、图形对象、文本框、电影、声音、超链接和动画等对象。
- **备注窗格**：备注窗格用于添加幻灯片的说明内容及注释信息（在播放演示文稿时看不见其中添加的内容）。
- **视图栏**：视图栏用于切换视图，显示或设置幻灯片显示比例。
- **状态栏**：状态栏中显示当前演示文稿编辑状态和模式。从左到右分别是幻灯片当前页数、主题名称和输入法。

■“备注”窗格、视图栏与状态栏

2.2.6 隐形的“任务窗格”

在PowerPoint 2007中有一个隐形的“任务窗格”区域，它平常不覆盖幻灯片编辑区域，只在特定条件下显示，如要插入剪贴画时，将打开“剪贴画”任务窗格。

疑难解答：备注在演示中的作用

问：在PowerPoint中，备注很少被提到，它到底有什么作用呢？

答：PowerPoint中的备注除了记录制作演示文稿的过程，以供今后回顾思路以外，还可以为演示者在演讲时提供必要的参考信息，这样能够减少演示者的前期准备工作。

疑难解答：工作界面窗口

问：工作界面与窗口有什么区别？怎样才能改变工作界面的大小呢？

答：工作界面实际上就是一个窗口，除了通过窗口控制按钮控制其固定的大小变化以外，还可以在窗口不在最大化/最小化状态下随意改变其大小。方法是移动鼠标光标到窗口边缘上，光标变成双向箭头时，按住鼠标不放并拖动。

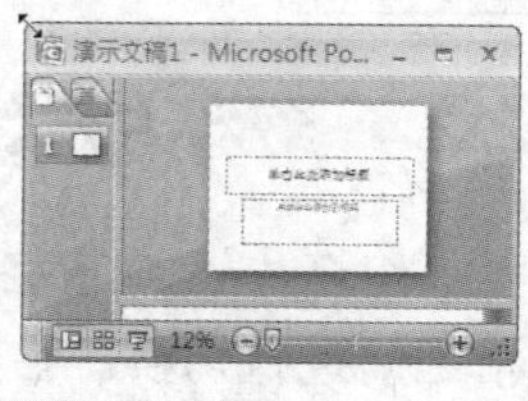

PowerPoint 2007中主要有“剪贴画”、“信息检索”、“重用幻灯片”、“选择和可见性”、“剪贴板”和“自定义动画”6种常用的任务窗格，下面将分别对它们的作用进行简单介绍：

- “剪贴画”任务窗格：用于搜索剪贴画。
- “信息检索”任务窗格：主要用于搜索定义和同义词，将短语翻译成其他语言，还可以实现Web、新闻和公司信息的搜索。
- “重用幻灯片”任务窗格：主要用于将幻灯片库中或从系统中的其他PowerPoint文件中选择的幻灯片插入到演示文稿中。
- “选择和可见性”任务窗格：主要用于选择幻灯片中的对象，并使它们显示或隐藏。另外，还可以改变对象的层次顺序。
- “剪贴板”任务窗格：主要用于复制和粘贴24个不同的对象。
- “自定义动画”任务窗格：主要用于对演示文稿中的幻灯片和对象应用动画效果。

“剪贴画”任务窗格

要点提示：PowerPoint 2007的任务窗格

与早期版本不相同的是，PowerPoint 2007能同时打开多个任务窗格，但减少了任务窗格的总数目，因为任务窗格中的大部分功能都可以在功能区找到。

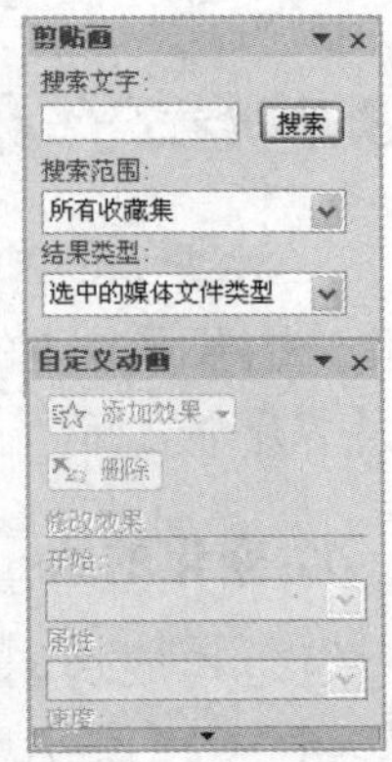

2.3 认识PowerPoint 2007中的操作特性

PowerPoint 2007中有一些特殊的操作方法，异于其他软件，读者需要先掌握这些知识，才能更熟悉工作环境，利于学习工作。

2.3.1 带有下拉箭头的按钮

PowerPoint 2007中有许多按钮都带有下拉箭头，其中有一部分比较特殊，因为它们从结构上分为两部分，单击不同的部分，实现的操作不一样。这种按钮有上下结构和左右结构两种形式。下面以“粘贴”按钮和“文本框”按钮为例来分别认识它们。

- 上下结构的“粘贴”按钮。

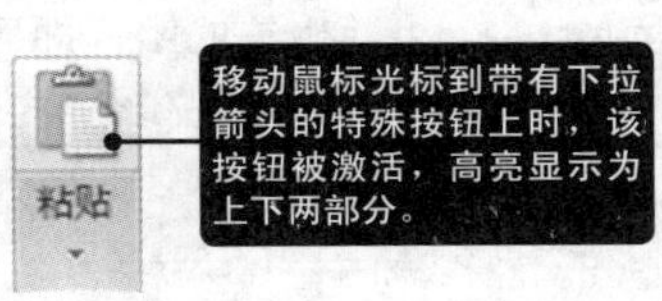

上下结构按钮

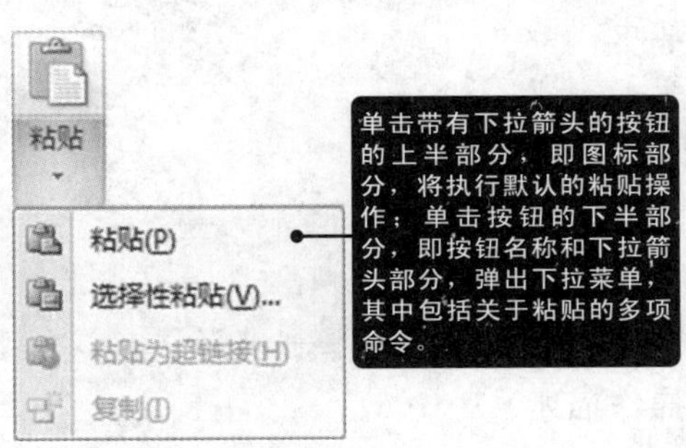

弹出的下拉菜单

使用技巧：带有下拉箭头的普通按钮

左边介绍了带有下拉箭头的特殊按钮的两种形式，下面简单介绍带有下拉箭头的普通按钮的激活。

移动鼠标光标到带有下拉箭头的普通按钮上时，该按钮被激活，高亮显示为一个整体。

◆ 左右结构的"文本框"按钮。

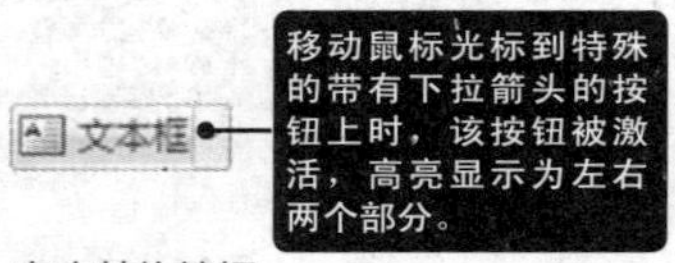

■左右结构按钮

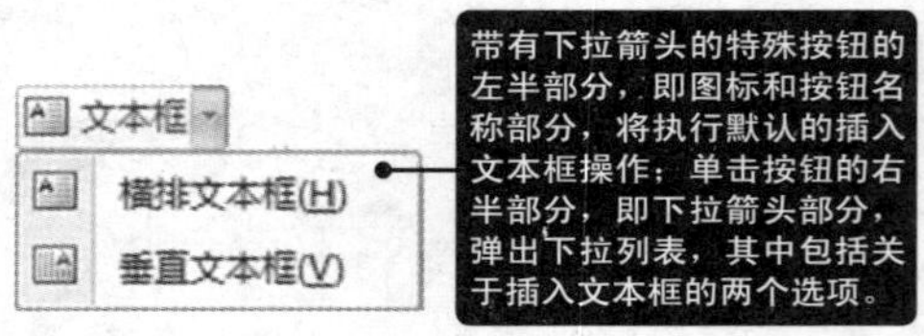

弹出的下拉菜单■

对于带有下拉箭头的特殊按钮，在本书中使用时统一描述为：

◆ 单击按钮的上/左半部分时，描述为：单击"XX"按钮。

◆ 单击按钮的下/右半部分时，描述为：单击"XX"按钮下的下拉按钮；单击"XX"按钮右的下拉按钮。

2.3.2 随工作界面窗口变化的功能区

PowerPoint 2007的功能区会随着工作界面窗口大小的变化而产生细微的变化。主要是其中的按钮、选项等的表现形式发生了变化。这些变化主要体现在以下几个方面：

1. 变化的组

组是构成功能区选项卡的基本部分，如"开始"选项卡中包括"剪贴板"组、"幻灯片"组、"字体"组、"段落"组、"绘图"组和"编辑"组。下面通过对比进行了解。

◆ **正常显示**：当工作界面窗口全屏显示或缩小比例不大时，组按正常方式显示，组中包括的内容直接呈现出来，组名在底部。

以正常方式显示的组■

◆ **隐藏显示**：当工作界面窗口缩小到一定比例时，部分或全部组以按钮的形式出现，将原来包括的内容隐藏在其中，如单击"段落"按钮（组），即可展开。

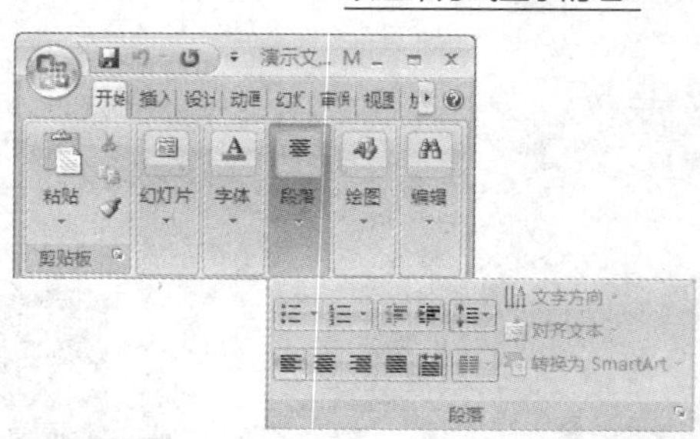

组变成按钮■

总之，无论出现在本书中的截图是上述哪一种形式，这里都统一描述为：在"XX"组中（执行的操作描述）……

2. 变化的列表框

组中包括按钮、下拉列表框和列表框等许多功能设置选项，当组因为工

疑难解答：PowerPoint 2007的屏幕标签

问：在PowerPoint 2007中，很多按钮和选项的外形都发生了变化，我要怎么才能知道它们所对应的功能呢？

答：如果大家在使用PowerPoint 2007的过程中发现这种新的变化，可以将鼠标光标停留在按钮或选项上，此时光标处会出现屏幕标签，从中就可以了解其作用了。

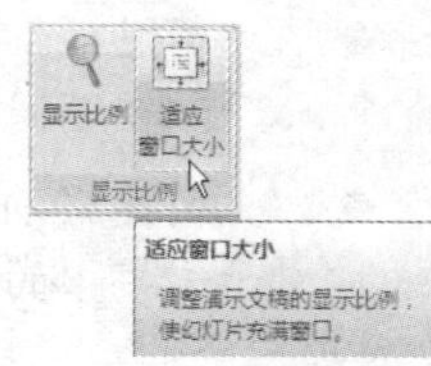

要点提示：改变外形的功能区

与之前的版本相比，PowerPoint 2007具有了全新的直观型外观。其功能区由多个选项卡组成，当窗口的比例发生变化时，用户不必担心找不到需要的功能选项，通过PowerPoint 2007的分类选项卡和相关的组，即可顺利查找功能和命令。

作界面窗口挤压产生变化时，其中的部分列表框也发生了相应的变化。下面通过对比进行了解：

- **正常显示**：当工作界面窗口全屏显示或缩小比例不大时，组按正常方式显示，列表框也正常显示。单击“快速样式”组中的“其他”按钮，可弹出对应的下拉列表。

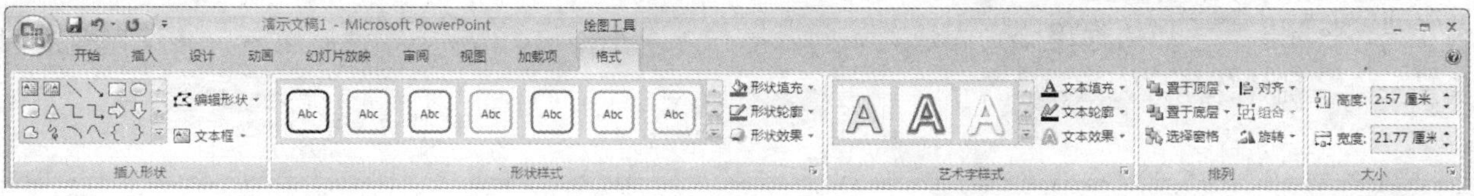

■以正常方式显示的列表框

- **隐藏显示**：当工作界面窗口缩小到一定比例时，一些列表框将由正常显示变为隐藏显示，并且以按钮的形式出现，如下方左图，“艺术字样式”组中出现一个“快速样式”按钮，它是该组正常显示时的一个列表框。单击“快速样式”按钮，可弹出对应的下拉列表，以显示被隐藏的内容。下方右图显示的则是隐藏后的切换方案列表。

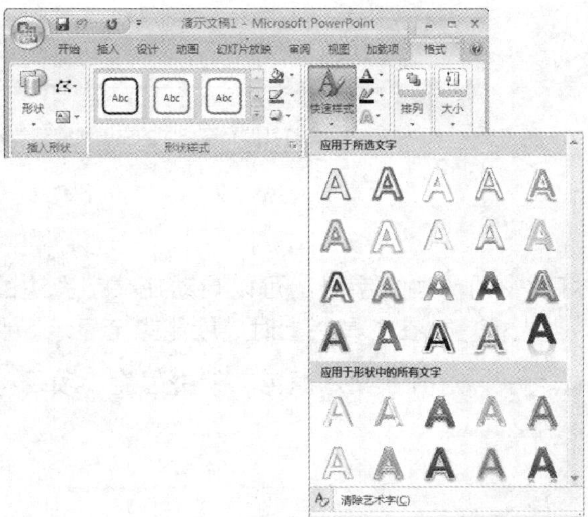

■艺术字样式列表

切换方案列表■

当本书出现的截图中的列表框是按正常方式显示时，描述为：在“XX”组的列表框中选择“XX”选项/命令；当本书出现的截图中的列表框变成按钮时，描述为：单击“XX”按钮，在弹出的下拉列表/菜单中选择“XX”选项/命令。

2.3.3 “对话框启动器”按钮

“对话框启动器”按钮是功能区选项卡组右下角的按钮，单击它可以打开该组对应的设置对话框或任务窗格，在其中可以进行更全面细致的设置。

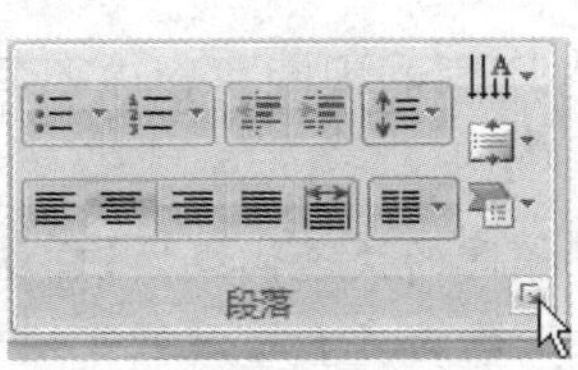

■“对话框启动器”按钮

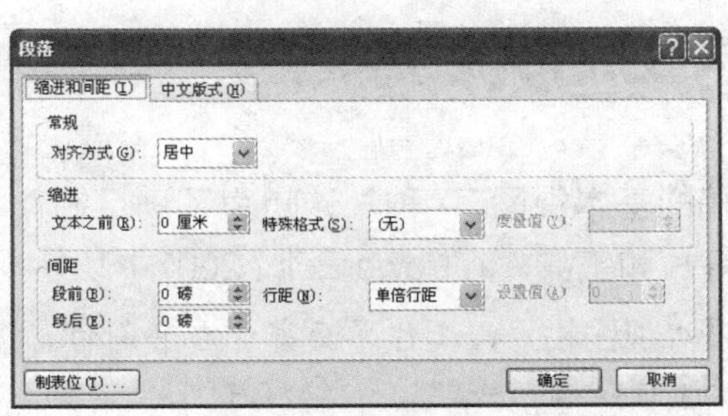

“段落”对话框■

2.3.4 右键快捷菜单

右键快捷菜单是应用软件的设置菜单，使用PowerPoint 2007时不要忘记使用它，因为几乎在工作界面的每一个地方都可以打开一个对应的右键快捷菜单。如在功能区选项卡所在位置右击，在弹出的快捷菜单中有3个命令，它们的作用分别同快速访问工具栏菜单中最后3个命令一样。所以，常使用右键快捷菜单是一个快捷操作的好方法。

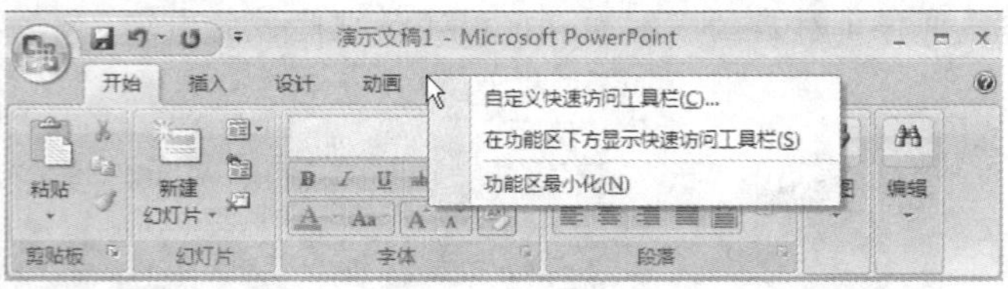

■功能区上的右键快捷菜单

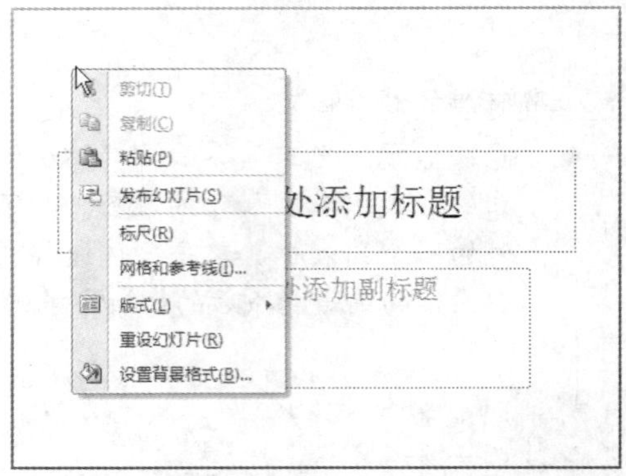

幻灯片编辑窗格中的右键快捷菜单■

2.3.5 迷你工具栏

迷你工具栏是一种浮动的隐形工具栏，当选择了幻灯片中的一些文字时，可以启动在文字旁边的工具栏，但若要使其显形，需要在文字附近移动鼠标光标，当光标停放在工具栏上时，就能完全显示。

通过迷你工具栏可以帮助设置字体、字体样式、字体大小、对齐、文本颜色、缩进程度、项目符号等文字格式。

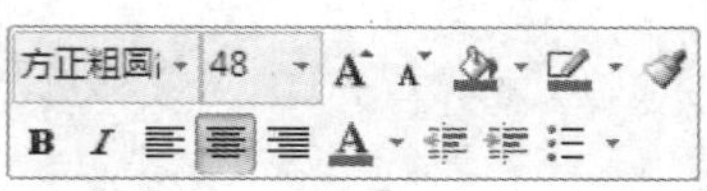

■迷你工具栏

使用迷你工具栏■

2.4 巧用四大视图

演示文稿的基本视图有4种，这是为了满足制作不同内容的需要，不同的视图可以以不同的形式在屏幕上安排幻灯片和工具。在PowerPoint 2007中切换视图常用的方法如下：

- **通过"视图栏"**：工作界面窗口右下角的"视图栏"中包括3种视图的快速切换按钮，从左到右分别是"普通视图"按钮、"幻灯片浏览"按钮、"幻灯片放映"按钮。单击对应的按钮可以切换到对应的视图。

◆ **通过功能区**：在工作界面窗口的功能区中单击“视图”选项卡，单击“演示文稿视图”组中的前4个按钮，“普通视图”按钮、“幻灯片浏览”按钮、“备注页”按钮及“幻灯片放映”按钮，可以在不同的视图之间切换。

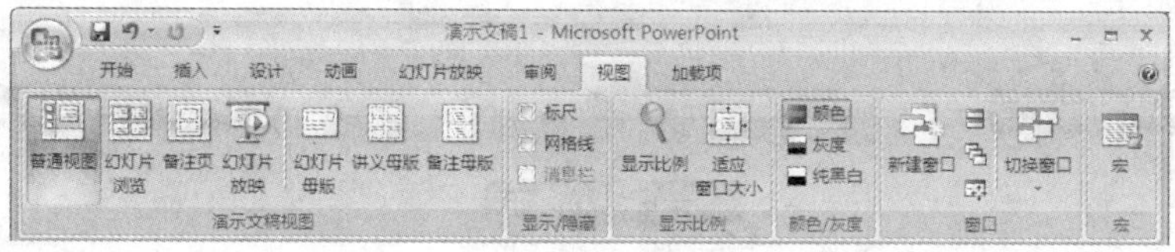

■视图栏

功能区■

下面分别介绍这4种视图模式：

◆ **普通视图**：普通视图是PowerPoint 2007默认的视图模式，也就是说，前面对工作界面窗口的截图就是此视图。该视图有4个工作区域，分别是“大纲”窗格、“幻灯片”窗格、“幻灯片编辑”窗格和“备注”窗格。

◆ **幻灯片放映视图**：在幻灯片放映视图中所看到的演示文稿就是观众将看到的效果，与实际的演示一样。如可以看到在实际演示中，图形、计时、影片、动画效果和切换效果的状态。

◆ **幻灯片浏览视图**：在幻灯片浏览视图中，演示文稿中的所有幻灯片以缩略图形式预览，便于对演示文稿进行整体编辑，如重新安排幻灯片出现的顺序。但是在此视图中，不能对幻灯片内容进行编辑。左图中每张幻灯片右下角的数字代表该幻灯片的编号。若添加了动画，在幻灯片右下角将出现图标。

◆ **备注视图**：在备注视图中可以编辑整页备注。

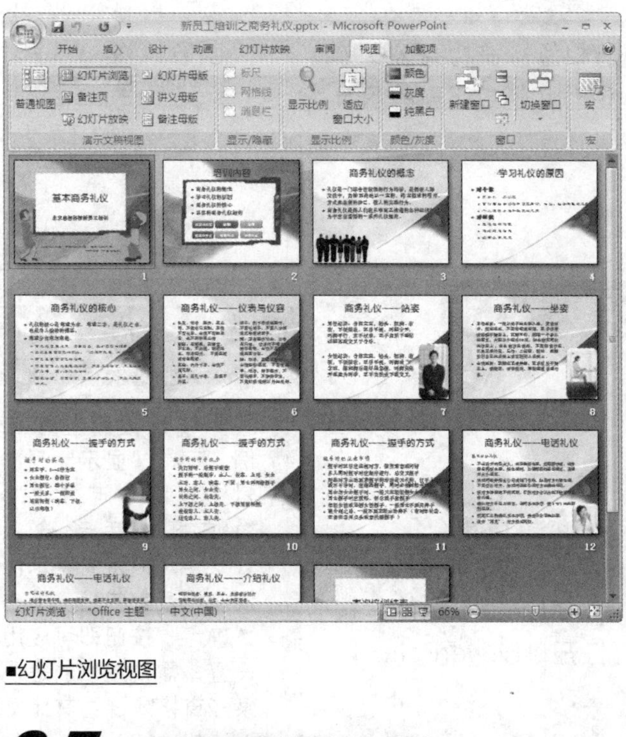

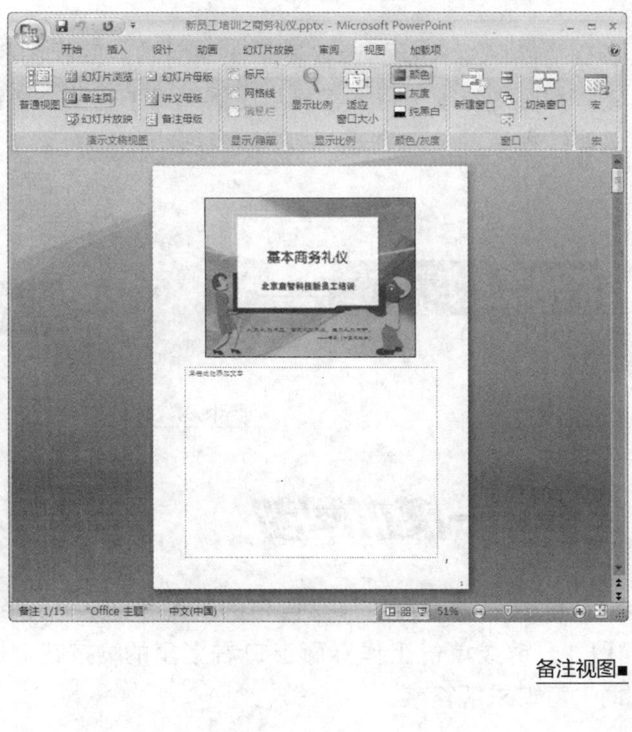

■幻灯片浏览视图

备注视图■

2.5 调节显示比例

调节显示比例的操作很简单，但是在实际操作中经常会为了方便操作对象而缩放窗口，所以非常重要。本书单独提炼一节来讲解，是为了提高大家的重视。下面列举出常用的两种设置方法。

2.5.1 通过“视图栏”调节

视图栏中除了切换视图的按钮外，其他功能都是用来调节显示比例的，分别如下：

■视图栏后半部分

- ◆ “缩放级别”按钮：该按钮上面显示的是当前演示文稿在工作界面窗口中的显示比例。单击该按钮，将打开“显示比例”对话框，其中包括了7个固定的比例，选中对应的单选按钮即可设置成功。
- ◆ 调节显示比例滑条：该滑动条在“缩放级别”按钮后。拖动中间的滑块可以在10%~400%的范围内调节显示比例。也可以直接单击“缩小”按钮和“放大”按钮进行调节。
- ◆ “使幻灯片适应当前窗口”按钮：单击该按钮，可以让当前演示文稿在工作界面窗口中显示的比例适应幻灯片编辑窗口的大小。

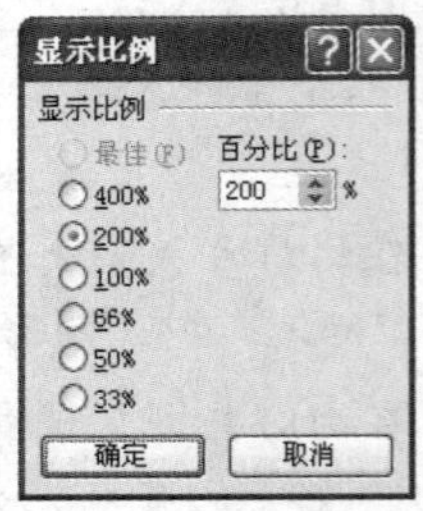

“显示比例”对话框■

2.5.2 通过功能区调节

功能区中包括的设置显示比例的功能同视图栏中的相似。在功能区中单击“视图”选项卡，在“显示比例”组中有两个按钮，其作用通过下面的图示就能了解。

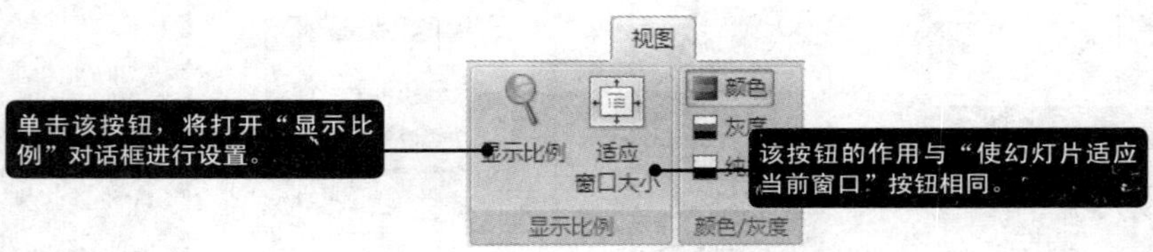

■显示比例”组

2.6 一键求帮助

每一个应用软件都有自带的帮助系统，PowerPoint 2007也不例外。按【F1】键或单击工作界面窗口右上角的按钮，即可打开“PowerPoint 帮助”窗口求解答惑。

2.6.1 通过超链接

在“PowerPoint 帮助”窗口中可以直接通过自带的知识列表来了解PowerPoint 2007的相关知识，这是Office开发者针对大部分用户可能出现的问题创建的一个有效帮助方法。知识列表是以文字超链接列举出来的，如下图所

使用技巧：窗格的独立缩放

在使用“普通视图”时，各窗格都可以独立缩放，若只需要为“备注”窗格设置显示比例，需将鼠标光标插入到该窗格中，然后单击“显示比例”按钮，在打开的对话框中设置该窗格的显示比例。

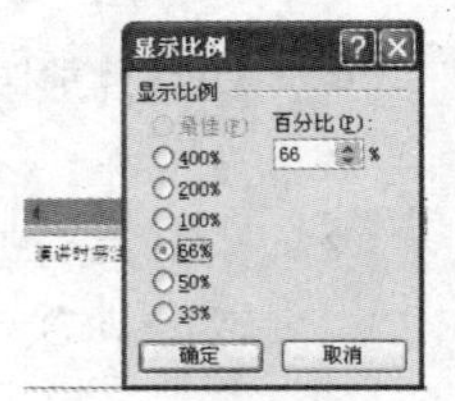

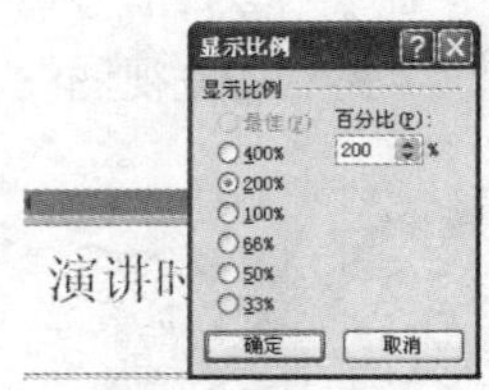

要点提示：精确设置显示比例

若想精确设置显示比例，可在“显示比例”对话框的“百分比”数值框中手动输入10%～400%的显示比例。设置完成后，单击“确定”按钮即可应用设置，需要注意的是，某些窗格或视图其比例无法超过10%。

示。直接单击对应的超链接能直接进入需要查看的知识点帮助页面，进入以后，可能会出现更多关于该知识点的细分项目，根据实际需要，单击相应的超链接可获取帮助。

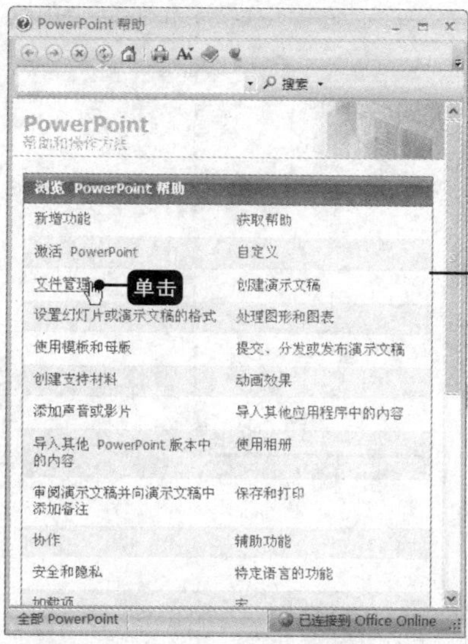

■ "PowerPoint 帮助"窗口

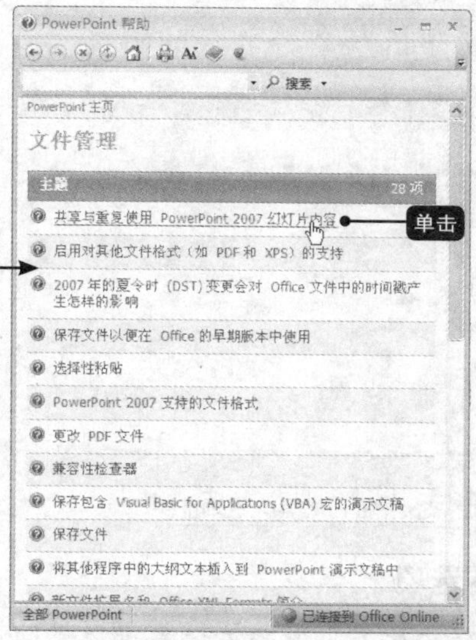

帮助页面■

2.6.2 通过搜索

除了通过超链接获取帮助之外，用户还可以根据需要，通过搜索获取帮助信息。在"PowerPoint 帮助"窗口的左上角，有一个帮助搜索框，在其中可以输入关键词，或输入问句，然后按【Enter】键，或单击右侧的"搜索"按钮，均可在窗口的下面区域显示搜索结果，并列出帮助主题。单击所需要的最匹配选项，显示详细解释。

如在帮助搜索框中输入关键词"文字"，单击右边的"搜索"按钮，即可得到下面区域所显示的有关"文字"的所有帮助信息，如右图所示。

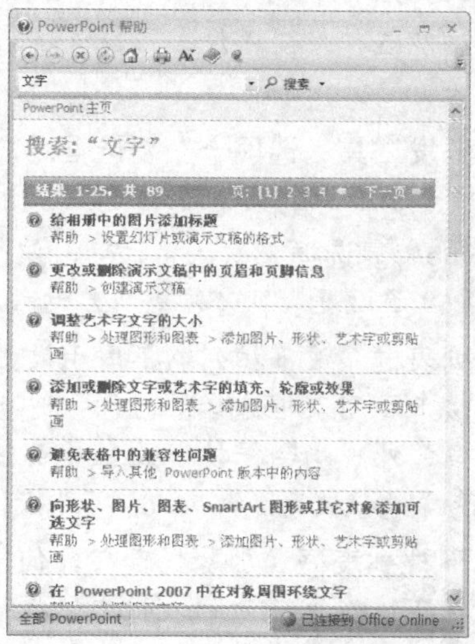

搜索"文字"的帮助信息■

2.7 解析常用功能设置选项

PowerPoint 2007功能设置选项基本都集中到了"PowerPoint 选项"对话框中。通过Office菜单中的"PowerPoint 选项"按钮可以打开该对话框。

2.7.1 最常用的选项

打开"PowerPoint 选项"对话框，默认显示的是"常用"选项卡，在其中可以对PowerPoint最常用的选项进行设置。

使用技巧：帮助按钮的使用

在"PowerPoint 帮助"窗口顶部有该窗口的工具栏。移动鼠标光标到按钮上时，可以显示该按钮的作用。其中"后退"按钮和"前进"按钮的作用与浏览器中按钮的作用相同；单击"显示目录"按钮，帮助窗口将以双窗格的形式显示，左侧窗格列出帮助主题；右侧窗格列出已选帮助主题。

要点提示：通过"搜索"获取帮助

单击"搜索"按钮右的下拉按钮可以选择搜索的具体方向；在"PowerPoint 帮助"窗口右下角将显示此时的链接状态。若为"脱机"状态，表示只显示本机的帮助信息；若为"已连接到Office Online"状态，表示如果计算机已连接到Internet，将自动连接到Office官方网站，可以自行选择。

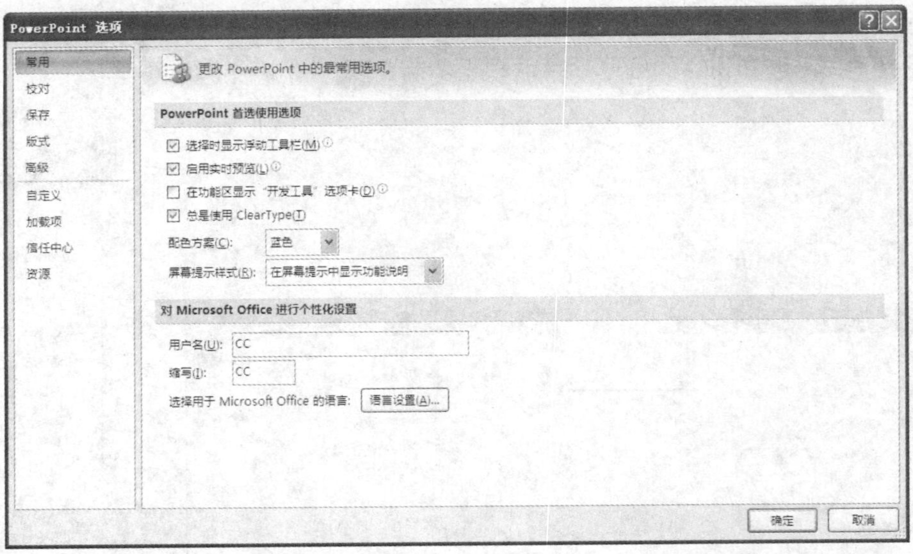

■ "PowerPoint 选项"对话框的"常用"选项卡

1. 使用PowerPoint的首选项

在该对话框的"常用"选项卡中有一些重要的选项是需要学习和掌握的，如下所述：

- **"选择时显示浮动工具栏"复选框：** 默认情况下，该复选框处于选中状态，表示当选择幻灯片中的一些文字时，会显示浮动工具栏，即前面提到的迷你工具栏。
- **"启用实时预览"复选框：** 默认情况下，该复选框处于选中状态，表示能在操作时即时预览对演示文稿所做的更改。
- **"在功能区显示'开发工具'选项卡"复选框：** 默认情况下，该复选框没有被选中。如果选中该复选框，表示在功能区中添加一个能访问开发工具控件、编写代码或创建宏的"开发工具"选项卡。
- **"总是使用ClearType"复选框：** 默认情况下，该复选框处于选中状态，表示改进了文本外观，以便更易于阅读。如果更改了设置，则必须重新启动程序才能使新设置生效。
- **"配色方案"下拉列表框：** 该下拉列表框用于设置程序外观的配色方案，默认情况下，该下拉列表框选择"蓝色"选项，即程序使用一致的"蓝色"配色方案，外观均会保持一致且具专业性。另外，还可以在该下拉列表框中选择"银波荡漾"或"黑色"选项。

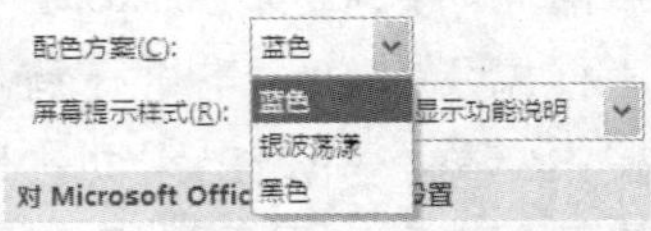

可选择的配色方案■

- **"屏幕提示样式"下拉列表框：** 屏幕提示即我们常说的"屏幕标签"。默认情况下，在该下拉列表框中选择"在屏幕提示中显示功能说明"选项，表示当鼠标光标停留在命令或控件上时，可以以屏幕标签的形式显示功能名称、功能说明以及"帮助"超链接。若选择"不在屏幕提示中显示功能说明"选项，则表示当鼠标光标停留在命令或控件上时，只显示功能名称；若选择"不显示屏幕提示"选项，表示当鼠标光标停留在命令或控件上时，可以隐藏所有功能名称和说明文本。

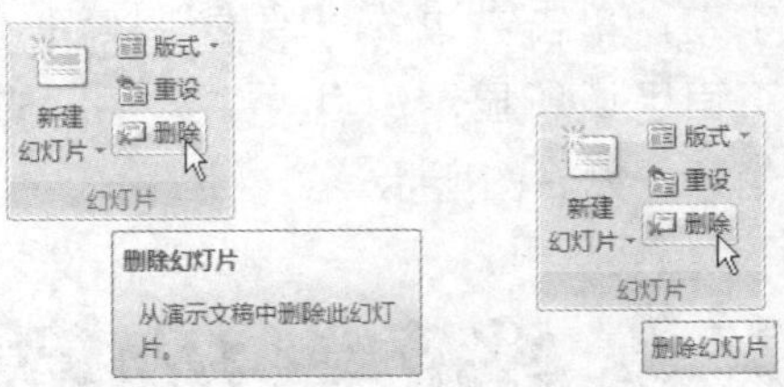

不同的屏幕标签对比■

2. 对Microsoft Office进行个性设置

在创建或编辑演示文稿时，可以设置作者和语言等选项。

- **"用户名"文本框：** 输入作者名（该名称将出现在文件"属性"中）。
- **"缩写"文本框：** 输入用户名的缩写（该缩写将出现在审阅注释中）。

◆ “语言设置”按钮：单击该按钮，在打开的对话框中设置要用来创建和编辑演示文稿的语言首选项。

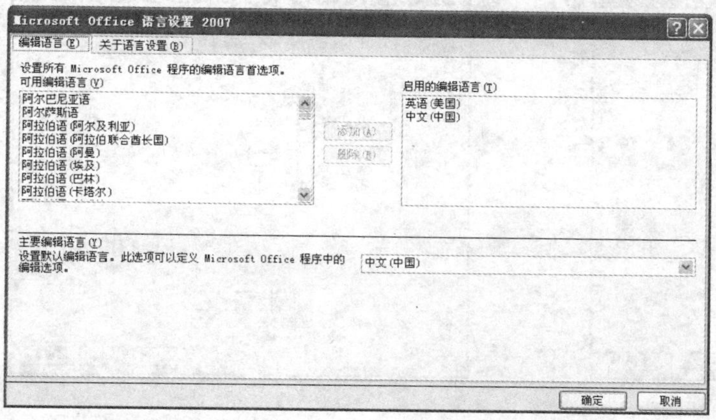

■语言设置

> **使用技巧：设置主要编辑语言**
>
> 单击“语言设置”按钮，打开“Microsoft Office语言设置 2007”对话框，在“主要编辑语言”下拉列表框中选择主要编辑语言。

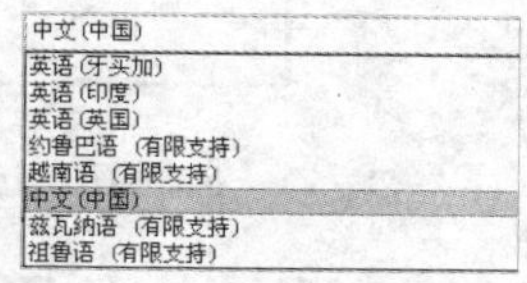

2.7.2 设置文本更正与格式的方法

在“PowerPoint 选项”对话框中单击“校对”选项卡，在其中可以更改在输入时自动更正的文本和设置文本格式的方式。通常情况下，这些选项较少使用。一旦需要时，却非常有用，所以我们还是应该知道具体的设置方法和作用。

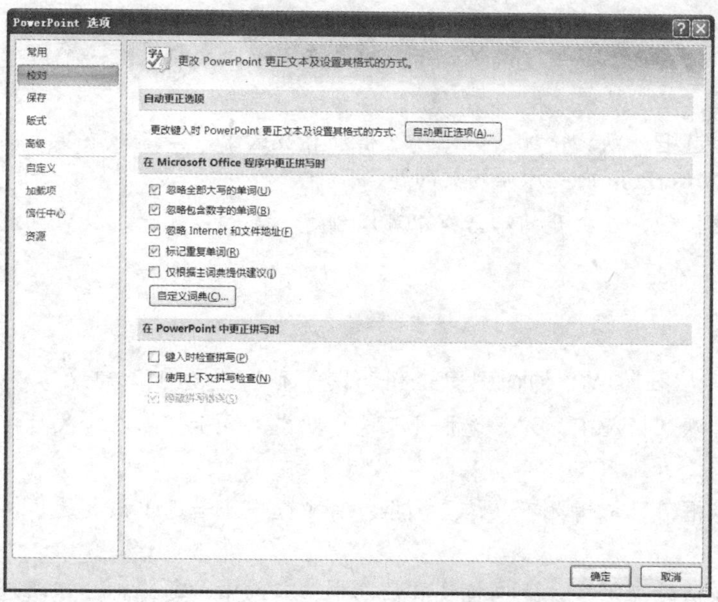

■ “PowerPoint 选项”对话框的“校对”选项卡

> **要点提示：PowerPoint 2003中的“选项”**
>
> 在PowerPoint 2003中选择“工具/选项”命令，打开“选项”对话框，其中包含了多个选项卡，相当于PowerPoint 2007中的“PowerPoint 选项”对话框的雏形。

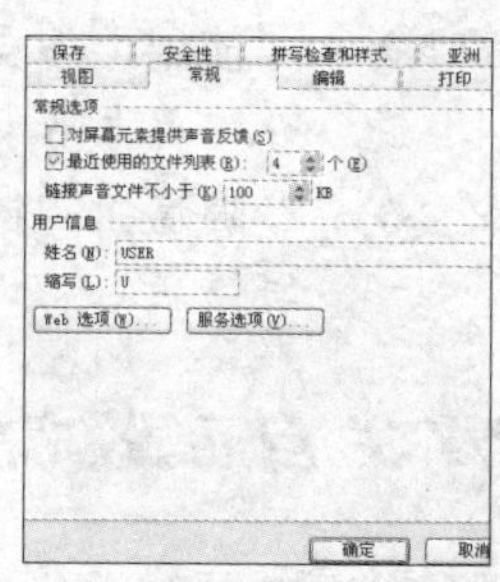

1. 自动更正选项

单击“自动更正选项”栏中的“自动更正选项”按钮，打开“自动更正”对话框，其中有“自动更正”、“键入时自动套用格式”和“智能标记”3个选项卡。用户可以根据需要设置自动检查并更正拼错的单词和不正确的大小写，快速插入版权符号和其他符号，在键入时进行替换，以及给文字加上如“人名”、“日期”等智能标记。

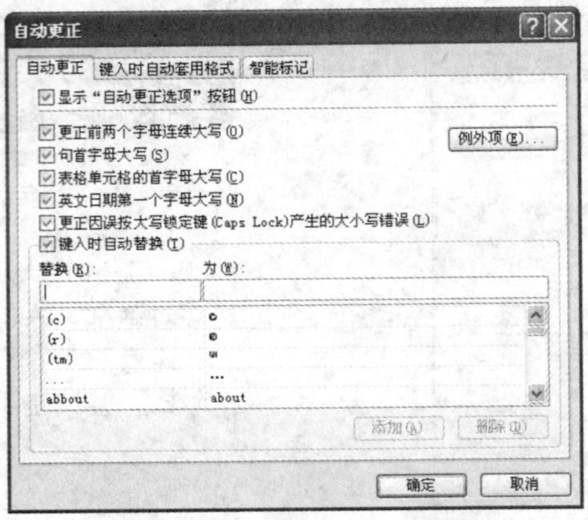

■“自动更正”选项卡

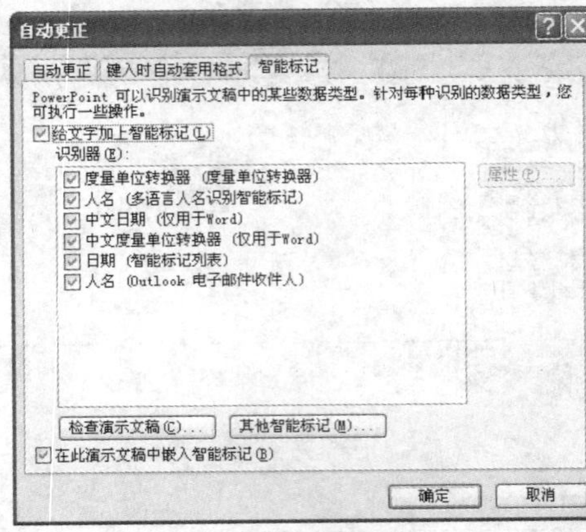

“智能标记”选项卡■

2. Microsoft Office程序中更正拼写选项

下面简要说明“校对”选项卡中各选项的意义：

- “忽略全部大写的单词”复选框：默认情况下，该复选框处于选中状态，表示不会对大写字母单词进行标记。
- “忽略包含数字的单词”复选框：默认情况下，该复选框处于选中状态，表示不会对包含数字的单词进行标记。
- “忽略Internet和文件地址”复选框：默认情况下，该复选框处于选中状态，表示不会对Internet和文件地址进行标记。
- “标记重复单词”复选框：默认情况下，该复选框处于选中状态，表示会标记在一个句子中出现过一次以上的单词。
- “仅根据主词典提供建议”复选框：默认情况下，该复选框没有被选中。若选中该复选框，表示可以确保PowerPoint提供来自于PowerPoint内置原始词典的建议。
- “自定义词典”按钮：单击该按钮，在打开的对话框中可以创建、添加、删除、编辑自定义词典或更改其语言。

3. PowerPoint中更正拼写选项

下面简要说明“校对”选项卡中，“在PowerPoint中更正拼写时”栏中各选项的意义：

- “键入时检查拼写”复选框：默认情况下，该复选框处于选中状态，表示可以在输入时检查单词的拼写。
- “使用上下文拼写检查”复选框：默认情况下，该复选框没有被选中。若选中该复选框，可以查找并改正上下文拼写错误。
- “隐藏拼写错误”复选框：默认情况下，该复选框没有被选中。若选中该复选框，可以避开检查拼写错误。

2.7.3 自定义文档保存方式

对演示文稿的保存是一项必要且重要的操作。我们平时一般都是按默认的方式对演示文稿进行保存操作，其实可以根据个人的需要，通过“PowerPoint选项”对话框中的“保存”选项卡对文档的保存方式进行设置。

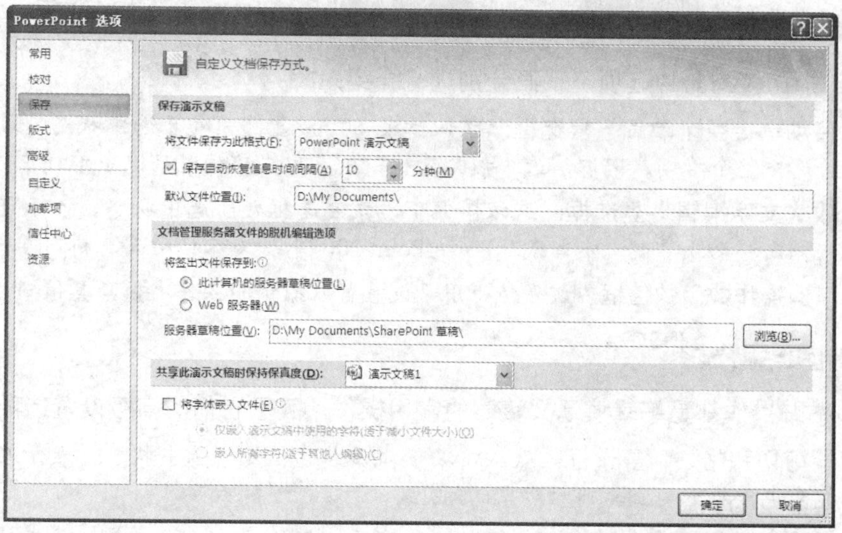

■ "PowerPoint 选项"对话框的"保存"选项卡

保存演示文稿各选项的意义如下：

- **"将文件保存为此格式"下拉列表框**：在该下拉列表框中可以设置演示文稿保存的格式，默认选择"PowerPoint演示文稿"选项，表示将演示文稿保存为PowerPoint 2007演示文稿类型，这是一种支持可扩展标记语言（XML）的文件格式，文件扩展名为.pptx。若选择"启用宏的PowerPoint演示文稿"选项，表示将演示文稿保存为包含Microsoft Visual Basic for Applications（VBA）代码的PowerPoint 2007演示文稿，文件扩展名为.pptm。若选择"PowerPoint 97-2003演示文稿"选项，表示将演示文稿保存为可以在早期版本的PowerPoint 97-2003中打开的演示文稿，文件扩展名为.ppt。
- **"保存自动恢复信息时间间隔"复选框**：在默认情况下，该复选框处于选中状态，只有在此时，其后的数值框处于激活状态，在其中可以设置保存演示文稿的时间间隔，默认为10分钟。
- **"默认文件位置"文本框**：该文本框中显示的是演示文稿保存位置的默认路径，可以进行修改。

2.7.4 高级设置选项

PowerPoint 2007的高级设置选项比较多，都是通过"PowerPoint 选项"对话框中的"高级"选项卡来设置的。下面介绍比较重要的部分选项作用。

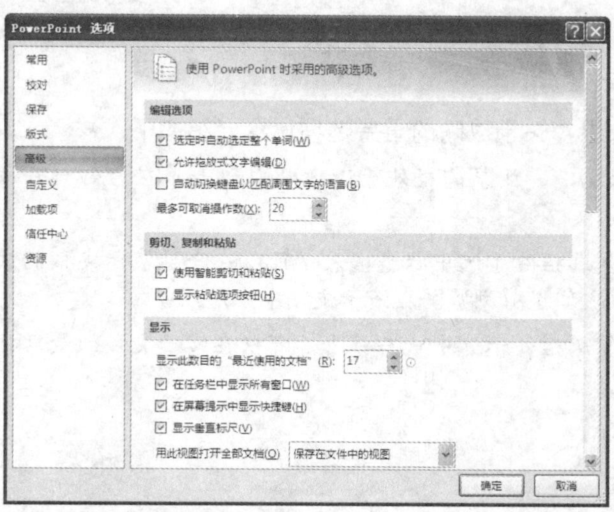

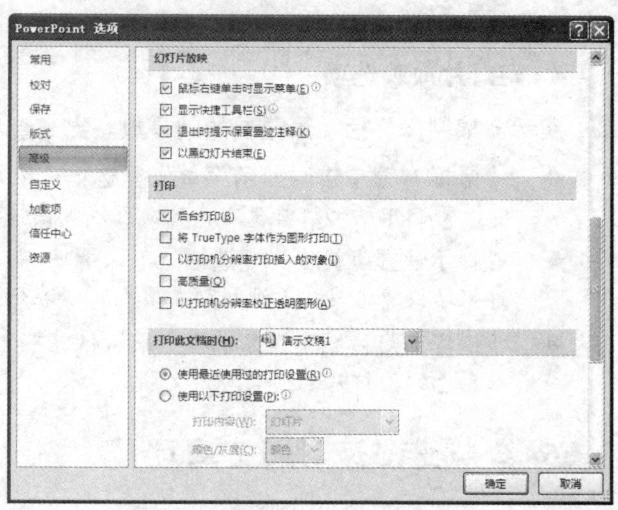

■ "PowerPoint 选项"对话框的"高级"选项卡

1. 编辑选项

编辑选项中有3个比较重要的选项，下面分别进行介绍：

- “选定时自动选定整个单词”复选框：默认情况下，该复选框处于选中状态，表示在演示文稿中单击单词时会选中整个单词。若取消选中该复选框，则在单击单词时只选中单词中的一个单独字母。
- “允许拖放式文字编辑”复选框：默认情况下，该复选框处于选中状态，表示可以通过鼠标拖动文本在演示文稿内移动或复制文本，或从PowerPoint 2007中将文本移动或复制到另一个 Office程序中。
- “最多可取消操作数”数值框：该数值框用于设置可以撤销的操作次数，其值≤150。

2. 剪切、复制和粘贴选项

剪切、复制和粘贴操作都是编辑演示文稿时的常用操作，关于它们的高级设置选项介绍如下：

- “使用智能剪切和粘贴”复选框：默认情况下，该复选框处于选中状态，表示在执行粘贴操作后，系统将智能地调整粘贴内容与前后对象的间距。
- “显示粘贴选项按钮”复选框：默认情况下，该复选框处于选中状态，表示在执行粘贴文本的操作后，将在粘贴文本位置旁边显示“粘贴选项”按钮，通过该按钮可以选择是否保留源文本格式。

3. 显示选项

显示选项包括的方面较多，下面分别进行介绍：

- “显示此数目的‘最近使用的文档’”数值框：在该数值框中可以设置最近打开或编辑过的演示文稿数。
- “在任务栏中显示所有窗口”复选框：默认情况下，该复选框处于选中状态，表示在操作系统的任务栏中将显示以各自的文件名标识的所有演示文稿窗口。若取消选中该复选框，可以仅显示活动的演示文稿窗口。
- “在屏幕提示中显示快捷键”复选框：默认情况下，该复选框处于选中状态，表示在屏幕标签中将显示键盘快捷键。
- “显示垂直标尺”复选框：默认情况下，该复选框处于选中状态，表示会显示垂直标尺。
- “用此视图打开全部文档”下拉列表框：从列表中选择一个选项，以便指定在每次启动 PowerPoint 时，在特定视图中打开所有演示文稿。

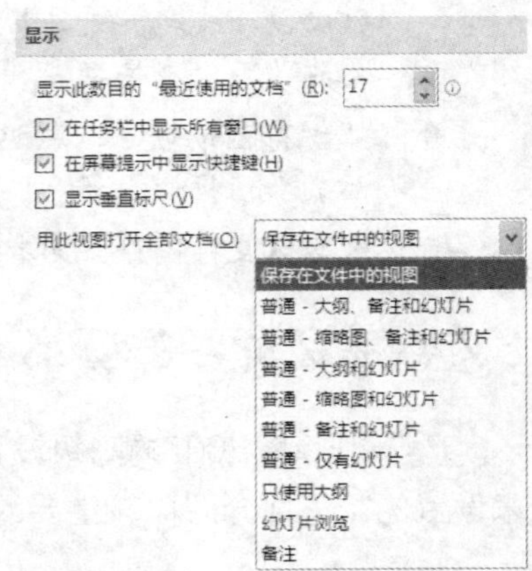

设置打开全部文档的视图

4. 幻灯片放映选项

演示文稿制作好后，最重要的就是放映出来查看效果，关于放映的重要选项设置介绍如下：

- “鼠标右键单击时显示菜单”复选框：默认情况下，该复选框处于选中状态，表示在“幻灯片放映”视图中的幻灯片上右击时，可以弹出快捷菜单。
- “显示快捷工具栏”复选框：默认情况下，该复选框处于选中状态，表示可以在全屏演示文稿的底部显示快捷工具栏，通过该工具栏可以在幻灯片之间进行浏览并在演示文稿中应用注释。
- “以黑幻灯片结束”复选框：默认情况下，该复选框处于选中状态，表示可以在演示文稿的最后插入黑色的幻灯片来结束演示文稿。

2.7.5 自定义快速访问工具栏

通过前面的学习，我们已经知道通过“PowerPoint 选项”对话框设置快速访问工具栏。下面讲解主要的自定义操作：

1. 添加快速访问工具栏中的命令

下面以添加不在功能区中的“清除”命令为例来讲解具体的操作方法。

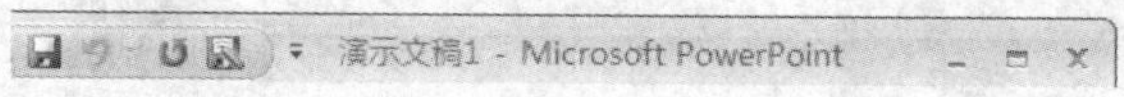

■添加“清除”命令后的效果

Step 01 打开“PowerPoint 选项”对话框，单击“自定义”选项卡，在“从下列位置选择命令”下拉列表框中选择“不在功能区中的命令”选项（即设置要添加的命令所在程序中的位置）。在列表框中拖动右侧的滚动条，找到并选择“清除”选项，单击中间的“添加”按钮。

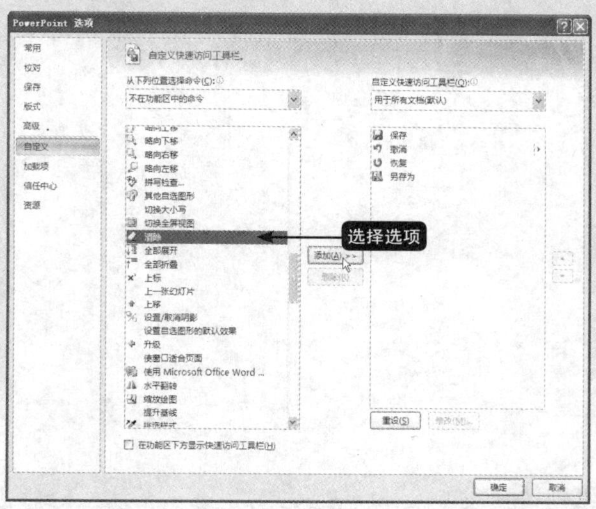

Step 02 “清除”命令加到右侧的列表框中，其他选项保持默认设置，单击“确定”按钮应用设置。“清除”命令将以按钮的形式出现在快速访问工具栏中。

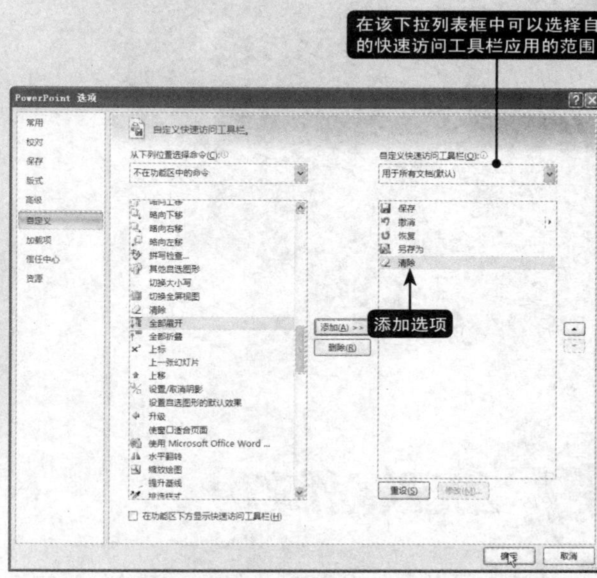

2. 删除/重设快速访问工具栏中的命令

从上面添加快速访问工具栏命令的操作过程中可以看到，在“PowerPoint 选项”对话框的“自定义”选项卡中，左侧的列表框中的选项就是快速访问工具栏中的命令，所以，如果需要删除快速访问工具栏中的命令，只需在该列表框中选择要删除的选项，单击“删除”按钮即可。

单击该列表框下面的“重设”按钮可以让快速访问工具栏恢复到默认状态。

3 Chapter 操作演示文稿和幻灯片之道

READERS' GUIDE

本章主要是学习演示文稿和幻灯片的基础操作，知识架构清晰、各项具体的操作方法较简单，大家学习起来不费力。已经掌握本章知识的读者可跳过该章继续学习，初学者还是应该脚踏实地学习本章内容。

MAIN CASES

3.1 创建演示文稿

从这一章节开始，将向读者介绍制作PPT的详细流程。一般情况下，制作PPT的流程是由创建新的演示文稿开始的，下面介绍3种常用的创建演示文稿的方法，读者在实际操作过程中，可以根据自身的情况选择合适的方法。

3.1.1 创建空白演示文稿

创建空白演示文稿是制作PPT的开始，一般要求作者能熟练掌握软件的使用方法、有明确的策划方案以及能操控制作过程的能力。换一个角度来看这个问题，我们也可以从“空白”开始学习制作PPT，充分发挥想象的空间，了解制作PPT的全过程，创建完全属于自己的PPT。

下面一起来体验创建一个空白演示文稿的操作方法：

Step 01 启动PowerPoint 2007程序后，系统会自动创建一个空白演示文稿，在前面的工作界面图中已经存在这个“演示文稿1”了。然后选择“Office/新建”命令。

Step 02 打开“新建演示文稿”对话框，左侧默认为“空白文档和最近使用的文档”选项卡，在该选项卡中间的“空白文档和最近使用的文档”栏中选择“空白演示文稿”选项，单击“创建”按钮。

Step 03 在工作界面窗口中，新建了一个空白演示文稿，PowerPoint 2007会对新建的演示文稿进行命名，其命名规则为“演示文稿1”、“演示文稿2”……在此新建的演示文稿名称为“演示文稿2”。

3.1.2 从模板创建演示文稿

模板是提供了与所添加幻灯片内容的字体、版式、颜色等相一致的设计方案，是创建新演示文稿的起始文档。用户通过这种方式来创建演示文稿，以后的操作会更轻松。演示文稿的模板有很多，创建的方法都一样，下面从“宣传手册”模板开始创建演示文稿。

Step 01 选择“Office/新建”命令，打开“新建演示文稿”对话框，在左侧单击“已安装的模板”选项卡，在中间的“已安装的模板”栏中选择“宣传手册”选项，单击“创建”按钮。

Step 02 以“宣传手册”模板创建的演示文稿创建成功（以后就可以直接在此基础之上来编辑演示文稿）。

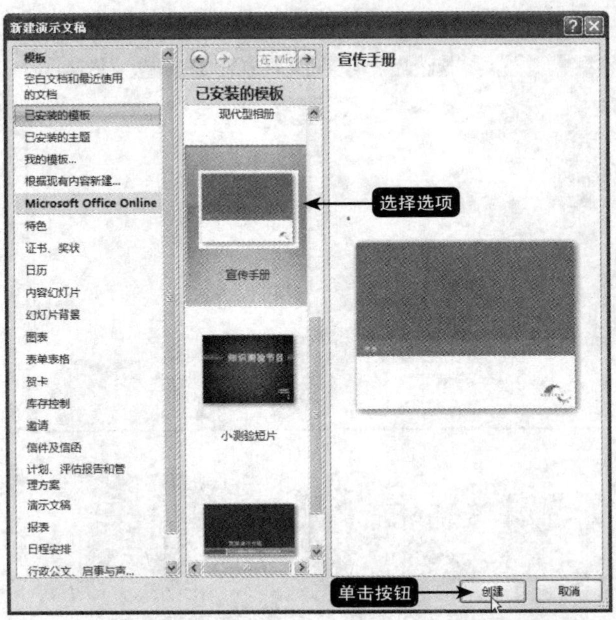

PowerPoint 2007中的模板可以分为下面3类：

- **已安装的模板**：PowerPoint 2007中已经安装的模板有6个，分别是古典型相册、PowerPoint 2007简介、现代型相册、宣传手册、小测验短片和宽屏演示文稿。

- **我的模板**：我的模板中存放的是自己创建的模板，或是在其他版本的PowerPoint中曾经使用的模板。
- **从Microsoft Office Online上搜索模板**：在“模板”列表框的下半部分有一栏为Microsoft Office Online，其中包括了Microsoft Office Online网站提供的模板的部分种类，如贺卡、报表等。选择一种样式，单击右下角的“下载”按钮，即可下载该模板，除此之外，还可以在“新建演示文稿”对话框顶部的搜索文本框中输入要查找的模板关键词，单击→按钮，在线搜索其他模板。

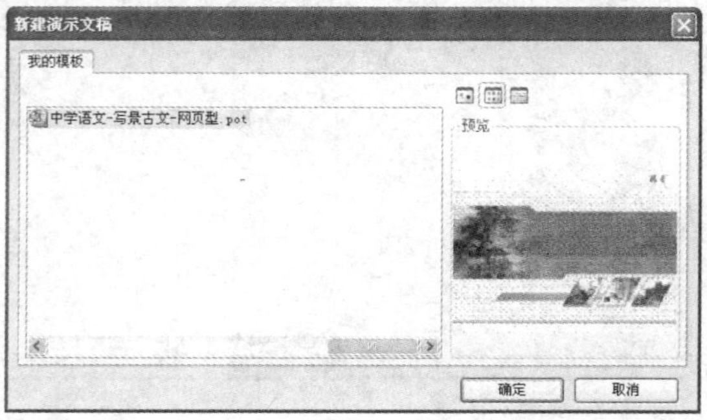

■我的模板

搜索“研究报告”类的模板■

3.1.3 根据现有内容创建演示文稿

这是一种新的创建方法，宗旨是简单复制与所要建立演示文稿的内容及格式相似的现有演示文稿，具体操作如下：

Step 01 选择“Office/新建”命令，打开“新建演示文稿”对话框，在左侧模板栏中单击“根据现有演示文稿新建”选项卡。

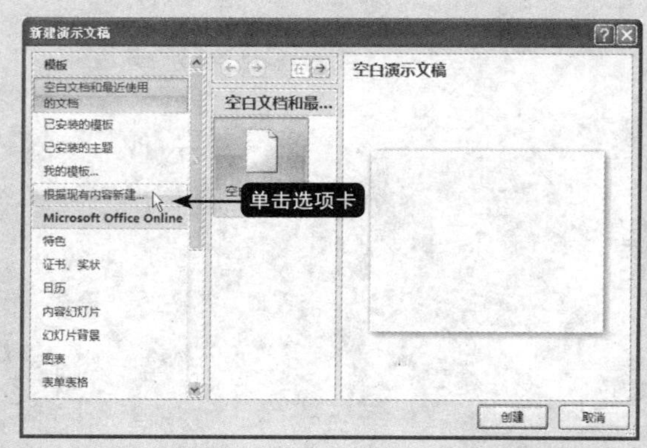

Step 02 打开“根据现有演示文稿新建”对话框，选择“快乐圣诞节.pptx”演示文稿，单击“新建”按钮。

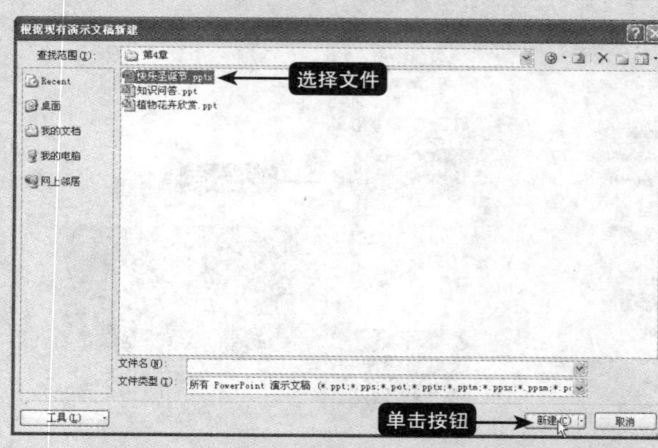

Step 03 此时返回PPT窗口，发现已经创建了原有演示文稿“快乐圣诞节.pptx”的副本，这里系统将它重命名为“演示文稿2”，如右图所示。在“幻灯片/大纲”窗格中可以看到，存在4张“快乐圣诞节”效果的幻灯片，用户可以在该模板样式的基础之上，根据自身的需要将其修改成为新的演示文稿。

3.2 保存演示文稿

新建的演示文稿如果不进行保存，前面的操作也就没有实质意义，而且会被后面再创建的演示文稿覆盖。下面从首次保存和另存文档两个角度来介绍保存的方法。

3.2.1 首次保存

第一次保存演示文稿时，会打开“另存为”对话框，在其中设置演示文稿的保存路径、保存类型和名称，下一次就可以根据这些信息来找到该文件。

下面以保存上一节创建的“快乐圣诞节.pptx”副本——“演示文稿2”为例讲解具体的保存操作。

Step 01 在“演示文稿2”的窗口中选择“Office/保存”命令。

Step 02 打开“另存为”对话框，在“保存位置”下拉列表框中显示系统默认的保存路径，这里根据需要选择保存在“工作2”文件夹中，在“文件名”下拉列表框中输入文件名“快乐圣诞节.pptx”，单击“保存”按钮。

Step 03 演示文稿保存成功，此时，在标题栏上将显示文件名“快乐圣诞节.pptx”。

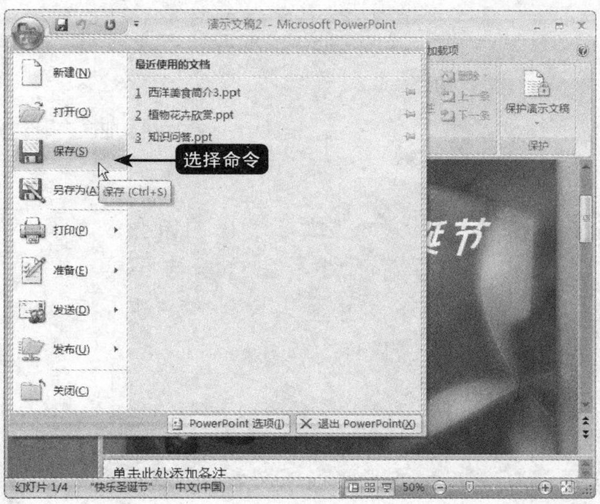

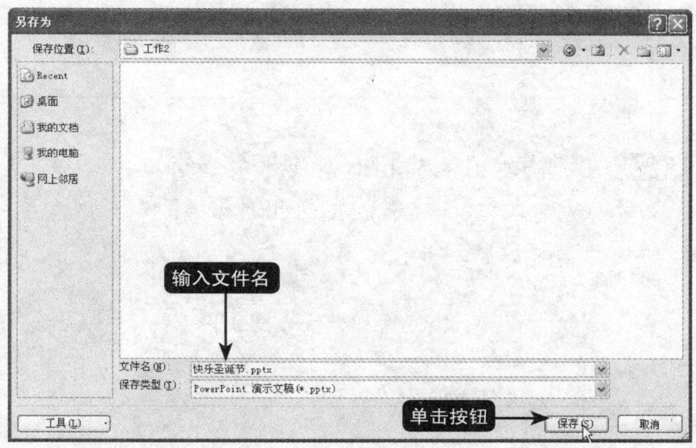

3.2.2 另存文档

在PowerPoint 2007中另存文档的主要作用是将当前演示文稿再保存。除了将原文档覆盖保存外，原文档仍然存在，可以保存为其他名称，或保存在其他路径，或保存为其他类型（包括不同版本的文档类型转换）。其中前两种都可以在“我的电脑”中通过重命名，或移动的方法来解决，相信大家已经能很好地掌握。所以，首先需要了解另存的文档类型有哪些。

- PPT、PPTX：这两种格式都是PowerPoint中最为基础的文件类型。在PowerPoint 2007中，两种格式的文件均可正常使用，但在早期版本的PowerPoint中需安装了相关补丁后才能打开PPTX文件。
- PPTM：这是包含有宏内容的演示文稿，它与PPTX的本质区别就在于其中包含有宏。
- POT、POTX、POTM：POT是早期版本的模板文件；POTX是PowerPoint 2007的模板文件；POTM是包含有宏的模板文件。PowerPoint 2007支持早期的POT模板文件。
- THMK：该文件格式是“Office 文档主题”，是PowerPoint 2007的一种新格式文档。当演示文稿制作完成后，如果对其中的配色方案和字体方案很满意，可将其保存为该文件格式，这样在Word 2007或Excel 2007中也可使用相同的配色或字体方案。
- PPS、PPSX：这两种格式是PPT和PPTX文件的变体，在内容上没有什么区别，只是这类文件在打开后会以全屏放映的方式显示，而不提供软件编辑界面，它们的出现是为了方便放映已经编辑制作完成的演示文稿。在PowerPoint 2007中只能保存为PPSX格式文件。

另存的文档类型■

选择“Office/另存为”命令，在弹出的子菜单中包括了另存为文档的各项细化命令，可通过命令下面的文字大概了解该命令的作用，方便做出正确的选择。

另外，若直接单击“另存为”命令，将打开“另存为”对话框，该对话框的作用与选择“PowerPoint 演示文稿”命令相似。

下面继续在上一小节的例子中进行另存为操作，让大家掌握另存为的操作方法。

“另存为”命令子菜单■

Step 01 在“快乐圣诞节.pptx”演示文稿窗口中选择“Office/另存为”命令，在弹出的子菜单中选择“PowerPoint 放映”命令。

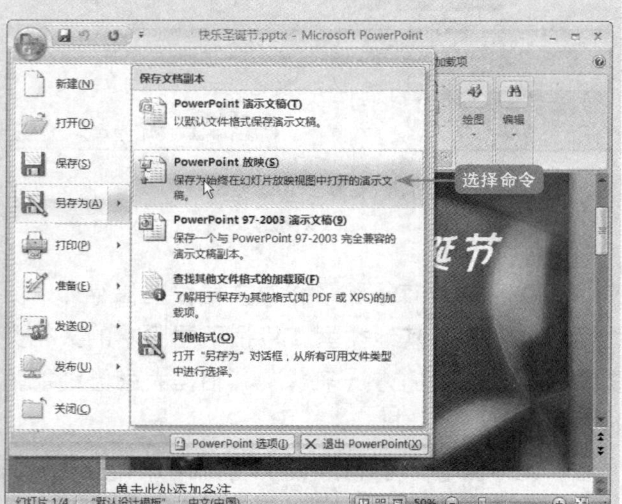

Step 02 打开“另存为”对话框，在“保存位置”下拉列表框中选择保存的路径，这里选择桌面，在“文件名”下拉列表框中输入文件名“快乐圣诞节演示.ppsx”，单击“保存”按钮。

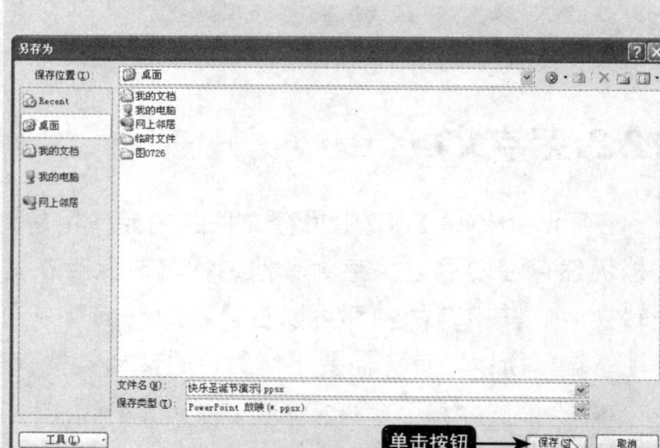

Step 03 在桌面上产生一个“快乐圣诞节.pptx”演示文稿的放映文件“快乐圣诞节演示.ppsx”，如右图所示。

3.3 打开演示文稿

能够在PowerPoint 2007中打开的文档一定是存过档，有名称的。在PowerPoint 2007中打开演示文稿的常用方法有以下几种：

- 在计算机中找到要打开的演示文稿保存的路径，双击演示文稿的图标，即可在PowerPoint 2007中打开该演示文稿。缺点：如果不记得保存位置，就不好寻找。
- 启动PowerPoint 2007程序，选择“Office/打开”命令或按【Ctrl+O】组合键，打开“打开”对话框，在其中找到演示文稿的保存路径后即可打开该文档。“打开”对话框的“查找范围”下拉列表框中保留了上一次选择的路径，所以，比起上一种方法，这种方法使用频率更高。
- 前面已经提到过，即选择“Office/新建”命令，在右侧的“最近使用文档”栏中可以选择打开最近使用过的演示文稿。

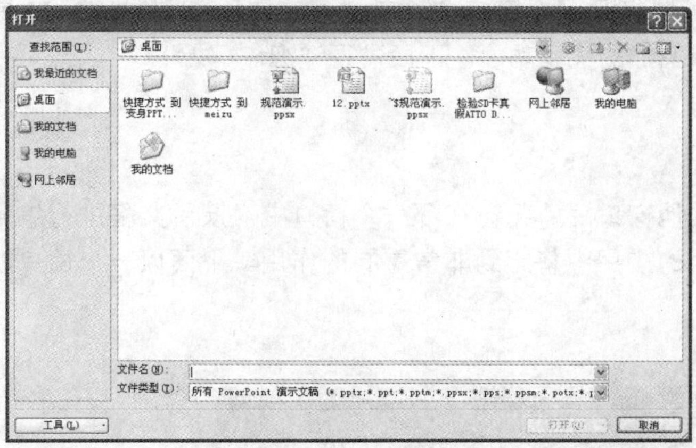

“打开”对话框

在“打开”对话框中单击“视图”按钮右侧的下拉按钮，在弹出的下拉列表中包括8种查看文件的方式，选择其中的不同选项可以一目了然地看到演示文稿的效果，快速找到要打开的演示文稿。各选项的意义如下：

- 缩略图：以缩略图方式预览演示文稿。

缩略图

- 平铺：以大图标方式显示文件和文件夹。
- 图标：以中等大小的图标方式显示文件和文件夹。
- 列表：以小图标方式显示文件和文件夹。

使用技巧：以不同方式打开演示文稿

在“打开”对话框中单击“打开”按钮右侧的下拉按钮，在弹出的下拉列表中包括5个选项，选择“打开”选项与单击“打开”按钮的操作相同，可以直接打开演示文稿；选择“以只读方式打开”选项，将以只读的方式打开该演示文稿，表示当演示文稿设置了密码时，其他人将只能以只读方式打开该文档；选择“以副本方式打开”选项，将以原文档的副本方式打开演示文稿；选择“用浏览器打开”选项，只针对打开默认浏览器中已经保存为网页格式的演示文稿；选择“打开并修复”选项，表示打开演示文稿时，系统试图修复一个已经有问题，或被损坏的演示文稿。

要点提示：另存为对话框的用法

首次保存演示文稿时打开的也是“另存为”对话框，对已经保存过的演示文稿再进行“保存”操作时，将不会打开“另存为”对话框，系统会直接对已存档的文档执行保存操作。

“另存为”对话框中的操作方法都相同，不同的是选择不同的命令打开的对话框中的保存类型有区别。大家可自行尝试操作，对比效果。

- 详细信息：以小图标和有关大小、类型和修改日期的形式显示文件和文件夹。
- 属性：以小图标方式显示文件和文件夹，并显示所选文件的属性。
- 预览：以小图标方式显示文件和文件夹。演示文稿将显示预览效果。
- Web视图：以网页格式显示保存的演示文稿。

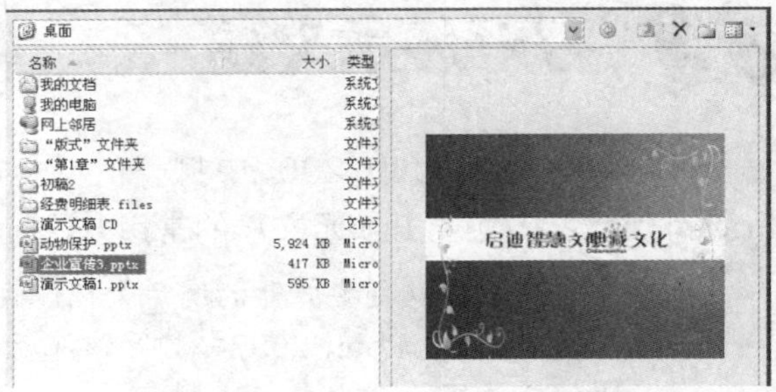

预览图

3.4 在同一个演示文稿中打开多个窗口

在同一个演示文稿中可以打开多个窗口并对其进行查看、编辑，大大方便了用户操作复杂演示文稿。这是PowerPoint 2007新增加的优秀功能，下面进行详细讲解。

3.4.1 新建窗口

新建一个演示文稿的其他窗口后，无论在哪一个窗口中对演示文稿进行编辑，其他窗口都会进行相应的变化，这个功能在后面的应用中将起到非常重要的作用。下面以一个简单的案例来演示新建窗口的具体操作方法：

应用案例——为“电脑入门知识新讲堂.pptx”新建窗口

素材 光盘：\素材\第3章\电脑入门知识新讲堂.pptx
效果 光盘：\效果\第3章\无

Step 01 启动PowerPoint 2007，选择“Office/打开”命令，打开“打开”对话框，在“查找范围”下拉列表框中选择“电脑入门知识新讲堂.pptx”演示文稿的保存路径，在中间的列表框中选择“电脑入门知识新讲堂.pptx” 演示文稿，单击“打开”按钮，打开“电脑入门知识新讲堂.pptx”演示文稿。

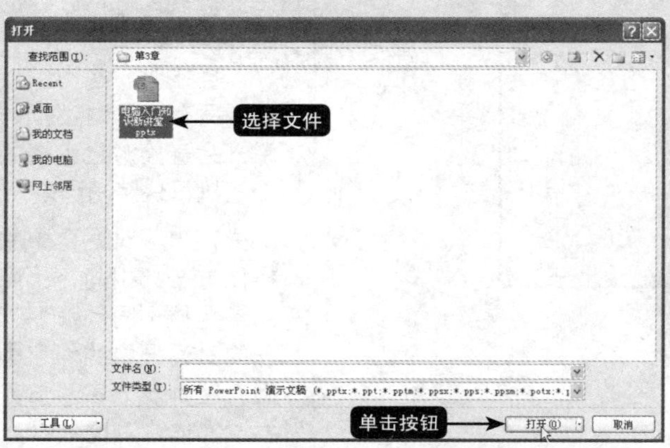

Step 02 单击功能区中的“视图”选项卡，在“窗口”组中单击“新建窗口”按钮。将为“电脑入门知识新讲堂.pptx”演示文稿添加一个编辑窗口。再单击该按钮两次，添加两个编辑窗口。

Step 03 此时该演示文稿一共有4个编辑窗口，最后新建的窗口处于当前激活状态，如右图“电脑入门知识新讲堂.pptx4”演示文稿。

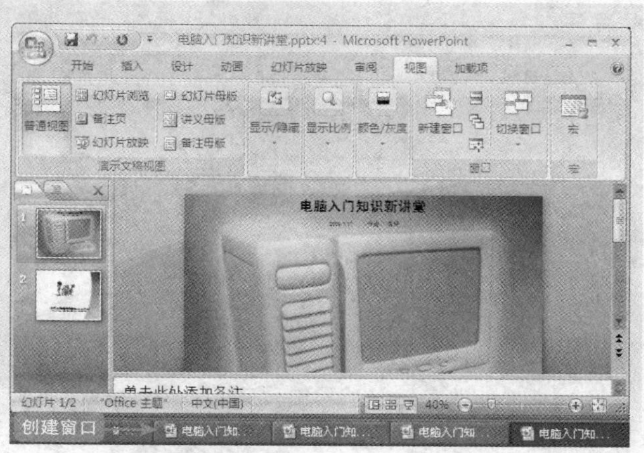

3.4.2 排列窗口

对打开的多个窗口可以进行如下两种排列操作:

- 全部重排：当一个演示文稿中有多个编辑窗口时，单击“窗口”组中的“全部重排”按钮后，在屏幕中并排平铺所有窗口。
- 层叠：当一个演示文稿中有多个编辑窗口时，单击“窗口”组中的“层叠”按钮后，所有窗口在幻灯片编辑窗格中将以层叠的方式展示出来，让窗口重叠起来。

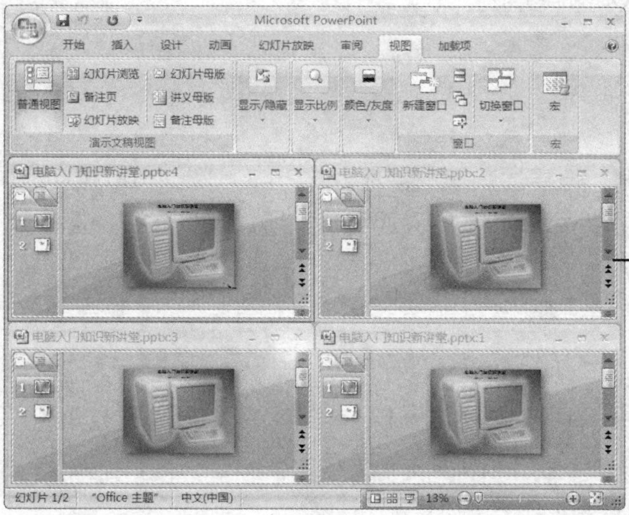

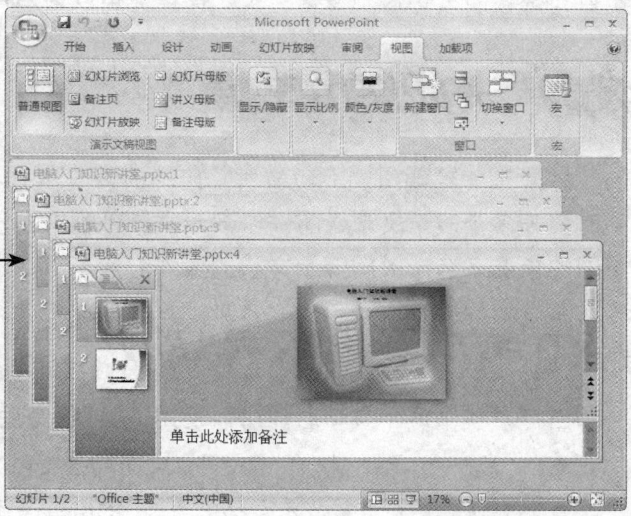

■全部重排窗口

层叠窗口■

3.4.3 移动拆分窗口

在PowerPoint 2007中，除了可以新建演示文稿的多个窗口，对其进行编辑和重排操作之外，还可以对打开的窗口进行移动拆分，使其满足用户需求。

单击“窗口”组中的“移动拆分”按钮后，鼠标光标变成形状。可通过键盘中的上下左右键移动一个窗口中的分隔条，按【Enter】键完成操作。

下图所示是在“移动拆分”状态下不停地按【↑】键而产生的变化效果。

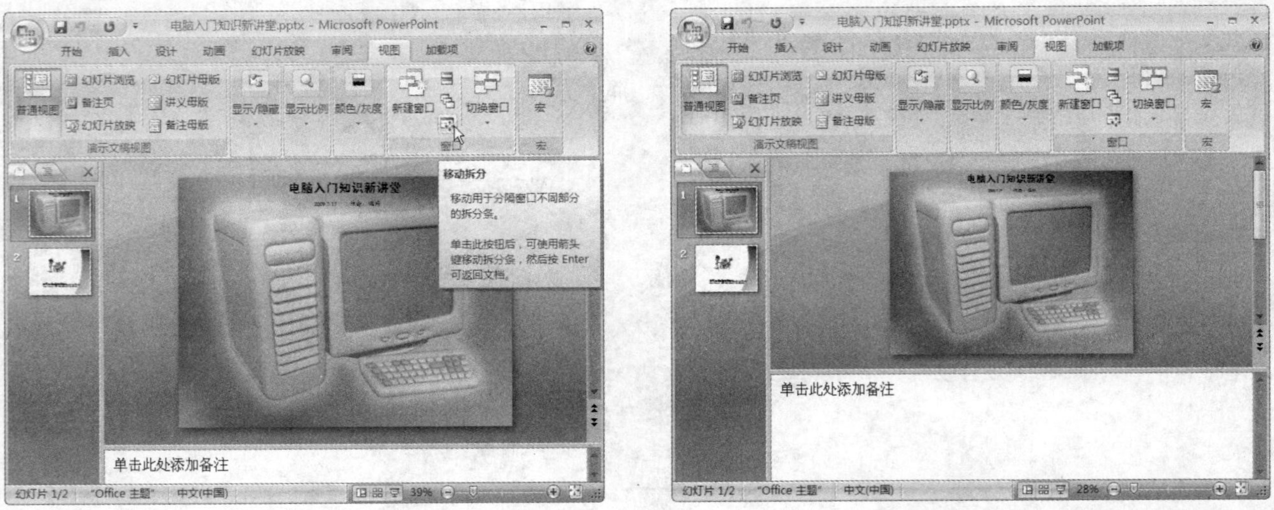

移动拆分窗口■

3.4.4 切换窗口

切换多个演示文稿窗口的操作方法同在操作系统中切换窗口的方法相似，但在PowerPoint 2007中。还有一个专属切换演示文稿窗口的操作方法，下面将介绍其具体步骤：启动PowerPoint 2007。单击工作区中的“视图”选项卡，单击“窗口”组中的“切换窗口”按钮，在弹出的下拉列表中选择要切换到的窗口名称，即可切换到该窗口中，使该窗口成为当前激活窗口。

3.5 关闭演示文稿

当演示文稿编辑完成或暂告一段落时，可将其关闭。但要注意一个情况，在PowerPoint 2007中可以同时打开多个演示文稿，每一个演示文稿都拥有自己的PowerPoint工作界面窗口，所以严格来讲，应该分不同的情况来选择关闭演示文稿的操作方法。

3.5.1 当打开了多个演示文稿时

当打开多个演示文稿时，可以使用下面两种方法关闭当前的演示文稿：

- 方法一：单击当前演示文稿右上角的“关闭”按钮，即可关闭该演示文稿。
- 方法二：在当前演示文稿中选择“Office/关闭”命令，即可关闭该演示文稿。

3.5.2 只打开了一个演示文稿时

当只打开了一个演示文稿时，就只能通过上面的“方法二”来关闭演示文稿；若使用“方法一”会在关闭演示文稿的同时退出PowerPoint 2007程序。

3.6 转换演示文稿

在PowerPoint 2007中可以打开早期PowerPoint版本制作的演示文稿，但从前面的学习我们得知两者的文件格式是不相同的。所以，当在PowerPoint 2007中打开PPT格式的演示文稿时，在工作界面窗口的标题栏中将显示字样为“XX.ppt［兼容模式］”。不过，这并不影响该文档在PowerPoint 2007中进行基础的编辑操作，编辑完成后也能保存。而且，还可以将PPT格式的演示文稿转换成PPTX格式的演示文稿，下次打开时标题栏中就不会出现“［兼容模式］”字样。

融会贯通前面的知识，不难发现，可以通过“另存为”命令将PPT格式的演示文稿转换成PPTX格式的演示文稿。然而，PowerPoint 2007的开发者想得非常周到，针对这一情况专门做了巧妙地处理。当在PowerPoint 2007中打开PPT格式的演示文稿后，在Office菜单中会增加一个“转换”命令，选择该命令后，将打开一个提示对话框，如下图所示，仔细阅读提示内容后单击“确定”按钮完成转换操作。

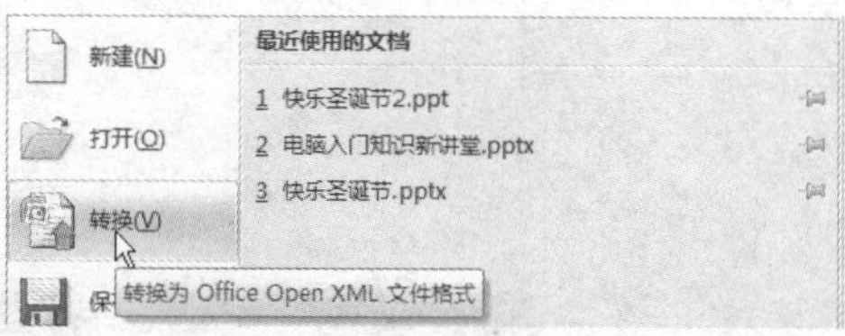

■新增的“转换”命令

提示对话框■

3.7 幻灯片的版式

在掌握了演示文稿的基础操作后，首先要学习其重要组成部分——幻灯片的关键操作技能，它们是不能分割的一个整体。下面来认识幻灯片版式。

版式定义了幻灯片上要显示内容的位置和格式设置信息，可以排列幻灯片上的对象和文字。版式中包括占位符，它是一种带有虚线或阴影线边缘的框，绝大部分幻灯片版式中都有这种框（如创建的空白演示文稿的首页）。在这些框内可以放置标题及正文，或者是图表、表格、形状和图片等对象。

PowerPoint 2007中包含11种内置的标准版式，在“开始”选项卡的“幻灯片”组中单击“版式”按钮，在弹出的下拉列表中有11个选项，它们是内置的11种标准版式，如右图所示。用户还可以创建自定义版式以满足特定的需求，自定义版式时，只能在版式或幻灯片母版中添加文字和对象的占位符，不能直接在幻灯片中添加占位符。

版式选择列表■

- **标题幻灯片**：该版式提供了幻灯片标题（单击此处添加标题）及副标题（单击此处添加副标题）占位符。
- **标题和内容**：该版式提供了幻灯片标题和内容（包括表格、图表、剪贴画、图形和影片，单击此处添加文本）的占位符。

要点提示：用“关闭”命令关闭演示文稿

在PowerPoint 2007中，若用户只打开了一个演示文稿，那么单击当前演示文稿右上角的“关闭”按钮，将会在关闭演示文稿的同时，退出PowerPoint 2007程序。

疑难解答：演示文稿的格式转换

问：为什么在PowerPoint 2007 中打开PPT格式演示文稿时，有些功能无法显示呢?

答：在PowerPoint 2007中打开PPT格式的演示文稿时，有一些2007中不支持的功能会丢失。主要包括：演示文稿广播、Microsoft脚本编辑、发布和订阅以及发送修订等功能。

- 节标题：该版式提供了文本（单击此处添加文本）和标题的占位符。当演示文稿中有多个小节时，可使用该版式。
- 两栏内容：该版式提供了一个标题和两栏内容的占位符。
- 比较：该版式提供了一个标题、两栏内容（每栏有小标题）的占位符。
- 仅标题：该版式只提供了一个标题占位符。
- 空白：该版式完全空白。
- 内容与标题：该版式提供了不对称的两栏样式，左侧是标题和文本占位符，右侧是内容栏的版式。
- 图片与标题：该版式上方是图片占位符，下面是标题和文本占位符。
- 标题和竖排文字：该版式上方是标题占位符，下面是竖排文字占位符。
- 垂直排列标题与文本：该版式均采用竖排占位符，包括标题和文本。

使用技巧：新建幻灯片的技巧

若在“幻灯片”组中直接单击“新建幻灯片”按钮，将直接新建一个默认版式的幻灯片，作用同快捷键。另外，在“大纲”窗格和幻灯片浏览视图中同样可以使用【Ctrl+M】组合键新建幻灯片。

3.8 新建幻灯片

在大多数情况下，一个演示文稿中包含着多张幻灯片，这样才完整。在空白演示文稿中只有一张标题幻灯片，显然是不够的；通过模板创建的演示文稿中虽然有很多张幻灯片，但实际使用时，可能还会增加，所以新建幻灯片是最常用的操作之一。

新建幻灯片最快捷的方法是：在“幻灯片”窗格中选择一张幻灯片（具体的操作方法查看3.9.1节）后，按【Enter】键或按【Ctrl+M】组合键，即可在选择的幻灯片后面创建一个幻灯片。当该幻灯片处于选中状态时，在选择版式下拉列表框中可以选择一个需要的版式，从而改变原来默认的版式。

此外，还有一种比较常用的方法，可以在新建幻灯片时，就决定幻灯片的版式。其具体操作方法如下：

要点提示：操作幻灯片提示

演示文稿跟计算机中的其他文档一样，也能对其进行新建、重命名、删除、移动和复制等操作，操作方法同操作系统中的一般文档完全相同，这里仅进行提示。

Step 01 在演示文稿窗口中单击“开始”选项卡，在“幻灯片”组中单击“新建幻灯片”按钮下的下拉按钮，在弹出的下拉面板中选择“比较”选项。

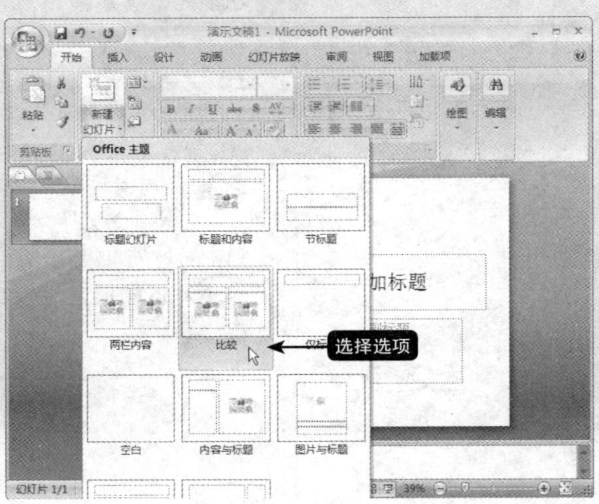

Step 02 在演示文稿的标题页后增加一张“比较”版式的幻灯片。在“幻灯片”窗格中选择新建的幻灯片，按【Enter】键新建一张版式同上张的幻灯片。

3.9 操作幻灯片

对幻灯片的基础操作包括选择幻灯片、删除幻灯片、移动幻灯片、复制幻灯片、隐藏幻灯片等。下面针对在单个演示文稿中操作幻灯片的方法，分别进行介绍。

3.9.1 选择幻灯片

选择幻灯片是对幻灯片操作的前提条件。下面分别介绍选择单张幻灯片、选择多张不连续的幻灯片、选择多张连续的幻灯片和选择全部幻灯片的操作方法。

1. 选择单张幻灯片

选择单张幻灯片的方法很简单，可以在以下3个场所中选择：

◆ **在普通视图的“幻灯片”窗格中选择**：移动鼠标光标到幻灯片的缩略图上后单击，轻松选择该张幻灯片。选择幻灯片后，“幻灯片”窗格中的幻灯片缩略图呈高亮显示，同时，在幻灯片编辑窗格中将显示选择的幻灯片内容，从而方便编辑。

◆ **在普通视图的“大纲”窗格中选择**：直接单击要选择的幻灯片中的图标，此时，图标变成高亮显示的状态，表示幻灯片被选中；或者将鼠标光标插入到幻灯片标题中。

在浏览视图中选择单张幻灯片■

◆ **在幻灯片浏览视图中选择**：在幻灯片缩略图上单击，轻松选择该张幻灯片，其幻灯片缩略图呈高亮显示。

2. 选择多张幻灯片

从上一小节得知，在普通视图的幻灯片/大纲窗格或幻灯片浏览视图中通过单击可选择单张幻灯片，下面就直接介绍在PowerPoint 2007中选择多张连续的或不连续的幻灯片的方法。

◆ **选择多张不连续的幻灯片**：选择了第一张幻灯片后，按住【Ctrl】键不放，再选择其他需要的幻灯片，可选择多张不连续的幻灯片。

◆ **选择多张连续的幻灯片**：选择了第一张幻灯片后，按住【Shift】键不放，再选择其他需要的幻灯片，可选择多张不连续的幻灯片。

3. 选择全部幻灯片

选择第一张幻灯片后，使用快速操作方法，按【Ctrl+A】组合键可选择当前演示文稿中的所有幻灯片。

3.9.2 删除幻灯片

当演示文稿中的幻灯片不合适或不正确时，可以将其删除后再创建。方法是：选择要删除的幻灯片后按【Delete】键即可；在选择的幻灯片上右击，在弹出的快捷菜单中选择“删除幻灯片”命令（只有在“大纲”窗格中右击幻灯片后，弹不出快捷菜单），或单击“幻灯片”组中的“删除”按钮，可以达到同样的目的。

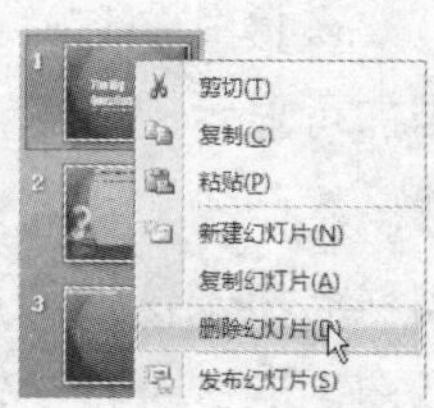

删除幻灯片■

3.9.3 移动幻灯片

幻灯片在演示文稿中的位置是可以根据实际情况而改变的。最直接的操作就是选择要移动的幻灯片后，按住鼠标左键不放并将其拖动到适合的位置后释放鼠标，幻灯片移动到此处。

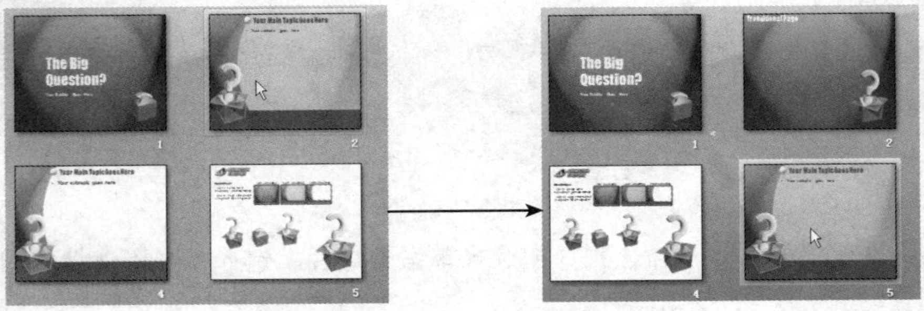

移动幻灯片■

3.9.4 复制幻灯片

复制幻灯片的操作同移动幻灯片的操作方法相似，只不过结果不相同。通过该操作将为原来的幻灯片创建一个副本。

最常用的方法是选择要复制的幻灯片后，按住鼠标不放并在拖动的过程中，另一只手按住【Ctrl】键不放，到适合的位置处释放鼠标，幻灯片将复制到此处。其他的操作方法有很多，与移动幻灯片相似，这里不再赘述。

3.9.5 隐藏幻灯片

用户可以将幻灯片隐藏起来，但这种隐藏只是在幻灯片放映时看不到。在普通视图中显示为灰色状态。隐藏幻灯片的方法是选择幻灯片后右击，在弹出的快捷菜单中选择“隐藏幻灯片”命令。

3.10 组织幻灯片

当要制作的演示文稿结构较复杂时，有经验的用户会首先为演示文稿创建一个大纲，即根据演示文稿的主要用途，组织自己的想法并建立思路，为后面的制作奠定良好的基础。通过“大纲”窗格可以轻松地组织建立和管理大纲。另外，还可使用在其他程序中创建的大纲。下面分别进行讲解。

3.10.1 在“大纲”窗格中建立大纲

直接向幻灯片中添加内容后，PowerPoint 2007会自动向“大纲”窗格中添加可显示的信息，即建立该演示文稿的大纲。

在“大纲”窗格中，幻灯片被连续的阿拉伯数字进行了编号，在幻灯片图标后显示该幻灯片的标题，即在“单击此处添加标题”或“单击此处添加副标题”的占位符中输入的文本，也被称为大纲标题。

在标题下列出了分成多级（一级、二级等）的正文文本，即在“单击此处添加文本”的占位符中输入的文本，它包括项目符号列表、缩进列表以及其他文本信息。正文中的各个要点被称为子标题。特别说明，在“大纲”窗格中不能显示表格、图表、插入的文本框、剪贴画和图片以及其他对象。

使用技巧：通过剪切和粘贴来移动幻灯片

选择要移动位置的幻灯片，按【Ctrl+X】组合键，或单击功能区中的“剪切”按钮，或选择右键快捷菜单中的“剪切”命令，剪切该幻灯片。选择要移动到的位置处的前面一张幻灯片，按【Ctrl+V】组合键，或单击“开始”选项卡“剪贴板”组中的“粘贴”按钮，或选择右键快捷菜单中的“粘贴”命令，将剪切的幻灯片粘贴到选择的幻灯片之后。

疑难解答：复制和移动幻灯片

问：在多个演示文稿之间如何方便地复制和移动幻灯片？

答：要分两种情况。第一种情况，当要操作的多个演示文稿窗口都处于最大化状态时，按【Ctrl+F6】组合键在窗口之间切换，然后使用在单个演示文稿中移动和复制的方法来操作；第二种情况，使用前面讲解的“视图”选项卡中的“全部重排”按钮将演示文稿窗口平铺显示在工作界面中，然后通过拖动的方法移动和复制幻灯片。

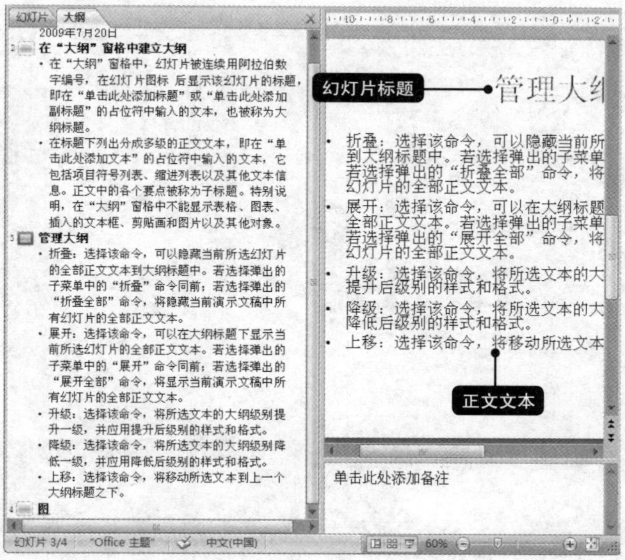

■显示幻灯片标题和文本

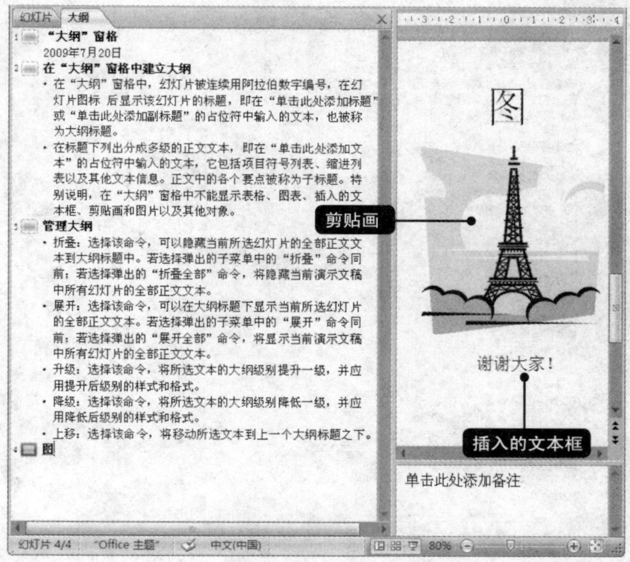

不能显示剪贴画和插入的文本框■

3.10.2 管理大纲

在“大纲”窗格中，可以通过显示或隐藏大纲内容、降低大纲标题级别、提升和降低子标题级别或上下移动文本来管理大纲，从而达到组织和排列幻灯片的目的。这些操作一般都是通过“大纲”窗格的右键快捷菜单命令实现的。下面详细解释这些命令的作用。

- **折叠**：选择该命令，可以隐藏当前所选幻灯片的全部正文文本到大纲标题中。若在弹出的子菜单中选择“折叠”命令，其作用同快捷菜单中的“折叠”命令；若选择“折叠全部”命令，将隐藏当前演示文稿中所有幻灯片的全部正文文本。

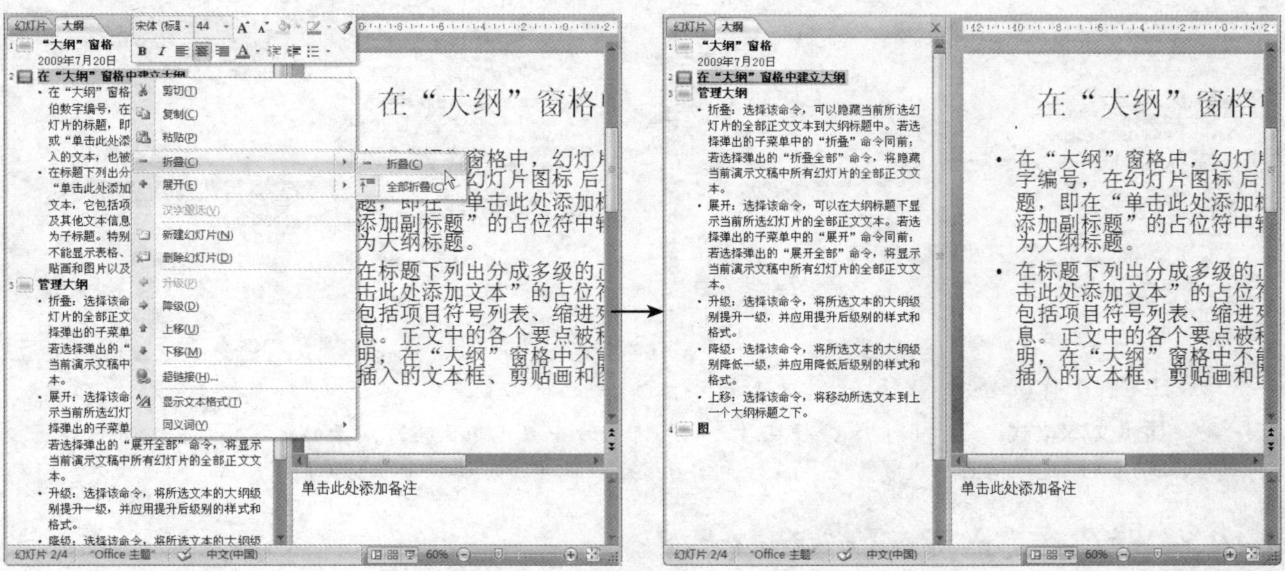

隐藏当前所选幻灯片的正文文本■

- **展开**：选择该命令，可以在大纲标题下显示当前所选幻灯片的全部正文文本。若在弹出的子菜单中选择“展开”命令，其作用同快捷菜单中的“展开”命令；若选择“展开全部”命令，将显示当前演示文稿中所有幻灯片的全部正文文本。
- **升级**：选择该命令，将所选文本的级别提升一级，并应用提升后级别的样式和格式。

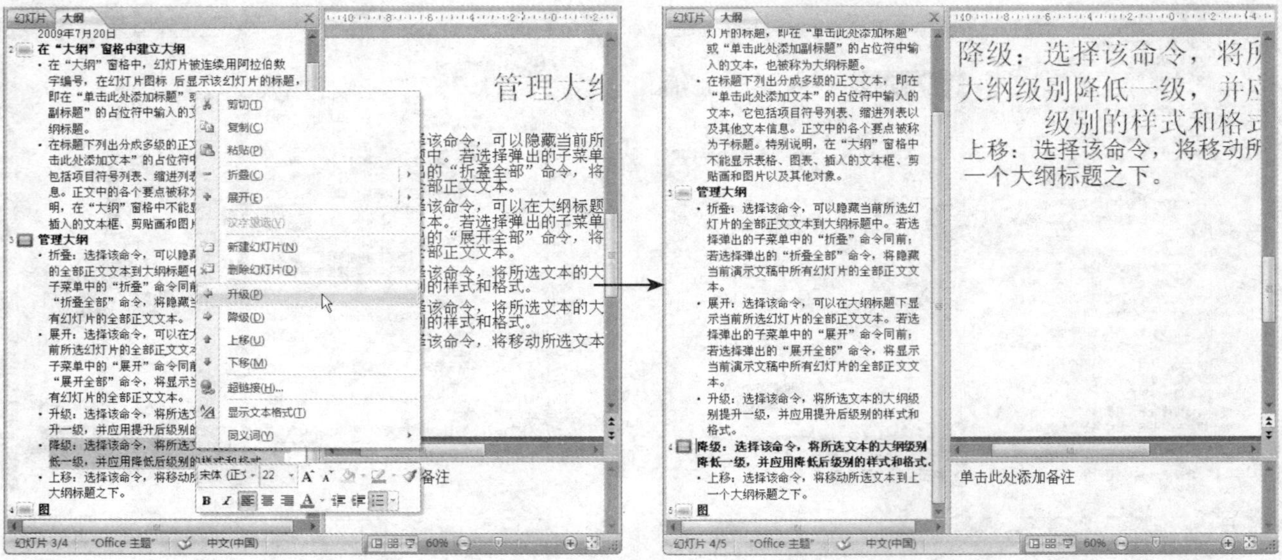

将所选文本的级别提升一级（这里为大纲标题）■

- **降级**：选择该命令，将所选文本的级别降低一级，并应用降低后级别的样式和格式。
- **下移**：选择该命令，将移动所选文本到下一个大纲项目之下。

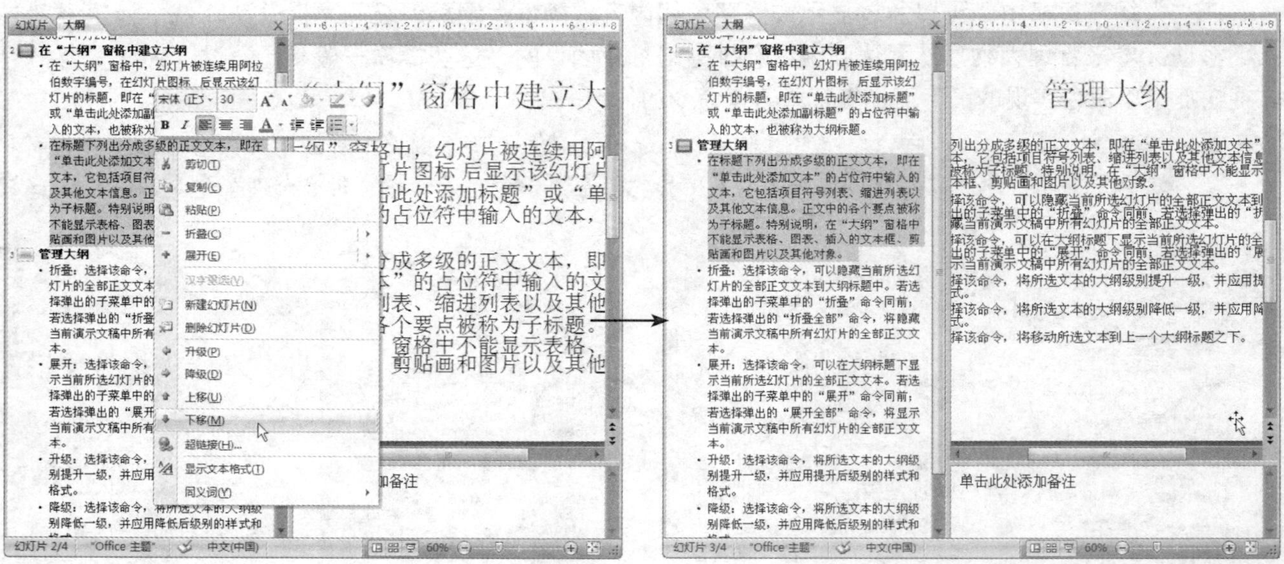

将所选文本移动到下一个大纲标题中■

- **上移**：选择该命令，将移动所选文本到上一个大纲项目之下。
- **显示文本格式**：选择该命令，将在“大纲”选项卡中显示用于实际演示的文字格式。由于这里还没有介绍到文字格式的设置方法，待后面学习过后，就更能理解此命令的作用了。

3.10.3 使用在其他程序中创建的大纲

在PowerPoint 2007中可以使用在其他程序中创建的大纲，只是不同程序创建的大纲要应用到PowerPoint中的方法有所区别。有些可以从原来的应用程序中将大纲导入到PowerPoint中，有些则需要大纲保存后直接将相应文件导入到PowerPoint中。PowerPoint 2007支持的格式有Word文档（.doc）、多文本格式（.rtf）、文本文件（.txt）、Excel电子表格（.xls）和HTML（.htm）。

这里仅以将Word中创建的大纲导入到PowerPoint中为例简单介绍此类操作。在操作之前，首先要知道，在Word中创建的大纲，用户可以直接使用Word预置的或自定义的标题1、标题2和标题3样式来设置。当将其导入到PowerPoint中时，标题1将转换为幻灯片标题，标题2成为一级文本，标题3成为二级文本……（只有6个标题样式被导入，其他内容包括图片则会被忽略）。

Step 01 启动Word 2007，打开“大纲.docx”文档，在该文档中为各级标题分别定义不同的标题样式，关闭该文档。

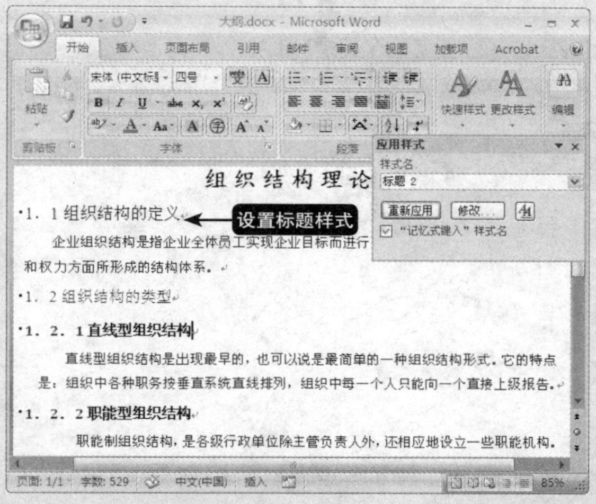

Step 02 启动PowerPoint 2007，在“开始”选项卡的“幻灯片”组中单击“新建幻灯片”下拉按钮，在弹出的下拉菜单中选择“幻灯片（大纲）”命令。

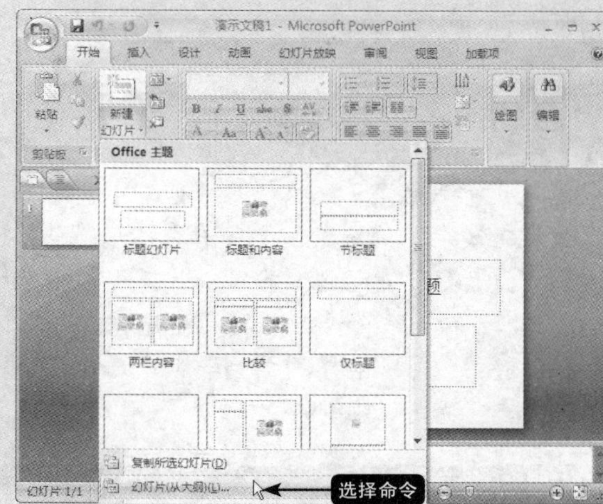

Step 03 打开“插入大纲”对话框，在“查找范围”下拉列表框中选择文档的保存路径，在中间的列表框中选择该文档，单击“插入”按钮。

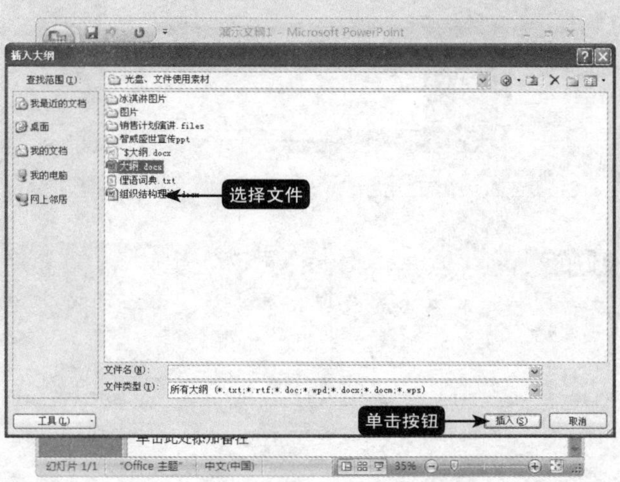

Step 04 系统自动导入“大纲.docx”文档到“演示文稿1”文档窗口中，并且原文档中的图片和其他内容将会被忽略。

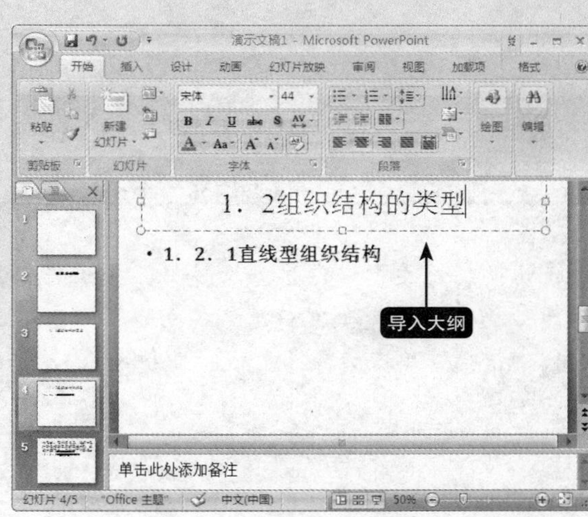

3.11 实战演练——调整演示文稿的大纲结构

本章主要学习了演示文稿和幻灯片的基础操作，这些操作都是在制作演示文稿的过程中经常使用到的，操作较简单，相信大家已经从前面的学习中领略到了其精髓所在。根据长期制作PPT的经验来讲，章末将大家感觉比较陌生、有难度的知识点串联起来制作了一个实战演练，让大家巩固前面所学的知识。

素材 光盘:\素材\第3章\女人一生要明白的人生智慧.pptx

效果 光盘:\效果\第3章\女人一生要明白的人生智慧.pptx

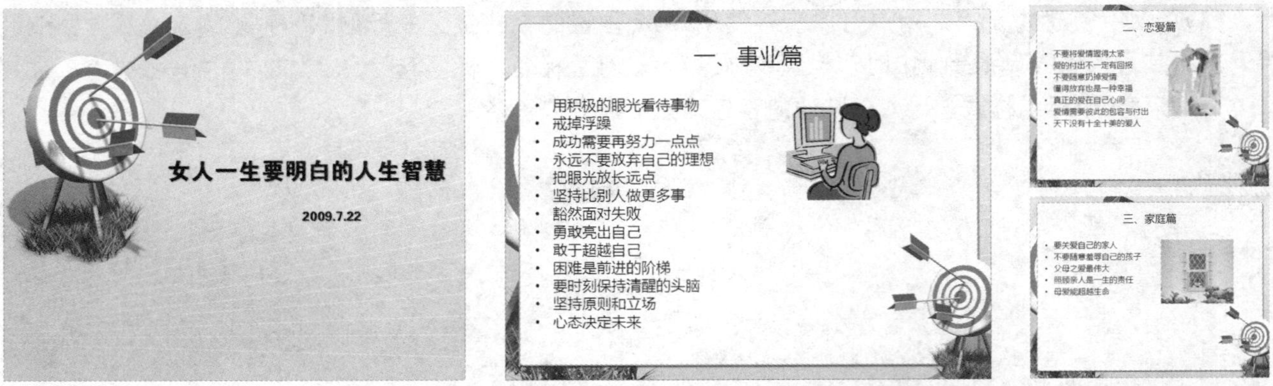

Step 01 启动PowerPoint 2007，选择"Office/新建"命令，打开"新建演示文稿"对话框，在左侧单击"根据现有演示文稿新建"选项卡，打开"根据现有演示文稿新建"对话框，在"查找范围"下拉列表框中选择"女人一生要明白的人生智慧.pptx"演示文稿保存的位置，在中间的列表框中选择找到的文档，单击"新建"按钮。

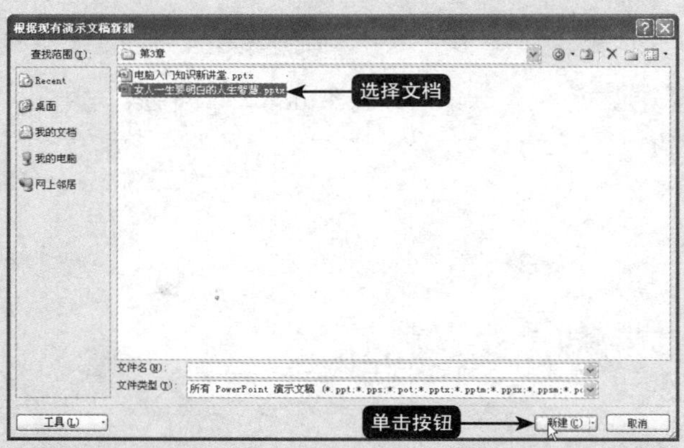

Step 02 根据"女人一生要明白的人生智慧.pptx"演示文稿新建一个"演示文稿1"。在其"幻灯片"窗格中选择多余的第5张幻灯片，在"开始"选项卡的"幻灯片"组中单击"删除幻灯片"按钮删除该张幻灯片。

Step 03 切换到"大纲"窗格，选择第三张幻灯片，选择一级文本"要时刻保持清醒的头脑"并右击，在弹出的快捷菜单中选择"上移"命令。

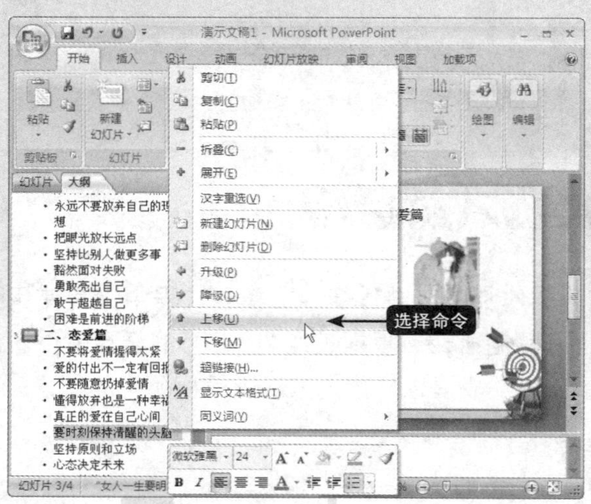

Step 04 执行多次该操作，将其移动到第二张幻灯片末。同样，移动"坚持原则和立场"和"心态决定未来"一级文本到第二张幻灯片末。

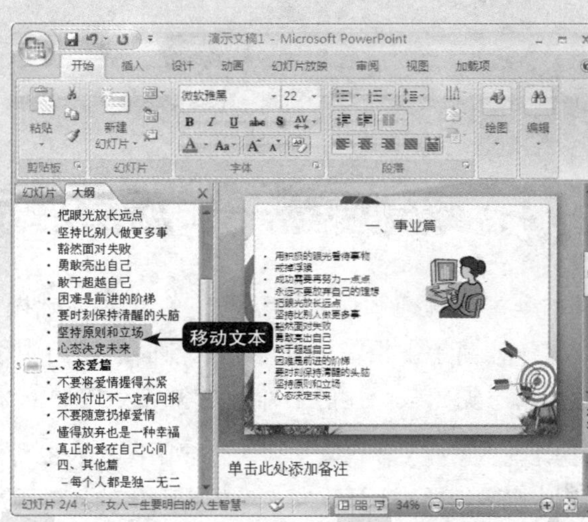

Step 05 选择不属于第三张幻灯片中的一级文本“四、其他篇”并右击，在弹出的快捷菜单中选择“升级”命令，将其升级为大纲标题。

Step 06 选择原一级文本“四、其他篇”下的二级文本“每个人都是独一无二的”和“珍惜青春”，将二级文本升级为一级文本。

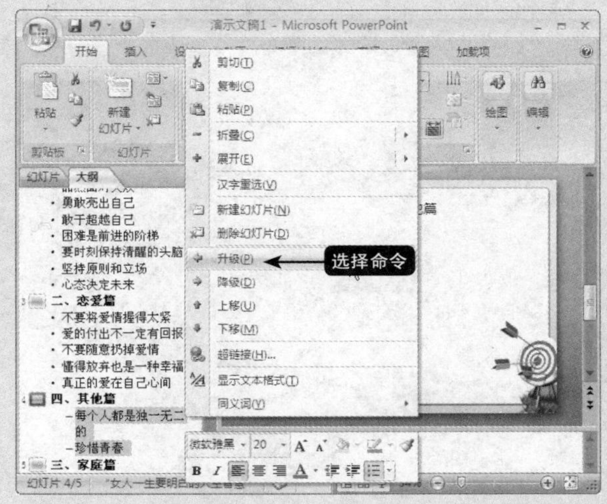

Step 07 选择“家庭篇”幻灯片，在其中选择不属于该篇的一级文本“爱情需要彼此的包容与付出”和“天下没有十全十美的爱人”，将两者一起移动到“恋爱篇”幻灯片中。

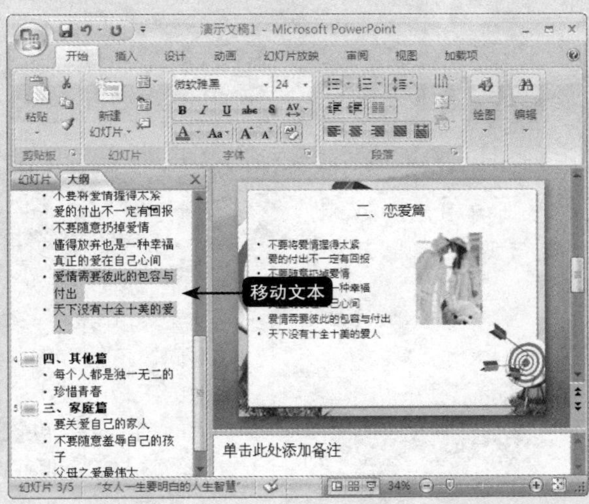

Step 08 选择“家庭篇”幻灯片，按住鼠标不放并拖动，使其移动到“其他篇”幻灯片之前，将演示文稿中幻灯片的顺序调整正确。

Step 09 至此，演示文稿的大纲结构调整完成。在快速访问工具栏中单击“保存”按钮，打开“另存为”对话框，在文件名列表框中输入要保存的文件名称“女人一生要明白的人生智慧.pptx”，单击“保存”按钮。

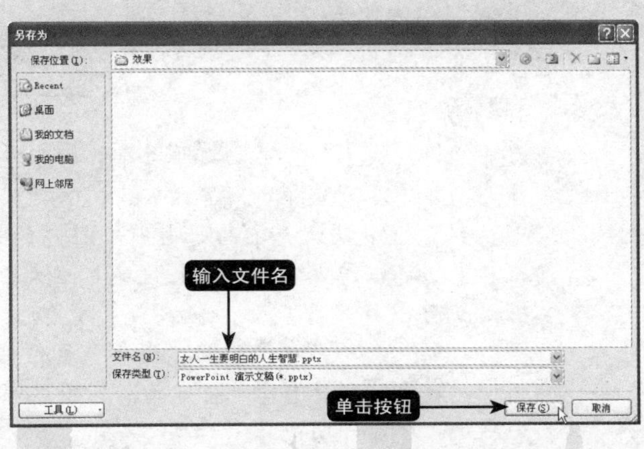

4 Chapter 统一演示文稿的外观

READERS' GUIDE

演示文稿的外观与很多因素有关，包括页面的设置情况、页面主题、页面背景和母版。其中，主题和母版是最重要的，且比较难于掌握，希望大家通过本章的学习能很好地理解和掌握这两个知识点。

MAIN CASES

4.1 页面设置

幻灯片是由页面承载内容的，页面的大小、方向以及起始编号是可以根据实际情况自行设置的。此外，还可以设置页面上的页眉/页脚、日期和时间、幻灯片编号等元素。

4.1.1 设置幻灯片页面属性

幻灯片页面设置需要通过“页面设置”对话框完成。单击“设计”选项卡，在“页面设置”组中单击“页面设置”按钮，打开“页面设置”对话框。下面分别介绍设置的方法。

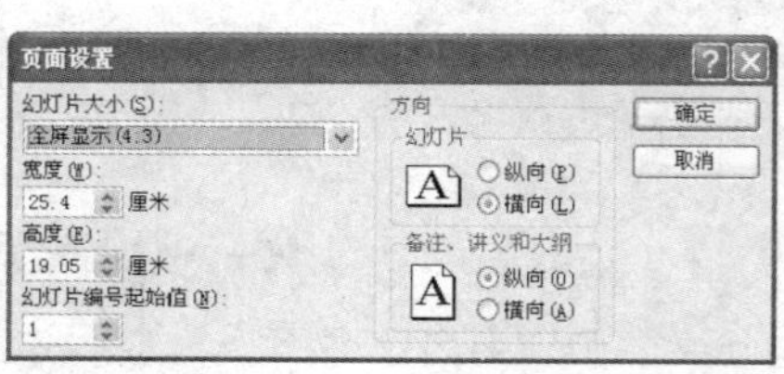

“页面设置”对话框

- **设置幻灯片大小**：在“幻灯片大小”栏中包括“幻灯片大小”下拉列表框，“宽度”和“高度”数值框。在“幻灯片大小”下拉列表框中默认选中的是当前幻灯片的大小“全屏显示（4:3）”，在其中还可以选择其他系统预设的标准大小选项。若选择“自定义”选项，就可以在“宽度”和“高度”数值框中自行设置幻灯片大小。反之，只要改变了“宽度”和“高度”数值框的默认值，“幻灯片大小”下拉列表框就自动选择“自定义”选项。

使用技巧：快速设置幻灯片方向

在“设计”选项卡的“页面设置”组中单击“幻灯片方向”下拉按钮，在弹出的下拉列表中选择对应的选项，即可快速设置幻灯片的方向。

- **设置幻灯片编号起始值**：默认情况下，一个演示文稿中的幻灯片都是从“1”开始编号的，在“幻灯片/大纲”窗格中可以很清楚地看到。在“幻灯片编号起始值”数值框中可以重新输入新的起始编号。
- **设置幻灯片方向**：在“方向”栏中可以设置幻灯片的方向，默认为横向，还可以设置为纵向（备注、讲义是指后面将介绍的另两种演示文稿，也可以在其中设置它的页面方向）。

4.1.2 设置幻灯片页面元素

幻灯片上除了自己放置的文字和对象内容外，还有一些固定的元素可以添加进来，即页眉/页脚，关于页眉/页脚的概念，对于初学者来讲可能有点陌生。其实页眉/页脚就是显示在每张幻灯片上方的幻灯片编辑日期、演示文稿名称和公司名称等信息。

页眉/页脚是通过“页眉和页脚”对话框设置的，在“插入”选项卡的“文本组”中单击“页眉和页脚”按钮、单击“日期和时间”按钮或单击“幻灯片编号”按钮都可以打开该对话框。下面在演示文稿中设置页眉/页脚。

要点提示：了解页眉/页脚的实质

页眉/页脚实际上就是插入的文本框，用鼠标选择后按住不放可将其拖动到其他位置。

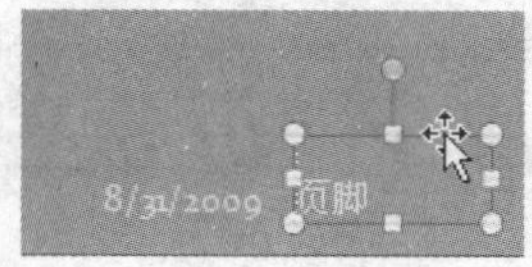

应用案例——设置幻灯片中的元素

素材 光盘:\素材\第4章\动物介绍.pptx
效果 光盘:\效果\第4章\动物介绍.pptx

Step 01 打开素材盘第4章的“动物介绍.pptx”演示文稿，单击“插入”选项卡，在“文本组”中单击“页眉和页脚”按钮。

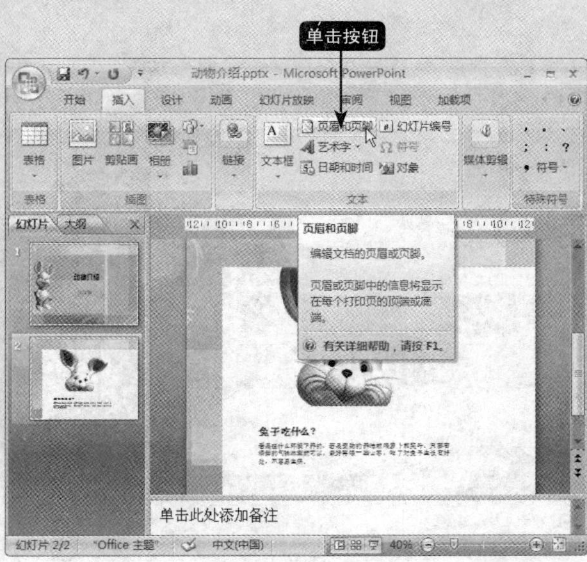

Step 02 打开“页眉和页脚”对话框，选中“日期和时间”复选框，默认激活选中“自动更新”单选按钮，在幻灯片中显示系统自动更新的时间；选中“幻灯片编号”复选框，在幻灯片中显示幻灯片编辑；选中“页脚”复选框，并在下方的文本框中输入“翔晴幼儿园”；选中“标题幻灯片中不显示”复选框，单击“全部应用”按钮。

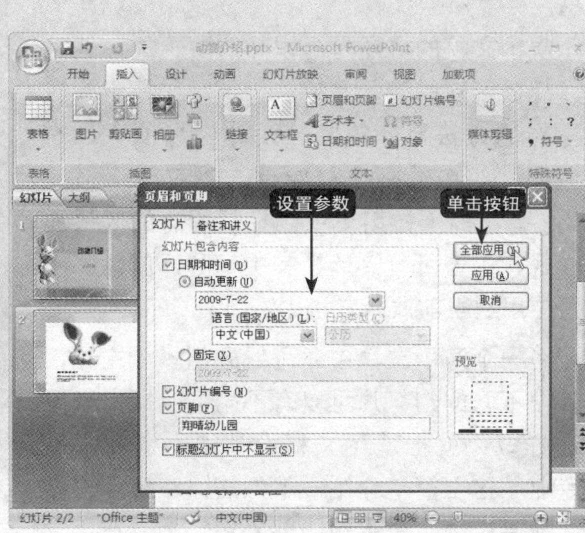

Step 03 对页眉/页脚进行的设置将应用到所有幻灯片中并关闭该对话框。在“动物介绍.pptx”演示文稿中除标题幻灯片外，其他幻灯片均按默认的方式显示，在幻灯片底部从左至右依次显示出设置的日期和时间、公司名称和幻灯片编号。

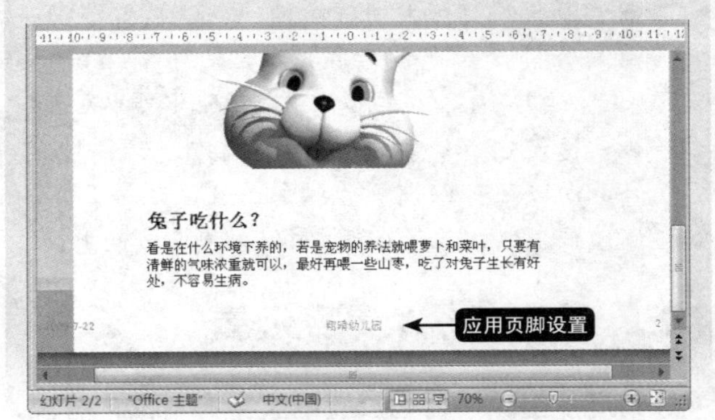

4.2 页面主题

PowerPoint 2007中引入了一个新概念——主题，它是存储颜色、字体和图形的独立文件，文件扩展名就是前面讲到的.thmx。主题对于统一演示文稿的外观有着举足轻重的作用，下面重点进行介绍。

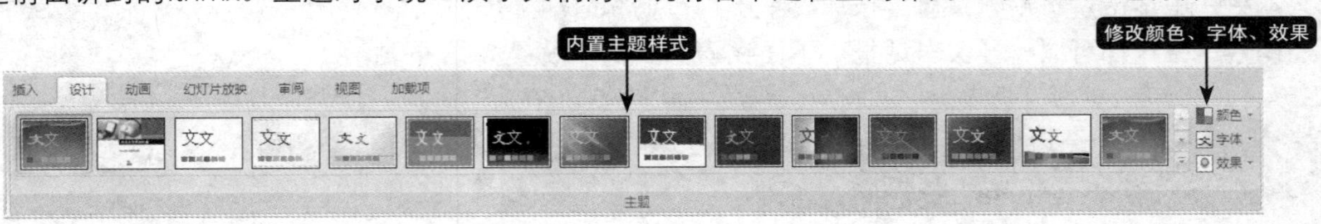

■ “主题”组

4.2.1 应用和保存自定义主题

在PowerPoint 2007中，可以为演示文稿应用系统内置的主题样式。若改变了主题中的字体、颜色或效果时，还可以将其保存起来，下次再使用。

1. 应用内置主题

每一个演示文稿都有一个主题，空白的演示文稿也不例外，这个主题也是PowerPoint 2007中内置主题中的一种，是默认的主题。此外，还有23个内置主题可以选择。

演示文稿的主题是可以随时更换的，包括通过模板创建的演示文稿。为演示文稿设置内置主题的方法是，单击“设计”选项卡，在“主题”组中的列表框中单击“其他”按钮，在弹出的下拉菜单中包括了所有的内置主题样式，单击可直接选择其中一种，就能将新主题应用到当前演示文稿中。

在一个演示文稿中还可以应用多个主题，即其中不同的幻灯片可以有不同的主题，只不过这样做，就把演示文稿设计得太混乱，不够专业。这里简单介绍一下方法，在演示文稿中选择要应用一个主题的部分幻灯片，在“主

查看主题应用的预览效果■

题”组中的列表框中单击要应用的主题，或右击要应用的主题，在弹出的快捷菜单中选择“应用选定幻灯片”命令即可。未选择的幻灯片依然保持原来的主题。

2. 保存自定义主题

对修改后的主题进行保存的方法是：在“主题”组中的列表框中选择“保存当前主题”命令，打开“保存当前主题”对话框，在“保存位置”下拉列表框中一般保持默认，在“文本名”下拉列表框中设置主题名称，单击“保存”按钮完成操作。此后，在“主题”组中的列表框中能找到新保存的自定义主题。

选择命令

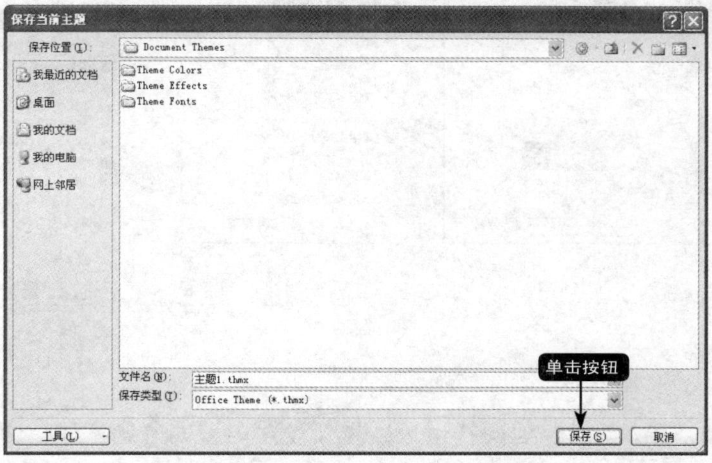

保存主题

4.2.2 应用和自定义主题颜色

在一个主题中可单独设置内置的主题颜色，PowerPoint 2007中包括25种内置的主题颜色，它用于演示文稿中的文字和背景、强调文字、超链接及已访问的超链接，有需要时还可以自定义它们的颜色。

1. 应用内置主题颜色

为演示文稿设置内置主题颜色的方法与设置内置主题的方法相似，单击“主题”组中的“颜色”按钮，在弹出的下拉菜单中包括了所有的内置主题颜色，同样，可以先移动鼠标光标到想设置的选项上预览效果，如果效果理想，单击鼠标即可选择该主题颜色到演示文稿中。

在同一演示文稿中应用多种主题颜色的操作方法与应用主题雷同，这里不再赘述。但当要取消应用了多个主题颜色的设置时，可在“颜色”下列表框中选择“重设幻灯片主题颜色”命令。

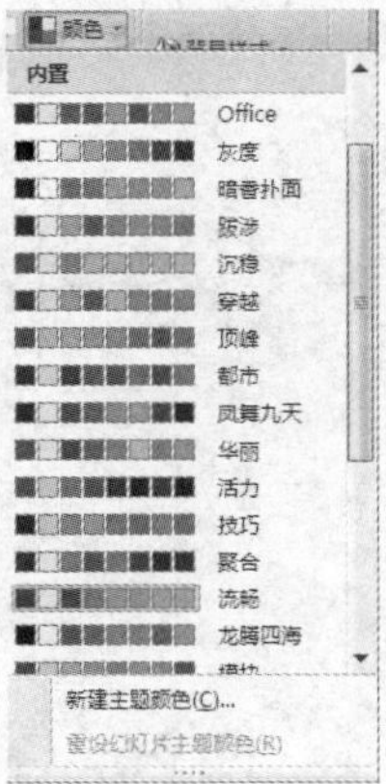

内置主题颜色

使用技巧：从网上下载其他主题

在“主题”组中的列表框中选择“Microsoft Office Online上的其他主题”命令后，在能连接上Internet网络的计算机上将访问Office的网页，在上面可以下载其他主题。

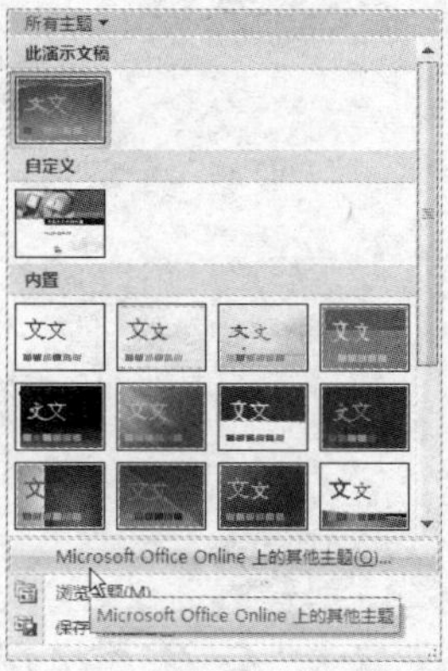

要点提示：设置主题颜色的注意事项

要注意一个演示文稿中的颜色不可过多、或不协调。即使是在演示文稿中使用多个主题颜色也应确保颜色的协调性。

灰色是黑色和白色的混合色，灰色调的使用决定于它是白色偏重些还是黑色偏重些。灰色没有自己的特点，和周围环境容易融合。

2. 自定义主题颜色

在“颜色”下拉菜单中选择“新建主题颜色”命令，打开“新建主题颜色”对话框，在其中可以分别为文字、背景等设置颜色，此时，在“示例”框中可以预览效果，最后在“名称”文本框中设置自定义主题颜色的名称，单击“保存”按钮完成操作。此后，在“颜色”下拉菜单中能找到新保存的自定义主题颜色，在其上右击，在弹出的快捷菜单中选择“编辑”命令，可以打开编辑对话框对自定义的主题颜色进行编辑；选择“删除”命令可删除自定的主题颜色。

■选择命令

■设置自定义颜色

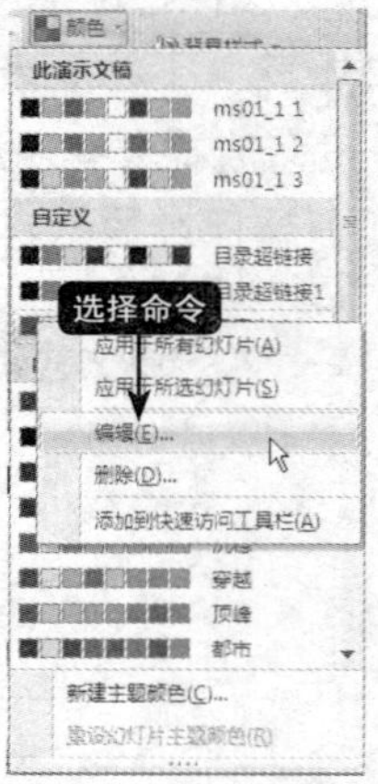

选择“编辑”命令■

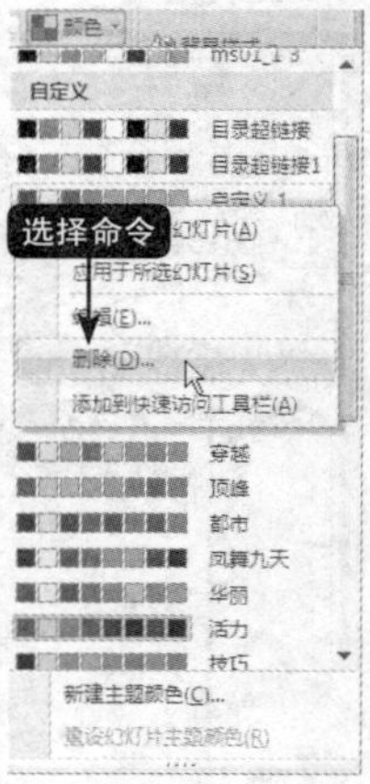

选择“删除”命令■

4.2.3 应用和自定义主题字体

主题中配置的字体是与整个主体比较协调的，但同样也可以重新设置内置的主题字体，或自定义主题。方法同前一节的设置主题颜色相似。下面简要进行介绍。

1. 应用内置主题字体

单击“主题”组中的“字体”按钮，在弹出的下拉菜单中可选择内置的一种或多种主题字体。

2. 自定义主题字体

在“字体”下拉菜单中选择“新建主题字体”命令，打开“新建主题字体”对话框，在其中可以分别为“标题字体”和“正文字体”选择新的字体。通过“示例”框观察效果后确认，在“名称”文本框中为自定义的主题字体命名，单击“保存”按钮完成操作。此后，在“字体”下拉菜单中能找到新保存的自定义主题字体。编辑与删除字体的操作同设置主题颜色的操作类似。

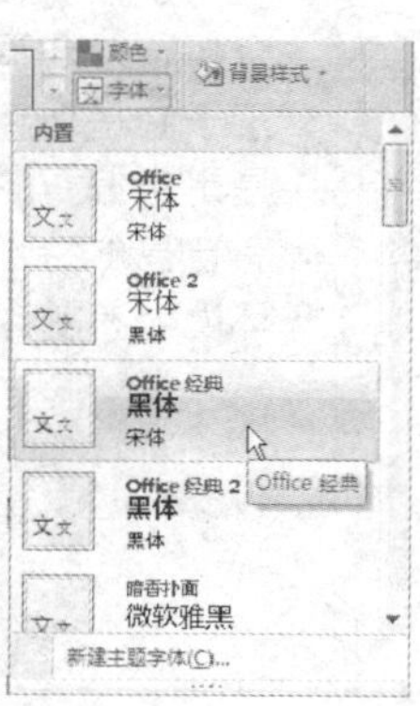
■应用内置字体

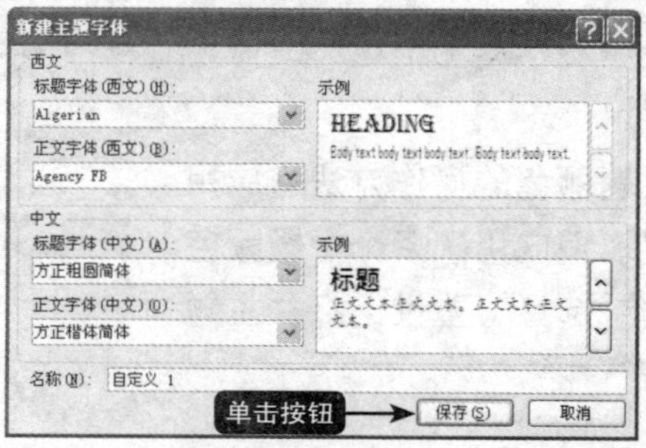

■自定义主题字体

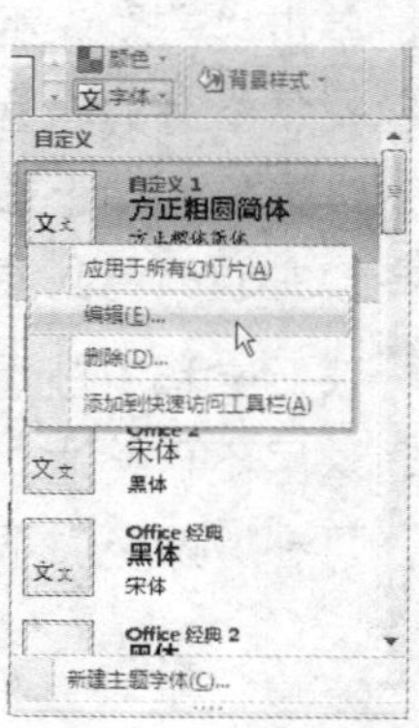
编辑自定义字体■

4.2.4 应用内置主题效果

除了主题中的颜色和字体以外，还可以应用与主题相协调的效果，它主要对表格、图表、关系图、开关和图片的外观有所影响。

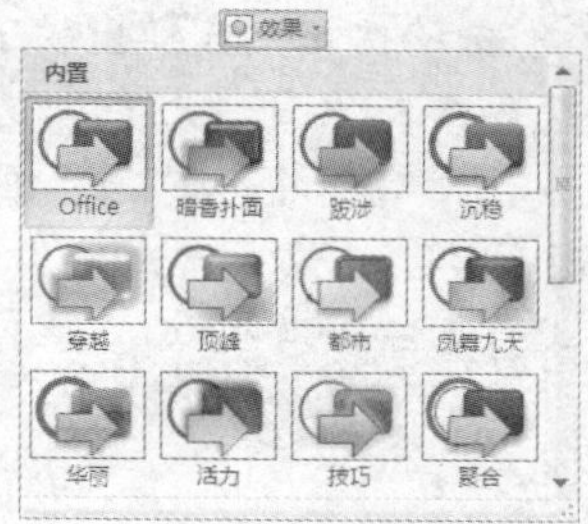

设置内置效果■

单击“主题”组中的“效果”按钮，在弹出的下拉菜单中可根据需要，选择内置的一种或多种主题效果。

4.3 页面背景

在PowerPoint 2007中也为演示文稿的背景提供了内置的背景样式供选择，一共12种，如果不满意这些默认的背景，还可以自行设置，如插入图片为背景等。

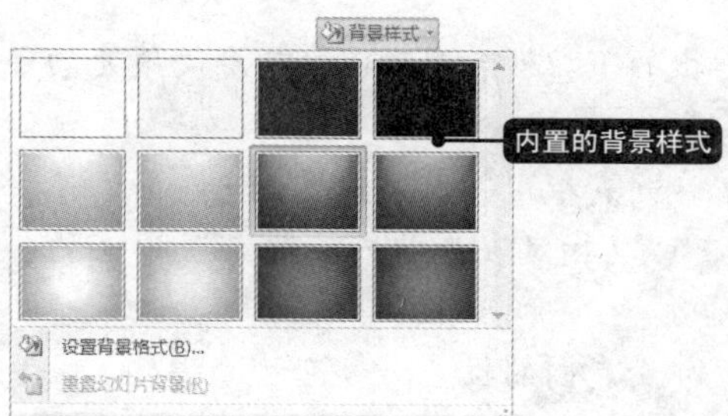

■内置的背景样式

4.3.1 应用内置背景

应用内置背景样式的操作方法是，单击“设计”选项卡，在“背景”组中单击“背景样式”按钮，在弹出的下拉菜单中选择需要的选项即可为演示文稿应用该背景样式。

4.3.2 自定义并应用背景

自定义背景是通过在“设置背景格式”对话框中对填充和图片两大类进行高级设置而成的样式。

在“背景样式”下拉菜单中选择“设置背景格式”命令，或单击“背景”组右下角的“对话框启动器”按钮，可以打开该对话框。对于“纯色填充”、“渐变填充”、“图片或纹理填充”选项都是单选按钮，表示背景样式只能选择其中一种，要么是纯色的、要么是渐变色的……

下面对每种设置选项的作用进行介绍，再通过具体的实例来掌握这些操作。

1. 纯色填充

打开“设置背景格式”对话框后，在“填充”选项卡中选中“纯色填充”单选按钮，发现纯色背景的设置选项最少，当然设置起来就最简单，下

使用技巧：主题效果的应用

设置的主题效果仅仅在幻灯片中具有受该主题效果影响的对象时才能发挥作用，例如，文字等对象是无法直接应用主题效果的。

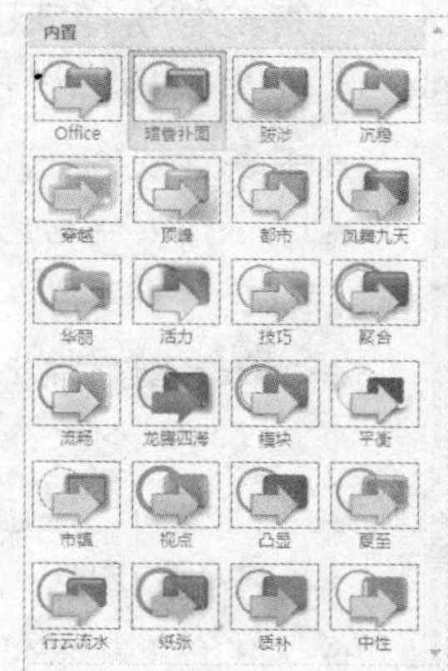

要点提示：背景的使用技巧

在幻灯片中插入背景时需要一定的技巧。选择的背景图片不应太花哨，以免影响幻灯片中文字的展示；背景的色彩倾向应符合演示文稿的整体需求，例如，喜庆的主题应避免暗淡压抑的背景图片；背景的整体风格应符合演讲主题，例如，商务演讲应避免使用卡通类的背景图片。

面进行介绍。

◆ “颜色”按钮: 单击该按钮，在弹出的下拉菜单中可以选择填充的主题颜色或标准背景颜色，选择“其他颜色”命令，打开“颜色”对话框，可选择更多标准色，或调制其他颜色和透明度。建议初学者使用标准色。

◆ “透明度”滑条: 左右拖动其中的滑块，或在其中的数值框中输入背景透明度的具体数值。

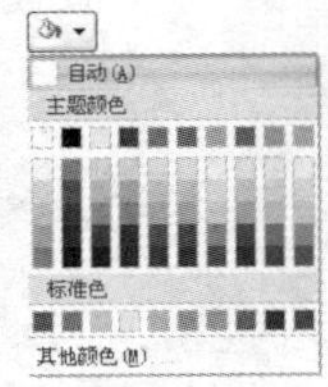

选择所需颜色■

2. 渐变填充

内置的背景样式中有几个都是渐变的样式，在“设置背景格式”对话框的“填充”选项卡中选中“渐变填充”单选按钮后，还可以设置更多的渐变色。其中各选项的作用如下:

◆ “预设颜色”按钮: 单击该按钮，在弹出的下拉列表中可以选择预设内置的渐变填充。

◆ “类型”下拉列表框: 在该下拉列表框中可以选择渐变填充时要使用的类型，它可以决定渐变填充的方向。

◆ “方向”按钮: 单击该按钮，在弹出的下拉列表中可以选择渐变填充的方向，即选择颜色和阴影的不同过渡。

◆ “角度”数值框: 当在“类型”下拉列表框中选择“线性”选项时，该数值框才显示为可用状态，在其中可以指定在形状内旋转渐变填充的角度。

◆ “渐变光圈”栏: 该栏中包括设置渐变光圈的位置、颜色和透明度，该值适用于渐变光圈，而不适用于总体填充。

■纯色填充

渐变填充■

下面通过设置一个已经创建好文字内容的演示文稿的渐变背景，让大家体会一下具体操作步骤，看看设置后的效果。

应用案例——设置演示文稿的渐变背景

素材 光盘:\素材\第4章\年度工作计划总结报告.pptx

效果 光盘:\效果\第4章\年度工作计划总结报告.pptx

使用技巧：渐变光圈的使用方法

如果要创建一个从白色到黑色再到红色的渐变，则需要为每种颜色添加一个渐变光圈，即3个。作为背景来讲，这个应用得并不多，将在后面介绍形状时详细讲解该栏中各选项的作用。

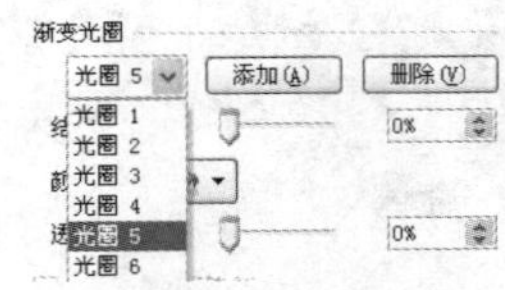

要点提示：应用内置背景的注意事项

在幻灯片中使用内置主题应用其内置背景时，需注意这种背景通常是半透明的，或只使用了某种占位符进行插入或填充颜色，之后，在更改主题颜色时，背景图形的颜色也会发生相应的改变。在自定义背景图形时，也可使用主题色，以便在更改主题时，保证颜色的协调性。

Step 01 打开素材盘第4章的“年度工作计划总结报告.pptx”演示文稿。单击“设计”选项卡，在“背景”组中单击“背景样式”按钮，在弹出的下拉菜单中选择“设置背景格式”命令。

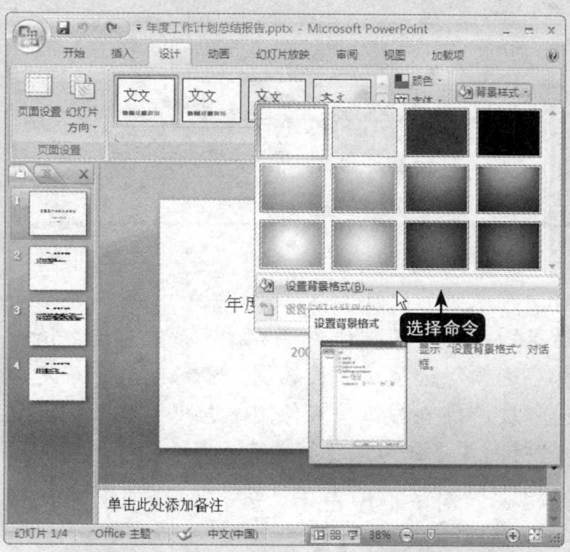

Step 02 打开“设置背景格式”对话框，在默认的“填充”选项卡中选中“渐变填充”单选按钮，在“类型”下拉列表框中选择“标题的阴影”选项；将默认的“光圈1”的结束位置设置为“9%”，单击“全部应用”按钮，将设置应用到演示文稿的每张幻灯片中。

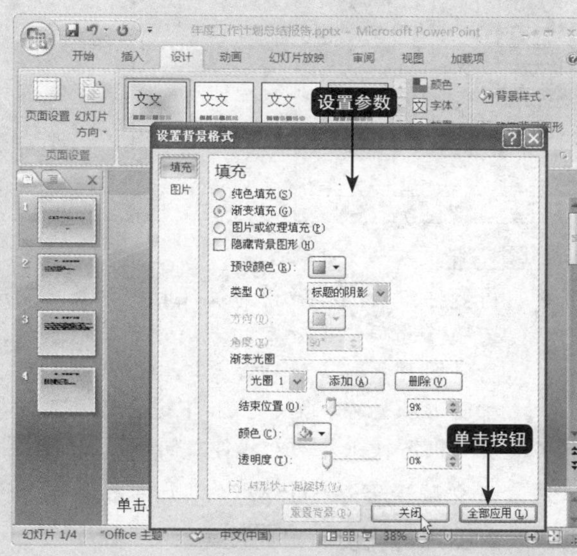

Step 03 单击“关闭”按钮关闭对话框，在“年度工作计划总结报告.pptx”演示文稿的编辑窗格中查看设置后的效果。

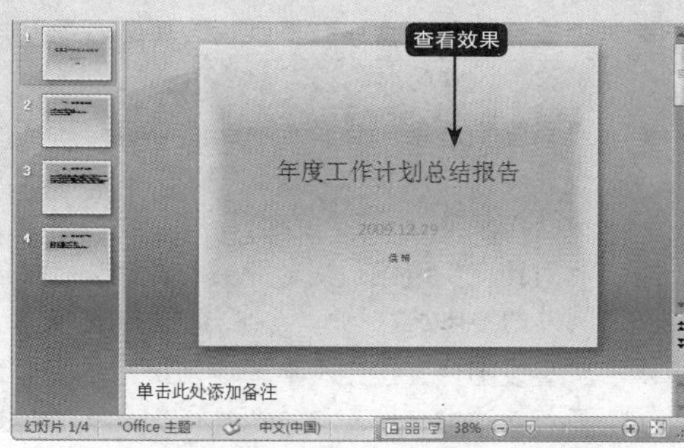

3. 图片或纹理填充

可以为演示文稿填充系统内置的纹理样式，或插入外部的图片作为背景。在“设置背景格式”对话框的“填充”选项卡中选中“图片或纹理填充”单选按钮，此时默认填充纹理背景，其中各选项的作用如下。

- “纹理”按钮：单击该按钮，在弹出的下拉列表中可以选择预设内置的纹理进行填充。
- “插入自”选项组：单击“文件”按钮，打开“插入图片”对话框，选择要作为背景的图片；只有当复制了图片到剪贴板上时，“剪贴板”按钮才处于可用状态，单击该按钮，可以将剪贴板中的图片作为背景；单击“剪贴画”按钮，打开“选择图片”对话框，从中可以选择要作为背景的剪贴画，还可在其“搜索文字”文本框中输入搜索关键词，单击“搜索”按钮，搜索所需剪贴画。

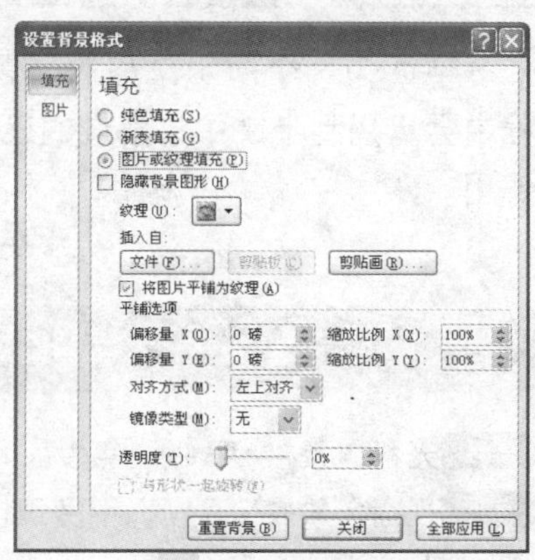

图片或纹理填充设置选项

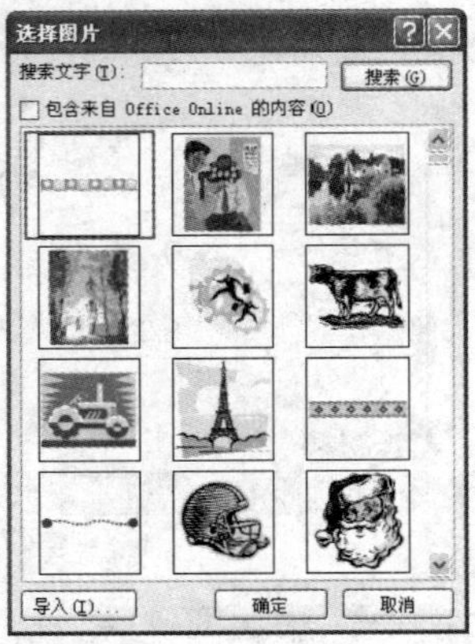

■插入图片文件

插入剪贴画■

- ◆ 可变栏：当选择背景为纹理时，系统自动选中“将图片平铺为纹理”复选框，此时，可以在“平铺选项”选项组中确定纹理填充的缩放系数；当选择了图片和剪贴画作为背景时，系统自动取消选中“将图片平铺为纹理”复选框，此时，可以在“伸展选项”选项组中设置图片偏移量，它确定为相对于形状的左、右、上和下适合形状而缩放图片的程度。设置为正数可使图片向中心收缩，设置为负数则可使图片向外拉伸。同时，还可以再次选中“将图片平铺为纹理”复选框。

若演示文稿设置了图片或纹理为背景，在“设置背景格式”对话框中单击“图片”选项卡，在其中还可以设置图片的亮度、对比度等。

- ◆ **“重新着色”按钮**：单击该按钮，在弹出的下拉列表中可以选择图片的颜色模式等。
- ◆ **“亮度”滑条**：拖动滑块或在后面的数值框中设置图片的亮度，需注意的是，设置的亮度值不能过大，以免图片不清晰或晃眼。
- ◆ **“对比度”滑条**：拖动滑块或在后面的数值框中可以设置图片的对比度。
- ◆ **“重设图片”按钮**：单击该按钮，可以让图片恢复到没有在该选项卡中设置过的初始状态，当对设置的参数不满意又长时间无法调整到合适设置时，可单击该按钮重新进行设置。

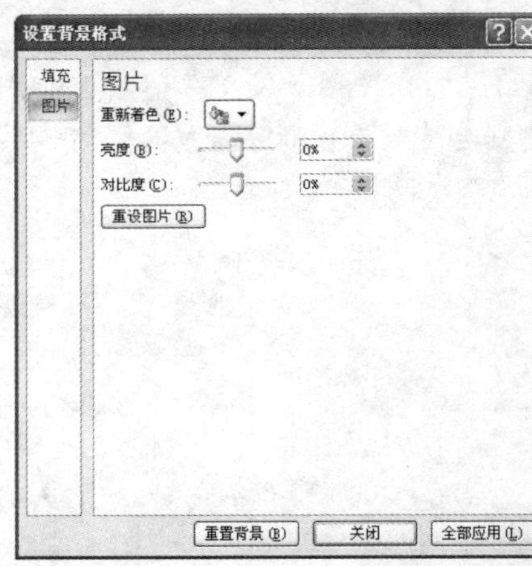

设置图片文件■

下面为一个演示文稿的标题幻灯片设置图片背景，在设置图片背景的过程中会运用到上文中讲解过的设置选项，大家可通过该实例更好地理解选项的作用。

应用案例——为标题幻灯片设置背景

素材 光盘:\素材\第4章\年度工作计划总结报告.pptx、帷幕.jpg

效果 光盘:\效果\第4章\年度工作计划总结报告.pptx

使用技巧：使图片大小与幻灯片大小相同

在幻灯片中插入背景图片时，需在演示文稿中预览插入的图片大小是否与幻灯片大小相符，如果不相符，需在“设置背景格式”对话框中的“伸展选项”栏中进行调整设置。

Step 01 打开素材盘第4章的“年度工作计划总结报告.pptx”演示文稿，选择标题幻灯片，在“设计”选项卡的“背景”组中单击“背景样式”按钮，在弹出的下拉菜单中单击“设置背景格式”按钮，打开“设置背景格式”对话框，选中“图片或纹理填充”单选按钮，然后单击“插入自”选项组中的“文件”按钮。

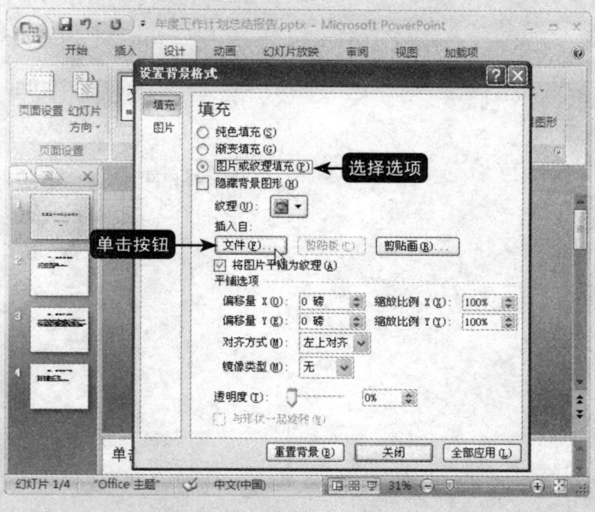

Step 03 在“设置背景格式”对话框的“透明度”数值框中输入“15%”，单击“关闭”按钮，将设置只应用到标题幻灯片中。

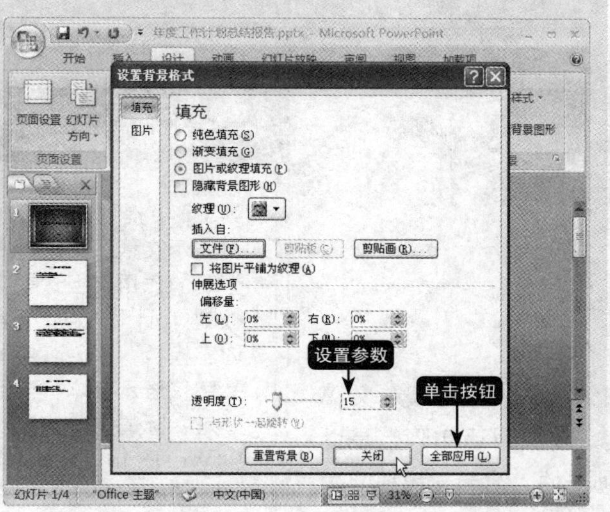

Step 05 此时在画面中按住鼠标左键进行拖动，绘制出裁剪框，用户还可拖动裁剪框来调整裁剪的位置，但裁剪的比例不能改变。

Step 02 打开“插入图片”对话框，在“查找范围”下拉列表框中选择要插入的图片的保存路径，在中间的列表框中选择找到的图片“帷幕.jpg”，单击“插入”按钮。“插入图片”对话框将被关闭。

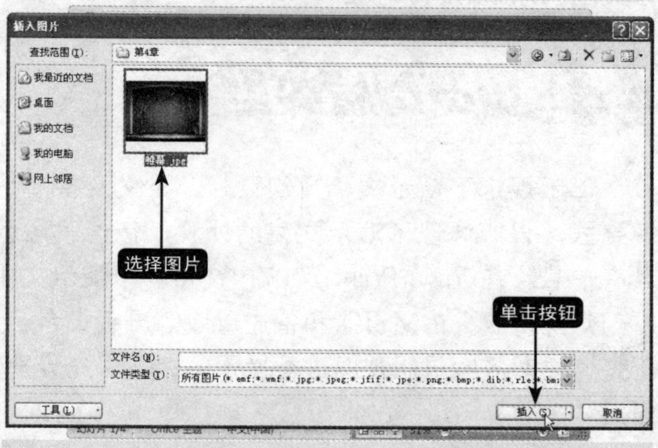

Step 04 选择“Office/另存为”命令，打开“另存为”对话框，在“保存位置”下拉列表框中选择要保存演示文稿的位置，在“文件名”下拉列表框中输入“年度工作计划总结报告1.pptx”，单击“保存”按钮。

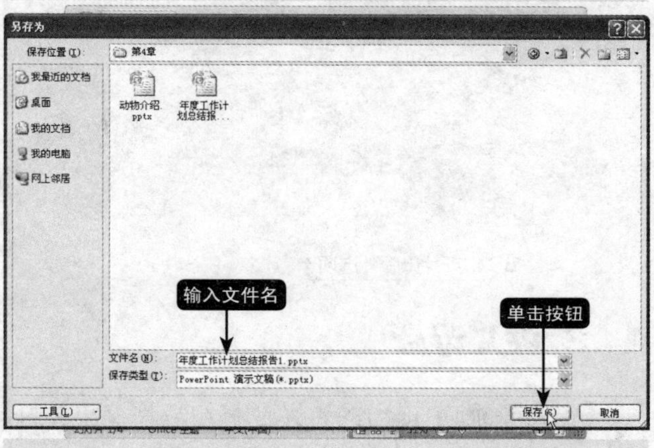

4.3.3 重设幻灯片背景

重设背景样式

当在幻灯片中应用了内置背景之后，若对应用的背景不满意，可再次单击“背景样式”按钮，选择下拉菜单中的其他背景选项进行更换，若不需要任何背景，可在下拉菜单中选择“重置幻灯片背景”命令，取消背景样式的应用，将背景变成最开始的默认状态。

4.4 纵览母版类型

母版规定了演示文稿（幻灯片、讲义及备注）的文本、背景、日期及页码格式。母版体现了演示文稿的外观，包含了演示文稿中的共有信息。在PowerPoint 2007中，每一个演示文稿提供了包括幻灯片母版、讲义母版和备注母版的母版集合。这3种母版都是通过对应的母版视图进行操作的，下面先分别介绍这3种母版。

3种母版类型

4.4.1 幻灯片母版

幻灯片母版是大家常说的、常用的母版类型。每一个演示文稿中都至少包含一个幻灯片母版。用户还可更改幻灯片母版，这样就可对演示文稿中的每张幻灯片进行统一的样式更改，包括对以后添加到演示文稿中的幻灯片的样式更改。

“幻灯片母版”选项卡

4.4.2 讲义母版

PowerPoint中提出的讲义是将幻灯片缩小并打印在纸上，一般在演示文稿发表之前发给观众，用于帮助观众理解演示文稿的内容。讲义母版实际上是设置将演示文稿作为讲义打印的功能区域。在“视图”选项卡的“演示文稿视图”组中单击“讲义母版”按钮，进入“讲义母版”视图，在其中可以对讲义母版进行编辑。并且，在功能区中出现“讲义母版”选项卡，通过其中的功能可以对讲义母版进行一些主要设置。由于使用的情况并不多，下面进行简单介绍。

- “页面设置”组：在其中可以设置讲义中的幻灯片大小、方向，讲义的方向、每张讲义上放置多少张幻灯片等。
- “占位符”组：在其中可以设置讲义是否显示页眉、页脚、日期和页码。至于页眉、页脚中的内容直接将光标插入到其中进行编辑即可。页

疑难解答：隐藏背景图片功能

问：在“背景”组中选中“隐藏背景图片”复选框怎么不能起到隐藏背景图片的作用?

答：该功能只能隐藏母版中设置的背景图片，下面即将介绍。该功能与在“设置背景格式”对话框中选中“隐藏背景图片”的作用相同。

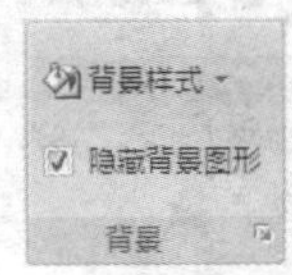

要点提示：模板与母版的区别

第3章中提到的模板也对演示文稿的外观起着一定的作用，但这些模板是设计模板而不是内容模板，因为其中的文字仅表示文本样式而不是实际的文本内容。PowerPoint中的每个设计模板都包含一个母版集合，母版存储设计模板的样式，其中还应用了主题。

码是自动生成的，不要手动输入，这是错误的操作，自动编码才能变化页码；日期也是插入的当前日期，没有必要随时修改。

- ◆ “编辑主题”组：在其中可以对讲义的主题进行编辑，操作与前面讲解的对演示文稿的操作相同。
- ◆ “背景”组：在其中可以对讲义的背景进行编辑，操作与前面讲解的对演示文稿的操作相同。
- ◆ 关闭视图：在其中单击“关闭母版视图”按钮即可退出“讲义母版”视图，回到普通视图状态中。

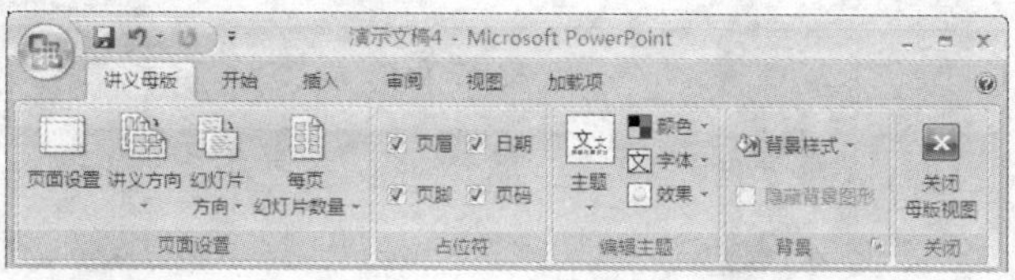

■ “讲义母版”选项卡

“讲义母版”编辑页面■

使用技巧：更改讲义母版

可以对讲义母版做出的更改包括对页眉和页脚占位符进行设置，指定每页要打印的幻灯片数目等。单击“讲义母版”选项卡中的相关按钮或设置复选框，即可进行更改操作。

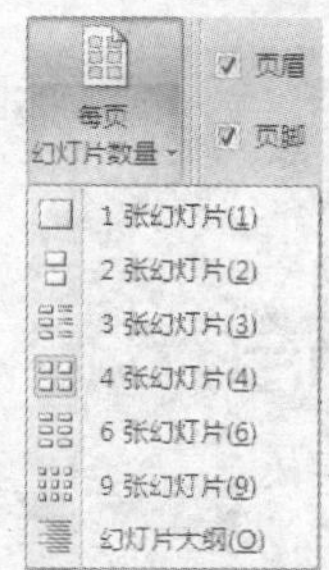

4.4.3 备注母版

若要将内容或格式应用于演示文稿中的所有备注页，就需要通过备注母版来更改。在“视图”选项卡的“演示文稿视图”组中单击“备注母版”按钮，进入“备注母版”视图，在其中可以对备注母版进行编辑。并且，在功能区中出现“备注母版”选项卡，通过其中的功能可以对备注母版进行一些主要设置，设置方法与讲义母版相同，这里不再赘述。

4.5 使用幻灯片母版

幻灯片母版在学习PowerPoint的过程中是最重要的项目之一，如果没有理解掌握它，就只会制作PPT，那么根本没有资格称为PPT高手。下面将从使用幻灯片母版的每个角度对幻灯片母版的操作进行详细讲解。

4.5.1 幻灯片母版视图

在“视图”选项卡的“演示文稿视图”组中单击“幻灯片母版”按钮，进入“幻灯片母版”视图，在其中可以对幻灯片母版进行编辑。工作界面左侧的“幻灯片/大纲”窗格变成“幻灯片母版缩略图”窗格，在其中单击选择一个缩略图后，在中间的幻灯片母版编辑窗格中能对应显示出该版式，并可在其中对其进行编辑。

移动鼠标光标到“幻灯片母版缩略图”窗格中的缩略图上停留片刻，可以看到每一种版式的名称。不难发现，PowerPoint 2007中的幻灯片母版有两个最明显的改变，即设置了“主母版”，并为每个版式单独设置“版式母版”。

- ◆ 主母版：在“幻灯片母版缩略图”窗格顶端根部的为主母版，主母版能影响所有版式母版，如有统一的内容、图片、背景和格式，可直接在“主母版”中设置，其他“版式母版”会自动与之一致。一个幻灯片母版只能拥有一个主母版。

- **版式母版**：主母版以下略小的缩略图为版式母版，默认情况下，包括前面提到的11种内置版式，如标题版式、标题和内容版式、两栏内容版式等，这些版式都对应于一个版式母版，通过对各版式母版的修改，可单独控制配色、文字格式、版式位置和背景等。这样演示文稿中的幻灯片即可选择应用不同的版式母版，在兼顾“共性”的情况下也可有“个性”的表现。

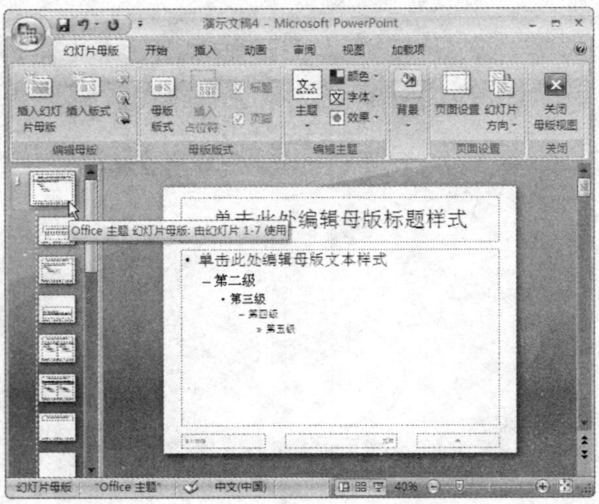

■主母版

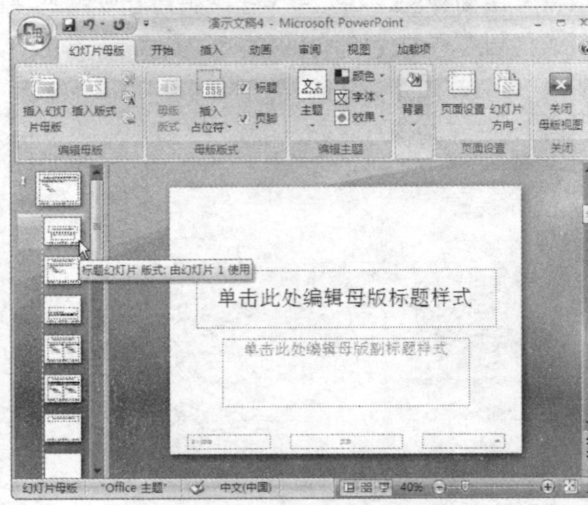

版式母版■

虽然一个主母版下面都是版式母版，但是并不代表一个演示文稿中共同拥有这11种默认内置版式，这个可以从版式说明上看出玄机，下面简单介绍上述两个图中的版式说明的意义，大家可举一反三，进一步认识幻灯片母版中的主母版和版式母版。

■主母版名称

- **Office 主题**：表示母版名称（同时也表示该幻灯片版式应用了Office主题）。
- **幻灯片母版**：表示该幻灯片版式为主母版。
- **由幻灯片1-7使用**：表示该幻灯片版式被演示文稿的第1张～第7张幻灯片使用。由于主母版影响所有版式母版，那么它应该在演示文稿中的每一张幻灯片中使用，这里有7张，表示该演示文稿有7张幻灯片。例如，如果一个演示文稿中包含了3张幻灯片，那么在幻灯片母版视图中，主母版的名称为“XX主题 幻灯片母版：由幻灯片1-3使用”。

■版式母版名称

- **标题幻灯片 版式**：表示版式母版的名称，该幻灯片版式为标题幻灯片，为版式母版中的一种。

◆ **由幻灯片1使用**：表示该幻灯片版式仅被演示文稿的第一张幻灯片使用，其他的幻灯片没有使用该版式。

总之，在幻灯片母版视图的“幻灯片母版缩略图”窗格中显示的版式说明代表着它们的意义和使用范围，它是直接与一个演示文稿中幻灯片的版式相关联的。若演示文稿中的幻灯片版式使用了内置的版式，都会直接反映到幻灯片母版的版式说明中。例如，一个演示文稿中没有使用过“节标题”这种版式，那么移动鼠标光标到“节标题”版式缩略图上，就会出现“节标题 版式：任何幻灯片都不使用”字样。

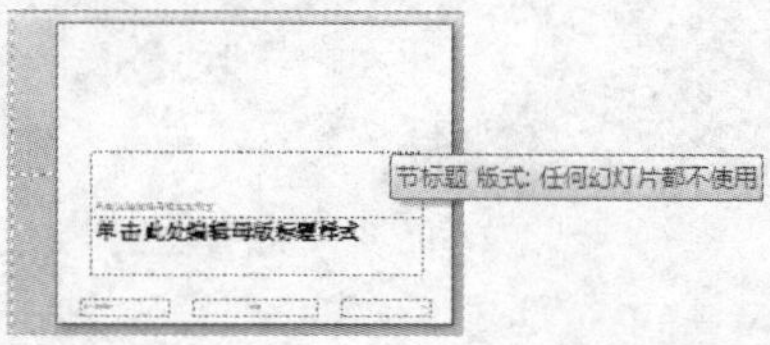

版式说明显示

4.5.2 编辑幻灯片母版

进入幻灯片母版视图后，在出现的“幻灯片母版”选项卡的“编辑母版”组中可以对幻灯片母版进行编辑。下面分别进行讲解。

1. 添加幻灯片母版

一个幻灯片母版设置了一套幻灯片外观样式，在同一演示文稿中可以存在多个幻灯片母版，并可以将一个或多个幻灯片母版另存为单个模板文件“.potx”，将生成一个可用于创建新演示文稿的模板。下面通过具体的操作来介绍添加幻灯片母版的方法。

应用案例——添加幻灯片母版

素材 光盘:\素材\第4章\化学课件.pptx

效果 光盘:\效果\第4章\化学课件.pptx

Step 01 打开素材盘第4章的“化学课件.pptx”演示文稿。单击“视图”选项卡，在“演示文稿视图”组中单击“幻灯片母版”按钮，进入到该视图模式中，左侧的“幻灯片母版缩略图”窗格中只有一个幻灯片母版和其下的多个版式母版。

Step 02 单击“幻灯片母版”选项卡下“编辑母版”组中的“插入幻灯片母版”按钮，此时将出现一个新的空白幻灯片母版，同时是由一个主母版和11个版式母版构成，且其编号为2。

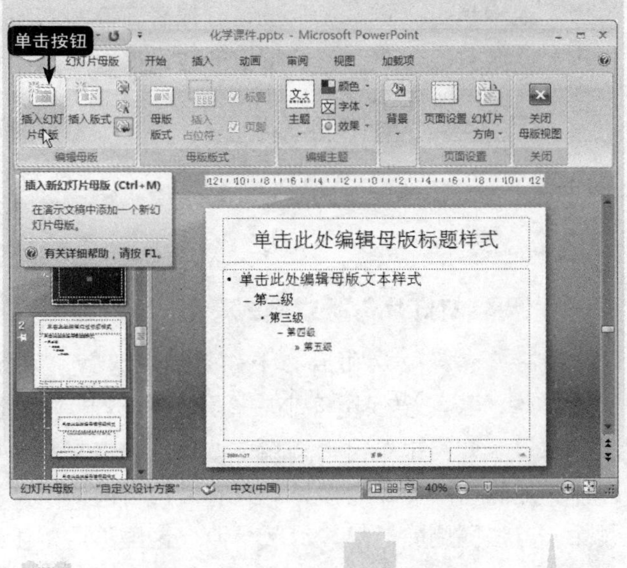

Step 03 选择“Office/另存为”命令，打开“另存为”对话框，在“保存类型”下拉列表框中选择“PowerPoint模板（*.potx）”选项，单击“保存”按钮，将演示文稿保存为模板文件（下次可以以模板的形式创建新演示文稿）。

2. 创建新的版式母版

前面反复强调，默认情况下PowerPoint在幻灯片母版中提供了11种内置版式母版，虽然用户通常只会使用到其中几种，但是，还可以根据实际需要增加新的版式母版。

创建的新版式母版■

创建新的版式母版的操作方法是：单击“编辑母版”组中的“插入版式”按钮，在当前选择的版式下创建出一个新的版式母版，默认情况下，该版式中包含标题占位符和日期、页脚、页码3个占位符。

要点提示：保留母版设置

在新增加的主母版上右击，在弹出的快捷菜单中“保留母版”命令呈选中状态，同时“编辑母版”组中的“保留”按钮呈按下状态，表示该母版即使没有应用于演示文稿中的任意幻灯片，也仍然会保留在演示文稿中，以便以后使用。

3. 重命名幻灯片母版或版式母版

在“幻灯片母版”视图中，选择需重命名的幻灯片母版的主母版，在“编辑母版”组中单击“重命名”按钮，或者在其上右击，在弹出的快捷菜单中选择“重命名母版”命令，打开“重命名母版”对话框，在“母版名称”文本框中输入母版名称，单击“重命名”按钮即可。

同理，在“幻灯片母版”视图中选择需要重命名的版式母版，在“编辑母版”组中单击“重命名”按钮，或者在其上右击，在弹出的快捷菜单中选择“重命名版式”命令，打开相应的对话框，在其中重命名版式母版。

■重命名主母版

重命名版式母版■

使用技巧：快速创建新的版式母版

其实“幻灯片母版视图”中的“幻灯片母版”缩略图窗格与“幻灯片/大纲”窗格相似，选择其中的任意版式，按【Enter】键可快速创建一个新的版式母版。

4. 删除幻灯片母版或版式母版

当一个演示文稿中有多个幻灯片母版时，可以对其中的幻灯片母版进行删除操作，最终要保留至少一个幻灯片母版。选择要删除的幻灯片母版，在“编辑母版”组中单击“删除”按钮，或者在其上右击，在弹出的快捷菜单中选择“删除母版”命令即可。只有没被当前演示文稿使用的版式母版才可以被删除，方法同删除幻灯片母版相似，这里不再赘述。

4.5.3 设置幻灯片母版版式样式

幻灯片母版中的所有版式样式都是可以自行设置的，包括主母版、版式母版（包括自行创建的新版式）。其设置方法基本相同，下面将介绍3种设置方法。

1. 直接改变占位符

版式就是由占位符组成的，在“幻灯片母版”视图中通过鼠标和键盘就可以直接操作这些占位符。

- **选择占位符**：移动鼠标光标到占位符的边缘虚线框上单击，可以选择该占位符。选择一个占位符后，按住【Shift】键或【Ctrl】键不放，可以选择多个占位符。另外，还可以通过框选（与操作系统中的使用相同）的方式选择更多的占位符。
- **改变占位符的大小**：选择占位符后，边缘虚线框变成实线框，框上出现8个控制点，移动鼠标光标到这些控制点上，光标变成双向箭头的形式，按住鼠标左键不放向其他地方拖动，到合适位置释放鼠标，可轻松改变占位符的大小。
- **移动占位符**：选择占位符后，若将鼠标光标停留到边缘虚线框上或附近，光标变成✣形状，此时，按住鼠标左键不放向其他地方拖动，到合适位置释放鼠标可移动占位符。
- **复制占位符**：在拖动占位符的同时，按住【Ctrl】键不放，可以复制一个占位符。
- **删除占位符**：选择占位符后，按【Delete】键可删除占位符。

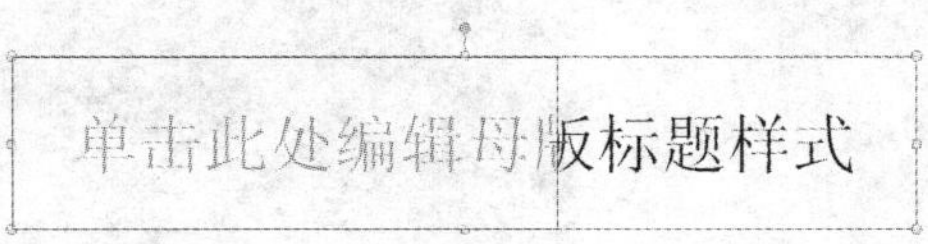

■改变占位符大小

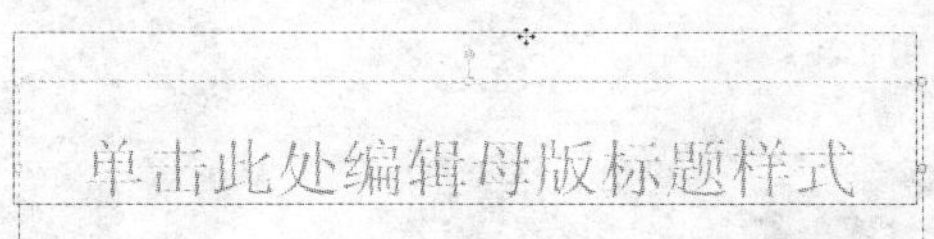

移动占位符■

2. 通过选项卡改变占位符

在该选项卡的“母版版式”、“编辑主题”和“背景”组中可以对版式中的占位符、主题和背景等进行设置。下面详细介绍其中各命令的作用。

- **“母版版式”按钮**：只有当前选择了幻灯片母版中的主母版时，该按钮才处于激活状态。单击该按钮，打开“母版版式”对话框，其中显示了主母版中包括的所有类型占位符，只有当母版中的占位符有所缺失时，其中相对应的占位符类型才处于激活状态。
- **“插入占位符”按钮**：只有选择了版式母版时，该按钮才处于激活状态。单击该按钮后，在中间的幻灯片母版编辑窗格中要插入占位符的位置处直接单击，或按住鼠标不放并拖动到合适位置时释放鼠标，可插入默认的占位符样式。单击“插入占位符”按钮下的下拉按钮，在弹出的下拉列表中可以选择更多的占位符。
- **“标题”和“页脚”复选框**：只有选择了版式母版时，这两个复选框才处于激活状态。复选框处于选中状态时，表示在版式母版中显示“标题”和“页脚”占位符。

可设置母版的组■

使用技巧：占位符的右键快捷菜单

右击占位符，在弹出的快捷菜单中选择“大小和位置”命令，在打开的对话框中可设置占位符的大小和位置；选择“复制”、“剪切”和“粘贴”命令，也可以复制和移动占位符。另外，大家要重点掌握的是，选择“置于顶层”命令可以将占位符的层级设置到最外层，表示当同一位置有多个对象时，设置了“置于顶层”的对象将显示在最外面。在“置于顶层”命令的子菜单中选择“上移一层”命令，可以让对象由原来的层级移动到其上一个层级中。举一反三，大家可以理解“置于底层”和“下移一层”命令的作用。

要点提示：“标题”和“页脚”的设置

当取消选中“标题”或“页脚”复选框后，再次选中这两个复选框，在幻灯片母版编辑窗格中的版式中将重新显示的是默认样式的“标题”和“页脚”占位符，可能与之前的有所区别。

- ◆ “编辑主题”组：该组中的功能同在普通视图中设置页面主题相同。
- ◆ “背景”组：该组中的功能同在普通视图中设置页面背景完全相同。

下面通过具体的案例来学习设置幻灯片母版版式样式中的一些操作。

要点提示：应用主题与母版的关系

仅有一个幻灯片母版应用主题时，会以选定的主题来创建新幻灯片母版。若给非原始幻灯片母版应用新主题，母版主题仅对新选择的母版幻灯片产生效果。

应用案例——设置幻灯片母版样式

素材 光盘:\素材\第4章\业务计划.pptx

效果 光盘:\效果\第4章\业务计划.pptx

Step 01 打开素材盘第4章的“业务计划.pptx”演示文稿，进入“幻灯片母版”视图，选择由幻灯片1使用的标题幻灯片版式，在“编辑母版”组中单击“插入版式”按钮。

Step 02 在标题幻灯片版式下创建了一个新的版式母版并处于选中状态，该版式应用了与本演示文稿相同的背景风格。单击“母版版式”组中的“插入占位符”按钮下的下拉按钮，在弹出的下拉列表中选择“图片”选项。

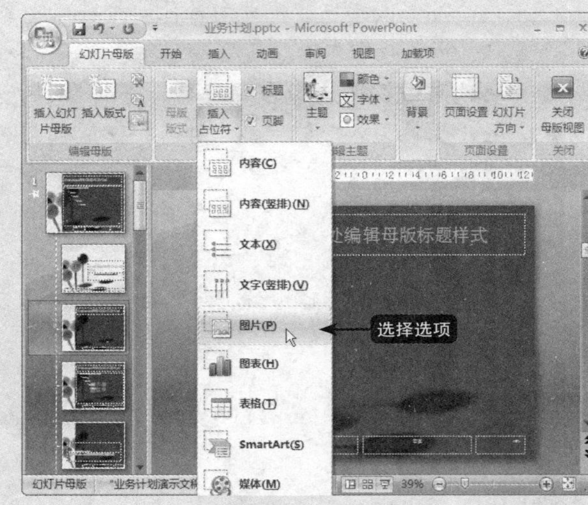

Step 03 移动鼠标光标到幻灯片母版编辑窗格中新创建的版式母版中，按住鼠标左键不放并拖动鼠标到如图所示的状态。

Step 04 释放鼠标后，占位符创建成功。按住【Shift】键不放，选择页眉/页脚中的3个占位符，将其向左移动一些距离，使其与“图片”占位符居中对齐。

Step 05 在“背景”组中单击“背景样式”按钮，在弹出的下拉面板中的“样式2”选项上右击，在弹出的快捷菜单中选择“应用于选定版式”命令，为新的版式母版设置背景。

Step 06 单击“关闭母版视图”按钮退出“幻灯片母版”视图，进入普通视图，在“幻灯片/大纲”窗格中选择标题幻灯片，按【Enter】键即可在其下创建一个新版式的幻灯片。

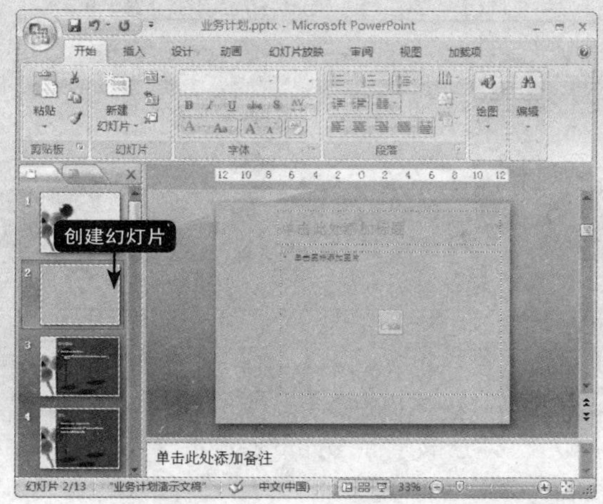

3. 通过其他选项卡设置母版

除此之外，还可以使用功能区中其他选项卡中的激活功能。只不过这些功能与在普通视图中对应的功能作用相同，本书将在后面的学习过程中逐步讲解。

下面仅简单介绍主要设置幻灯片母版的选项卡作用，相信通过后面的学习，大家可以将前后知识融合在一起。

- **“开始”选项卡**：通过该选项卡可以设置幻灯片母版中版式的文字格式、绘制图形等。
- **“插入”选项卡**：通过该选项卡可以插入并设置图片、图表、表格和形状等。
- **“动画”选项卡**：通过该选项卡可以插入并设置动画。

使用技巧：巧妙移动占位符

在移动占位符时，按住【Shift】键不放，可垂直或水平移动占位符。另外，移动占位符时，可以使用上下左右箭头键微移占位符。

4.5.4 幻灯片母版页面设置

在“页面设置”组中可以对幻灯片母版中的页面进行设置，与在普通视图中的作用完全相同，这里不再赘述。

4.6 实战演练——制作“生物化学课件”母版

在现实生活中，用PowerPoint制作的课件可以协助老师讲课，这是因为教学课件可以形象地将老师要表达的观点以文字、图形、动画的方式向学生展示出来，使传统课堂变得生动，有气氛。

本章将通过所学的知识制作一个关于生物化学方面的课件母版，大家可跟着本案例进行操作，以后就能自己制作更多的课件母版。

素材 光盘:\素材\第4章\化学原子1.png、化学原子.png、蓝底.emf

效果 光盘:\效果\第4章\生物化学课件.pptx

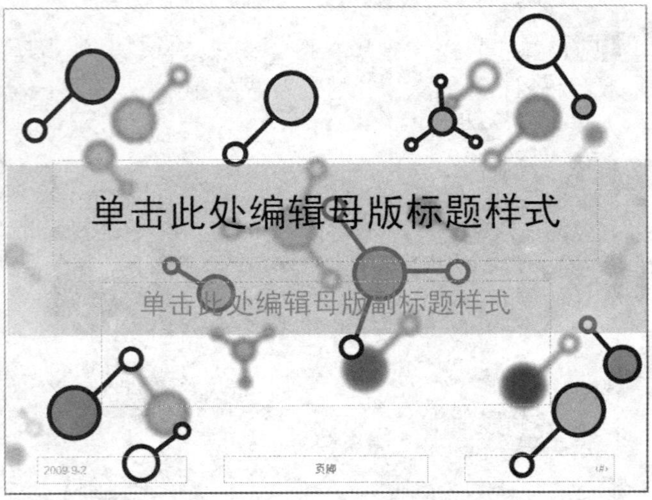

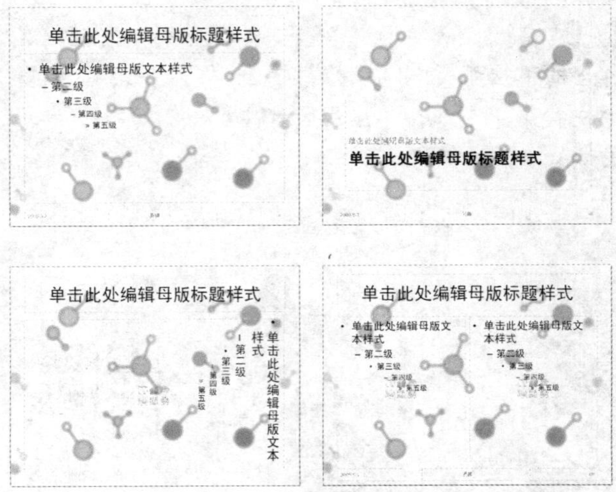

Step 01 启动PowerPoint 2007，在系统自动新建的“演示文稿1”中单击“视图”选项卡，在“演示文稿视图”组中单击“幻灯片母版”按钮进入“幻灯片母版”视图。

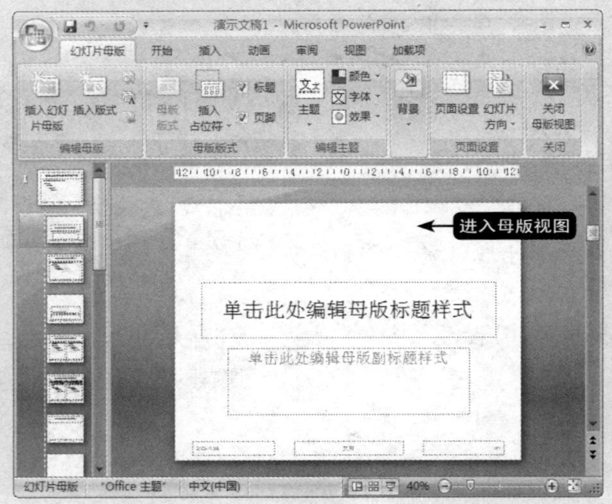

Step 02 在“幻灯片母版缩略图”窗格中选择主母版，单击“幻灯片母版”选项卡，在“背景”组中单击“背景样式”按钮，在弹出的下拉菜单中选择“设置背景格式”命令。

Step 03 打开“设置背景格式”对话框，在默认打开的“填充”选项卡中选中“图片或纹理填充”单选按钮，单击“文件”按钮。

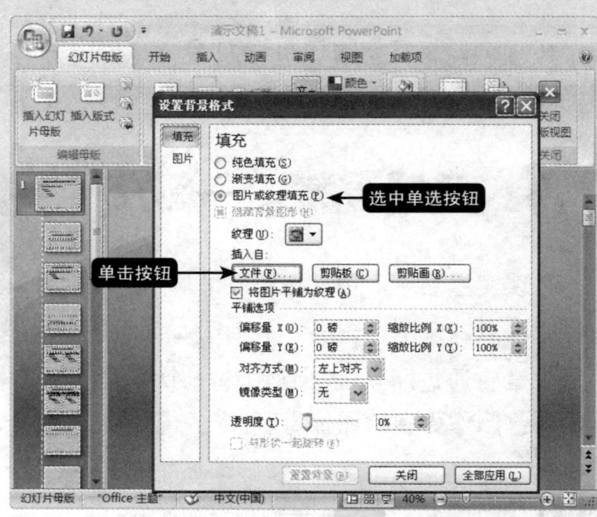

Step 04 在打开的“插入图片”对话框中选择要插入的背景图片“化学原子1.png”，单击“插入”按钮。

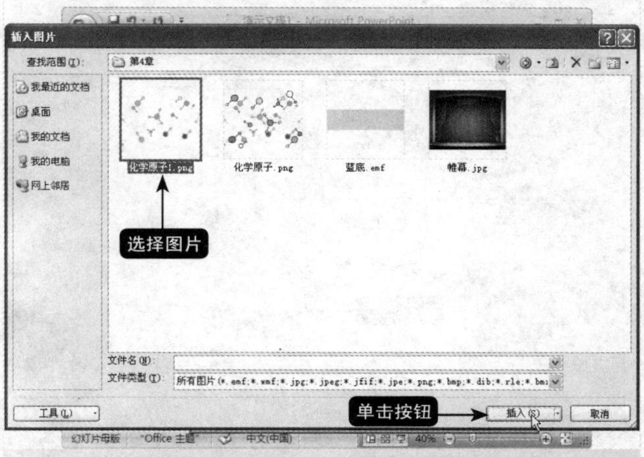

Step 05 关闭“插入图片”对话框，在“设置背景格式”对话框中的“透明度”数值框中输入“30”，单击“关闭”按钮，将背景应用到演示文稿中。

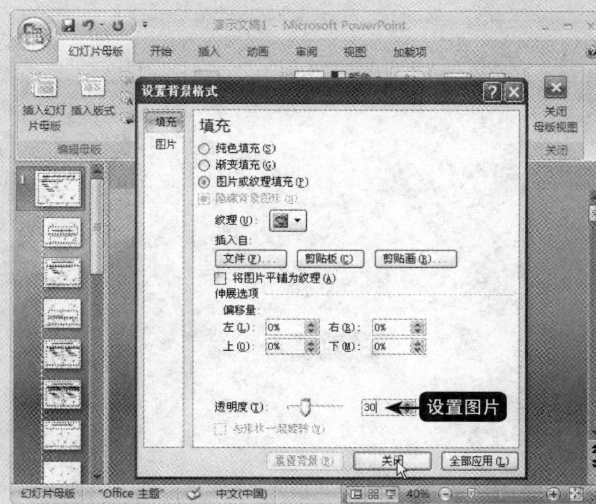

Step 06 在“幻灯片母版缩略图”窗格中选择第一张版式母版，即标题幻灯片版式，打开“设置背景格式”对话框，再打开“插入图片”对话框，在其中选择要作为背景的图片“化学原子.png”。

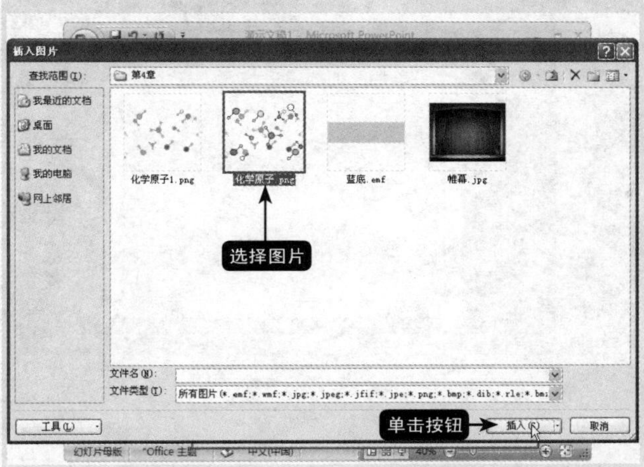

Step 07 单击“插入”按钮，打开素材文件夹，在其中选择“蓝底.emf”图片，按【Ctrl+C】组合键复制。

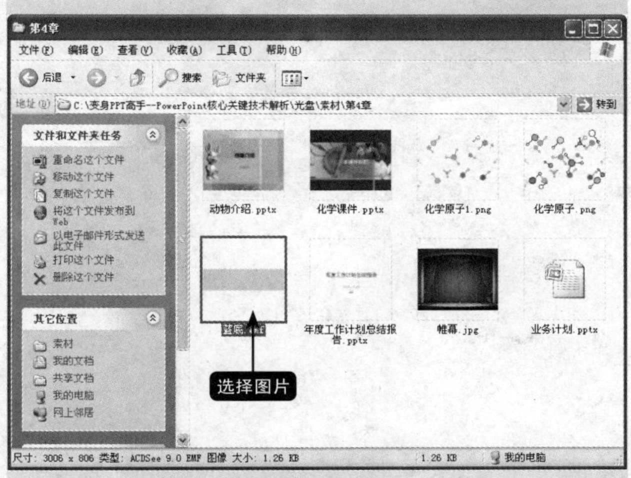

Step 08 返回到演示文稿1的幻灯片母版编辑窗口中，选择标题幻灯片版式，按【Ctrl+V】组合键将图片粘贴到版式中（这里为了生成效果执行了此操作步骤，详细的操作方法和原理将在后面相应章节介绍）。在插入的图片上右击，在弹出的快捷菜单中选择“置于底层/置于底层”命令。

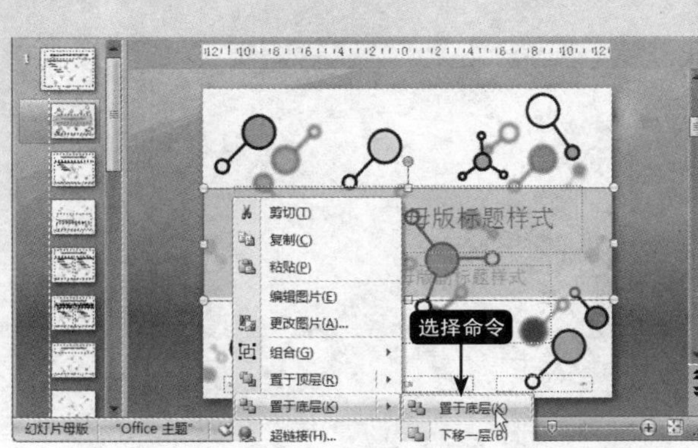

Step 09 在标题幻灯片版式下方插入一个新的版式，在“母版版式”组中取消选中“页脚”复选框，并在“标题”占位符下面创建一个“内容（竖排）”占位符。

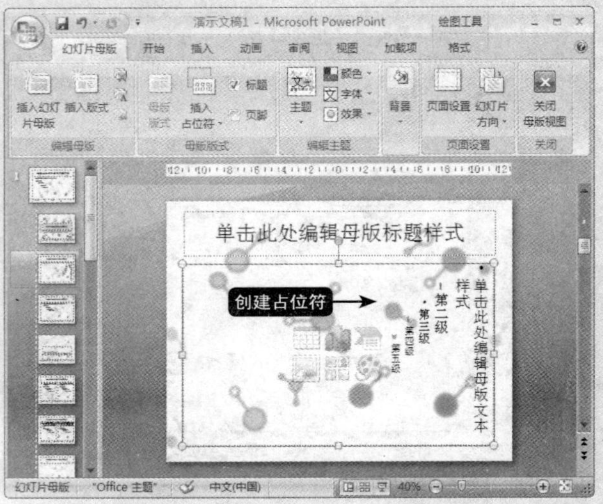

Step 11 单击“关闭母版视图”按钮，退出“幻灯片母版”视图，将演示文稿1保存为“生物化学课件.pptx”。

Step 10 在“编辑主题”组中单击“字体”按钮，在弹出的下拉菜单中选择“Office 经典2”命令，为母版应用主题字体。

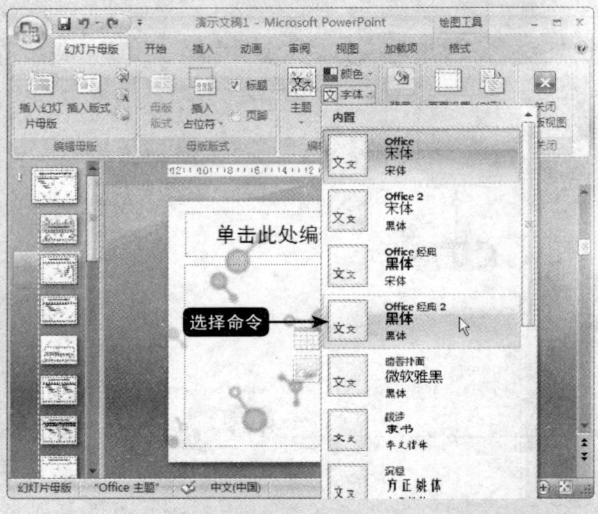

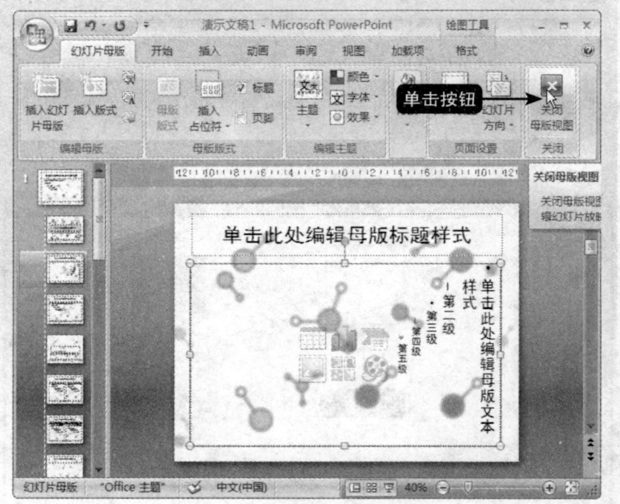

Part 2

幻灯片演示工具的关键技术

在幻灯片中进行演示的工具主要包括文字、图形、图示、表格以及图表等，制作演示文稿的关键步骤是在各幻灯片中使用这些对象或工具来表达相应的观点，因此本篇将着重介绍这些工具的相关使用技术。

5 Chapter 量身处理文字

READERS' GUIDE

文字是传递信息最常规的方式，在幻灯片中文字也是使用最广泛的对象，是进行幻灯片演示最基本的工具。要利用好该工具，就应该了解幻灯片文字的展示特性以及如何根据演示需要量身处理文字。

MAIN CASES

5.1 幻灯片中文字展示的特性

文字是体现演示文稿中心思想的关键，它在演示文稿中出现的频率最高，通过文字能更好地传递给观众信息，是演示文稿的第一载体。试想，如果图片没有文字作注解，将会显得多么苍白。

不过，我们需要的文字不是随随便便放到演示文稿中的，其中的文字一定是精练的、有排列的、字体和字号是非常适合的。大家只有先明白了这一点，才能在此基础之上为演示文稿添加文字。

5.1.1 简化文字草稿

从现实情况看，大部分演示文稿都不是直接启动软件，随意开始制作的。一般都拥有明确的目标，然后再根据目标准备一些材料，理清大纲后再开始制作。在准备的材料中绝大部分都是文字资料，这些文字资料的内容一般都比较丰富、杂乱，像公司的商务演示文稿，可能是统计了各部门的各类资料集合而成的，那么首先要做的工作就是将这些文字资料进行精简，然后再复制到演示文稿中。

下面介绍文字由繁到简的3个基本步骤。

要点提示：关于简化文字草稿

简化文字草稿，一定不能影响文字本身要表达的意思，同时还要让观众既可以完整理解，又不会花费太多时间阅读，这样演讲或演示者才有时间与观众进行各个方面的交流，毕竟幻灯片只是演示过程的辅助工具。

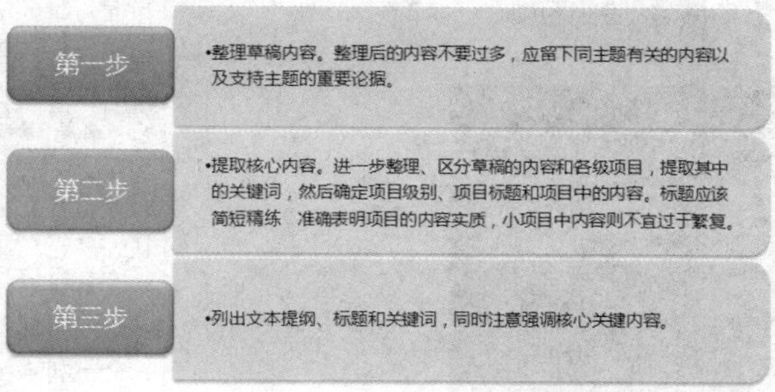

简化文字草稿的3个基本步骤■

文字草稿经过“减负”变成提纲后，再设计相应的版式，最后开始制作演示文稿，其中每一张幻灯片上的段落最多不超过6个，文本块不超过4个，太多的段落或文本块会使观众感觉内容琐碎，常用的是4~6段、3~4块的形式，而且尽量要确保每段中的字数不要太长。在删减文字时，还要注意尽量减少助词，以及省略逗号、句号、双引号等标点符号。

要点提示：文字信息应集中

当幻灯片中留下许多空白区域时，为了避免让观众感觉资料不充实，许多人都喜欢在上面添加图片，让文字和图片混合放置在一起，文字散乱不归整，其实这样做是非常错误的，因为只有将相关的文字集中放置在一起，才能保证信息的传达力度。

5.1.2 排列文字有原则

演示文稿中文字不同的排列方式对表现效果是有影响的。通常情况下，演示文稿中的文字排列要遵循下面介绍的两个原则。

1. 集中原则

集中原则就是将有关联的文字都集中到一起，将没有关联的文字相隔一定距离，这样做可以让关联文字看上去是一个整体，增强了信息传递的能力。

例如，下面两个图中的文字内容完全一样，只是文字的放置方法有点区别，我们将相关的文字内容通过大纲或编号样式进行了重排，经过对比观察后，不难发现右边图中的文字明显比左边图中的文字易读性加强了。再一次证明集中原则对于文字排列来讲是非常有必要的。

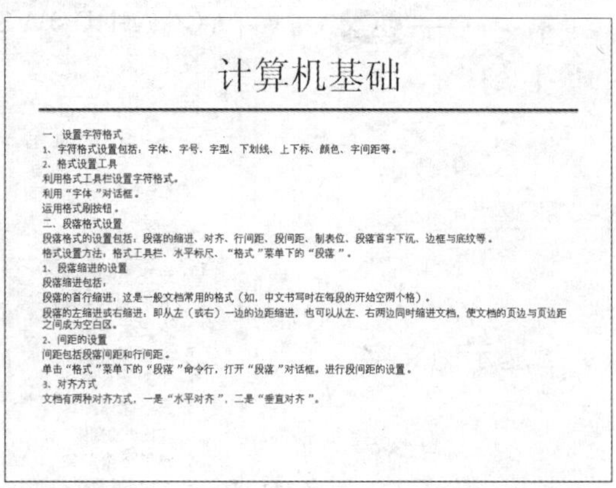

■文字随意排列

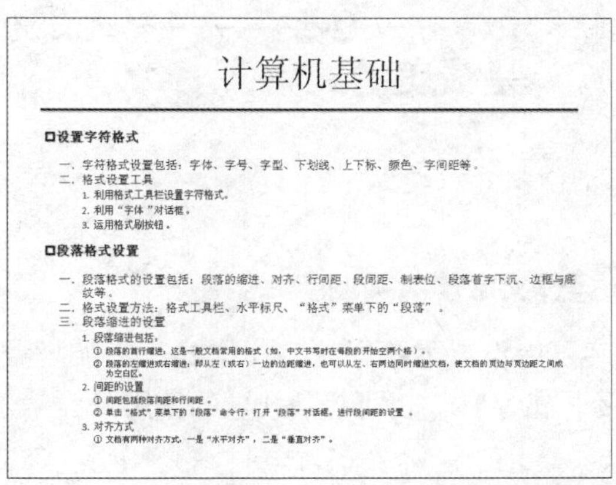

文字集中分类排列■

2. 对齐原则

对齐原则就是调整文字排列，使其整齐分布，这样即使文字之间有一定距离，也可以让人感觉强烈的关联性。

下图幻灯片中的文字以虚线为基准进行了右对齐，强行将视线流向进行了改变，起到了引导视线流向的作用。同时还利用了“集中原则”，留白也不显得空洞。

对齐文字排列■

最后，需要向大家强调一点，无论是集中原则还是对齐原则，都不是固化不变的真理。应该在制作演示文稿时，根据实际表达的内容来灵活运用和变通，从而制作出简洁大方的演示文稿。

5.1.3 突出文字的方法

文字是幻灯片展示的主体，对于一段文字中的关键内容，我们可通过多种方法对其进行突出显示，这些方法虽然简单，但在幻灯片的文字展示过程中经常使用，下面分别进行介绍。

1. 通过文本颜色强调

在一段文字中，对于需要突出显示的文字内容，可将其设置为不同的字体颜色。

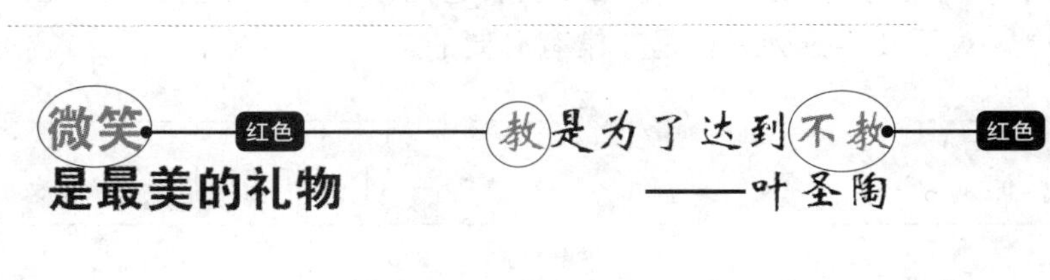

通过文本颜色强调■

2. 通过文本字体强调

文字可以设置为不同的字体样式，将某些需要重点突出显示的文字设置为与众不同的字体，也可起到强调的作用。

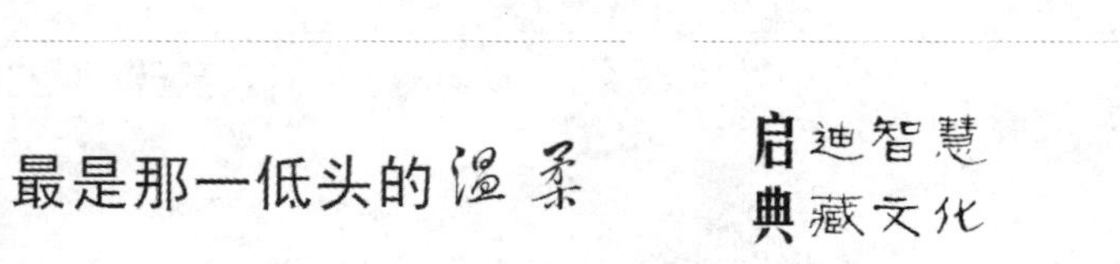

通过文本字体强调■

要点提示：关于文本对齐方式

标准的对齐文字形式包括左对齐、右对齐和居中对齐。很多人会强调使用居中对齐，它给人一种舒服且稳定的感觉，但同时会让人产生一种稳固守旧的感觉，所以请不要过量使用。

疑难解答：增加可选择的字体样式

问：通过PowerPoint的“字体”下拉列表框可以选择文本的字体，但默认情况下只有几种样式，如何添加其他的字体？

答：只有在系统中安装了相应的字体，才会在软件中出现字体的可选择项。

用户通过购买或者下载得到字体文件后，需要将其复制到系统安装盘C:\WINDOWS\Fonts文件夹中进行字体的安装，这样在PowerPoint中才会出现更多的字体选择项。

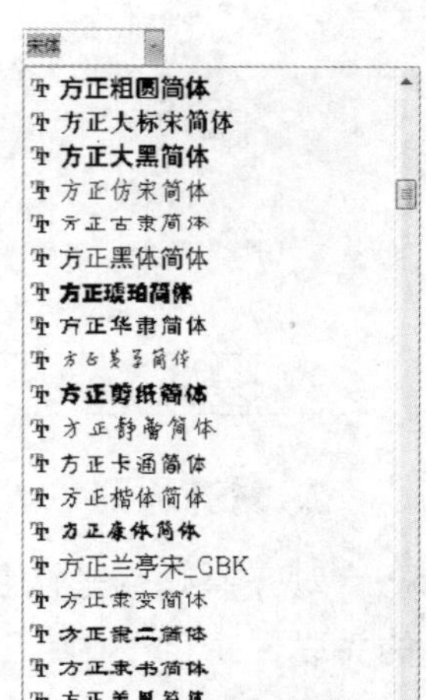

3. 通过文本字号强调

所谓字号即是指文字的大小，将某些内容书写得更大一些，当然就可起到突出显示的作用。

通过文本字号强调■

4. 通过斜体和下画线强调

对字体进行变形或添加下画线也可起到强调的作用，但这种方法会对阅读造成干扰，所以尽量少用。

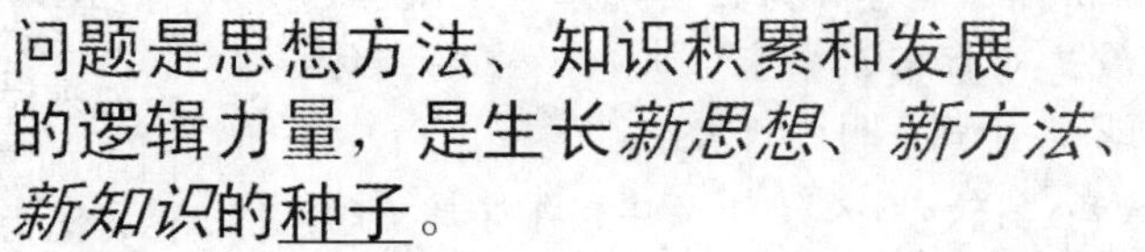

通过斜体和下画线强调■

使用技巧：突出文字的其他方法

简单地说，将一段文字中部分文本设置成与众不同的格式，即可起到突出显示的作用。

例如，为文本添加删除线、设置背景颜色，将文本通过艺术字进行变形，为文本添加引号，或者为文本设置闪烁的动画效果等。

读者应根据幻灯片要表达内容的特点灵活使用。

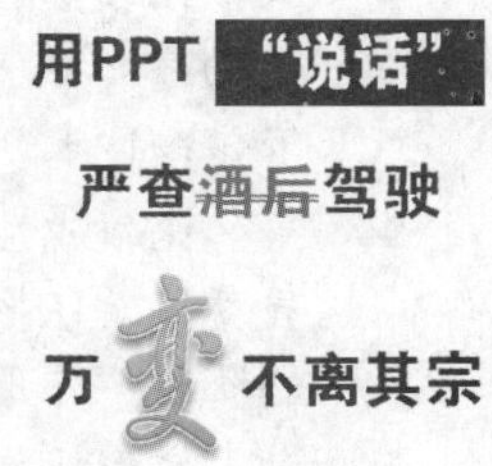

5.1.4 PowerPoint中几种文本表达方式

前面介绍了在幻灯片中排列文本或突出显示文本的几种方法。另外，在PowerPoint中有几种文本的表达方式，下面分别进行介绍。

- **普通文本**：这是最常见的一种表达方式，在PowerPoint中这种文本都是输入在占位符或文本框中的，用户可对其设置不同的字体、字形和颜色等效果。
- **艺术字文本**：艺术字文本兼有图形与文本的双重属性，用户可对其中文本的字体等进行设置，也可针对艺术字图形进行变形，设置投影以及3D效果等。从外观上看，艺术字的变化种类更多，因此主要用于一些特殊文本的表达，如标题等。
- **图片文本**：严格意义上说，这种表达不算是文本。它是事先通过其他软件，将一些文本信息连同其他一些图形等制作成一张图片，然后插入到幻灯片中进行展示。对于这类对象，用户在PowerPoint中不能再对其中的文本进行编辑，只能将其作为图片进行调整。

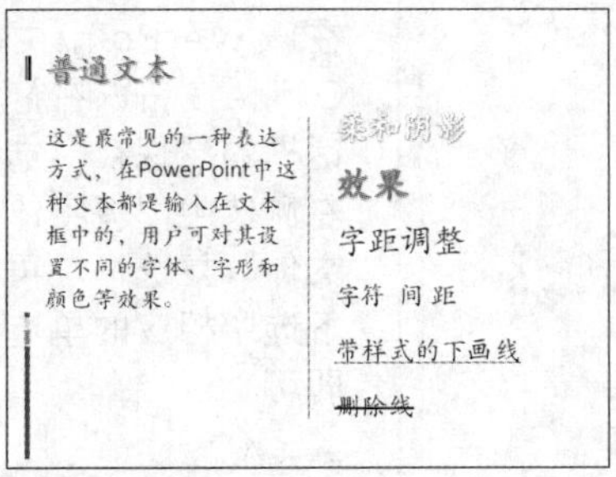

■普通文本效果

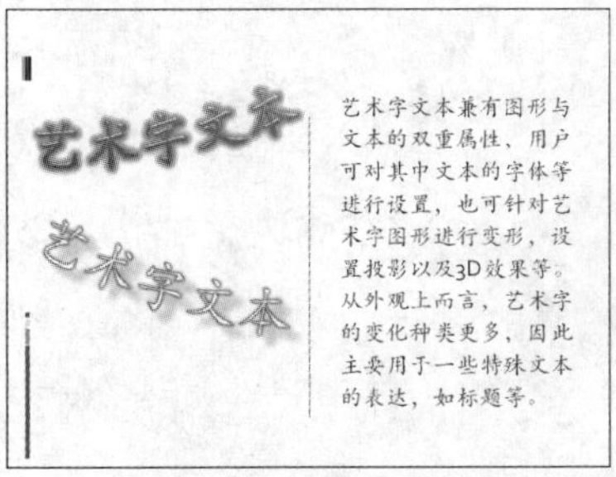

艺术字文本效果■

图片文本效果■

5.1.5 选择字体有技巧

字体是文字的表现形式，在演示文稿中选择合适的字体是一个不能忽视的重要问题，它将直接影响演示文稿的整体效果。

默认情况下操作系统中安装有几十种字体，但其中经常使用的字体大约十几种，包括“宋体、楷体、黑体、仿宋、幼圆、行楷、隶书、姚体、华文新魏、微软雅黑、Arial、Verdana、Times New Roman”等。如何从这些众多字体中选择适合幻灯片的字体，就需要了解各类字体的特点，以及掌握字体选择方面的技巧。

1. 中文字体的选择

除了系统自带的字体外，用户还可添加多种中文字体，对于这么多可选择的字体样式，如果你对字体没有专门的研究，则使用一些已经非常成熟的字体。

- 宋体比较严谨、工整、大方，显示清晰，适合作为正文字体，Office默认的字体也是宋体。该字体可延展出“标宋、书宋、大宋、中宋、仿宋、细仿宋”等，种类繁多，差别不大，都常用于正文。
- 黑体比较端庄严肃、笔画单纯、结构严谨、引人注目，具有浑厚凝重的气度，是印刷界中较为稳重、醒目的标题字，实用性很强。与之相类似的还有“方正大黑、方正黑体”等。
- 隶书字形略扁近乎于方，整篇看来具有流动性，笔画生动，造型优美。有时可用来做标题，但投影效果很差。
- 楷体古朴秀美，历史悠久，字体温和，艺术性比较强，在幻灯片中可用于内文或部分标题的书写。与隶书一样其投影效果不佳，在投影幻灯片中慎用。

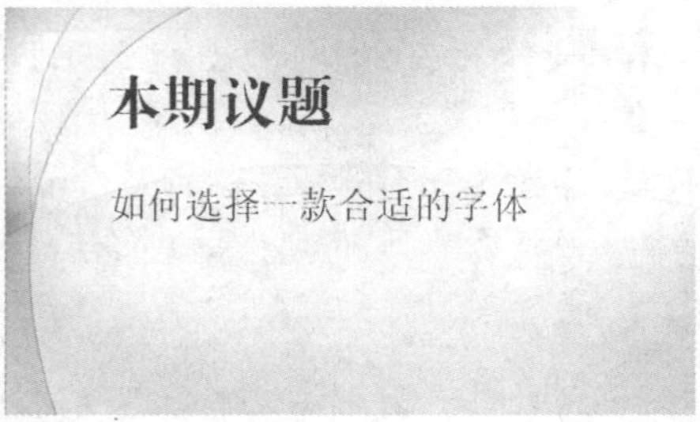

■标题：方正大标宋；内文：宋体

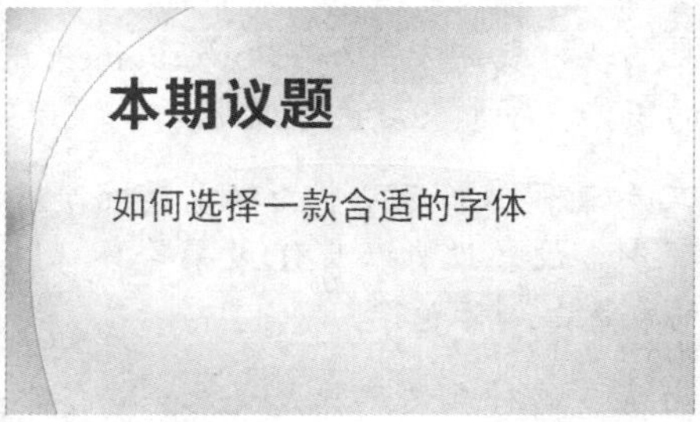

标题：方正大黑；内文：黑体■

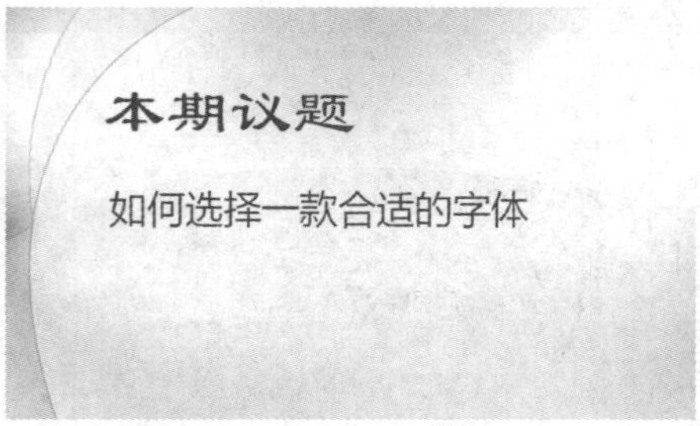

■标题：隶书；内文：微软雅黑

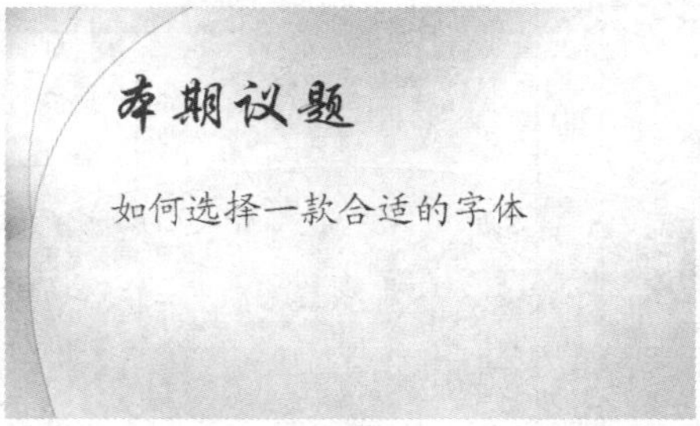

标题：华文行楷；内文：楷体■

使用技巧：选择衬线与非衬线字体

衬线与非衬线是两个字体方面的专业概念。其中衬线字体是指字体中的每个字符脚都有短线，相反非衬线字体就没有这样的短线。

一般来说，在表现较多内容时常使用衬线字体，因为这样的字体更易于阅读；而在制作字号较大的标题时，则常使用非衬线字体，因为这样的字体放大后无明显锯齿感。

疑难解答：别的计算机上没有安装相应字体

问：在幻灯片中使用了某种字体，然后需要将该演示文稿传送给别的用户查看，当该用户的计算机中没有安装对应的字体时怎么办呢？

答：用户可选择在保存演示文稿时将用到的字体嵌入到其中。方法是在PowerPoint中单击Office按钮，在打开对话框的“保存”选项卡右侧选中“将字体嵌入文件”复选框，再在其下选中相应的单选按钮即可。

除了这些常用字体之外，一些较为特殊的字体在特殊的幻灯片中也可使用，但这类字体都常作为标题少量使用，切记不能大量作为正文。

- 方正静蕾、方正瘦金书、方正黄草等，可用在制作一些类似签名、黑板手书效果。
- 方正综艺、方正粗倩等可用于一些设计类作品中作为标题。
- 方正卡通、方正少儿、方正胖娃、方正剪纸等字体可用于儿童类幻灯片中制作标题。
- 方正古隶、方正祥隶、方正魏碑等字体可用于古代题材幻灯片中。

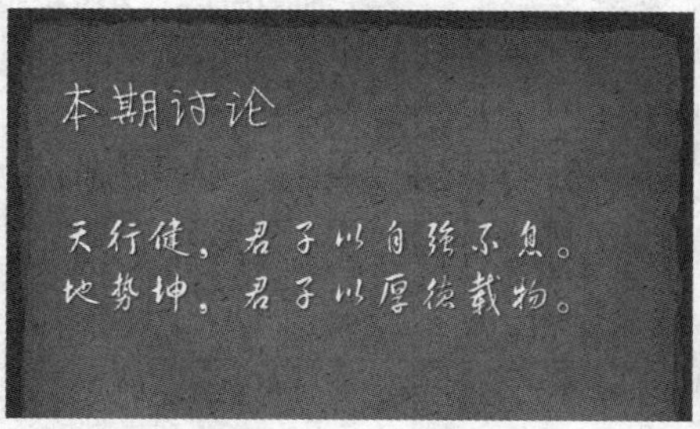

■标题：方正瘦金书；内文：方正黄草

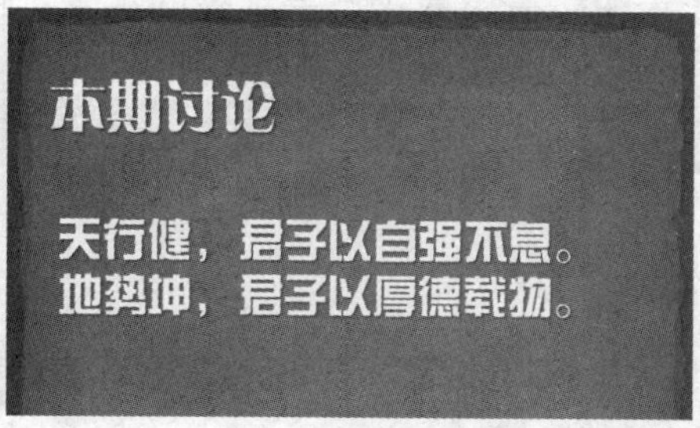

标题：方正粗倩；内文：方正综艺■

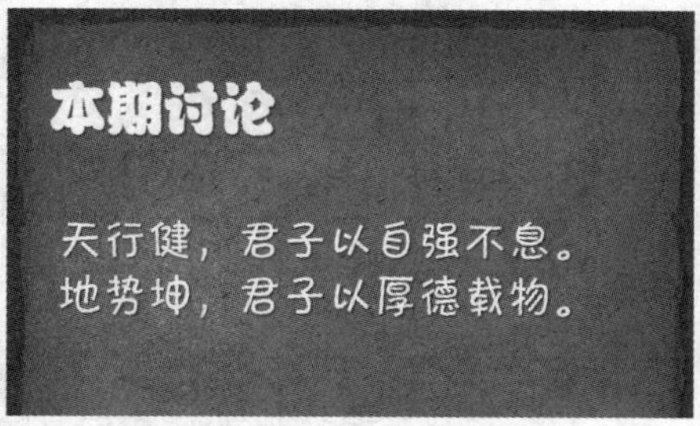

■标题：方正胖娃；内文：方正卡通

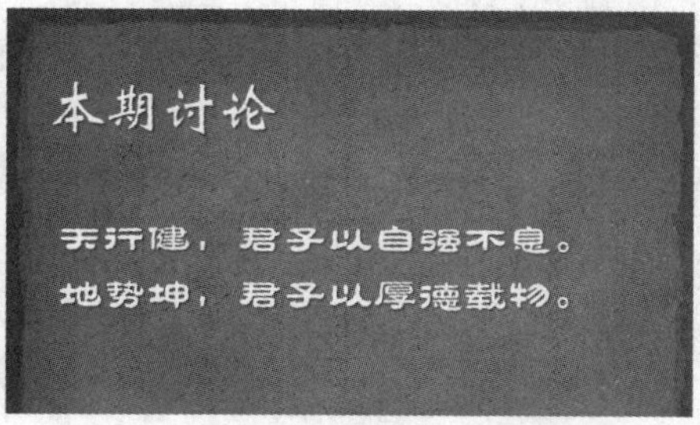

标题：方正魏碑；内文：方正祥隶■

要点提示：中文字体选择总结

字体的选择并非一概而论，不同的字体有不同的表现方式，具体选择什么字体需要根据幻灯片传达的内容和气质进行对照选择，许多平常不用的字体也可尝试着去用，这样能加深对字体的理解。另外，可多参考好的设计作品，学习别人是如何利用字体的，最关键就是一定要有视觉美感，各种字体要协调统一。

2. 英文字体的选择

英文字体用Arial、Verdana和Times New Roman比较多。Arial是一种很不错的字体，端庄大方，间距合适，即使放大后也没有毛边现象。 Arial和Verdana字体（非衬线字体）比较清晰，一般宜用做文件标题和正文标题。而Times New Roman字体（衬线字体）适合于大段的文本，可方便阅读。

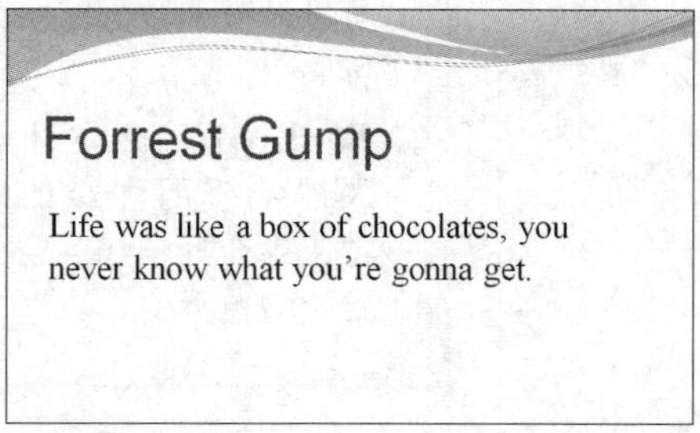

■标题：Arial； 内文：Times New Roman

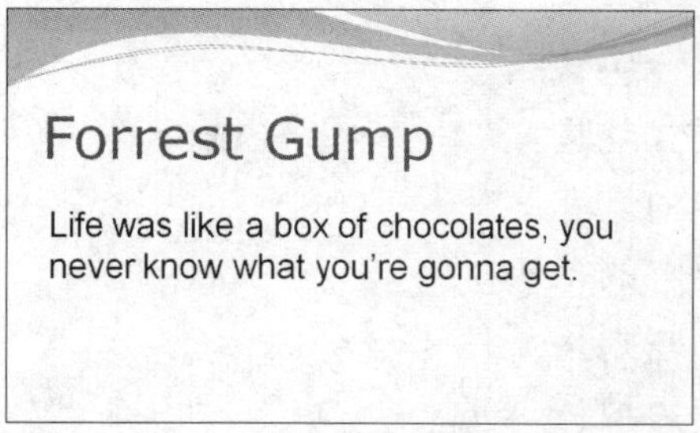

标题：Verdana； 内文：Arial■

从这些字体表面不难发现它们的共同点，就是这几种字体硬朗、果断，对眼睛刺激小，不容易造成视觉疲劳，适合阅读。不过在一张幻灯片中，尽量只使用一两种字体，不宜采用太多的字体样式，否则会显得杂乱。

要点提示：幻灯片中使用英文字的注意事项

在幻灯片中表现英文内容时需要注意以下几点：

当英文内容中包含字母I时，若字体为Arial或Arial Narrow，则字母I与数字1很相似，这时可考虑更换其他字体。

当同一段落中同时包含中英文内容时，中文会显得稍大一些，这时可将英文内容的字号增大0.5pt。

英文字体应该与中文字体配合，如中文为宋体，英文可选择Times New Roman，若中文为黑体，则英文可选择Arial相搭配。

5.1.6 字号大小有规矩

演示文稿中文字的大小即为字号，如何为文字选择合适的字号也有一定的技巧。

幻灯片中常用的字号是16~40，整张页面中的文字字号差别不宜过大，如标题是40号，内容是8号，这样标题和正文的视觉差距太明显，整张页面不稳定、不协调。

不同大小的演示厅投影距离也不同，为了使文字显示得更清楚，一定要选择合适的字号，从下面这张表中可以大致了解要选择的字号，供大家参考。

投影距离 L	投影尺寸	封面标题	目录内页文字	内页标题	内页正文	最小字号
L≤3m	1.6m~4.7m	36 号字	28 号字	28 号字	20 号字	12 号字
3m<L≤6m	1.6m~4.7m	36 号字	28 号字	28 号字	20 号字	16 号字
L>6m	1.6m~11.8m	40 号字	30 号字	30 号字	24 号字	18 号字

结合前面几节所学的知识，幻灯片中的文字还要注意以下几点：

- 为文字设置了倾斜效果，可用于引文，也可用于正文括号内表示注释字体。但中文使用倾斜效果会使可读性降低。
- 为文字设置下画线可用于链接文字。
- 英文首字母大写可提高可读性，但全部大写易读性就会降低。
- 应尽量避免使用奇怪的字体，这样会分散观众的注意力。

5.2 输入普通文字

经过前面对幻灯片中文字的应用特性所作的介绍，为读者在PowerPoint中展示文字打下了基础，从本节开始将详细介绍如何在PowerPoint中进行文字的相关操作，最开始的就是文字的输入，这包括多种途径。

5.2.1 直接在文本占位符中输入

新建的空白演示文稿中会包含默认的幻灯片版式，这些版式就是由系统预设的占位符来确定的。有些占位符是用于输入文本内容的，我们称之为文本占位符；有些则是用于插入其他对象的，被称为项目占位符。

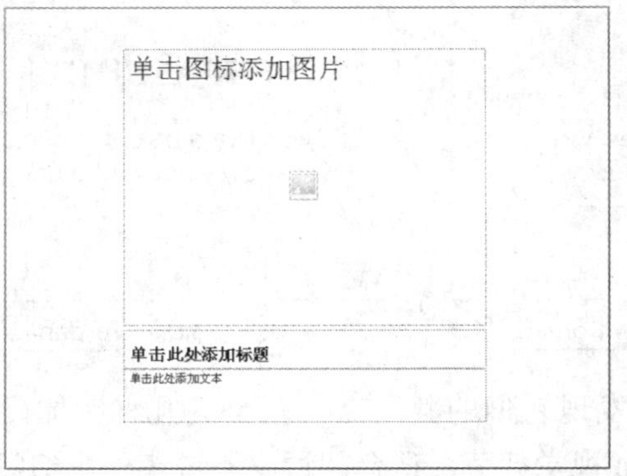

幻灯片中的占位符

它们在幻灯片中以一定的位置和格式存在，用户只需要将文本插入点定位于其中，或者单击相应的按钮，即可开始输入文本或插入对

使用技巧：几种特殊英文字体介绍

除了前面介绍的几种常规英文字体外，对于经常要制作英文内容幻灯片的用户而言，还可选择其他一些特别的英文字体，下面做一些简单的介绍。

AvantGarde：这款字体由简单的直线和弧线组成，给人柔和平静之感。

sloop：漂亮而优雅的"花体字"，感觉很有皇家风范，类似于中文中的古体字。

Helvetica：它是全世界最受欢迎的无衬线字体,在设计界的地位似乎无人能敌，一直被广泛使用。

Garamond：它是使用非常广泛的衬线字体，其易读性非常高，适合大量且长时间的阅读，几百年来西方文学著作常用该字体来做内文的编辑。

Gill Sans：该字体被指定为第28届雅典奥运会官方打印字体，可见其被多数国家所认可。

Bodoni：该字体给人以浪漫而优雅的感觉，用在标题和广告上更能增色不少。

象。用户也可选择不同的版式，以使幻灯片中包含不同种类或不同版式的占位符。

幻灯片中的文本占位符主要分为标题占位符（单击此处添加标题）、副标题占位符（单击此处添加副标题）和正文占位符（单击此处添加文本），如右图所示。

在文本占位符中输入文本非常简单：在占位符中单击，其中的文本将自动消失，并显示出文本插入点，此时直接输入需要的文本内容即可。

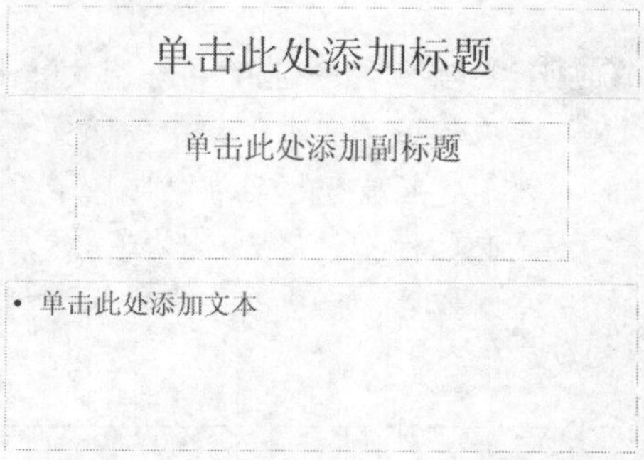

幻灯片中的文本占位符■

直接在文本占位符中输入文本的过程■

5.2.2 手动绘制文本框输入

文本占位符的实质其实是文本框，只是它是由版式默认提供的，但当占位符不能完全满足文本输入需要时，或在当前幻灯片中没有占位符时，就要用户手动绘制文本框，它的位置和格式可自由设置，在其中输入文本的方法与在占位符中输入文本的方法相同。

下面简要介绍幻灯片中文本框的绘制方法以及对其进行的一些控制操作。

应用案例——输入产品功能介绍

素材 光盘:\素材\第5章\产品功能介绍.pptx
效果 光盘:\效果\第5章\产品功能介绍.pptx

Step 01 打开演示文稿，可看到当前幻灯片中有一个标题占位符，下面先在该占位符中输入该幻灯片的标题。

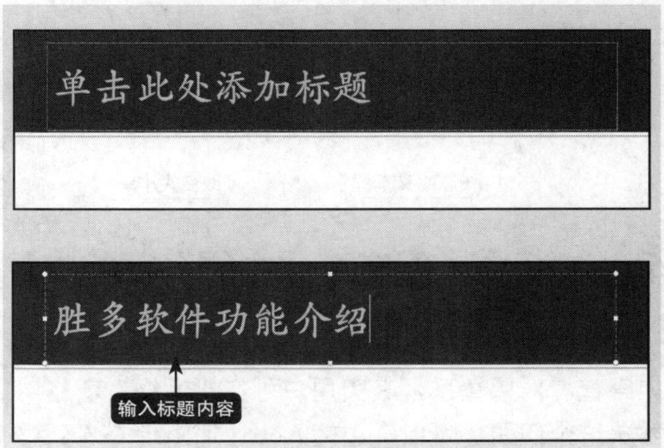

Step 02 下面将在幻灯片中绘制文本框，单击“插入”选项卡下“文本”组中的“文本框”按钮下部的 按钮，在弹出的菜单中选择“垂直文本框”命令，此时鼠标指针变为 形状，然后按住鼠标在幻灯片左侧拖动，产生一个文本框，到达合适大小后释放鼠标。

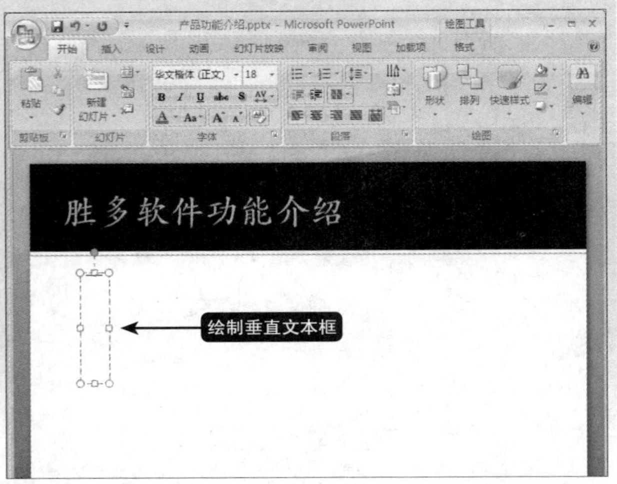

Step 03 文本框绘制完成后，其中出现闪烁的文本插入点，表示在该处可开始输入文本，切换到相应的输入法，直接输入文本内容即可。然后使用同样的方法，选择“横排文本框”命令，在幻灯片中再绘制出3个横排方向的文本框，并在其中输入相应内容。

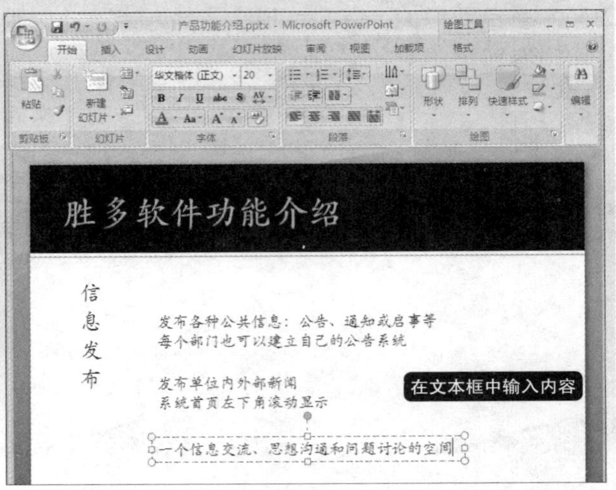

用户可对幻灯片中的文本框进行调整（如位置、大小以及摆放角度），下面将依次进行介绍。

- **移动位置**：当文本框处于幻灯片中不合适的位置时，可先单击选择文本框对象，然后按住鼠标左键拖动其边框到适当位置即可。
- **改变大小**：当文本框大小与内容量不符时，先单击选择文本框对象，然后将鼠标指针移动到文本框四周的任意圆点或方点上，当其变为双向箭头时按住鼠标左键拖动即可改变其大小。
- **调整角度**：文本框不仅能横排或竖排，还可旋转一定角度，将鼠标指针指向选择文本框后出现的 图标处，然后拖动鼠标即可旋转文本框。

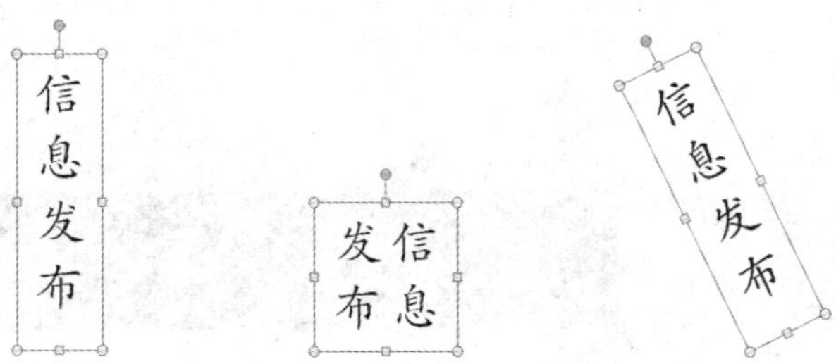

■原始文本框　　改变大小■　　改变角度■

要点提示：对文本框的设置

需要注意的是，文本框实际上也是一种图形对象，因此对其还可进行如边框、填充样式等方面的设置，从而制作出更有特色的文本效果来。这部分的操作将在后面针对图形对象的格式设置时进行统一介绍。

5.2.3 结合上下文在“大纲”窗格中输入

直接在幻灯片中的占位符中输入文字时，不太方便结合前后幻灯片中的内容查看对照关系，其实用户可在“大纲”窗格中输入文字，这样就能很好地解决这个问题。可以一边输入一边清晰地查看到整个演示文稿中前后文之间的结构关系。下面介绍这种输入方法的具体操作。

应用案例——在“大纲”窗格中输入制度培训部分内容

素材 光盘:\素材\第5章\服务业统计制度培训.pptx
效果 光盘:\效果\第5章\服务业统计制度培训.pptx

Step 01 打开素材盘第5章的“服务业统计制度培训.pptx”演示文稿，在“幻灯片/大纲”窗格中单击“大纲”选项卡，切换到“大纲”窗格，拖动窗格右侧的分隔条增大该窗格，在其中可看到当前演示文稿各幻灯片占位符中的文本内容。

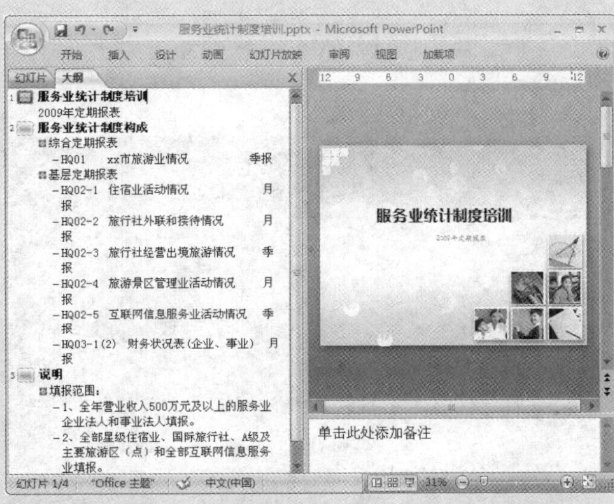

Step 02 在“大纲”窗格中将鼠标光标插入到第3张幻灯片的末尾，然后按【Enter】键，鼠标光标移动到下一行。此时直接输入文本“3、取消XX行业的资格。”其内容即同步出现在第3张幻灯片的最后一行。

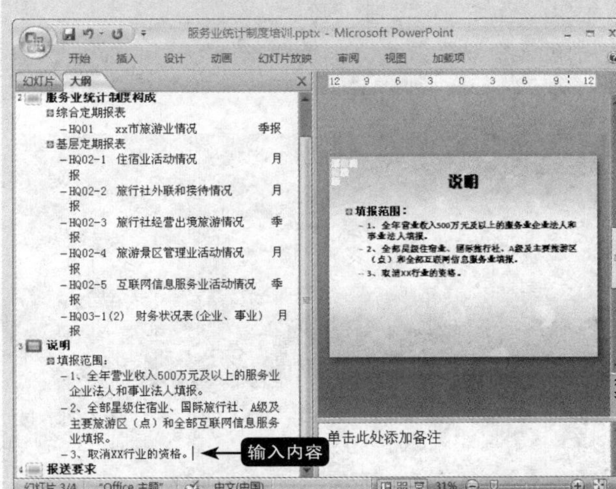

Step 03 将鼠标光标插入到第4张幻灯片最末处，按【Enter】键，在其后新建一张幻灯片，在“大纲”窗格中直接输入文字“报送时间”，由于鼠标光标处于新建幻灯片的第一行，所以文字成为该幻灯片的标题。

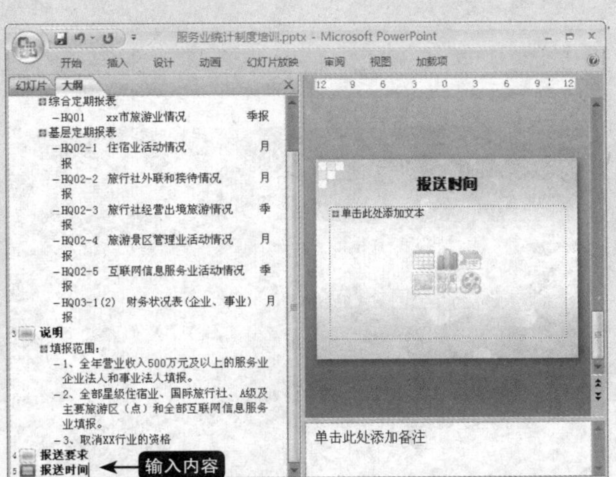

Step 04 在标题后按【Ctrl+Enter】组合键，将鼠标光标切换到下一行，输入的文字内容“月后3日前网上报送。”将成为标题的下一级文本。

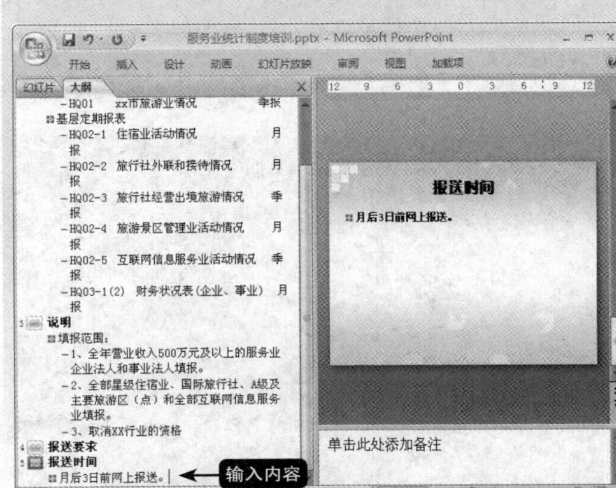

5.3 关于文字的基本操作

在幻灯片中输入文本后，还常需对其中内容进行修改、复制、移动等操作，这些操作与其他软件中的文本操作相似，下面通过一个案例进行综合介绍。

应用案例——编辑项目报告中的内容

素材 光盘:\素材\第5章\项目报告.pptx

Step 01 打开素材盘第5章的“项目报告.pptx”演示文稿，切换到第1张幻灯片，查看其中的文本是否有要编辑修改之处。此时我们发现其标题文本中“展缆”的“缆”字错误，于是在该文字后单击，出现文本插入点。

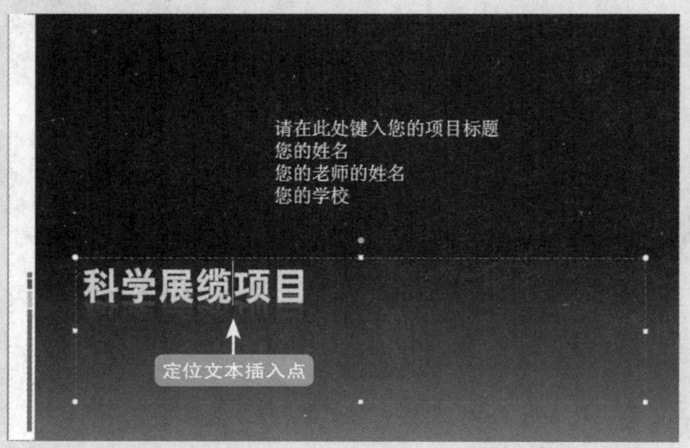

Step 02 此时有几种修改该文本的方法。一是直接按【Backspace】键，将“缆”字删除，然后在该位置输入“览”字；二是按住鼠标左键向左拖动，选中“缆”字，然后按【Delete】键或直接输入“览”字，将其替换。

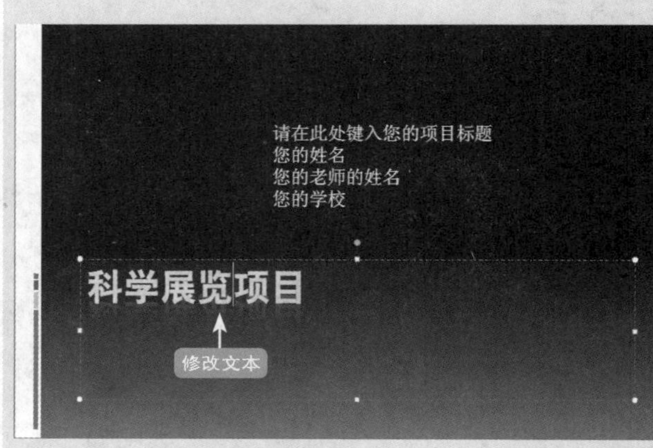

Step 03 切换到第4张幻灯片，发现需要在其中添加“第5要点”文本。直接输入也可以，但更为快捷的方法是复制前面某行的内容，然后在其上进行修改。于是选中“第4要点”文本，然后按【Ctrl+C】组合键或单击“开始”选项卡下“剪贴板”组中的“复制”按钮，执行复制操作。此时幻灯片没有任何变化，复制的内容被保存在剪贴板中。

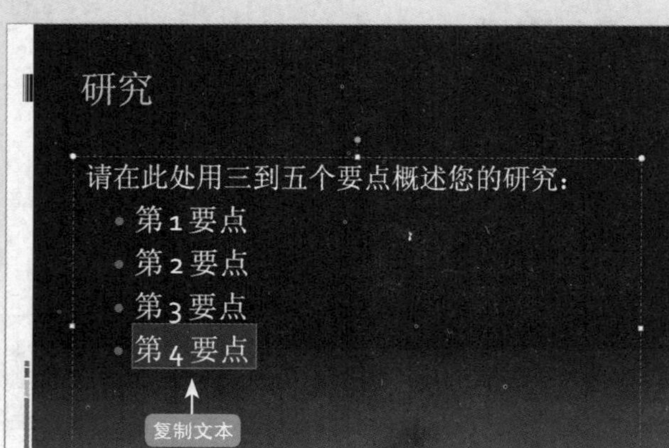

Step 04 将文本插入点定位于最末位置，按【Enter】键产生一个新行，然后直接按【Ctrl+V】组合键或单击“开始”选项卡下的“粘贴”按钮，将前面复制的内容粘贴到该处，完成文本的复制操作。最后使用前面介绍的方法，将“4”修改为“5”即可。

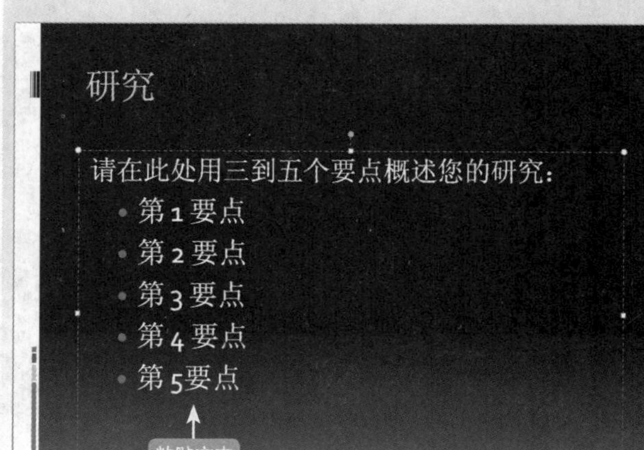

Step 05 切换到第5张幻灯片，仔细查看文本，发现最后一行的“重要非常”不妥，希望将两个词语交换位置，于是先选中“重要”二字。

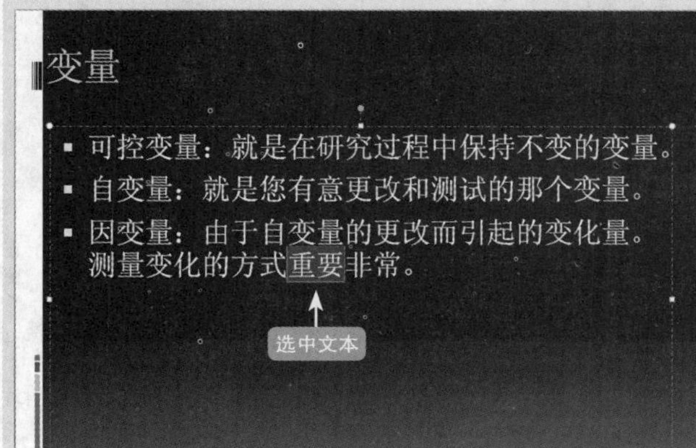

Step 06 按【Ctrl+X】组合键或单击“开始”选项卡下的“剪切”按钮，可将选中文本剪切到剪贴板中，此时原位置文本消失。然后将文本插入点定位到“非常”二字之后，再按【Ctrl+V】组合键或单击“开始”选项卡下的“粘贴”按钮，将前面剪切的内容粘贴到该处，完成文本的移动操作。

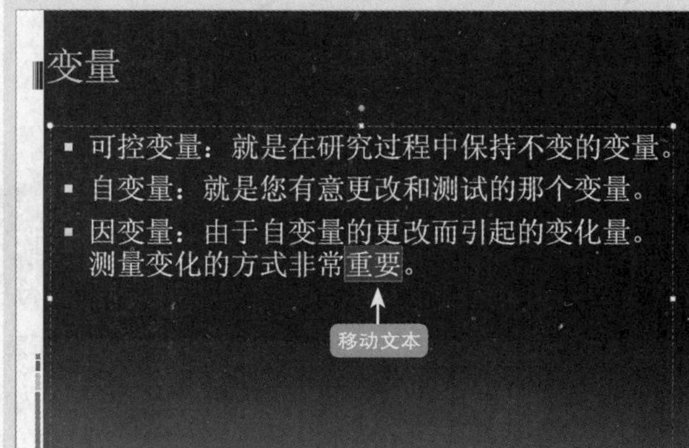

Step 07 对于幻灯片中文本的错误，有时PowerPoint会自动检查出来（特别是英文的拼写错误），这时通过软件提供的更正建议，可快速完成修改操作。如切换到第9张幻灯片，发现其中第一处英文单词下出现红色波浪线，即提醒用户此处可能会有错误。

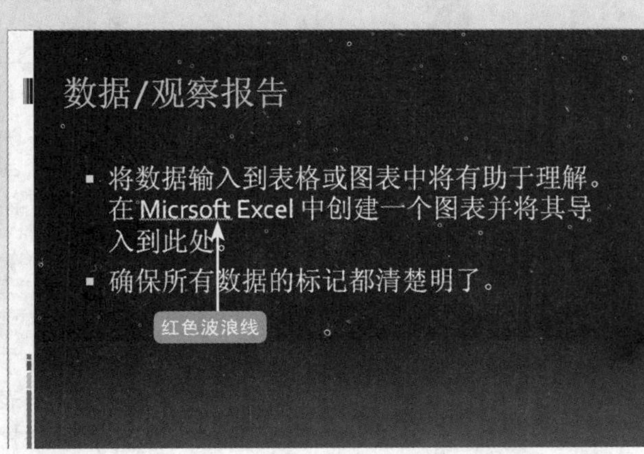

Step 08 仔细查看，发现单词Micrsoft确实拼写错误，应该为Microsoft，这时用户可手动进行修改。如果用户不知道此单词的正确拼法，则可在红色波浪线上右击，在弹出的快捷菜单中会出现系统为用户提供的几种拼写建议，这里选择第一个选项，该单词将自动修改为所选拼写方式。

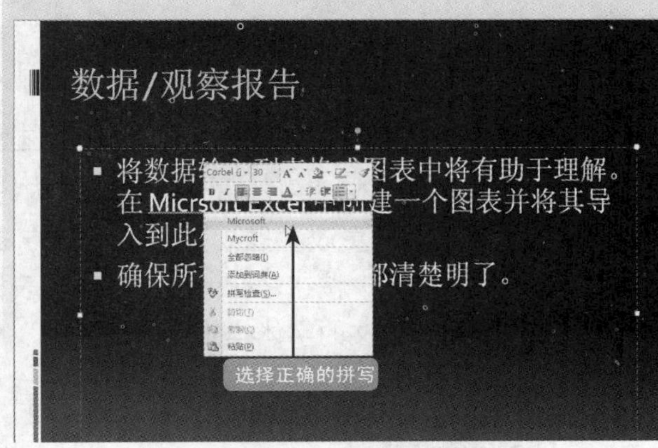

5.4 文本字符格式设置

文本的字符格式是指文字内容的外观属性，包括字体样式、字号大小、文本颜色和属性等。在幻灯片中输入的文本字符格式默认是由其使用的模板决定的，如果是创建空白幻灯片，则其中文本的格式大都为宋体、黑色。

但幻灯片中的文本字符格式不可能是一成不变的，为了增强文本的演示效果，通常还需要对部分文本进行格式设置。

文本格式主要通过选择文本后出现的“文本”迷你工具栏来进行快捷设置。另外，也可通过“开始”选项卡下的“字体”组来进行更为详细的设置。下面先来了解一下其中各按钮或选项的功能。

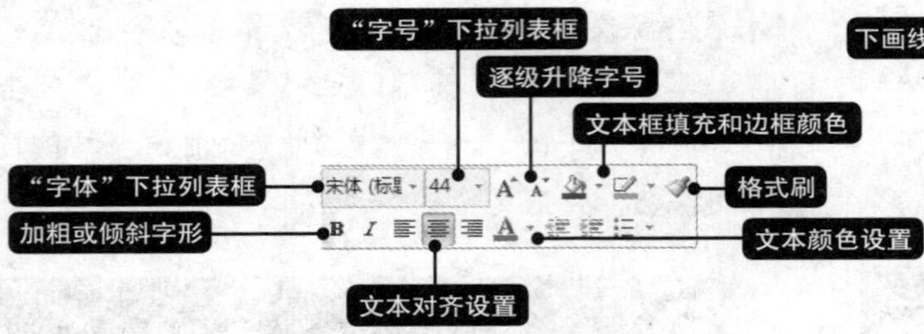

■迷你工具栏中的设置项

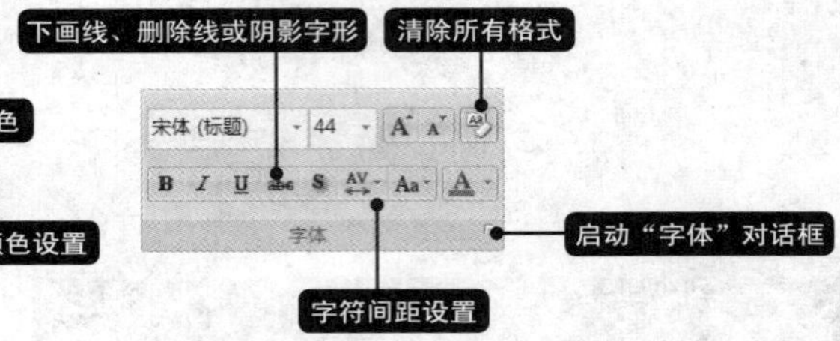

“字体”组中的设置项■

5.4.1 通过主题设置字体

前面章节曾经介绍过，新建的幻灯片中应用了主题，其标题和正文占位符中的内容将应用主题规定的字体，从而形成统一的字体效果，这就是占位符中的默认字体。

如下左图所示为新建的空白演示文稿中的标题和正文的内容，其主题规定的（默认的）标题中文和正文中文均为“宋体”，标题英文和正文英文均为Calibri。而在根据另外一个设计模板新建的演示文稿中输入同样的标题和正文内容，其主题规定的标题中文变为“黑体”、正文中文为“华文新魏”、标题英文和正文英文均为Trebuchet MS，如下右图所示。

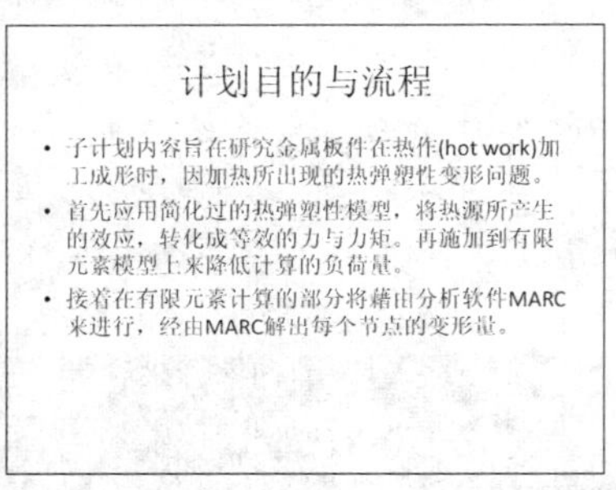

■空白演示文稿中的主题字体

根据设计模板创建的演示文稿主题字体■

因此在这样的演示文稿中的占位符中输入内容后，其默认都会应用相应的字体，当然用户也可更改主题规定的字体，方法是单击“设计”选项卡下“主题”组中的“字体”按钮，在弹出的下拉列表框中进行选择，即可统一改变演示文稿中标题和正文的字体样式。

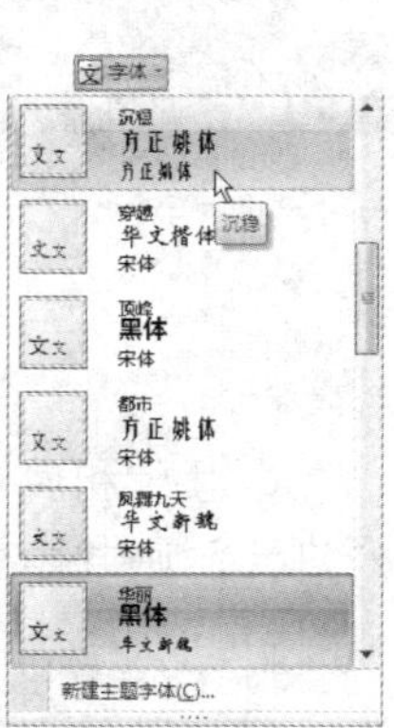

■选择主题字体

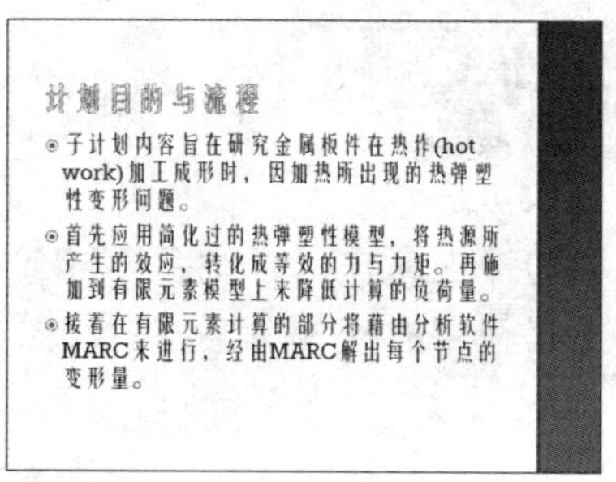

改变后的主题字体■

疑难解答：如何查看当前主题规定的字体

问：幻灯片应用了主题后，其中标题与正文的内容默认字体均由主题确定，那么如何查看当前主题规定的具体字体呢？

答：可在演示文稿中选择任意文本，然后单击展开“开始”选项卡下的“字体”下拉列表框，在“主题字体”栏中分别列出了当前主题的标题与正文中中文和英文的字体。

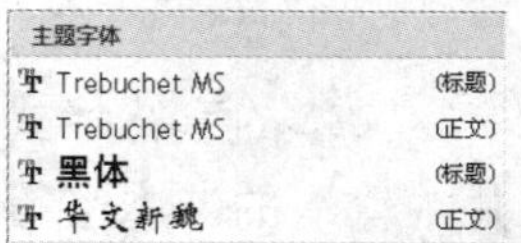

5.4.2 自定义字体

当然除了通过演示文稿的主题来确定字体外，用户也可为其中任意内容自行选择其他字体，即直接选择文本后，通过“开始”选项卡的“字体”下拉列表框，或迷你工具栏中的“字体”下拉列表框进行字体的定义。

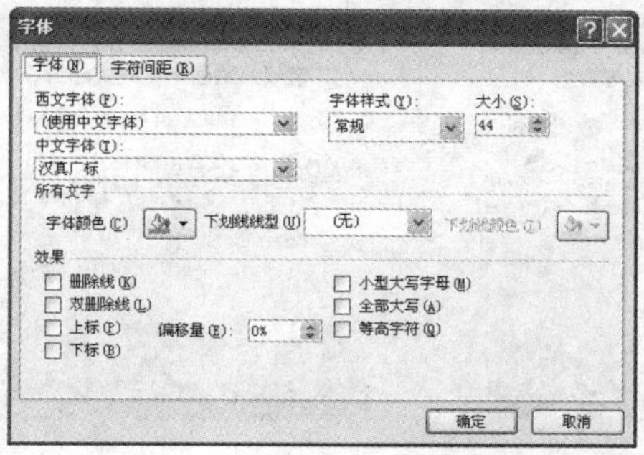

“字体”对话框

另外，也可选择文本后单击“字体”组中的对话框启动按钮，打开“字体”对话框，在其中的“字体”选项卡下也可详细设置文本的中文和英文字体、字号、样式以及其他字体效果。

5.4.3 替换指定字体

在一个较长的演示文稿中自定义了某种特殊的字体，而事后发觉该字体并不太适合演示文稿，需要对其进行改变，这时无法通过主题对其进行统一修改，但要从众多的内容中找到应用了该字体的文本并重设字体也是一项非常繁重的工作，这时可使用PowerPoint中的替换字体的方法。

下面举例进行说明。素材演示文稿中的内容都是用户自行设置的字体，其中英文内容的字体为Times New Roman，但后来发觉该字体与中文字体“微软雅黑”搭配效果不好，于是希望将所有应用了Times New Roman的内容字体变为Arial。

应用案例——统一替换报告中的英文字体

素材 光盘:\素材\第5章\研究报告.pptx

效果 光盘:\效果\第5章\研究报告.pptx

Step 01 打开素材盘第5章的“研究报告.pptx”演示文稿，单击“开始”选项卡下“编辑”组中的“替换”按钮右侧的下拉按钮，在弹出的下拉菜单中选择“替换字体”命令。

Step 02 打开“替换字体”对话框，在“替换”下拉列表框中显示了当前演示文稿中所使用过的字体，这里选择Times New Roman，然后在“替换为”下拉列表框中选择Arial选项。

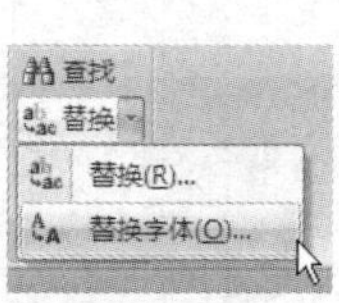

选择命令

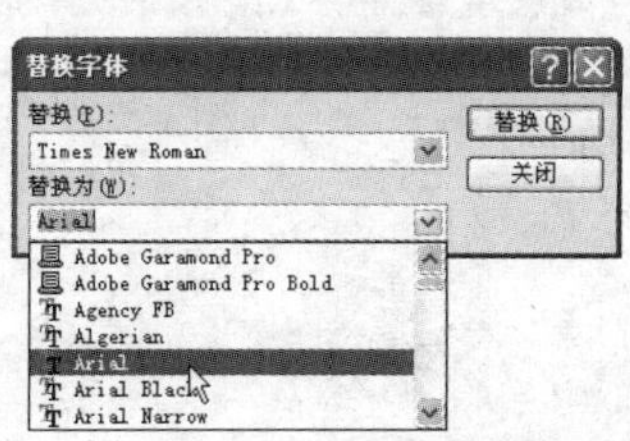

选择替换字体

要点提示：自定义字体不会随主题字体改变

除演示文稿中已有的占位符外，用户自行绘制的文本框也默认应用主题规定的正文字体，但当用户对某些文本进行了字体的自定义后，再次改变主题字体时，这些自定义的字体将不会随之一同变化。

要点提示：字体设置时的实时预览效果

通过“字体”组设置文本字体或字号时，指向弹出下拉列表框中的各选项时，幻灯片中当前被选中设置的文本会实时显示预览效果，这与通过“文本”迷你工具栏设置时不同，这一功能极大地方便了用户查看需要的字体效果。

要点提示：替换主题字体

如果使用左侧介绍的方法将主题中规定的某种字体替换为其他字体，则应用了替换字体的内容将不再会随着主题字体的改变而改变。要想统一恢复主题的字体，则只能重新再为演示文稿应用一次主题。

Step 03 单击“替换”按钮，即可完成字体的替换操作，最后单击“关闭”按钮，回到幻灯片中可看到其中所有原来为Times New Roman字体的内容都变为了Arial字体，如下图所示是替换前后的对比图。

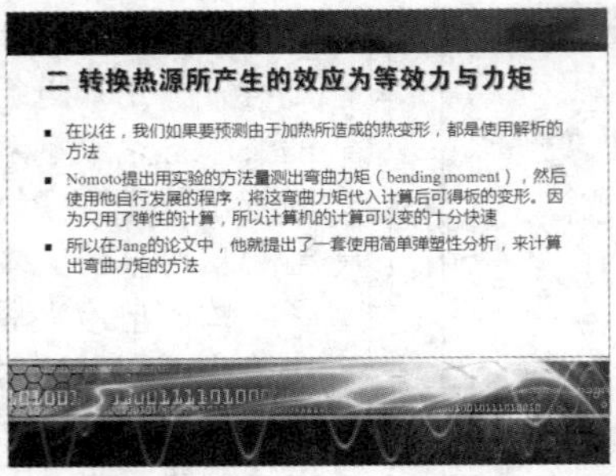

■替换字体前

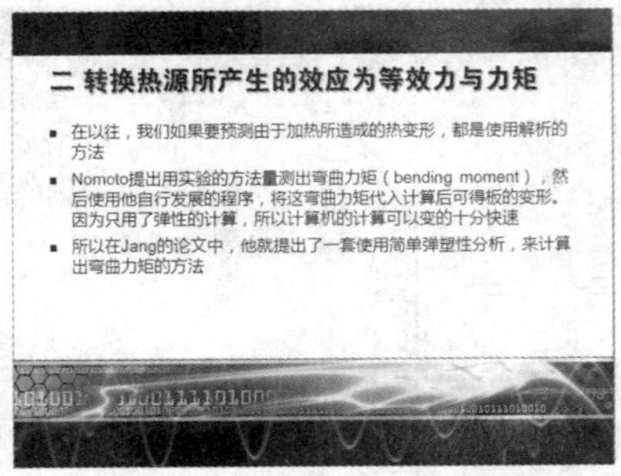

替换字体后■

5.4.4 调整字符间距

字符间距是指段落中相临字符之间的距离，调整一段中所有字符之间的间距，则可使文本框中可容纳更多或更少的字符，即可调整一段文字的稀松程度。

选择文本后，在PowerPoint中的“字体”组中单击“字符间距”按钮，从弹出的列表中可选择几种不同的字符间距样式。

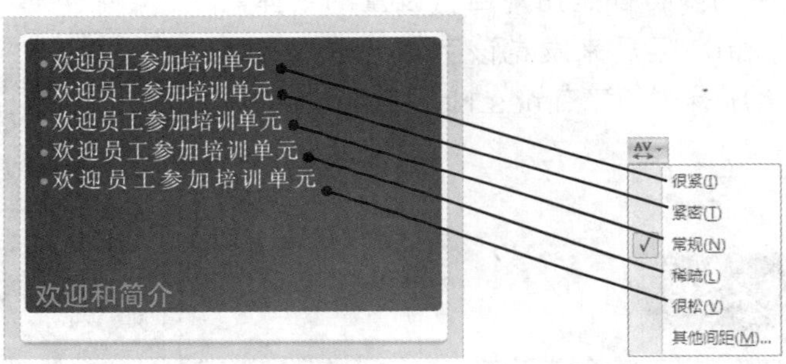

■不同的字符间距效果　　不同的字符间距选择项■

除了系统提供的几种字符间距外，用户也可自定义间距值，即在单击“字符间距”按钮后弹出的列表中选择“其他间距”选项，打开“字体”对话框的“字符间距”选项卡，在“间距”下拉列表框中选择“加宽”或“紧缩”选项后，在后面的数值框中可设置相应的间距值（单位为磅）。如下表所示还为读者列出了系统提供的几种预设选项对应的紧缩或加宽值，用户可依此控制字符的间距。

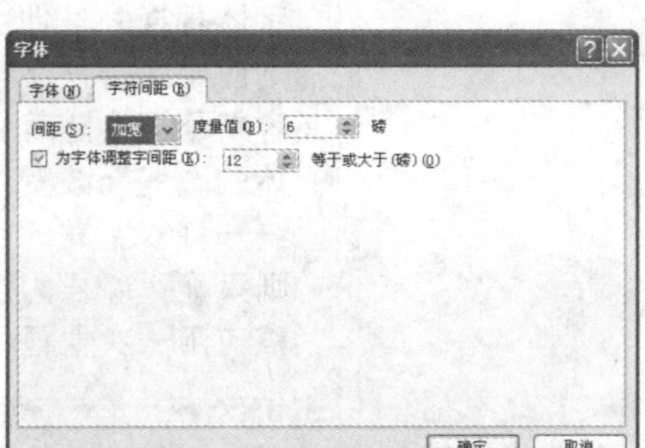

■自定义字符间距

预设选项	对应的自定义间距值
很紧	紧缩 3 磅
紧密	紧缩 1.5 磅
常规	常规
稀疏	加宽 3 磅
很松	加宽 6 磅

系统预设间距选项对应的间距值■

使用技巧：幻灯片中文本编辑方法归纳

前面介绍了针对文本的编辑操作，下面对幻灯片中几种文本的编辑操作进行归纳，帮助读者进行回顾和巩固：

■按【Backspace】键是删除文本插入点前面的文本，按【Delete】键是删除选择的文本或插入点后面的文本。

■在幻灯片中拖动可选择某一文本框中的任意文本，在“大纲”窗格中拖动可选择演示文稿中的任意文本。

■按【Ctrl+A】组合键将选择该幻灯片中的所有对象，在“大纲”窗格中则会选择演示文稿中的所有对象。

■选择文本后直接拖动是移动操作，如果按住【Ctrl】键的同时拖动是复制操作。

■选择整个文本框后按【Delete】键将直接删除其中的所有文本，包括文本框本身。选择占位符后按【Delete】键将只删除其中的文本，再次按【Delete】键将删除占位符本身。

5.4.5 更改文本字体颜色、填充和轮廓

我们都知道，在幻灯片中可以设置文本的颜色，而在PowerPoint 2007中，有两种方法改变文字的颜色。一是通过“字体”组中的“字体颜色”按钮，这是最基本的方法；二是通过选择文本后出现的“绘图工具 格式”选项卡下“艺术字样式”组中的“文本填充”按钮。

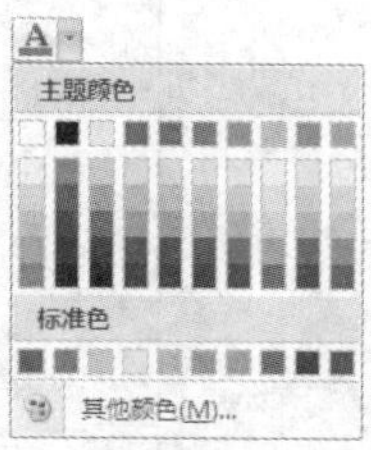

■“字体颜色”按钮

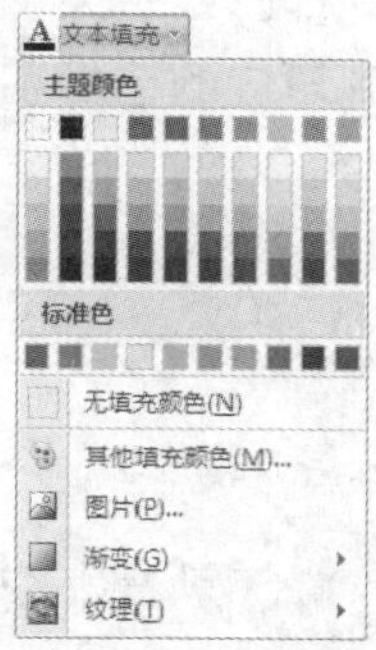

“文本填充”按钮■

那么这两种方法有什么区别呢？

选择文本后，单击这两个按钮，在弹出的列表中选择色块，都可快速设置文本的颜色，从这点来看两者没有区别。但从单击“文本填充”按钮弹出的列表框底部可以看到，用户在其中还可设置文本的填充为渐变颜色、纹理以及图片，也就是为文本添加艺术字属性（艺术字的操作在5.4.6节介绍），从而让文本的外观样式更为丰富多彩，这是PowerPoint 2007中所特别具备的功能。

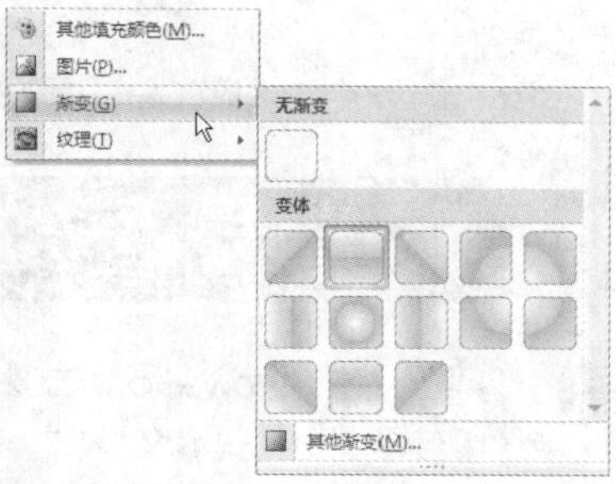

■选择文本的渐变填充

纯色文本效果■

渐变颜色文本效果■

另外，通过“艺术字样式”组还可为文本添加轮廓效果，包括轮廓的线型与颜色，这是文本艺术字样式的另一项功能。

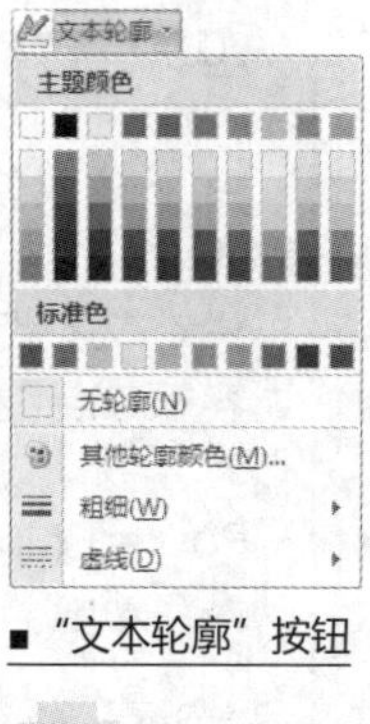

■“文本轮廓”按钮

文本虚线轮廓效果■

文本实线轮廓效果■

要点提示：选择主题颜色

前面章节曾经说到应用了主题的演示文稿其中对各种对象的颜色也作了规定，这与主题字体的道理一样，当在幻灯片中为文本自定义颜色时，最好选择主题颜色块，而不是标准色块或其他颜色。

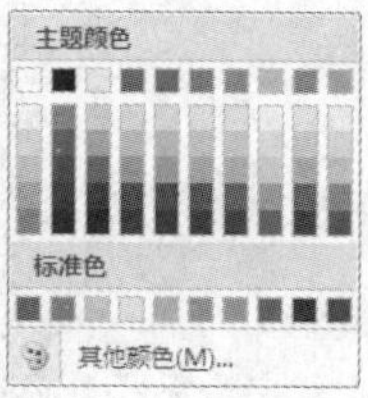

这样用户以后可通过主题颜色对演示文稿中各对象的配色进行统一控制，否则当变换主题颜色时，应用了其他颜色的对象颜色将不会发生变化。

要点提示：文本轮廓的粗细

在幻灯片中为文本应用轮廓可起到突出醒目的作用，因此该效果不能多用，只能用于标题或关键字。另外，为文本应用了一定粗细的轮廓后，当增加或缩小文本的字号时，其轮廓粗细不会相应发生变化，因此用户应注意根据字体大小来决定轮廓线的粗细，单位为磅。

5.4.6 设置文本的艺术字属性

前面已经介绍了两项艺术字属性，即填充和轮廓，除此之外还可设置丰富的“文本效果”，或者选择系统提供的预设艺术字样式来改变文本的外观。

选择文本后，单击展开“艺术字样式”组中的下拉列表框，其中显示的为系统提供的多种艺术字预设样式，每种样式都已经定义了美观的填充、轮廓和效果，将鼠标指向某样式选项，即可预览到对应的艺术字样式，确定时只需单击即可。

■“艺术字样式”组

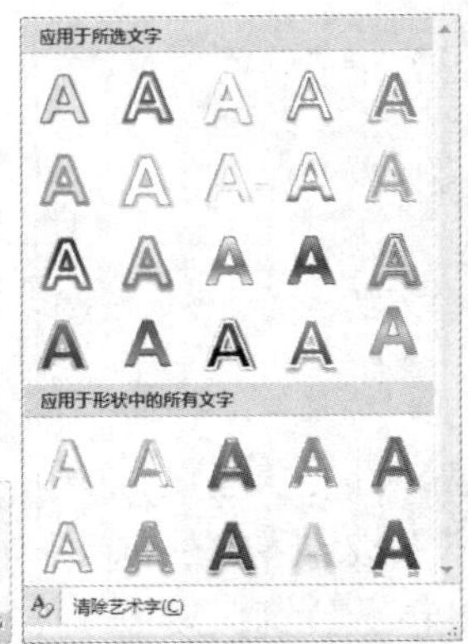

“艺术字样式”下拉列表框■

不同的预设艺术字样式■

如果对这些预设的艺术字样式效果不太满意，则可通过前面介绍的方法自定义文本的填充与轮廓，除此之外，在“艺术字样式”组中单击“文本效果”按钮，在弹出的菜单中可设置文本的阴影、映像、发光、三维旋转等多项效果，下面分别进行介绍。

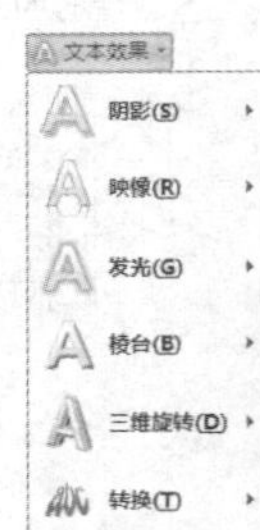

设置文本效果■

1. 阴影

在PowerPoint 2007中可以有两种方式设置文本的阴影效果，其一是选择简单的文本阴影效果，即选择文本后，单击“开始”选项卡下“字体”组中的“文字阴影”按钮，这样即可为文本应用阴影效果。

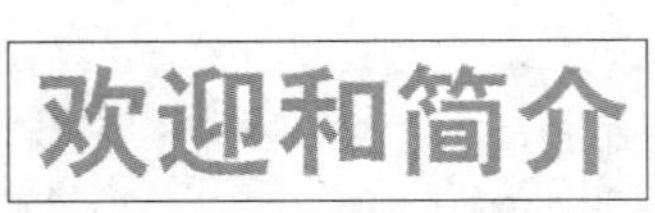

■初始效果

添加阴影后的效果■

上面这种阴影的效果很简单，用户也无法对阴影的颜色、大小、位置等进行调整，为此PowerPoint 2007中为用户另外单独增加了一项文本阴影功能，在单击“文本效果”按钮弹出的菜单中选择“阴影”命令，在弹出的子菜单中可看到其中包括了外部、内部、透视3种阴影类型，每种类型下还有多种预设效果，各种阴影在位置上稍有差别。

要点提示：艺术字在PowerPoint 2003与2007之间的差别

在PowerPoint 2003及更早的版本中，艺术字与普通文本是不同的对象，用户要设置艺术字效果需要先插入艺术字再对其进行编辑，且艺术字的编辑过程也比普通文本更为丰富。在PowerPoint 2007中艺术字与普通文本没有区别，艺术字已不再是一个单独的对象，而变为了一种文本属性，因此用户可为任何文本轻松地设置艺术字效果。

疑难解答：无法使用艺术字功能

问：使用PowerPoint 2007打开一个演示文稿时，选择文本后看到“艺术字样式”组中的选项或按钮都为灰色不可用状态，这是为什么呢?

答：可能是PowerPoint 2007打开的是PowerPoint 2003版本的演示文稿（扩展名为.ppt而非.pptx），此时标题栏在文件名后显示[兼容模式]字样，这时的演示文稿就不能使用PowerPoint 2007的艺术字功能。

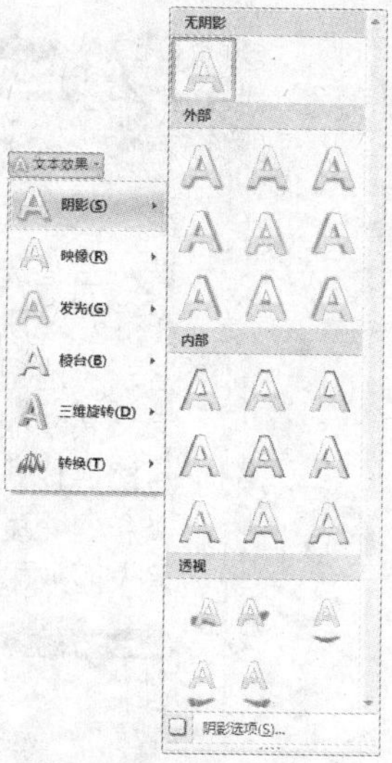

■各种阴影效果选择项

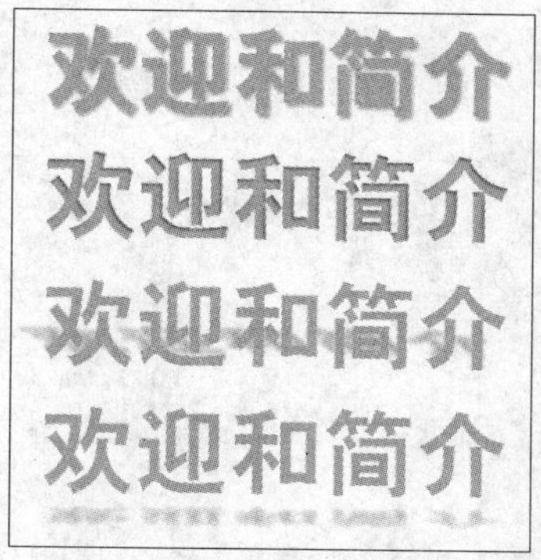

不同的文本阴影效果■

2. 映像

为文本设置映像效果后，可得到如同文本在水面或镜面上倒映得到的效果，选择文本后单击“文本效果”按钮，在弹出菜单的“映像”子菜单中选择系统提供的多种映像效果即可，对于该效果用户不能自定义。

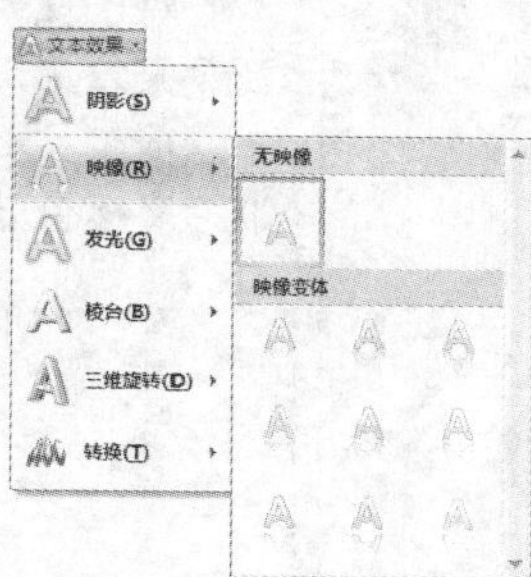

■各种映像效果选择项

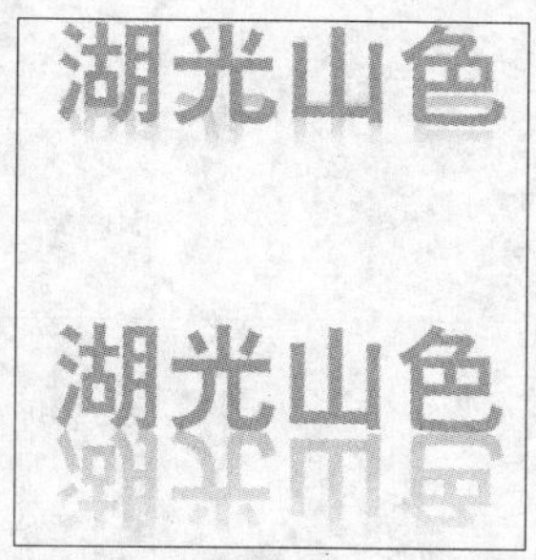

不同的文本映像效果■

3. 发光

为文本选择发光效果，或在文字四周出现不同颜色的光晕效果，在“发光”子菜单下选择不同的发光预设效果，还可在其“其他亮色”菜单下定义任意发光颜色。

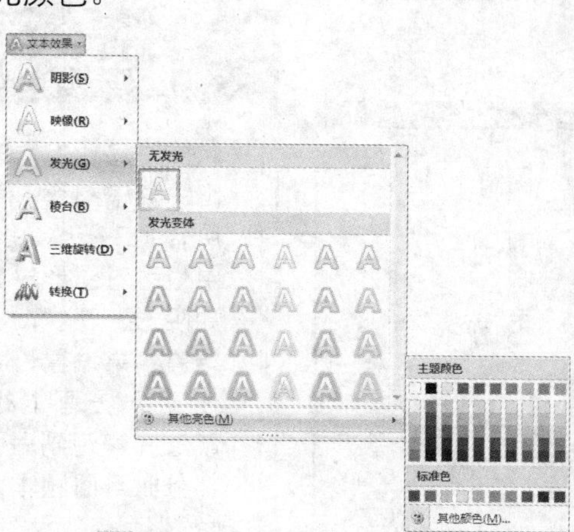

■各种发光效果选择项

不同的文本发光效果■

使用技巧：自定义阴影效果

除了选择系统提供的多种阴影预设效果外，用户还可选择菜单底部的“阴影选项”命令，打开“设置文本效果格式”对话框的“阴影”选项卡，在其中可以详细地设置阴影的颜色、透明度、大小、模糊、角度和距离等参数，从而制作出自定义的阴影效果。

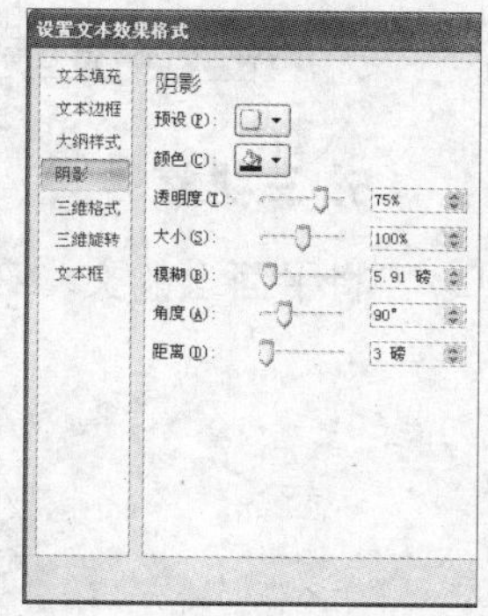

使用技巧：为同一文本应用多种艺术字效果

前面列出了多类艺术字的文本效果，对于同一文本，只能应用同类效果中的一种，但能应用不同类的多种效果，多种效果的搭配则可得到更为丰富的艺术字外观，但也不能用得过于繁杂，结果可能适得其反。

4. 棱台

棱台效果可使文本的边缘出现倾斜、弯曲或凸起感，但对于大多数文本使用此效果并不明显，只有对于字号较大较粗的文本才有较好的效果。

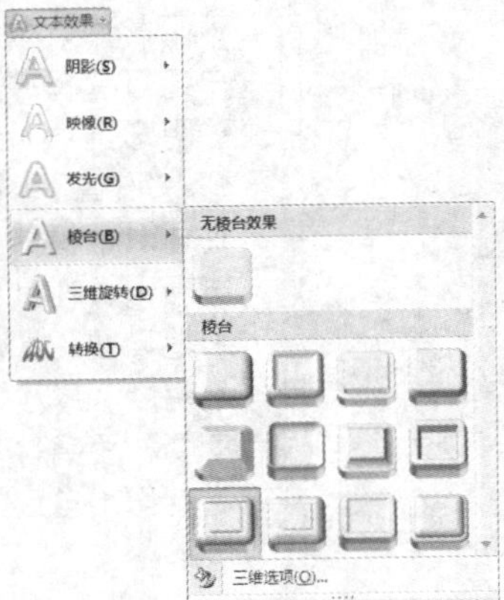

■各种棱台效果选择项

不同的文本棱台效果■

5. 三维旋转

将平面上的文本在三维空间中进行旋转，从而可产生立体的效果。

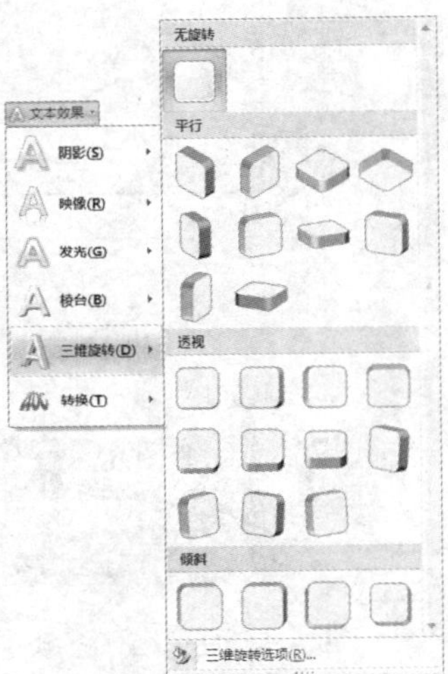

■各种三维旋转效果选择项

不同的文本三维旋转效果■

三维旋转针对文本在4个方向上进行了旋转，分别是：

- X方向：左右旋转。
- Y方向：上下旋转。
- Z方向：沿中心轴旋转。
- 透视：调整观察点的高度。

如果用户希望在这4个方向上进行更详细的旋转控制，则可在“三维旋转”子菜单中选择“三维旋转选项”命令，在打开对话框的“三维旋转”选项卡右侧进行设置。

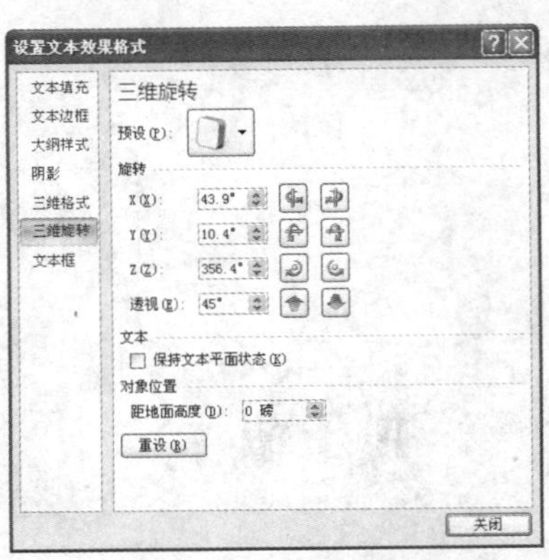

详细设置三维旋转效果■

使用技巧：自定义棱台效果

在“棱台”子菜单中选择“三维选项”命令，在打开对话框的“三维格式”选项卡右侧可自定义文本的顶端和底端的棱台样式，以及设置棱台的深度、轮廓线以及表面效果等。

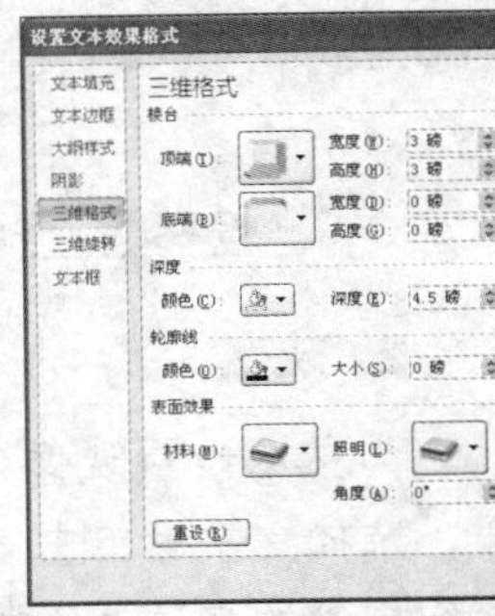

但对于文本而言，棱台效果本来就不明显，所以很少会如此详细地自定义棱台效果。

要点提示：对比图形对象的效果

虽然这里还没有介绍到幻灯片中图形对象的使用，但在PowerPoint中也可对图形对象进行如阴影、映像、三维旋转等效果设置，它们的设置方法基本相同，读者在学习到后面相应部分时可回顾本章对比学习。

6. 转换

转换是专门针对文本的一项效果设置，它包括两种效果，一是将文本的排列路径变为曲线，文字本身的形状不发生变化；另一种是将文本挤压或扭曲为某种特别的形状。

■各种转换效果选择项

不同的文本转换效果■

当为文本设置了转换效果时，选择文本后在文本框周围将出现一个紫色菱形的控制点，通过拖动该控制点即可控制相应的形状变化。

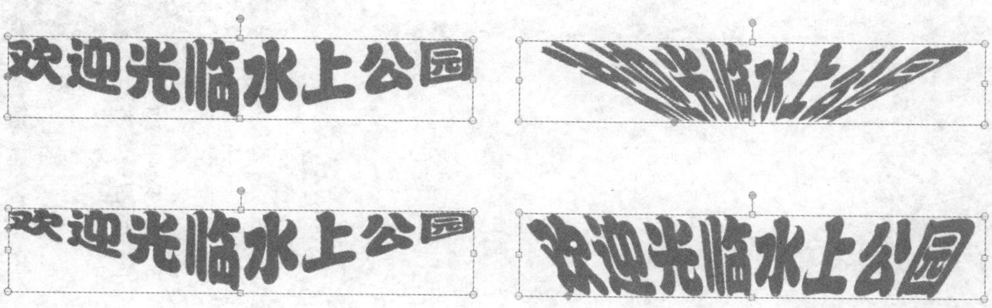

通过控制点调整形状■

5.5 文本段落格式设置

前面介绍的是单个字符的格式设置，而本节将开始介绍由多个字符组成的段落的格式设置。

段落可进行的格式设置包括段落文本的对齐方式、段落项目符号与编号、段落的制表位与缩进、段落行间距与段间距、段落文本方向与分栏等。这些格式大多可通过“开始”选项卡的“段落”组进行设置。

下面分别进行介绍。

使用技巧：对“跟随路径”效果的设置

关于文本的“跟随路径”转换效果，有以下几点设置操作：

■在调整文本跟随路径的形状过程中，如果发觉文本左右不平衡，这时可单击“段落”组中的“居中”按钮。

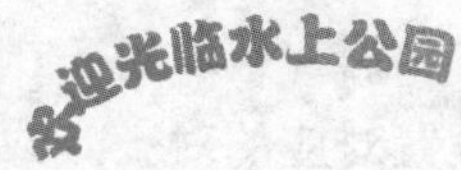

■在设置文本为跟随路径中第3种圆形效果时，需要通过拖动调整整个文本框的宽高度来控制圆形的形状（等高等宽时即为正圆），而拖动菱形控制点可调整文本路径是一段圆弧还是整圆。

■在设置文本为跟随路径中第4种效果时，可通过将文本分段，来控制文本出现在上侧路径、中间路径和下段路径。

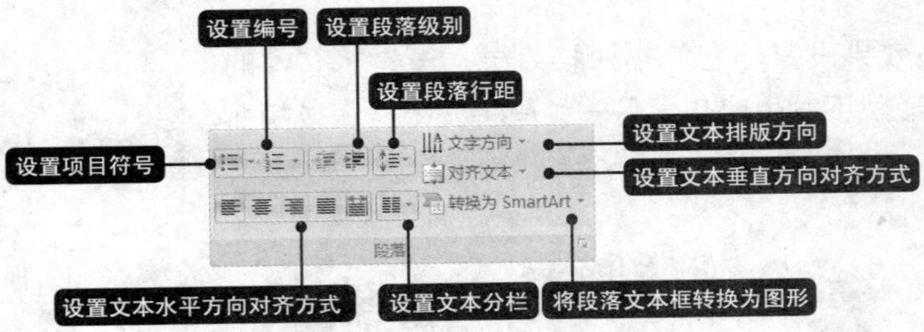

"段落"组中的设置项

5.5.1 设置段落文本对齐方式

段落文本的对齐方式是指段落文本在水平方向上的对齐方式，包括左对齐、居中、右对齐、两端对齐和分散对齐，单击"段落"组中的相应按钮即可设置对应的对齐方式。

其中前3种对齐方式很容易理解，而两端对齐与分散对齐有相同之处，两端对齐是指同时对齐文本中段落的两边，必要时会增加字符之间的距离，但段落的最后一行不使用两端对齐，而是左对齐。而分散对齐也是两端对齐段落文本，所不同的是它包含了段落的最后一行。

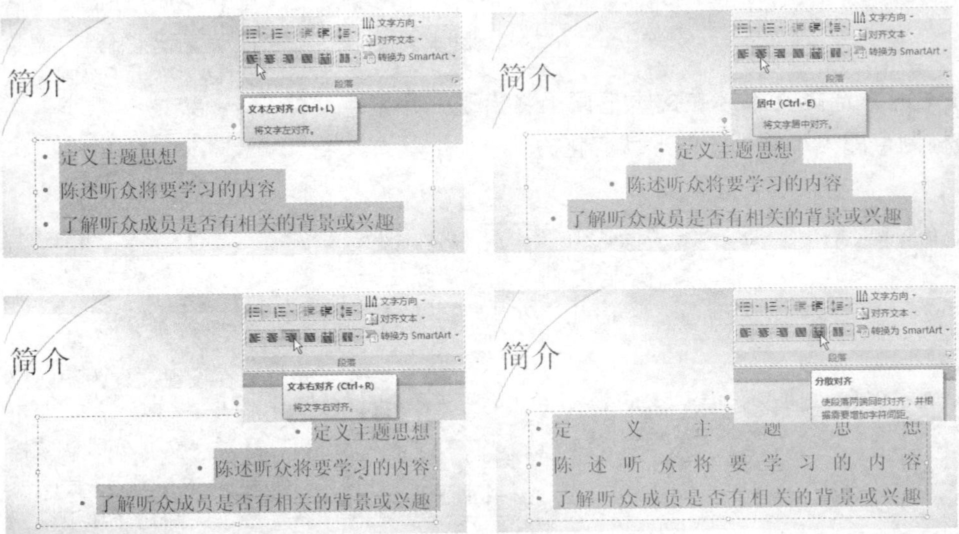

几种不同的对齐效果

5.5.2 设置段落文本的项目符号或编号

默认情况下，在PowerPoint中的正文占位符中输入内容后，每段文本左侧都会出现一个黑色圆点，这就是段落的项目符号，通过它便将各个段落标识为并列关系的项目，使得条理更为清晰。

如果这些段落不是并列关系而是先后关系，则可为各段添加编号，如果段落之间既不是并列也没有先后，则可取消项目符号或编号的应用。

选择段落文本后，单击"段落"组中的"项目符号"按钮右侧的按钮，在弹出的下拉列表框中可选择不同的项目符号样式，或选择"无"选项取消项目符号。

要点提示：对于单行文本两端对齐没有效果

文中介绍的几种对齐效果图中并未展示两端对齐的效果，那是因为示例中各段文本只有一行，该行文本也是段落中的最后一行，因此对于两端对齐而言段落最后一行使用的是左对齐，下面图中展示了多行段落设置两端对齐前后的变化，注意下图文本的变化。

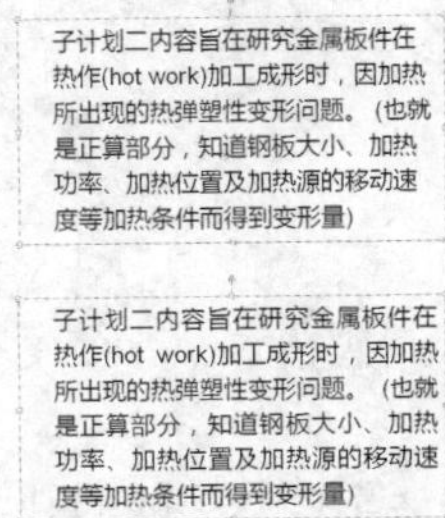

使用技巧：设置文本垂直方向上的对齐方式

除了水平方向上的对齐方式外，用户还可设置文本相对于文本框在垂直方向上的对齐方式，默认为顶端对齐，即文本框如果有空余，将出现在底部。

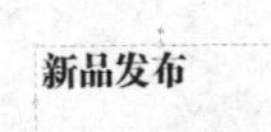

选择文本后，单击"段落"组中的"对齐文本"按钮，在弹出的列表中即可选择其他垂直对齐方式。

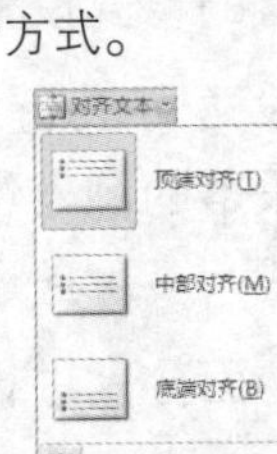

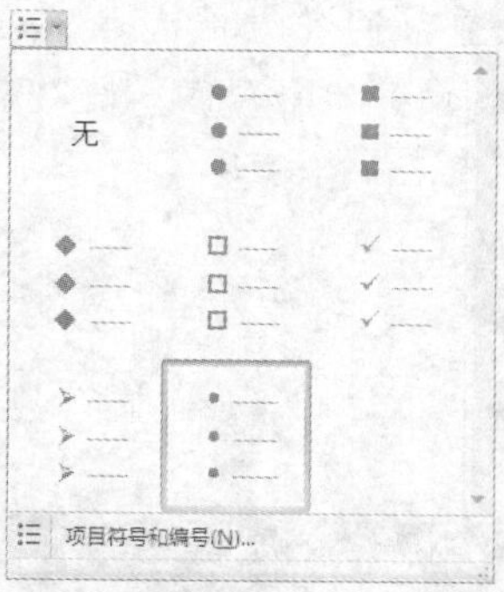

■选择项目符号

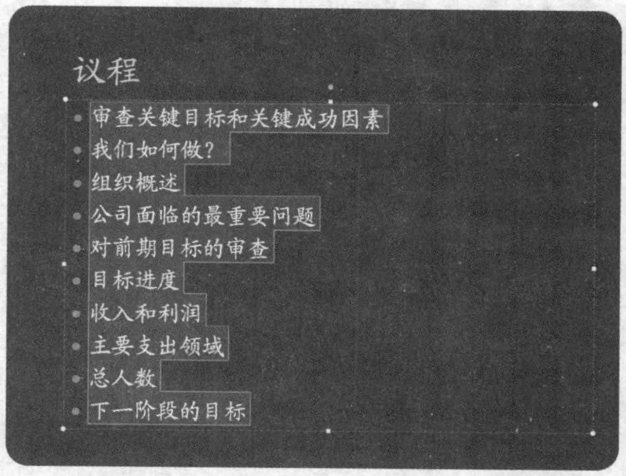

设置项目符号的效果■

同样，如果单击“编号”按钮右侧的▾按钮，在弹出的下拉列表框中可选择不同的编号样式。

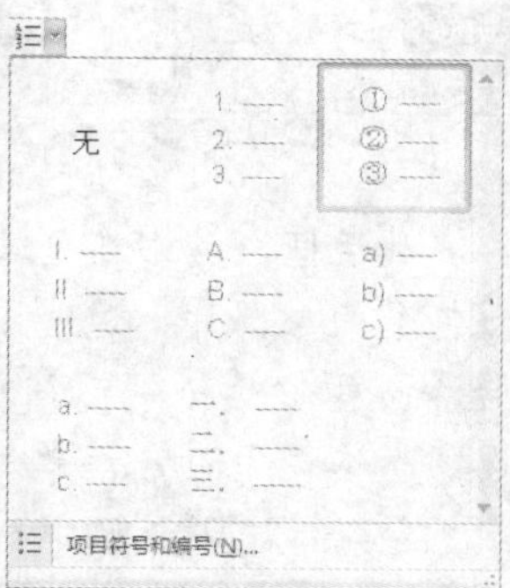

■选择编号

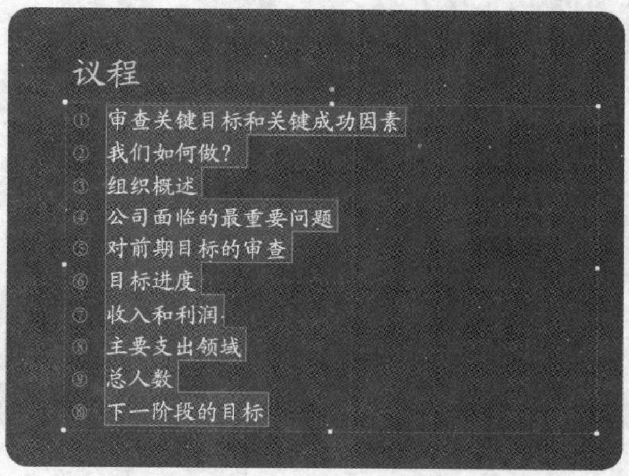

设置编号后的效果■

除了选择系统提供的样式外，用户还可自定义特殊的项目符号或编号样式，例如设置符号的颜色、形状、起始编号，甚至可将图片作为项目符号使用，下面举例进行说明。

使用技巧：取消默认的项目符号

幻灯片的正文占位符中总是有项目符号，是因为默认情况下其母版中对正文的各级段落都应用了项目符号。

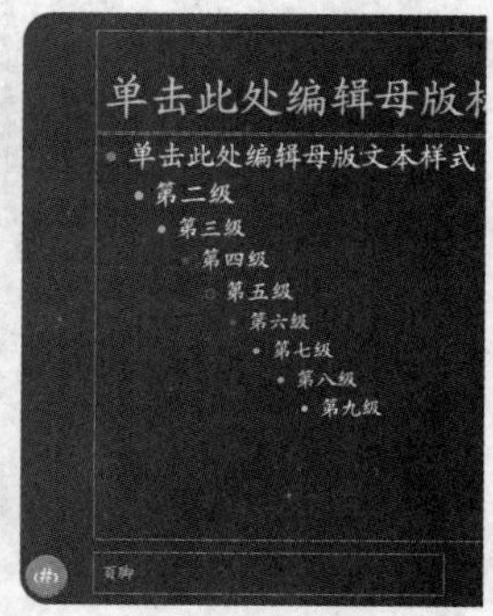

因此要取消其默认状态，就只有进入到幻灯片的母版，然后在正文占位符中选择各级正文段落，再取消其项目符号即可。

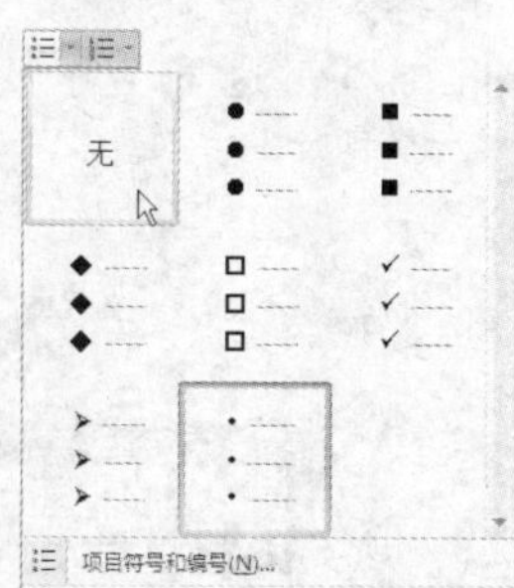

应用案例——使用项目符号

素材 光盘:\素材\第5章\幼儿教学.pptx、星形.png

效果 光盘:\效果\第5章\幼儿教学.pptx

Step 01 打开素材盘第5章的“幼儿教学.pptx”演示文稿，切换到第3张幻灯片，可看到其中的正文段落已经应用了默认的项目符号样式。

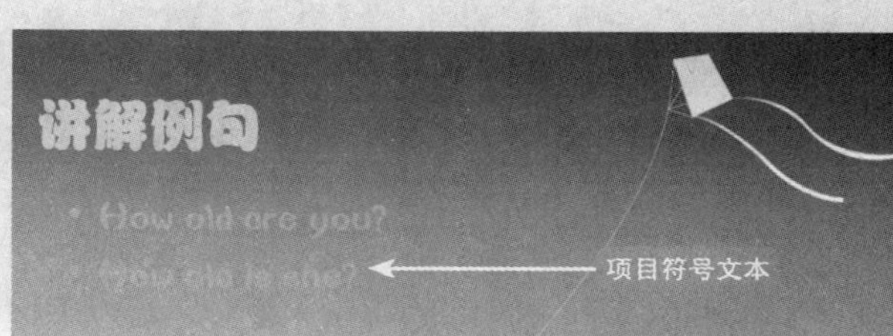

Step 02 先选中3段文本，然后单击“开始”选项卡下“段落”组中的“项目符号”按钮右侧的▾按钮，在弹出的下拉列表框中选择“项目符号和编号”命令。

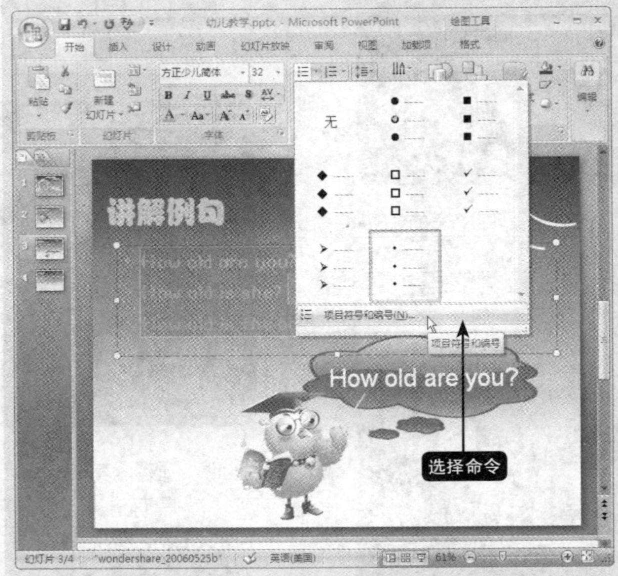

Step 03 打开“项目符号和编号”对话框，在“项目符号”选项卡中列出了多种系统预设的符号样式，在“大小”数值框中可设置项目符号的大小，在“颜色”下拉列表框中可设置符号的颜色，设置完毕后单击“自定义”按钮。

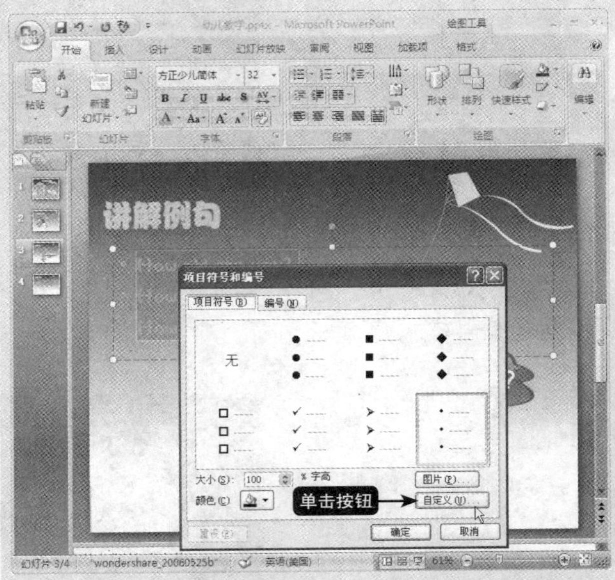

Step 04 打开“符号”对话框，在其中的列表框中列出了各种特殊符号，这些符号都可作为项目符号使用，本例这里不作设置，单击“取消”按钮回到“项目符号和编号”对话框，单击其中的“图片”按钮。

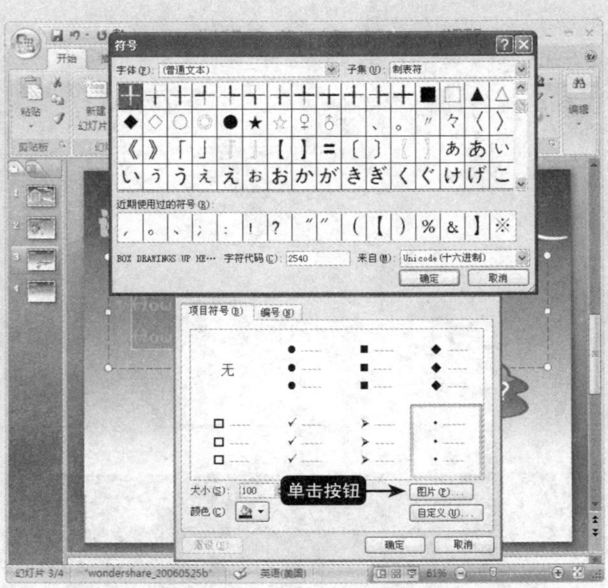

Step 05 打开“图片项目符号”对话框，其中在列表框中列出了多张可用做项目符号的小图片，这些图片其实都来自于剪辑管理器，还可在“搜索文字”文本框中输入关键字进行搜索，本例希望将一张外部图片制作成项目符号，于是单击对话框底部的“导入”按钮。

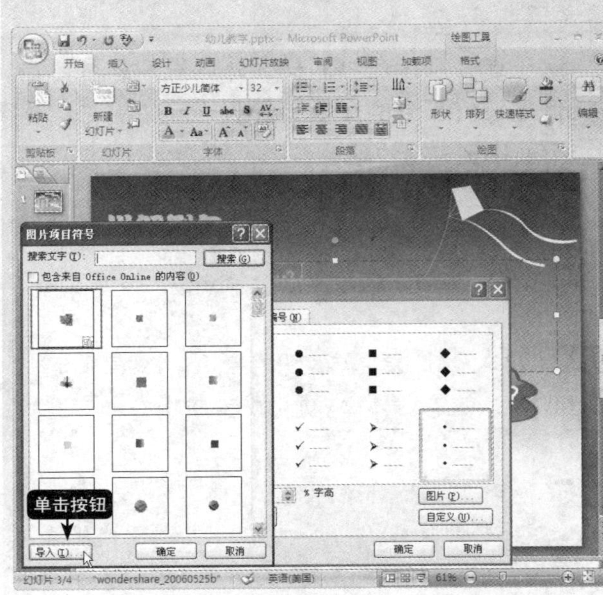

Step 06 打开“将剪辑添加到管理器”对话框，在其中找到要作为项目符号的图片，然后单击“添加”按钮，将其添加到PowerPoint的剪辑管理器中。

Step 07 回到“图片项目符号”对话框，由于刚才选择的图片已经添加到了剪辑管理器中，于是也就出现在了该对话框的列表框中，选择该图片后单击“确定”按钮。

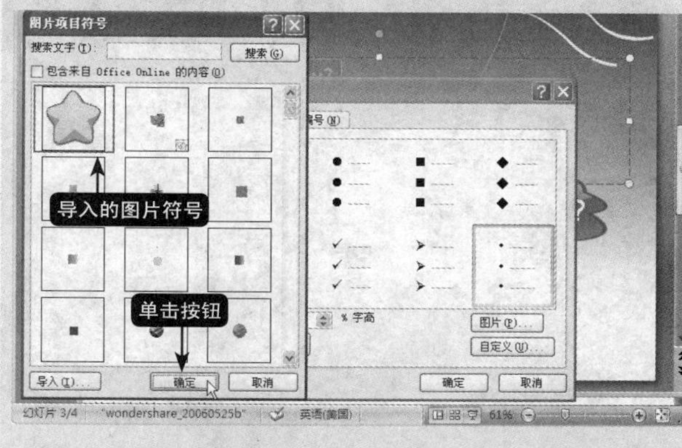

Step 08 回到幻灯片中，即可看到所选段落的项目符号变为了自定义的图片效果。

Step 09 切换到第4张幻灯片，下面将为其中的项目段落设置编号，于是选中正文段落后，单击“编号”按钮右侧的▾按钮，在弹出的下拉列表框中选择“项目符号和编号”命令，在打开对话框的“编号”选项卡中选择一种编号样式，然后单击“颜色”按钮，在弹出的下拉列表框中选择红色作为编号的颜色，然后单击“确定”按钮完成本例的设置。

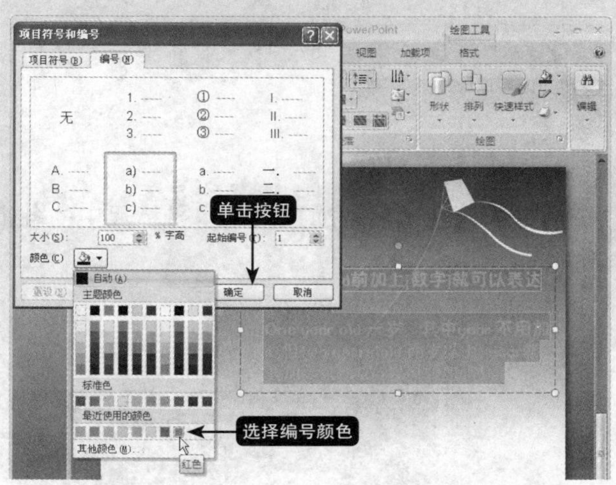

5.5.3 设置段落文本的缩进值

默认情况下段落文本都有一定的缩进值，其中包括三方面的内容：首行缩进、悬挂缩进与左缩进。为了更好地理解这3种缩进的概念，需要在PowerPoint中显示出水平标尺，我们分别选择了两种不同的段落文本，然后对应于标尺上显示出的3个小按钮，各个按钮代表当前段落的某个缩进位置。

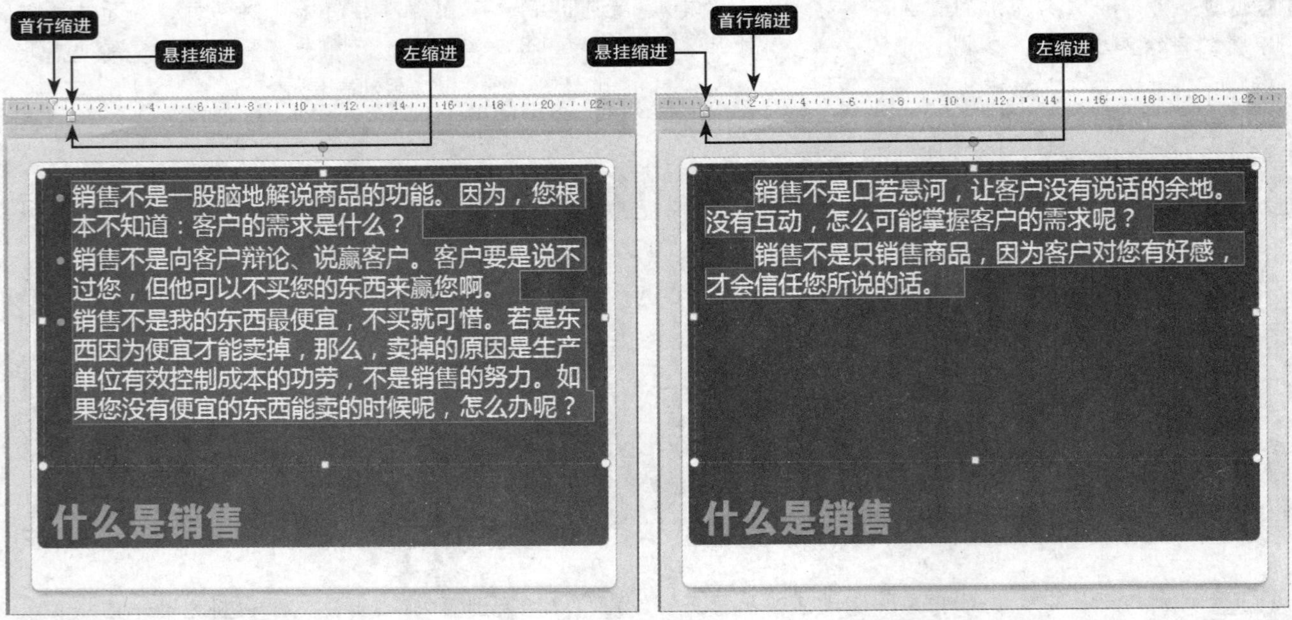

■段落中的3种缩进

- 首行缩进：段落文本中第一行左侧与文本框左边框的距离。
- 悬挂缩进：段落文本中除去第一行外其余各行左侧与文本框左边框的距离。
- 左缩进：它将首行缩进与悬挂缩进作为一个整体，来控制它们与文本框左边框的距离。

了解了各种缩进值的概念，下面来学习如何设置这些缩进值，通常有如下3种方式。

1. 通过标尺设置

选择段落文本后，通过拖动水平标尺中的各个按钮，即可直接调整各个缩进值。

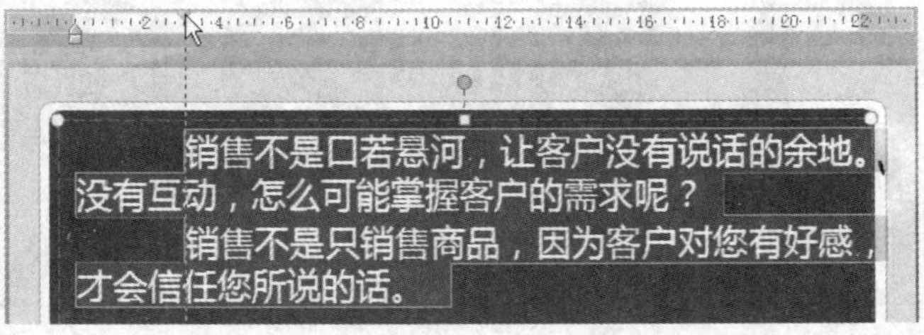

拖动标尺按钮调整■

2. 通过改变正文级别设置

由于幻灯片母版对各级正文默认设置了不同的左缩进值，所以改变段落文本的正文级别也可调整其左缩进值。

方法是选择文本后，单击“段落”组中的“提高列表级别”或“降低列表级别”按钮，即可改变文本的级别。

使用技巧：通过标尺微调段落缩进

在标尺中拖动按钮调整段落缩进时会发现，拖动的最小间距总有一定的距离，即无法细微拖动按钮，这时可以在按住【Ctrl】键的同时拖动，即可实现微调。

要点提示：拖动文本框左边框控制文本位置

左缩进是文本与文本框左侧的距离，但大多数情况下文本框既没有填充色也没有边框色，即文本框是不可见的，因此左缩进实际上控制着文本在幻灯片中左侧的位置，因此通过拖动整个文本框的左边框，也可调整其中文本左侧在幻灯片中的位置。

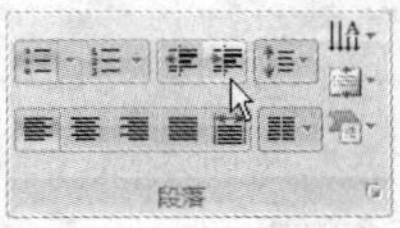

■单击按钮

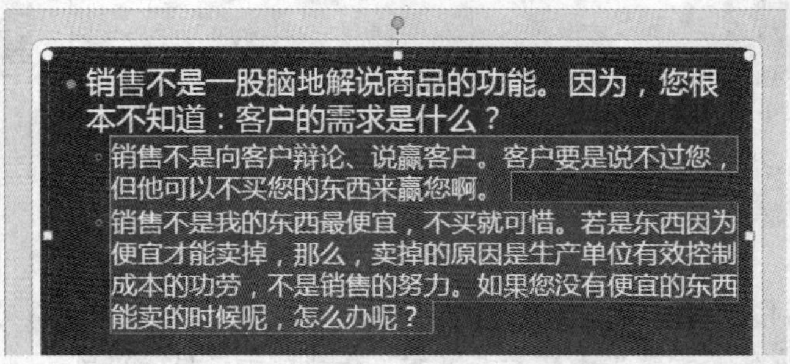

段落级别影响左缩进■

3. 通过“段落”对话框详细设置

如果对缩进值要求比较精确，则可通过对话框进行详细设置，选择段落后，单击“段落”组中的对话框启动按钮，打开“段落”对话框的“缩进和间距”选项卡，下面介绍在其中如何设置各缩进值。

- 在“文本之前”数值框中设置左缩进的值。
- 在“特殊格式”下拉列表框中可选择是进行首行缩进还是悬挂缩进，然后在其后的“度量值”数值框中设置缩进值。

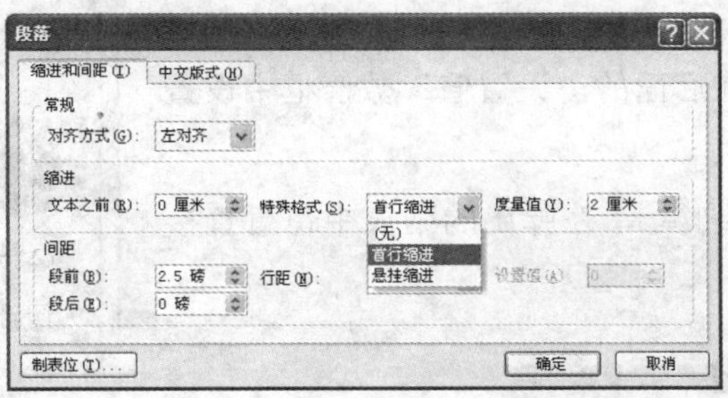

在“段落”对话框中设置缩进■

5.5.4 设置制表位

在幻灯片中输入并列关系的短文本时，如果希望各项文本按类似表格方式排列，彼此整齐规则，则可在各文本之间按【Tab】键，这时系统会产生一定宽度的空位，从而使得文本对齐。

通过按【Tab】键，实际上是在文本之间插入了一个制表位，而这个默认制表位的位置是可以设置的。

通过制表位来控制文本对齐■

选择文本后打开“段落”对话框，单击其中的“制表位”按钮，打开“制表位”对话框。

要点提示：关于右缩进的设置

在PowerPoint中并没有如同Word中的右缩进设置，如果用户希望控制文本右侧在幻灯片中的位置，则只有通过调整所在文本框的右边框来达到目的。

要点提示：为每个段落设置独立的制表位

PowerPoint 2007允许用户为文本框中的各个段落都定义相互独立的制表位，而在早期版本中，系统只允许用户为文本框中的各段设置统一的制表位，所以在新版本中用户能更加自由地控制文本使用制表位来对齐。

使用技巧：按【Tab】键的注意事项

在文本之间按【Tab】键可以插入一个制表位，但如果是在设置了项目符号的段落最前面按【Tab】键，将会使该段落下降一个正文级别，用户在操作时要注意。

- 在“制表位位置”数值框中输入的数值，表示制表位距离文本框左边框的距离，单位为厘米。然后在“对齐方式”栏中选中一个单选按钮，确定制表位的类型，然后单击“设置”按钮即可完成第一位制表位的设置，并出现在上面的列表框中。使用此方法继续添加其他制表位。

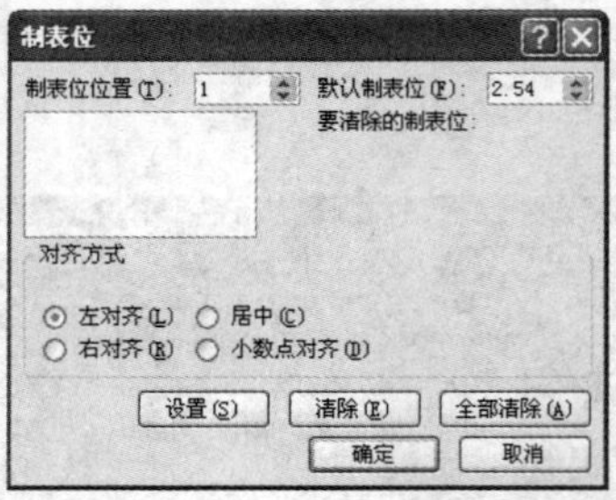

设置制表位■

- 在列表框中选择某制表位，单击“清除”按钮可取消该制表位，如果单击“全部清除”按钮则一次性取消所有设置的制表位。
- 在“默认制表位”数值框中可以看到幻灯片中默认的制表位间距为2.54厘米，在该数值框中用户也可设置新的默认制表位值。

5.5.5 设置段落行间距与段间距

段落通常由多行组成，一张幻灯片中通常又包括多个段落，段落中行与行之间的距离即为行距，各段落之间的距离就叫段间距，包括段前距离和段后距离。通过行间距与段间距即可控制段落文本的稀松程度。

选择要设置的段落文本，打开“段落”对话框，在其中的“间距”栏中即可分别设置段前和段后的距离，单位为磅。而在后面的下拉列表框中可选择行距的类型，若选择“固定值”选项，还可在后面的“设置值”数值框中设置固定的行间距。

另外，单击“段落”组中的“行距”按钮，在弹出的列表中也可直接选择某种行距值。

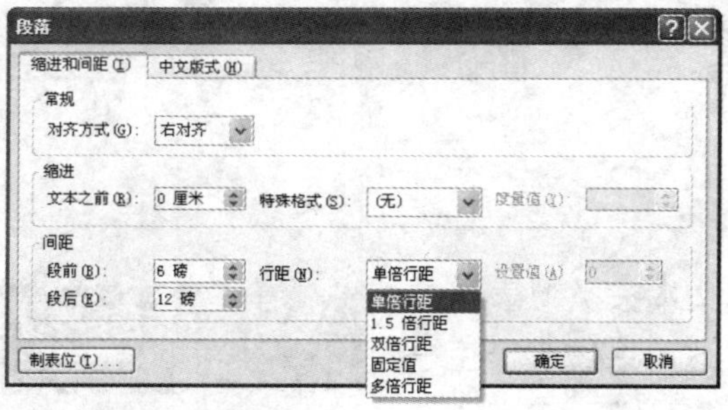

■设置段间距和行间距

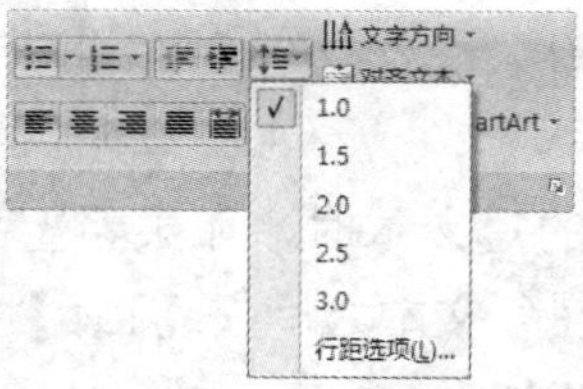

选择行间距■

5.5.6 设置文本方向和分栏

文本框中的文字内容默认都是通栏（即一栏）排列的，且文字的方向都是从左至右，这些默认的设置符合观众的阅读习惯，但有时为了制作特殊的版式，可考虑调整文本的方向以及使用分栏排版。

如图所示为默认的文本排版方式，下面将对其进行调整。

素材 光盘:\素材\第5章\员工培训.pptx

效果 光盘:\效果\第5章\员工培训.pptx

要点提示：制表位的对齐方式

这里设置的所谓制表位的对齐方式，是指文本以制表位为参照点，以何种方式对齐，默认情况下为左对齐，如下图所示为几种不同的制表位对齐效果。

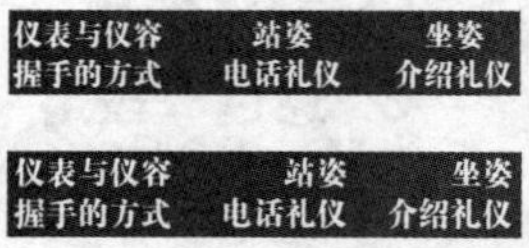

使用技巧：通过水平标尺设置制表位

除了通过对话框详细设置制表位的值外，用户还可通过水平标尺直观地设置各类制表位。

选择文本后显示出水平标尺，在标尺左侧默认有一个按钮，此时在标尺上单击一次将出现一个标记，表示在该处设置了一个左对齐的制表位，使用同样方法可在后面再设置其他制表位。如果要设置其他对齐方式的制表位，则单击标尺左侧的按钮，将依次切换到居中对齐制表位、右对齐制表位和小数点对齐制表位，这时再在标尺中单击即可设置相应类型的制表位。

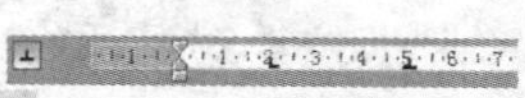

Step 01 打开素材盘第5章的“员工培训.pptx”演示文稿，先选中标题占位符中的文本，然后单击“段落”组中的“文字方向”按钮，在弹出的菜单中可选择不同的文本方向，这里选择“所有文字旋转270°”命令。

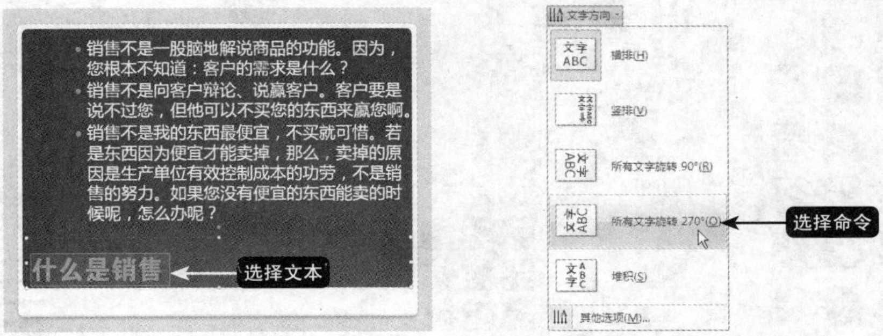

Step 02 此时可看到文字的方向发生了改变，但由于文本框的形状没有变化，所以还需要拖动文本框的边框进行调整，让其中内容展示出来，再调整其所处位置。

Step 03 下面再选择正文所有段落内容，然后单击“段落”组中的“分栏”按钮，在弹出的菜单中选择“两列”命令，即可将段落文本设置为双栏排版。

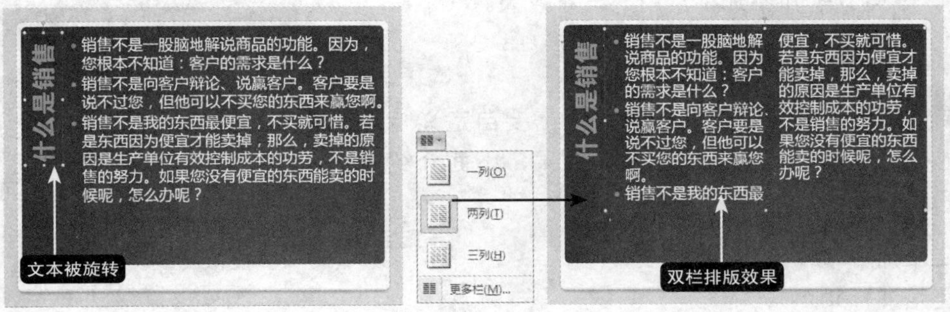

5.6 文本框格式设置

文本都存在于文本框中（占位符实质上也是文本框），因此除了对文本进行格式设置外，通过对文本框的格式设置，也可达到改变文本效果的目的。

在PowerPoint中文本框也具有图形属性，因此也可为其设置边框、填充和形状等样式。

5.6.1 设置填充和边框

选择文本框后，通过“绘图工具 格式”选项卡下的“形状样式”组即可为文本设置填充或轮廓效果。

“形状样式”组

- 单击展开“形状样式”下拉列表框，在其中可选择多种系统预设的样式，样式对填充和边框都作了不同的设置。
- 单击“形状填充”按钮，在弹出的下拉列表框中可自定义文本框的填充颜色，还可选择多种渐变、纹理甚至是图片填充效果。

疑难解答：1磅有多宽

问：在设置某些值时其单位为“磅”，那么1磅到底有多宽呢?

答：这里的“磅”是印刷点制的单位（Point或pt），它不是重量单位。常用来度量字体大小、线条粗细或某些宽度值，1磅＝0.353毫米＝0.0353厘米，如下短线条即为1磅的粗细。

使用技巧：不同文本框中内容的对齐

前面介绍了同一文本框中各段内容的对齐操作，但如果文本内容处于不同的文本框中，则只有将文本框作为对象，通过移动文本框在幻灯片中的位置来进行彼此之间的对齐操作。另外，较为快捷的方法是选择多个文本框对象，然后单击“绘图工具 格式”选项卡下“排列”组中的“对齐”按钮，在弹出的菜单中选择相应命令进行对齐。

◆ 单击“形状轮廓”按钮，在弹出的下拉列表框中可设置文本框的轮廓粗细、线型、线条颜色等效果。

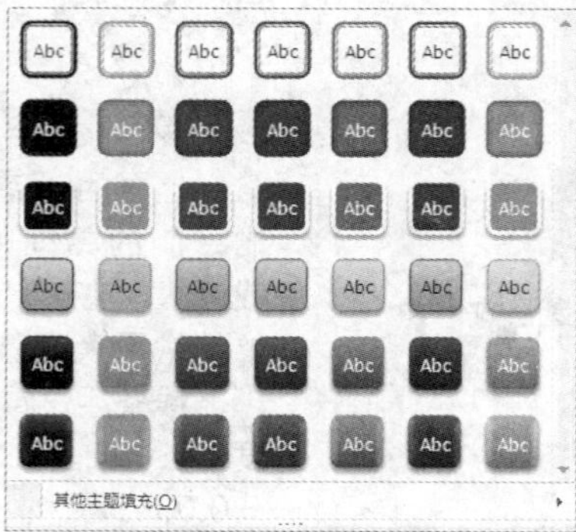

■选择效果预设

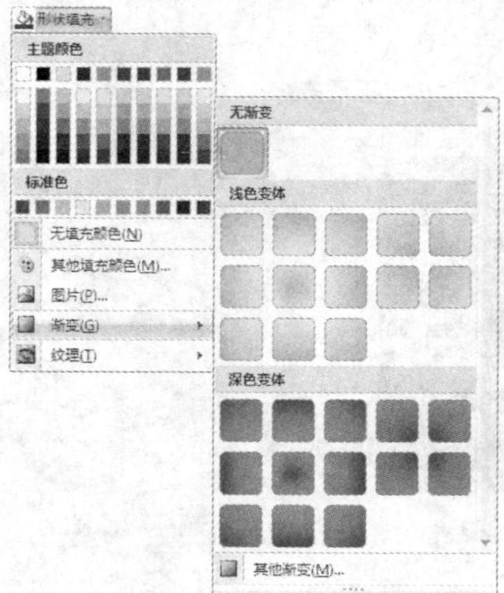

设置文本框填充■

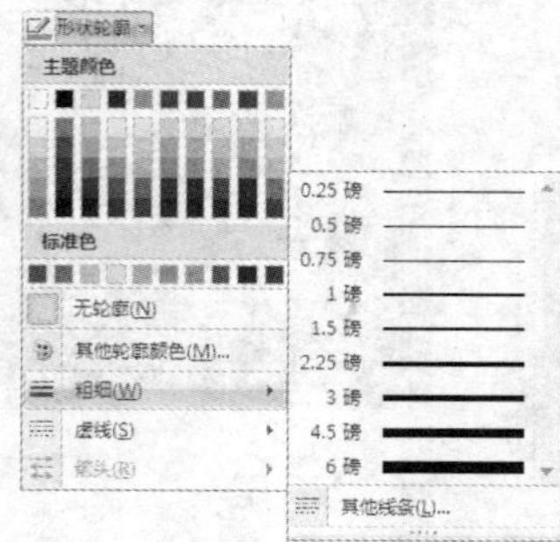

设置文本框边框■

如果用户希望自定义文本的填充或边框效果，则可在选择文本框后单击“形状样式”组中的对话框启动按钮，打开“设置形状格式”对话框，通过各选项卡进行更为详细的设置。下面分别介绍几种常用的设置效果。

1. 设置渐变填充

为文本框设置纯色（单色）填充较为简单，但有时还需要自定义特殊的渐变填充效果，例如从左至右由明变淡直至消失的渐变效果，下面介绍操作方法：

素材 光盘:\素材\第5章\员工培训1.pptx

效果 光盘:\效果\第5章\员工培训1.pptx

Step 01 打开素材盘中第5章的“员工培训1.pptx”演示文稿，选择第2张幻灯片中的正文文本框，然后单击“形状样式”组中的对话框启动按钮，打开“设置形状格式”对话框，在“填充”选项卡中选中“渐变填充”单选按钮，单击“预设颜色”按钮，在弹出的列表中系统提供了多种渐变填充的颜色组合，本例不作选择。

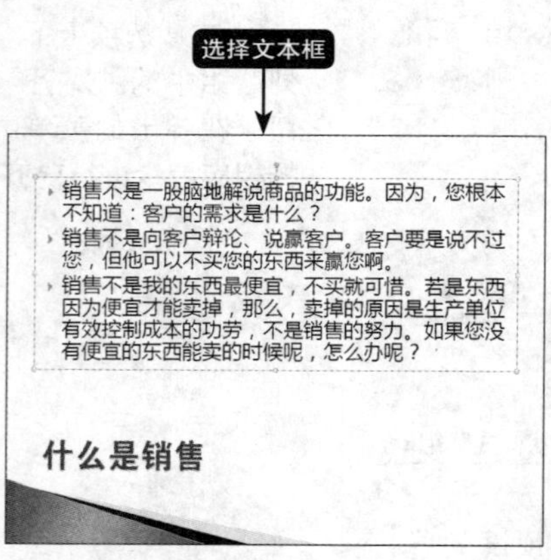

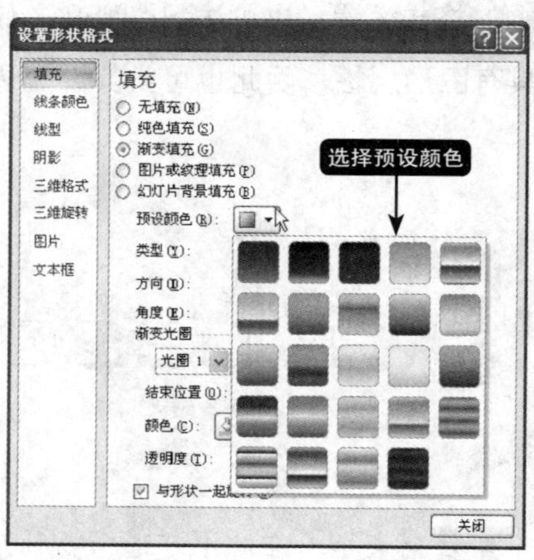

Step 02 PowerPoint 2007允许用户对渐变填充的类型、方向、角度以及渐变组合颜色分别进行设置。于是在“类型”下拉列表框中保持默认的“线性”选项，在“方向”下拉列表框中选择“线性向右”选项，即颜色由左至右减淡。

使用技巧：设置图片或纹理填充

在“设置形状格式”对话框的“填充”选项卡中若选中“图片或纹理填充”单选按钮，则可为文本框设置某种系统提供的纹理效果填充，还可设置纹理的偏移量、纹理比例和透明效果。另外，还可将外部图片或剪辑管理器中的图片作为文本的填充，形成独特的文本背景。

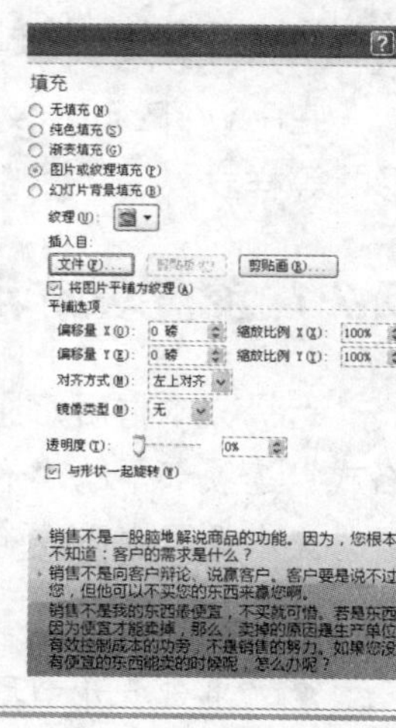

Step 03 根据所选方向的不同，“角度”数值框中的度数不同，用户通过在该数值框中设置具体的角度值也可控制渐变的方向，本例保持“0°”值。下面单击“渐变光圈”下拉按钮，在其中可看到默认有3个光圈，每个光圈代表渐变过程中的每个阶段，如“光圈1”为渐变刚开始的位置、“光圈2”为渐变中间的位置、“光圈3”为渐变末端位置。

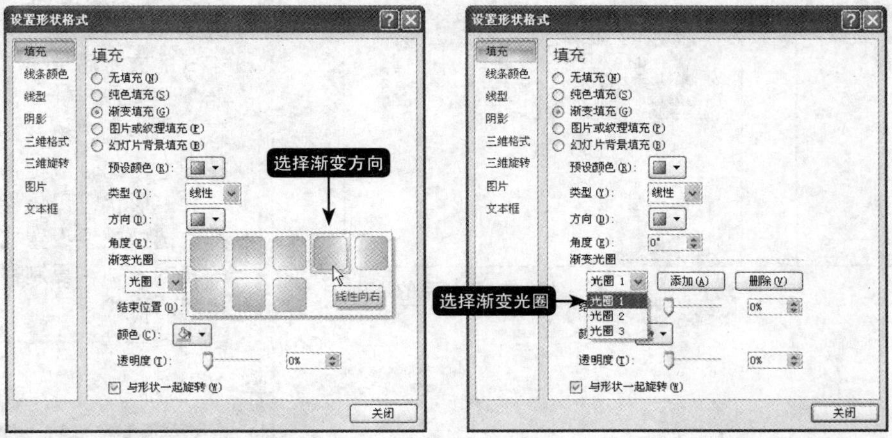

Step 04 选择“光圈1”选项，在“结束位置”栏中调节滑块可设置该光圈的位置，如“光圈1”默认为0%的位置（即开始位置），单击“颜色”下拉按钮，在弹出的下拉列表框中可设置该位置的颜色，不同的光圈还可设置不同的透明度。

Step 05 使用同样的方法可设置其他几个光圈的位置、颜色或透明度，要得到渐变最后消失的效果，则“光圈3”的颜色应该设置为与背景色相同，本例为白色，或者设置最后一个光圈的透明度为100%。如下图所示为最终设置效果。

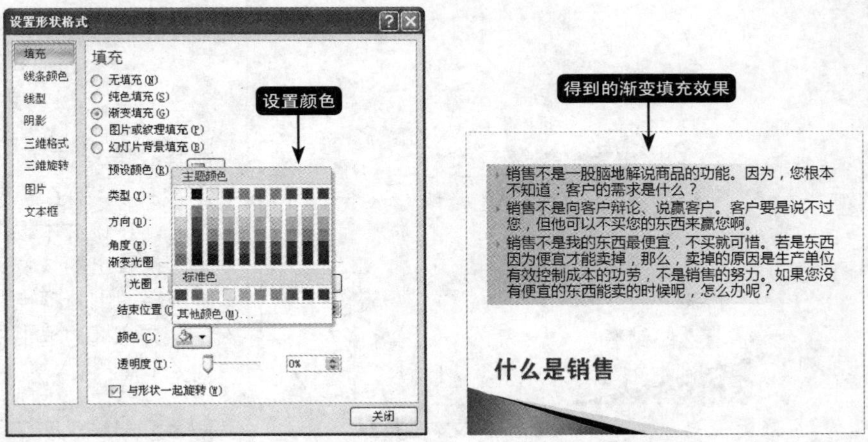

2. 设置内部边距

当为文本框设置了填充或轮廓效果后，文本框中的文本内容与文本框边框的距离就变得明显了，需要时用户可自定义它们之间的距离，这是通过设置文本框的内部边距来实现的。

例如要为前面制作的渐变填充文本框调整内部边距，以使文本不至于靠边框太近。

选择第2张幻灯片中已经设置了渐变效果的正文文本框，再打开“设置形状格式”对话框，在“文本框”选项卡的“内部边距”栏下的4个数值框中分

使用技巧：增加渐变光圈让变化更丰富

默认情况下渐变效果由3个光圈来控制，如果希望设置渐变更为丰富的效果，就应该增加光圈数量，方法是在“设置形状格式”对话框的“填充”选项卡下“渐变光圈”栏中单击“添加”按钮，然后选择添加的光圈为其设置位置、颜色、透视度即可。当然也可删除光圈，选择光圈后单击“删除”按钮即可。

使用技巧：让文本框大小根据内容多少自动调整

默认情况下，在文本框中输入超过文本框可容纳的文本时，文本的字号自动变小以适应文本框，当输入的内容没有充满文本框时，文本框底部将出现空白。如果在“设置形状格式”对话框的“文本框”选项卡的“自动调整”栏中选中“根据文字调整形状大小”单选按钮，则文本框的大小将自动适应其中内容的变化。

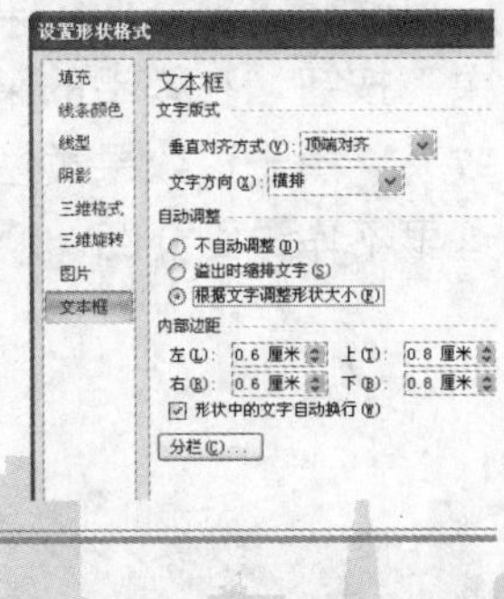

别增加文本框上下左右的内部边距值，得到如下图所示效果。

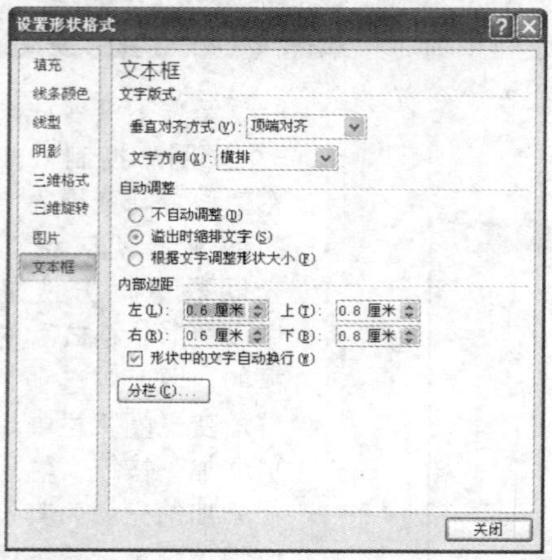

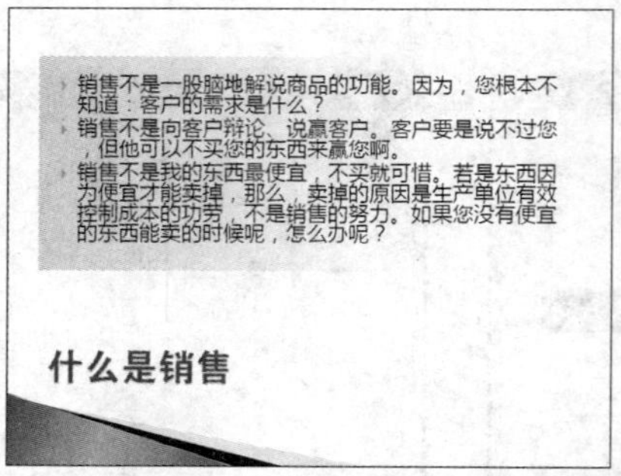

■设置文本框内部边距

增加内部边距后的效果■

5.6.2 设置形状效果

文本框的默认形状为矩形，用户也可改变该形状，选择文本框后单击“绘图工具 格式”选项卡下“插入形状”组中的“编辑形状”按钮，在弹出的菜单中选择“更改形状”命令，在其子菜单中即可选择改变为各种不同的形状，如下图所示为将前面设置了渐变填充的文本框变为了圆角矩形后的效果。

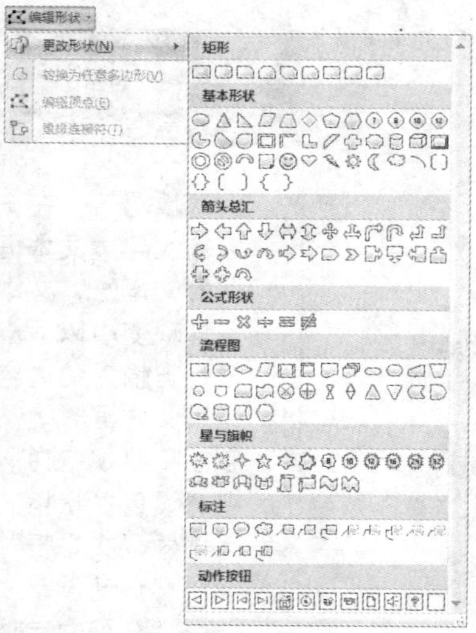

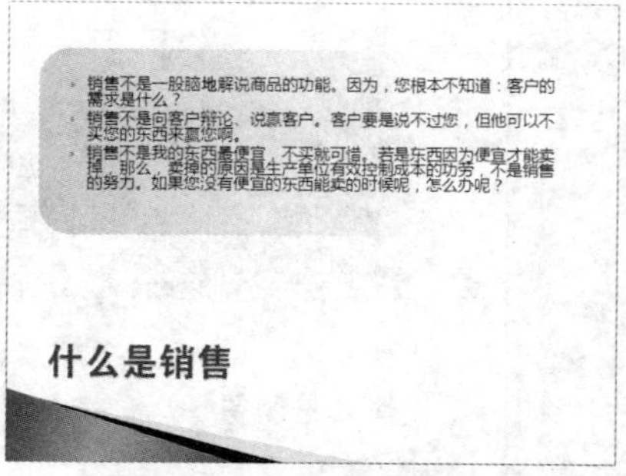

■改变文本框形状

圆角矩形文本框效果■

除此之外，通过单击“形状样式”组中的“形状效果”按钮，在弹出的菜单中还可为文本框设置多种外观效果，由于该效果类型与艺术字的对应效果相似，因此这里不作详细介绍，读者可对照试用各效果即可。

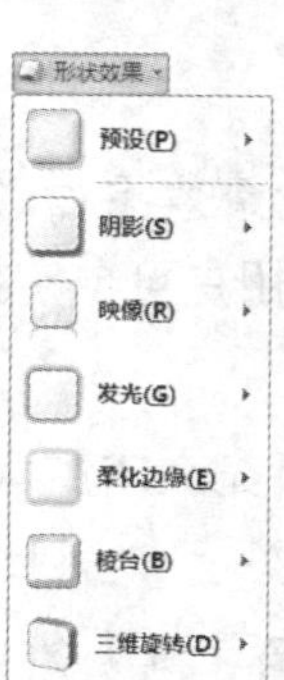

设置文本框形状效果■

使用技巧：使用格式刷复制格式

在为一处文本设置了格式后，若希望为其他某处文本设置相同的格式，则可在选中已设格式的文本后单击“开始”选项卡下“剪贴板”组中的“格式刷”按钮，此时鼠标指针变为形状，用该指针拖动选中需要设置格式的文本，即可复制得到相同的格式。

使用技巧：将文本框转换为任意多边形

在将文本框更改为其他形状后，再次单击“插入形状”组中的“编辑形状”按钮，弹出菜单中的“转换为任意多边形”命令被激活。

选择该命令后文本框便被转换为了任意多边形，在该文本框上右击，在弹出的快捷菜单中选择“编辑顶点”命令，文本框边框上将出现多个黑点。

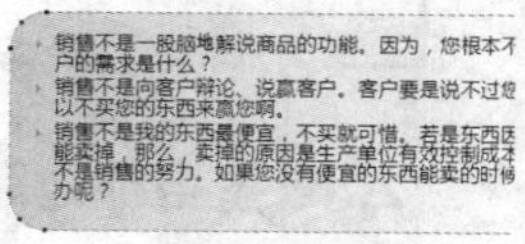

通过拖动这些黑点即可任意改变文本框的形状，从而制作出特殊的文本效果。

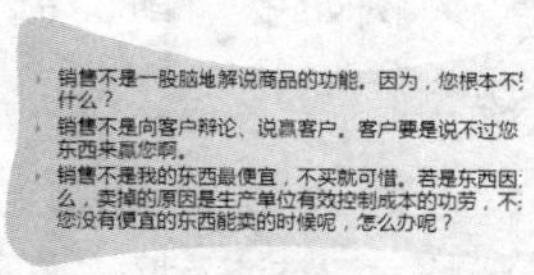

5.6.3 精确设置大小和位置

通过拖动的方法可以调整文本框的大小和位置，但如果要精确地设置其大小值和在幻灯片中位置，则可通过以下方法实现。

1. 通过“大小”组设置大小

选择文本框后，切换到“绘图工具 格式”选项卡的“大小”组，在其中的“宽度”和“高度”数值框中即可精确设置文本框的大小值。

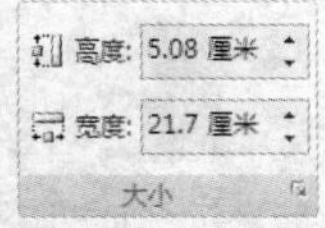

“大小”组

2. 通过对话框进行定位

如果单击“大小”组中的对话框启动按钮，打开“大小和位置”对话框，在“大小”选项卡下也可设置文本框的高度与宽度值，以及设置文本框缩放比例，选中“锁定纵横比”复选框则可等比例同步改变宽高度。

切换到“位置”选项卡，在其中可分别设置文本框相对于幻灯片左上角或中心的距离，通过这里的设置即可精确控制文本框在幻灯片中的位置。

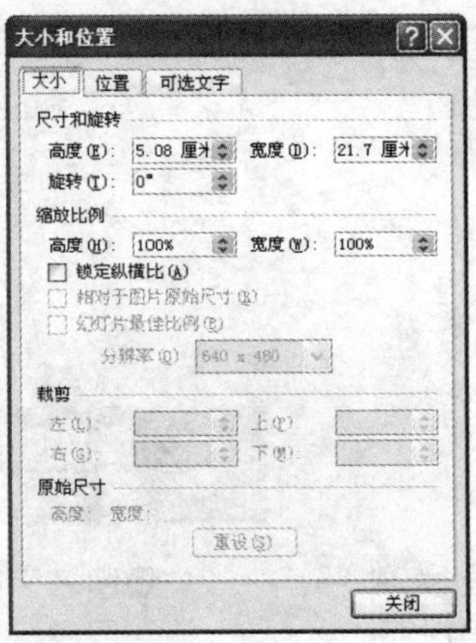

设置文本框大小

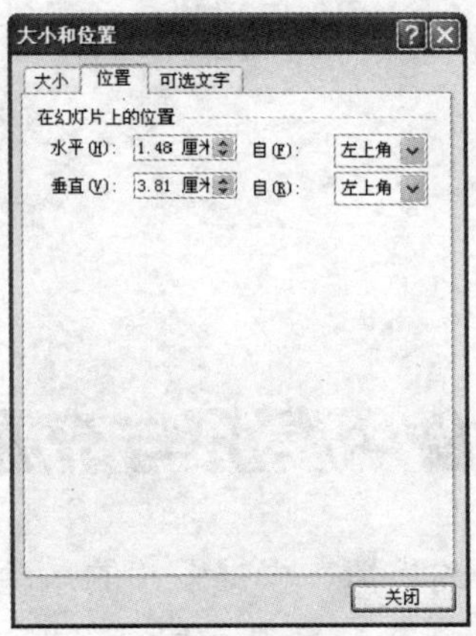

设置文本框位置

要点提示：选中文本框与插入点位于文本框内的区别

要对文本框进行操作，则需要选择文本框对象，而文本插入点在文本框内部闪烁并不代表文本框被选中，通过文本框的边框可了解两者的区别。

当文本插入点处于文本框内时，其边框为虚线，此时只可编辑文本框中的内容，不能操作文本框；当文本框被选中时，其边框为实线，此时只能操作文本框，不能编辑其中的内容。

另外，在文本插入点处于文本框内部时，按【Esc】键即可切换为选中文本框的状态。

6 Chapter 文中有图才完美

READERS' GUIDE

图片是一种应用非常广泛的文件对象，对于以展示各种内容为目的的幻灯片而言，图片的应用使得幻灯片的内容变得极为丰富，与文字配合也更能清楚地表达观点，同时还可对幻灯片起到美化装饰的作用。

MAIN CASES

6.1 幻灯片中图片的使用情况与来源

在幻灯片中使用图片是非常平常的事情，根据图片的来源，可分为外部插入图片与Office提供的剪贴画。两者不仅从来源上有所区别，在使用方法与表现方式上也有所不同。

6.1.1 外部图片

外部图片是PowerPoint中使用的图片中最多的一类，通常包括JPG、BMP、PNG、GIF等几种不同的位图文件格式。

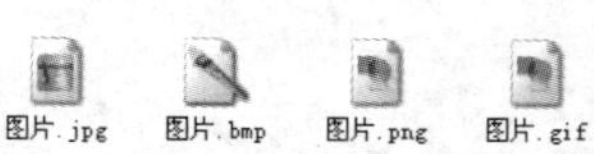

幻灯片中使用的外部图片格式■

1. 外部图片格式特点介绍

下面分别对这几种图片格式的特点进行介绍。

- ◆ JPG：或者是JPEG，它是目前使用最为广泛的位图格式，平时在网上下载或拍摄得到的图片都是这种格式。在幻灯片中它常用于背景与各种装饰图片。
- ◆ BMP：它是Windows中的一种位图格式，由于不支持压缩，所以文件相对JPG格式稍大，常用做幻灯片的背景图片。
- ◆ PNG：与其他位图格式的最大不同在于，PNG图片支持背景透明属性，

要点提示：位图与矢量图的区别

矢量图基于图像数学算法，图像可以无限制地放大，而不会产生锯齿，也就是放大不会失真。而位图基于像素插值，放大后计算机随机给图像插值（像素），所以位图放大会产生锯齿。

■矢量图

位图■

在幻灯片中插入的外部图片大都为位图格式，但通过剪贴画插入的一些WMF格式的图片为矢量图。

因此公司LOGO以及一些小的装饰性图片使用此格式最佳，能与其他图片更好地搭配。

- GIF：即目前很流行的GIF动画图片，将该图片应用于幻灯片中，在放映时会呈现出简单的动画效果，也可起到装饰作用。

下面通过几张幻灯片，来直观地展示几种外部图片在其中的应用。

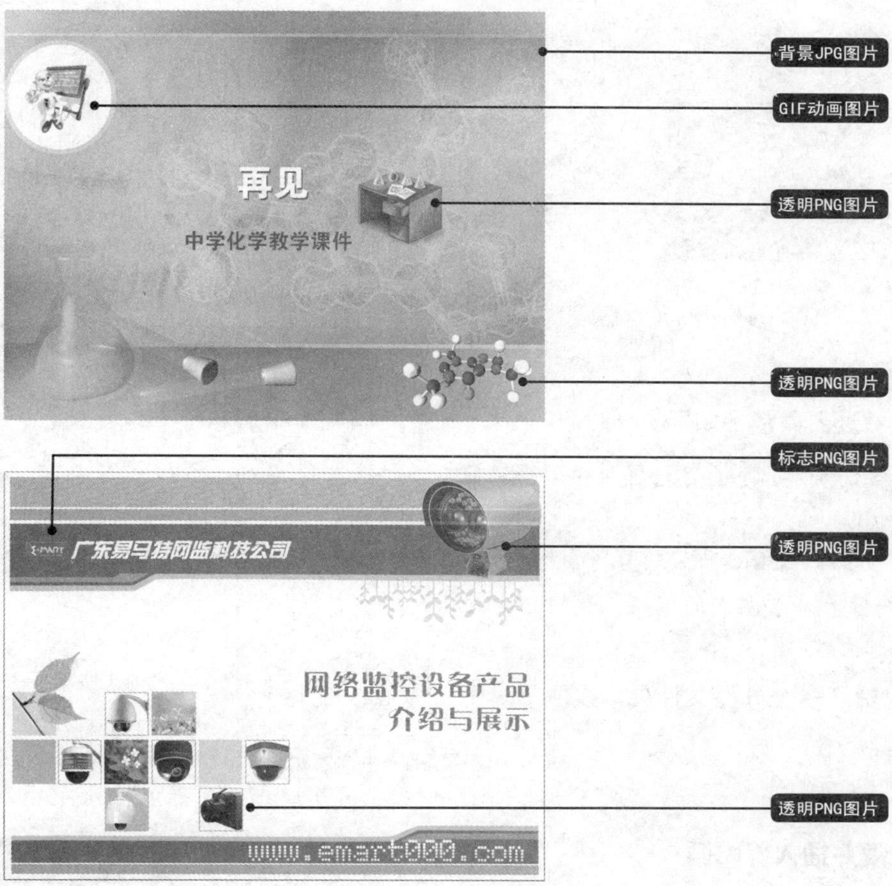

■幻灯片中的图片应用

2. 外部图片的插入

要在幻灯片中使用外部图片，需要先将图片插入到当前幻灯片中，其操作方法很简单。

Step 01 切换到要插入图片的幻灯片，单击“插入”选项卡下“插图”组中的“图片”按钮。

Step 02 在打开的对话框中找到并选中需要的图片，然后单击“插入”按钮，即可将图片插入到当前幻灯片中。

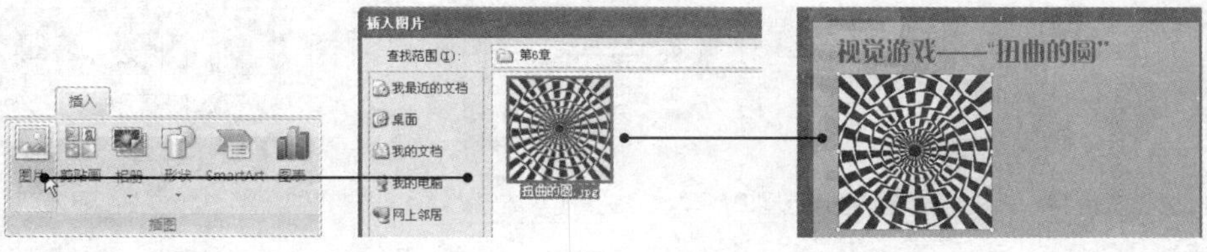

■单击按钮 ■选择图片 插入图片■

要点提示：外部图片的来源

电脑中的图片是需要用户平时收集获取的。这包括如下3个主要来源：一是通过相机拍摄得到的照片；二是通过相关图形图像软件制作得到图片；三是通过Internet搜索下载得到的各种图片资源。其中又以第三种来源最为普遍，可得到的图片资源也更多。用户在得到众多图片后需要进行分类整理，这样在制作演示文稿时才方便调用。

使用技巧：在网上搜索图片素材的方法

通过Internet获取图片的方法主要有如下几种：

浏览网页时获取：在浏览网页时发现有需要的图片时，可直接在图片上右击，在弹出的快捷菜单中选择“图片另存为”命令。

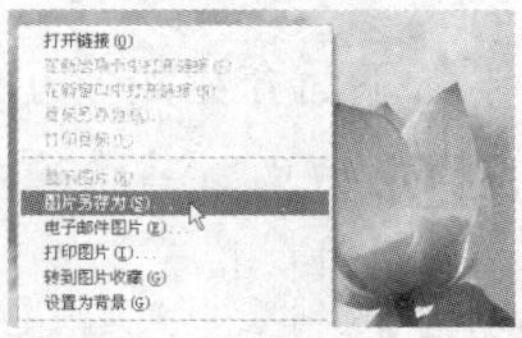

搜索引擎获取：通过百度或Google的图片搜索功能，可找到大量相关的图片。

素材网站获取：一些图片素材网站也提供了大量的精美图片素材，用户可自行下载获得。

http://www.sc-cn.net/

http://www.tucoo.com/

6.1.2 剪贴画

除了外部图片外，Office系统还为用户提供了一个庞大的资源库，即剪辑管理器，它是Microsoft Office各组件所共有的一个素材管理系统，它不仅自身收集了众多图片、声音等素材，还与Microsoft网站紧密联系在一起，可实现在线素材的使用。

本节只介绍其中剪贴画的使用情况。

■Office中的剪贴画

1. 剪辑管理器的组成

Microsoft Office的剪辑管理器共包括如下3个收藏集：

- 我的收藏集：其中存储着用户从自己计算机中添加的剪辑素材。
- Office收藏集：其中存储着Office自带的剪辑素材。
- Web收藏集：其中存储着来自网上的剪辑，如Microsoft网站与其合作伙伴网站提供的剪辑。

并且每个收藏集下又包括了多个分类文件夹，以便于对不同的素材进行管理。

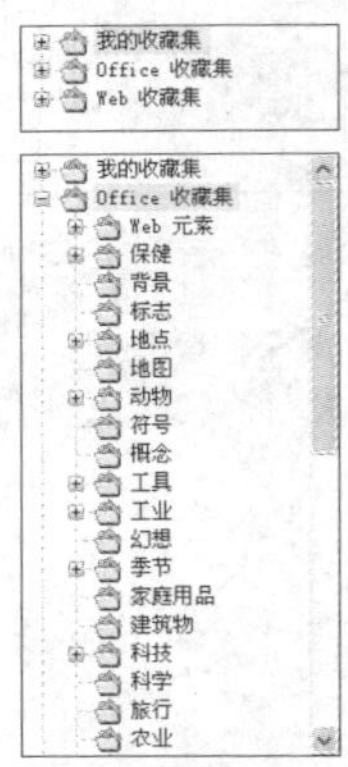

剪辑管理器中的收藏集■

2. 通过剪辑管理器搜索并插入剪贴画

下面介绍如何在幻灯片中插入需要的剪贴画。

Step 01 切换到要插入剪贴画的幻灯片，单击“插入”选项卡下“插图”组中的“剪贴画”按钮。

Step 02 此时在PowerPoint操作界面右侧出现“剪贴画”选项卡。在“搜索文字”文本框中输入剪贴画的关键字（即描述文字）。

Step 03 然后在下面的“搜索范围”下拉列表框中选择要搜索的收藏集。为了得到更多的搜索结果，通常这里将所有收藏集都选中。

Step 04 在“结果类型”下拉列表框中可看到剪辑管理器中的剪辑类型，这里只选中“剪贴画”复选框。

■单击按钮

■输入搜索关键字

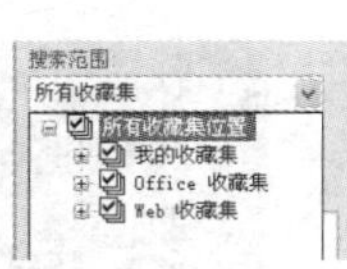

设置搜索范围■

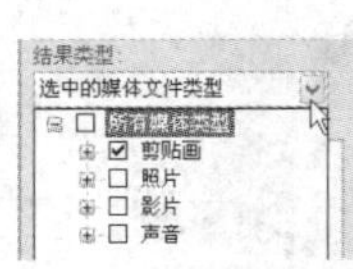

设置搜索结果■

要点提示：剪贴画的图片格式

Office剪辑管理器中的剪贴画多为一些卡通形式的图片，常作为装饰使用。图片的格式为WMF，即Windows Metafile的缩写，简称图元文件，是Microsoft公司定义的一种Windows平台下的图形文件格式。

WMF格式图片属于矢量类图形，文件非常小，并可以任意缩放而不影响图像质量。

要点提示：了解剪贴画的关键字

Office剪辑管理器中的一张剪贴画拥有多个关键字，通过关键字才能在众多文件中找到需要的剪贴画。

当搜索到剪贴画结果时，将鼠标指向该缩略图，即可得到提示信息，其中前面部分即为该剪贴画的关键字。

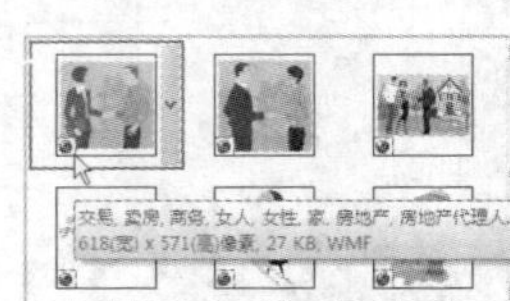

Step 05 设置完成后单击“确定”按钮，即可在下面的列表框中搜索得到需要的剪贴画结果。单击其中的缩略图即可将其插入到当前幻灯片中。

6.2 幻灯片图片的前期处理方法

在将图片插入到幻灯片之前，为了让图片与幻灯片的效果更为融合，我们可事先对图片进行一些前期处理。

6.2.1 矢量图导成JPG/PNG

目前，矢量图片素材是网络中普遍存在的文件，当用户通过网上下载得到了需要的素材文件，并希望将其使用到幻灯片中时，就需要先通过矢量图形处理软件（如CorelDRAW、Illustrator等）对其进行前期处理，将需要的图形导出成JPG或PNG图片，方可在幻灯片中使用。

这需要用户掌握一些基础的图形图像软件的使用方法，下面以一个实例来介绍具体的操作。

应用案例——从AI文件中导出幻灯片装饰图片

素材 光盘:\素材\第6章\绿色房子.ai

效果 光盘:\效果\第6章\绿色房子.png

使用技巧：保存来自Microsoft网站的剪辑

在通过剪辑管理器搜索剪贴画时，如果得到的搜索结果缩略图右下角有一个图标，则表示该图片是通过Internet搜索Microsoft网站得到的，并没有存在于计算机中。如果用户希望计算机在以后没有连接网络的情况下也能使用该剪贴画，则可在缩略图上右击，在弹出的快捷菜单中选择“保存以供脱机时使用”命令，这样以后都可搜索到该剪贴画。

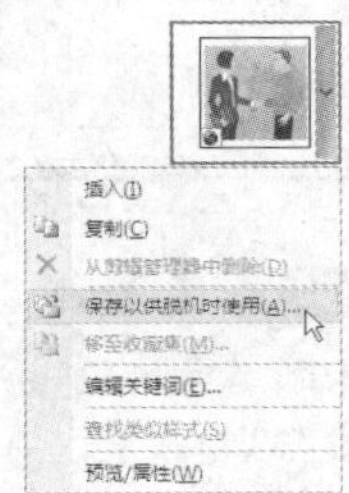

要点提示：常用矢量软件简介

目前最常使用的矢量软件主要为CorelDRAW和Illustrator。其中前者为加拿大Corel公司开发的图形图像软件，其文件扩展名为.cdr，在早期使用非常广泛，近几年来已经逐渐被Adobe公司的Illustrator所代替，该软件的文件扩展名为.ai。

Step 01 确保计算机中安装了Illustrator软件，然后打开素材盘第6章的“绿色房子.ai”文件，启动Illustrator将其打开。可看到操作界面中间为图形编辑区，左侧为工具栏。

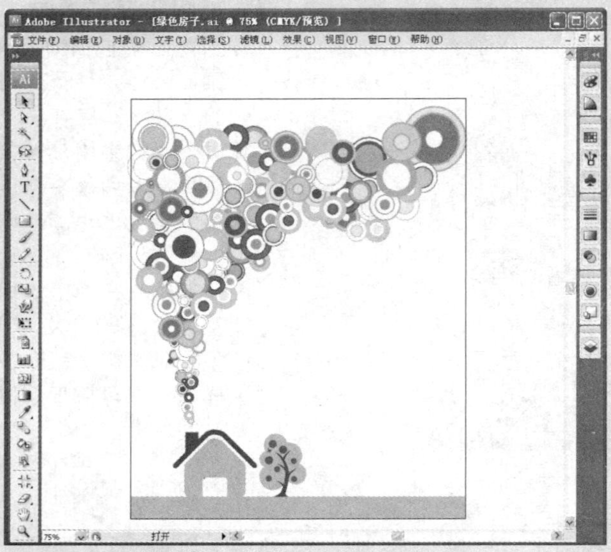

Step 02 本例只需要图形下半部分的绿色房子和树木等图案，于是需将上半部的多个彩色圆形删除。这里先选择左侧工具栏中的 ▶（选择工具），然后在图形编辑区中拖动选中不需要的部分，被选中对象会出现编辑点和边框。

Step 03 按【Delete】键即可将选中对象删除，确保所有不需要的部分都被删除后，选择“文件/导出”命令将保留部分导出。

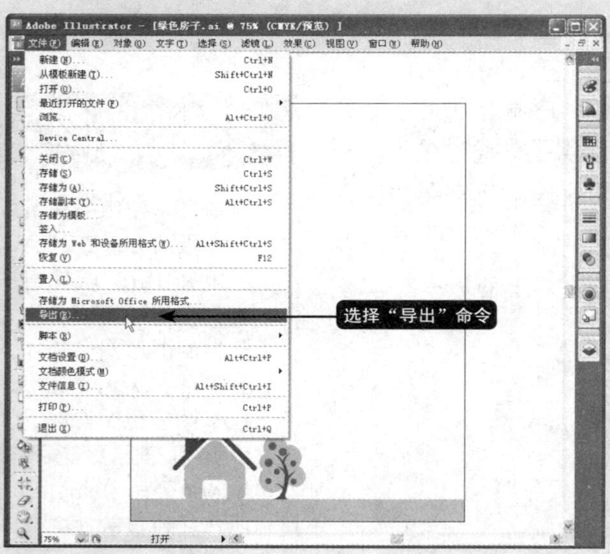

Step 04 打开“导出”对话框，设置好导出位置后，在“保存类型”下拉列表框中选择要导出的格式，本例可选择JPEG或PNG，但由于导出成PNG图片时会产生透明效果，更利于图片与幻灯片中的其他图片对象融合，所以这里选择PNG选项。

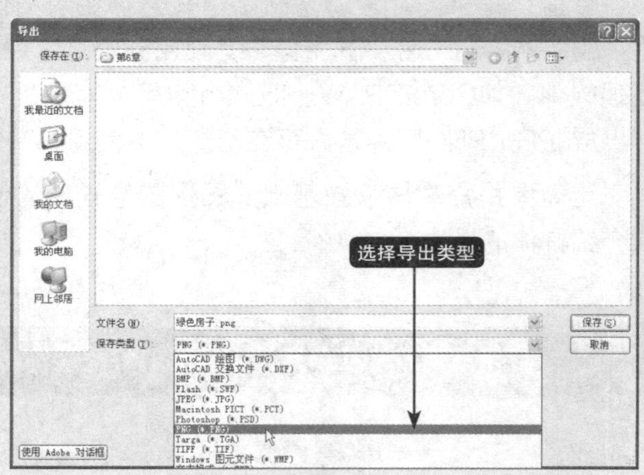

Step 05 单击“保存”按钮，打开“PNG选项”对话框，用于设置导出图片的相关属性，在“分辨率”选项组中选择“中”或“高”均可满足幻灯片对图片质量的要求，在“背景”选项组中选择“透明”选项，最后单击“确定”按钮，完成由矢量图向位图的转换，在幻灯片中可直接插入该PNG图片。

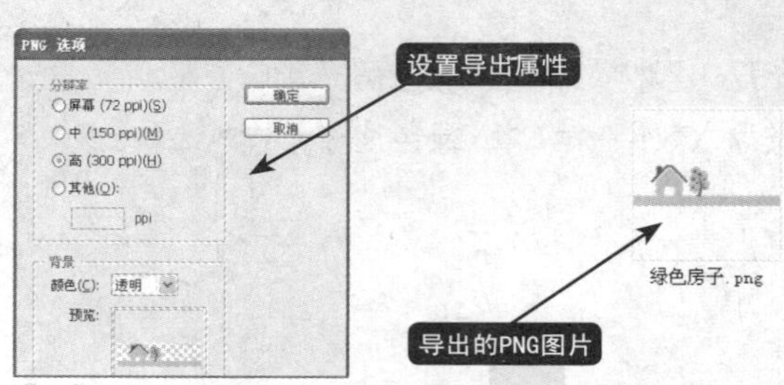

6.2.2 分层导出Photoshop文件

除矢量图外，网上的位图素材种类繁多，其中一些复杂的素材又常以PSD的格式出现，即Photoshop源文件格式。

这类图片通常由多个图层构成，每个图层放置着不同的内容，用户可分别对各图层进行编辑，也可选择将其中某些图层的内容导出成可插入到幻灯片中的JPG等格式图片。

要点提示：关于图层的说明

Photoshop（简称PS）中的每一个图层就好比一张透明的纸，用户在某一图层上做的内容或效果不会影响其他图层上的内容，所以将所有做好的图层叠在一起，就是最终得到的图片效果。

应用案例——分层导出“油画花瓶”中的花瓶

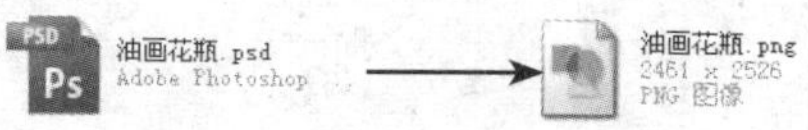

素材 光盘:\素材\第6章\油画花瓶.psd

效果 光盘:\效果\第6章\油画花瓶.png

Step 01 确保电脑中安装了Photoshop软件，打开素材盘第6章的“油画花瓶.psd”文件，启动Photoshop将其打开。可看到操作界面中间为图形编辑区，左侧为工具栏，右侧为各种控制面板。

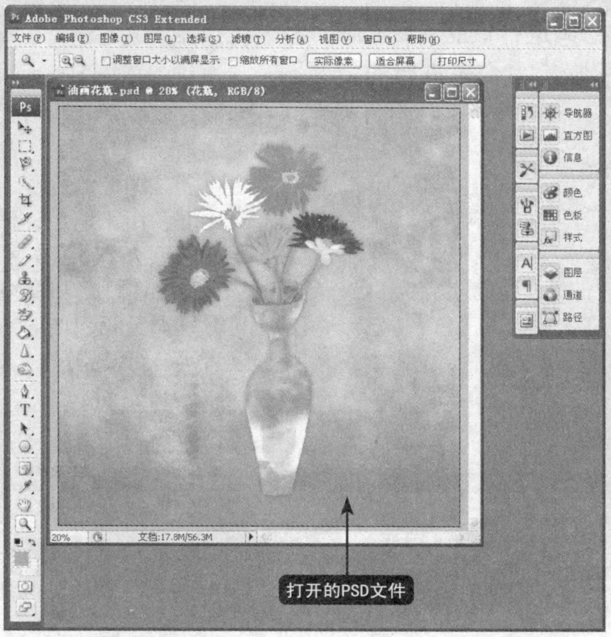

Step 02 单击控制面板中的“图层”按钮，展开“图层”控制面板，在其中可看到4个缩略图，表示本PSD文件中包含4个图层，每个图层前显示图标，表示该图层当前为显示状态。

Step 03 本例将从PSD文件中分离出花瓶图形并将其导出成图片，于是在“图层”控制面板中分别单击除“花瓶”图层外的其他3个图层前的👁图标，将图层中的内容隐藏起来。

Step 04 此时图像编辑区中只显示出了需要的花瓶图形，然后选择“文件/存储为”命令，在打开的“存储为”对话框中选择存储的位置，然后在“格式”下拉列表框中选择存储图片的格式，同样可选择JPEG或PNG，最后单击“保存”按钮，完成操作。

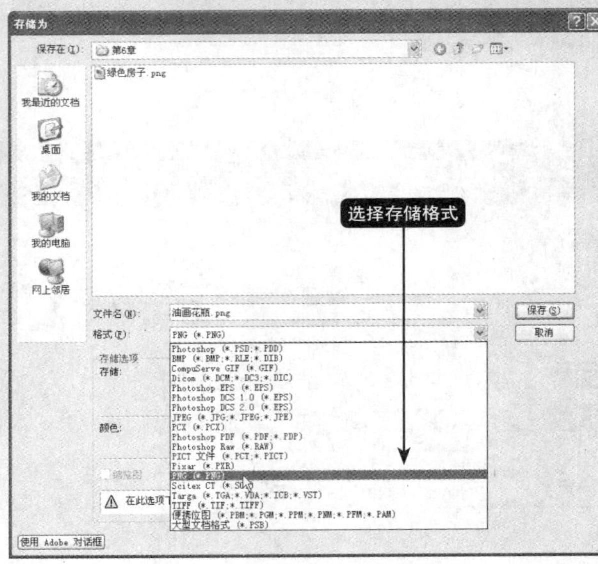

6.2.3 改变图片的色调与幻灯片搭配

将图片插入到幻灯片之前，如果发觉图片的整体色调与幻灯片的配色方案或背景颜色不相匹配，则可通过Photoshop对图片的色调进行调整，让画面看起来更为协调。这主要是通过Photoshop中的“色彩平衡”命令来进行的。

使用技巧：PS中调整图片颜色的方法归纳

除了使用“色彩平衡”命令外，在PS中还可使用“色阶”命令来调整图片的中间色和对比度；使用“曲线”命令可调整图像的亮度、对比度和纠正偏色；使用“亮度/对比度”和“色相/饱和度”命令可分别调整相应内容。读者可自行试用。

应用案例——将“春色”变为“秋色”

素材 光盘:\素材\第6章\春色.jpg

效果 光盘:\效果\第6章\秋色.jpg

Step 01 先启动Photoshop，然后打开素材盘第6章的“春色.jpg”文件，可看到该图片的整体色调为绿色，给人以春意盎然的感觉。

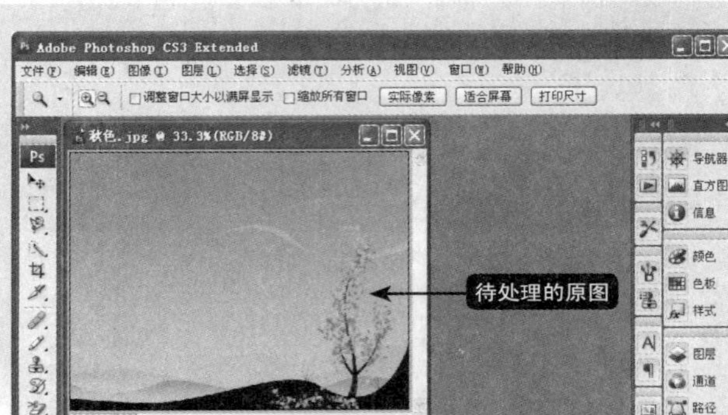

Step 02 选择“图像/调整/色彩平衡”命令，打开“色彩平衡”对话框。这里要体现秋天的感觉，于是需要先减少图片中的青色，于是向后拖动“青色-红色”滑块，可看到青色的感觉减弱了。

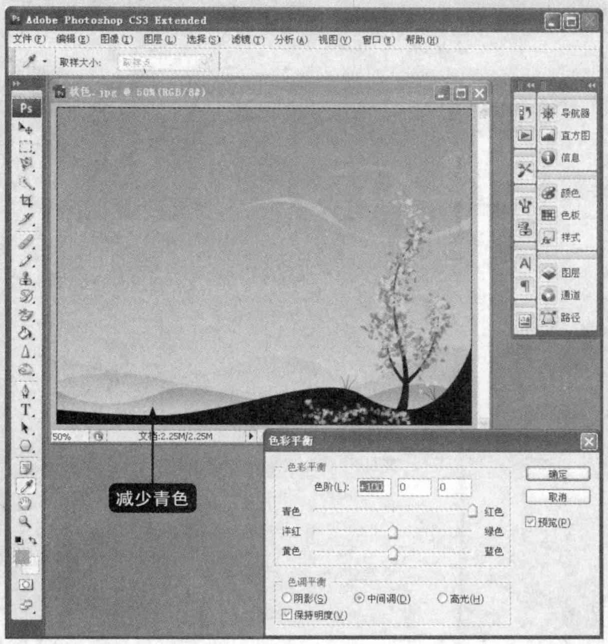

Step 03 另外，向左拖动“洋红-绿色”滑块，以减少图片中的绿色，再向左拖动“黄色-蓝色”滑块，以增加图片的黄色，此时可看到已经呈现出了秋天的感觉，最后再保存图片即可。

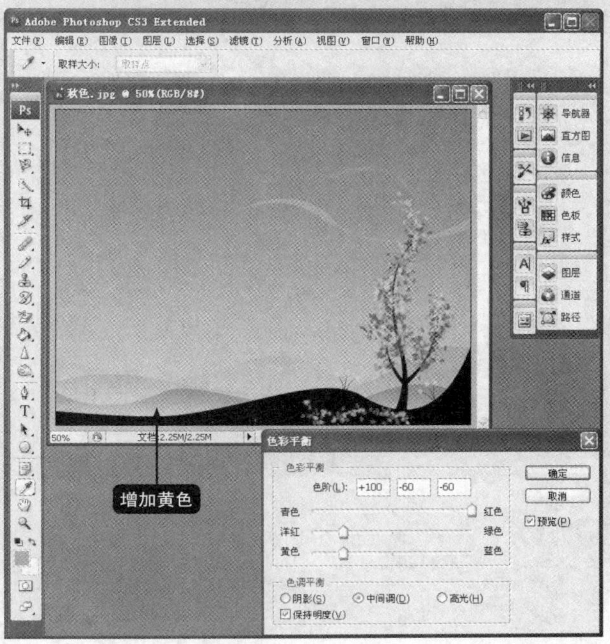

6.2.4 裁剪图片大小用做幻灯片背景

在网上下载得到的图片大小是各式各样的，如果要将某图片作为幻灯片的背景图片使用，就需要使图片大小与幻灯片的大小比例相一致，以免出现图片拉伸变形的情况。

PowerPoint中幻灯片的默认尺寸有一定的规则，如最常使用的幻灯片大小为“全屏显示（4:3）”，即其宽度与高度的比例为4:3，因此也需要将作为背景的图片宽度与高度裁剪为4:3才最佳，在Photoshop中即可完成此操作。

下面通过实际操作，将一张图片裁剪为可作为幻灯片的背景图片，其裁剪后的像素为800×600，比例刚好为4:3。

应用案例——裁剪图片为800×600大小

素材 光盘:\素材\第6章\背景.jpg

效果 光盘:\效果\第6章\背景.jpg

要点提示：关于图片大小的单位

图片的大小可以用厘米或毫米来度量，但其另一个常用的度量单位为像素（px）。像素实际上是一个逻辑尺寸，它并没有确定的物理尺寸的概念，如果将一幅位图看成是由无数个点组成的，那么每个点就是一个像素。

通常所说的800×600或1024×768等即表示宽度像素×高度像素。

Step 01 先启动Photoshop，然后打开素材盘第6章的“背景.jpg”文件，其当前像素为1280×774，不符合作为幻灯片背景的比例要求。

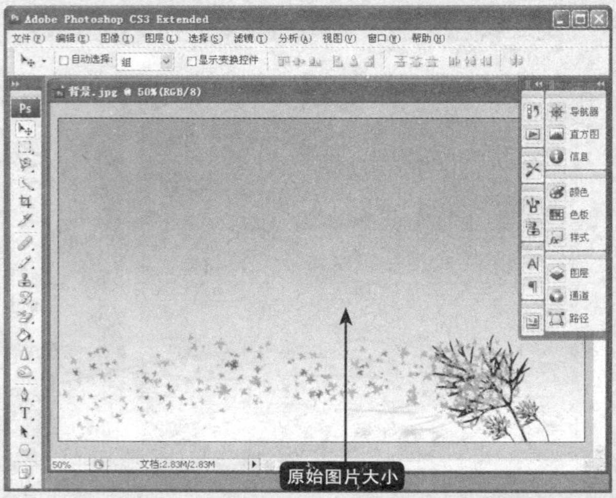

Step 02 裁剪图片，先单击工具栏中的“裁剪工具”，然后分别在该工具属性栏的“宽度”和“高度”文本框中输入“800px”和“600px”，这样就先确定了裁剪的像素和比例。

Step 03 此时在画面中按住鼠标左键进行拖动，绘制出裁剪框，用户还可拖动裁剪框来调整裁剪的位置，但裁剪的比例不能改变。

Step 04 确定裁剪的位置后按【Enter】键，完成裁剪操作，此时图片的宽度比例便适合作为幻灯片的背景图片，最后对图片进行保存即可。

前面介绍了一些幻灯片图片的处理技术，其实仅对一些最为基础的操作进行了介绍，这些内容都属于图形图像处理的范畴，读者如想深入学习，还需要参阅其他相关图书。

6.3 幻灯片图片与文字的设计理念

我们都知道，幻灯片中主要展示的内容为文字和图片，除了掌握图片的处理技术外，用户更需要掌握的是幻灯片中图片与文字之间应该如何结合，如何搭配才得到最佳效果，以及如何借助各种处理技术来实现需要的效果，这里面包含了一些设计方面的概念，本节将与读者来探讨这方面的问题。

6.3.1 图片与背景的完美融合

将图片插入到幻灯片中后，图片本身的背景或颜色将会与幻灯片的背景或色调形成鲜明的对比，这时我们通常会采用抠图的技术，将图片中不需要的背景等内容去除，图片保存为具有透明属性的PNG格式，这样的图片就可与幻灯片的背景更完美地融合在一起。

■处理前

处理后■

6.3.2 虚化图片突出文字

如果将一幅较为复杂的图片设置为幻灯片的背景，且又需要在该幻灯片中展示文字内容，这时文字就可能会与图片内容重叠在一起，在视觉上感觉混乱，文字内容也不太突出。

这时可采用虚化部分图片的方法，可在PS中使用渐变效果，或是在PPT中叠加一个从透明到白色的矩形遮罩，从而将图片的一部分柔化掉，给文字展示留出空间，整个幻灯片版面也不至于显得拥挤。

■处理前

处理后■

6.3.3 降低水平线扩大视觉空间

对于一些景色方面的图片，如果希望给人以广阔的空间感，则可以将图片中水平线的位置降低，大概处于整个版面的下1/3处，这样天空的部分得到了增加，视觉空间可变得更大，也便于展示文字内容。

■处理前

处理后■

6.3.4 图片上添加色块展示文字

如果图片上没有可供展示文字的区域，最简单的办法就是在图片上添加色块，然后以色块作为背景来展示文字。

■添加色块展示文字

要点提示：注意色块的颜色与效果

在图片上添加的色块，应十分注意其颜色与图片颜色的搭配，通常情况下该色块的颜色应与图片的主色调应为同系列，且稍深一些。

如果感觉把握不准，可使用白色并设置透明度的色块效果，这是目前比较流行的一种方法。

6.3.5 变形色块展示文字

除了矩形色块外，用户也可使用其他不规则的图形来作为色块，从而得到与众不同的效果，且实现起来也很简单，在幻灯片中绘制自选图形或对图形进行变形即可得到。

■变形的色块展示文字

6.3.6 图片中包含文字

一些图片中本身就包含文字，如果该文字内容刚好与幻灯片要表达的主题相符，则可就地取材，直接使用。

■利用图片中的文字

6.3.7 利用图片部分展示文字

如果图片中某部分为纯色区域，可以利用该区域作为展示文字的背景。需要注意的是文字应与图片背景较好地融合，包括颜色与形状的配合。

如果图片中某部分的颜色不纯，还需要事先通过图形图像软件对该区域进行处理，以便于在幻灯片中添加文字。

使用技巧：模糊图片背景以展示文字

使用虚化图片的方法可以为文字展示留出空间，但也失去了部分图片内容，如果希望保留图片的所有内容，则可对图片中的某部分内容进行模糊，使其淡化但可见，然后在该区域展示文字内容。

模糊图片的方法是使用Photoshop打开图片，选择要模糊的区域后进行羽化，再进行高斯模糊即可。

疑难解答：如何将区域处理成纯色

问：这里说到最好将作为文字背景的图片部分处理成纯色，那么具体是怎么操作的呢?

答：这需要借助PS软件，使用该软件将图片打开，再使用选择工具将作为文字背景的区域选中，然后使用颜色填充工具将选中区域填充为纯色即可。不过需要注意，填充的颜色应与图片的整体色调一致。

■在图片上某区域添加文字

6.3.8 画里画外的感觉

在背景图片上使用色块是为了展示文字内容，如果觉得光有文字显得有些单调，则同样也将色块作为背景，再在其上展示图片，从而形成画中画的感觉，这样打破了常规的图片展示方法，画面显得更加生动。

■在色块上展示图片

6.4 幻灯片中图片的基本操作

在介绍了一些图片与文字的设计理念之后，本节将回归到PowerPoint上来，为读者介绍一些幻灯片中图片的基本操作。

6.4.1 几种选择图片的方法

当把图片插入到幻灯片中后，要对图片进行操作，需要先选择图片，这里最基本的方法是直接单击选中图片对象即可。不过除此之外还有两种选择方法，在不同的情况下应用。

使用技巧：图片化文字

文字和图片并不一定要截然分开来，通过设计，用户也可将文字图片化，只要你有丰富的想象力和配套的图片制作能力，就可制作出与众不同的文字效果，放置在幻灯片中也别具特色。

要点提示：文字与图片的方向

在同一幻灯片中既有文字又有图片，那么两者之间的方向关系应该是怎样的呢？

原则上是图片的主体内容放在右边，文字放置在左边，这是考虑到观众的视觉方向性是从左至右。但这是常规的原则，总是可以打破的。

1. 连续选择多个图片

当需要同时操作多个图片对象时，就需要一次性选择多个图片，这里有两种方法：

- 一是按住【Shift】键的同时依次单击需要的图片对象，即可将其全部选中。这种操作适合要精确选中多个对象时使用。
- 二是在幻灯片空白区域按下鼠标左键并拖动，控制出现的选择框将需要的图片框住，即可将其选中。这种操作适合要选择的图片位置相近或重叠的情况。

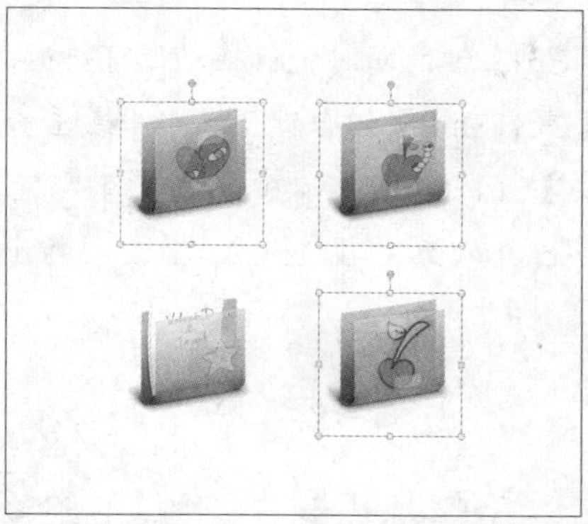

依次选择图片■

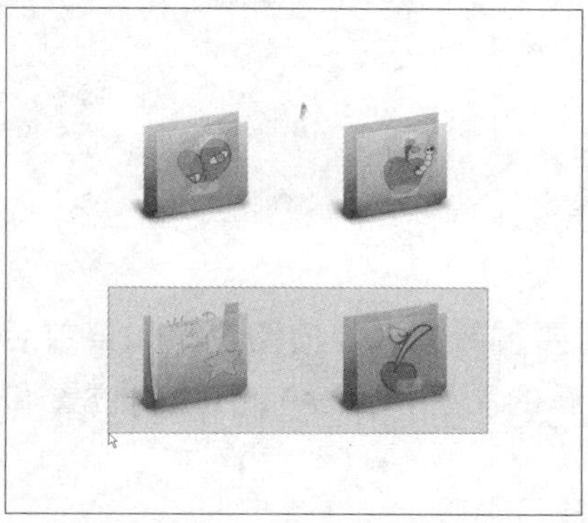

■框选相临图片

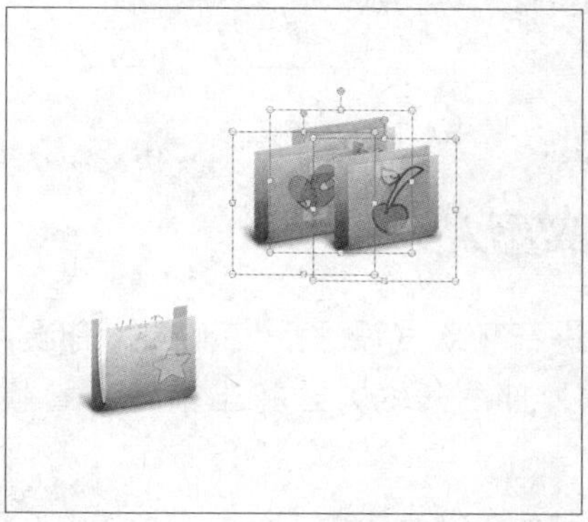

框选重叠图片■

2. 使用任务窗格选择图片

PowerPoint还为用户专门提供了一个“选择和可见性”任务窗格，用于从众多的对象中一次性选中需要的对象。

Step 01 在“开始”选项卡的“编辑”组中单击“选择”按钮，在弹出的菜单中选择“选择窗格”命令。

Step 02 此时在PowerPoint操作界面右侧出现“选择和可见性”任务窗格，其下拉列表框中列出了当前幻灯片中的所有对象，图片名称以插入的顺序编号。按住【Ctrl】键在列表框中的各选项上单击，即可选中相应的对象。

使用技巧：全选幻灯片中的对象

如果希望一次性选中幻灯片中的所有对象，包括所有图片，则可直接按【Ctrl+A】组合键。

使用技巧：对象的可见性操作

在“选择和可见性”任务窗格中，除了可快速选择对象外，还可在当前幻灯片中设置显示或隐藏某对象。

在每个对象选项右侧都有一个图标，表示其当前可见，单击该图标，当其显示为形状时，其对应的对象即可在幻灯片中隐藏起来。

使用此方法主要是方便用户在对象繁多的幻灯片中先暂时让某些对象消失，以方便对其他对象进行编辑操作。

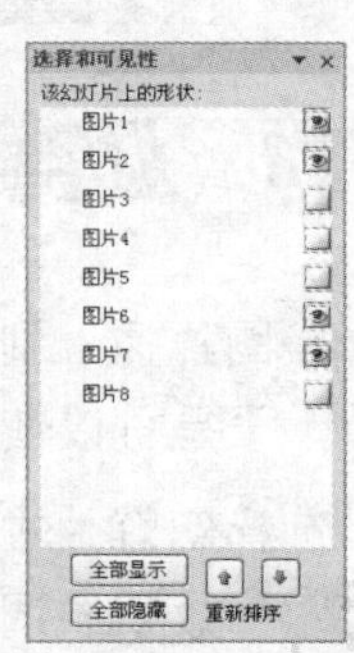

6.4.2 拖动复制与阵列复制图片

选择图片对象后，按【Delete】键可进行删除操作，直接拖动可进行移动操作，但图片的复制操作可有几种不同的情况。

- 选择图片对象后按住【Ctrl】键的同时进行拖动，可快速复制出对象。
- 选择图片对象后按住【Ctrl+Shift】组合键可在水平或垂直方向复制对象。
- 选择图片对象后多次按【Ctrl+D】组合键，可斜向下45°复制出多个图片对象形成阵列。

■任意拖动复制

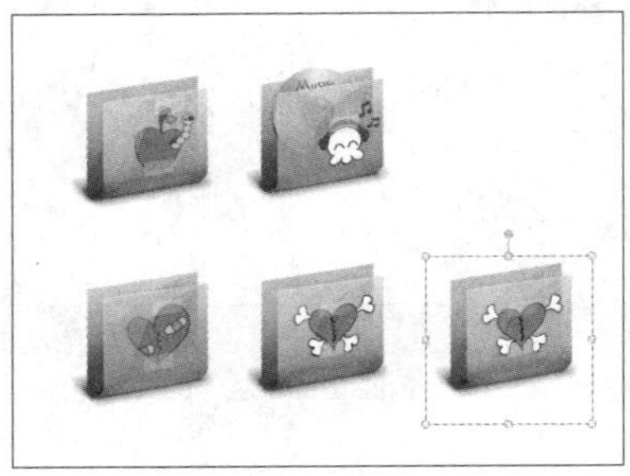

■水平拖动复制

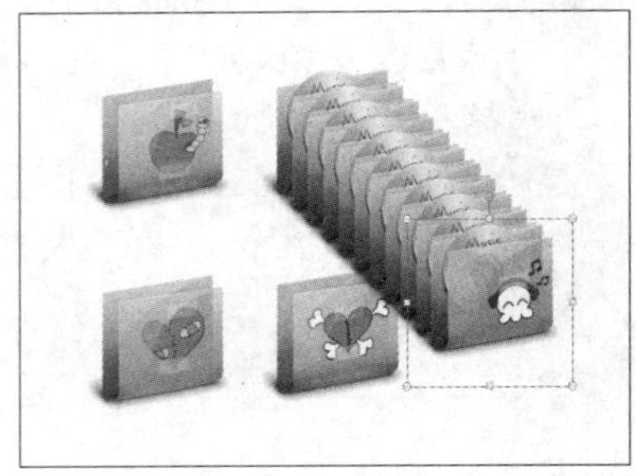

阵列复制■

6.4.3 保持大小更改外部图片

将图片插入到幻灯片中并进行了版式设置后发现图片有误，需要重新插入其他图片。如果前后图片属于同一类型，则可采用更改外部图片的方法将当前图片替换为新的图片，且保持图片的位置和大小不变。

Step 01 在需要更换的图片上右击，在弹出的快捷菜单中选择“更改图片”命令。

Step 02 在打开的“插入”对话框中找到新的图片，再单击“插入”按钮，该图片即可以相同的大小比例出现在当前位置。

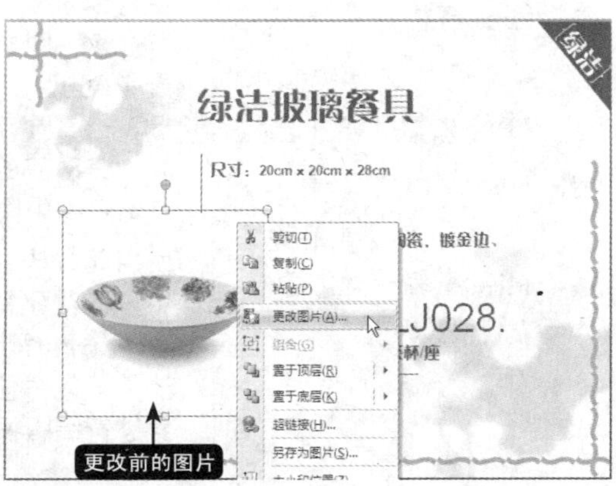

6.5 调整图片效果

将图片插入到幻灯片中后，如果发觉其中某些效果不理想，这时已不方便通过Photoshop等软件进行处理，于是可以使用PowerPoint中提供的图片效果调整功能来达到目的。

选择幻灯片中的图片，即可激活“图片工具 格式”选项卡，通过该选项卡下的“调整”组，即可实现对图片效果的调整。

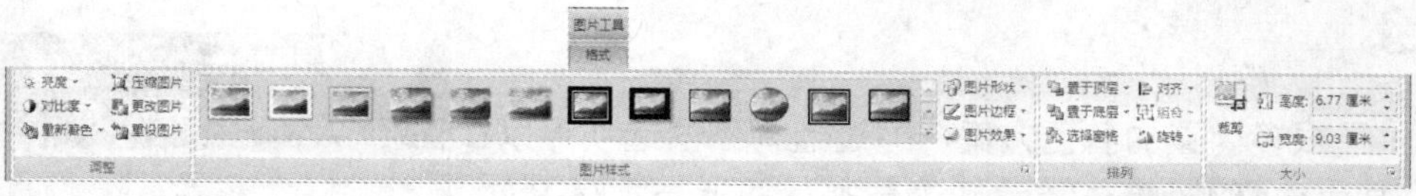

"图片工具 格式"选项卡■

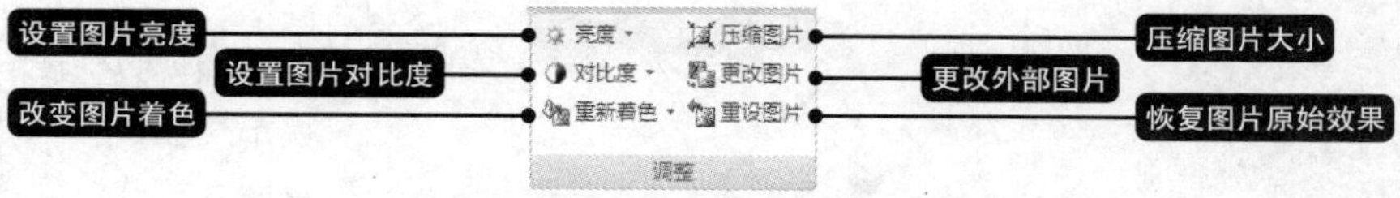

"调整"组中各按钮的功能■

6.5.1 调整图片的亮度和对比度

PowerPoint对图片亮度和对比度的调整能力没有Photoshop等专业的图像处理软件强，但其中提供了不少选项，通过简单选择即可实现相应的功能。

- 单击"亮度"按钮，在弹出的下拉列表中提供了亮度值从"-40%"~"+40%"等9个选项，选择不同的选项即可改变图片的亮度效果。

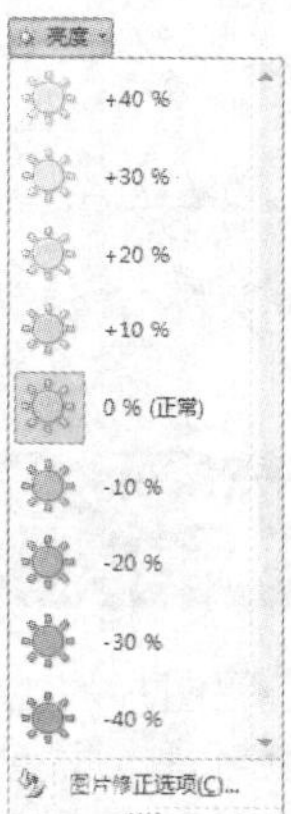

■"亮度"下拉列表

亮度+40%■

亮度+20%■

亮度-20%■

亮度-40%■

- 单击"对比度"按钮，在弹出的下拉列表中提供了对比度值从"-40%"~"+40%"等9个选项，选择不同的选项即可改变图片的对比度效果。

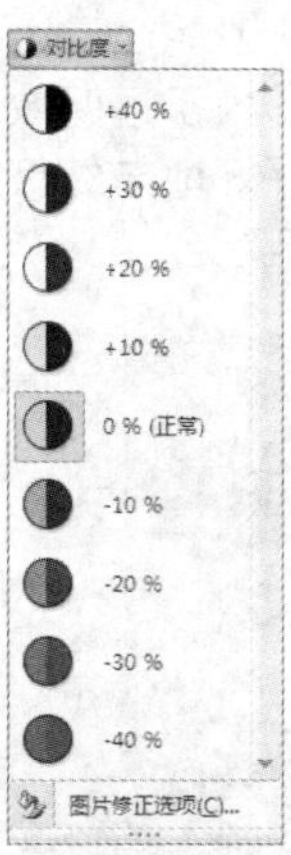

■"对比度"下拉列表

对比度+40%■

对比度+20%■

对比度-20%■

对比度-40%■

使用技巧：保存幻灯片中已有图片

如果用户从其他途径得到某个演示文稿，其中幻灯片中有自己需要的图片，这时可在图片上右击，在弹出的快捷菜单中选择"图片另存为"命令，在打开的对话框中设置保存位置和文件类型，即可将该图片以文件形式保存到自己的计算机中。

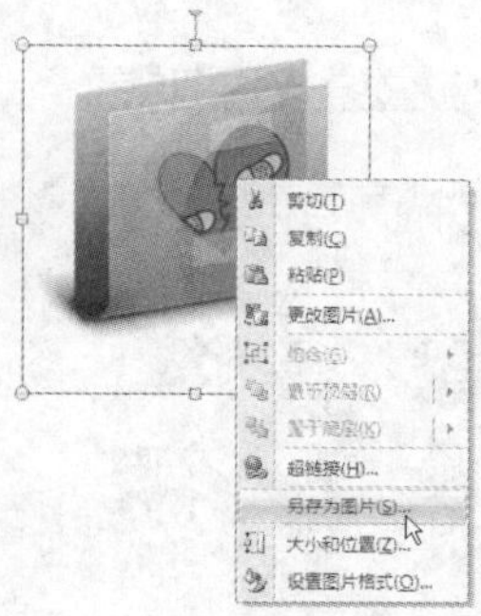

要点提示：图片的亮度与对比度解释

所谓图片的亮度，是指图片的相对明暗度，也称明度；对比度是指图片中最亮区域与最暗区域之间的差异度，差异越大对比度就越大，即明的越明，暗的越暗。

6.5.2 为图片重新着色

PowerPoint还为用户提供了很多内置的着色方案，通过选择不同选项可以轻松改变图片的配色效果，其中包括4种颜色模式和深色变体与浅色变体各7种效果。

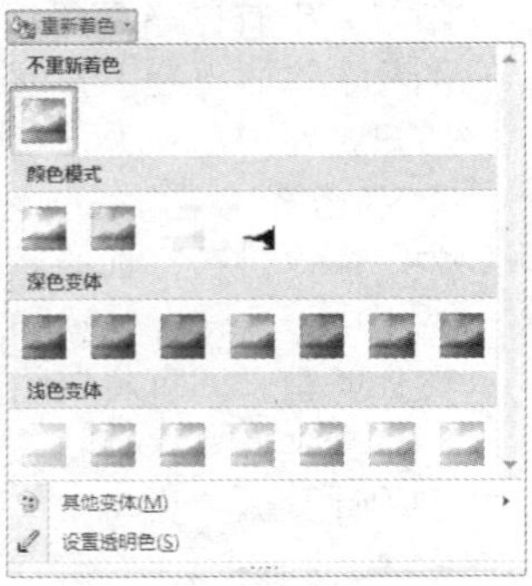

■"重新着色"下拉列表

"灰度"颜色模式■

"黑白"颜色模式■

■深色变体1

■深色变体2

浅色变体1■

浅色变体2■

6.5.3 压缩图片大小

一般的图片文件并不是太大，但如果一个幻灯片中插入了多张由数码照相机拍摄的照片时，由于这类照片的分辨率和尺寸都较大，单张有时会达到1MB以上，所以就会使得整个演示文稿文件变得很大，用户在编辑图片时也可能会影响编辑速度。

这时即可使用PowerPoint中提供的图片压缩功能来减小图片的大小，同时也不会影响图片的效果，因为幻灯片对图片的分辨率要求并不是太高。

Step 01 选择要压缩的图片后单击“图片工具 格式”选项卡下“调整”组中的“压缩图片”按钮，打开“压缩图片”对话框。

Step 02 单击其中的“选项”按钮，打开“压缩设置”对话框，在这里可进行与图片压缩相关的设置，这里保持默认选项，然后单击“确定”按钮。

Step 03 返回到“压缩图片”对话框，在其中若不选中“仅应用于所选图片”复选框，则表示当前演示文稿中的所有图片均采用相同的设置进行压缩，最后单击“确定”按钮即可完成操作。

使用技巧：微调图片亮度与对比度

除了通过选项直接选择图片的亮度或对比度外，用户若希望微调该数值，则可在弹出的列表底部选择“图片修正选项”命令，打开“设置图片格式”对话框的“图片”选项卡，在右侧可通过拖动滑块或自定义数值来微调图片亮度与对比度。

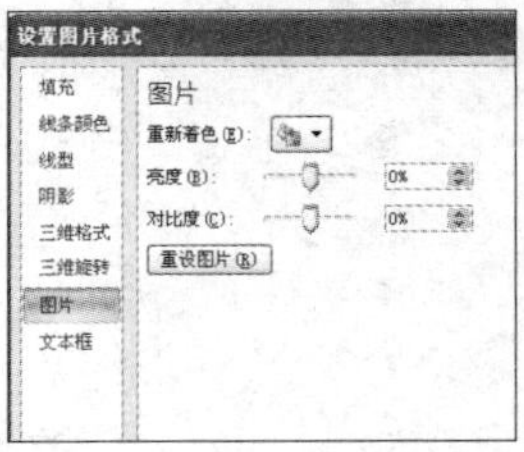

使用技巧：设置图片透明色

如果一幅图片的主体部分颜色与背景颜色相差较大，这时可通过选择“重新着色”下拉列表框底部的“设置透明色”选项，然后再单击图片中的背景色，即可将该种颜色设置为背景。

图片变为了透明效果，就能更好地与幻灯片的背景相融合。

6.6 设置图片外观样式

在“图片工具 格式”选项卡下的“调整”组旁边是“图片样式”组，它是Office 2007的新增功能，使用该功能可快速将插入的图片制作成专业的图像效果。

“图片工具 格式”选项卡下的“图片样式”组■

为了方便用户使用，PowerPoint 2007提供了两种设置图片样式的方式。

- 选择图片后，通过“图片样式”组中的“图片样式”下拉列表，可选择系统预设的图片样式，从而直接快速地应用于图片。
- 如果预设样式不能满足工作的需要，用户还可通过单击该组右侧的“图片形状”、“图片边框”和“图片效果”按钮，分别设置图片的形状、边框样式和颜色以及其他图片效果，从而实现自定义图片外观样式。

6.6.1 快速设置图片预设样式

PowerPoint中预置了多种图片样式供用户选择，为图片合理地设置样式，可以在很大程度上增强幻灯片中图片的美观性，提高演示文稿的整体效果。

选择图片后，展开“图片样式”组中的列表框，指向不同的样式缩略图，当前选择的图片即会变化外观样式，当找到适合的样式后单击鼠标进行确认即可。

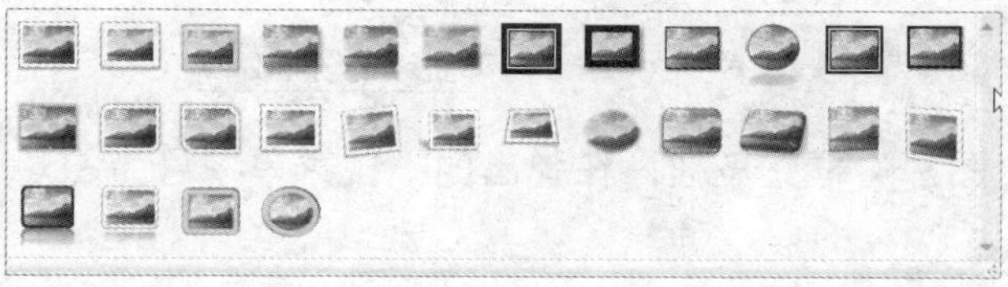

“图片样式”组中的列表框■

要点提示：详细设置图片格式

在“图片样式”组的右下角有一个“对话框启动器”按钮，单击该按钮将打开“设置图片格式”对话框，在其中可更为详细地设置图片样式，包括填充、线条颜色、线型、阴影、三维格式、三维旋转、图片和文本框的详细设置参数。

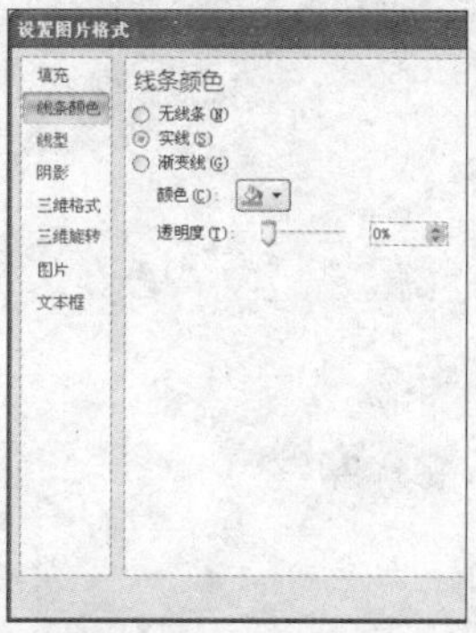

■原始图片

“棱台亚光，白色” 样式■

“剪裁对角线，白色” 样式■

■ “松散透视，白色” 样式

■ “柔化边缘椭圆” 样式

“松散左透视，白色” 样式■

“透视阴影，白色” 样式■

6.6.2 自定义图片形状与边框

从使用预设样式的图片可以看到，系统对图片的边框、形状以及整体效果进行了预设。如果用户对这些预设的样式不太满意，就可自行定义。

单击“图片样式”组右侧的“图片形状”按钮，在弹出的下拉菜单中即可为图片选择相应的形状。

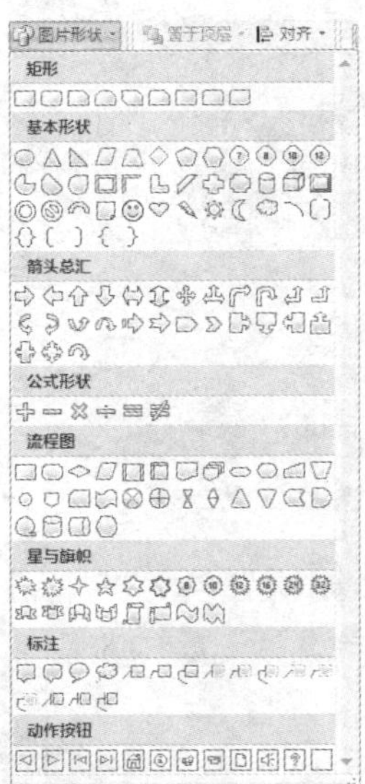

■ “图片形状” 下拉菜单

不同形状的图片效果■

同样如果单击“图片样式”组中的“图片边框”按钮，在弹出的下拉菜单中可为图片设置不同的边框样式、粗细以及边框颜色等。

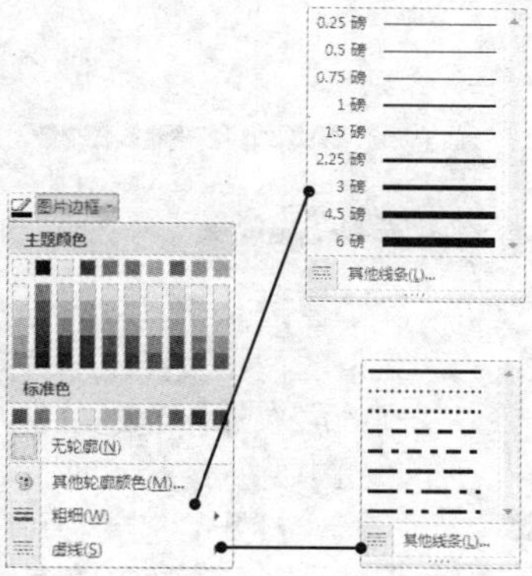

■ "图片边框"下拉菜单

不同边框的图片效果■

要点提示：自定义边框粗细与样式

从左图的"粗细"与"虚线"子菜单的底部可以看到，选择其中的"其他线条"命令，在打开的对话框中自定义图片边框线条的粗细与虚线样式。

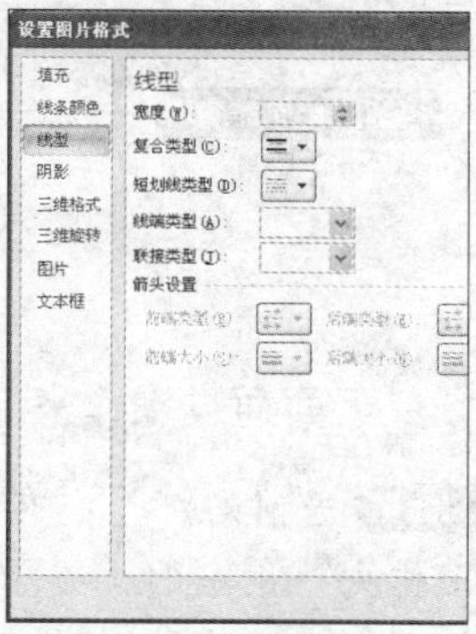

6.6.3 自定义图片阴影或三维效果

除了可自定义图片的边框与形状效果外，用户还可为图片整体添加阴影、映像、柔化边缘或三维效果等。

通过单击"图片样式"组中的"图片效果"按钮，在其弹出的下拉菜单中提供了一类预设以及六类分项图片效果的设置，通过在各自的子菜单中进行选择来自定义各种效果。

下面仅列出了部分分项效果，其他效果用户可自行试用。

■阴影效果

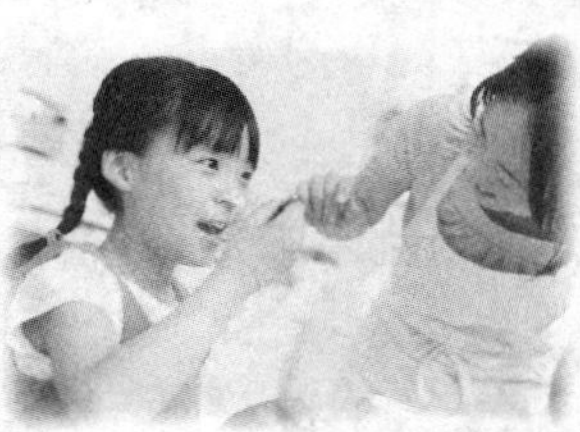

柔化边缘效果■

■ "图片效果"下拉菜单

■棱台效果

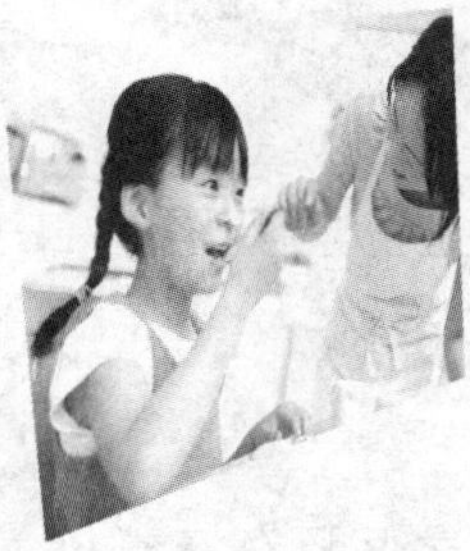

三维旋转效果■

疑难解答：可否为一幅图片应用多种效果

问：PowerPoint中提供的图片效果不仅丰富而且漂亮，那么可否为一幅图片应用两种或多种效果呢？

答：如果是通过"图片样式"列表框选择系统预设的图片效果，则同一图片只能应用一种样式。而如果是通过右侧按钮自定义的图片边框、形状或效果，则只要是不同的设置类别，是可以进行效果叠加的，比如为图片自定义了形状，还可为其添加阴影效果，以及三维效果等。

6.7 多图片对象的层次与位置关系

在同一幻灯片中如果存在多张图片，那么各图片之间就会存在着对应的位置关系，这包括层次关系与位置关系两种。

6.7.1 控制图片的层次

幻灯片中的各图片就像是放置在同一白板上的不同图纸，当两张或多张图片重叠放置时，它们之间所处的层次关系就将决定着各张图片的内容是否被遮挡。

原则上是后插入的图片处于最上层，当然用户也可自行决定各图片的层次关系，这就需要通过“图片工具 格式”选项卡下“排列”组中的“置于顶层”和“置于底层”两个按钮来控制。

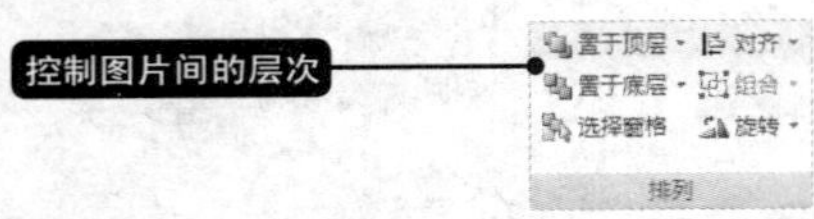

■“排列”组

图片之间的层次关系■

下面通过操作来展示如何控制图片间的层次。

Step 01 当前幻灯片中有3张图片相互重叠，这里先选择最底下一张图片，然后单击“排列”组中的“置于顶层”按钮，可看到所选择图片置于最顶层，由原来被遮挡变为了遮挡别的图片，3张图片间的层次关系也发生了变化。

Step 02 选择最底下的一张图片，然后单击“置于顶层”按钮右侧的▾按钮，从弹出的下拉菜单中可看到除了有“置于顶层”命令外，还有“上移一层”命令，选择该命令，当前图片将向上移动一层。

Step 03 由此可知如果选择图片后单击“置于底层”按钮，直接将所选图片置于所有图片的最底层，如果单击其后的▾按钮，可选择逐层向下移动。

■初始层次关系

最底下一张图片置于顶层■

最底下一张图层上移一层■

6.7.2 排列图片的位置

除了层次关系外，图片对象之间还存在着位置关系，如水平方向、中轴线方向以及垂直方向上，都可通过“排列”组中的“对齐”按钮进行对齐。

另外，还可实现多对象间的等间距排列，这样极大地方便了多对象的排版操作。

下面通过操作来展示如何操作图片间的位置。

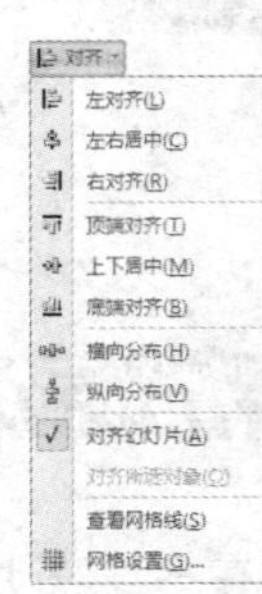

“对齐”下拉菜单■

使用技巧：通过选择窗格控制图片层次

除了通过单击“排列”组中的按钮来控制图片间的层次外，通过单击该组中的“选择窗格”按钮，打开“选择和可见性”任务窗格，在其下的列表框中选择某图片选项后，单击列表底端的上下箭头按钮，也可逐层移动图片间的层次关系。

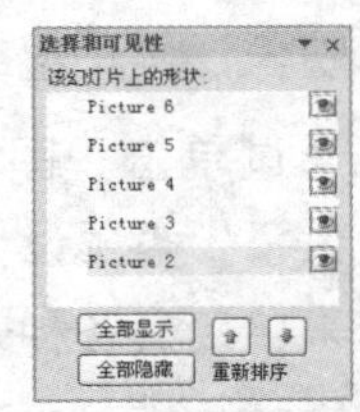

要点提示：通过鼠标右键控制图层

选择图片后右击，在弹出的快捷菜单中选择相应的命令进行图片层次的控制，其效果与单击“排列”组中的按钮一样。

Step 01 假设幻灯片中插入了多张大小相同的图片，但位置很混乱，这时先框选中所有图片，然后单击“图片工具 格式”选项卡下“排列”组中的“对齐”按钮，在弹出的下拉菜单中选择“顶端对齐”命令。

Step 02 此时所有图片都以其顶端相互对齐。下面再单击“对齐”按钮，在弹出的下拉菜单中选择“横向分布”命令，这时所有图片都以水平方向形成等间距的排列。

Step 03 本例图片的大小相同，所以通过上面两步操作已经完全排列好了，如果各张图片大小不同，则除了可进行顶端对齐外，还可进行底端对齐或按中轴线对齐等操作。

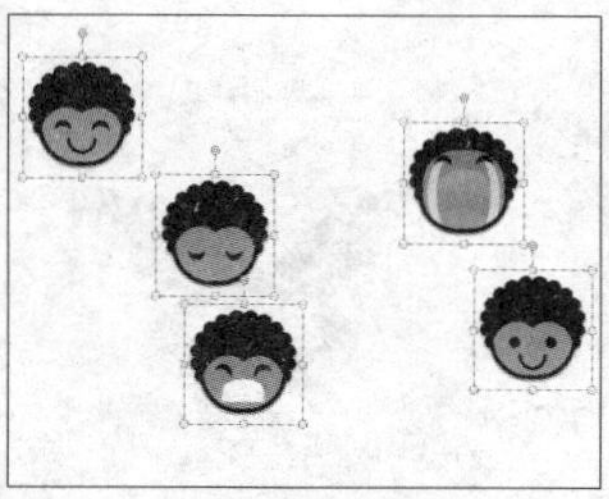

■初始位置关系

所有图片顶端对齐■

所有图片等间距分布■

使用技巧：精确控制旋转的角度

拖动控点控制图片旋转时，其旋转角度无法精确控制，这时可单击“排列”组中的“旋转”按钮，在其下拉菜单中选择“其他旋转选项”命令，在打开对话框的“旋转”数值框中可以精确设置角度值。

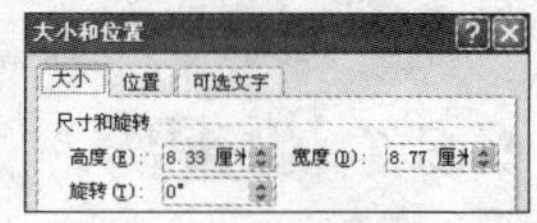

6.7.3 旋转与组合图片

如果觉得幻灯片中的图片方向不符合要求，用户同样可对其进行旋转或翻转调整，其操作方法十分简单，通过“图片工具 格式”选项卡下“排列”组中的“旋转”按钮即可达到目的。

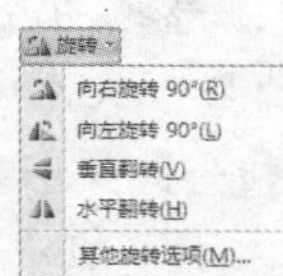

“旋转”下拉菜单■

Step 01 选择幻灯片中的一张图片，其上将出现一个旋转控点，将鼠标指向该控点，鼠标指针将变化为形状，此时按住鼠标左键进行拖动可随意旋转图片。

Step 02 选择另一张图片，单击“排列”组中的“旋转”按钮，从弹出的下拉菜单中可选择向左或向右旋转90°，这里选择“垂直翻转”命令，可看到图片在垂直方向上进行了翻转。

Step 03 下面再通过拖动旋转的方法，对图片进行旋转，得到如图所示效果。

■初始方向

随意旋转■

最终效果■

使用技巧：取消图片对象的组合

选择进行了组合的对象，再次单击“组合”按钮，在弹出的下拉菜单中选择“取消组合”命令，即可将其还原为单个对象。

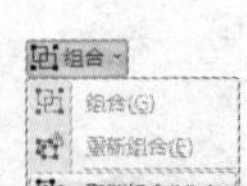

另外，当对多张图片进行了编辑处理以及位置安排后，如果不希望它们之间的相对位置因其他误操作发生变化，这时可将多个图片对象组合成一个对象，以便进行整体操作。

其方法是选择多个对象后，单击“排列”组中的“组合”按钮，在弹出的下拉菜单中选择“组合”命令即可，通过查看组合前后图片的控制点可以看出设置前后的区别。

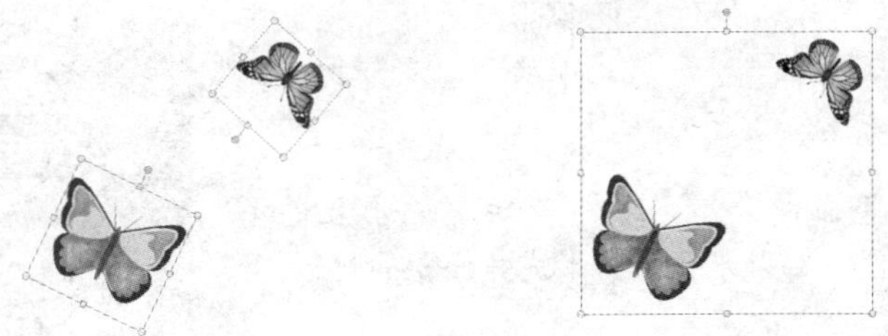

■组合前　　　　组合后■

6.8 图片大小设置与裁剪

图片插入到幻灯片中，其大小不一定刚好适合需要，这时就可对其大小进行调整。

6.8.1 设置图片大小比例

图片的所有内容都需要保留，只是改变其整体的大小，这主要有如下3种方法：

- **直接拖动控点调整**：选择图片后，其四周将出现8个控点，用鼠标拖动控点即可快速调整图片的大小。

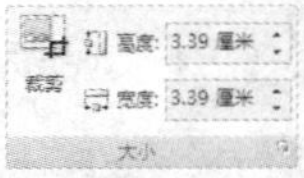

- **通过“大小”组调整**：选择图片后，通过“图片工具 格式”选项卡下的“大小”组中的“高度”与“宽度”数值框，可精确设置图片的大小值，默认情况下高度与宽度值也是等比例的。

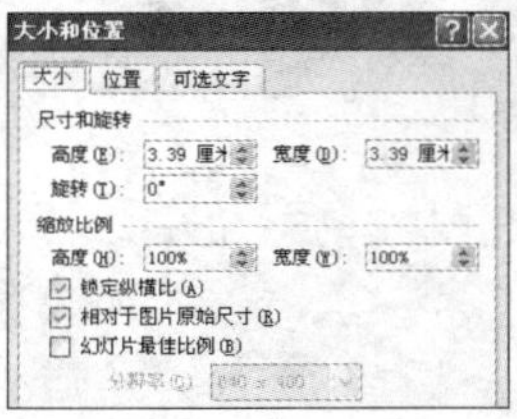

- **通过对话框调整**：选择图片后，单击“大小”组中的按钮启动对话框，在“大小”选项卡下的“尺寸和旋转”选项组中可精确设置图片的高度、宽度值；在“缩放比例”选项组中可设置图片的放大与缩小比例。

■初始大小　　　　等比例缩放大小■　　　　非等比例缩放大小■

6.8.2 裁剪不需要的区域

图片中如果有部分内容是不需要的，则可通过裁剪的方法将其去除，不过这里的裁剪不是删除图片内容，而只是将不需要的部分隐藏起来。

实现此操作需要单击“大小”组中的“裁剪”按钮。选择图片后，单击该按钮，鼠标指针变为形状，此时图片四周将出现裁剪控点，拖动各控点，

要点提示：关于图片的两种不同控点

选择图片后，其四周会出现8个控点，仔细观察会发现，其中四边与四角的控点并不一样，一种是方状控点，一种是圆状控点。

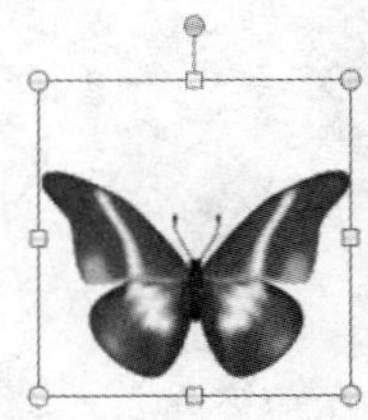

如果拖动方状控点，则图片会在水平或垂直方向上改变大小，且比例将失调；如果拖动圆状控点，则图片会在保持长宽比例的前提下进行整体放大或缩小。

疑难解答：精确设置非等比例缩放

问：通过“大小”组和对话框进行大小和比例设置时，好像都是等比例变化的，那如果希望非等比例缩放图片，又要精确控制缩放值，该怎么办呢？

答：在“大小和位置”对话框中的“缩放比例”选项组中可看到，其下的“锁定纵横比”复选框默认为选中状态，这表示设置图片大小值或比例时，其高度、宽度是保持等比例的。取消选中该复选框再进行大小设置，就可进行不等比例缩放了。

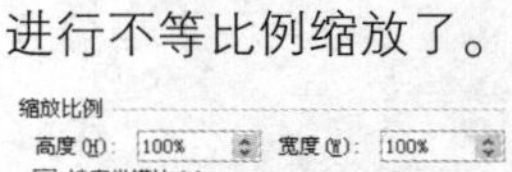

即可实现图片的裁剪操作。

■初始大小

裁剪右侧部分■

裁剪左侧部分■

要点提示：恢复被裁剪的部分

如果需要重新恢复被裁剪的部分，则同样使用“裁剪”按钮，向相反的方向拖动显示出被隐藏的部分即可。

6.9 把照片快速创建为相册演示文稿

照片也是幻灯片中经常要使用的图片，比如公司聚会照片、家庭旅游照片等，将这些照片插入到幻灯片中制作成相册也很有意思。

通常情况下制作相册演示文稿有两种方法，一是先制作一个相册版式的演示文稿，然后将照片逐一插入到幻灯片中，最后再分别设置照片版式和样式。这样制作的相册与众不同，操作更为自由，但需要花费较多的时间。

如果对相册的版式要求不高，只是为了展示照片的内容，则可使用系统自带的快速创建相册的方法来达到目的。本节即通过案例来介绍快速生成相册的方法，对于自行制作相册的操作以后再进行介绍。

应用案例——快速生成家庭相册

素材 光盘:\素材\第6章\5月野炊\

效果 光盘:\效果\第6章\5月野炊.pptx

Step 01 将相机中的照片导出到计算机中，然后挑选出需要幻灯放映的各张照片，做好前期准备工作。

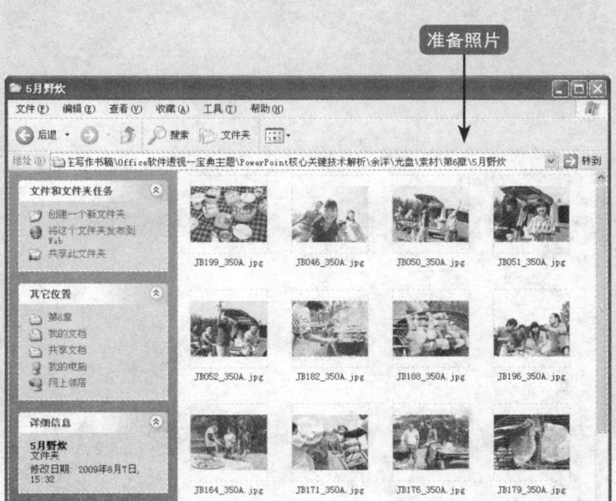

Step 02 启动PowerPoint 2007，切换到“插入”选项卡，在其中的“插图”组中单击“相册”按钮，打开“相册”对话框。

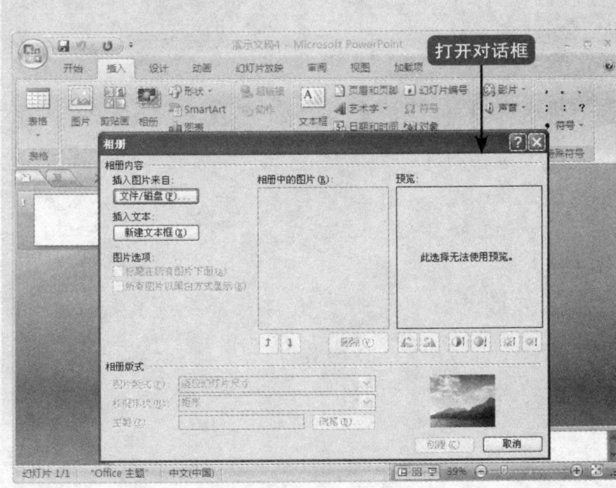

Step 03 单击“文件/磁盘”按钮，打开“插入新图片”对话框，找到要插入到幻灯片中的照片，然后将其全部选中，再单击“插入”按钮。

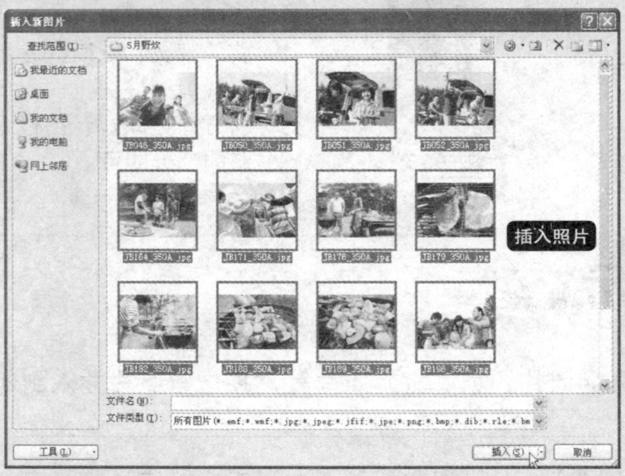

Step 04 返回到“相册”对话框，此时可看到其中“相册中的图片”列表框中出现了所有插入图片名，右侧还可查看预览图片的效果。

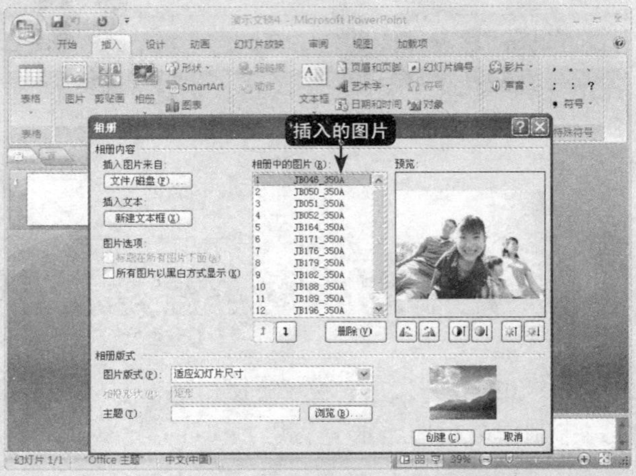

Step 05 列表框中图片的顺序即为插入到幻灯片中的顺序，选择某张图片后，单击列表框底部的按钮，可调整图片前后的顺序。而如果单击图片预览区域底部的按钮，则可调整选择图片的亮度、对比度或方向。

Step 06 默认情况下插入的照片全屏显示在各张幻灯片中，所以“图片版式”下拉列表框中选择的是“适应幻灯片尺寸”选项。如果用户希望改变照片版式，则可在该下拉列表框中选择其他选项，如选择“4张图片”即表示一张幻灯片中展示4张照片。

Step 07 选择了相册的版式后，可看到“相册中的照片”列表框中4张照片分为了一组，前面的数字即代表所处的幻灯片，在对话框右下角的版式预览区中也可看到4张照片的版式效果。

Step 08 在“相框形状”下拉列表框中选择照片的边框样式，如这里选择“柔化边缘矩形”选项。

Step 09 最后还可为创建的相册演示文稿应用主题效果，以使得版面更为美观，于是单击“主题”后的“浏览”按钮，打开“选择主题”对话框，选择一种主题，再单击“选择”按钮，返回到“相册”对话框。

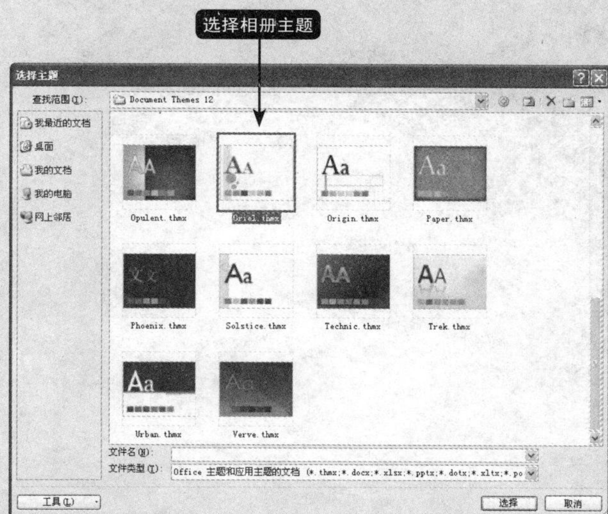

Step 10 在“图片选项”选项组中可设置是否在每张图片下增加一个标题文本框，以及是否黑白显示图片，这里不进行设置，直接单击“创建”按钮，即可快速创建一个演示文稿，第一张幻灯片为标题幻灯片。

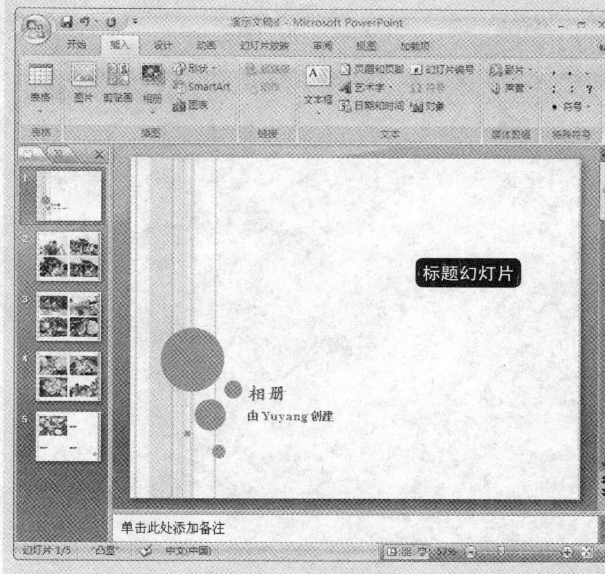

Step 11 后面的各张幻灯片中都依次展示了4张照片，并根据前面的设置自动应用了外观样式。

Step 12 最后一张幻灯片由于照片只剩一张，因此在其他3个位置上自动放置了3个文本框。

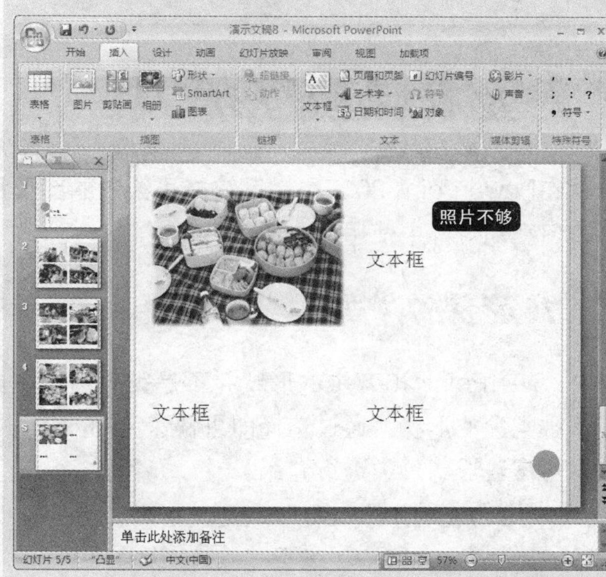

Step 13 这时为了美观，要么直接删除多余的一张照片，要求单击“相册”按钮下部的 按钮，在弹出的下拉菜单中选择“编辑相册”命令，打开“编辑相册”对话框，该对话框与创建相册时打开的对话框相同，用户可从中再次添加新的照片，也可在其中对相册的版式、边框、照片顺序等进行设置，完成后单击“更新”按钮即可。最后对演示文稿进行保存。

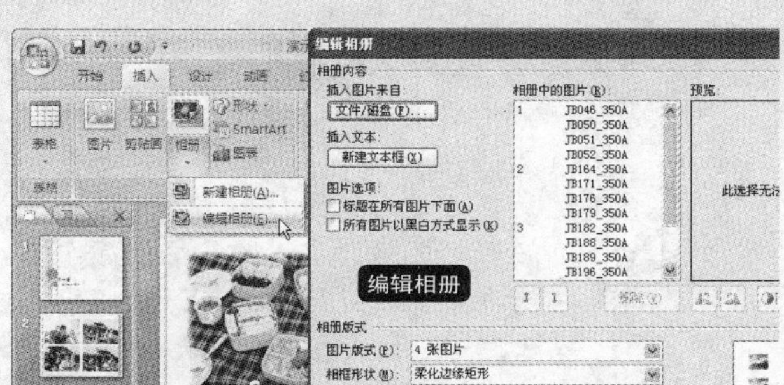

7 Chapter 图形与图示化辅助演示

READERS' GUIDE

图片的内容丰富但不可改变，当要在幻灯片中表达一些关系或主题时，可通过自行绘制图形或图示，并进行各种编辑修改操作，最终通过相互配合来达到辅助演示的目的。幻灯片内容的图形与图示化也更利于观众的理解。

MAIN CASES

7.1 绘制自选图形形状

在PowerPoint 2007中，系统将可绘制的图形称为形状，本节将向读者介绍如何在幻灯片中使用这些形状。

7.1.1 形状的种类

PowerPoint 2007中的形状并不是完全由用户自行绘制，而是系统中提供了多种类型的形状，通过选择即可快速绘制，大大方便了用户的操作。下面将分别对这些形状种类进行介绍。

- **线条**：包括不同形状的线条或由线条组成的图形，如直线、箭头、曲线、任意多边形、自由曲线等。
- **矩形**：包括矩形以及各种角效果的矩形。
- **基本形状**：包括最为常用的图形集合，如文本框、平行四边形、梯形、菱形、等腰三角形、直角三角形、椭圆、六边形、十字形、正五边形、圆柱形、正方体、棱台、折角形、笑脸、空心圆、禁止符、空心弧、心形、闪电形、太阳形、新月形、弧形、双括号、双大括号、缺角矩形、左小括号、右小括号、左大括号、右大括号等。

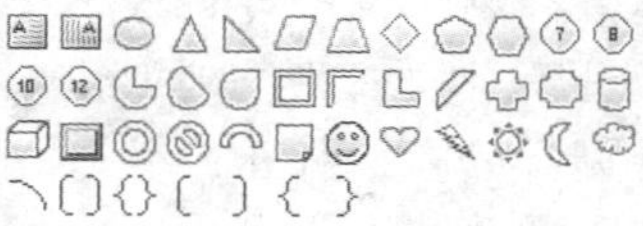

基本形状样式

要点提示：文本框也是形状的一种

"基本形状"类的前两项即是横排文本框和垂直文本框，可见文本框属于形状的一种，因此对其可进行的编辑操作与其他各种图形相同，只是文本框主要是用做文本展示的载体，而其他图形对象虽然也可在其中输入文字，但其自身形状也是展示的重要内容。

◆ **箭头汇总**：包括各种类型的箭头图形，如右箭头、左箭头、上箭头、下箭头、左右箭头、上下箭头、十字箭头、圆角右箭头、直角双向箭头、直角上箭头、左弧形箭头、右弧形箭头、上弧形箭头、下弧形箭头、虚尾箭头、右箭头标注、左箭头标注、上箭头标注、下箭头标注、左右箭头标注、上下箭头标注、十字箭头标注、环形标注等。

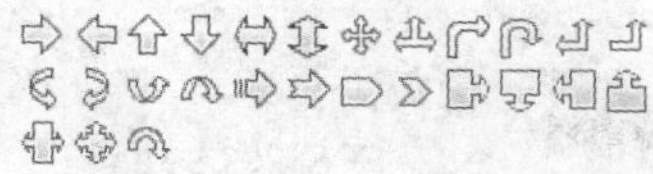

箭头样式■

◆ **公式形状** ＋－×÷＝≠：包括几种常用的公式运算符形状，如加、减、乘、除等。

◆ **流程图**：包括一些在流程图制作过程中会涉及的图形，如过程、决策、数据、预定义过程、内部存储、文档、多文档、终止、准备、手动输入、联系、离页连接符、卡片、资料带、汇总连接、对照、排序、摘录、合并、库存数据、顺序访问存储器、磁盘、直接访问存储器以及显示等。

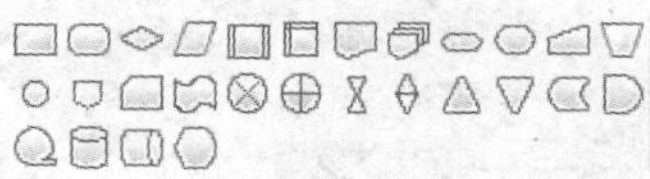

流程图■

◆ **星与旗帜**：包括各种星形与旗帜图形，如爆炸形、十字星、五角星、八角星、十六角星、二十四角星、上凸带形、上凸弯带形、前凸带形、前凸弯带形、竖卷形、横卷形、波形、双波形等。

星与旗帜■

◆ **标注**：包括各类标注或云形图形，如矩形标注、圆角矩形标注、椭圆标注、云形标注、线形标注、线形标注（带强调线）、线形标注（无边框）、线形标注（带边框和强调线）等。

标注样式■

使用技巧：插入形状的两种方法

在幻灯片中插入形状可以有两种方式。

一是通过“开始”选项卡下的“绘图”组中的列表框进行选择。

二是通过单击“插入”选项卡下“插图”组中的“形状”按钮，再从弹出的下拉列表中进行选择。

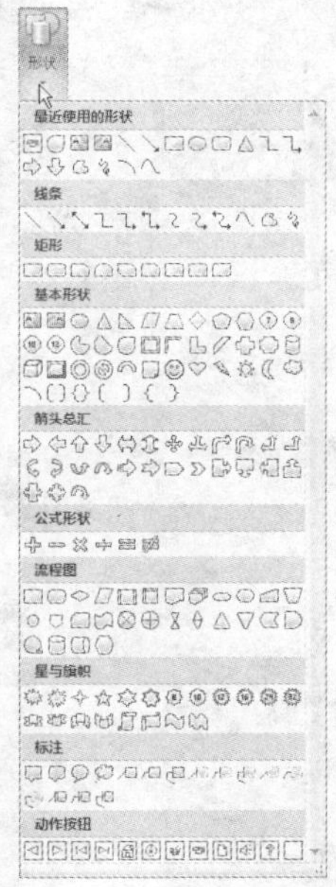

7.1.2 在幻灯片中绘制与编辑形状

在幻灯片中绘制自选形状较为简单，先选择需要绘制的形状命令，然后在幻灯片中拖动鼠标即可完成图形的绘制。

形状的编辑包括在形状中输入文字；文字格式的设置；形状对象的移动、复制、旋转以及相关外观设置等，这主要通过在“绘图工具 格式”选项卡中进行操作，其中大部分与图片的对应操作相同，因为它们都可以称为幻灯片中的图形对象。

“绘图工具 格式”选项卡■

下面将通过一个案例来展示如何在幻灯片中绘制与编辑形状。

应用案例——使用图形展示职责说明

素材 光盘:\素材\第7章\职责说明.pptx

效果 光盘:\效果\第7章\职责说明.pptx

Step 01 切换到要插入形状的幻灯片，然后单击“插入”选项卡下“插图”组中的“形状”按钮，在弹出的列表框中选择“基本形状”分类下的“椭圆”选项。

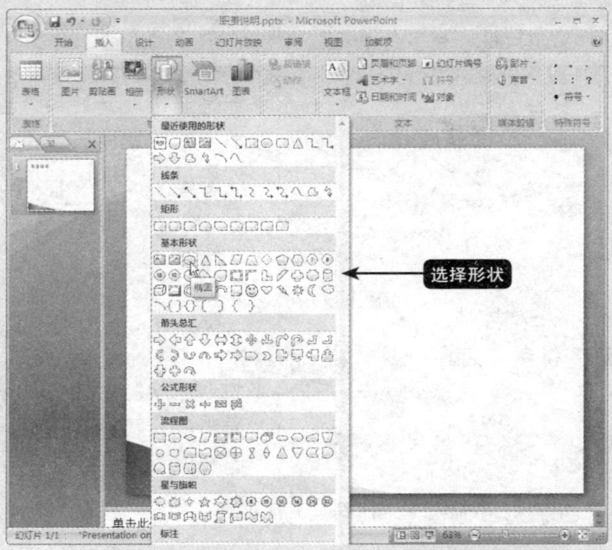

Step 02 将鼠标移动到幻灯片编辑区域，其指针形状变为+，此时按住【Shift】键，在幻灯片中拖动，绘制出一个正圆图形。

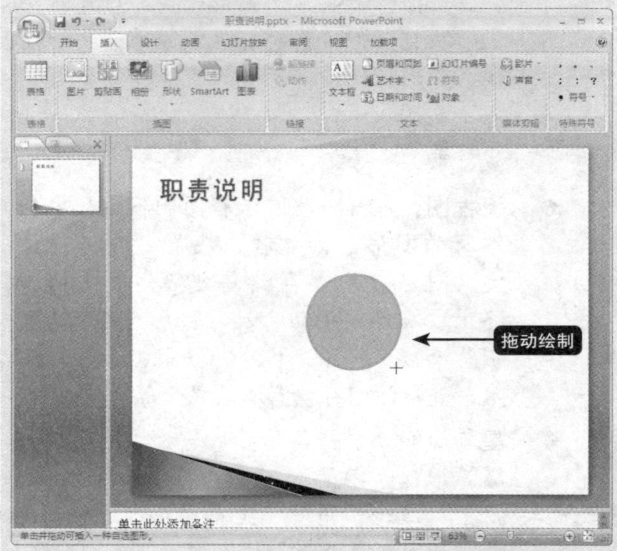

Step 03 释放鼠标后完成圆形的绘制，并自动切换到“绘图工具 格式”选项卡。在绘制的图形上右击，在弹出的快捷菜单中选择“编辑文字”命令。

Step 04 此时闪烁的文本插入点出现在了图形内部，在其中输入“总经理职责”文本，然后选择该文本，通过浮动文本工具栏或“开始”选项卡设置文本的格式。

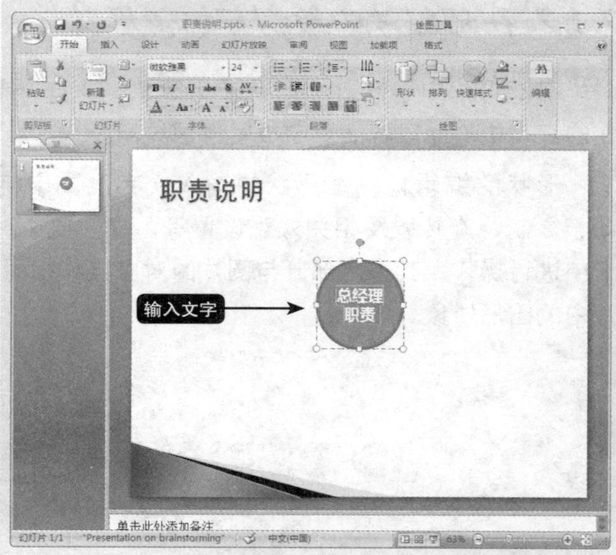

Step 05 这里仅完成了一个形状对象的绘制。下面使用同样的方法，再绘制一个“箭头总汇”类下的“右箭头”形状，将其放置在圆形对象的右侧。

Step 06 由于本例需要在圆形的四周各绘制一个箭头，为了避免重复操作，这里对已经完成的箭头进行复制和调整。选择该箭头后，按住【Shift+Ctrl】组合键向左拖动，水平复制出一个箭头，然后选择复制出的箭头，单击“绘图工具 格式”选项卡下“排列”组中的“旋转”按钮，从弹出的下拉菜单中选择“水平翻转”命令。

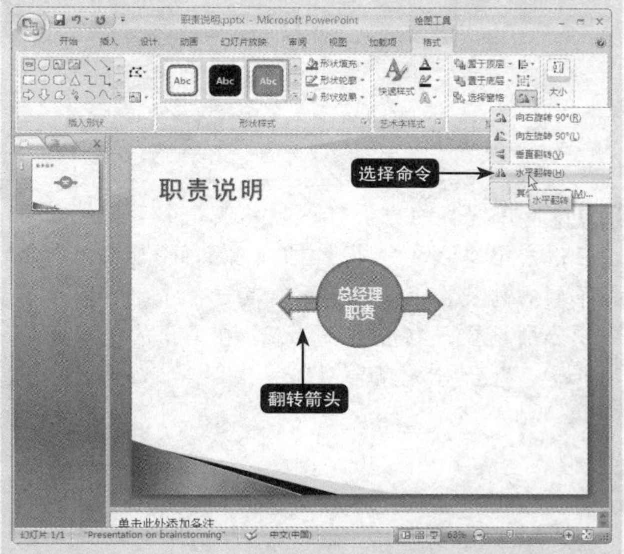

Step 07 完成水平方向两个箭头的绘制后，选择两个箭头，按【Ctrl+G】组合键将其组合成一个对象，然后按【Ctrl+D】组合键复制出另外一组，再单击“旋转”按钮，从弹出的下拉菜单中选择“向右旋转90°”命令，改变箭头的方向后对其稍作移动，让其处于圆形的垂直方向的合适位置。

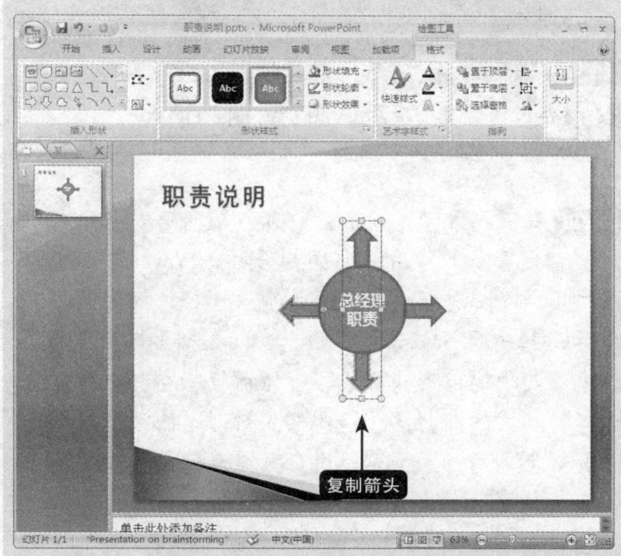

Step 08 下面再使用同样的操作流程，在各个箭头的旁边添加一个圆角矩形框，并在其中输入各项职责的具体说明。

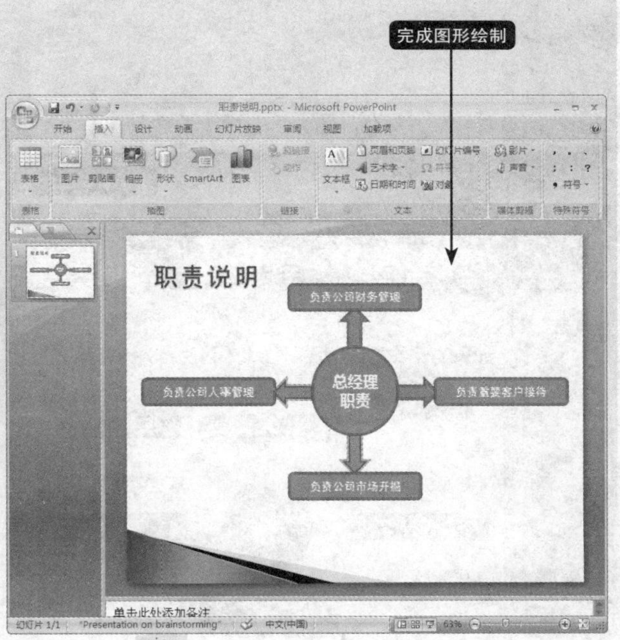

Step 09 由于默认情况下，后绘制的图形处于其他图形的上层，因此在本例中可看到圆角矩形挡住了部分箭头形状。于是先选择中间的圆形形状，单击“绘图工具 格式”选项卡下“排列”组中的“置于顶层”按钮，然后按住【Shift】键，将圆形与4个箭头一并选中，再单击一次“置于顶层”按钮，达到目的。

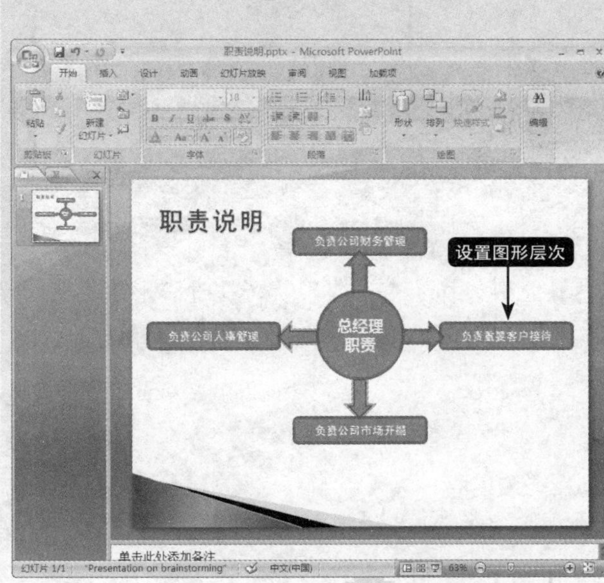

7.1.3 设置与美化形状

在幻灯片中绘制的形状外观默认是由演示文稿所应用的主题决定的，为了让形状更为美观，还可进行后期的设置与美化操作，这包括形状填充、边框与整体外观，以及其中文本的对齐与方向等。

下面接着对前面制作的形状进行美化与设置操作。

应用案例——美化职责说明

素材 光盘:\素材\第7章\职责说明2.pptx
效果 光盘:\效果\第7章\职责说明2.pptx

Step 01 打开插入了形状的幻灯片，下面要对其中各个形状都设置外观样式。与图片一样，PowerPoint也为用户提供了多种预设的形状外观，选择中间的圆形对象后，单击展开“绘图工具 格式”选项卡下“形状样式”组中的“形状样式”下拉面板，在其中即可看到各种样式的缩略图，这些样式对形状的边框、填充以及效果均进行了预设，用户只需选择其中一种。

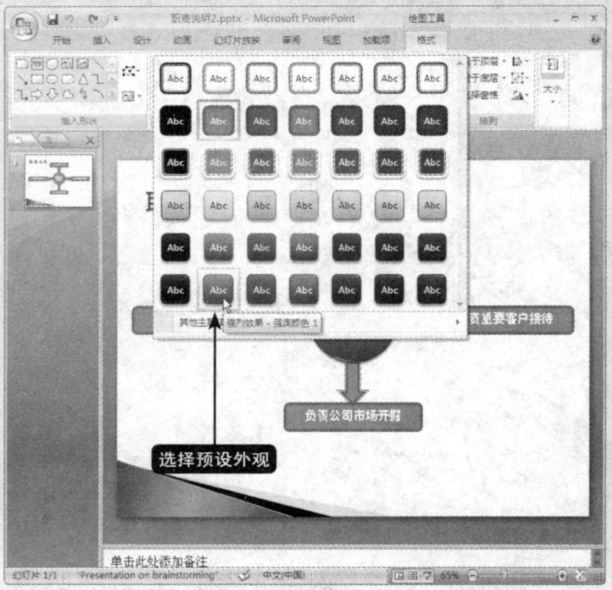

Step 02 使用同样的方法可以为其他几个形状对象快速应用系统预设的外观，这里希望为4个箭头分别设置不同的外观，但由于前面对其进行了组合，为了方便分别设置，右击组合对象，在弹出的快捷菜单中选择“组合/取消组合”命令。

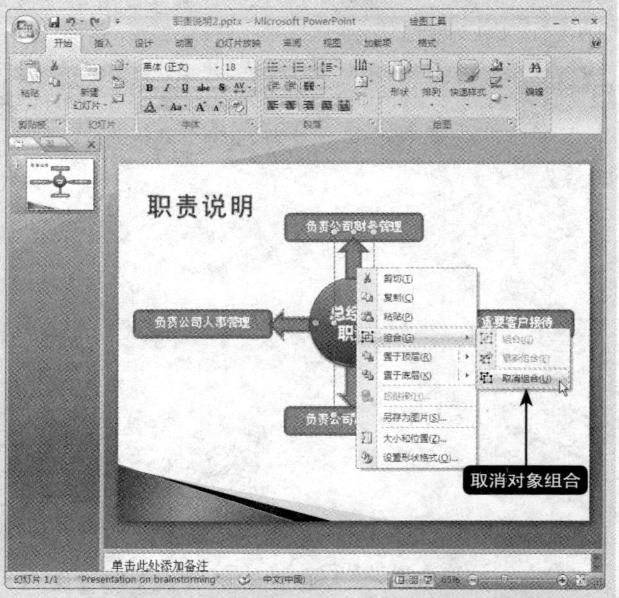

Step 03 分别选择各个箭头形状，通过“形状样式”下拉面板为其快速应用不同颜色的外观效果。

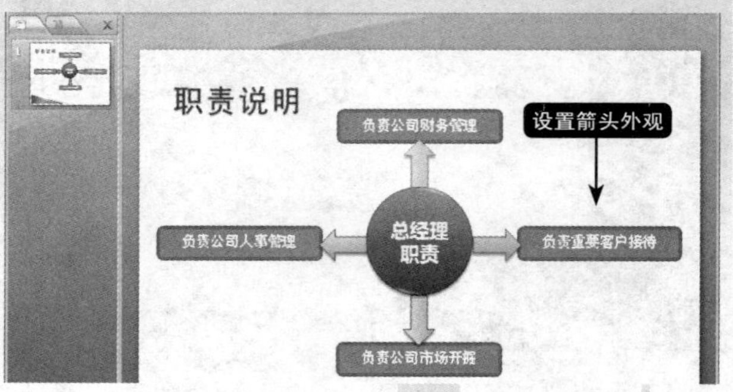

Step 04 虽然应用预设样式既方便又快捷，但可供选择的样式并不多，当用户希望自定义形状的外观时，就需要自行对形状的边框、填充以及效果进行设置，这与自定义图片的外观相似。如在本例中先选中一个圆角矩形对象，然后单击“形状样式”组中的“形状填充”按钮，在弹出的下拉菜单中为其设置填充颜色为“红色”，然后再次单击该按钮，选择“渐变”菜单下的一种渐变效果。

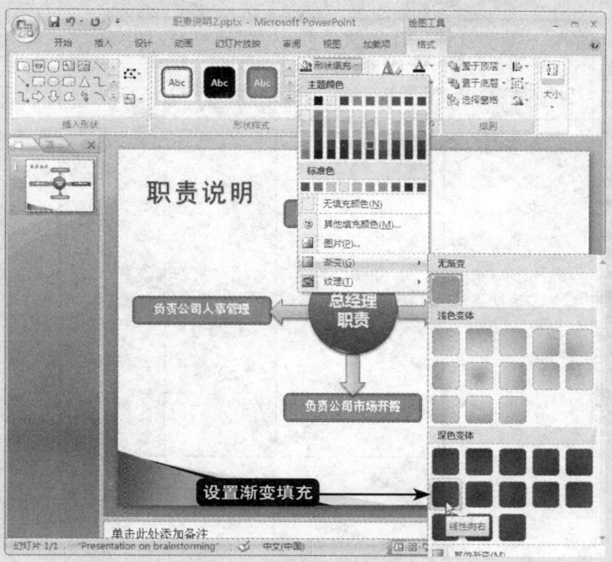

Step 06 在形状上右击，在弹出的快捷菜单中选择“设置形状格式”命令，在打开的“设置形状格式”对话框中可详细设置形状的外观效果，选择“文本框”选项卡，在“垂直对齐方式”下拉列表框中可选择形状中文本在垂直方向上的对齐方式，默认为“中部对齐”。

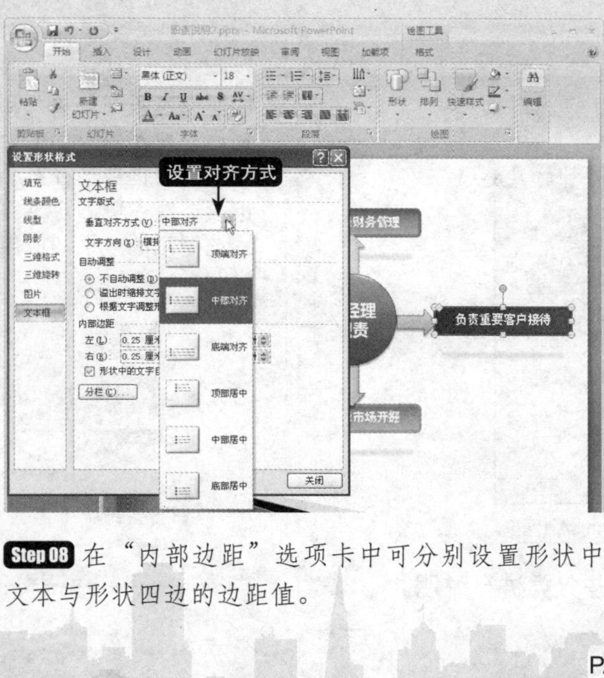

Step 08 在“内部边距”选项卡中可分别设置形状中文本与形状四边的边距值。

Step 05 使用同样的方法，单击“形状轮廓”按钮，为其设置一种轮廓样式。再单击“形状效果”按钮，为其设置一种阴影效果。最后再分别为其他3个矩形自定义外观效果。

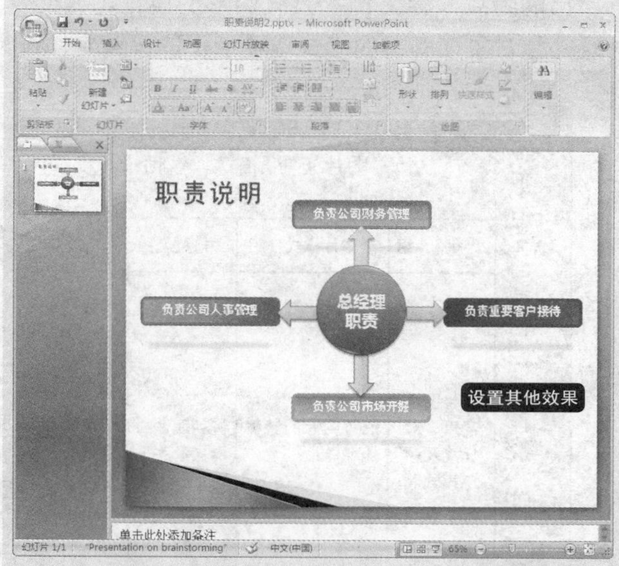

Step 07 在“文字方向”下拉列表框中可选择形状中文本的排版方向。

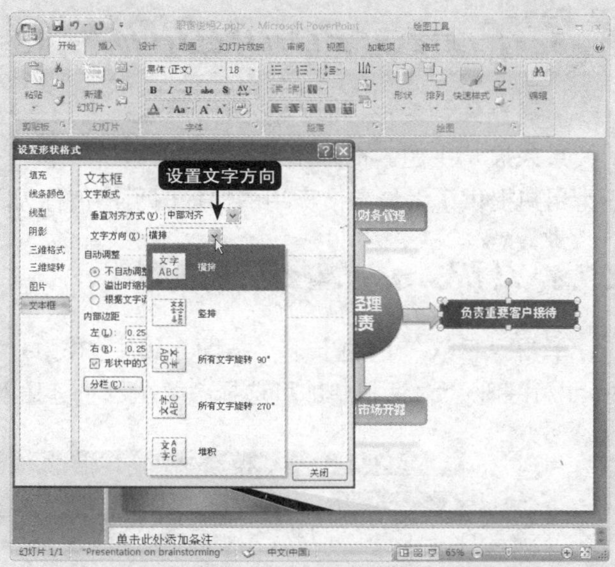

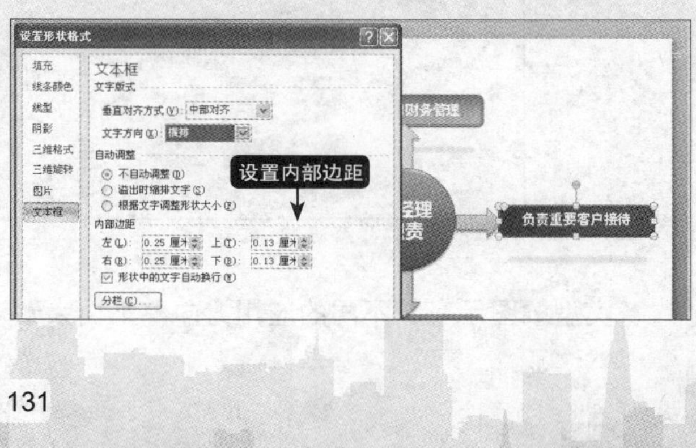

7.2 PowerPoint中各图形对象设置归纳

从上节图形形状的编辑与格式设置的过程中可以看到，其设置方法与图片的对应设置有很多相同之处，与前面介绍过的文本框、艺术字的相关设置十分相似。这是因为在PowerPoint中，这几种对象虽然各有自己的特点，但它们都具有图形的属性。因此，为了帮助读者更好地学习和掌握它们的操作，本节将对这几种对象在各自的格式选项卡下的设置操作进行归纳与比较，如下表所示：

<table>
<tr><td>对象类型</td><td colspan="4">“图片工具 格式”选项卡</td><td>对象类型</td><td colspan="4">“绘图工具 格式”选项卡</td></tr>
<tr><td rowspan="4">图片</td><td>“调整”组</td><td>“图片样式”组</td><td>“排列”组</td><td>“大小”组</td><td rowspan="2">自选图形</td><td>“形状样式”组</td><td>“艺术字样式”组</td><td>“排列”组</td><td>“大小”组</td></tr>
<tr><td rowspan="3">调整图片亮度、对比度及颜色模式等</td><td rowspan="3">设置图片的整体外观样式</td><td rowspan="3">排列图片的层次顺序</td><td rowspan="3">设置图片的大小</td><td rowspan="3">设置图形对象的填充、轮廓及形状样式</td><td>×</td><td rowspan="3">排列对象的层次顺序</td><td rowspan="3">设置对象的大小</td></tr>
<tr><td>艺术字</td><td rowspan="2">设置艺术字或文本框中文本内容的艺术样式</td></tr>
<tr><td>文本框</td></tr>
</table>

各种图形对象的归纳比较■

7.3 PowerPoint中的快捷图示——SmartArt图形

前面制作的图形，其所起的作用实际上只是一种图示，即通过图形之间的关系来展示主题。而除了自行绘制形状来组成图示外，PowerPoint 2007中还为用户提供了大量方便实用的快捷图示，被称为SmartArt图形。

7.3.1 认识SmartArt图形分类

单击“插入”选项卡下“插图”组中的SmartArt按钮，在打开的“选择SmartArt图形”对话框中即可选择各类图示将其插入到当前幻灯片中。

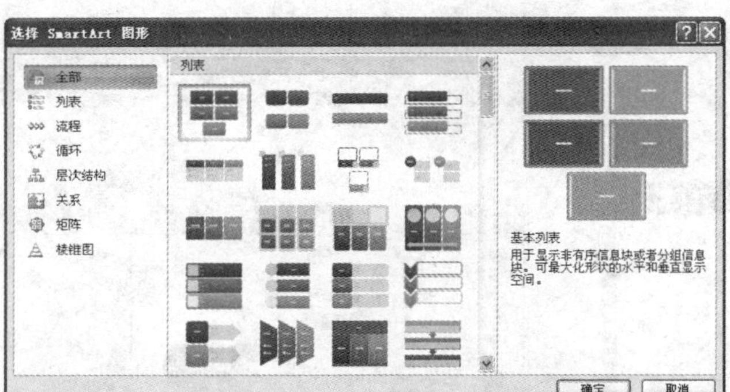

选择SmartArt图形■

各类型的图示有着不同的应用方向，下面大致对这些分类进行说明。

要点提示：查看图示应用说明

PowerPoint 2007中提供的SmartArt图形共分为7类，每类下又有多种图示可供选择，这些图示有着不同的关系和作用，在左侧对话框中间的列表框中选择某个选项，在右侧即可预览到该图示的效果和应用说明。

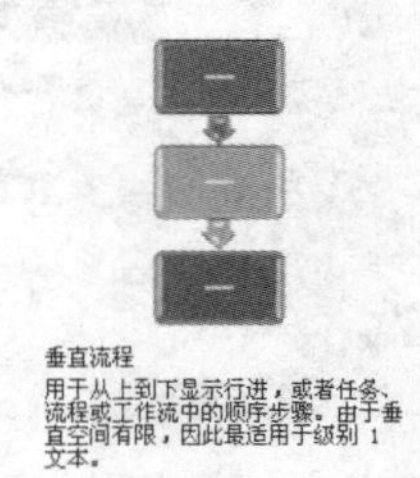

◆ **列表**：用于显示无序并列关系的信息或顺序排列的信息。其中几个图示的效果如下：

水平项目符号列表
用于显示非顺序或分组信息列表。适用于大量文本。整个文本强调级别一致，且无方向性含意。

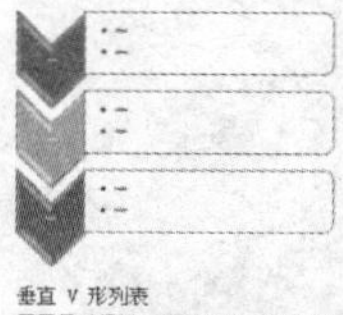

垂直 V 形列表
用于显示行进，或者任务、流程或工作流中的顺序步骤，或者用于强调运动或方向。强调级别 2 文本与级别 1 文本的对比，对于大量的级别 2 文本，这是个不错的选择。

分段流程
用于显示行进，或者任务、流程或工作流中的顺序步骤。强调级别 2 文本，因为每一行都用单独的形状显示。

◆ **流程**：用于表示某个过程中的各个步骤或阶段，或它们相互之间的关系。其中几个图示的效果如下：

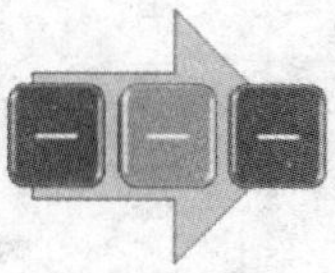

连续块状流程
用于显示行进，或者任务、流程或工作流中的顺序步骤。最适用于极少量级别 1 和级别 2 文本。

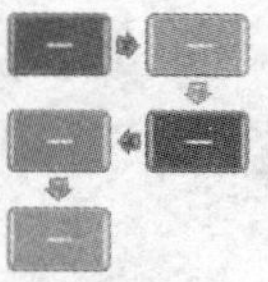

基本蛇形流程
用于显示行进，或者任务、流程或工作流中的顺序步骤。可最大化形状的水平和垂直显示空间。

齿轮
用于显示互相紧密关联的观点。级别 1 文本前三行的每一行均与某一齿轮形状相对应，并且其对应的级别 2 文本会显示在齿轮形状旁边的矩形中。未使用的文本不会显示，但是，如果切换布局，这些文本仍将可用。

◆ **循环**：用于表示各个步骤或阶段之间的循环关系。其中几个图示的效果如下：

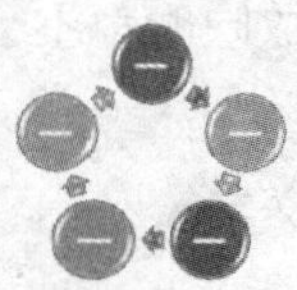

基本循环
用于以循环流程表示阶段、任务或事件的连续序列。强调阶段或步骤，而不是连接箭头或流程。只能对级别 1 文本发挥最大作用。

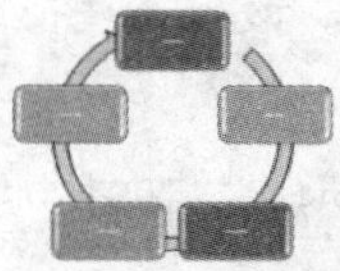

连续循环
用于以循环流程表示阶段、任务或事件的连续序列。强调所有组件之间的连接。只能对级别 1 文本发挥最大作用。

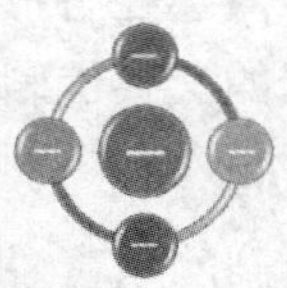

射线循环
用于显示与中心观点的关系。强调中心圆中的信息和圆外环中的信息对中心观点的支持方式。第一行级别 1 文本与中心圆形相对应，其级别 2 文本则与圆的外环相对应。未使用的文本不会显示，但是，如果切换布局，这些文本仍将可用。

◆ **层次结构**：用于创建组织结构图或关系树。其中几个图示的效果如下：

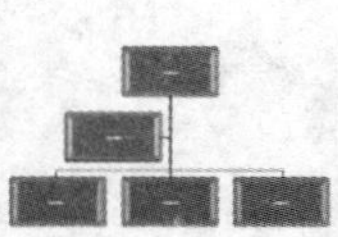

组织结构图
用于显示组织中的分层信息或上下级关系。此布局包含辅助形状和组织结构图悬挂布局。

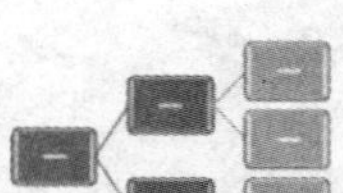

水平层次结构
用于水平显示层次关系递进。适用于决策树。

层次结构列表
用于显示组之间的层次关系递进。还可用于对信息分组或列出信息。

◆ **关系**：用于展示各组成部分之间的特殊关系。其中几个图示的效果如下：

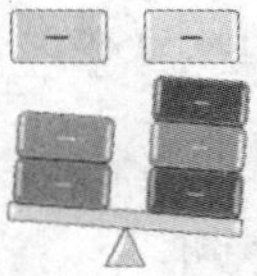

平衡
用于比较或显示两个观点之间的关系。前两行级别 1 文本的每一行都分别与显示在顶部中心点一侧的文本相对应。强调级别 2 文本，该文本限制为位于中心点侧部的四个形状。平衡指向包含级别 2 文本的多数形状的一侧。未使用的文本不会显示，但是，如果切换布局，这些文本仍将可用。

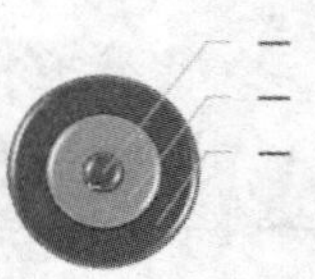

基本目标图
用于显示包含关系、分级关系或分层关系。前五行级别 1 文本与某一圆形相关联。未使用的文本不会显示，但是，如果切换布局，这些文本仍将可用。

堆积维恩图
用于显示重叠关系。适用于强调增长或渐变。仅在与级别 1 文本一起使用时才能达到最佳效果。前七行级别 1 文本对应于一个圆形。未使用的文本不会显示，但是，如果切换布局，这些文本仍将可用。

要点提示：层次结构列表

除有序或无序排列的信息外，“列表”类型的SmartArt图示中还包括几种层次关系的列表。

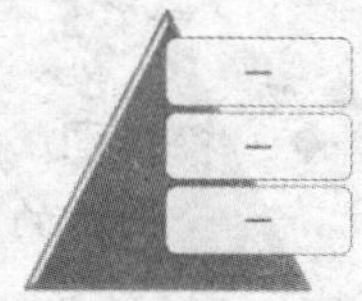

棱锥型列表
用于显示比例关系、互连关系或分层关系。文本显示在棱锥形背景顶端的矩形中。

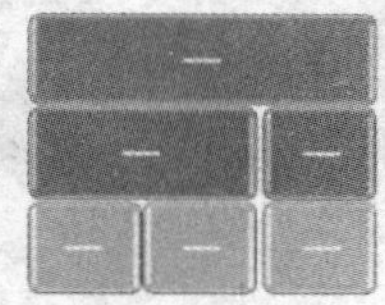

表层次结构
用于显示从上到下构建的信息组，以及每个组内的层次结构。此布局不包含连接线。

要点提示：不同分类中也有相同的图示

在SmartArt图形的不同分类中有时会发现有相同的图示，这是因为该图示可表示几种不同的关系，如下图所示图示分别出现在“列表”、“层次结构”和“关系”分类中。

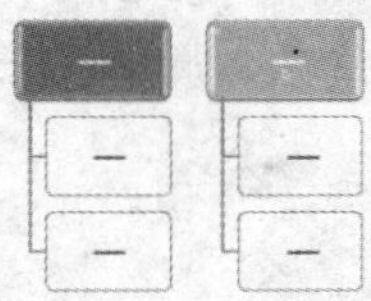

层次结构列表
用于显示组之间的层次关系递进。还可用于对信息分组或列出信息。

◆ **矩形**：通过矩形的结构，展示各部分与整体之间的关系。其中几个图示的效果如下：

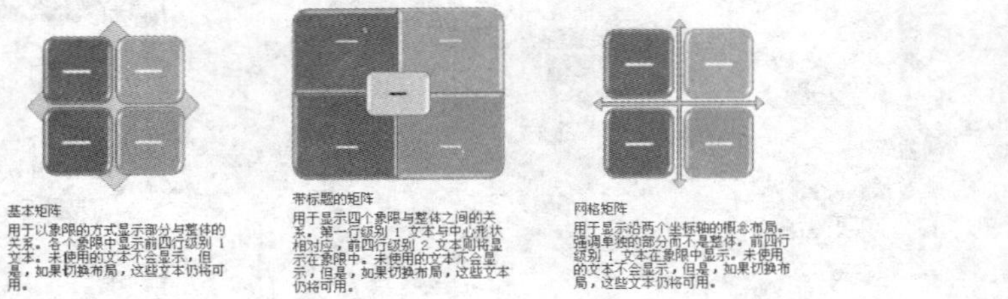

◆ **棱锥图**：通过棱锥的结构，展示各部分之间的比例或分层关系。其中几个图示的效果如下：

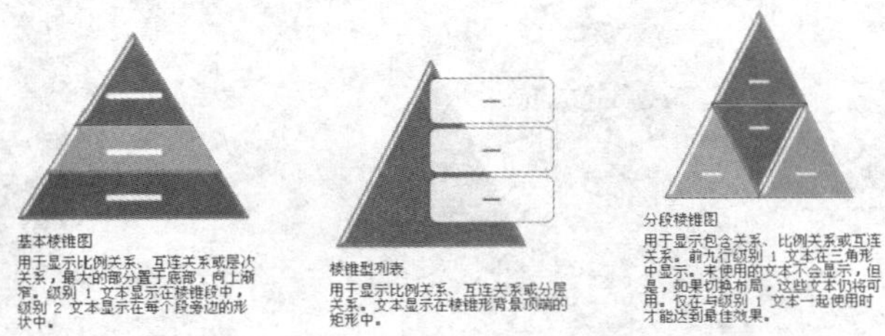

要点提示：关于图示形状的颜色

在选择插入SmartArt图示前，预览看到的图示中形状都各有其颜色，当选定图示并将其插入到幻灯片中时，其默认颜色将由幻灯片当前使用主题颜色来决定，所以各形状的颜色相同，不过用户在以后可自行选择更漂亮的形状颜色。

7.3.2 在SmartArt图形中输入与编辑文字

将某种SmartArt图形插入到幻灯片中后，会在各形状处显示如“文本”样式的占位符，方便用户输入文字内容，除此之外SamrtArt还有一个特殊的文字编辑窗格，该窗格在打印或放映时都不会出现，其作用仅是用于文字的输入与编辑。

下面将通过SmartArt来制作前面手动绘制的职责说明图示，并在其中编辑文字。

应用案例——通过SmartArt制作职责说明图示

素材 光盘:\素材\第7章\职责说明3.pptx
效果 光盘:\效果\第7章\职责说明3.pptx

Step 01 打开素材盘中第7章的“职责说明3.pptx”演示文稿，切换到要插入图示的幻灯片，然后单击“插入”选项卡下“插图”组中的SmartArt按钮，在打开的“选择SmartArt图形”对话框的左侧单击“关系”选项卡，然后在中间的列表框中选择“分离射线”图示选项，最后单击“确定”按钮。

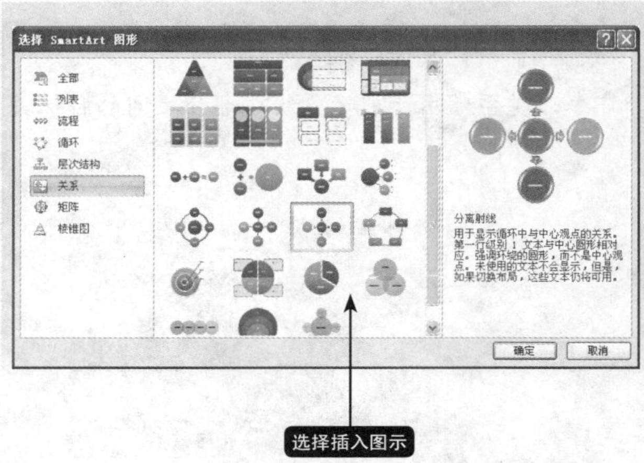

Step 02 此时便可看到幻灯片中插入了默认的“分离射线”SmartArt图示，该图示由一个中间圆与4个分支组成，各形状中有文本占位符。整个图示外围有边框，通过拖动该边框可调整图示的大小和位置。

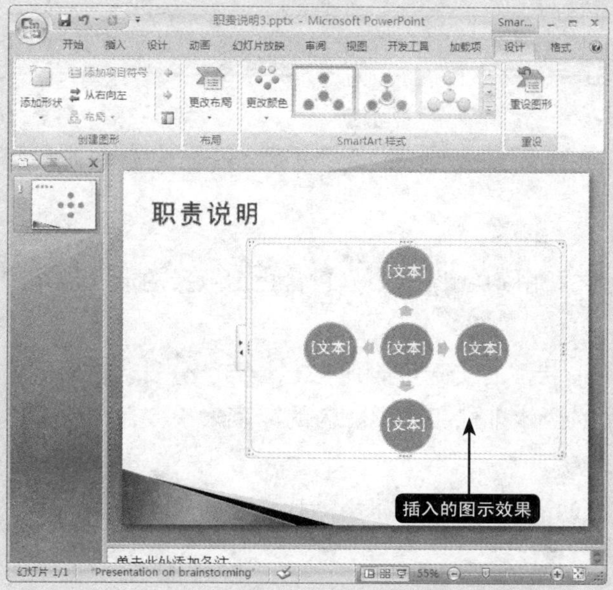

Step 03 单击图示左侧边框上的‹按钮，可展开其文字编辑窗格，其中以项目符号的形式展示了各项文本之间的关系，如图所示处于第一项的为中心文本，在该处单击后输入文字，即可出现在右侧SmartArt图示的中间圆内。

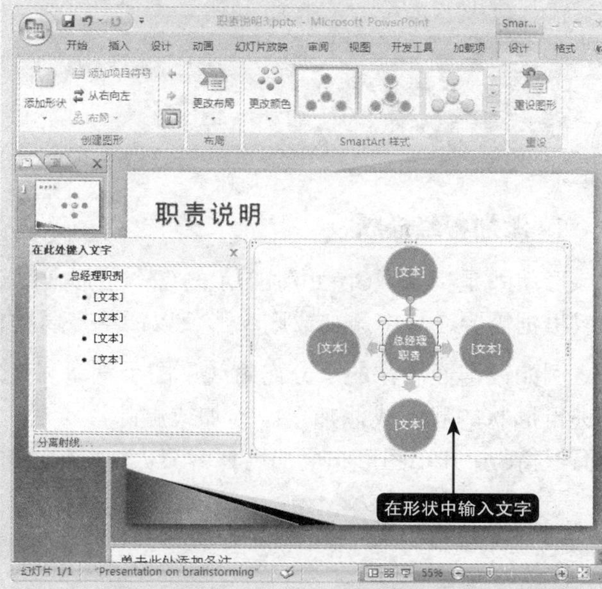

Step 04 而在其下的几个占位符中输入的文本将依次出现在4个分支圆中。当然用户也可直接在图示中的占位符中输入文本，这与在左侧窗格中输入的效果相同。完成所有内容的输入后，单击窗格右上角的x按钮，将其关闭。

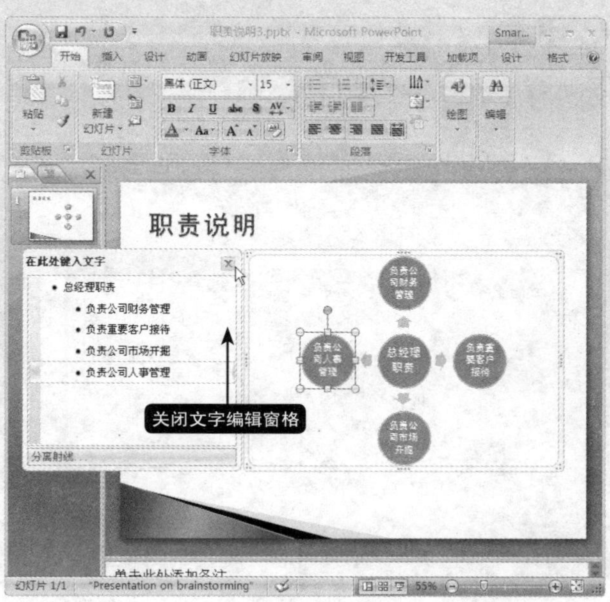

Step 05 调整图示的整体大小，其中文字的字号也会自动缩放，然后选择形状中的文本可进行修改，或通过“开始”选项卡对文字格式进行相关的设置。完成本例图示的制作。

7.3.3 调整SmartArt的布局

所谓SmartArt的布局，是指SmartArt图示中各形状的数量、位置、方向以及级别关系等，这些都是可以根据需要在“SmartArt工具 设计”选项卡下进行适当调整的，下面分别进行介绍。

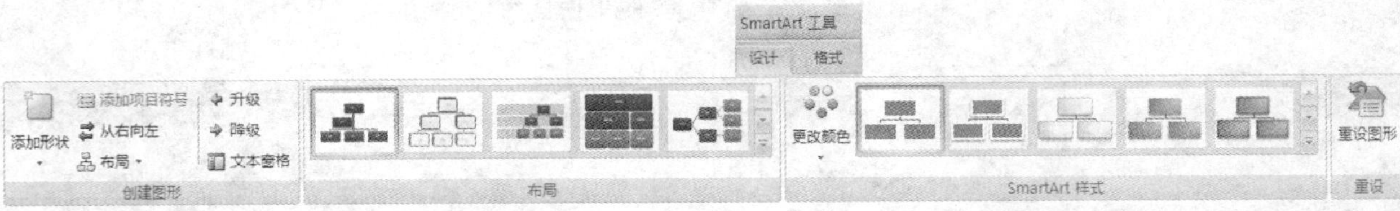

“SmartArt工具 设计”选项卡

1. 添加各级形状

形状即是指组成SmartArt图示的各个图形，默认插入的SmartArt图形中只包含指定数量的形状，用户可以根据需要在其中添加或删除形状以调整布局结构。

例如，前面制作的“分离射线”图示默认有4个分支形状，而实际可能需要3个或5个分支，这时就需要进行形状的删除或添加了。添加或删除形状后，形状的整体排列和各形状内的文字大小会自动更新，从而保持SmartArt图形布局的整体效果。

下面以制作一个公司组织结构图来详细展示如何在默认的SmartArt图示中添加需要的形状。

应用案例——制作公司组织结构图

素材 光盘:\素材\第7章\公司组织结构图.pptx

效果 光盘:\效果\第7章\公司组织结构图.pptx

Step 01 按照前面的方法，在幻灯片中插入“层次结构”分类下的“组织结构图”SmartArt图示，可看到如下图所示的默认组成形状。

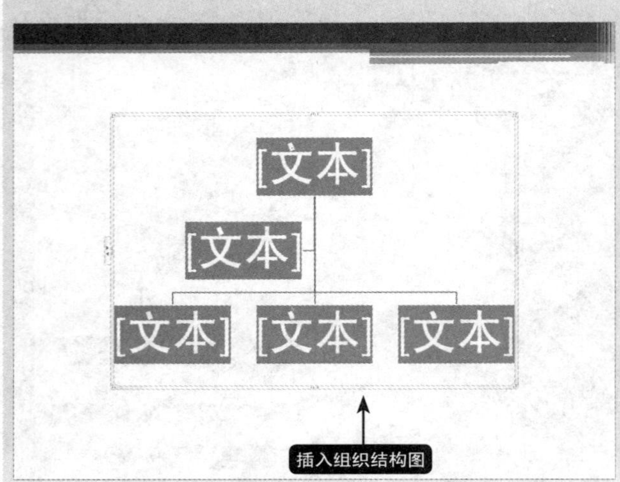

Step 02 在各形状中输入相应的文本内容，此后发现当前的部门级别的形状只有3个，而本例需要6个。

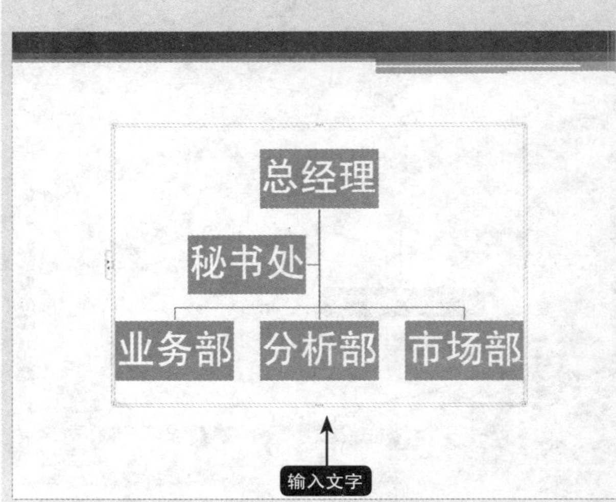

Step 03 于是先选择最后一个部门形状，然后单击“SmartArt工具 设计”选项卡下“创建图形”组中的“添加形状”按钮的▾按钮，在弹出的下拉菜单中选择“在后面添加形状”命令。

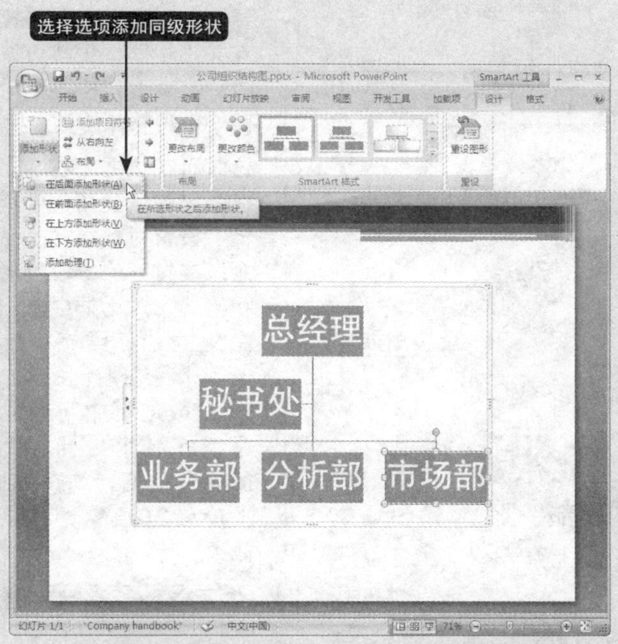

Step 04 此时即可看到添加了一个新的部门形状，使用同样的方法再添加两个同级的部门形状。由于新添加的形状中没有文本占位符，因此需在其上右击，在弹出的快捷菜单中选择“编辑文字”命令，然后在其中输入相应的文本。随着形状的增加，在保持整体图示大小不变的情况下，图示中的所有形状大小和文字大小会自动发生变化。

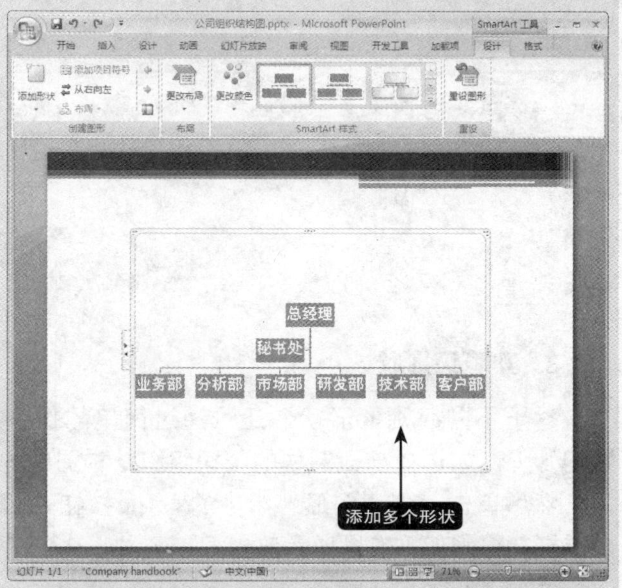

Step 05 前面添加的是同级形状，如果要添加下级形状，如要在“市场部”下再添加两个部门，则先选中“市场部”形状，然后单击“添加形状”按钮中的▾按钮，在弹出的下拉菜单中选择“在下方添加形状”命令。

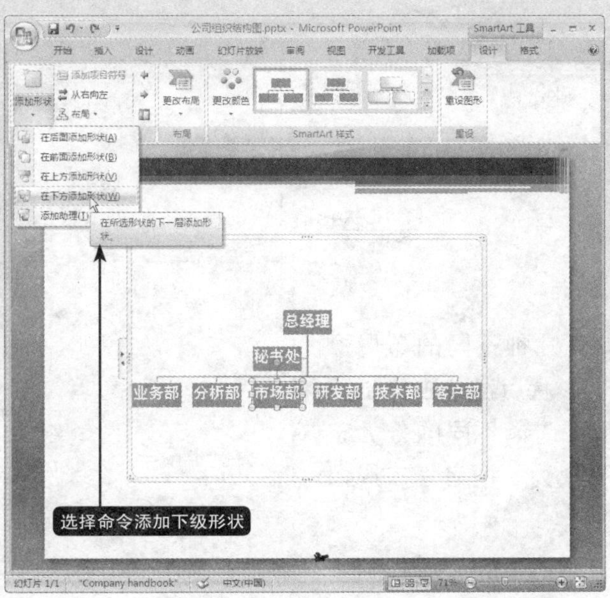

Step 06 使用同样的方法再添加一个分部，并在其中输入相应文本。如果用户还需要添加其他形状，均可按此方法达到目的，注意添加的级别关系与位置即可。

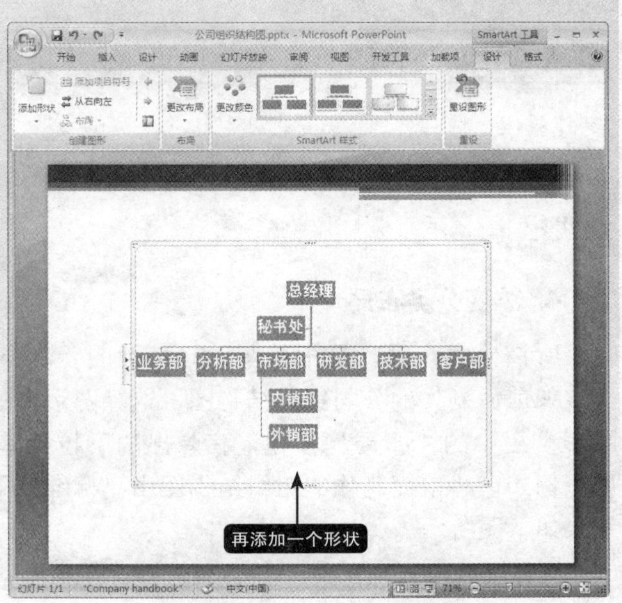

2. 改变图示方向

SmartArt图示中的形状都是按照从左到右的方向进行排列的，用户可以逆向来调整形状的排列顺序，即将从左到右更改为从右到左。

例如，将前面制作的“职责说明3”演示文稿中的图示改变方向，只需要选择图示后单击“创建图形”组中的从右向左按钮即可。

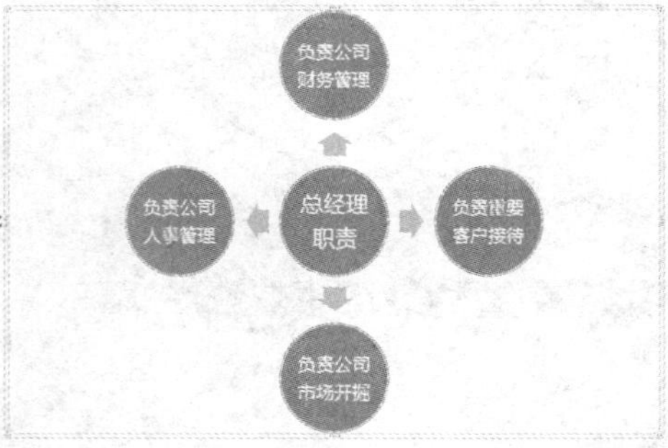

■改变方向前

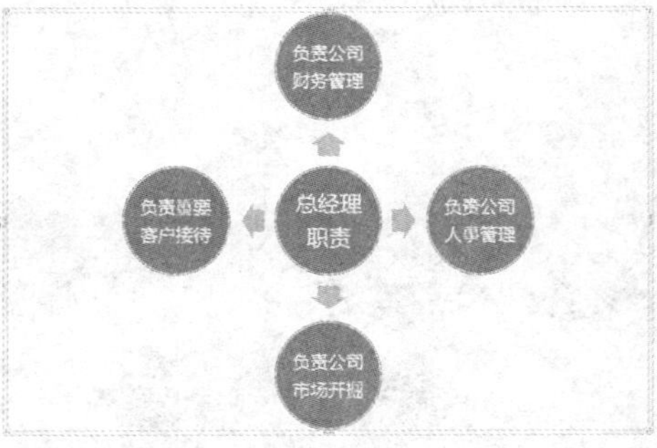

改变方向后■

3. 升降级形状

对于不同级别的形状，还可通过简单的操作实现其现有级别的升降，如选择前面制作的公司组织结构图中的“内销部”形状，然后单击“创建图形”组中的升级按钮，即可使其上升一个级别，得到如下左图所示效果。

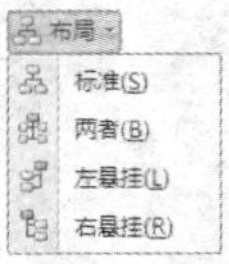

选择分类布局■

同样，如果选中“客户部”形状，然后单击“创建图形”组中的降级按钮，则该形状即自动下降一级，得到如下右图所示效果。

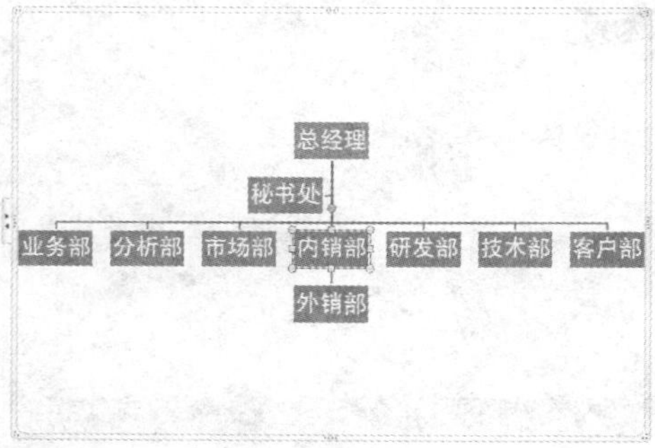

■升级形状

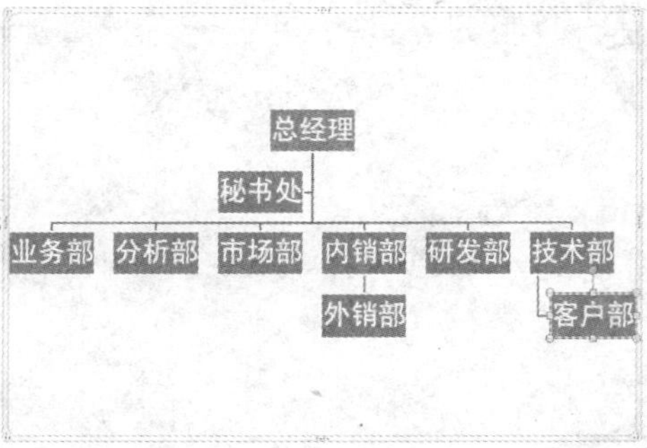

降级形状■

4. 改变分类布局

所谓分类布局，是指某些SmartArt图示本身就具有几种不同的布局形式，如前面制作的公司组织结构图，选择图示中的某个形状后，单击“创建图形”组中的“布局”按钮，在弹出的下拉菜单中即可选择不同的分类布局。例如，将前面制作的组织结构图由“标准”布局更换为“两者”布局，效果如下图所示。

但要注意，并不是所有的SmartArt图示都可以进行分类布局的选择。

使用技巧：旋转图示

图示都存在于一个外围框中，选择外围框后，其四周出现的控点与选择图形对象后出现的控点并不相同，虽然可以改变高宽度，但不能对图示进行整体旋转。

这时可在边框上右击，在弹出的快捷菜单中选择“设置对象格式”命令，在打开的“设置形状格式”对话框中单击左侧的“三维旋转”选项卡，在右侧的X、Y、Z数值框中可分别设置在各个坐标轴上的旋转角度，如在Z轴上旋转20度得到如下效果。

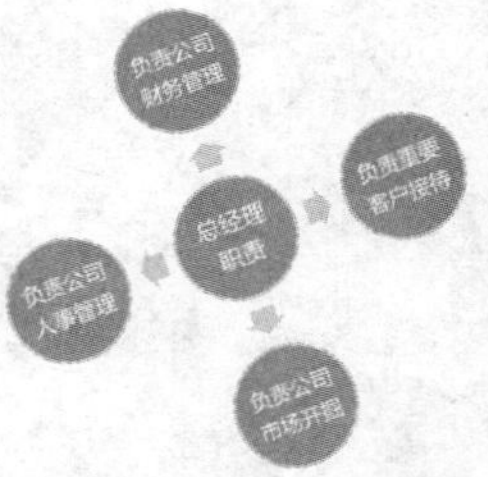

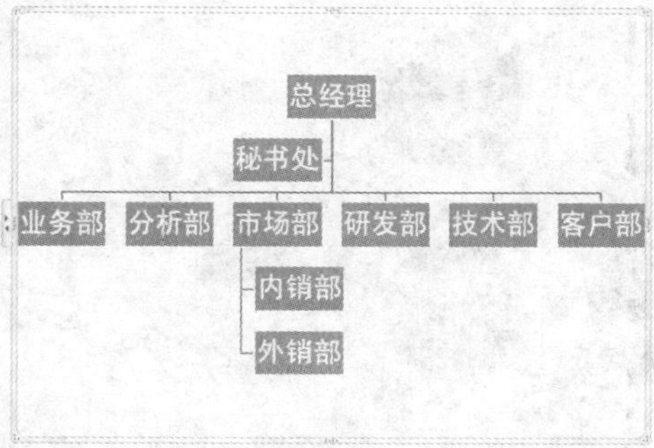

■改变分类布局前

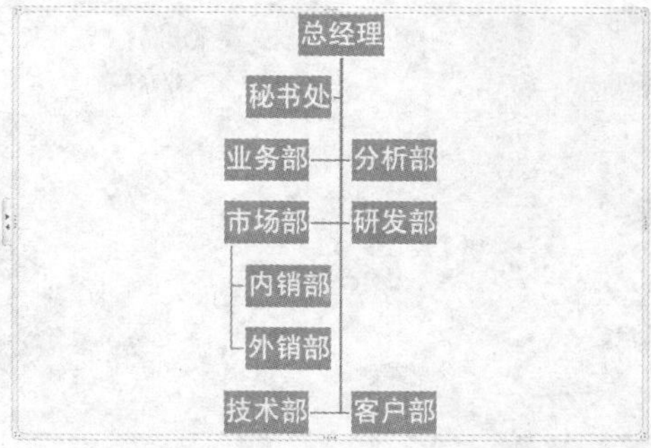

改变分类布局后■

5. 改变总类布局

这里称为总类布局，主要是为了与分类布局区分开来。总类实际上就是插入SmartArt图示前所选择的分类，如前面制作的公司组织结构图的总类就是“层次关系”，在该总类下还有其他几种结构，当依据一种结构制作完图示后，还可通过在“SmartArt工具 设计”选项卡下“布局”组中直接选择该总类中的其他结构，从而快速变换图示的布局。

“布局”组■

如将原组织结构图分别变换为“层次结构”和“水平层次结构”布局的效果如下：

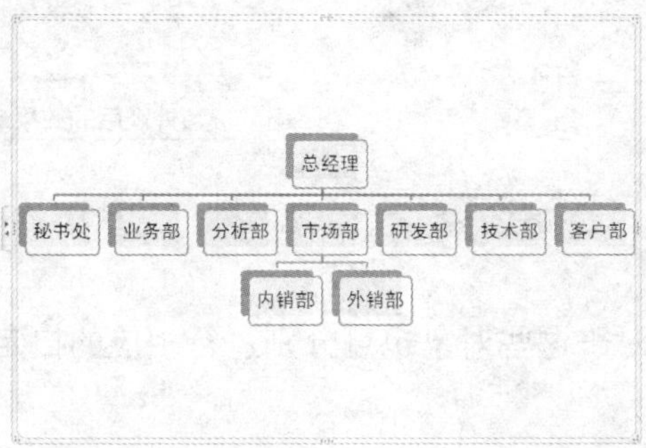

■改变为“层次结构”布局

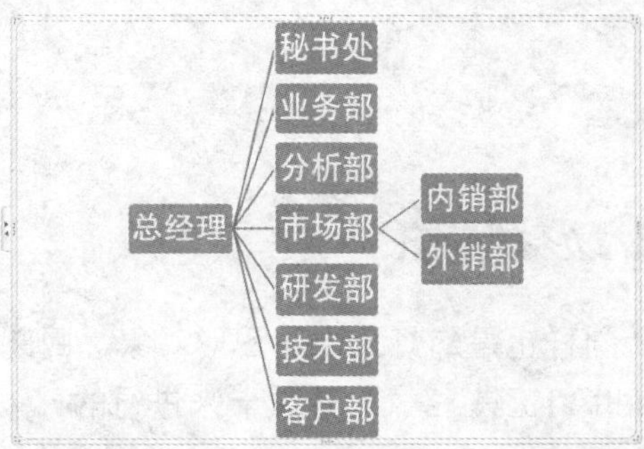

改变为“水平层次结构”布局■

7.3.4 快速选择SmartArt图示外观样式

要使SmartArt图示快速具有设计师水准的美观程度，可通过“SmartArt工具 设计”选项卡下“SmartArt样式”组来达到目的。

例如，选择前面制作的“职责说明”图示，然后单击“SmartArt样式”组中的“更改颜色”按钮，在弹出的下拉列表中可选择各种系统准备的颜色。

然后再单击展开“SmartArt样式”中的下拉列表框，在其中可选择系统提供的多种外观样式。

疑难解答：并非所有图示都可添加各级形状

问：在常规的职责说明图示中，为什么不能在各分支形状下再添加分支呢?

答：在SmartArt的各种图示中，是否能添加同级、下级或助手形状，是由其图示本身的类型和特点决定的，如在“分离射线”图示中，单击“添加形状”按钮，其中的后3个选项均为灰色不可用状态。所以利用SmartArt来制作复杂或个性化图示时也有其局限性，这时只能通过手动再添加形状来达到目的。

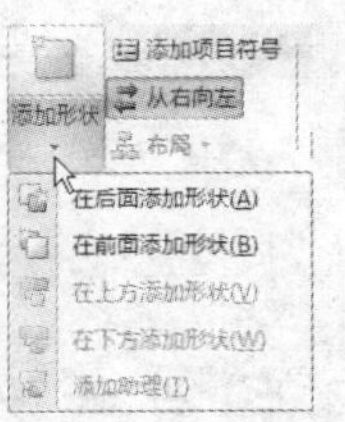

要点提示：删除多余的形状

前面只介绍了如何添加形状，而当有多余的形状时，选择该形状直接按“Delete”键即可将其删除。

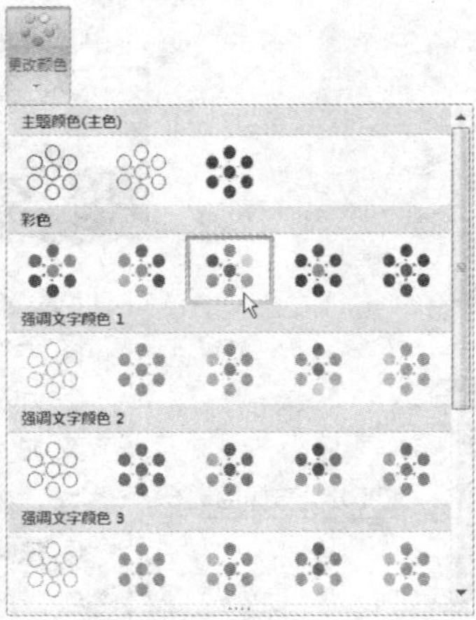

■选择图示颜色

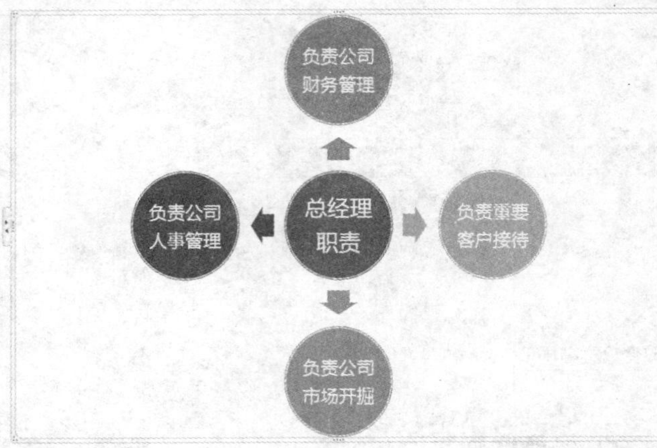

设置颜色后的效果■

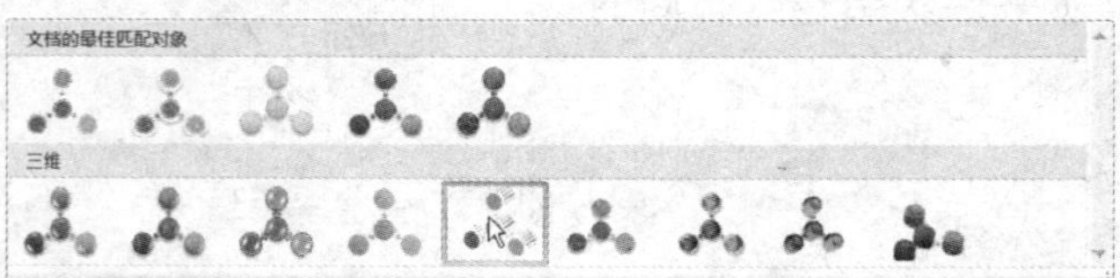

■选择图示外观

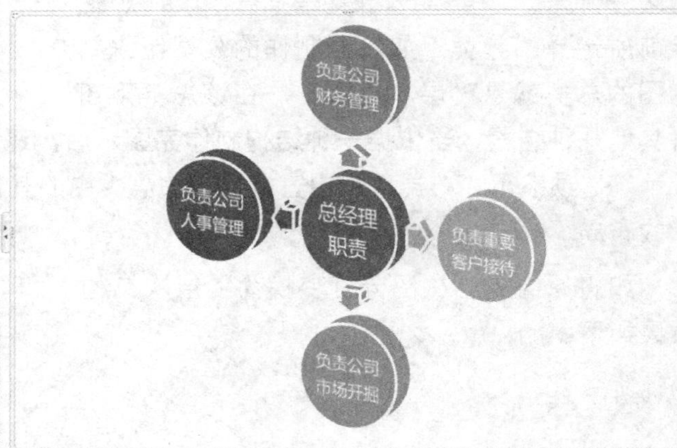

设置外观后的效果■

7.3.5 自定义SmartArt形状格式

SmartArt图示中的各形状同样也是幻灯片中的图形对象，因此对于这些对象也可分别进行相应的自定义格式，这主要是通过“SmartArt工具 格式”选项卡来进行的。

“SmartArt工具 格式”选项卡■

从选项卡中可以看到，选择形状后，可对其进行边框、轮廓、效果以及其中文本的艺术字效果设置，还可对其进行各种排列和大小自定义等，这些操作与幻灯片中的其他图形对象相同，这里就不再重复介绍。只是其中的“形状”组稍有不同，在其中可对形状的大小和外观进行调整。

例如，选择前面制作的职责说明中的“总经理职责”形状，然后单击“形状”组中的“增大”按钮，可使该形状自动增大。

然后单击该组中的“更改形状”按钮，在弹出的下拉列表中可选择将当前形状更改为其他形状，如“六边形”。

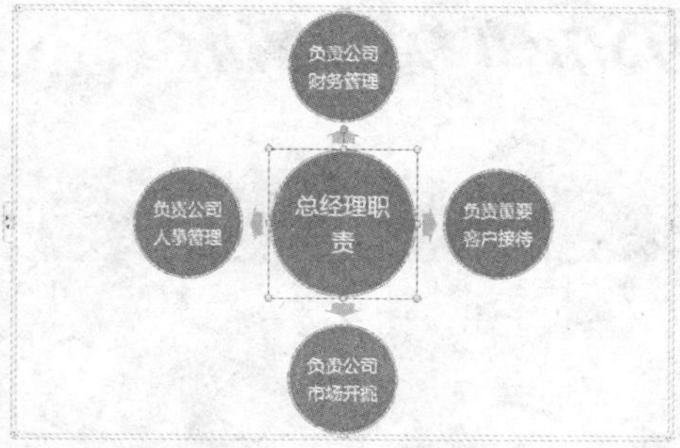

■增加形状大小

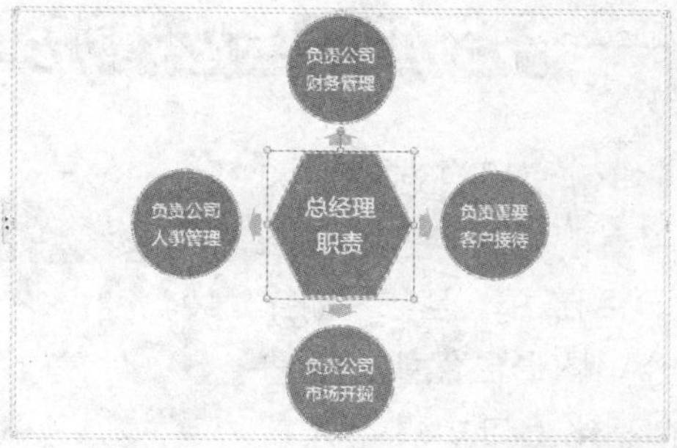

改变形状■

7.3.6 拖动调整形状位置或大小

前面介绍过拖动图示的边框可整体调整图示的位置或大小，实际上对于图示中的形状，用户也可对其直接进行位置或大小的拖动调整。

素材 光盘:\素材\第7章\职责说明4.pptx

效果 光盘:\效果\第7章\职责说明4.pptx

Step 01 选择图示中心的“总经理职责”形状，其四周出现与图形对象相同的控点和边框，这里直接拖动其边框到右上角，移动该形状的位置，从图中可以看到，中间图形位置移动后，与之相连的箭头形状也自动进行了改变。

Step 02 使用同样的方法，调整其他4个分支形状的位置，得到如图所示的效果。

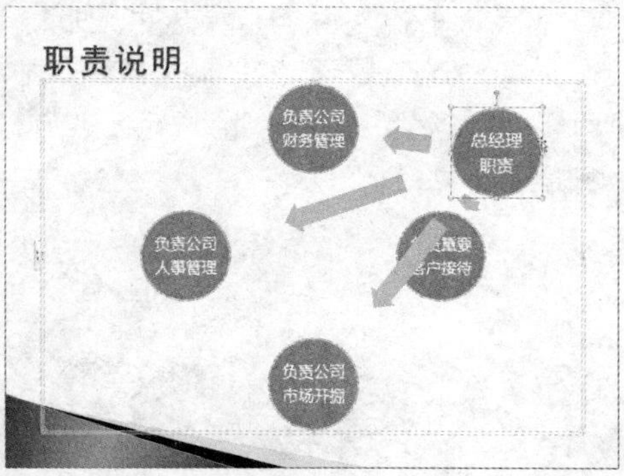

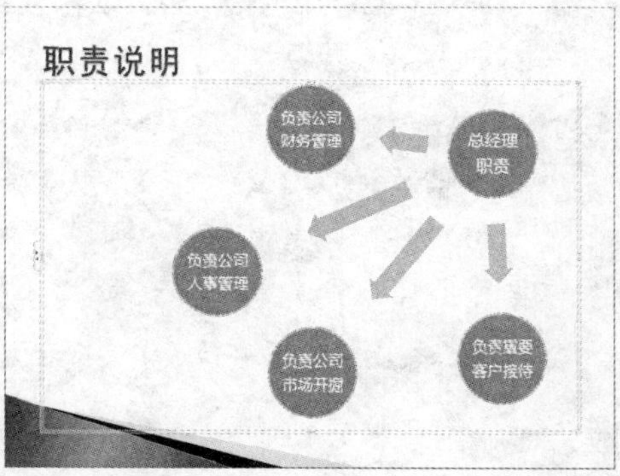

Step 03 再依次选择4个分支形状，按住【Shift】键拖动其边框，将其缩小一些，其内部的文字字号也将自动缩小。

Step 04 再选择箭头形状，拖动控点改变其长度，从而完全改变了原图示的效果。

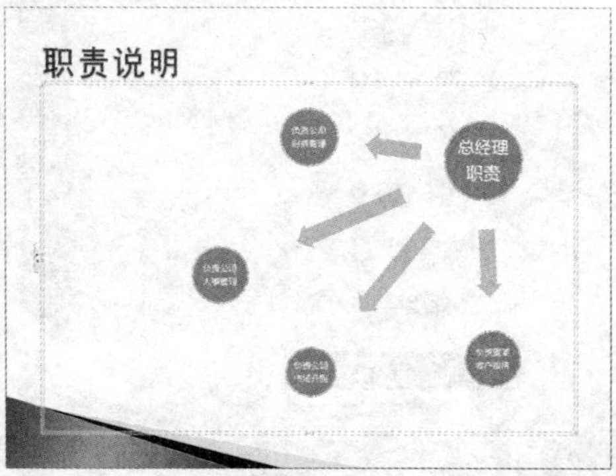

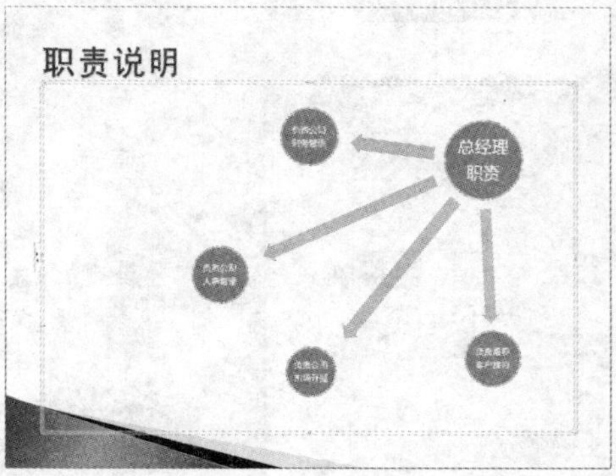

疑难解答：关于“大小”组

问：在“SmartArt工具格式”选项卡下不是也有一个“大小”组吗，通过它可以设置形状的大小吗？

答：不行，该组中“高度”与“宽度”设置项是针对整个图示而言的，所以只能用于对整个图示的大小尺寸进行调整。

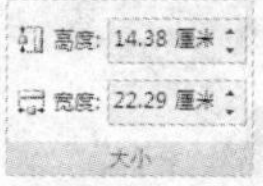

使用技巧：将完成图示保存为图片

图示制作完成后，如果希望将其应用到其他幻灯片或文件中，可以在图示的边框上右击，在弹出的快捷菜单中选择“另存为图片”命令，在打开的对话框中设置保存的图片格式和位置，这样即可将图示永久保存为图片，从而很方便地在其他文档中使用。

7.4 实战演练——结合应用自选图形与SmartArt图形

本章主要为读者介绍了如何使用自选图形和SmartArt图形来制作图示，以直观地展示各种复杂的关系。其中自选图形虽然灵活自由，但全手动操作和设置较为复杂，而SmartArt图形虽然能方便快捷地生成图示，但在结构的变化上自由度不大，因此要想制作出更个性化更能满足实际需要的图示来，就应将自选图形和SmartArt图形结合起来，各取优点，相互配合。

本节以一个完整的实例（如右图所示）来展示如何将这两者更好地结合应用，其间会涉及关于幻灯片中图形对象的各种操作，也可对前面的知识进行巩固和提高。

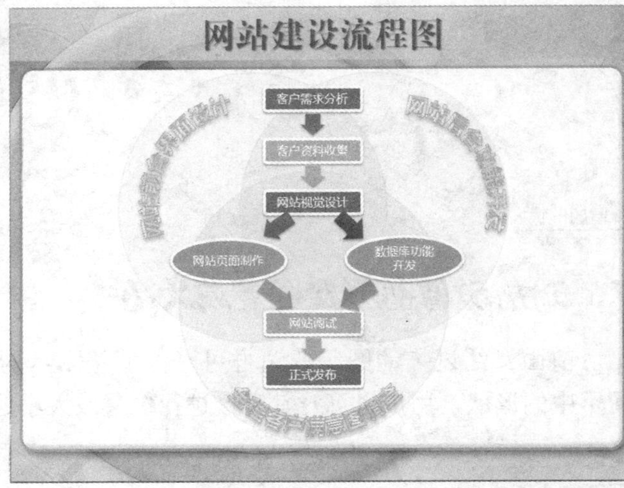

网站建设流程图

素材 光盘:\素材\第7章\网站建设流程图.pptx

效果 光盘:\效果\第7章\网站建设流程图.pptx

Step 01 打开素材盘中第7章的“网站建设流程图.pptx”演示文稿，切换到要制作流程图的幻灯片。本例流程图由一个主体流程和其他几部分标注图示项组成，因此主体流程先由SmartArt创建，于是单击“插入”选项卡下“插图”组中的SmartArt按钮，在打开的“选择SmartArt图形”对话框左侧单击“流程”选项卡，在中间的列表框中选择“垂直流程”选项，然后单击“确定”按钮。

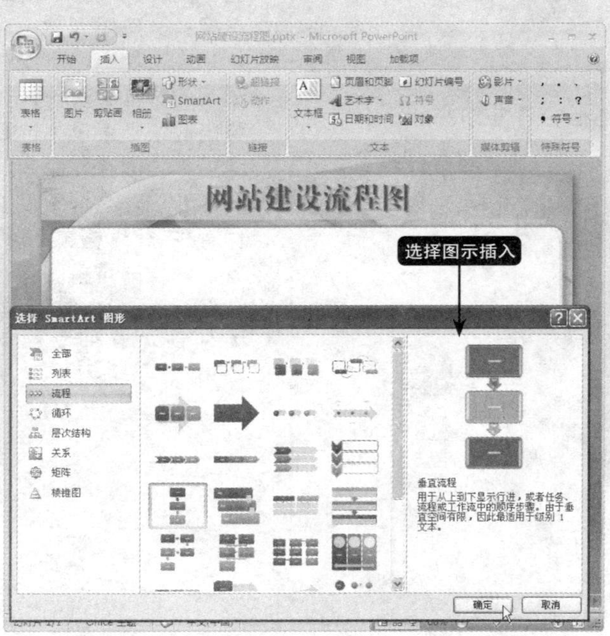

Step 02 幻灯片中即插入默认的图示，由3个形状组成。下面先在各个形状中输入内容，再选中最后一个形状，单击“SmartArt工具 设计”选项卡下“创建图形”组中的“添加形状”按钮，在其后再添加3个形状，并分别输入相应的内容。

Step 03 选中整个SmartArt图示的边框，通过“开始”选项卡为其中所有文本内容统一设置字体为“微软雅黑”，字号为“14”。

Step 04 切换到“SmartArt工具 设计”选项卡，单击“更改颜色”按钮，在弹出的下拉列表中选择“彩色-强调文字颜色”选项。

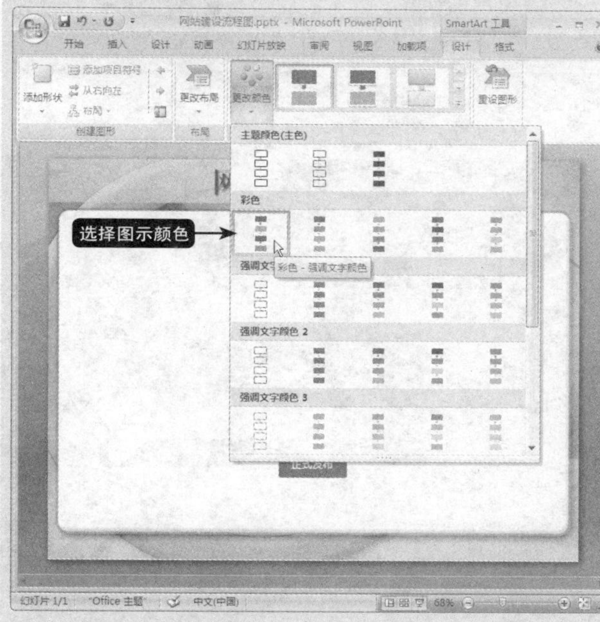

Step 05 再在该选项卡下的“SmartArt样式”组中选择“白色轮廓”选项，为图示整体应用外观样式。

Step 06 由于SmartArt图示中各形状的大小是根据图示的整体边框大小以及其中文本内容的多少来自动调整的，但本例希望缩小所有矩形形状，以为后面的制作留出足够的空间。于是按住【Shift】键的同时选中各个矩形，然后拖动其边框，统一缩小后的效果如下图所示。

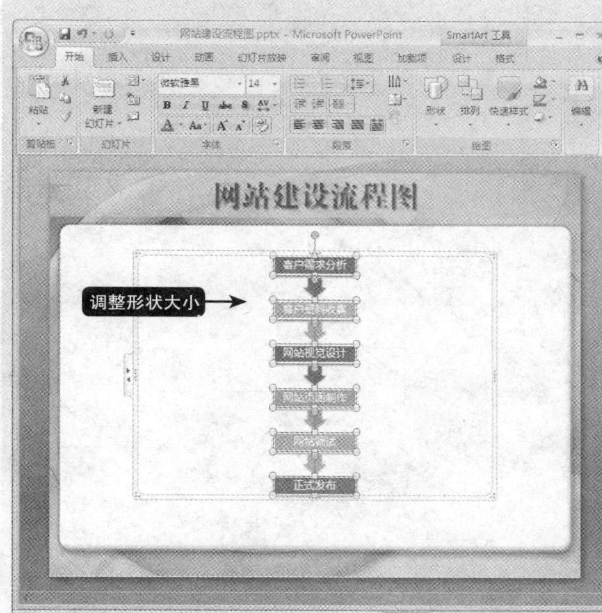

Step 07 选中图示中的“网站页面制作”形状，将其往左侧拖动，与之相连的箭头自动进行调整。然后单击“SmartArt工具 格式”选项卡下“形状”组中的“更改形状”按钮，在弹出的下拉列表中选择“椭圆”选项，改变其形状，再对其大小进行调整。

Step 08 下面单击“插入”选项卡下“插图”组中的“形状”按钮，在弹出的下拉列表中选择“椭圆”选项，然后在幻灯片中与“网站页面制作”形状对称的位置手动绘制一个与之相同的图形。

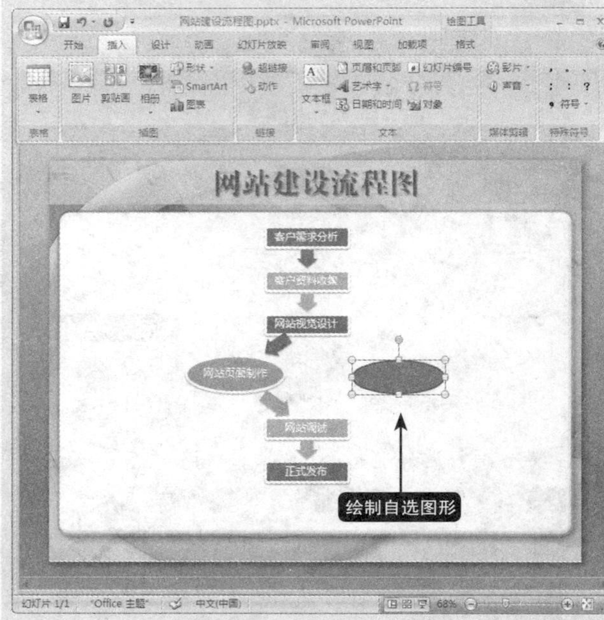

Step 09 选择新绘制的自选图形，通过“绘图工具 格式”选项卡下“形状样式”组，为其设置与“网站页面制作”形状相同的外观，并在其中输入文字和设置格式。再使用同样的方法，分别绘制两个与图示中相同的箭头图形，并调整大小和位置，使其形成图示的另一条流程分支。

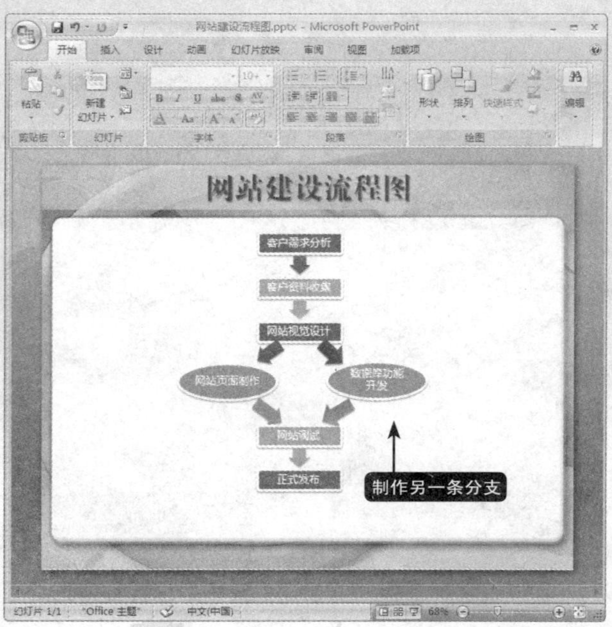

Step 10 下面将绘制流程图的背景图形，它由3个圆形组成，先手动插入一个正圆，然后将其置于底层，并设置其边框和填充颜色以及65%的透明度。

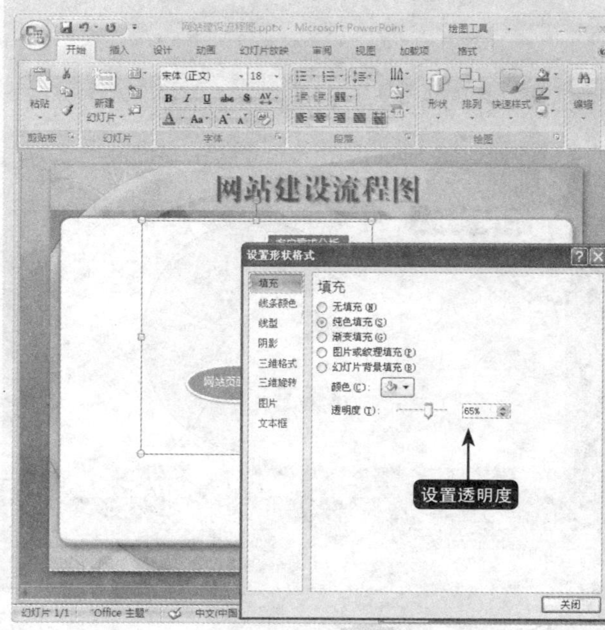

Step 11 复制绘制的正圆再生成两个正圆，并分别摆放在如图所示的位置，这样将整个主流程图划分为3个部分。

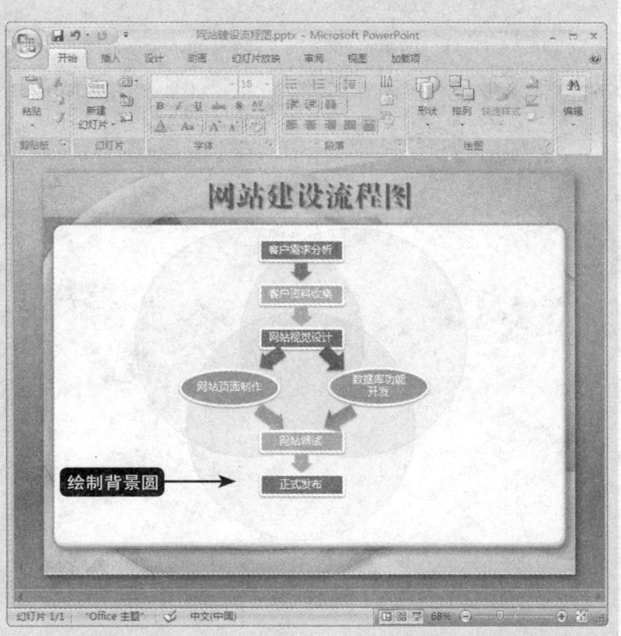

Step 12 下面将在3个正圆的边缘处添加说明文本，为了使文本与正圆更为协调，这里将使用艺术字效果。于是单击“插入”选项卡下“文本”组中的“艺术字”按钮，从弹出的下拉列表中选择一种艺术字样式。

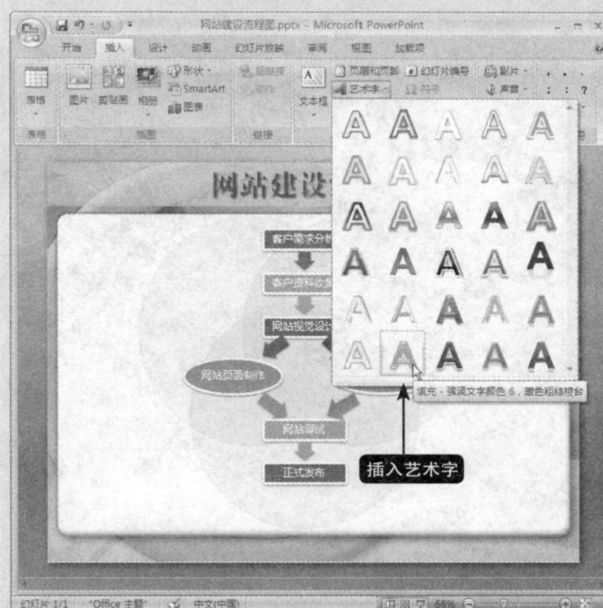

Step 13 在出现的“艺术字”占位符中输入需要的文本，再设置字体格式和大小等。然后单击“绘图工具 格式”选项卡下“艺术字样式”组中的“文本效果”按钮，在弹出的下拉菜单的“转换”子菜单中选择“上弯弧”命令，使艺术字呈弧度弯曲，再拖动控点进行弧度调整，最终得到如图所示的效果。

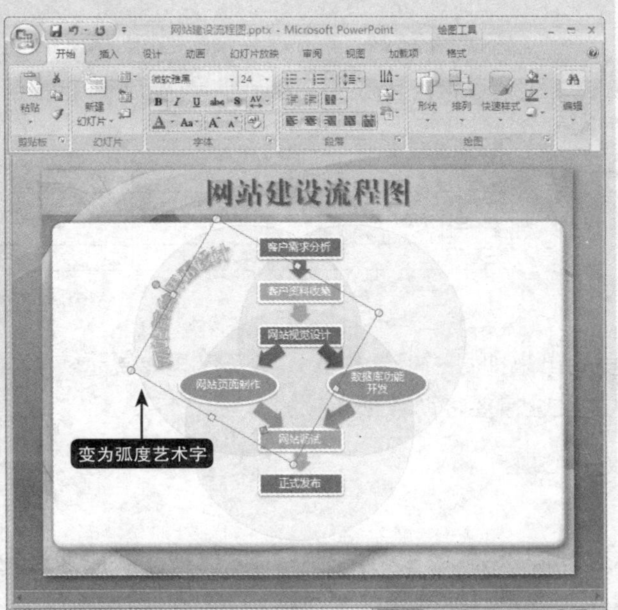

Step 14 分别在图示右侧和下侧再复制一个制作的弧度，并修改其中的文本内容并调整角度，其中最下侧的艺术字需要再次单击“文本效果”按钮，在其中为其选择方向相反的“下弯弧”效果。完成本例的图示制作后，将所有绘制的对象组合在一起。

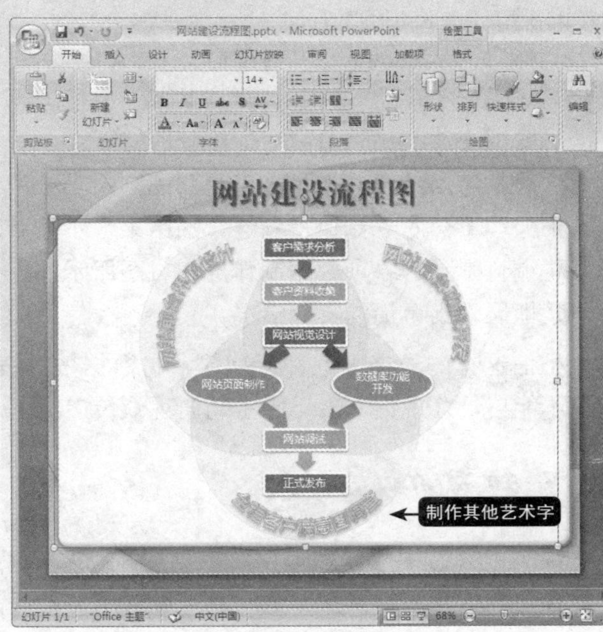

8 Chapter

明细化表格数据辅助演示

READERS' GUIDE

表格是一种表现数据的形式，通过其中行与列数据的对比可达到精确传递信息的目的。在商务领域中，幻灯片要展示的内容也常包括各种数据，这时表格便成为了一种非常重要的辅助演示方式。

MAIN CASES

8.1 通过表格让数据说话

下面是一段销售调查报告的内容：

据调查数据显示：北京7月份的葡萄酒市场比较活跃，近一半的品牌价格呈上升趋势，价格上扬幅度最大的是张裕干红，紧跟其后的是新天干白。总体来看，北京7月份葡萄酒价格呈整体上涨，究其原因，这可能是行业内部本身的竞争加剧，主要品牌借提高价格来提升产品形象所致。

这段文字虽然表达出了调查得到的结果，但读者却不能看得十分明了，对于如何得到这样的结果也不甚清楚，这时如果将调查得到的各项数据制作成如右图所示的表格，就能较清楚地展示出事情的实际情况。

北京葡萄酒价格行情（单位：元，时间：2009 年 7 月 30 日）

品牌	规格	本月超市价	上月超市价
张裕干红	750ml	38	32
长城干白	750ml	26	26
王朝干红	750ml	38	38
云南干红	750ml	45	41
威龙干红	750ml	35	32
野力干红	750ml	36	35
新天干白	750ml	34.5	30

数据表格

相信这样的表格大家都会制作，将数据按行按列罗列出来即可，但这样的表格仅仅只能展示实事，它还不能自己“说话”，不能主动向观众传递观点，这时往往需要借助数据比较的方法。

8.1.1 数据的纵向比较

数据可分为绝对数据与相对数据两种，表格中的各分项数据就是绝对数据，但这些数据不能清楚地表明各项数据之间的关系，这时就可通过用户自行计算得出的相对数据来说明问题。

例如，同样是前面一个表格，如果分别计算出各产品价格的变化幅度值，再通过纵向比较，就可很明确地得出“北京7月份葡萄酒价格呈整体上涨”以及“价格上扬幅度最大的是张裕干红”的结论，这时的表格就开始“说话”了。

北京葡萄酒价格行情（单位：元， 时间：2009 年 7 月 30 日）					
品牌	规格	本月超市价	上月超市价	涨跌	涨幅
张裕干红	750ml	38	32	+6	18.75%
长城干白	750ml	26	26	0	
王朝干红	750ml	38	38	0	
云南干红	750ml	45	41	+4	9.76%
威龙干红	750ml	35	32	+3	9.38%
野力干红	750ml	36	35	+1	2.86%
新天干白	750ml	34.5	30	+4.5	15%

纵向数据比较■

8.1.2 数据的横向比较

纵向比较的往往是不同对象的同类数据，而横向比较刚好相反，就是相同对象的不同数据，这种比较经常使用。

如下表所示即为某公司各类电脑在全国不同地区的销量和计划完成率的横向比较。

		东北区	华北区	华东区	西北区	西南区	中南区	全国
商用电脑	销量	6,300	26,059	25,525	5,196	7,655	23,923	94,658
	计划完成率	*132%*	*122%*	*138%*	*126%*	*137%*	*164%*	*137%*
家用电脑	销量	10,860	33,998	33,632	6,378	9,951	23,633	118,444
	计划完成率	*119%*	*151%*	*177%*	*129%*	*142%*	*141%*	*149%*
笔记本电脑	销量	900	3,169	1,543	691	979	1,501	8,783
	计划完成率	*109%*	*96%*	*80%*	*107%*	*152%*	*82%*	*95%*

横向数据比较■

通过上表即可轻松直观地得出结论：台式电脑（包括商用电脑和家用电脑）在各大区都超额完成任务。笔记本电脑在销量较大的华北、华东、中南三大区未完成计划，并直接影响全国的计划完成情况。

8.2 在幻灯片中创建新表格

前面介绍了使用表格进行数据比较的方法，下面详细介绍如何在幻灯片中使用表格进行辅助演示。

在幻灯片中创建表格可归纳为以下几种方法：

- **确定行列插入表格**：在创建表格前如果能确定其行列数，则可通过设置直接在幻灯片中插入相应行列数的表格，之后再在其中输入数据和进行格式调整。
- **手动任意绘制表格**：对于一些复杂结构的表格，或者在插入表格后需要对其结构进行修改，可通过手动绘制的方式，在表格中任意添加表格框架线。
- **创建Excel数据表格**：Excel是用于专门制作电子表格的软件，且与

要点提示：关键数据重点展示

使用表格进行数据比较时，可能会得出多项比较结果，这其中也包含着观众最为关心的关键数据，为了让这些数据在表格的众多数据中更为突出，可对其进行特殊的格式设置或版式安排，让其重点展示。如左图表格中计划完成率未超过100%（即未完成计划安排）的数据，可将其设置为红色字体，更为醒目。

疑难解答：是否能纵向、横向同时比较

问：能否在同一表格中既实现纵向的数据比较，又实现横向的数据比较呢？

答：从表格的制作技术上而言，当然是可以的。但是否需要这样做还得看能否得到想要的效果。

实际上如果在同一表格中进行多方向上数据的比较，就表示该表格中展示了过多的信息，信息过多与信息不足得到的效果往往是一样的，观众抓不到重点，比较也就失去了意义。所以建议读者要得到不同的比较结果，最好使用不同的表格。

PowerPoint一样都属于Microsoft的组件，它们之间能进行很好的协作，如对使用Excel制作表格很熟悉的用户，可在幻灯片中调用Excel程序来创建表格。

◆ **插入外部现有表格**：对于外部已经制作好的表格文件，如Word或Excel表格，在幻灯片中可以直接将文件插入到其中使用。

上面介绍的几种创建表格的方法中，前两种使用得最为普及，下面对其进行详细介绍。另外两种方法均涉及其他软件，将在8.5节中专门介绍。

使用技巧：通过对话框插入指定行列表格

在下面的Step01的操作中，如果表格的行列数过多而无法通过小方格来确定创建表格的行列数时，可选择其下的“插入表格”命令，在打开的“插入表格”对话框中分别设置需要的行列数即可。

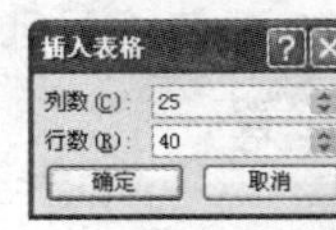

8.2.1 确定行列后创建表格

下面将在幻灯片中创建前面看到的葡萄酒价格行情表，该表由8行4列组成，因此可直接进行插入。

应用案例——创建葡萄酒价格行情表

素材 光盘:\素材\第8章\价格行情表.pptx

效果 光盘:\效果\第8章\价格行情表.pptx

Step 01 打开素材盘中第8章的“价格行情表.pptx”演示文稿，选择要插入表格的幻灯片，切换到“插入”选项卡，在“表格”组中单击“表格”按钮，在弹出的下拉列表框中显示出了多个小方格，这些小方格用于代表创建表格的行列数，在其上移动鼠标，在幻灯片中即可出现相应行列数的表格，确定出现8行4列的表格时单击。

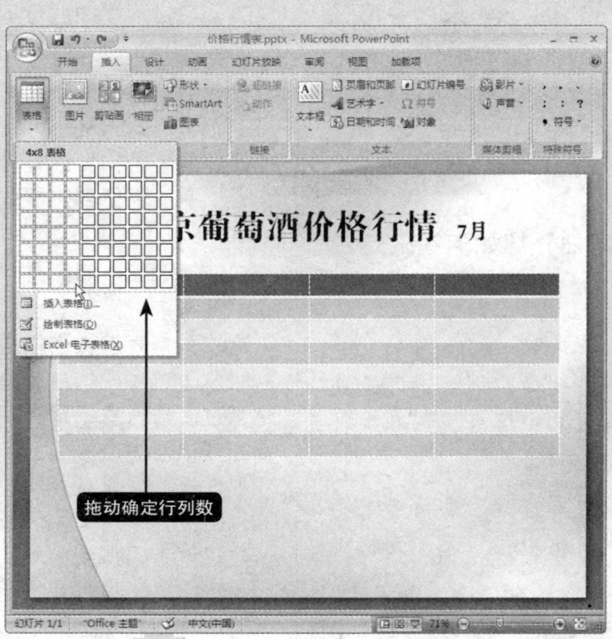

Step 02 此时可看到幻灯片中插入了需要的表格，且应用了一定的外观样式，这些样式是由系统默认指定的。整个表格存在于一个外围框中，与SmartArt图示一样，拖动外围框即可改变表格的位置或宽高度。

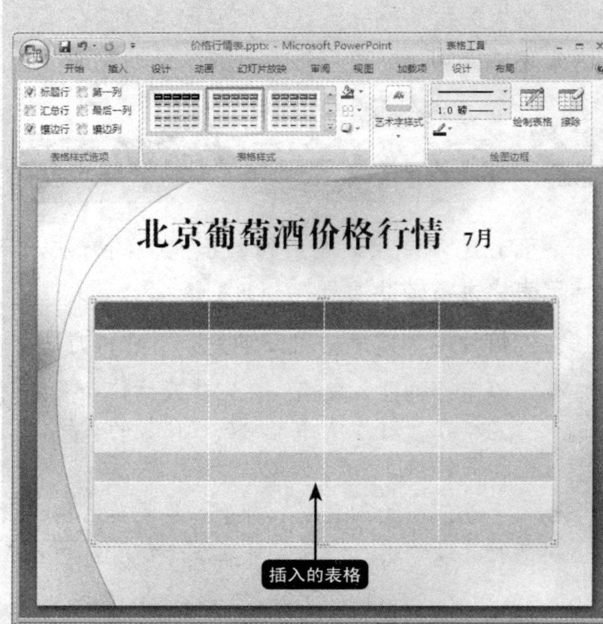

Step 03 插入到幻灯片中的表格默认各行各列都是等高等宽的，可看到闪烁的文本插入点出现在左上角的第一个单元格中，这表示可直接在其中输入内容。第一行单元格的填充颜色比其他行都深，是因为该行通常用于输入表头内容，即各数据项目关键字。这里先依次输入表头内容，文本插入点可通过单击单元格进行切换。

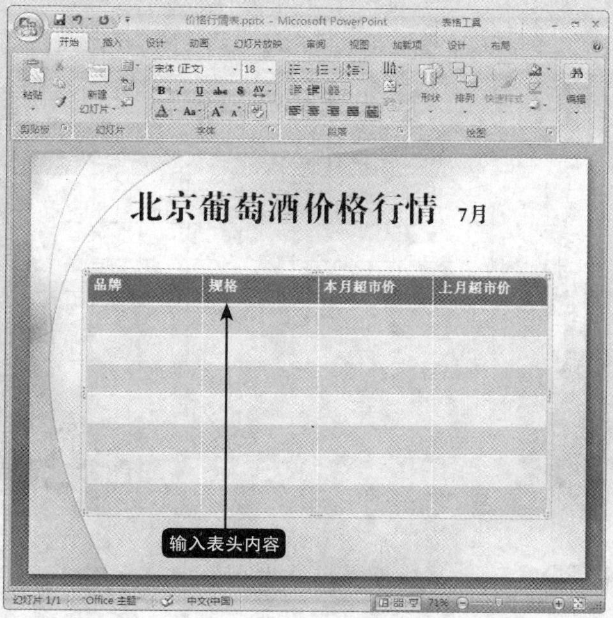

Step 04 除表头外其他单元格中即可输入各项数据，这样便初步完成了表格的创建，但其中内容的格式、各行列的布局，整个表格的外观等都还需要进一步进行设置。

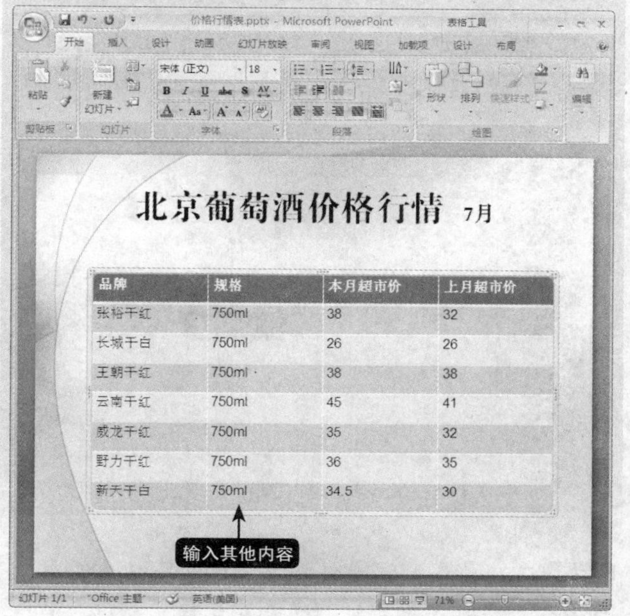

8.2.2 手动绘制复杂表格

并非所有的表格都是标准的N×N格式，一些复杂的表格的行列并不能明确地数出，有些还具有斜线表头，对于这类表格，就需要用户手动在幻灯片中绘制，来确定各行各列的边线。

下面就展示使用此方法如何绘制表格。

应用案例——绘制培训课程安排表格

素材 光盘:\素材\第8章\培训课程安排表.pptx

效果 光盘:\效果\第8章\培训课程安排表.pptx

Step 01 打开素材盘中第8章的“培训课程安排表.pptx”演示文稿，切换到要创建表格的幻灯片，单击“插入”选项卡下“表格”组中的“表格”按钮，在弹出的下拉列表中选择“绘制表格”选项，此时鼠标指针变为✎形状，表示可以开始绘制表格。下面先直接在幻灯片中拖动，绘制出表格的整体外围边框。

Step 02 此时功能区自动出现“表格工具 设计”选项卡，单击“绘图边框”组中的“绘制表格”按钮，鼠标指针再次变为✎形状，下面在表格边框中部位置单击并向左或右拖动鼠标，绘制出一条水平表格线。

Step 03 下面在表格边框中部各处单击并向上或下拖动鼠标，绘制出多条垂直表格线。完成表格的主框架绘制后，再使用同样的方法绘制其他水平或垂直表格线，细化表格的制作。

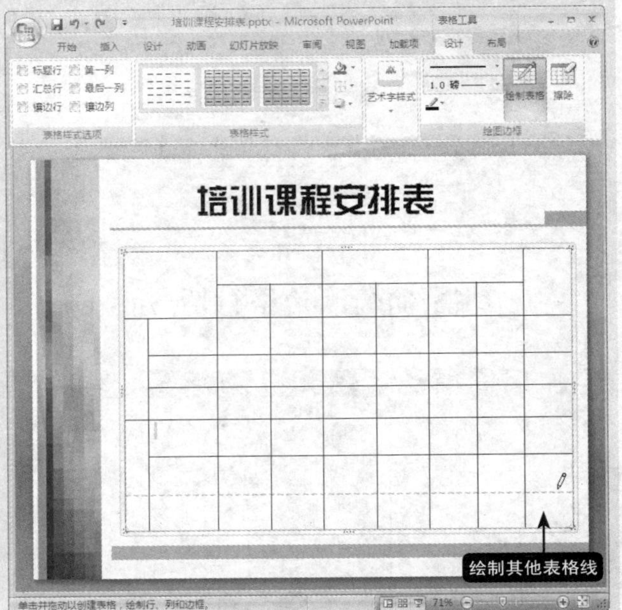

Step 04 下面将绘制斜线表头（用于在一个表头单元格中输入多项关键字），于是在表格左上角的第一个单元格中斜向拖动鼠标，绘制出一条斜线。

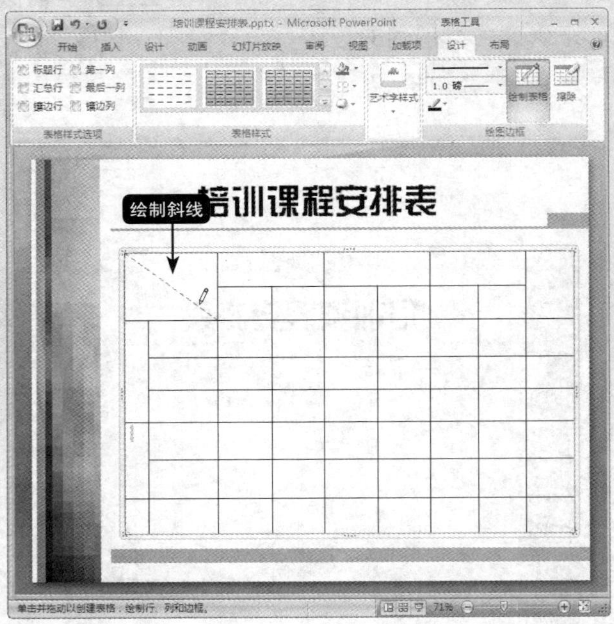

Step 05 完成表格的绘制后，发现最后一行表格线绘制错误，不应该超出其前面的一个单元格，于是单击“绘图边框”组中的“擦除”按钮，此时鼠标指针变为◇形状，单击左下角单元格中超出的线段，即可将该线段擦除。

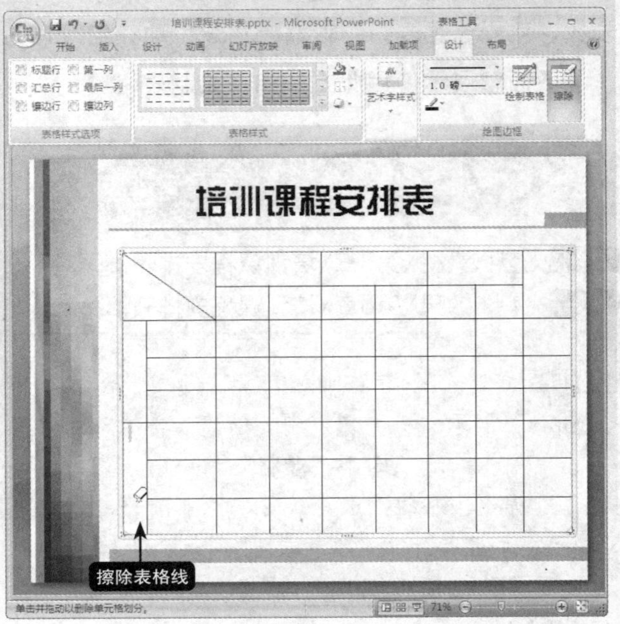

Step 06 下面依次在各单元格中单击，出现文本插入点后在其中输入相应的内容。

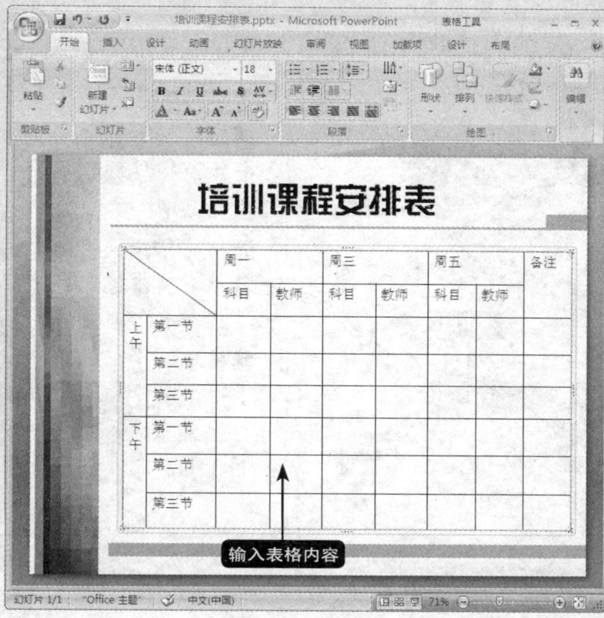

Step 07 但在斜线表头中输入内容时发现，该单元格虽然被斜线分为了两部分，但它实质上仍为一个单元格，只能在其中输入一项内容。这时就只能手动添加两个文本框，在其中分别输入内容后，将其放置在斜线表头的相应部分即可。这样便完成了本例表格的手动创建。

8.3 表格的布局调整

通过前面创建表格的操作，相信读者可以感受到，表格虽然创建完成了，但还很不完善，某些行、列的宽高度以及单元格的大小可能不符合需要，单元格中的文字布局也不美观，这时就需要再对表格的布局进行调整，这包括对单元格、行、列以及其中内容的调整，主要通过“表格工具 布局”选项卡完成。

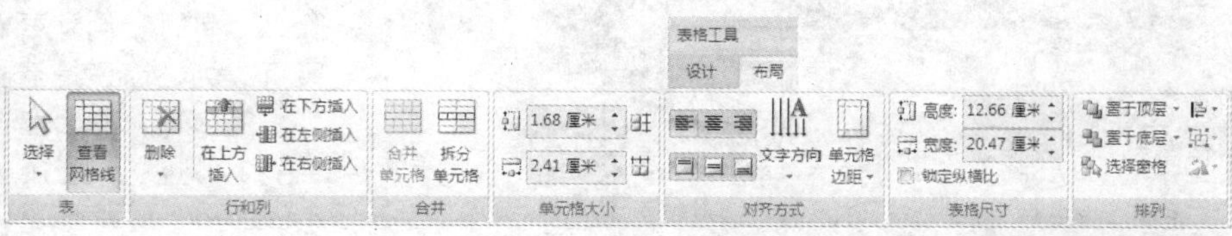

“表格工具 布局”选项卡

8.3.1 选择表格、行与列

要对某对象进行操作，首先需要选择它，对于一个单元格而言，选择其实就是选择其中的内容，直接单击拖动即可。而对于行、列或整个表格而言，除了仍然可使用拖动选择外，还可通过单击“表”组中的“选择”按钮，从弹出的下拉菜单中选择相应的命令进行快速选择。

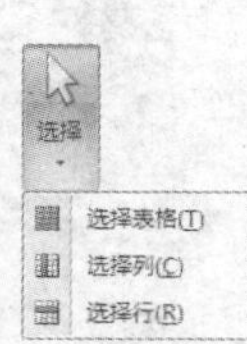

快速选择

疑难解答：无法绘制出表格线

问：我在绘制完表格的外围边框后，为什么无法在其中绘制表格线，拖动绘制出来的仍然是一个边框？

答：在前面案例的Step02和Step03步中说到，要绘制表格中的其他线条，需要在其外围边框中间开始拖动鼠标，而不能从边框位置拖动，否则PowerPoint会认为是要再绘制一个边框，而不能绘制出表格线，读者在操作时要特别注意。

8.3.2 删除与插入行或列

当表格中有多余的行与列时，需要将其删除；当表格中行列数不够时，则需要进行插入。下面通过实际案例介绍这两种操作方法。

素材 光盘:\素材\第8章\价格行情表1.pptx

效果 光盘:\效果\第8章\价格行情表1.pptx

Step 01 本例将先删除最后一行内容，于是将文本插入点定位于表格最后一行任意单元格中，然后单击“表格工具 布局”选项卡下“表”组中的“选择”按钮，在弹出的下拉菜单中选择“选择行”命令，则文本插入点所在行被选中。

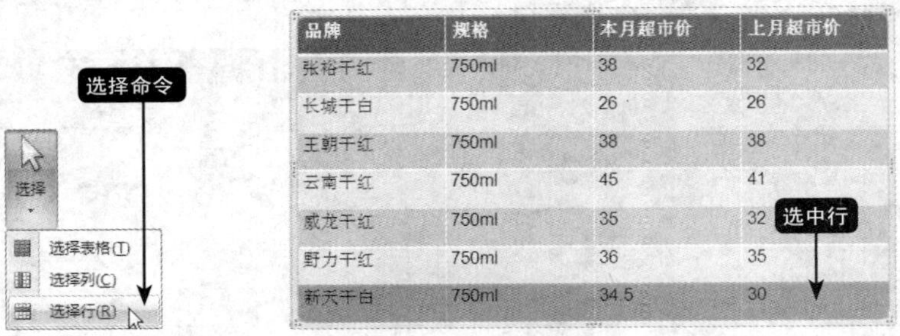

Step 02 单击“行和列”组中的“删除”按钮，在弹出的下拉菜单中选择“删除行”命令，即可将选中行删除。

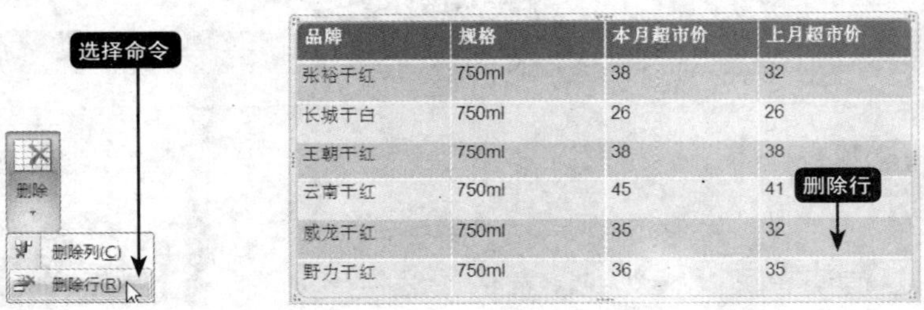

Step 03 下面准备在表格的最右侧再插入两列，于是先将文本插入点定位于当前最后一列的任意单元格中，然后单击“行和列”组中的“在右侧插入”按钮，即可插入一列，使用同样的方法再插入一列。

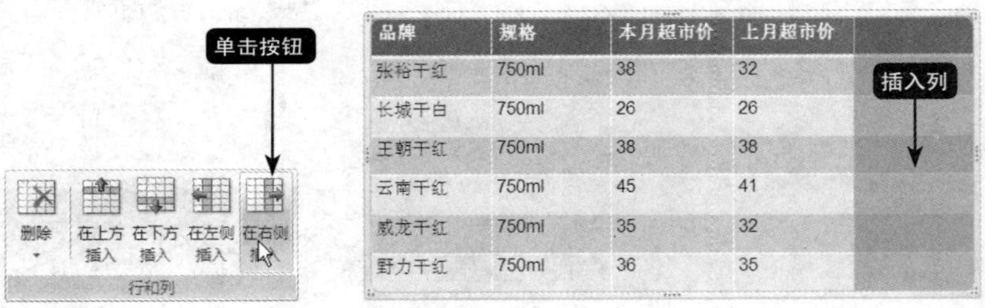

Step 04 最后在新添加的列中输入相应内容即可。

使用技巧：通过键盘在单元格中移动文本插入点的方法

前面说到在单元格中定位文本插入点是通过在单元格中单击完成的。

实际上在单元格中输入内容时，还可通过以下方法移动文本插入点：

■按【Tab】键，文本插入点将移动到下一个单元格中。

■按【Shift+Tab】组合键，文本插入点将移动到上一个单元格中。

■按【↑】、【↓】、【←】、【→】方向键可使文本插入点移动到上、下、左、右单元格中。

要点提示：只删除行列中的内容

使用左侧方法是将行或列及其中的内容全部删除，但有时我们需要保留行或列，而只是清除其中的内容，这时在选中行或列后，直接按【Delete】键即可。

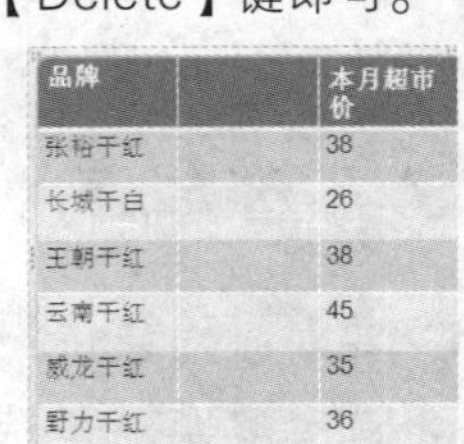

8.3.3 合并与拆分单元格

在实际制作表格的过程中，有时需要将一个单元格分割成几个单元格，或者将几个单元格合并为一个单元格，从而形成较为特殊的表格结构。这就是单元格的合并与拆分，其操作方法十分简单，下面以“价格行情表1.pptx”为例进行介绍：

Step 01 将文本插入点定位于某个单元格中，单击“表格工具 布局”选项卡下“合并”组中的“拆分单元格”按钮，在打开的“拆分单元格”对话框中设置要拆分成的行列数，然后单击“确定”按钮，即可实现单元格的拆分。

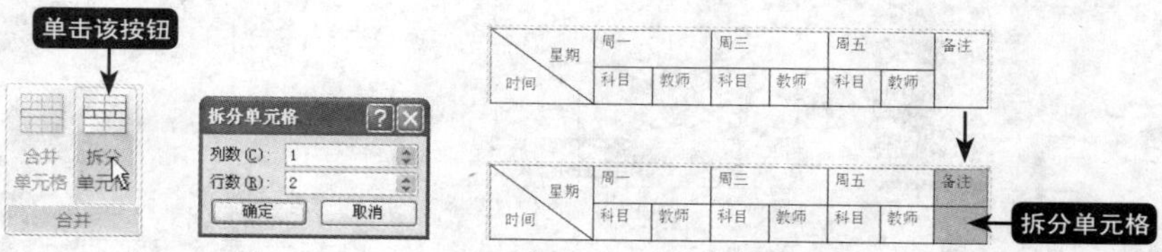

Step 02 选择两个或多个相临的单元格，然后单击“合并”组中的“合并单元格”按钮，即可将所选择单元格合并为一个单元格，原来各单元格中的内容都将保留在合并后的单元格中。

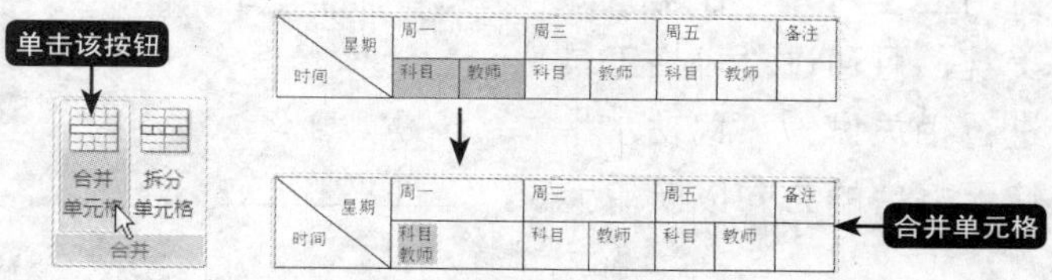

8.3.4 设置行高与列宽

根据内容多少的不同，表格中的各行行高或各列列宽有时不一定相同，这时就需要用户进行调整。调整的方法可采用手动拖动的方式和精确设置的方式。下面将分别使用这几种方法对表格行列进行设置。

素材 光盘:\素材\第8章\培训课程安排表1.pptx

效果 光盘:\效果\第8章\培训课程安排表1.pptx

Step 01 观察表格，觉得“备注”列的宽度稍窄不便于在其中输入内容，于是将鼠标指针指向“备注”列右侧边框位置，待光标变为⇹形状时向右拖动，增加该列的列宽。

Step 02 另外，发觉上午第一至三节所在各行的行高不太相等，于是使用同样的方法，将鼠标指针指向“第一节”与“第二节”行之间的交界线上，此时鼠标指针变为÷形状，上下拖动即可调整第一行的行高。

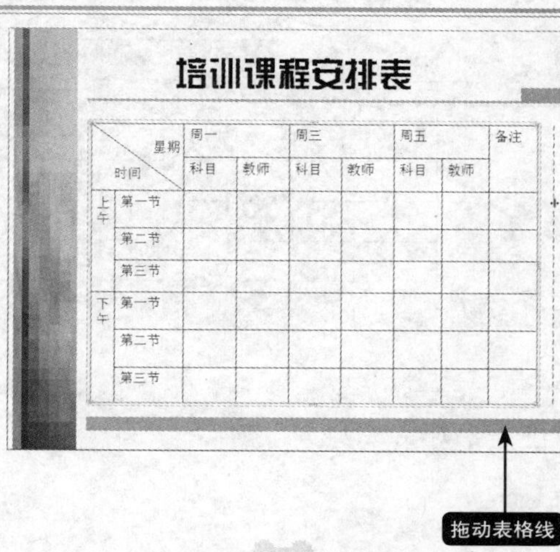

要点提示：选择行、列、单元格的方法

除了前面介绍的几种选择单元格、行或列的方法外，将鼠标指向单元格的左侧，当出现↗形状时单击可选择该单元格；

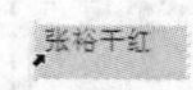

将鼠标指向某行最左侧，当出现→形状时单击可选择该行；

将鼠标指向某列顶端，当出现↓形状时单击可选择该列。

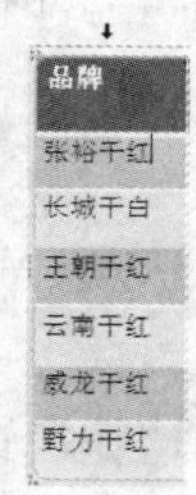

使用技巧：拖动微调行高列宽

直接拖动行列的边线进行行高或列宽的调整时，往往无法精确控制拖动的间距，这时如果按住【Alt】键再进行拖动，即会发现可控制的精确度更大了，即可微调行高或列宽。

Step 03 在拖动调整行列时发现并不能精确控制行高或列宽，于是将文本插入点定位于上午第一节所在行，通过“单元格大小”组中的“高度”数值框得知当前单元格所在行的行高值为“1.29厘米”，这里直接在其中输入“1.5厘米”后按【Enter】键，即可精确设置该行的行高。然后使用同样的方法，为其他各行设置相同的行高。

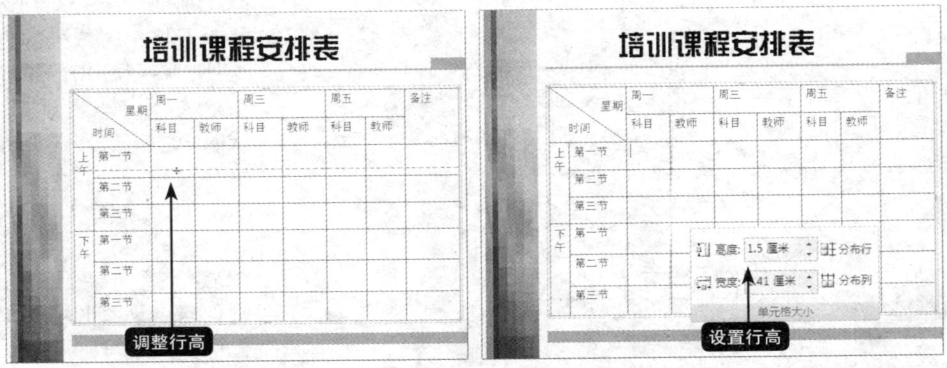

使用技巧：自动平均分布行高或列宽

选中多行或多列，然后单击“单元格大小”组中的“分布行”或“分布列”按钮，可自动平均分布各行列，使各行列具有相同的行高或列宽，这在实际制作表格的过程中非常实用。

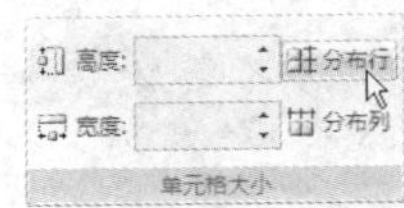

8.3.5 设置表格中文字对齐方式

表格中的文字处于单元格中，相对于单元格而言，文字在水平方向上和垂直方向上都有几种不同的对齐方式。

表格中默认输入的文字在水平方向上左对齐，在垂直方向上顶端对齐，为了使文本布局更美观，可通过“表格工具 布局”选项卡下的“对齐方式”组进行相关设置，包括水平与垂直方向上的对齐方式、文字在单元格中的方向以及单元格中的边框设置等。

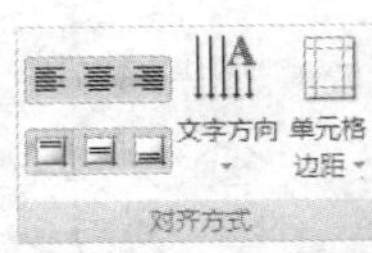

“对齐方式”组

下面通过实际操作来展示各种设置得到的效果。

素材 光盘:\素材\第8章\培训课程安排表2.pptx

效果 光盘:\效果\第8章\培训课程安排表2.pptx

Step 01 选中表格中周一至周五与备注所在列，分别单击“对齐方式”组中的“居中”按钮和“垂直居中”按钮，让其中的内容在水平方向和垂直方向上都呈居中对齐效果。

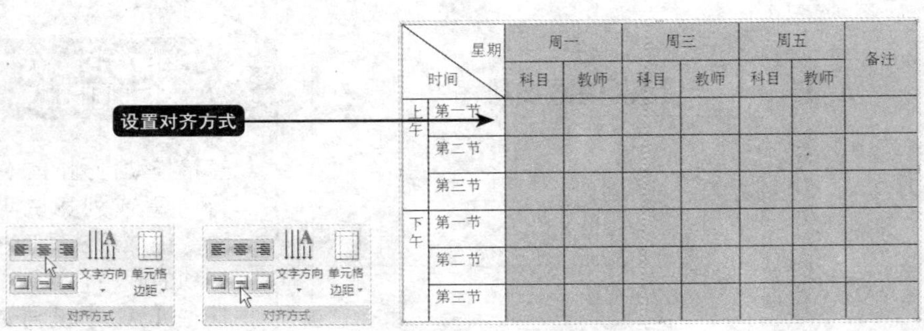

Step 02 使用同样的方法，选中上、下午以及第一至三节所在单元格，设置其在水平方向上左对齐，在垂直方向上居中对齐。

疑难解答：为空白单元格设置对齐方式有何作用

问：对于还没有填写内容的单元格设置对齐方式有什么作用呢？

答：虽然为空白单元格设置对齐方式时看不到效果，但当向这些单元格中输入内容时，该内容的对齐方式即为前面设置过的效果。类似于为空白单元格设置字体格式后，输入的文字即为设置的效果。

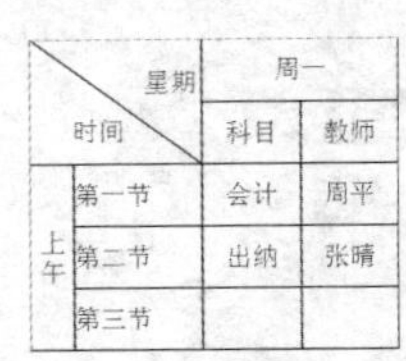

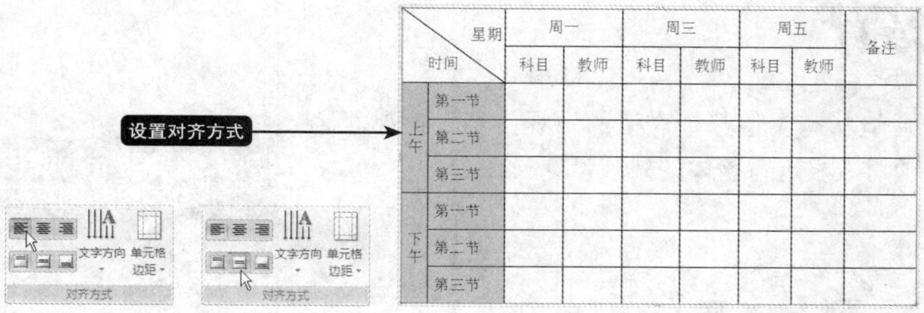

Step 03 此时可看到第一至三节单元格中的内容虽然为靠左对齐，但文字与单元格左边框仍有一定的距离，这个距离就是由单元格的边距确定的。选择第一至三节单元格，单击“对齐方式”组中的“单元格边框”按钮，在弹出的下拉列表中可看到当前被选中的即为单元格的默认边距值，上、下、左、右各值为单元格中内容与边框之间的最小间距。如果选择“无”选项，则可看到左对齐的内容与单元格的左边框紧挨在一起。

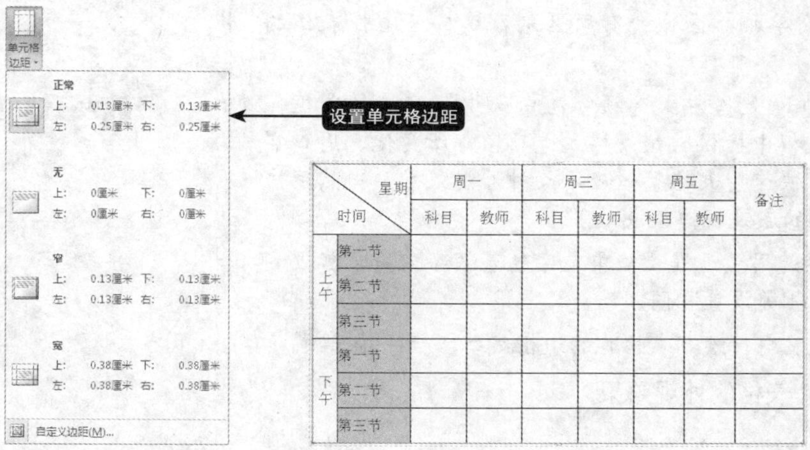

Step 04 选择“备注”单元格，单击“对齐方式”组中的“文字方向”按钮，在弹出的列表中选择“竖排”选项，即可使“备注”文本呈垂直排列方式。

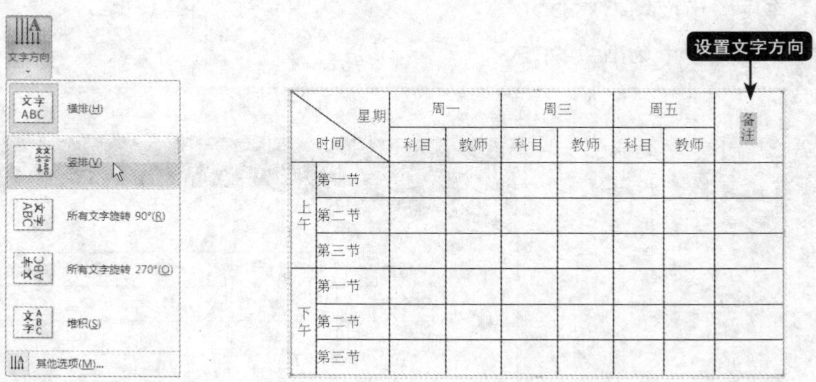

至此已基本介绍完表格的各种布局操作了，在“表格工具 布局”选项卡下还有“表格尺寸”和“排列”两个组，在其中可将表格当做一个图形对象设置其整体尺寸大小和与其他图形对象之间的排列关系，这里不进行详细介绍。

要点提示：单元格边距的设置意义

为单元格设置边距，可控制其中内容与单元格四周的间距大小，从而可控制内容在表格中的稀松程度。当某单元格较小，而其中内容较多时，为了让内容刚好放得下，即可减小单元格的边距。

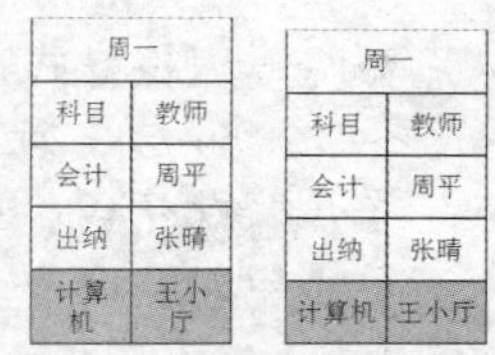

使用技巧：自定义单元格边距

除了从弹出的下拉列表中选择几种边距值外，还可在列表底部选择“自定义边距”命令，在打开的“单元格文字版式”对话框中精确设置上、下、左、右的边距值，单位为厘米。

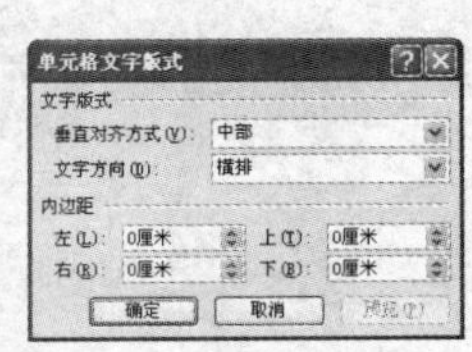

8.4 表格的外观设计

表格的布局虽然调整到了合适状态，但整个表格的外观并不太美观，这时可通过“表格工具 设计”选项对表格进行整体的外观设计。

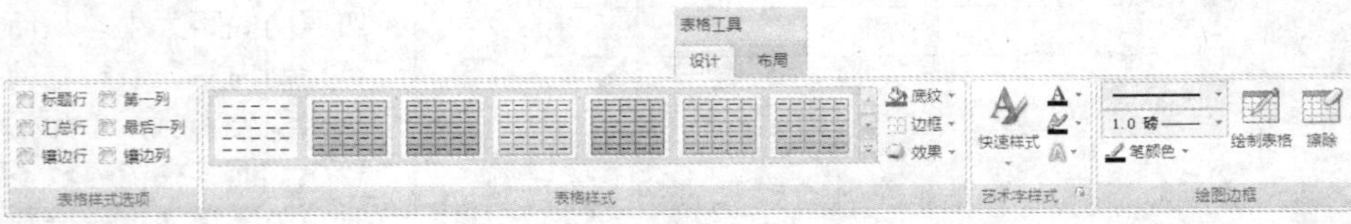

“表格工具 设计”选项卡■

该选项卡共包括如下4个组：

- **“表格样式选项”组**：选中“标题行”、“总汇行”、“第一列”和“最后一列”复选框，在“表格样式”组中对应的行列位置将显示为特殊格式。选中“镶边行”或“镶边列”复选框，在“表格样式”组中相应的奇数和偶数行列单元格区域会有所区别，这样可增强表格的可读性。
- **“表格样式”组**：通过在“表格样式选项”组中选中不同的复选框，“表格样式”组中的列表框中提供的预设样式选项会有所变化，用户在其中选择某种样式，即可快速为表格整体应用某种外观效果。当然用户也可在该组中自定义表格的底纹、边框或效果。
- **“艺术字样式”组**：主要是用于设置表格中文字的艺术字效果，其设置方法与前面介绍的艺术字相关设置相同。
- **“绘图边框”组**：用于设置自行绘制表格时的边框线型、颜色等选项。

下面通过实例来介绍如何设计表格的外观效果。

要点提示：设置手动绘制的表格线样式

默认情况下通过手动绘制的表格线为1磅的黑色样式，如希望绘制出的线型更为特别，需在绘制前就通过“绘图边框”组对线型、粗细以及颜色进行设置，然后在幻灯片中拖动进行绘制。

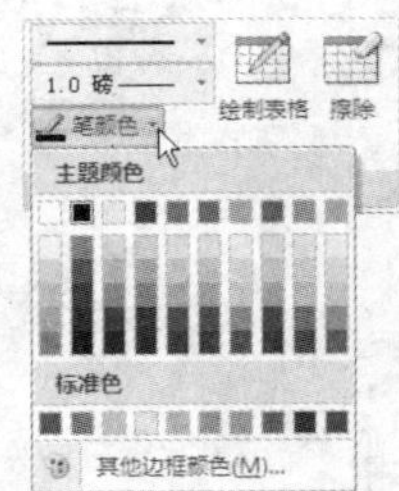

应用案例——绘制培训课程安排表格

素材 光盘:\素材\第8章\2009年1季度股市市场指数.pptx

效果 光盘:\效果\第8章\2009年1季度股市市场指数.pptx

Step 01 打开素材盘中第8章的“2009年1季度股市市场指数.pptx”演示文稿，可看到当前表格为最基本的外观样式，重点并不突出，于是需要对其表头和“指数”列进行突出显示。

指数	(收盘价)	(收盘价)	季度涨跌幅度 %
上证综合指数	1,820.800	2373.210	30.34%
深证综合指数	553.300	784.080	41.71%
沪深300	1,817.720	2507.790	37.96%
中证全债	129.600	127.940	-1.28%
中证股票基金指数	2,927.140	3643.120	24.46%
中证混合基金指数	2,891.270	3437.480	18.89%
中证债券基金指数	1,643.410	1650.700	0.44%

Step 02 选中表格后，切换到“表格工具 设计”选项卡，在“表格样式选项”组中选中“标题行”和“第一列”复选框，然后单击展开“表格样式”组中的列表框，其中列出了各类系统预设的，且突出标题行和第一列的样式选项。

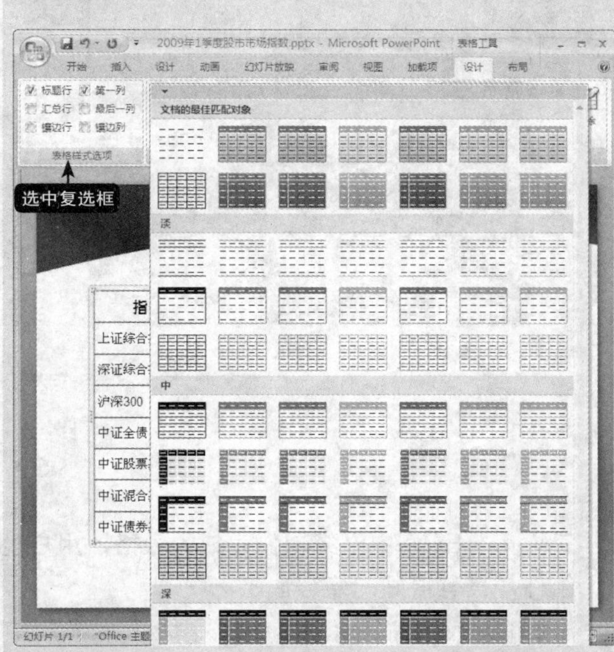

Step 03 在列表框中选择“中度样式2-强调5”样式，可看到表格的整体外观样式发生了变化，甚至连其中的文本格式也发生了变化。

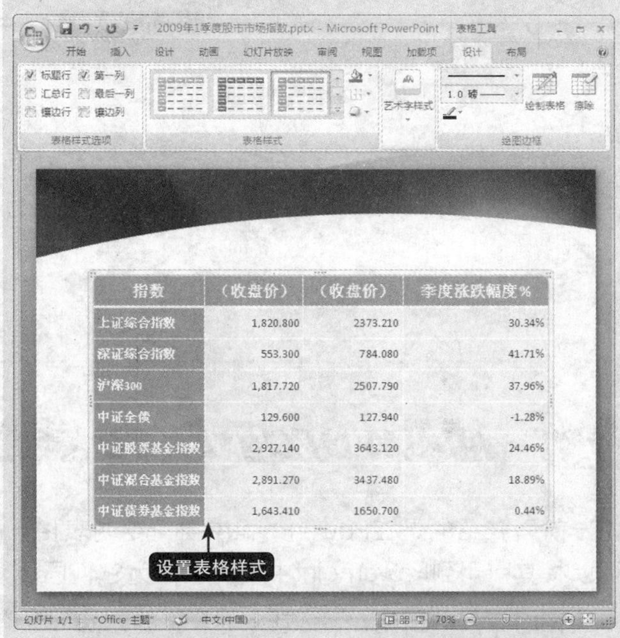

Step 04 下面还希望对数据单元格的填充与边框样式进行自定义，于是选中所有数据单元格，然后单击“表格样式”组中的“底纹”按钮，在弹出的下拉列表中选择一种颜色即可。

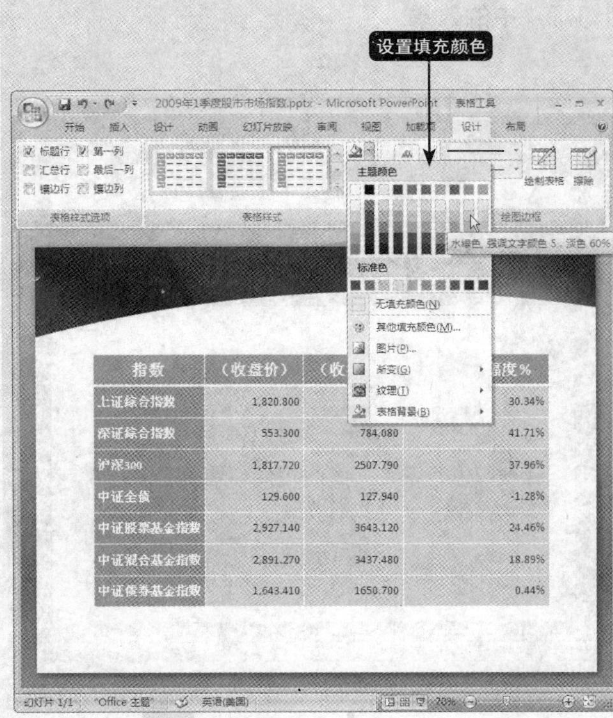

Step 05 保持所有数据单元格的选中状态，先单击“绘图边框”组中的“笔颜色”按钮，在弹出的下拉列表中选择一种颜色，然后单击“表格样式”组中的“框线”按钮，在弹出的下拉列表中选择“内部框线”选项，即可为所有选中单元格设置指定颜色的内部框线效果。

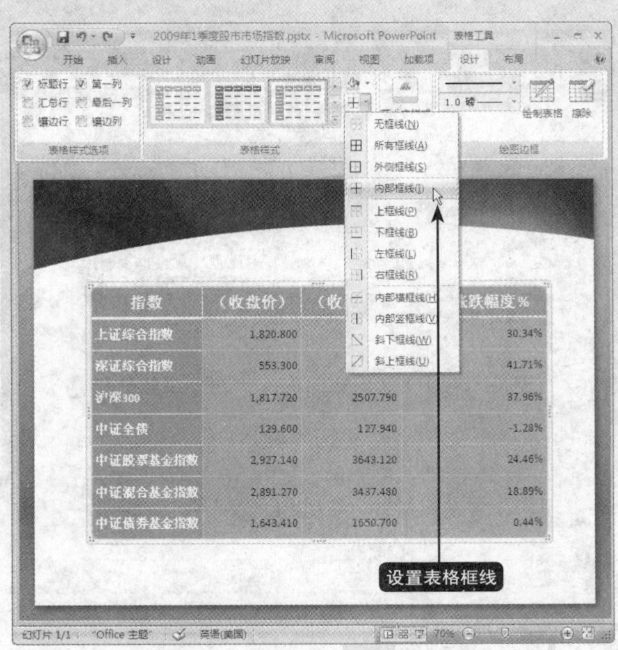

Step 06 为了突出显示“季度涨跌幅度”为负值的单元格，于是将该单元格选中，设置其字体颜色为红色，然后单击“表格样式”组中的“效果”按钮，在弹出的下拉菜单中的“单元格凹凸效果”子菜单下选择一种棱台突出效果。完成本例表格的外观设置。

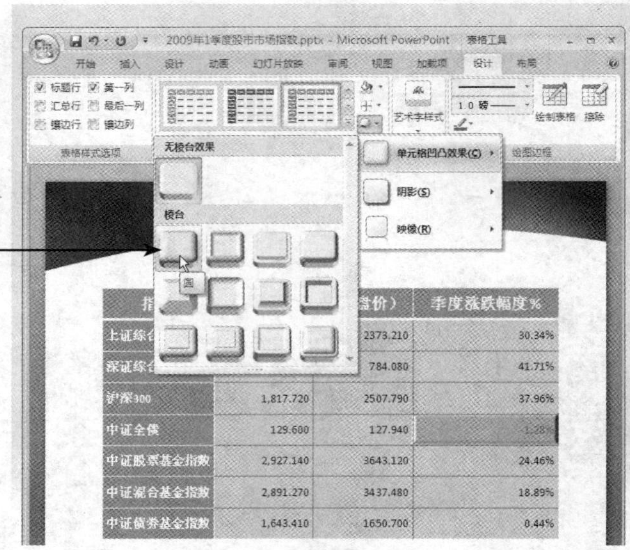

8.5 插入Word或Excel表格

前面介绍的是在PowerPoint中自行绘制表格，而对于在Word、Excel中已经制作完成的表格，用户也可以将其引用到PowerPoint中使用，因为它们同属于Office组件，具有很好的兼容性。

在幻灯片中引用Word或Excel表格的方法大致有4种，效果也不尽相同，下面分别进行介绍。

8.5.1 直接复制粘贴Word/Excel表格

对于Word/Excel表格，用户直接执行复制与粘贴操作，即可将表格快速插入到幻灯片中，且还可在PowerPoint中轻松对该表格的内容进行编辑修改以及格式设置等操作，该表格与用户自行绘制的表格属性相同。如下图所示即为直接将Word中的表格复制粘贴到幻灯片中的效果。

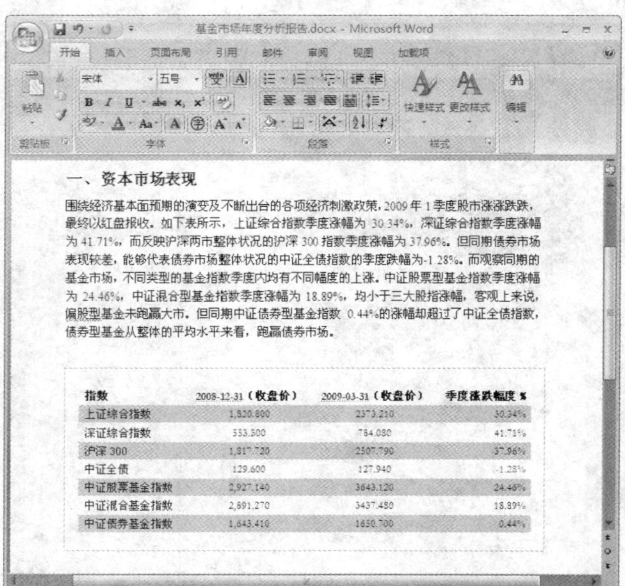

■Word中的表格

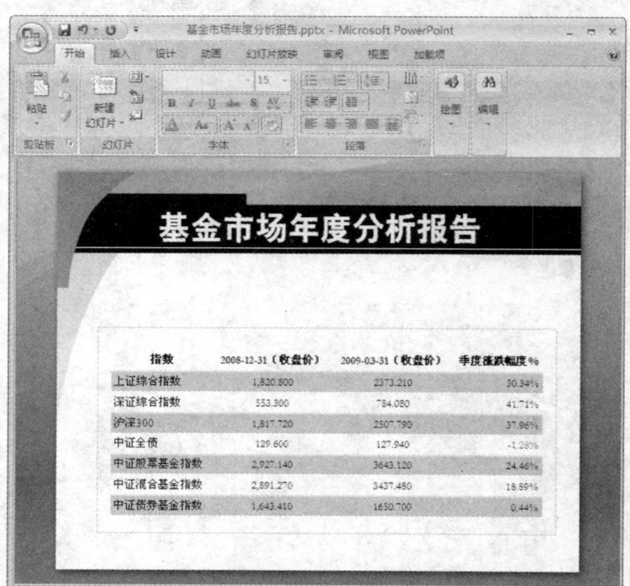

复制到幻灯片中的表格■

如下图所示则为直接将Excel中的表格复制粘贴到幻灯片中的效果。

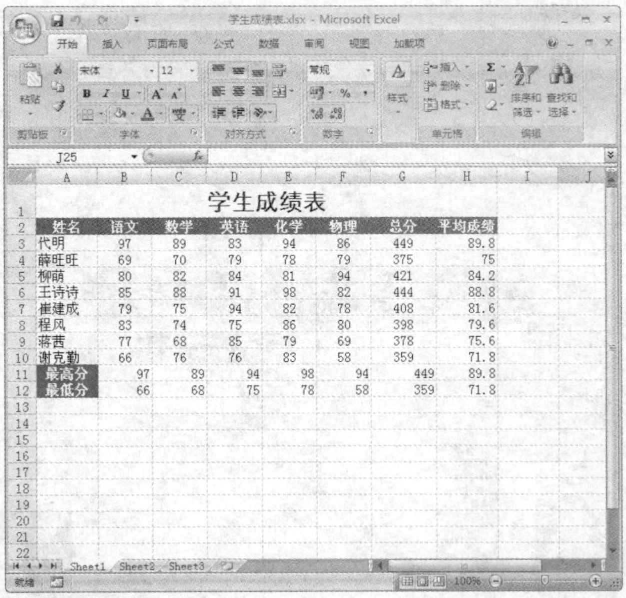

■Excel中的表格

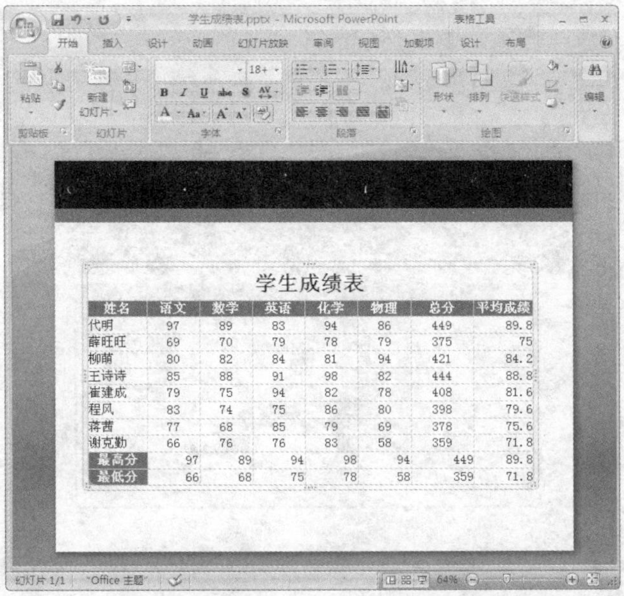

复制到幻灯片中的表格■

8.5.2 插入Word/Excel表格对象

使用前面介绍的直接粘贴的方法，得到的表格与PowerPoint中的表格一样，将通过PowerPoint程序对其进行编辑，如果希望插入的表格保留其原有格式，且可通过原程序对其进行编辑，则可将表格以对象形式插入到幻灯片中。

下面通过实例介绍具体操作。

素材 光盘:\素材\第8章\学生成绩表.xlsx、学生成绩表.pptx

效果 光盘:\效果\第8章\学生成绩表.pptx

Step 01 打开素材盘中第8章的“学生成绩表.pptx”演示文稿，切换到“插入”选项卡，在“文本”组中单击“对象”按钮。

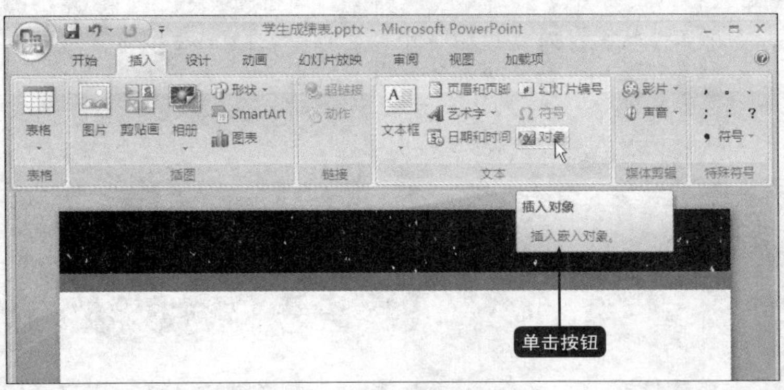

Step 02 在打开的“插入对象”对话框中选中“由文件创建”单选按钮，然后单击“浏览”按钮，在打开的对话框中找到要插入的“学生成绩表.xlsx”文件，单击“确定”按钮。

Step 03 返回到“插入对象”对话框，再单击“确定”按钮，即可在当前幻灯片中插入该表格文件，拖动其边框可改变表格大小，但与直接粘贴生成的表格不同，

使用技巧：将表格粘贴为对象

除了将表格文件以对象方式插入外，还可先在原程序中复制整个表格内容，然后在PPT中单击“粘贴”按钮的下拉按钮，在弹出的下拉菜单中选择“选择性粘贴”命令，然后在打开的“选择性粘贴”对话框中选中“粘贴”单选按钮，在中间的列表框中选择“Microsoft Office Excel工作表 对象”选项，单击“确定”按钮即可。

它不能在PowerPoint中轻松编辑。实际上该表格仍然为Excel表格属性，双击表格将使功能区变换为Excel 2007状态，此时即可调用Excel 2007对表格进行各种编辑操作。

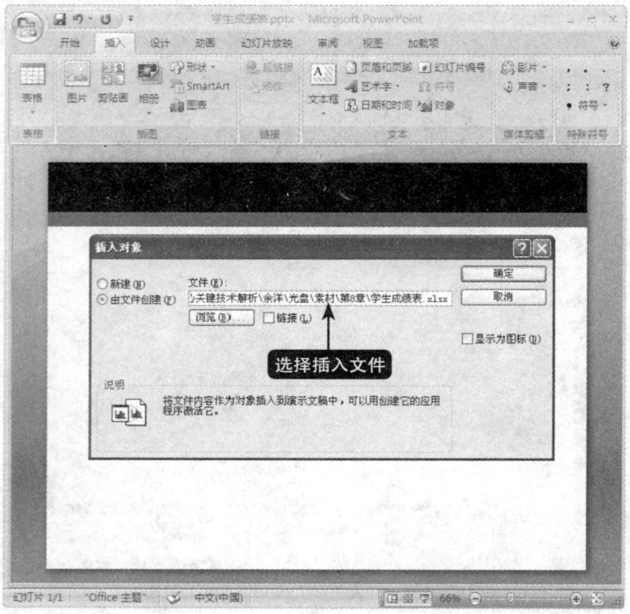

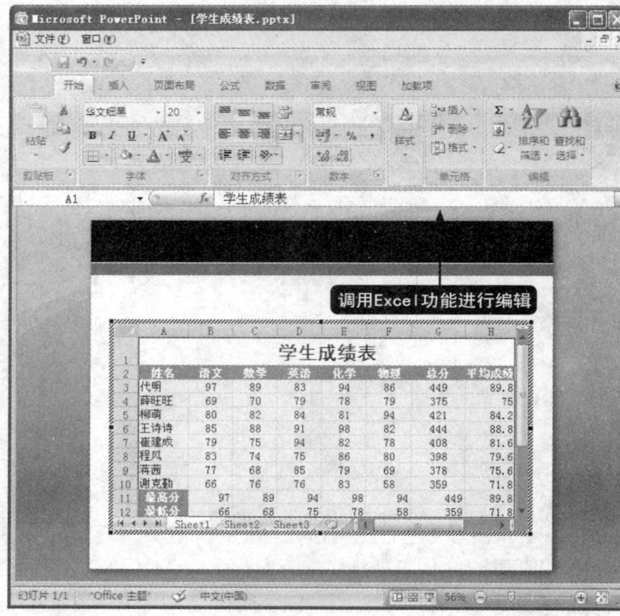

8.5.3 粘贴为可自动更新的链接表格

使用前面介绍的方法得到的表格与源表格之间没有任何关系，而如果将表格作为链接文件插入，则源表格中的数据发生变化时，幻灯片中表格的对应数据也将自动更新，这样即可保证数据的实时准确性。下面通过实际操作介绍将外部表格粘贴为链接表格的方法。

素材 光盘:\素材\第8章\产品生产计划表.xlsx、产品生产计划表.pptx

效果 光盘:\效果\第8章\产品生产计划表.pptx

Step 01 通过Excel 2007打开素材文件“产品生产计划表.xlsx”，在其中选中所有表格内容，然后按【Ctrl+C】组合键执行复制操作。

Step 02 在PowerPoint 2007中切换到要粘贴表格的幻灯片，然后单击“粘贴”按钮的 按钮，在弹出的下拉菜单中选择“选择性粘贴”命令，在打开的“选择性粘贴”对话框中选中“粘贴链接”单选按钮，然后在中间的列表框中选择“Microsoft Office Excel工作表 对象”选项，然后单击“确定”按钮。

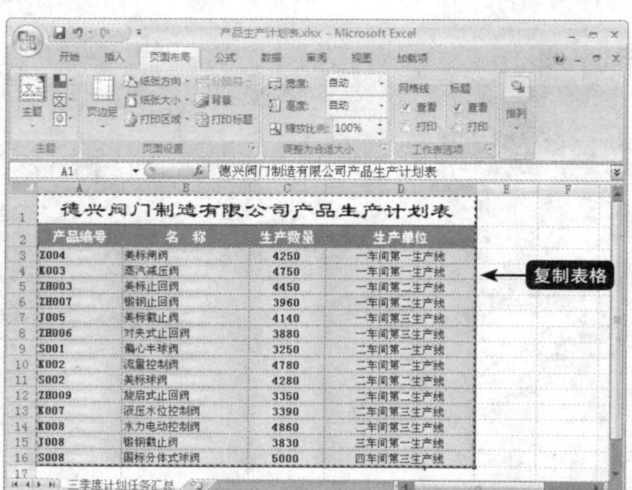

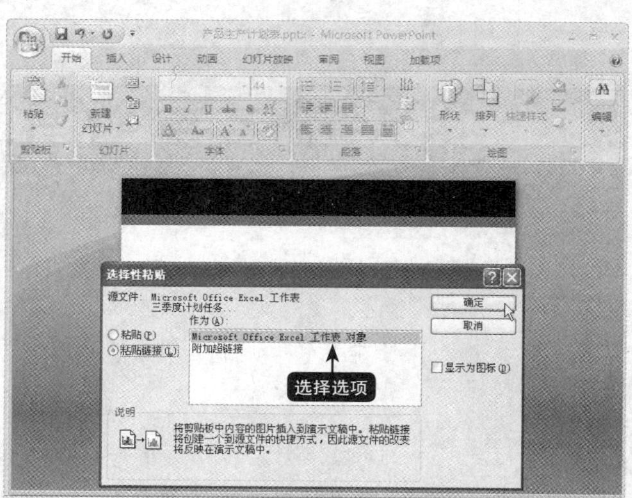

Step 03 此时即可看到当前幻灯片中插入了Excel表格，与作为对象插入时一样，该表格只能通过Excel 2007对其进行编辑，所不同的是，当该Excel源表格中的数据发生变化时，幻灯片中表格中的对应数据将自动发生变化。

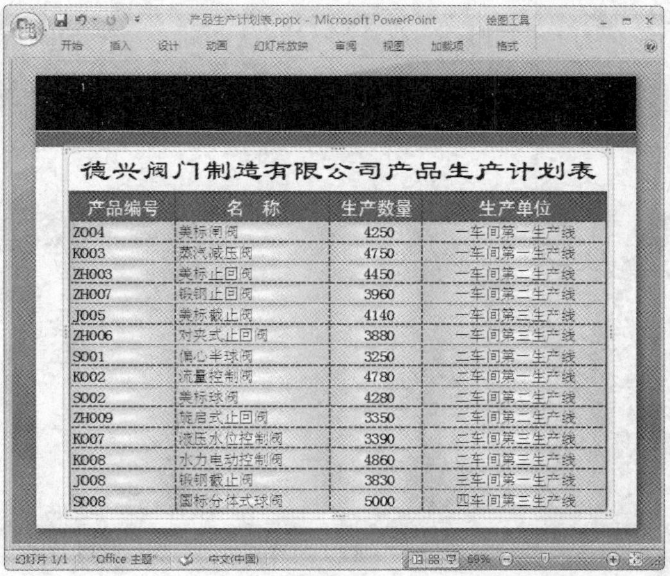

使用技巧：插入可自动更新的链接表格

使用插入的方法同样可将插入对象链接到原文件，并进行数据的自动更新，其方法如下：

在“插入对象”对话框中选中“由文件创建”单选按钮，然后在链接文件地址下方选中“链接”复选框即可。

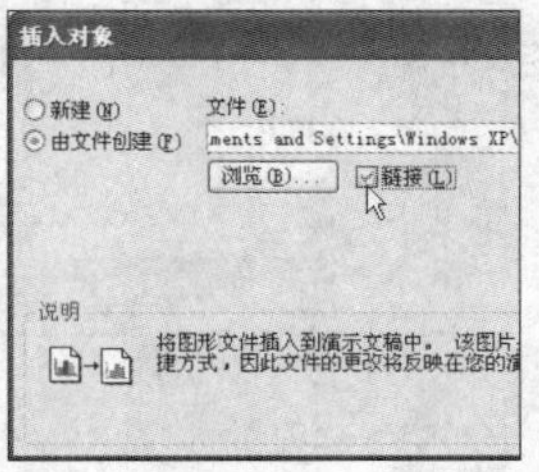

8.5.4 在PowerPoint中调用Excel程序创建表格

除了插入已经制作好的外部表格外，在PowerPoint中也可直接调用Excel程序来创建表格，创建的表格可使用Excel的全部功能进行数据的编辑与处理。下面以在幻灯片中创建一个销量统计表为例进行介绍。

应用案例——调用Excel创建销量统计表格

素材 光盘:\素材\第8章\销量统计表.pptx

效果 光盘:\效果\第8章\销量统计表.pptx

Step 01 打开素材盘中第8章的“销量统计表.pptx”演示文稿，单击“插入”选项卡下“表格”组中的“表格”按钮，在弹出的下拉菜单中选择“Excel电子表格”选项。

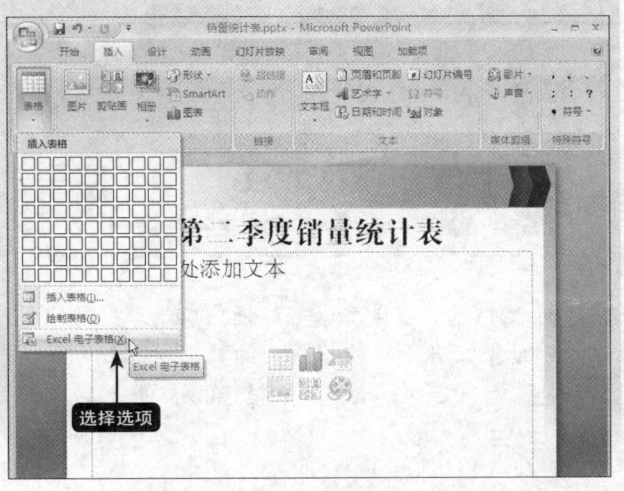

Step 02 此时当前幻灯片中将出现一个表格编辑区，拖动边框可改变其位置或调整编辑区的大小，PowerPoint的功能区也变为了Excel的功能区。

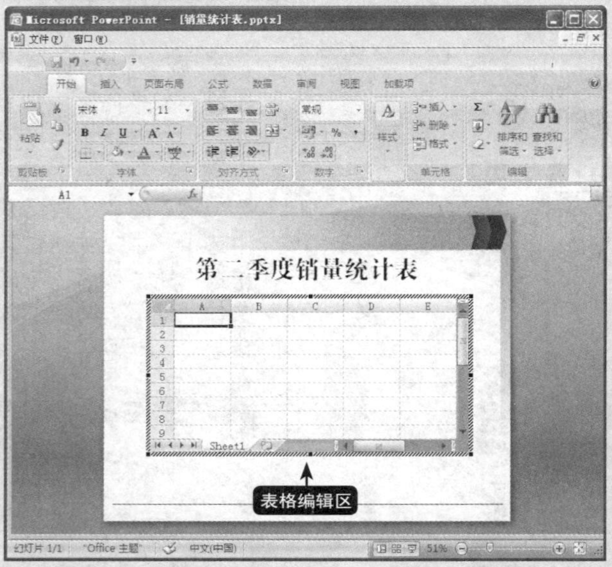

Step 03 下面在表格编辑区中的各单元格中输入相应的内容。

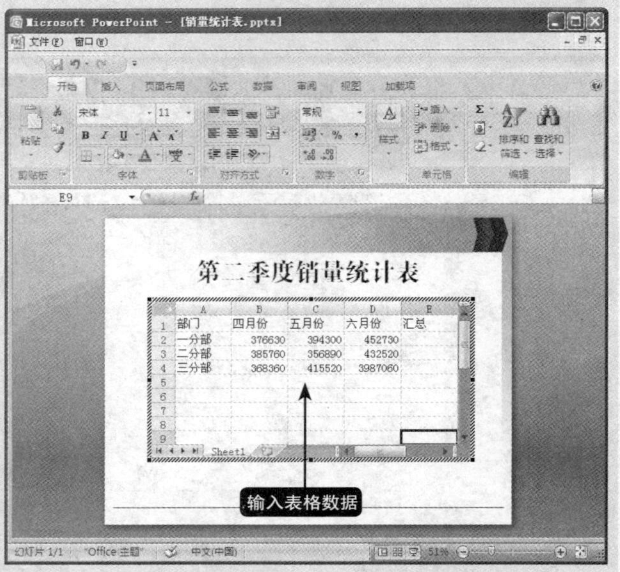

Step 04 选择各单元格中的内容，为其设置字体效果，然后为表格设置填充和边框效果，其设置方法与PowerPoint中的表格格式设置相似，在Excel中是通过“开始”选项卡进行设置的。

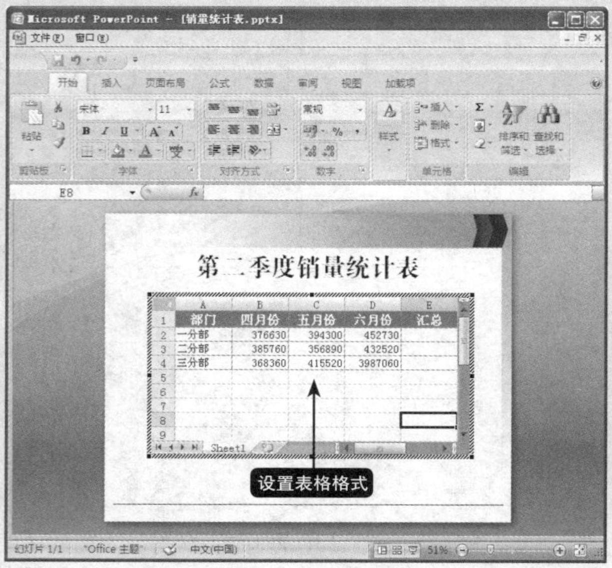

Step 05 下面要进行汇总计算，先选中“汇总”列下的第一个单元格，然后单击“开始”选项卡下“编辑”组中的“求和”按钮Σ。

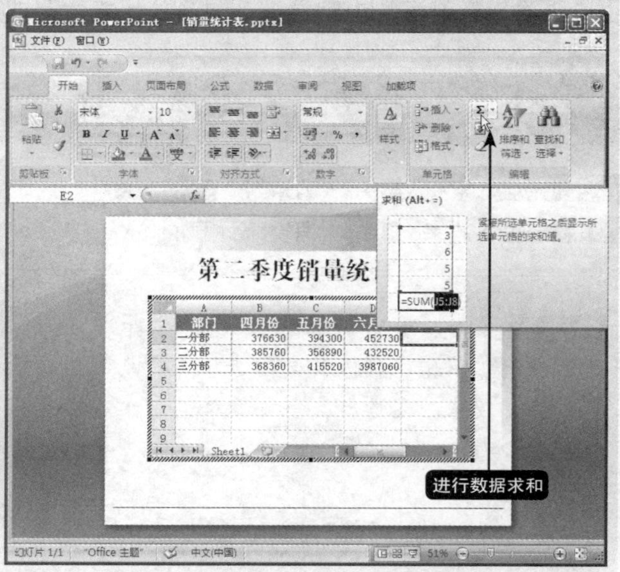

Step 06 此时Excel会自动以虚线框住所选单元格左侧的所有数据，表示将依据框内的数据计算汇总值，这正是本例需要的，于是单击【Enter】键确定。

Step 07 使用同样的方法，计算出其他两项汇总值，选择汇总值所在单元格，通过功能区下侧的编辑栏可看到其中应用了公式，这是Excel的基本功能，但却是PowerPoint所不具备的，可见使用此方法可方便地在幻灯片中制作需要进行数据计算的表格。

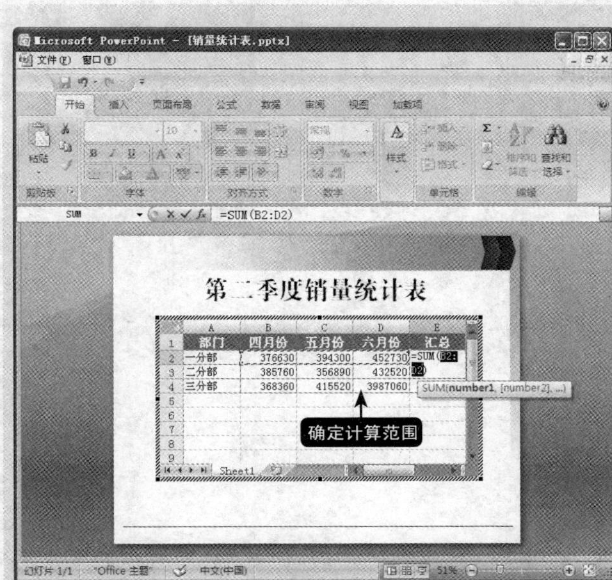

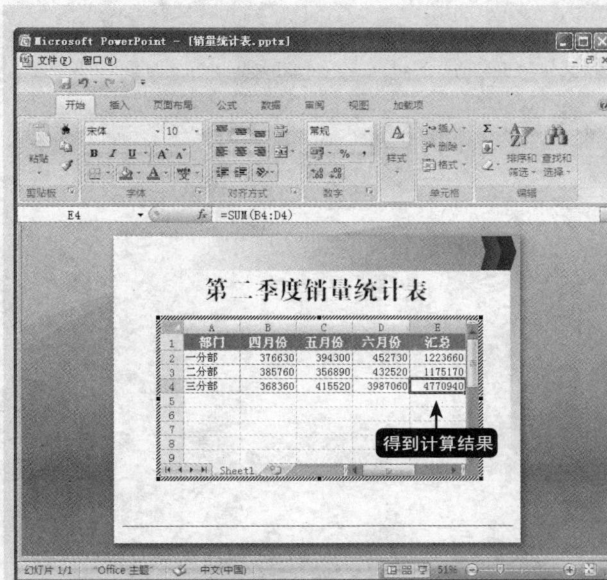

Step 08 完成表格的制作后，拖动表格编辑框将没有内容的单元格遮挡住，然后在编辑框外任意位置单击，退出表格的Excel编辑状态，功能区恢复到原来的PowerPoint状态。至此便完成了本例表格的创建。

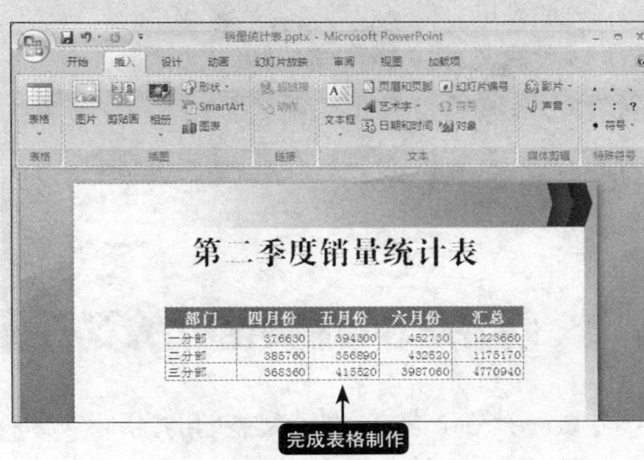

9 Chapter 图形化数据辅助演示

READERS' GUIDE

图表是以直观的图形外观来表达数据信息的有用工具。与相对抽象的表格数据相比，通过图表可更为形象与直接地表示数据之间的差异、走势预测和发展趋势等，因此图表在商业领域中也得到了广泛的应用。

MAIN CASES

9.1 认识PowerPoint中的图表

在PowerPoint 2007中，系统为用户提供了多种类型和样式的图表，以便将各种不同特点的数据制作成直观的图表来传递信息。

在使用图表之前，将先介绍如何在幻灯片中创建图表，以及认识图表的各个组成部分和各种不同类型图表的作用等。

9.1.1 创建新图表

在幻灯片中创建新图表大致可分为三步，先根据数据特点确定图表类型，再选择具体的图表样式，最后输入图表创建时依据的数据，即可自动生成相应的图表。

例如要依据第8章制作的“第二季度销量统计表”中的数据制作成图表。

素材 光盘:\素材\第9章\销售统计图.pptx、销售统计表.pptx

效果 光盘:\效果\第9章\销售统计图.pptx

Step 01 先分析表格中的数据，为了体现各分部门在第二季度3个月中销量的对比，则选择柱形图表最能展示这类数据的特点。

要展示的数据

部门	四月份	五月份	六月份	汇总
一分部	376630	394300	452730	1223660
二分部	385760	356890	432520	1175170
三分部	368360	415520	3987060	4770940

Step 02 确定了图表的类型后，下面在演示文稿中切换到要插入图表的幻灯片，然后单击“插入”选项卡下“插图”组中的“图表”按钮，打开“插入图表”对话框。

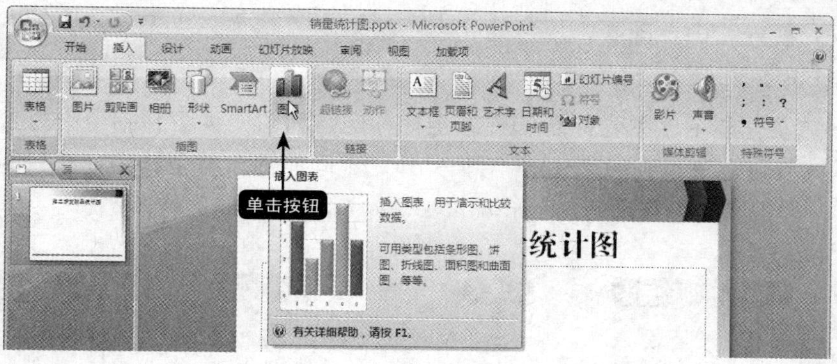

Step 03 对话框左侧的各选项卡即为图表的分类，选择“柱形图”分类后，在中间的列表框中将详细列出该分类下的不同样式的图表，这里选择第一种“簇状柱形图”选项，然后单击“确定”按钮。

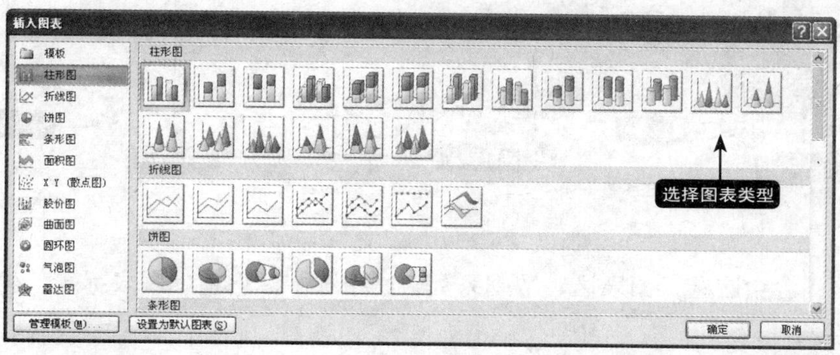

Step 04 此时系统将自动调用Excel 2007打开一个工作表，其中出现了预设的表格内容，这就是图表对应的数据表。下面对应前面制作的表格数据，将图表数据表中的“类别”更改为“一分部”～“三分部”，将“系列”更改为“四月份”～“六月份”，然后将其下的数据进行对应修改。最后将多余的“类别4”一行删除。

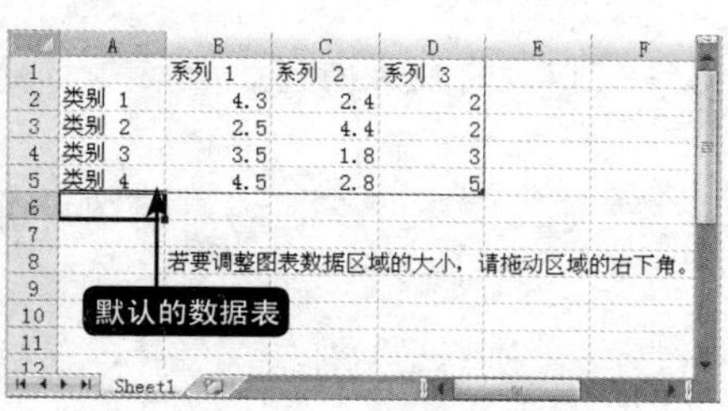

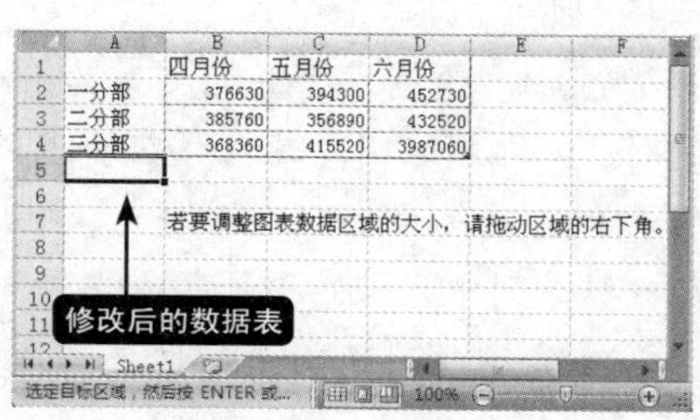

Step 05 完成图表数据的输入后，关闭数据表窗口，回到幻灯片中即可看到已经成功创建了一个柱形图表。

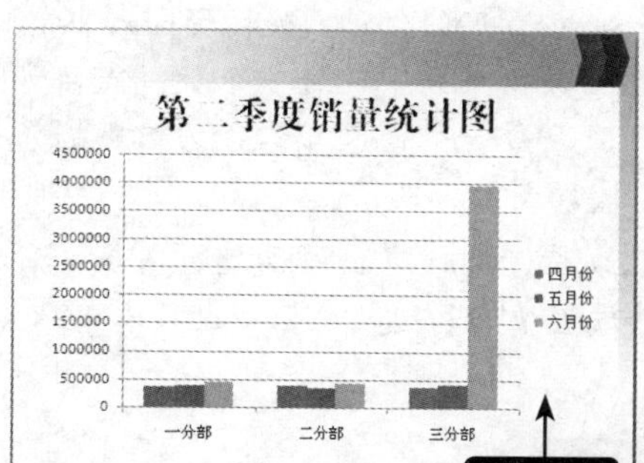

要点提示：增加数据表的行列数

选择图表类型后打开的数据表格，其中默认具有了5行4列的数据，用户在修改这些数据时，如果需要增加行列数，则可直接拖动表格中数据区域右下角的控点，然后在增加的行列中输入数据即可。而删除行列的操作与Excel中的操作相同。

要点提示：图表同样具有图形属性

与幻灯片中的图形、表格、SmartArt图示对象一样，虽然它们各有其自身的功能和特点，但它们都具有图形属性，对于在幻灯片中创建的图表，拖动其外围边框即可调整其位置和大小，对于图表中的对象，也可像其他图形对象一样设置其填充和边框等格式。

9.1.2 认识图表组成部分

新创建的图表将采用系统默认的布局结构，用户可根据需要对其布局结构进行改变，如改变图表中各组成部分的位置及需要的图表元素等，由于图表中包含的元素比较多，因此有必要先来认识一下图表的各个组成部分，便于后面的操作。

创建的柱形图表默认情况下并没有显示出图表标题和横纵坐标标题，为了向读者介绍得更为全面，这里先将各标题都显示出来，具体设置方法将在9.3节中介绍。另外，不同的图表类型其组成部分的外观形状稍有不同，因此这里再列出一个折线图表来进行对比介绍。

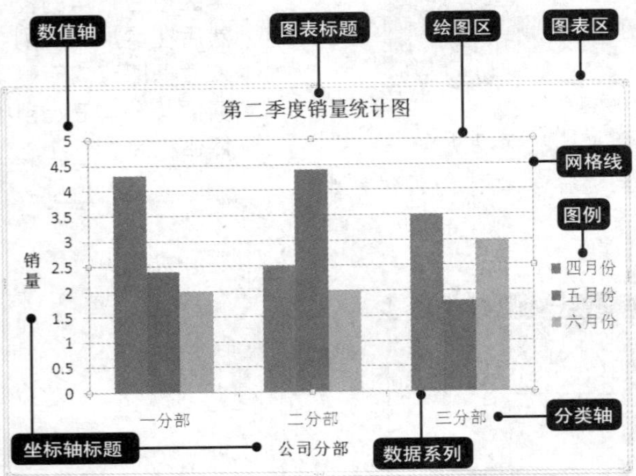

■柱形图表

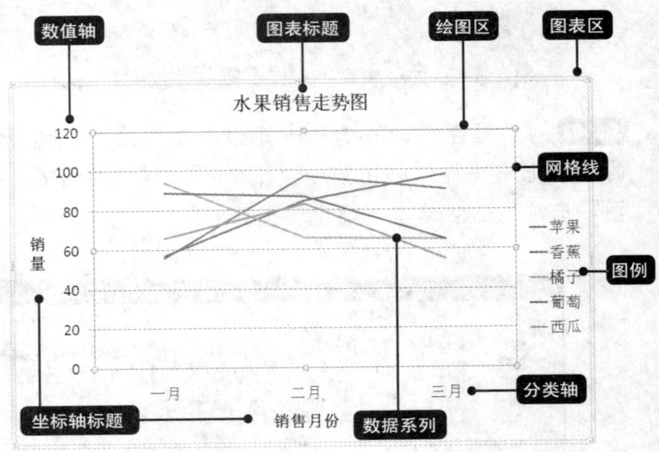

折线图表■

从上图可以看到，图表通常包含绘图区、图表区、数据系列、网格线和图例项、图表标题、坐标轴（分类轴和数值轴）和坐标轴标题等部分。

图表的这些部分对象之间有些是并列关系，有些是包含与被包含关系，主要关系如下：

- ◆ 图表区是图表中最大的元素，包含其他所有图表元素，任何图表元素都不能独立存在于图表区之外。
- ◆ 绘图区以图形表达数据的主要区域，包含数据系列、坐标轴、网格线等元素，如果是三维图表，还会包含背景墙。
- ◆ 图表标题、坐标轴标题、图例与绘图区是并列关系，一个图表中可以没有图表标题、坐标轴标题与图例，但绝不能没有绘图区，否则该图表就没有意义。
- ◆ 图例由图例项组成，图例项即图例中的每一个项目，如“四月份”、“苹果”等，每个图例项前面都有一个颜色标记，与数据系列中代表的项目颜色相同。
- ◆ 网格线分主要网格线和次要网格线，默认情况下只显示主要网格线，它穿过类别轴或值轴，使数值更易于读取。
- ◆ 数据系列是用来表示数据的一个系列，如柱形图表中包含3个数据系列，通常不同的数据系列都用不同的颜色来区分，每个数据系列中包含多个数据点，如柱形图中代表四月份的所有蓝色矩形条即称为“四月份数据系列”，每一个蓝色矩形条为该数据系列的一个数据点。有些图表只容许一个数据系列存在，如饼图、圆环图等。
- ◆ 一些三维图表中会出现背景墙，它由背面墙、基底（背景墙的底面）和侧面墙等部分组成，用户可以直接为整个背景墙设置填充和边框效果，也可以单独为其组成部分设置不同的填充和边框效果。

9.1.3 认识图表的分类

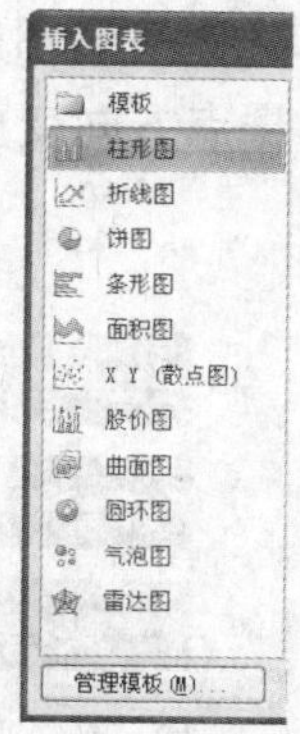

各类图表

在前面创建图表时我们知道图表的类型有多种，不同的图表应用于不同的场合，如何才能知道在什么情况下该选用哪种类型的图表来表达呢？下面简要介绍一下常用的图表类型及其作用。

1. 柱形图

柱形图是最常用的图表类型之一，通过它可以描述各个项目之间数据对比关系，或显示一段时间内数据的变化，它强调的是一段时间内，类别数据值的变化。

柱形图包含19种子类型，其中簇状柱形图、堆积柱形图和百分比堆积柱形图是最基本的3种平面柱形图表，三维簇状柱形图、三维堆积柱形图、三维百分比堆积柱形图与这3种类型相似，只是增加了三维效果，而三维柱形图还增加了Z轴，使其更具立体效果，至于其他的簇状圆柱图、堆积圆柱图、百分比堆积圆柱图、三维圆柱图、簇状圆锥图、堆积圆锥图、百分比堆积圆锥图、三维圆锥图、簇状棱锥图、堆积棱锥图、百分比堆积棱锥图和三维圆棱图，都是在这3种柱形图上的演化，只是用来表示数据值的数据点的形状不同而已。

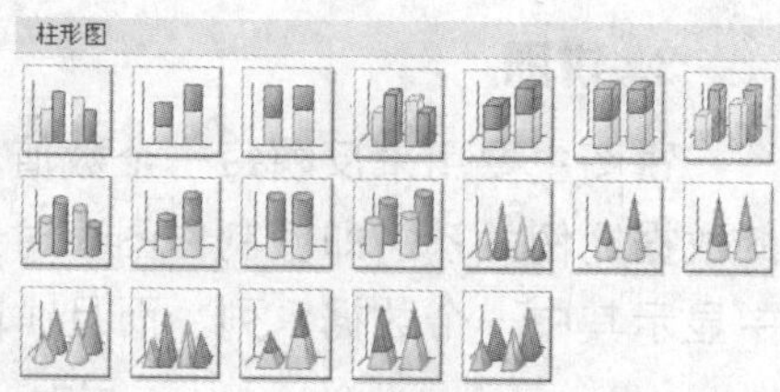

柱形图表

所以可以说柱形图虽然类型极多，但在表现功能方面实际只有簇状柱形图、堆积柱形图和百分比堆积柱形图3种形式，其作用分别如下：

- 簇状柱形图常用于进行多个项目之间数据的对比，如下左图所示的簇状柱形图就是用于对比几种水果在不同月份的销售量。
- 堆积柱形图用于比较相交于分类轴上的每一数值占总数值的大小。如下中图所示的堆积柱形图可以表现几种水果的销量在各月份中占当月水果总销量的大小。
- 百分比堆积柱形图与堆积柱形图作用相似，但与堆积柱形图不同的是，它反映的是比例而非数值，用于比较相交于类别轴上的每一数值占总数值的百分比，如下右图所示。

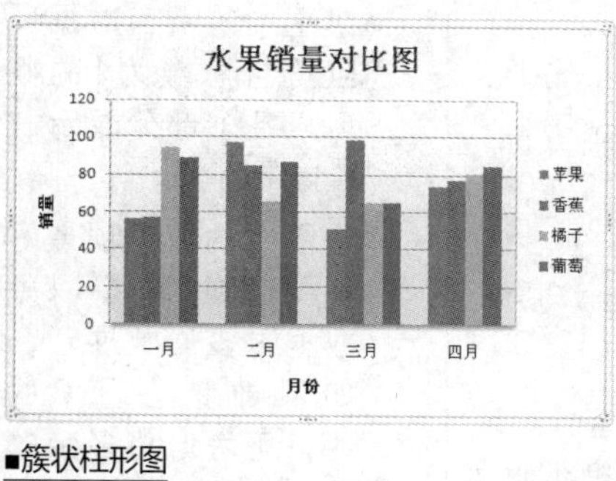

簇状柱形图

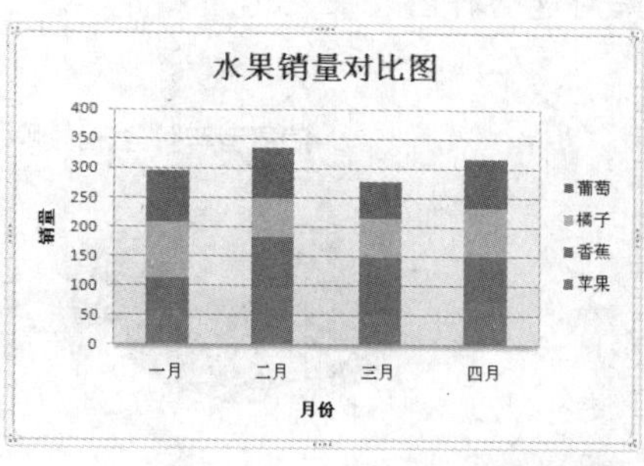

堆积柱形图

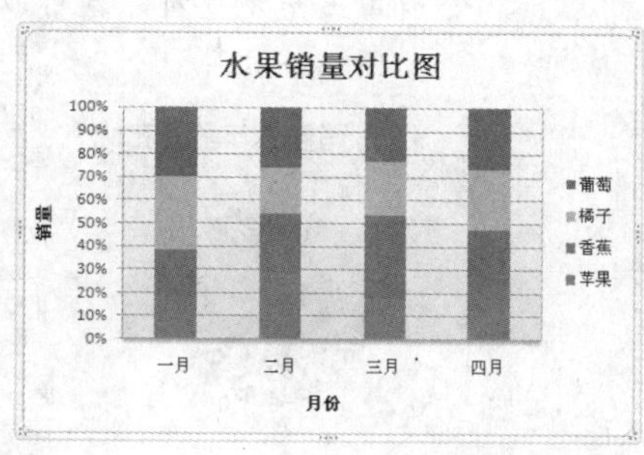

百分比堆积柱形图

2. 条形图

条形图包含15种子类型，其中簇状条形图、堆积条形图和百分比堆积条形图是最基本的3种平面条形图表，三维簇状条形图、三维堆积条形图、三维百分比堆积条形图与这3种类型相似，只是增加了三维效果，而其他的簇状水平圆柱图、堆积水平圆柱图、百分比堆积水平圆柱图、簇状水平圆锥图、堆积水平圆锥图、百分比堆积水平圆锥图、簇状水平棱锥图、堆积水平棱锥图和百分比堆积水平棱锥图，都是这种三维条形图上的演化，只是用来表示数据值的数据点的形状不同而已。

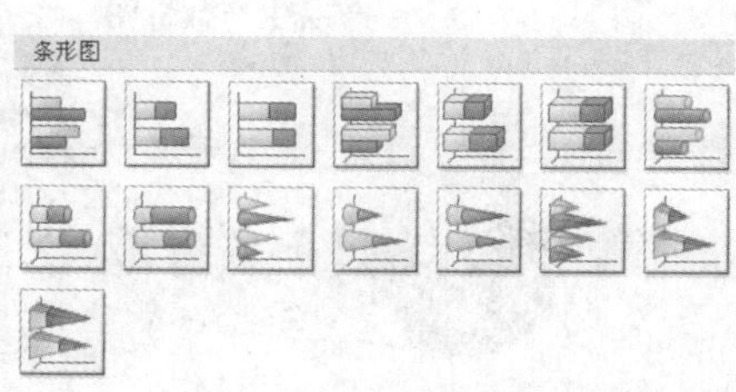

条形图表

条形图的作用与相应类型的柱形图相同，创建方法与柱形图也极其类似，不同的只是数据系列的数据点方向变成了水平方向、分类轴和数值轴位置进行了对调而已，在此不再赘述。

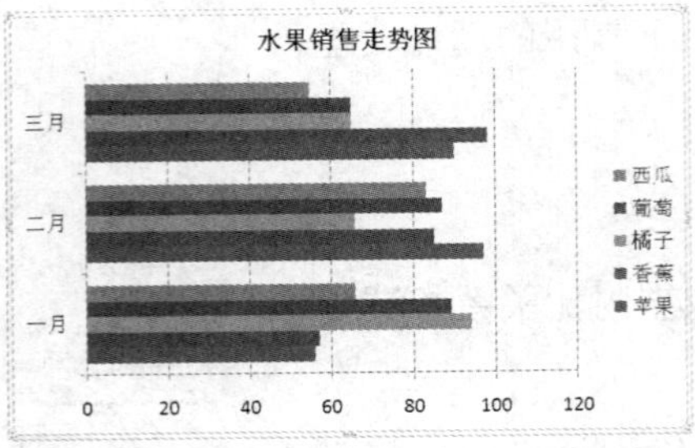

■簇状条形图

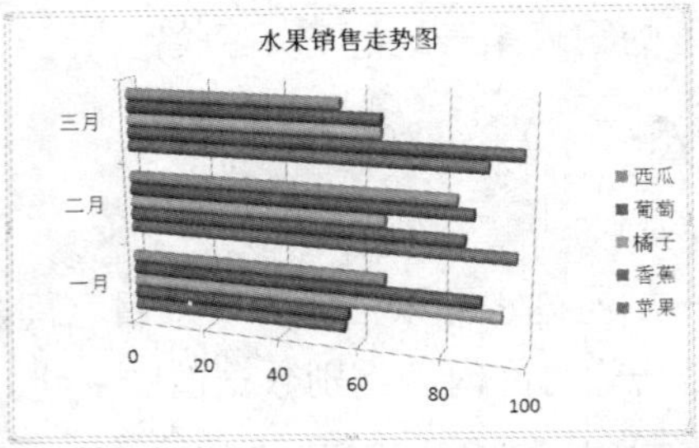

簇状水平圆柱图■

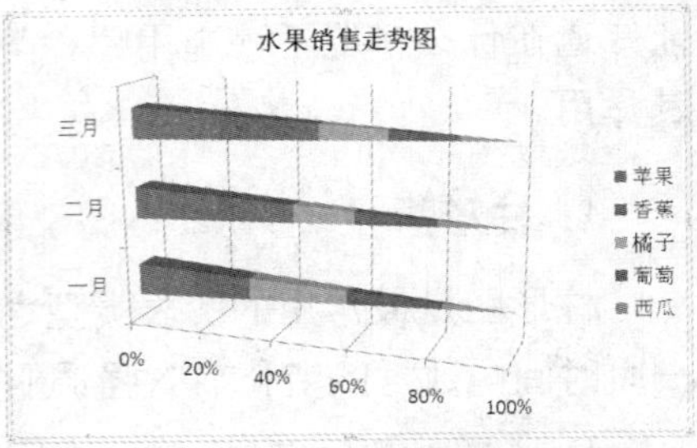

百分比堆积水平棱锥图■

3. 饼图

饼图主要用来反映每一个数值占总数值的比例，它只能显示一个系列的数据比例关系，即使制作图表时选择了多个系列的数据，也只会在饼图中显示其中一个数据系列，而且饼图中没有分类轴和数值轴。

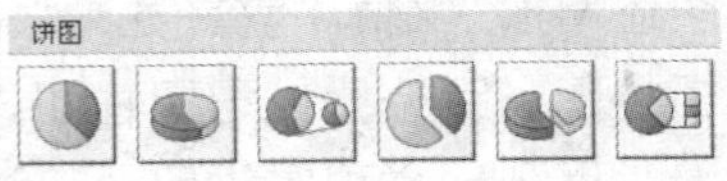

饼图■

饼图有6种子类型，其中最基本的是普通饼图、分离型饼图、复合饼图3种，三维饼图、分离型三维饼图是普通饼图和分离型饼图的三维形式，复合条饼图是复合饼图的演化，它们的作用如下：

- 普通饼图和三维饼图以二维或三维格式显示每一数值相对于总数值的大小，可以手动拖出饼图的扇面来强调它们。
- 分离型饼图和分离型三维饼图以二维或三维格式显示每一数值相对于总数值的大小，同时从视觉上强调每个数值。分离型饼图和分离型三维饼图的扇面不能拖动。
- 复合饼图和复合条饼图可以将用户定义的数值从主饼图中提取并组合到第二个饼图或堆积条形图，如果图表中的数据点较多，要使主饼图中的小扇面更易于查看，就可以采用这两种图表来表达。

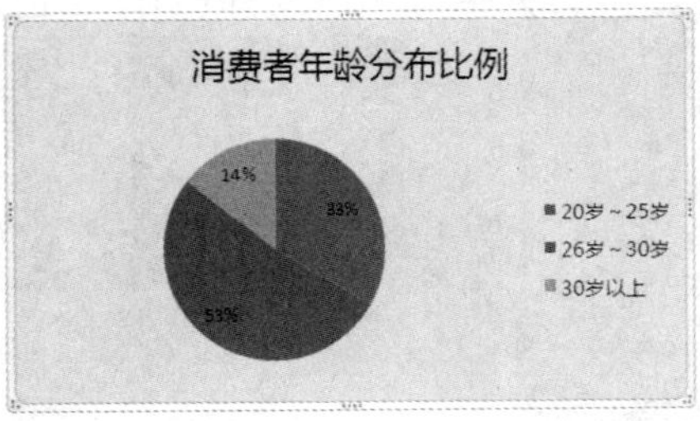

■饼图

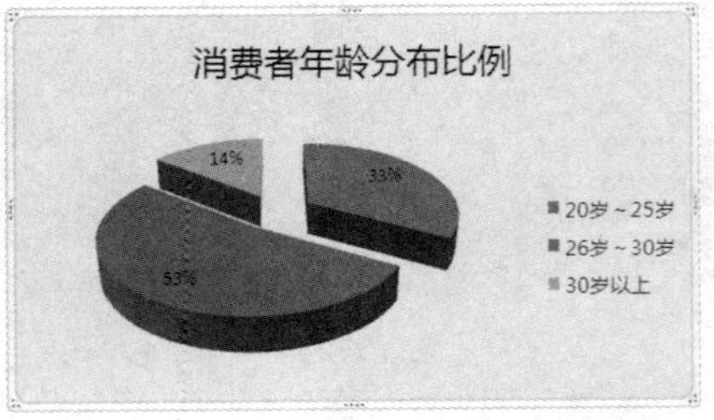

分离型三维饼图■

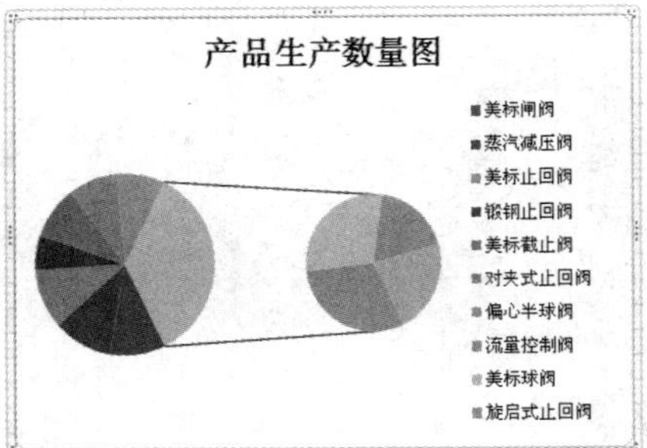

■复合饼图

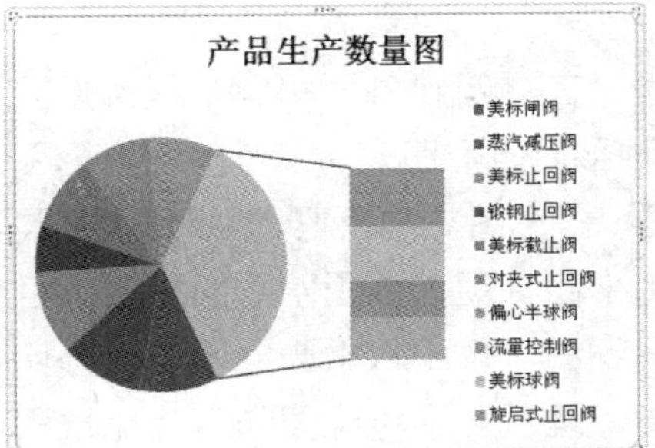

复合条饼图■

使用技巧：关于饼图的使用技巧

在使用饼图时，需要注意以下几点：

- ■饼图中的所有数据项应符合总数为1的概念，各个部分表示占整体的百分比。
- ■饼图中的数据项最好不要超过6项，以免数据过多影响展示，如果数量多于6的话，可考虑将多余的数据归为其他。
- ■对于圆形数据，读者的观看习惯一般为顺时针，所以如果有需要重点突出的数据，可将其放置在12点位置。

4. 折线图

折线图在前面已经看到过，它主要用于反映一段时间内相关类别数据的变化趋势，它以等时间间隔显示数据的变化趋势，强调的是时间性和变动率，而非变动量。

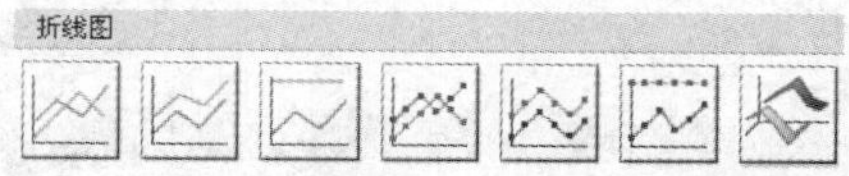

折线图■

折线图可以使用多个数据系列，可以用不同的颜色、线型或标志来区别这些折线。折线图有7种子类型，最基本的3种类型是折线图、堆积折线图和百分比折线图，带数据标记的折线图、带数据标记的堆积折线图、带数据标记的百分比堆积折线图只是在这3种基本类型上添加了数据点标记而已，而三维折线图是折线图的三维形式。它们的作用如下：

- 折线图用于显示随时间或有序类别而变化的趋势，在有很多数据点并且它们的显示顺序很重要时，折线图尤其有用。带数据标记的折线图是在折线图上显示数据点以表示单个数据值，如果有很多类别或者数值非常接近，则应该使用不带数据标记的折线图。
- 堆积折线图用于显示每一数值所占大小随时间或有序类别而变化的趋势，带数据标记的堆积折线图在此基础之上显示了数据点。同样如果有很多类别或者数值是近似的，应该使用无数据点堆积折线图。
- 百分比堆积折线图用于显示每一数值所占百分比随时间或有序类别而变化的趋势，带数据标记的百分比堆积折线图在此基础之上显示了数据点。
- 三维折线图是折线图的三维形式，在外观上具有三维图立体效果，但通常不使用，因为它不利于观察数据的变化率。

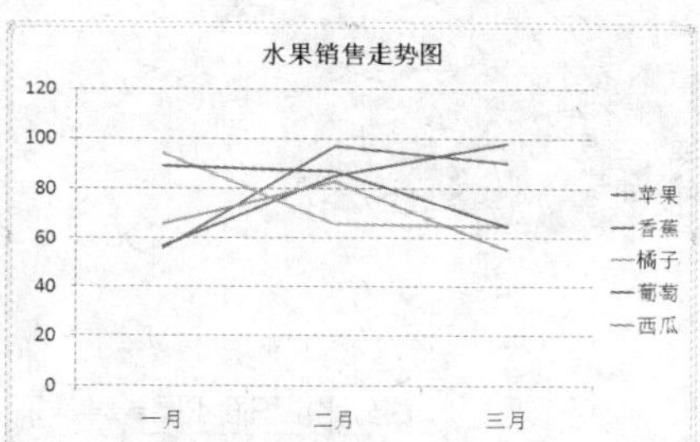

■不带数据标记的折线图

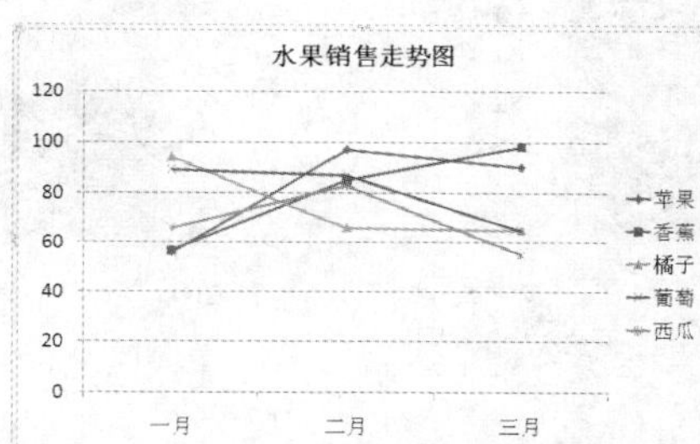

带数据标记的折线图■

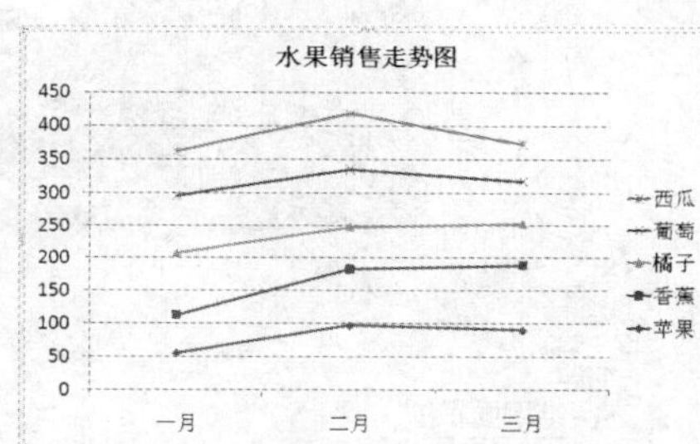

带数据标记的堆积折线图■

5. 散点图

散点图又叫XY散点图，它可以显示单个或者多个数据系列的数据在时间间隔条件下的变化趋势，作用类似于折线图，如果要比较成对的数据，使用散点图最适合不过。

散点图■

散点图有仅带数据标记的散点图、带平滑线和数据标记的散点图、带平滑线的散点图、带直线和数据标记的散点图、带直线的散点图5种类型。无数据标记的平滑线散点图和直线散点图则只显示连接线，而不显示数据点，无数据标记的平滑线散点图可用于绘制正弦函数的曲线图。

散点图的创建方法与折线图基本相同，在此不再赘述。如下图所示分别为仅带数据标记的散点图和平滑线散点图的效果（直线散点图与无数据标记的折线图基本相同）。

6. 面积图

面积图用于显示每个数值的变化量，强调的是数据随时间变化的程度，并可以直观地体现整体和部分的关系。

面积图■

面积图有面积图、堆积面积图、百分比堆积面积图、三维面积图、三维堆积面积图和三维百分比堆积面积图6种子类型，其作用与相应子类型的柱形图的作用相同，但如果前面的数据系列值大于后面的数据系列值时，使用面积图和三维面积图，前面的数据点可能会遮住后面的数据点，不利于观察数据，因此一般情况下采用堆积面积图和百分比堆积面积图，这两种面积图的效果如下。

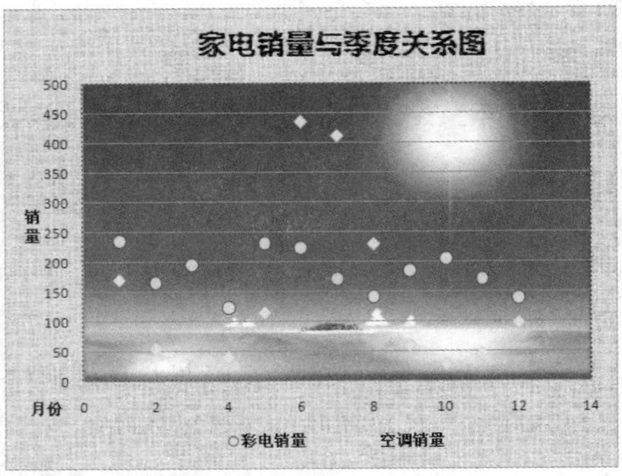

■仅带数据标记的散点图

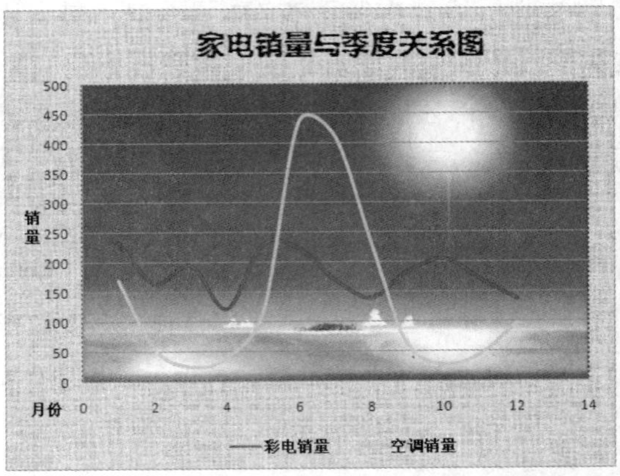

平滑线散点图■

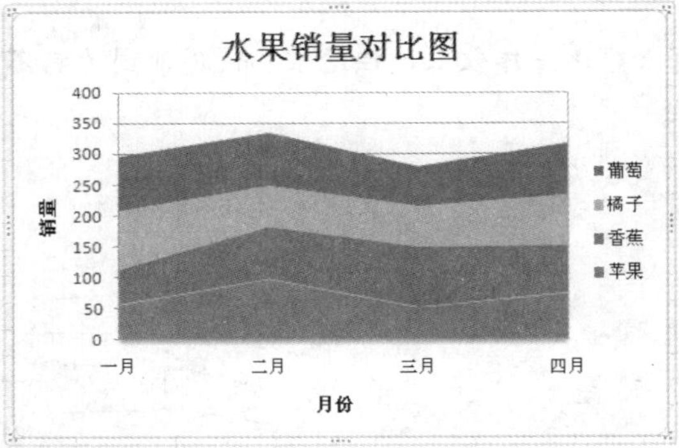

■堆积面积图

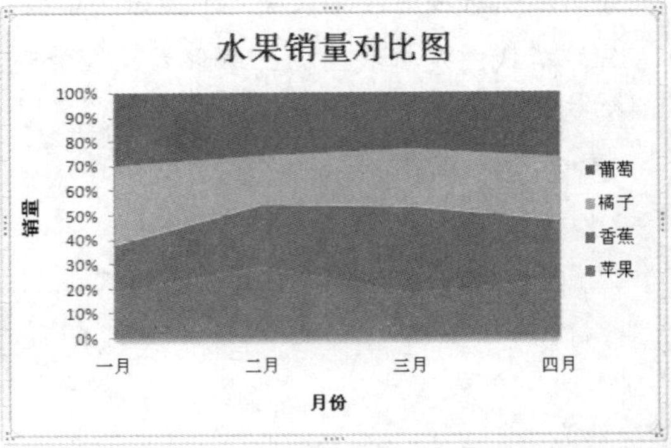

百分比堆积面积图■

7. 圆环图

圆环图用于显示数据间的比例关系，作用类似于饼图，其制作方法与饼图相似，但圆环图可以包含多个数据系列。圆环图只有圆环图和分离型圆环图两种子类型，圆环图类似于普通饼图，分离型圆环图类似于分离型饼图，如用圆环图来制作水果销量图，不但可以反映不同水果销量占当月水果总销量的比例，还可以显示不同月份的环比效果，如下图所示为两种圆环图的效果。

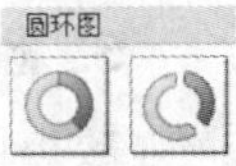

圆环图■

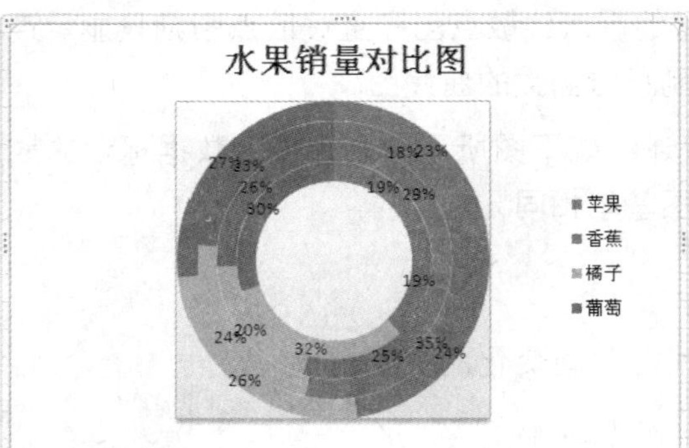

■圆环图

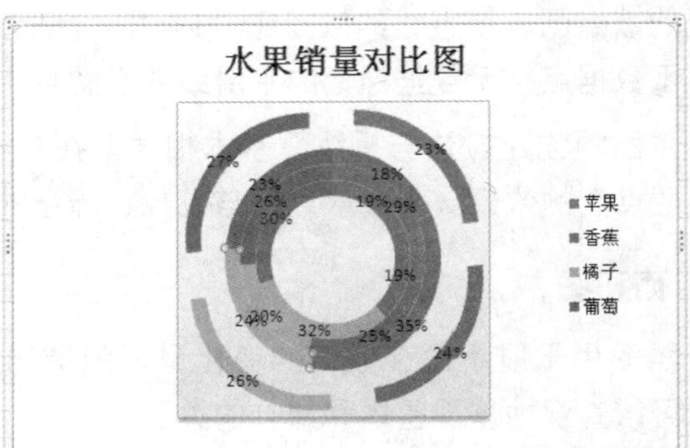

分离型圆环图■

8. 其他类型的图表

除了上述几种较常用图表类型外，PowerPoint中还提供了气泡图、曲面图、股价图、雷达图等其他类型的图表，有些图表只有在专业领域或特殊场合下才能用到。下面简要介绍其作用：

◆ **气泡图**：气泡图与仅带数据标记的散点图相似，只不过是用气泡来表示数据标记的，但气泡图只能反映一个数据系列。气泡图有气泡图和三维气泡图两种子类型。

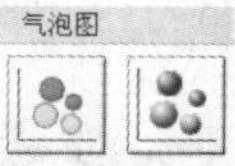

气泡图■

◆ **股价图**：股价图是专门用来描绘股票走势的图形。股价图有盘高-盘低-收盘图、开盘-盘高-盘底-收盘图、成交量-盘高-盘底-收盘图和成交量-开盘-盘高-盘底-收盘图4个子类型。股价图看似复杂，其实制作起来非常简单，因为股票信息记录表中都包含了这几项数据，只需选择要包含的信息，然后创建股价图即可，但要制作相应类型的股价图，必须先将股票信息记录表中的数据列标签按相应的次序进行排列。

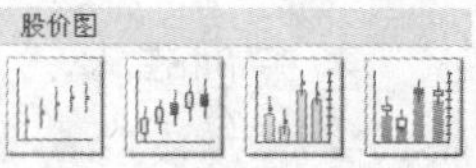

股价图■

◆ **曲面图**：曲面图以平面来反映数据变化的情况和趋势，分别用不同的颜色和图案区别在同一取值范围内的区域。曲面图有三维曲面图、三维曲面图（框架图）、曲面图（俯视）和曲面图（俯视框架图）4种子类型。曲面图要求至少选择两个或两个以上的系列数据才能创建，在反映海浪大小或山峦海拔时通常采用曲面图来表达。

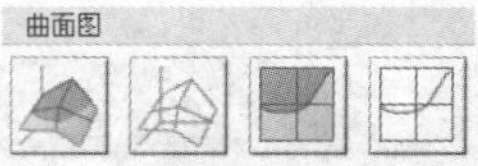

曲面图■

◆ **雷达图**：雷达图用于反映数据系列对于中心点，以及彼此数据类别间的变化。雷达图的每个分类都有各自的数值坐标轴，这些坐标轴由中点向外辐射，并用折线将同一系列中的数据值连接起来。雷达图有雷达图、数据点雷达图和填充雷达图3种子类型，制作雷达图对数据系列的数量无要求，但如果数据系列过少将显得无意义，过多又会显得杂乱，不便于观察。

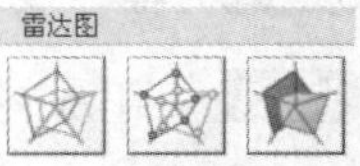

雷达图■

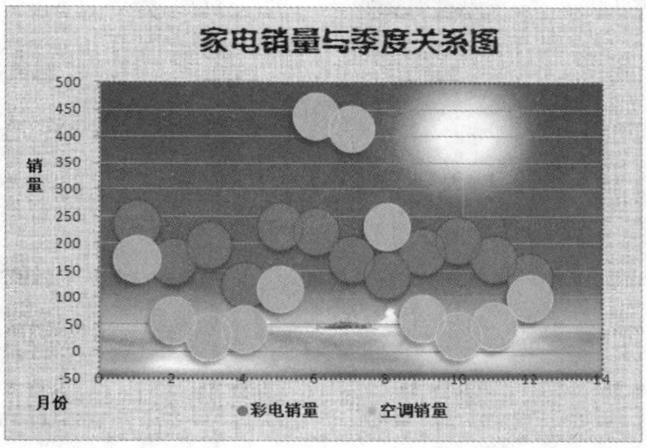

■气泡图

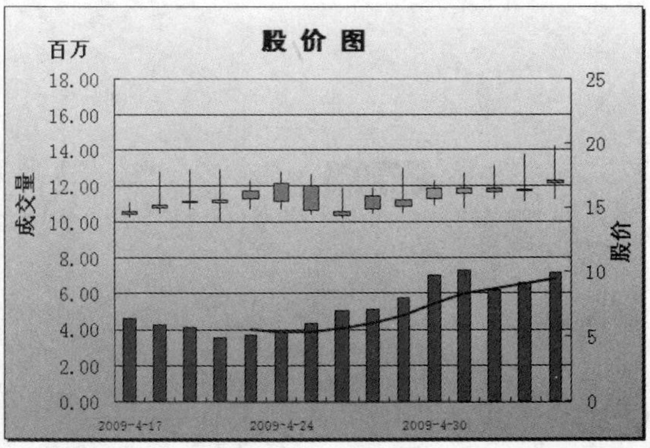

股价图■

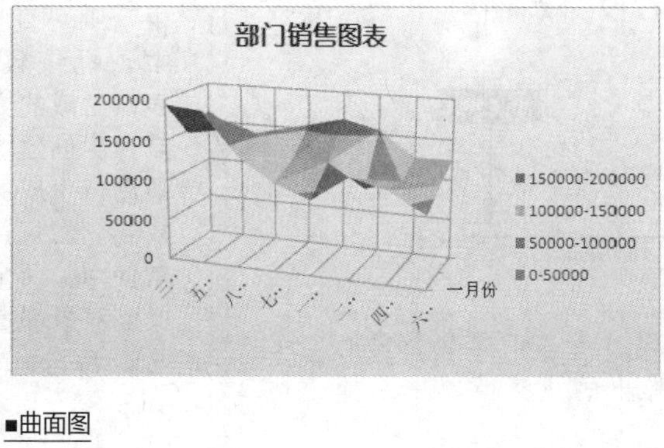

■曲面图

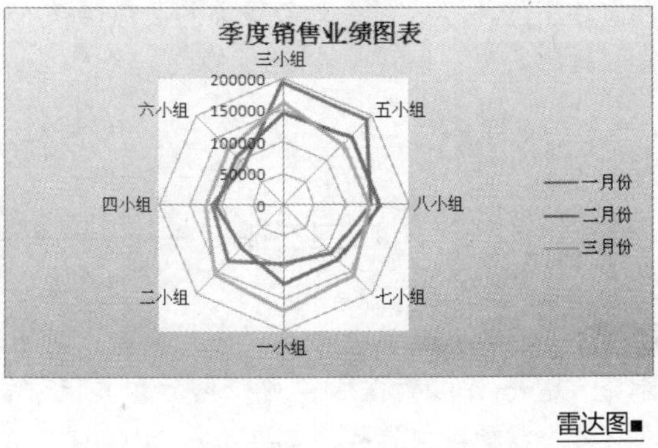

雷达图■

9.2 编辑图表数据

图表是将数据以图形的形式来进行表示，因此图表依据的核心便是数据，本节将详细介绍如何对图表数据进行编辑。

9.2.1 修改图表中的数据

图表创建时，用户在数据表中输入了相关的数据，在完成图表的制作后，还可对这些数据进行任意修改，包括单元格数据的修改、行列的插入或删除，修改后图表将自动发生对应的变化。

下面通过实例进行操作演示。

应用案例——修改季度销售数据

素材 光盘:\素材\第9章\季度销售分析.pptx

效果 光盘:\效果\第9章\季度销售分析.pptx

Step 01 打开素材盘中第9章的“季度销售分析.pptx”演示文稿，可看到其中已经存在着一个销售分析图表，选择图表后，出现3个“图表工具”选项卡，切换到“图表工具 设计”选项卡下，在“数据”组中单击“编辑数据”按钮。

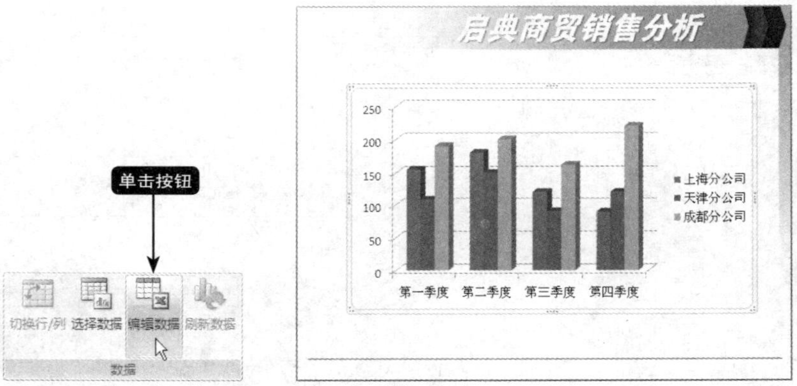

Step 02 此时将启动Excel 2007打开该图表的数据表。如同在Excel中编辑数据一样，下面选中天津分公司第三季度的销售数据所在单元格（即C4单元格），然后直接输入新的数据“105”，以进行修改。

	A	B	C	D
1		上海分公司	天津分公司	成都分公司
2	第一季度	155	108	190
3	第二季度	180	150	200
4	第三季度	120	90	162
5	第四季度	89	120	220

修改数据

	A	B	C	D
1		上海分公司	天津分公司	成都分公司
2	第一季度	155	108	190
3	第二季度	180	150	200
4	第三季度	120	105	162
5	第四季度	89	120	220

Step 03 下面将在数据表中插入一列数据，用于增加北京分公司的销售数据。于是选择天津分公司数据所在列，然后在其上右击，在弹出的快捷菜单中选择“插入”命令，即可在选择列前再插入一列。

要点提示：保证电脑中安装有Excel 2007

前面说到PowerPoint 2007中图表的数据是通过调用Excel 2007进行编辑的，如果计算机中没有安装Excel 2007，则无法在PowerPoint中使用新的图表选项，所以建议用户在自己的计算机中一并将Word 2007和Excel 2007安装上，因为它们在工作和生活中都会发挥着巨大的作用，相互之间的协同工作也将给用户带来很大的方便。

使用技巧：直接在Excel中制作图表

在PowerPoint中制作图表时，如果图表的数据已经存在于Excel中，则可直接在Excel中依据该数据生成图表，生成的方法与在幻灯片中创建图表类似，最后将生成的图表直接复制到幻灯片，也可照常使用，两个组件的同类型对象都是通用的。

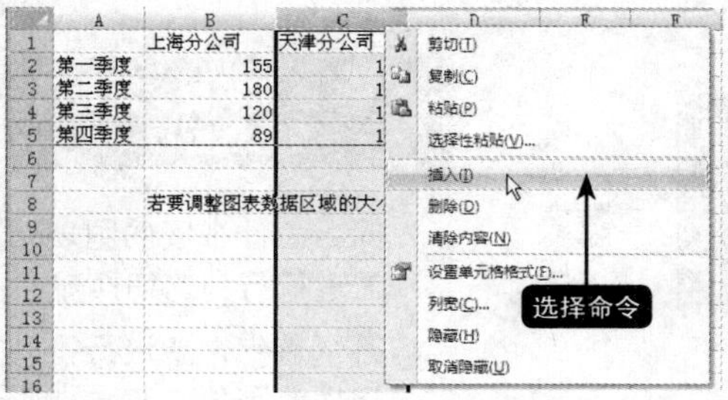

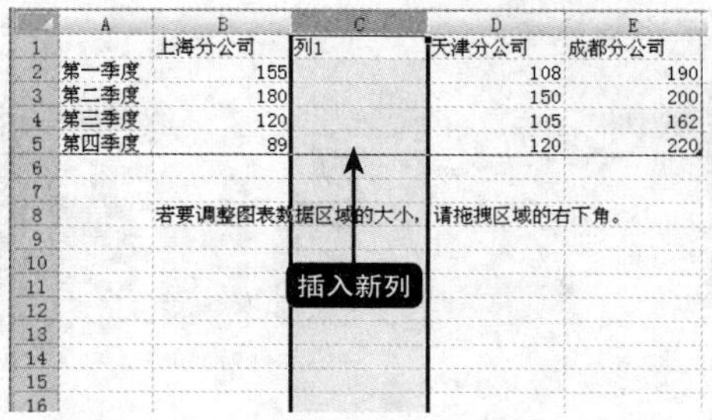

Step 04 在新插入列的各单元格中输入相应的表头和数据，完成数据的修改后关闭数据表窗口，回到PowerPoint中可看到图表已经发生了变化。

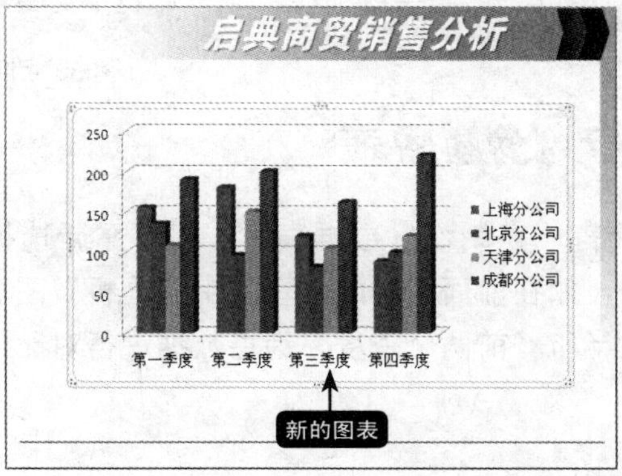

9.2.2 设置数据格式

对于数据表中的数据，若有需要还可设置数据的格式，选择相应的单元格或行列数据，然后在Excel 2007的“开始”选项卡下“数字”组中的下拉列表框中选择各种类型的数据格式。

除此之外，用户还可通过“数字”组中的按钮，为数据设置百分比、小数点以及千分位等格式，如单击“会计数据格式”按钮，在弹出的下拉列表框中可为数据选择多种货币符号。

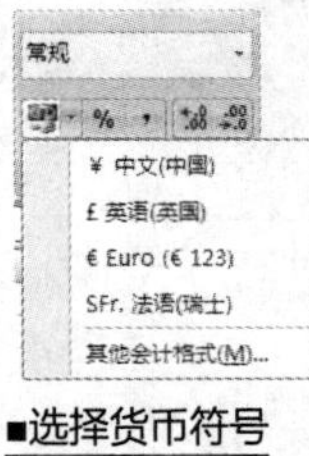

■选择货币符号

选择数据格式■

9.2.3 设置行列数据互换

如下左图所示图表主要用于分析每一季度公司各分公司的销量对比，以评比各分公司在不同时期的销售业绩情况。而如果将该图表的行列数据互换，得到的图表如下右图所示，该图表则可用于分析各分公司在一年中不同季度的销量变化情况，用以调整分公司的销量战略。

使用技巧：删除或隐藏数据行列

在编辑图表数据时，如果不需要某行列的数据，可将其直接删除，方法是在选中行列上右击，在弹出的快捷菜单中选择“删除”命令即可。如果只是希望暂时用不到某行列数据，可在其上右击，在弹出的快捷菜单中选择“隐藏”命令即可。

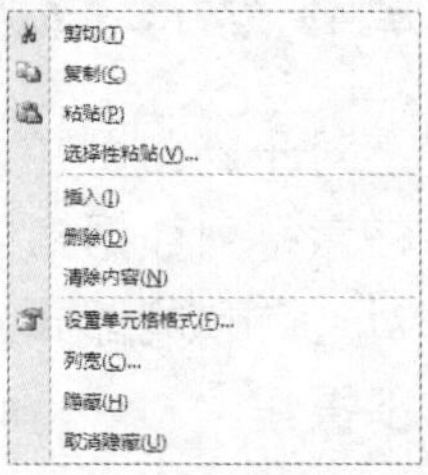

而如果想再次显示出隐藏了的数据，则选中相临行或列，在其上右击，在弹出的快捷菜单中选择“取消隐藏”命令即可。

要点提示：数据表中行列与图表项的对应

图表数据表中的第一行和第一列通常作为所包含数据的表头，通常情况下列对应于图表中的分类轴，而行对应于图表中的数据系列。当然用户也可根据需要对行列数据进行互换。

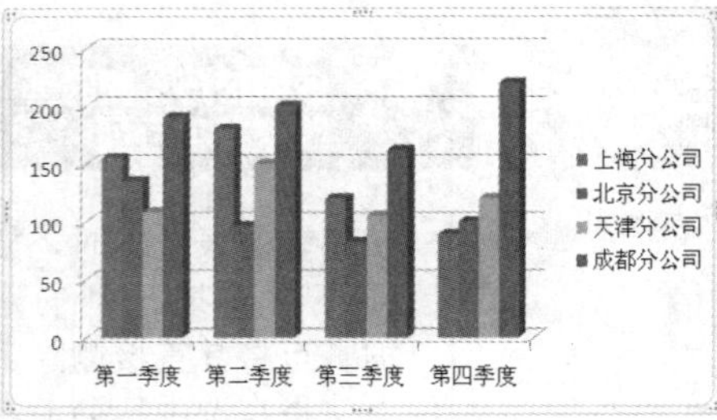

■对比分析同一时期各分公司销售情况

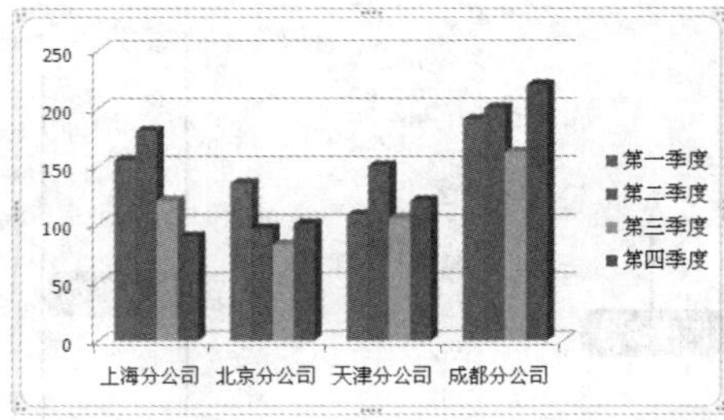

对比分析各分公司不同时间的销量变化■

可见行列互换在图表中也是经常应用的，其设置操作也较简单，选择图表后，单击“图表工具 设计”选项卡下“数据”组中的“切换行/列”按钮即可。

单击“切换行/列”按钮■

9.2.4 选择指定数据行列创建图表

对于幻灯片中的图表而言，在制作好数据表后，还可重新选择数据表中的任意行列数据来创建图表，如在前面制作的“季度销量分析”图表中，希望只对上海和成都分公司的上半年（前两个季度）销售数据进行对比，则可进行如下操作。

应用案例——分公司销量对比分析图表

素材 光盘:\素材\第9章\季度销售分析1.pptx

效果 光盘:\效果\第9章\上海-成都 上半年销售分析1.pptx

Step 01 打开素材盘第9章中的“季度销售分析1.pptx”演示文稿，选择图表后单击“图表工具 设计”选项卡下“数据”组中的“选择数据”按钮，此时将自动打开数据表，并在窗口中出现“选择数据源”对话框。数据表中闪烁虚线框住的即为当前图表所依据的数据，包括水平分类项、数据系列以及各项数据。

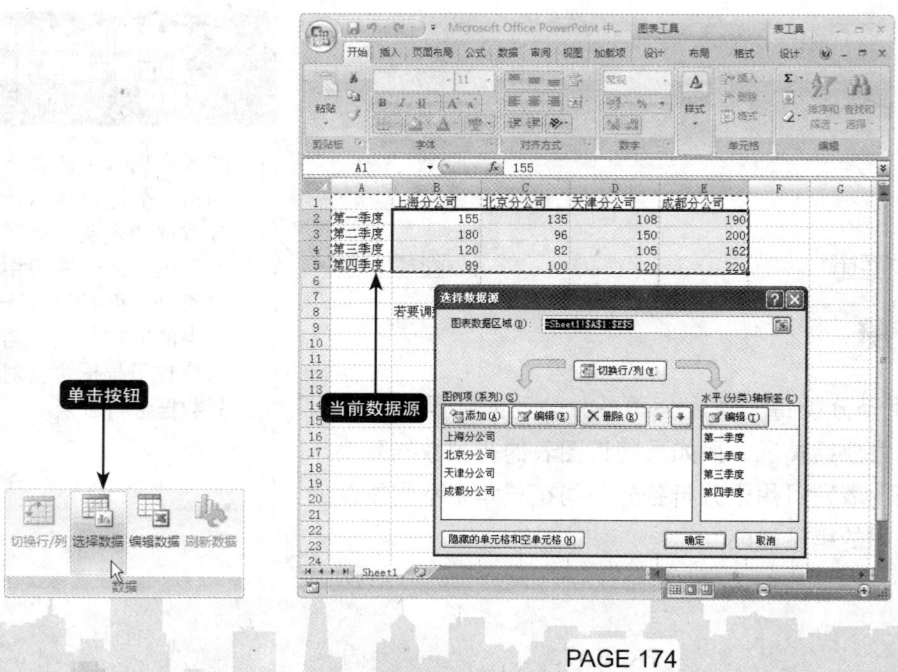

疑难解答：不能切换行列数据

问：为什么我的图表无法进行行列的切换呢？

答：首先，要进行行列切换的图表，其数据应该是多行多列的，如饼图数据只有一列，进行行列切换没有实际意义。另外，在进行行列切换操作前，应先单击“编辑数据”按钮打开数据表，然后才能单击“切换行/列”按钮，否则该按钮显示为灰色不可操作状态。

使用技巧：直接拖动选择数据源

左侧的“选择数据源”对话框主要是帮助用户在数据表中选择图表新的数据源，通过在两个列表框中对各项数据进行设置可以达到目的。除此之外，直接单击“图表数据区域”文本框后的按钮，然后在数据表中拖动选择需要的数据源即可。

选择相邻数据源时可直接拖动，对于不相邻的行列数据，可在按住【Ctrl】键的同时再进行追加选择即可。

Step 02 在“选择数据源”对话框左侧的“图例项”列表框中选择“北京分公司”选项，然后单击“删除”按钮将其删除。再使用同样的方法将“天津分公司”选项删除，这样数据系列中就只剩下需要的“上海分公司”和“成都分公司”了。

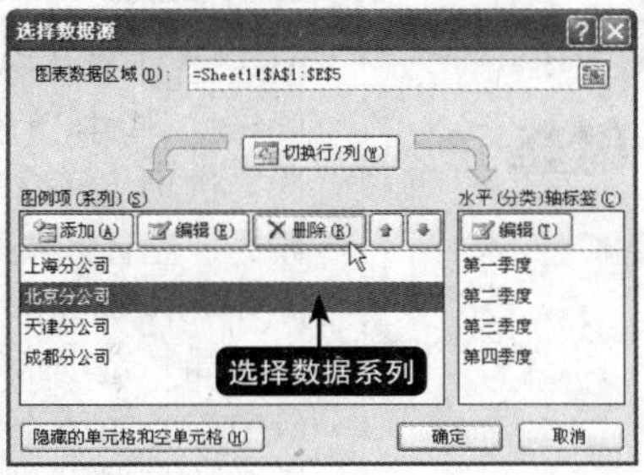

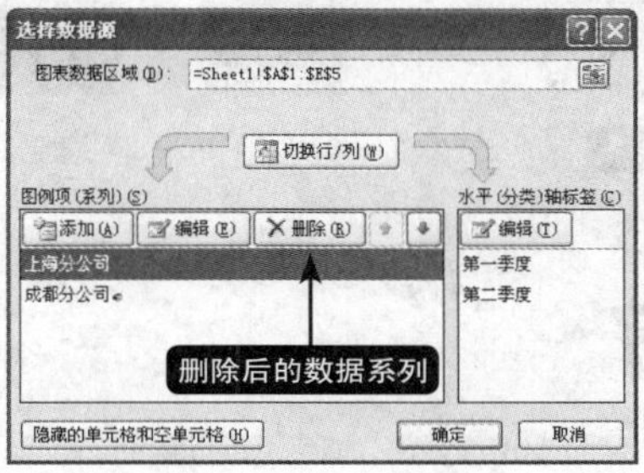

Step 03 虽然数据系列只保留了需要的两项，但默认该两项下的数据包含了第一至第四季度的，而本例只需要前两个季度的数据。于是先在“图例项”列表框中选择“上海分公司”选项，然后单击“编辑”按钮，打开“编辑数据系列”对话框，将文本插入点定位于“系列名称”文本框中，可看到数据表中虚线闪烁的即为当前的系列名称，下面单击“系列值”文本框后的按钮，然后在数据表中拖动选择上海分公司第一、二季度数据所在单元格。

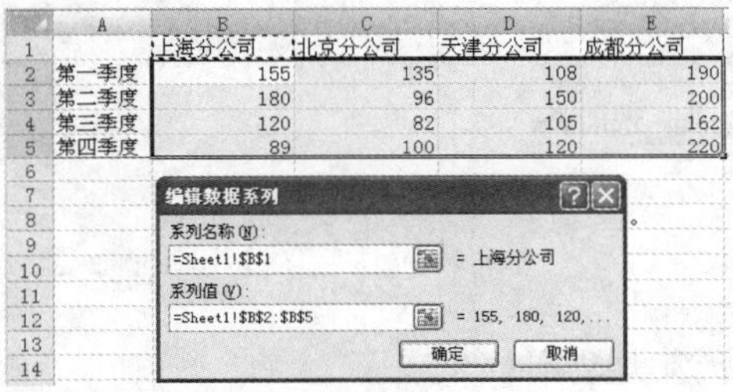

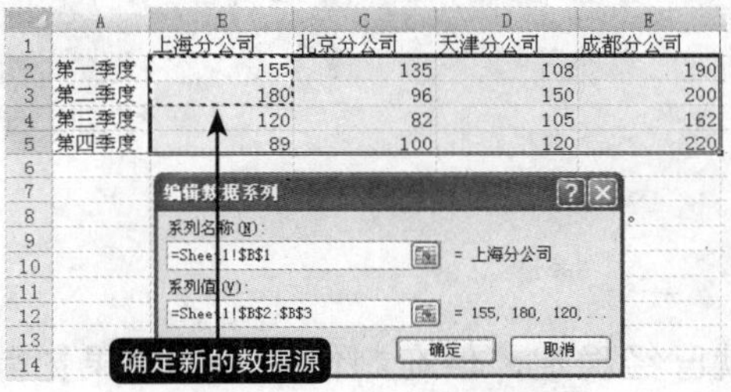

Step 04 单击“确定”按钮完成“上海分公司”数据系列新的数据源的指定，使用同样的方法为“成都分公司”数据系列指定数据源。此时可看到“选择数据源”对话框右侧的“水平轴标签”列表框中只剩下了我们需要的第一、二季度，这是因为刚才选择的数据源只来源于这两个分类项。此时本例需要的数据源都已经设置完成，单击“确定”按钮。

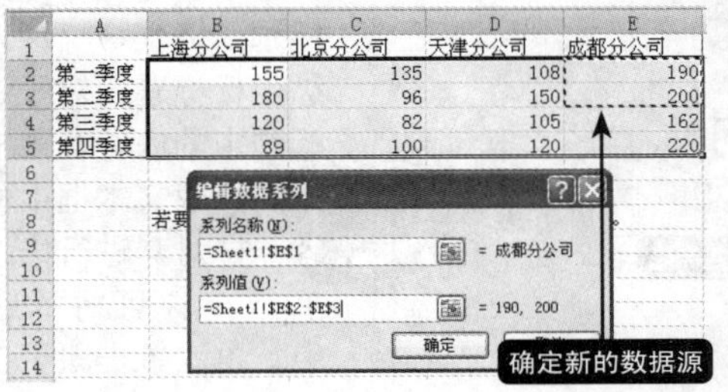

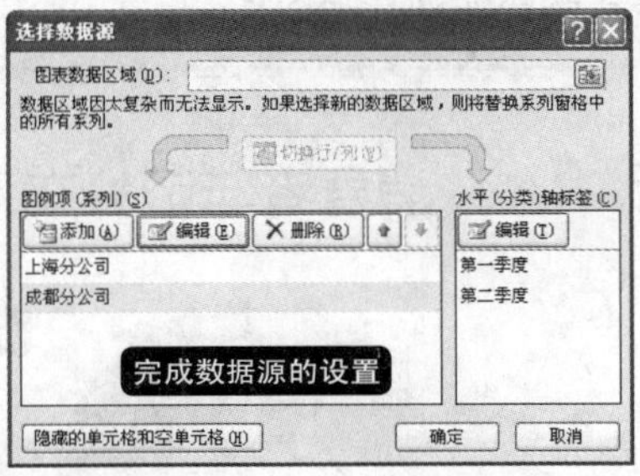

Step 05 返回到“选择数据源”对话框，此时新的图表所依据的行列数据源已经设置完成，单击“确定”按钮。回到幻灯片中，对比原来的图表，可看到新图表中只展示出了需要的数据源对比情况，方便用户对其进行分析。

要点提示：关于“水平轴标签”列表框

在“水平轴标签”列表框中主要是进行标签内容所依据数据源的设置，选择某标签后单击“编辑”按钮，然后在数据表中分类标签单元格（分类表头）中选择对应的数据即可。

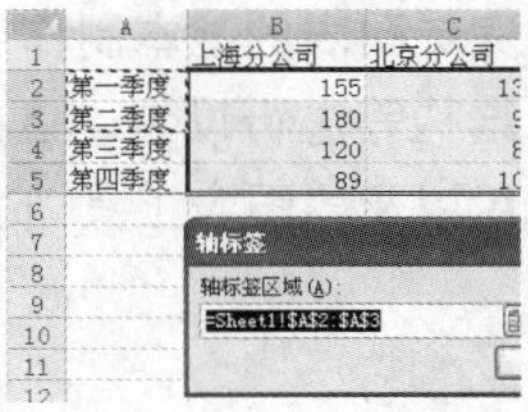

疑难解答：关于数据引用地址

问：在进行数据源的设置时，常可看到形如“=Sheet1!$A$1:$B$3”一样的内容，这些内容代表着什么含义呢？

答：这些是单元格的引用地址，相信对Excel较熟悉的读者能理解这些地址的含义。如“Sheet1”就表示工作表1、“$A$1:$B$3”就表示单元格A1与B3之间的数据区域，即图中虚线闪烁的区域。

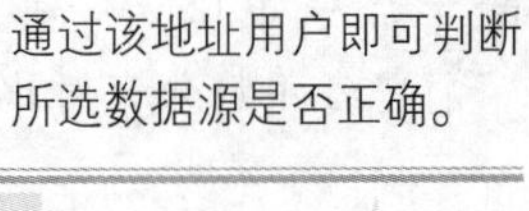

通过该地址用户即可判断所选数据源是否正确。

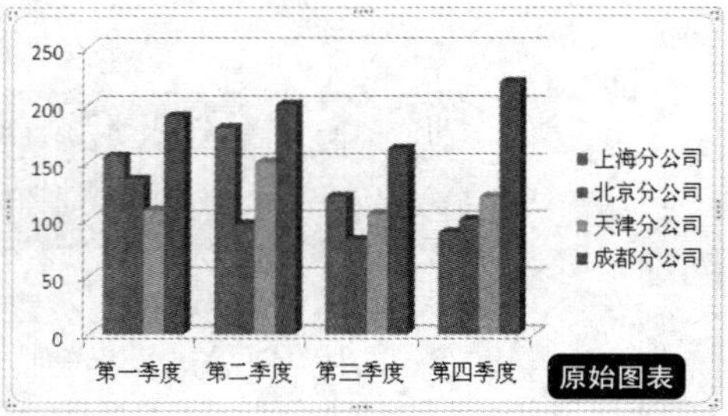

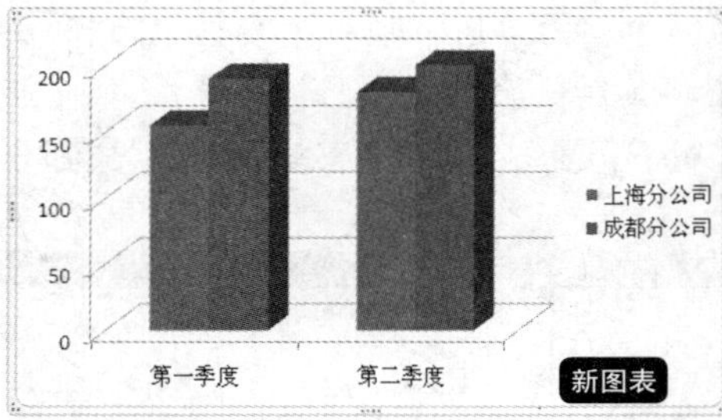

9.3 设置图表布局

由前面的学习可以知道，图表包含着多种组成部分，且各有其作用，在完成图表的基本制作后，用户可对这些组成部分的显示与否、显示位置、布局结构等进行设置，这主要是通过“图表工具 设计”选项卡下的“图表布局”组以及“图表工具 布局”选项卡来控制的。

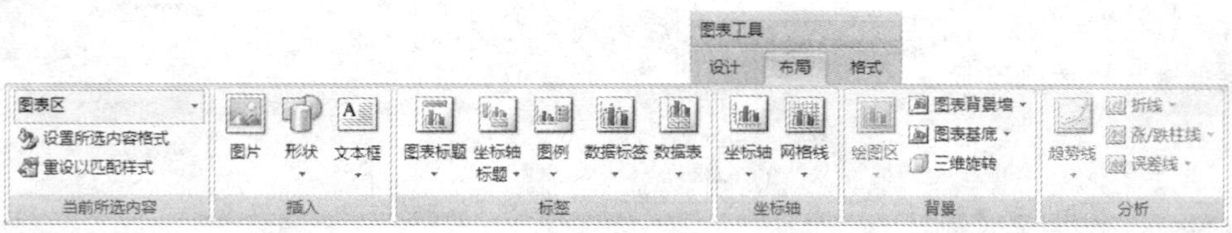

“图表工具 布局”选项卡■

9.3.1 更改图表类型

图表类型在创建之初就已经确定，但在制作完成后如果觉得所选类型不太合适，还可对图表的整体类型进行更换。

应用案例——消费者年龄对比分析图表

素材 光盘:\素材\第9章\消费者年龄分布比例.pptx

效果 光盘:\效果\第9章\消费者年龄分布对比.pptx

Step 01 打开素材盘中第9章的“消费者年龄分布比例.pptx”演示文稿，当前图表为饼形，本例希望将其变为可直接对比各段年龄的消费者人数，于是先选择图表中的标题，然后单击出现文本插入点，将原来的“消费者年龄分布比例”修改为“消费者年龄分布对比”。

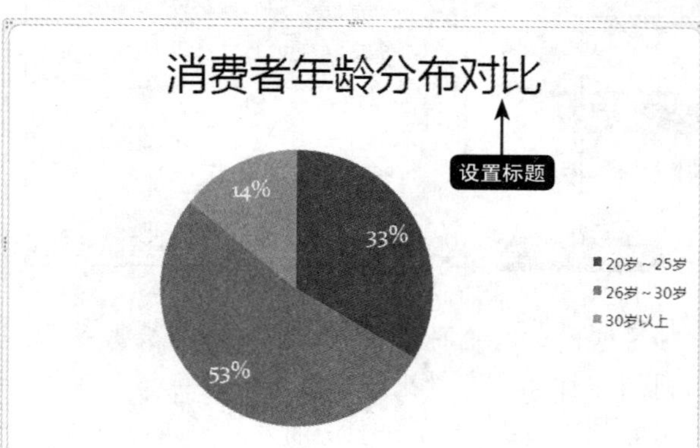

要点提示：图表工具的3个选项卡

图表工具下共有3个选项卡，其中通过“设计”选项卡可对图表的数据、整体布局以及整体外观样式进行设置；“布局”选项卡可对图表中的各组成部分进行详细的布局设置；“格式”选项卡则与其他图表对象的“格式”选项卡类似，主要用于对图表中各组成部分的格式进行自定义。

使用技巧：修改图表标题内容

图表中的标题包括图表标题、横坐标标题以及纵坐标标题，对于这些标题中的内容，用户可如同修改文本框中的内容一样对其进行修改。单击一次可将标题选中，再次单击即可在其中定位文本插入点以进行编辑。

Step 02 下面选择整个图表，单击“图表工具 设计”选项卡下“类型”组中的“更改图表类型”按钮，然后在打开的“更改图表类型”对话框中选择“柱形图”分类下的“簇状圆锥图”，然后单击“确定”按钮。

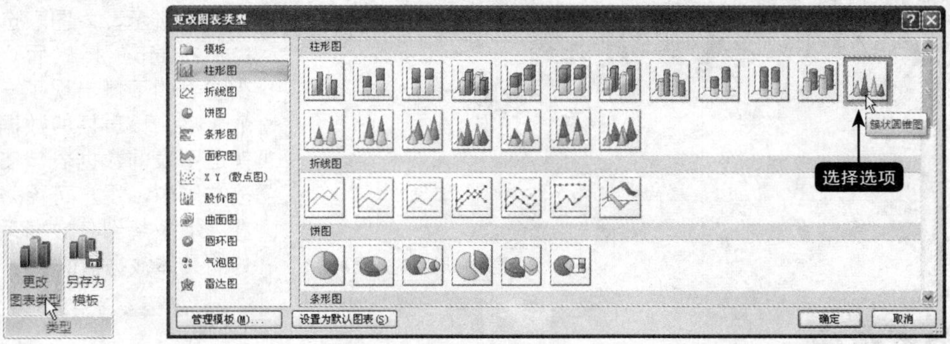

Step 03 回到幻灯片中，可看到图表类型发生了变化，通过圆锥高度的对比，可了解到各个年龄段消费者人数的对比情况。

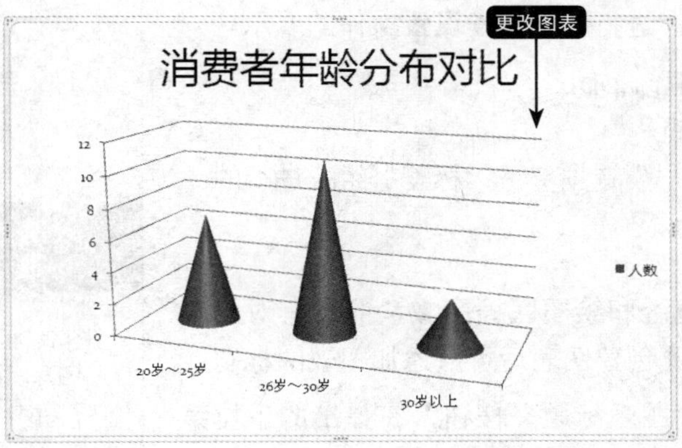

9.3.2 使用系统预设布局样式

新创建的图表的各组成部分的布局是由系统默认规定的，当然用户也可通过系统提供的多种布局样式中进行选择，快速改变图表的布局效果。

在“图表工具 设计”选项卡下“图表布局”组中提供了10种布局样式，为图表选择一种样式即可改变其布局，如选择前面制作的“消费者年龄分布对比”图表，并为其设置“布局2”和“布局5”样式，得到如下图所示效果。

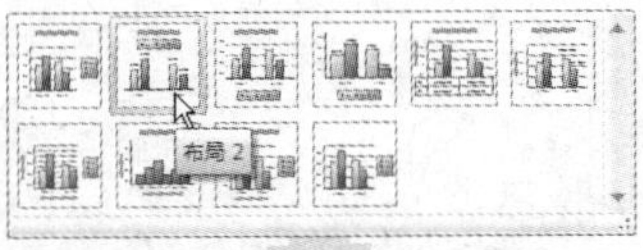

■选择图表布局样式——布局2

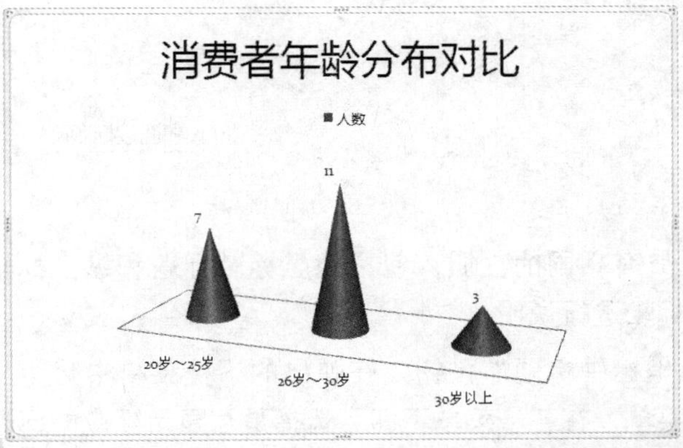

更改布局后的效果■

使用技巧：将常用图表保存为模板

对于一些经常要反复使用的图表，在制作好以后，可将其保存为模板，以后即可轻松根据该模板创建图表，再根据需要稍作修改即可。

将图表保存为模板的方法是选择已经制作完成的图表，然后单击“图表工具 设计”选项卡下“类型”组中的“另存为模板”按钮。

然后在打开的对话框中修改图表名称并保存在默认位置下。这样在创建图表时在打开的“插入图表”对话框左侧选择“模板”选项，在右侧列表框中即可看到自己保存的图表模板，选择它即可创建出新的图表。

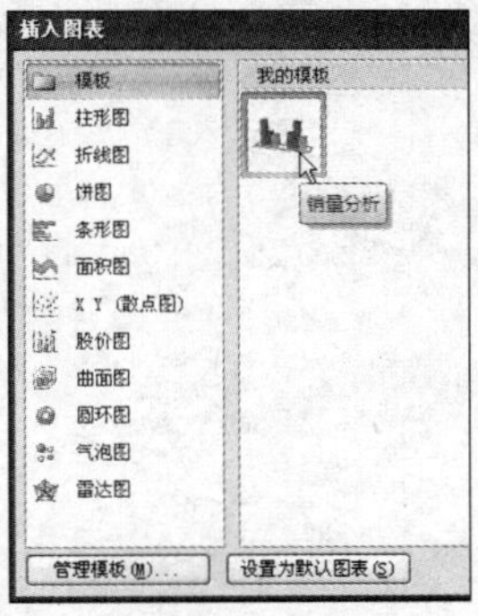

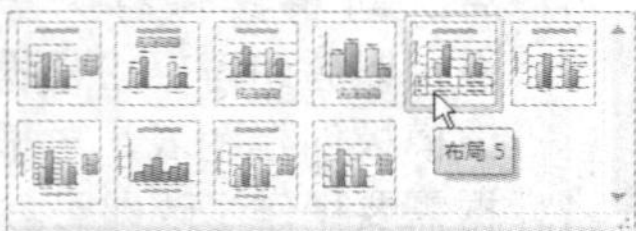

■选择图表布局样式——布局5

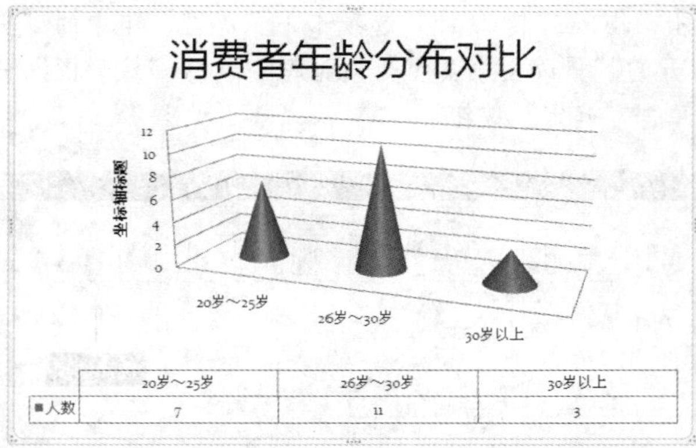

更改布局后的效果■

9.3.3 设置各类图表标签布局

图表中包含着多项标签性质的内容，如图表与坐标轴标题、图例、数据标签以及数据表等，用户可自行设置这些内容是否在图表中显示以及显示的位置，下面就以前面制作的两个图表为素材，进行各种标签设置操作的展示。

素材 光盘:\素材\第9章\消费者年龄分布对比1.pptx

素材 光盘:\素材\第9章\季度销量分析1.pptx

本节的设置主要是通过“图表工具 布局”选项卡下“标签”组来进行的。

1. 图表标题

创建图表后，图表中默认只包含图表区和绘图区等区域，而没有对图表功能进行相应的说明，即图表的标题，因此创建图表后可以添加图表的标题。

选择图表后，单击“标签”组中的“图表标题”按钮，在弹出的下拉菜单中可选择是否显示图表标题，以及标题的位置。

选择标题内容后，还可通过“开始”选项卡为其设置各种文本格式。

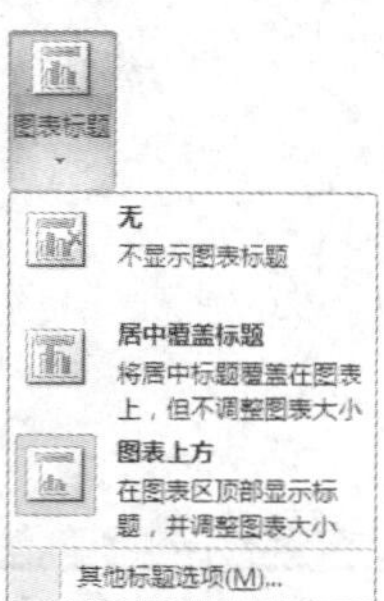

■“图表标题”按钮

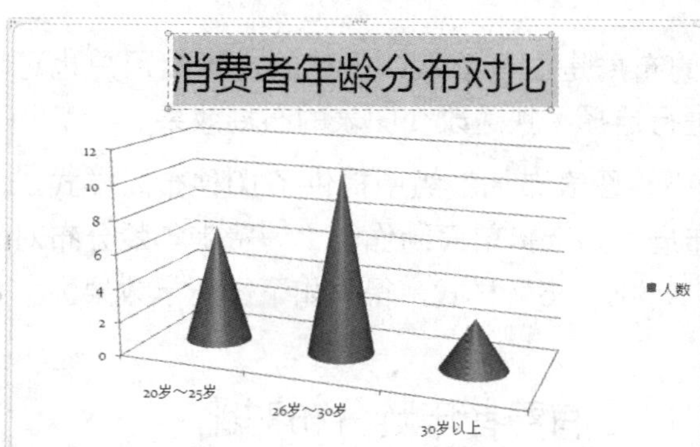

设置图表标题■

2. 坐标轴标题

坐标轴标题与图表标题具有相同的性质，包括横坐标轴标题和纵坐标轴标题，分别用于对横、纵坐标轴进行说明。

单击“标签”组中的“坐标轴标题”按钮，在弹出的下拉菜单中分为主要横、纵坐标轴标题两项子菜单，在各子菜单下即可选择是否显示相应的标题以及标题布局的方式。

要点提示：图表中显示数据表

如左图所示，为图表选择“布局5”样式后，在图表的下侧出现了一个表格，该表格的数据就是图表的数据表，在该布局中，用户可更为直观地了解到各数据系列的具体数据值。

要点提示：图表标题与幻灯片标题

图表标题与幻灯片标题不同，如果为图表添加了图表标题，那么幻灯片可同时存在着两个标题，标题的内容当然可以不同，以进行不同角度的说明。

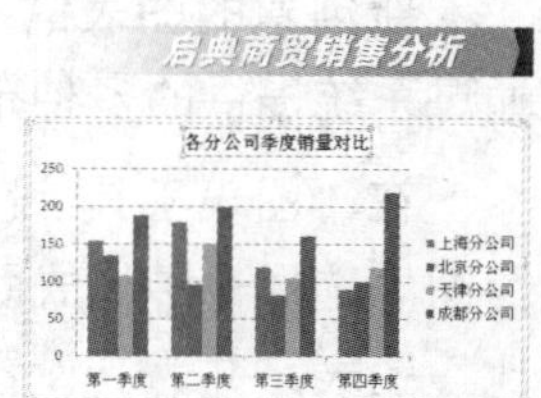

选择显示出坐标轴标题后，相应位置将出现坐标轴占位符，在其中修改标题内容并设置格式即可。

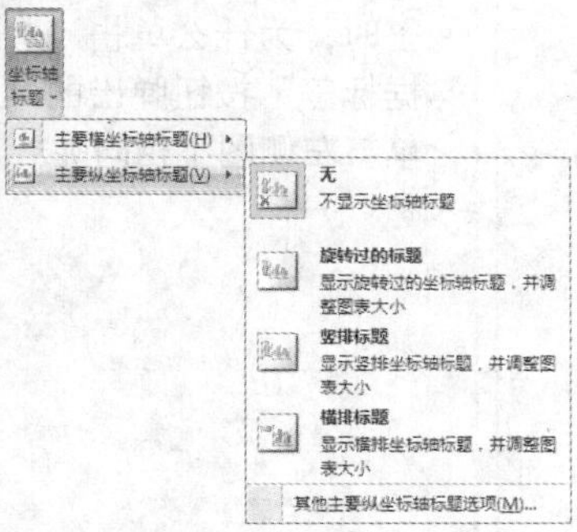

■“坐标轴标题”按钮

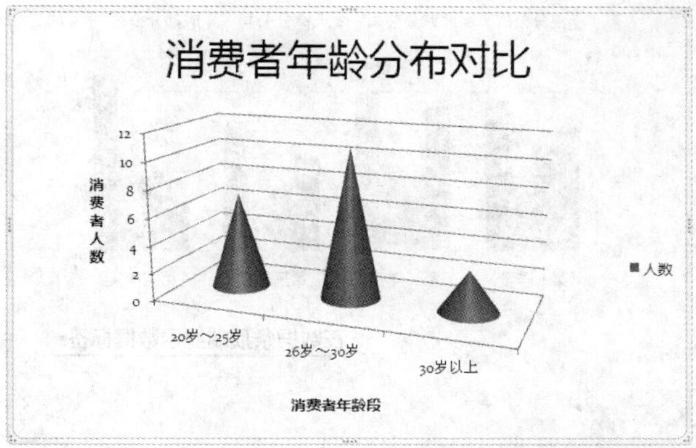

显示横、纵坐标轴标题■

3. 图例

默认情况下创建的图表右侧都具有图例，根据图例中的色块颜色以及文字说明来区分数据系列。

通过单击“标签”组中的“图例”按钮，从弹出的下拉菜单中可选择图例的位置以及是否显示。

■“图例”按钮

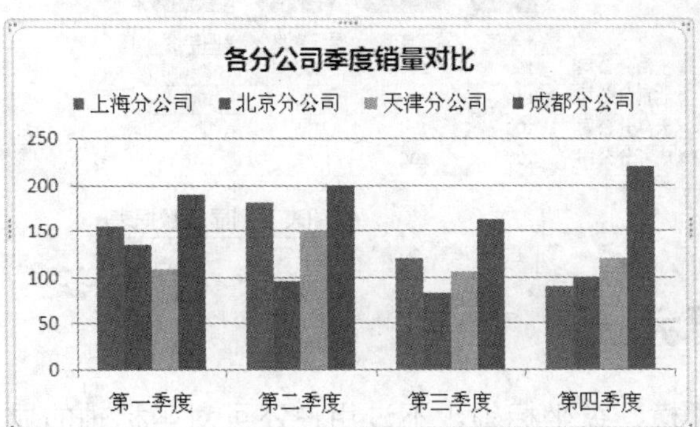

在图表顶部显示图例■

4. 数据标签

数据标签用于显示图表中各个数据条或其他形状所代表的具体值，包括数值、百分比、文本标签等。

当需要在图表中显示准确的数值时，就需要将数据标签显示出来。单击“标签”组中的“数据标签”按钮，在弹出的菜单中设置数据标签显示的位置以及是否显示。

选择显示的数据标签，同样可为其设置字体格式。

使用技巧：拖动标题或图例

当图表中显示出了标题占位符或图例后，选择该对象直接拖动，也可改变这些对象的位置。另外，选中图例后，拖动其四角控点还可改变图例的大小。

要点提示：直接删除图例

某些图表中的图例并没有太多意义，如“消费者年龄分布对比”图表，因为其中只有一类数据项。这时除了可通过左侧方法不显示图例外，还可直接选中图例，然后按【Delete】键将其删除即可，删除了图例后，图表的绘图区将自动增大。

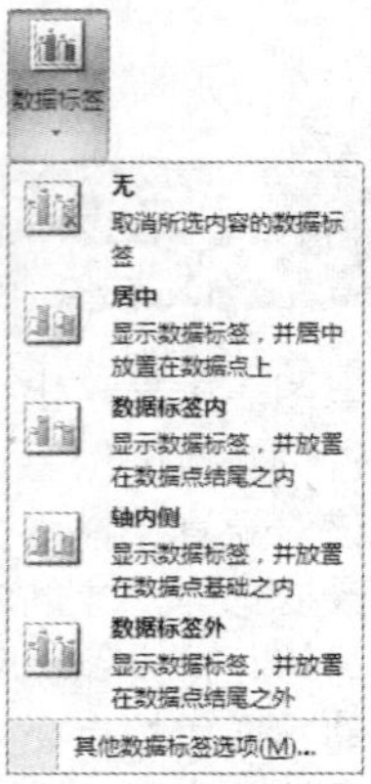

■“数据标签”按钮

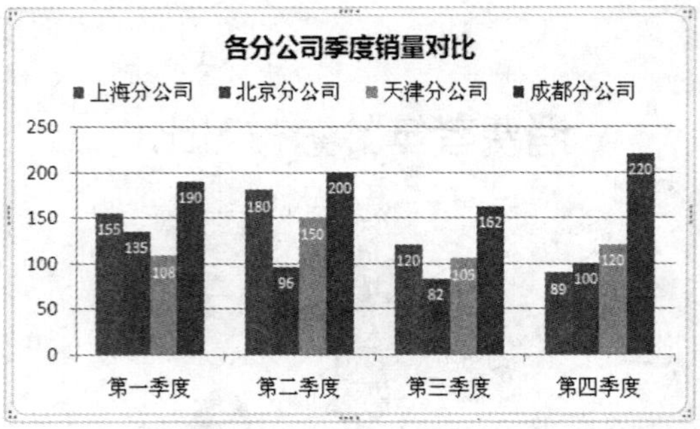

在数据条顶端显示数据标签■

5. 数据表

通过前面的介绍，我们知道了什么是数据表，在图表中显示出数据表，可让观众更明确地了解各项数据以及它们之间的关系。

单击“标签”组中的“数据表”按钮，从弹出的下拉菜单中即可选择是否显示出数据表。但在图表中显示了数据表后，常会挤压图表主体的大小，所以通常还需要手动增加图表整体的大小。

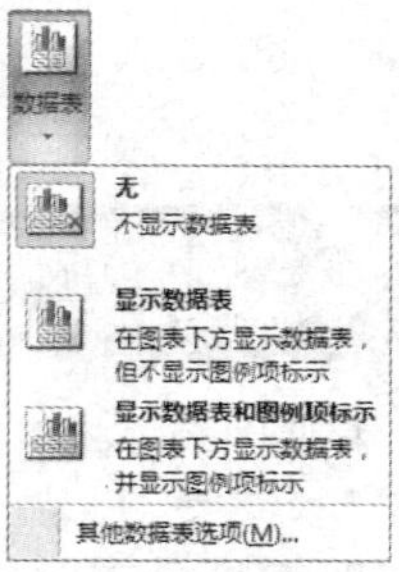

■“数据表”按钮

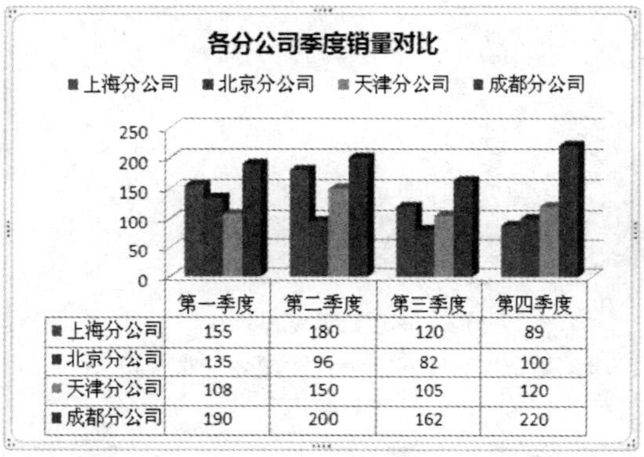

在图表下侧显示数据表■

9.3.4 调整图表坐标轴显示

默认情况下图表中都显示了横、纵坐标轴，不过用户还可对坐标轴的显示进行调整，如改变坐标轴方向（如从左至右的水平坐标轴变为从右至左的水平坐标轴），设置坐标轴的刻度类型等。

另外，有些图表中还可显示出网格线，以辅助观众对应坐标轴查看数据，对于网络线用户同样可进行设置。

本节的设置主要是通过“图表工具 布局”选项卡“坐标轴”组来进行的。

1. 坐标轴

选择图表后，单击“坐标轴”组中的“坐标轴”按钮，在弹出的下拉菜单中分别包含“主要横坐标轴”和“主要纵坐标轴”两项子菜单，在各子菜单下即可分别设置图表的坐标轴显示方式。

疑难解答：“数据标签”按钮菜单不同

问：在设置显示数据标签时，为什么单击“数据标签”按钮弹出的菜单与左侧图不相同呢？

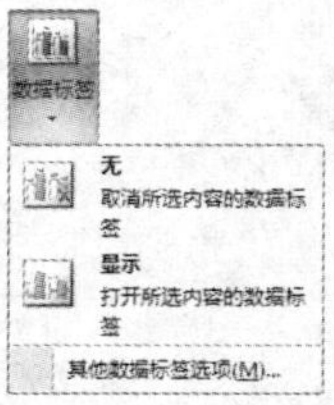

答：那是因为当前设置的图表是三维类型，对于这类三维类型的图表就只能选择是否显示数据标签，而对于二维类型图表则可更为详细地设置数据标签的布局位置。

要点提示：显示或隐藏某数据系列的标签

如左图所示，不同的数据系列由不同颜色的数据条表示，如果希望图表中显示或隐藏某指定数据系列的标签，则可在显示出数据标签后，选择某系列的数据标签，然后单击“数据标签”按钮，在弹出的下拉菜单中选择“无”命令，单独将该系列标签隐藏即可，这样可突出其他的数据值。

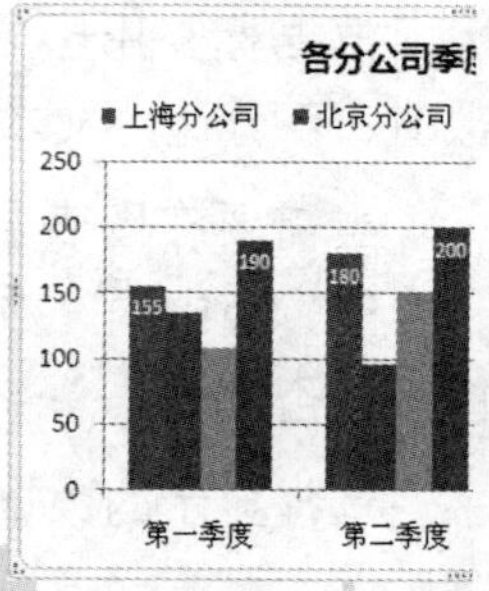

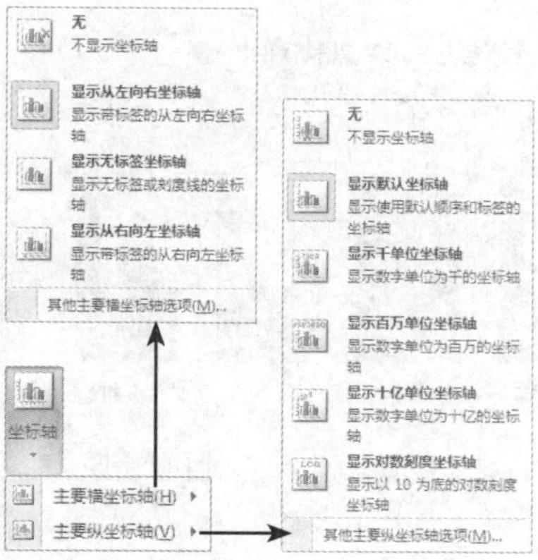

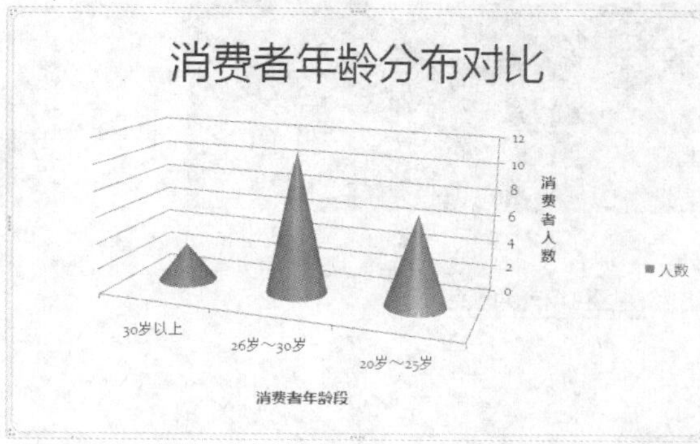

■ "坐标轴"按钮

更改横坐标轴从右向左显示■

2. 网格线

图表中的网格线是按一定的数值间隔显示的，间隔越密，各数据条对应的数据更容易通过网格线对比坐标轴来读取，当有此要求时即可单击"坐标轴"组中的"网格线"按钮，在其弹出的两个子菜单中分别可设置横、纵网格线的显示以及松密程度。

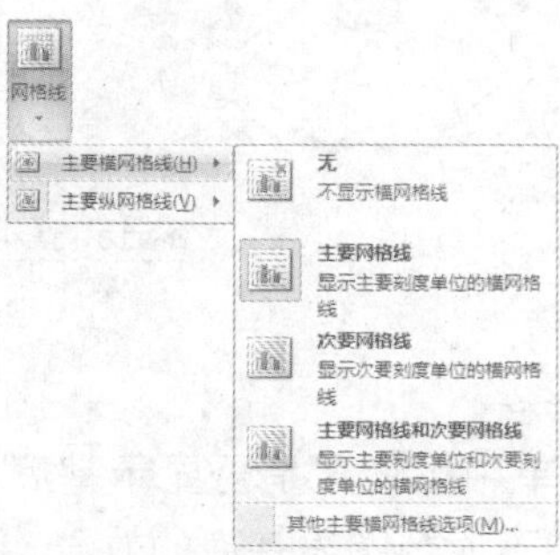

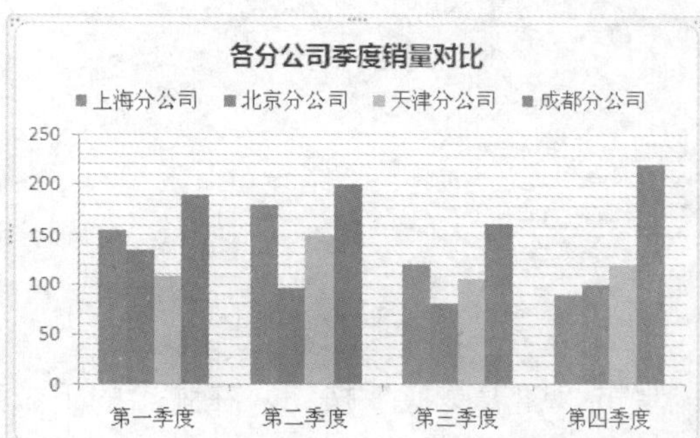

■ "网格线"按钮

设置显示次要横网格线■

9.3.5 设置图表背景布局

图表的背景是指二维图表的绘图区以及三维图表的背景墙和基底。针对二维或三维图表，用户可分别设置是否显示这些背景组成元素，甚至还可设置三维图表的旋转。本节的设置主要是通过"图表工具 布局"选项卡下的"背景"组来进行的。

1. 绘图区

只有二维图表才可设置是否显示绘图区，且默认情况下图表的绘图区是显示的，只是其颜色为白色，所以当通过单击"背景"组中的"绘图区"按钮设置是否显示绘图区时，感觉没有明显变化。

为此我们选择一个设置了绘图区颜色的图表，来展示显示或隐藏绘图区的效果对比。

要点提示：调整纵坐标轴刻度类型

如左图所示，纵坐标轴中的刻度可以有多种不同的类型或单位，选择不同的单位后，数据条之间的差异其实并不会发生变化，因为它们都使用相同的单位，只是随着坐标轴单位的变化其对应的刻度也会自动发生变化。

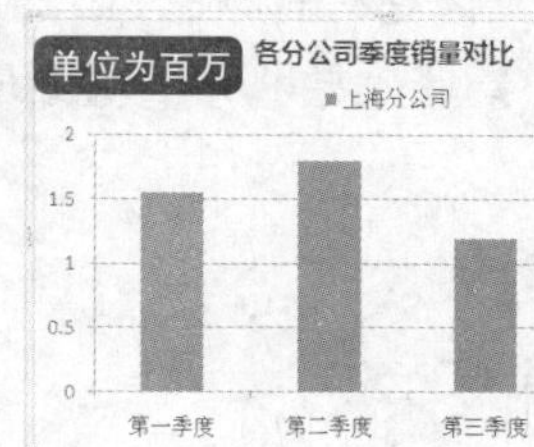

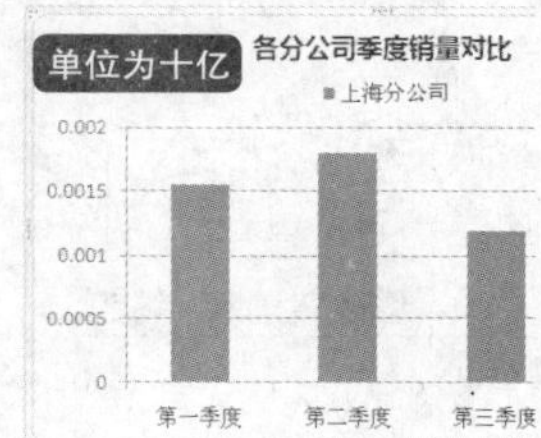

疑难解答：为什么三维图表没有绘图区

问：绘图区是所有图表的基本组成部分，为什么三维图表就没有绘图区呢？

答：其实并非三维图表就真的没有绘图区，只是它将绘图区变为了三维状态，由背景墙与基底组合成了原来意义上的绘图区。软件为了区分进行设置，所以在这个概念上进行了稍微的调整。

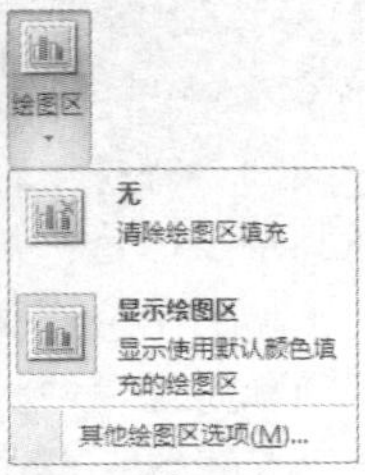

■"绘图区"按钮

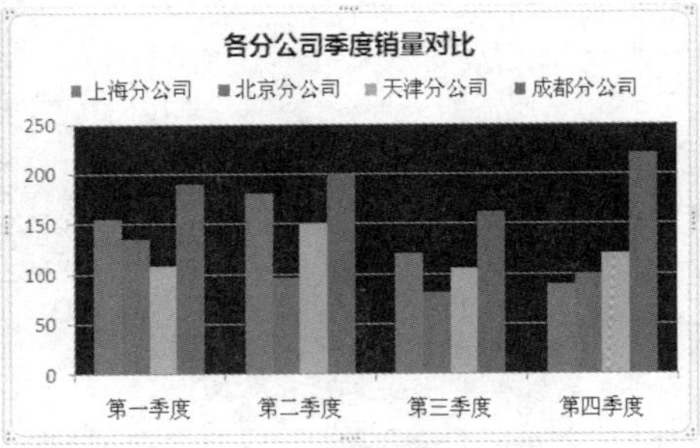

■显示出绘图区且填充为黑色

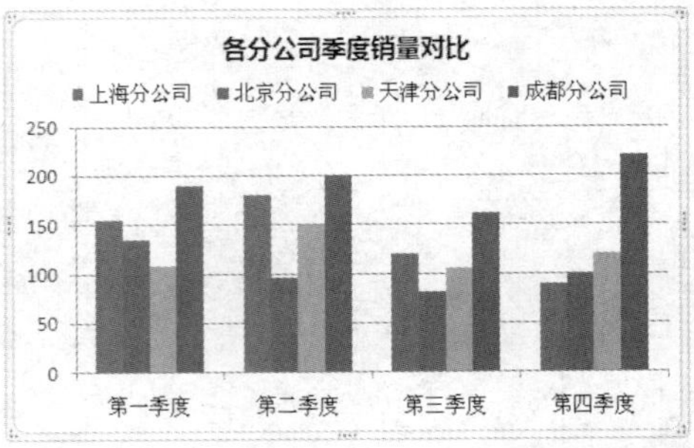

不显示绘图区■

2. 图表背景墙

三维图表的背景由背景墙与基底组成，用户也可设置是否显示这两个部分，通过单击“图表背景墙”按钮，在弹出的下拉菜单中可选择是否显示背景墙。下面两幅图中分别展示了设置了填充颜色的背景墙效果和没有显示背景墙的效果。

■"图表背景墙"按钮

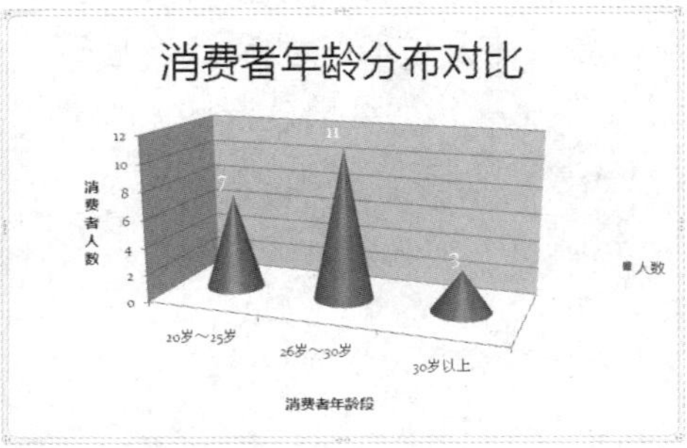

■显示出背景墙且填充为蓝色

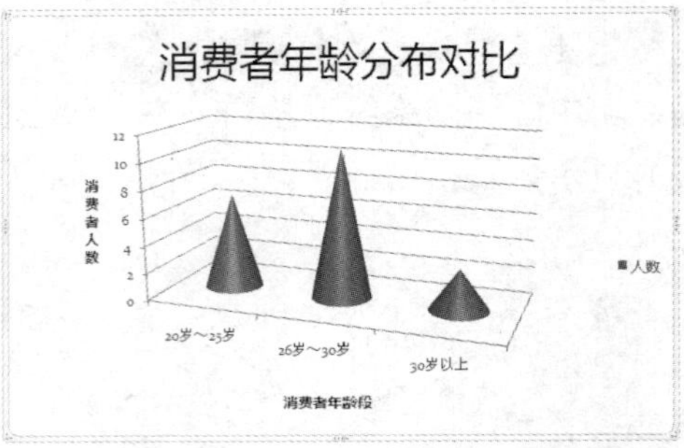

不显示背景墙■

3. 图表基底

图表的底部层面即为基底，单击“图表基底”按钮，在弹出的下拉菜单中可设置是否显示基底，对于显示的基底也可设置其颜色。下面两幅图中分别展示了显示出图表基底和不显示图表基底的效果。

■"图表基底"按钮

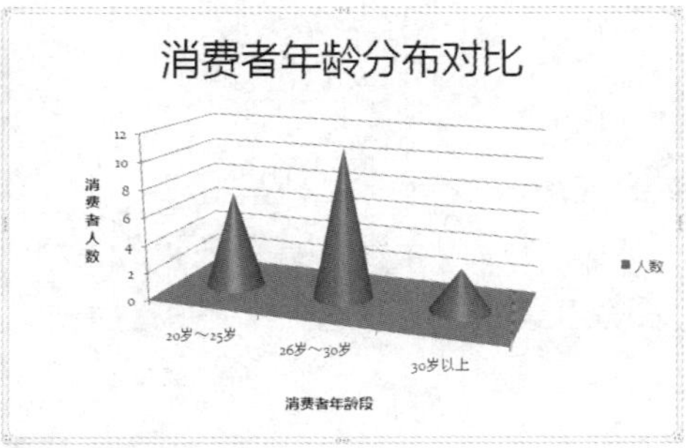

■显示出基底且填充为蓝色

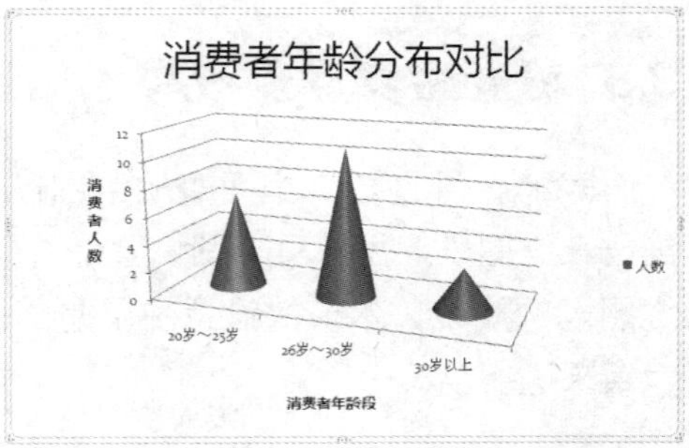

不显示基底■

4. 图表三维旋转

默认情况下三维图表在X、Y轴上已经有了一定的旋转度数，对于横轴（X轴），默认旋转角度为20°，而其可设置的旋转角度范围为0°～360°；对于纵轴（Y轴），其默认旋转角度为15°，可设置的旋转角度为90°～180°。不过要注意不能旋转过度，否则会造成信息无法正常阅读的情况。

除此之外，三维图表还有一个“透视”旋转选项，即以度为单位控制图表的深度视图，此选项用于观测图表前后端的比例对比情况，其默认值为15°，可设置的范围为0°～120°。

选择图表后，单击“背景”组中的“三维旋转”按钮，在打开对话框的“三维旋转”选项卡下的“旋转”选项组中即可设置各个方向上的旋转角度。

如下图所示分别为在X、Y以及透视方向上不同的旋转角度效果。

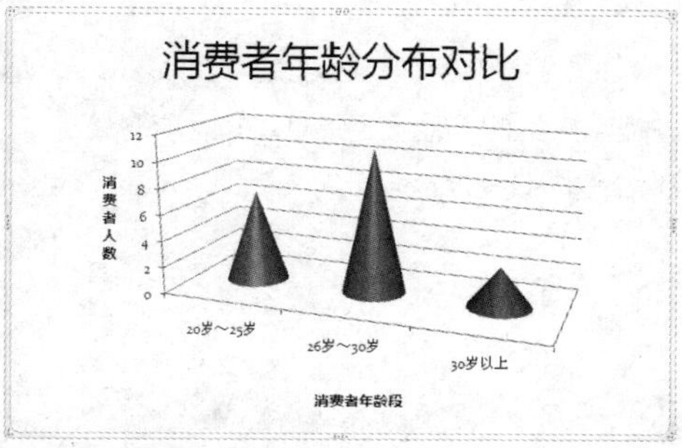

■默认三维图表效果

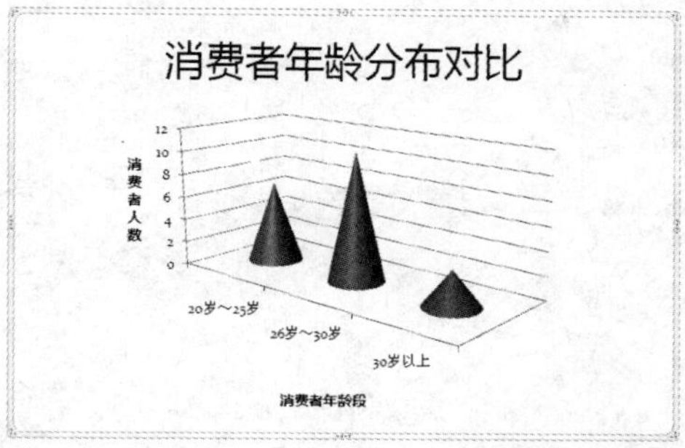

在X轴上旋转40°■

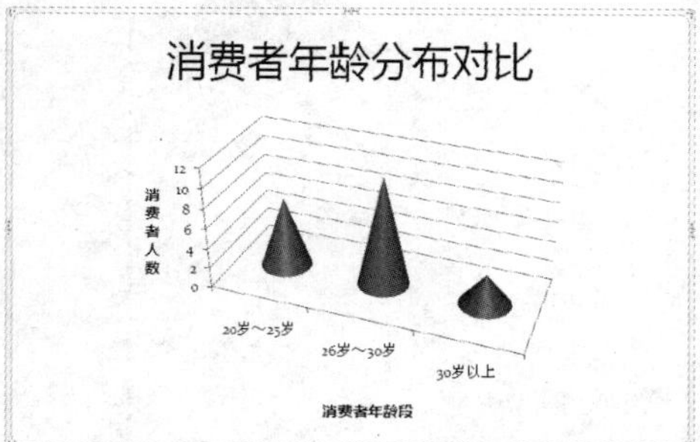

■在Y轴上旋转30°

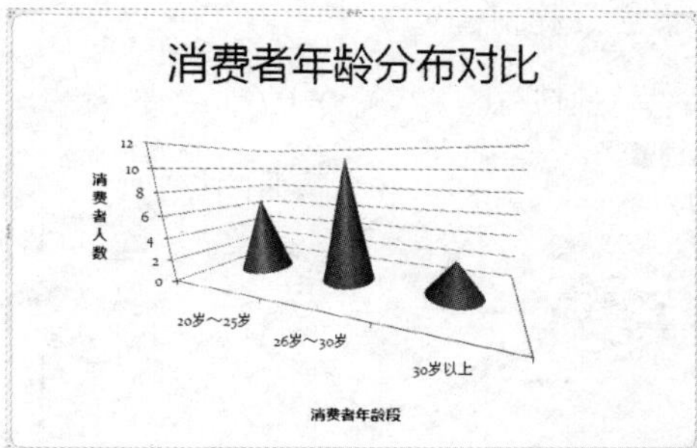

透视旋转50°■

要点提示：背景墙分为背面墙和侧面墙

用通俗的语言来说，三维图表的背景墙由左侧和背侧组成，其中左侧叫做侧面墙，背侧叫做背面墙。PowerPoint允许用户分别对这两部分进行格式设置，如下图所示，背面墙与侧面墙各显示不同的填充效果。

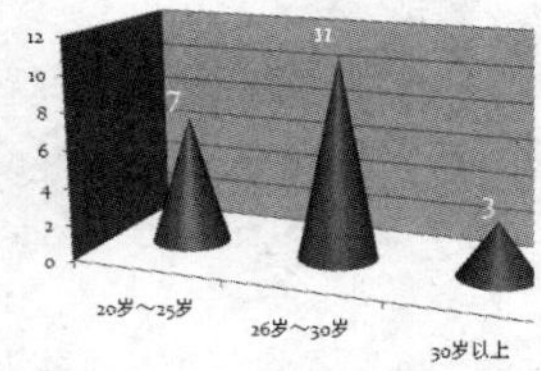

9.3.6 为图表添加趋势线或误差线

趋势线与误差线是对图表数据进行辅助分析的工具，其中趋势线是基于现有数据对未来的发展趋势进行预测，例如根据当前各月的销售数据来预测明年的销售趋势。而误差线通常用在统计或科学记数法数据中，用于显示相对序列中的每个数据标记的潜在误差或不确定度。

由于误差线的使用并不多见，这里只介绍如何为图表添加趋势线。

要点提示：哪些图表可以添加趋势线

并不是所有图表都可添加趋势线，实际上只能在没有三维效果的条形图、柱形图、折线图、非堆积面积图、股价图等二维图表中进行添加。

应用案例——进行分公司明年销售预测

素材 光盘:\素材\第9章\季度销量分析2.pptx

效果 光盘:\效果\第9章\分公司明年销量预测.pptx

Step 01 打开素材盘中第9章的“季度销量分析2.pptx”演示文稿，选择其中的图表，然后单击“图表工具 布局”选项卡下“分析”组中的“趋势线”按钮，在弹出的下拉菜单中可选择多种系统预设的趋势线，本例需要对趋势线进行设置，于是选择“其他趋势线选项”命令。

Step 02 打开“添加趋势线”对话框，由于本图表中有多项数据系列，而添加趋势线需要先确定依据哪一项数据，本例选择“成都分公司”选项，然后单击“确定”按钮。

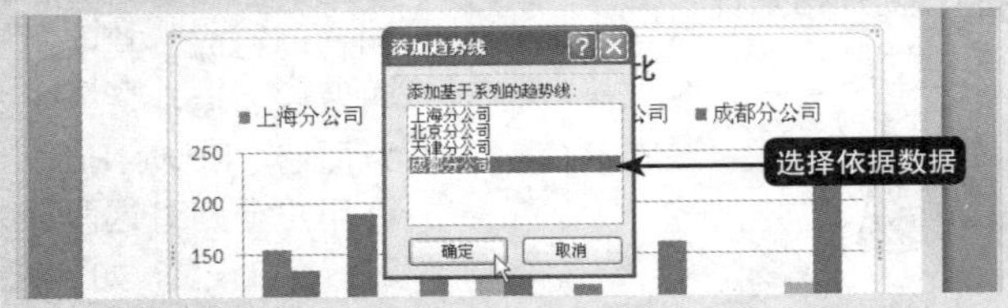

Step 03 打开“设置趋势线格式”对话框，默认显示的是“趋势线选项”选项卡，在右侧“趋势预测/回归分析类型”选项组中选择预测类型，这里选中“线性”单选按钮。然后在“趋势预测”选项组中的“前推”文本框中设置为“4.0”周期，表示将预测后面4个周期时间（本例一个周期为季度，4个周期也就是明年）的走势，完成设置后单击“关闭”按钮。

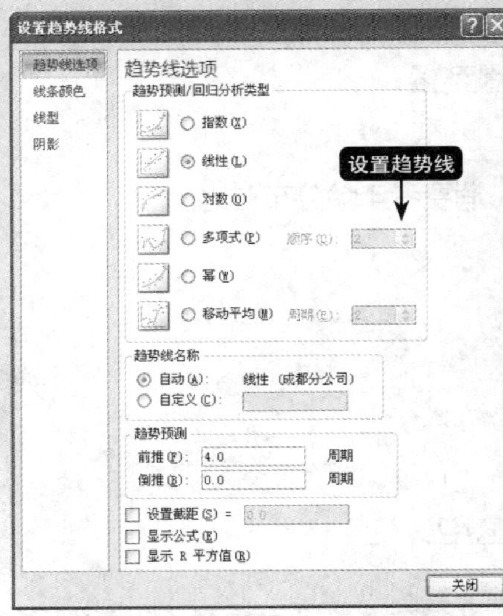

Step 04 回到幻灯片中可以看到，在当前图表中依据“成都分公司”当年4个季度的销售数据对明年4个季度的销售趋势进行了预测，根据趋势线可判断该分公司明年的销售趋势预测为向上提高。

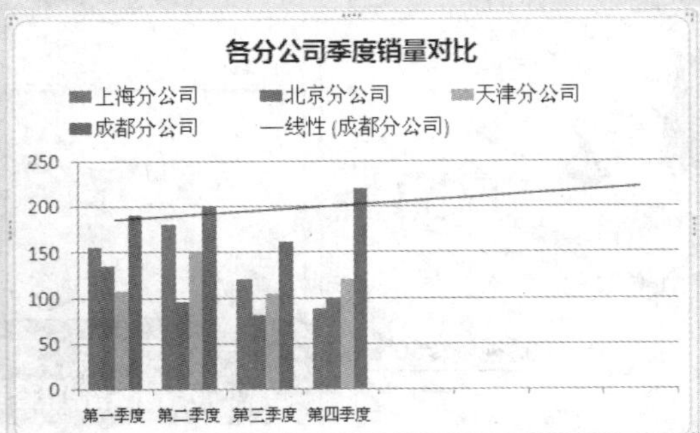

9.4 格式化图表对象

前面我们介绍了如何显示图表中多种组成部分以及设置它们的布局，而对各个组成部分，用户还可对其进行更为详细的格式设置，这包括其本身属性的设置以及外观的美化。

9.4.1 选择图表对象

要对图表组成对象进行格式化，需要先将对象选中，一般的方法是直接用鼠标单击选中，但有时由于图表中的各组成部分太多，且相互距离很近，直接单击不容易选中，这时就可借用PowerPoint自带的图表对象选择功能。

选择图表后，在“图表工具 布局”和“图表工具 格式”选项卡左侧都会出现“当前所选内容”组，在该组中的下拉列表框中，用户即可轻松选择需要的图表对象。

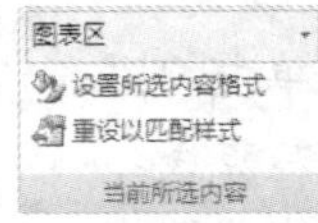

■ “当前所选内容”组

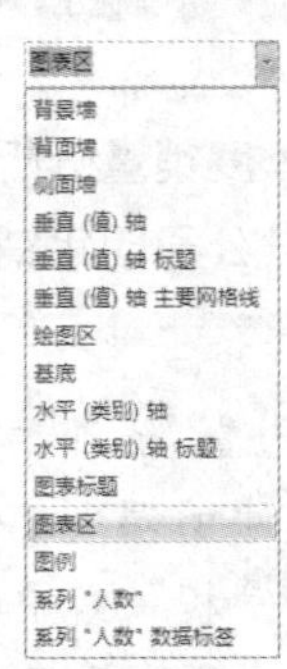

下拉列表框■

要点提示：误差线与涨/跌柱线

在“图表工具 布局”选项卡的“分析”组中用户还可看到“误差线”与“涨/跌柱线”两个按钮。其中误差线用于表示图表上相对于数据系列中每个数据点或数据标记的潜在误差量，为数据系列添加误差线可以了解数据系列在图表中表示数据的误差；而涨/跌柱线适用于具有多个数据系列的折线图，涨/跌柱线指示第一个数据系列与最后一个数据系列的数据点之间的差异。

选择各图表对象后，即可对其进行详细的格式设置，这包括通过设置对话框和“图表工具 格式”选项卡两种方式，下面分别进行介绍。

9.4.2 设置图表区

选择整个图表，即表示当前选择了图表区对象，该对象实际上就是图表的“编辑区”，对于它可设置其填充、边框和其他图形样式。

选择图表区后，单击“当前所选内容”组中的“设置所选内容格式”按钮，即可打开对应的格式设置对话框。后面其他图表对象的格式设置对话框的打开方式与此相同。

该对话框的左侧各选项卡即为图表区可进行的设置项，如这里我们对图表区设置一种填充颜色，于是在“填充”选项卡右侧选中“纯色填充”单选按钮，然后单击“颜色”按钮，在弹出的下拉列表中选择一种颜色即可。

如果要设置图表区的边框，则在“边框颜色”选项卡下设置边框线的颜色，在“边框样式”选项卡下设置边框线的粗细与线型等。

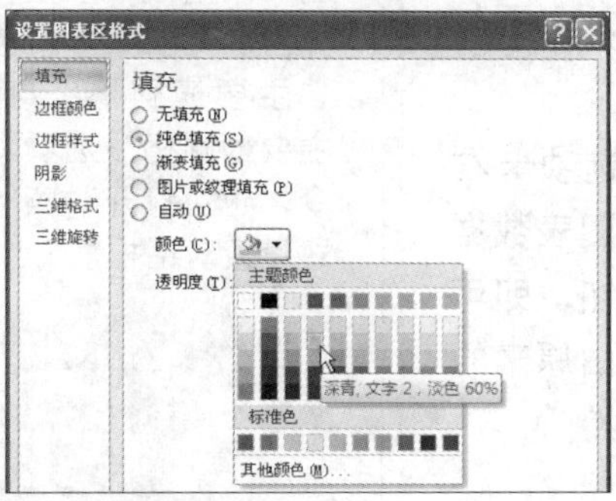

■设置图表区填充

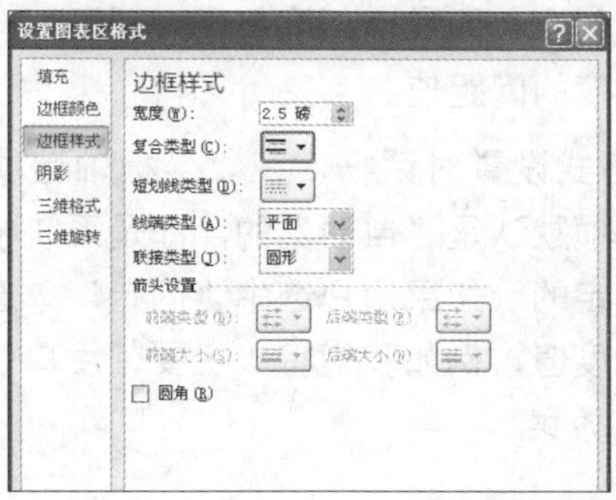

设置图表区边框■

对于该对话框的其他选项卡用户可自行尝试设置。除了在该对话框中设置外，用户选择图表区后，通过“图表工具 格式”选项卡，也可设置其各种填充、边框以及形状效果等样式，其设置方法与设置普通图形对象相同，这里不再详细介绍。

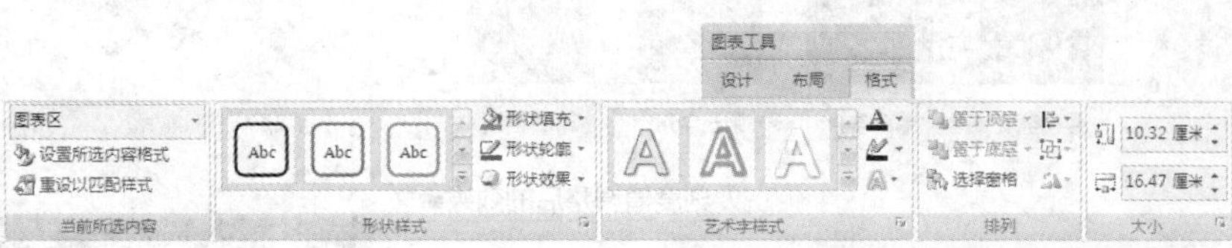

“图表工具 格式”选项卡■

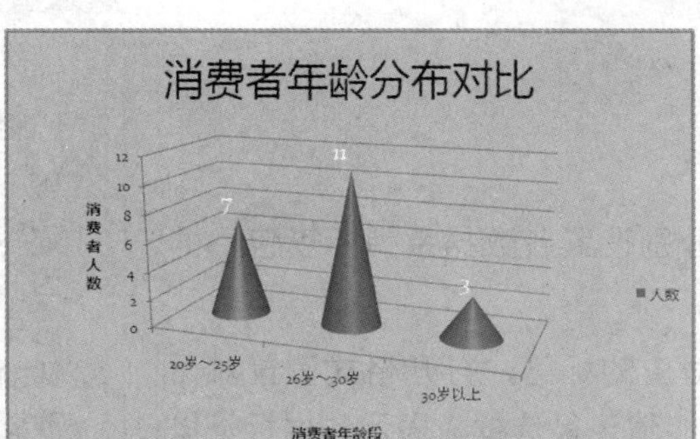

图表区设置后的效果■

要点提示：关于“设置图表区格式”对话框

图表区在PowerPoint中实际上就是一种普通的图形对象，因此其格式设置对话框也与普通的图形对象的格式设置对话框相同。

例如，在一个绘制的矩形对象上右击，在弹出的快捷菜单中选择“设置形状格式”命令，打开的格式设置对话框如下图所示。

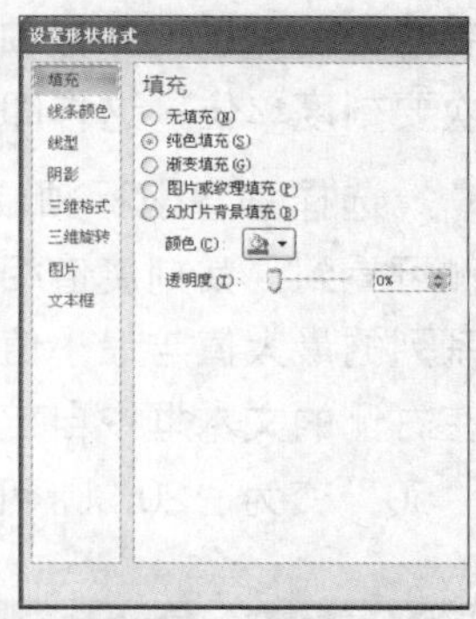

通过上图与左边图表区的格式设置对话框进行比较，不难发现两对话框基本相同，可见它们拥有相同的图形属性，相关的设置操作也基本相同。

9.4.3 设置绘图区与网格线

对于绘图区而言，也只能设置其填充、边框等图形属性，而网格线也只能设置其线条属性，两者的设置方法都与普通图形对象相同，这里不再详细介绍。

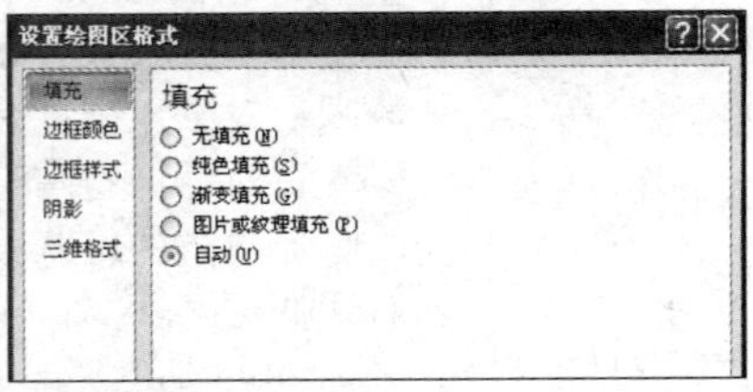

■设置绘图区格式

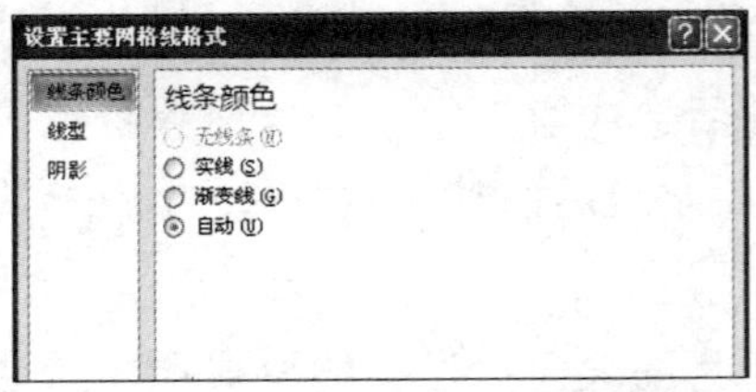

设置网格线格式■

9.4.4 设置横纵坐标轴

对于图表中的横、纵坐标轴，除了可设置其填充与线型等格式外，更重要的是还可设置坐标轴中的起始刻度（即最小刻度与最大刻度），以及主要与次要刻度单位，这样即可控制刻度的间距值。

选择垂直坐标轴，打开其格式设置对话框，在“坐标轴选项”选项卡右侧可看到，其刻度值相关设置选项默认是“自动”的，即是系统根据图表数据系列的最大值与最小值来自行决定的，如果用户选中“固定”单选按钮，即可在右侧的文本框中自定义相关刻度值，例如我们将“主要刻度单位”由原来的“50”变为“20”，可得到如下效果。

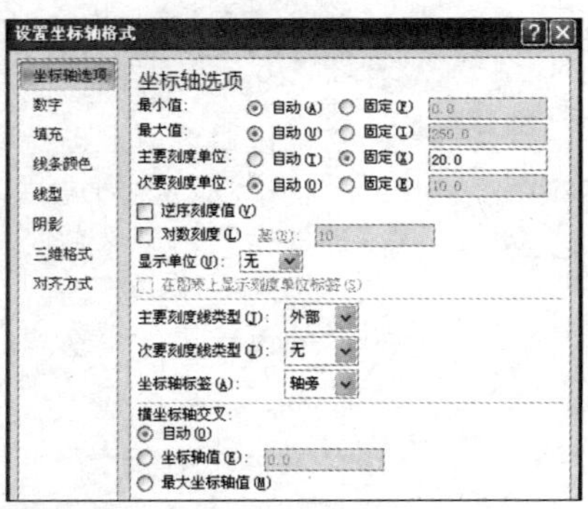

■设置坐标轴格式

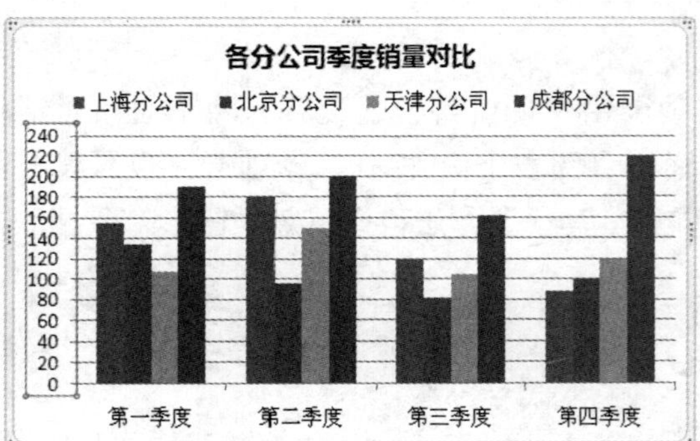

主要刻度值调整后的效果■

对于该对话框中的其他选项，以及对水平坐标轴的设置，用户可自行尝试设置，可得到不同的坐标轴显示效果。

9.4.5 设置数据标签

对于添加了数据标签的图表，用户还可分别设置各数据系列标签包括的内容以及显示的位置。

如选择图表中“上海分公司”数据系列对应的标签，打开格式设置对话框，在“标签选项”选项卡右侧默认只选中了“值”复选框，表示数据标签显示的是数据系列对应的数值，如果再选中“系列名称”复选框，即可得到如图

使用技巧：打开图表对象设置对话框的其他方法

除了选择图表对象后单击“当前所选内容”组中的“设置所选内容格式”按钮来打开其对应的格式设置对话框外。还可在图表对象上右击，在弹出的快捷菜单中选择相应的格式设置命令。

或者，在“图表工具布局”选项卡下单击某图表对象对应的按钮，如单击“坐标轴”组中的“网格线”按钮，在弹出的下拉菜单中选择“主要横网格线/其他主要横网格线选项”命令，也可打开对应的格式设置对话框。

疑难解答：能否设置网格线的间距

问：能否设置网格线的间距呢?

答：主要网格线是与坐标轴主要刻度对应的，因此当坐标轴的刻度单位变化后，对应的网格线的间距就会自动发生改变。

所示数据标签效果。而在“标签位置”选项组中还可设置标签的布局位置。

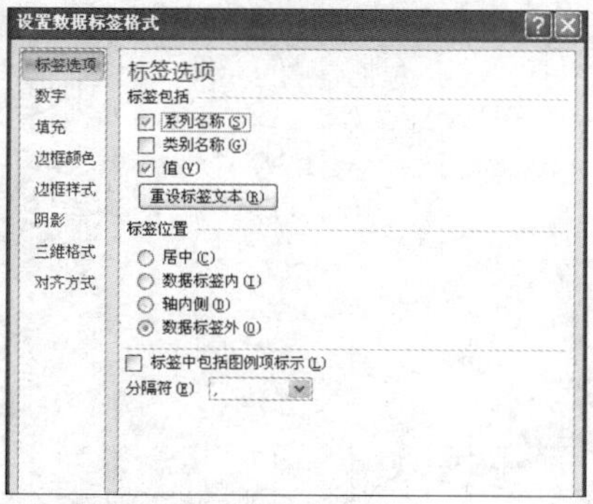

■设置数据标签格式

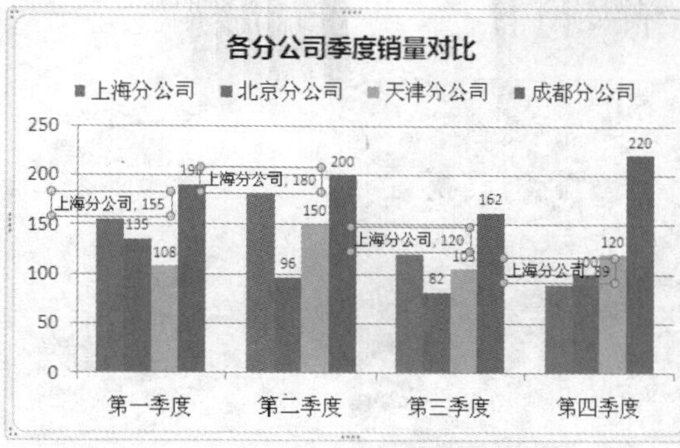

在数据标签中添加系列名称■

9.4.6 设置数据系列

对于用图形形状来展示数据的数据系列，用户也可设置其相关格式，除了填充与边框等格式外，还可设置各数据系列之间的重叠间隔和分类间距等。

选择某数据系列图形后，打开其设置对话框，在“系列选项”选项卡右侧的“系列重叠”选项组中，通过拖动水平滑块可设置各数据系列图形之间的间距，如这里设置为“-20%”；而在“分类间距”选项组中可设置数据系列各分类之间的间距（即图中第一、二季度的间距），这里设置为“250%”，得到的效果如下图所示。

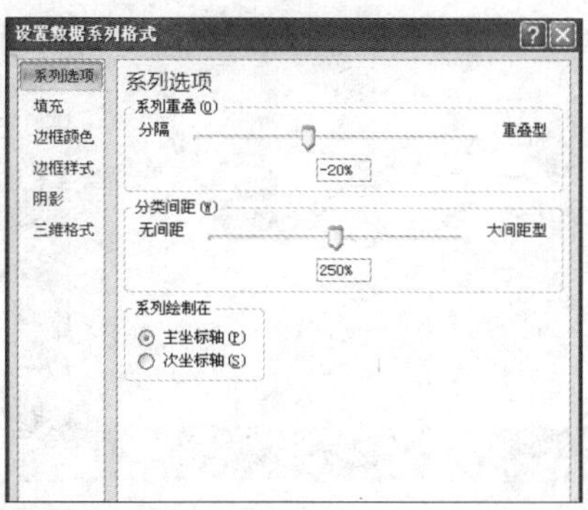

■设置数据系列格式

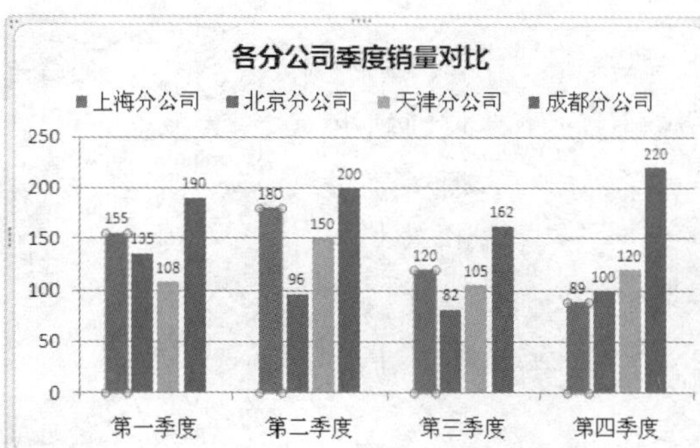

设置系列间距后的效果■

9.4.7 为图表整体应用样式

除了按前面介绍的方法单独为图表各组成部分设置格式外，系统还为用户提供了多种预设的图表整体外观样式，通过简单的选择，即可快速改变图形的外观，使其更为美观。

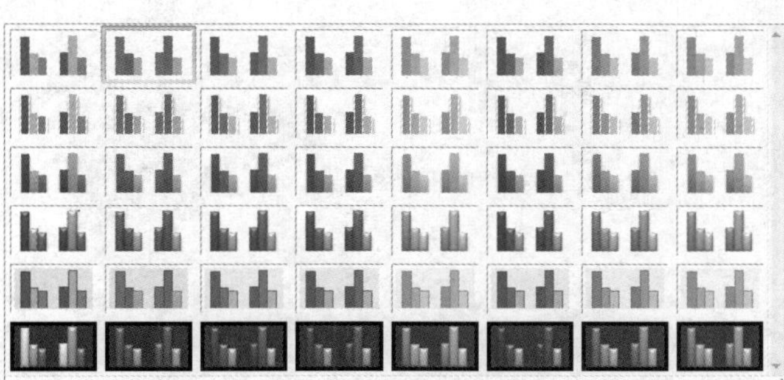

“图表样式”下拉列表框■

使用技巧：通过设置图例来改变数据系列的颜色

我们知道，图例中的色块与其代表的数据系列图形的颜色是对应的，如果选择某单个图例，然后打开其格式设置对话框，在其中改变其填充颜色，则图表中对应的数据系列的颜色也将一并改变。

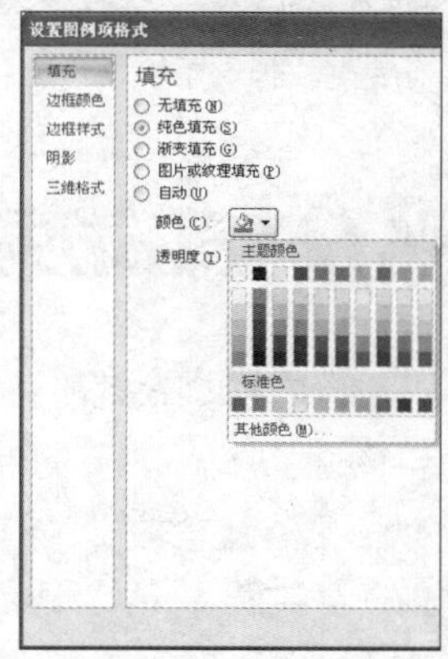

要点提示：对饼形图设置数据系列格式

如果选择饼形图的数据系列并打开格式设置对话框，其“系列选项”选项卡右侧将变为“第一扇区起始角度”和“饼图分离程度”选项组，分别可设置第一个扇区图形的位置以及各扇区图形的间距。

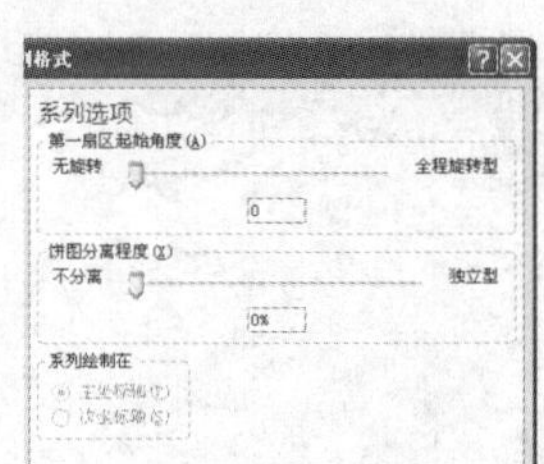

选择整个图表后，在“图形工具 设计”选项卡下“图表样式”组中展开下拉列表框，即可选择各种图表外观样式。

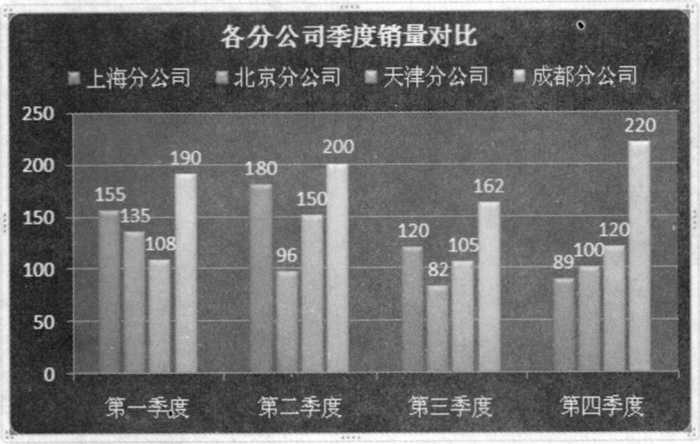

■应用图表样式效果1

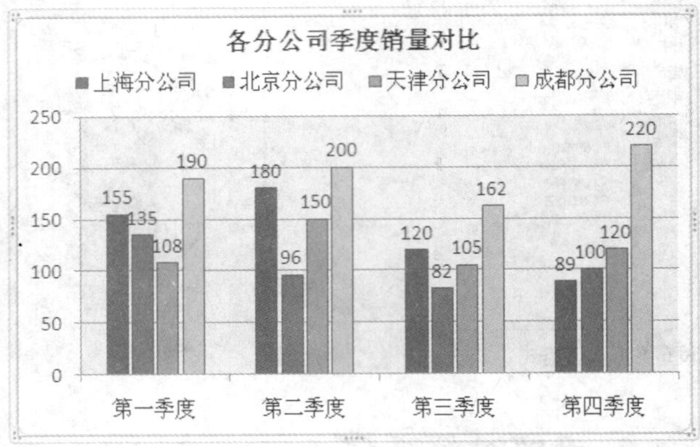

应用图表样式效果2■

9.5 实战演练——A公司经营赢利水平分析

经过前面各节的介绍，相信读者对如何在幻灯片中使用图表以及图表各组成部分的设置方法有了详细的了解，本节将再以一个具体案例，即通过一个图表来分析某公司的经营赢利情况。通过图表制作的全过程，帮助读者将前面学到的知识点串联起来，并进行巩固与提高。

素材 光盘:\素材\第9章\A公司经营赢利水平分析.pptx

效果 光盘:\效果\第9章\A公司经营赢利水平分析.pptx

本案例将先根据公司经营赢利水平相关数据制作一个柱形图表，并将其中一个关键的数据系列制作成折线图，最终再根据图表分析得出文字结论，本案例的最终效果如右图所示，具体操作步骤如下。

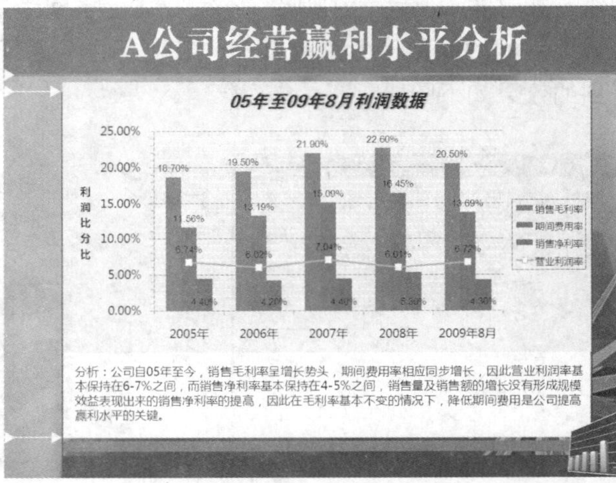

案例效果图■

Step 01 打开素材盘中第9章的“A公司经营赢利水平分析.pptx”演示文稿，选择要制作图表的幻灯片，其中已经输入了幻灯片的标题。单击“插入”选项卡下“插图”组中的“图表”按钮，或直接在正文占位符中单击“插入图表”按钮。

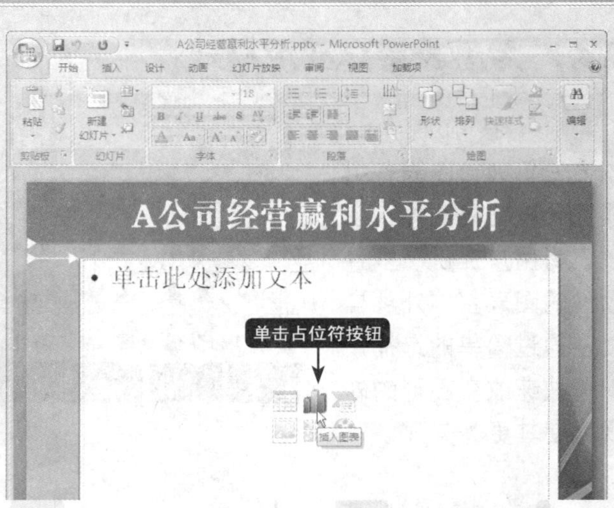

Step 02 打开“插入图表”对话框，本例需要的是柱形图，且由于还要制作折线图，所以只能选择二维图表，于是在“柱形图”分类中选择第一个“簇状柱形图”选项，然后单击“确定”按钮。

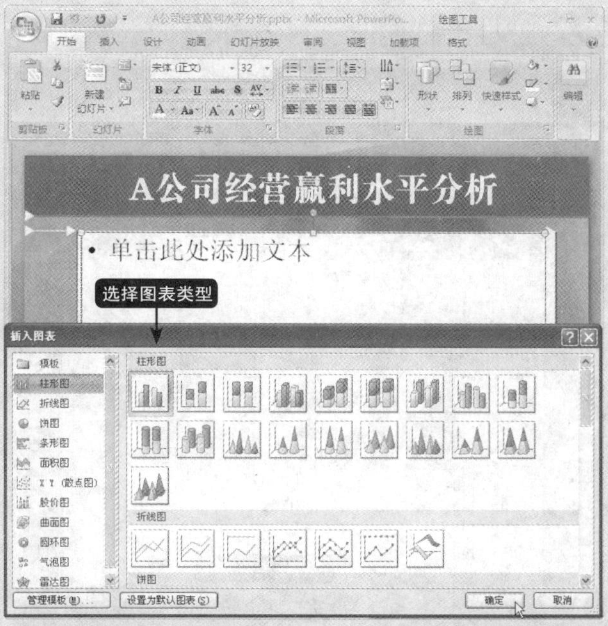

Step 03 打开图表对应的数据表，本例需要5行6列数据，于是先拖动数据表中默认数据右下角的控点，增加行列数，然后在各单元格中输入相应的数据，注意最后一列数据的时间为2009年8月。

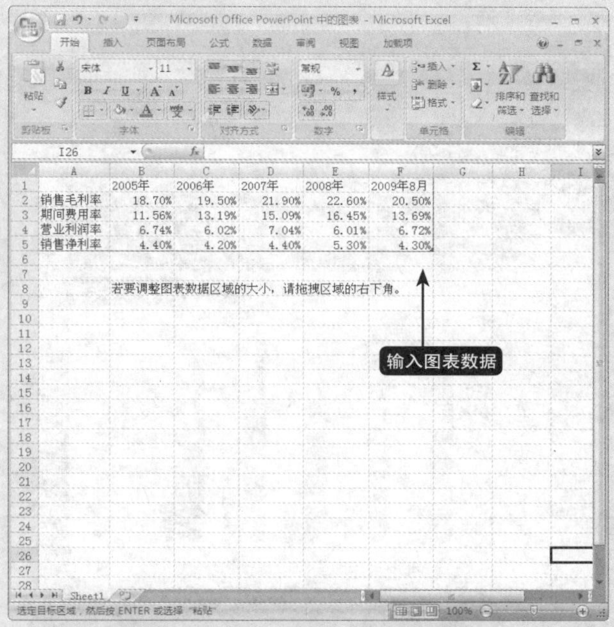

Step 04 在没有关闭数据表的情况下切换到PowerPoint中，发现水平坐标轴为几项利率的分类，而本例需要根据时间进行分析，于是单击“图表工具 设计”选项卡下“数据”组中的“切换行/列”按钮，将水平坐标轴交换为时间。

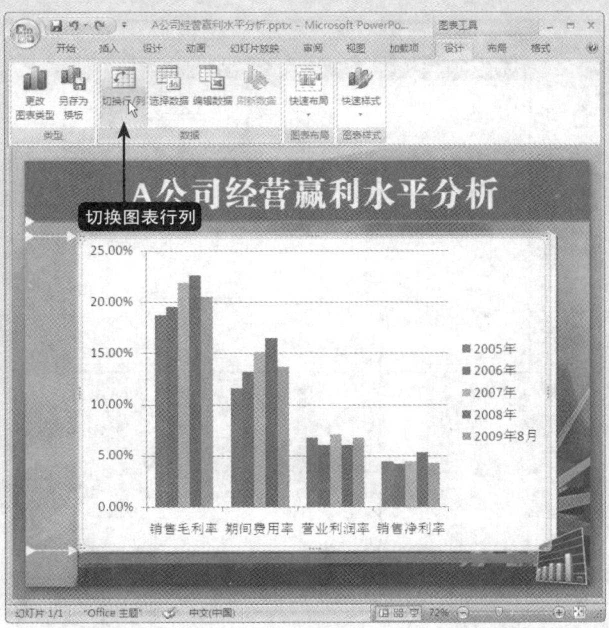

Step 05 关闭数据表，下面将对图表的整体格式和布局进行设置。先选择“水平坐标轴”，然后通过“开始”选项卡设置其中内容的字体为“微软雅黑”，字号为“14”。使用同样的方法分别设置“垂直坐标轴”和“图例”内容的文字格式。

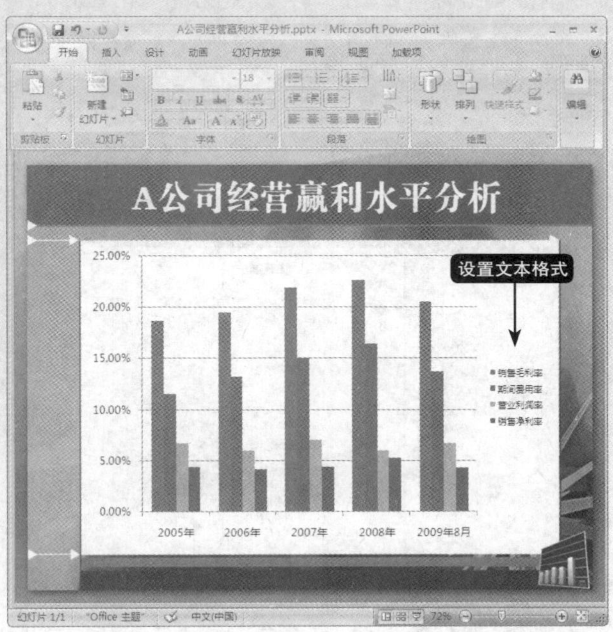

Step 06 选择图表后，在“图表工具 布局”选项卡下分别单击“图表标题”和“坐标轴标题”按钮，为图表和纵坐标轴添加标题，输入相应内容后再分别进行格式设置。

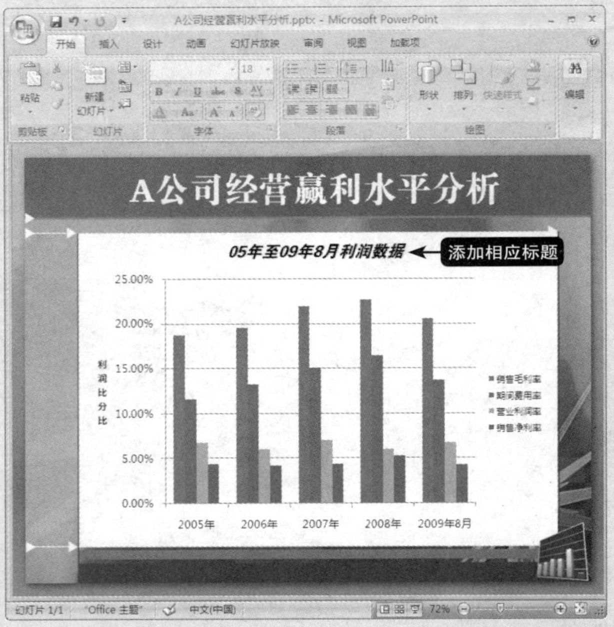

Step 07 由于本例将在图表的下侧添加分析结果的内容，于是需要拖动图表的边框调整其整体大小和位置，在幻灯片下侧预留出相应的空间来。然后选择图表区，通过“图表工具 格式”选项卡为其设置填充颜色，以突出显示。

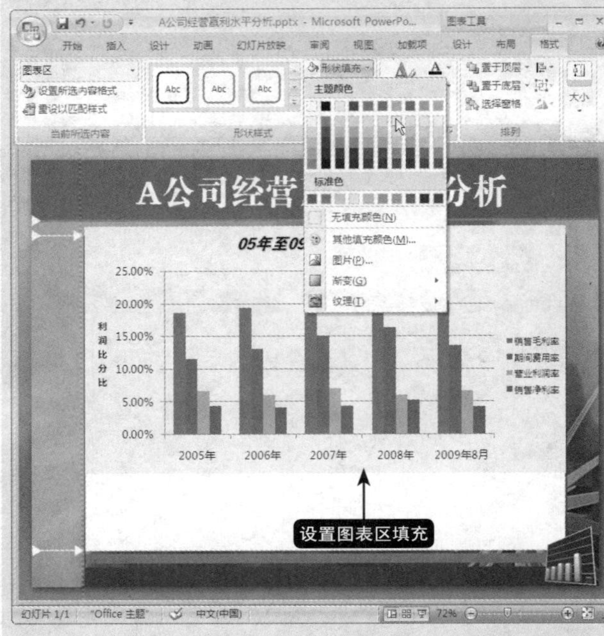

Step 08 下面选择“图例区”，使用同样的方法为其添加边框，以在背景中突出显示。然后选择“垂直坐标轴”，在其格式设置对话框中的“次要刻度线类型”下拉列表框中选择“外部”选项，在坐标轴中显示出更细的次要刻度，方便数据的对比查看。

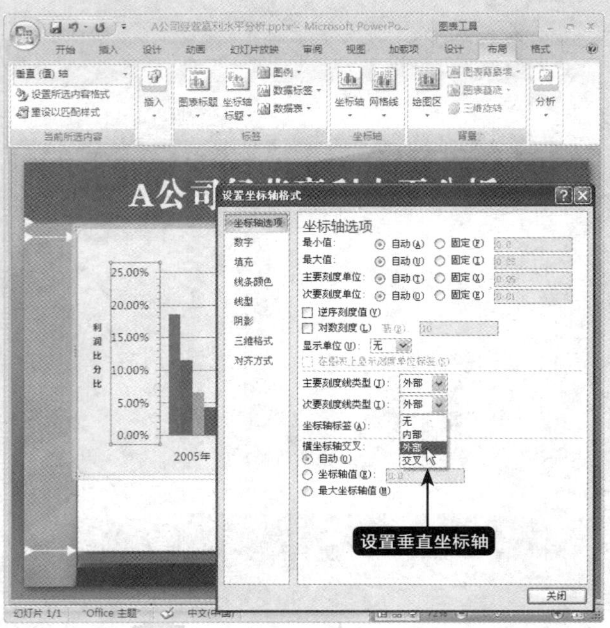

Step 09 下面的一步比较关键，即将“营业利润率”数据系列所对应的数据条选中，然后单击“图表工具 设计”选项卡下“类型”组中的“更改图表类型”按钮，在打开的对话框中选择“折线图”分类下的第一个图表选项，然后单击“确定”按钮。

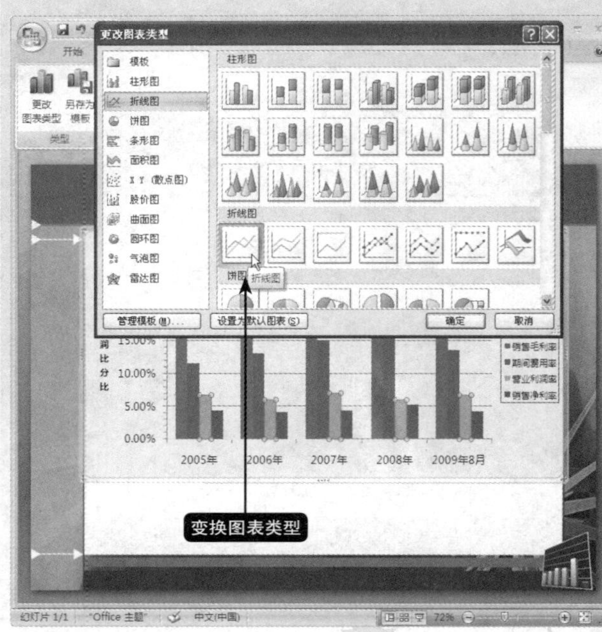

Step 10 回到幻灯片中可看到图表中“营业利润率”数据系列变成了折线效果。选中该折线（实际上是选中该数据系列），打开对应的格式设置对话框，在左侧单击“数据标记选项”选项卡，在右侧选择一种内置的数据标记样式，并设置大小为“8”。

Step 11 再在该对话框的“数据标记填充”选项卡下设置填充颜色为“白色”，以让该数据标记在有颜色的背景上更为突出。回到图表中，下面分别选中各数据系列，为其都添加上“数据标签”，并设置相应的文本格式。

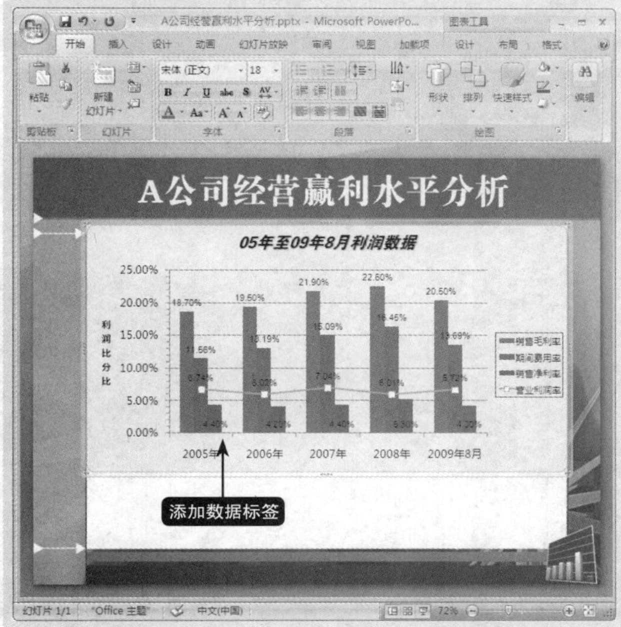

Step 12 为了方便各数据系列对应于坐标轴进行数值查看，可再为图表添加“次要网格线”，然后设置该网格线的线条颜色为“白色”，以与主要网格线进行区别。

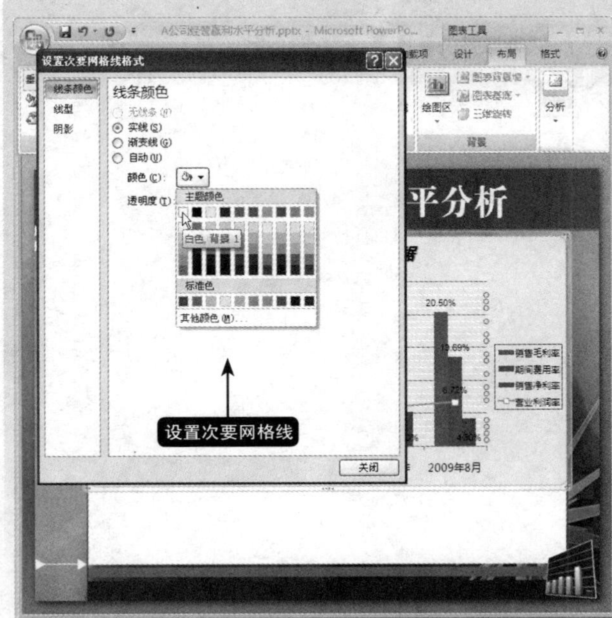

Step 13 至此完成了图表的制作，下面在图表的下侧添加一个文本框，在其中输入根据该图表得到的分析结果，并设置相应的文本格式，完成本案例的全部制作。

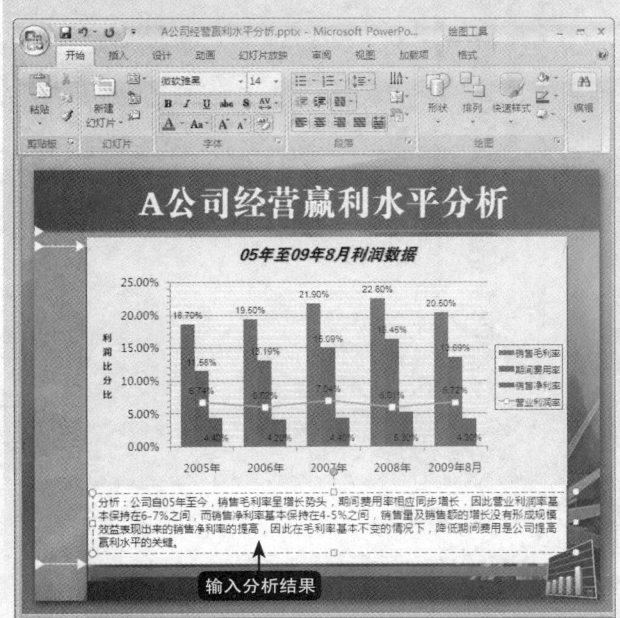

Part 3

互动演示的关键技术

通过在幻灯片中使用一些声音、视频或为幻灯片中的对象和幻灯片本身设置相关的动画，可使得整个演示文稿在放映时更加生动直观，更吸引观众的注意力，也能通过这些设置帮助观众更好地理解主题，形成观众与演示文稿的互动交流。

10 Chapter 媒体元素演示工具

READERS' GUIDE

媒体元素是以计算机为基础，用不同的媒体（如图形、声音、视频及动画等）来传递信息。在演示文稿中使用声音与视频演示工具，能将演示文稿变为声色多姿的多媒体文件，使得幻灯片中展示的信息更美妙、更多元化，使展示效果更具感染力。

MAIN CASES

10.1 纵览媒体剪辑类型

要在演示文稿中使用媒体元素，首先需要了解适用于幻灯片的媒体剪辑类型，即了解声音与影片媒体剪辑的可使用格式，及其获取方法与使用时的注意事项等。

10.1.1 了解幻灯片中的声音与影片

在开始使用声音与视频媒体剪辑之前，有必要先来了解一下它们的一些相关信息。

1. 可使用的声音格式

在幻灯片中可使用的声音格式包括如下5种。

- WAV：WAV是Windows中最常见的声音文件格式之一。它是原始的声音音频，没有经过优化压缩，因此声音质量非常好，但文件容量较大，一段1分钟左右的WAV格式文件的容量可能会达到50MB。即便如此，它仍然是非常受欢迎的声音格式。
- MP3：MP3是目前使用最广泛的一种声音文件格式，它采用高质量的比特率进行压缩，其质量类似于CD音质，但容量比WAV格式文件的小很多，1分钟大概1MB左右。

要点提示：了解MP3Pro音乐格式

MP3Pro是MP3的升级版，由瑞典Coding科技公司开发，它可以把声音文件的文件量压缩到原MP3格式的一半大小，并能在基本不改变文件大小的情况下改善MP3音质。MP3Pro可实现完全兼容，经过MP3Pro压缩的文件，扩展名仍是.mp3。可以在常规MP3播放器上播放，常规MP3文件可以在新MP3Pro播放器上播放。

- ◆ WMA：WMA与MP3类似，却使用了更好的压缩算法，因此其音质与MP3相差无几，但文件变得更小一些。
- ◆ MIDI：MIDI（乐器数字接口）文件不包含实际的音乐，而只包含计算机声卡能理解和播放的音符，所以这类文件极小，但声音内容较为简单，音质也较差。
- ◆ REAL：一些EM格式的文件即属于此类，PowerPoint并非真正支持这类格式，而是需要通过转换或者链接播放才能达到使用的目的，如果要链接播放，则需要得到兼容这类格式的播放器的支持。

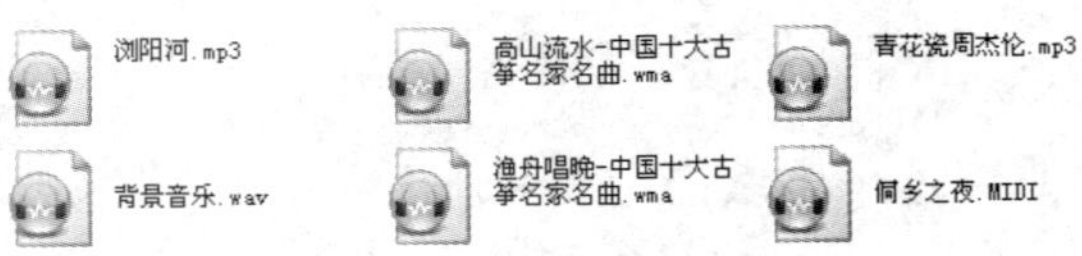

■各种格式的声音文件

2. 可使用的影片格式

在幻灯片中可使用的影片格式包括如下5种。

- ◆ AVI：AVI是具有很长历史的视频文件格式，由Microsoft公司自Windows 3.1时代就已经开始发表，目前仍然应用广泛，在PowerPoint中能很好地兼容。虽然有些因为所采用的压缩方式不同而稍有区别，但绝大部分AVI视频文件在幻灯片中都能很好地工作。
- ◆ MPEG：这类文件分为MPEG1和MPEG2两个版本，前者能很好地被PowerPoint兼容，后者实际上是DVD视频格式，需要借助第三方播放器才能正常使用。
- ◆ RMVB/RM：这两种格式也是出自REAL，这类视频文件同样需要通过转换或者链接其他播放器来使用。
- ◆ GIF：这类文件严格上讲不能算是视频文件，它其实是以动画的形式显示的一系列GIF图像，可以像插入普通图片一样在PowerPoint中使用它。
- ◆ SWF：即目前常用的Flash文件，PowerPoint不直接支持该类文件，必须要在计算机中安装Shockwave Flash控件后才可使用。但由于SWF动画已是网络动画的标准，因此一般情况下计算机中都有这个控件。所以通常也能很顺利地在PowerPoint中使用。

■各种格式的影片文件

要点提示：了解APE音乐格式

APE是一种无损压缩音频技术，也就是说当从音频CD上读取的音频数据文件压缩成APE格式后，还可以再将APE格式的文件还原，而还原后的音频文件与压缩前的一模一样，没有任何损失。APE格式文件的容量大概为CD的一半，因此随着宽带的普及，APE格式受到了许多音乐爱好者的喜爱，特别是对于希望通过网络传输音频CD的朋友来说，APE格式可以帮助用户节约资源。

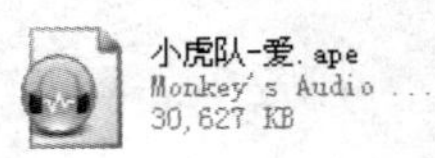

使用技巧：在网上搜索声音素材的方法

通过Internet可获取各种声音素材：

搜索引擎获取：通过百度或Google的音乐搜索功能，可找到大量所需音乐文件。

下载软件获取：通过迅雷、搜狗音乐等搜索功能，可找到大量所需音乐文件，并进行相关文件的下载。

10.1.2 媒体剪辑的适用范围

在演示文稿中增加多媒体元素可使其更生动更具有吸引力，但也不是每个演示文稿中都需要使用它们，只有适量的在适当位置使用媒体剪辑，才能为幻灯片增色，若滥用声音或视频元素则可能会导致演示文稿的杂乱与低格调。因此，在使用媒体剪辑时要充分考虑其必要性和准确性，下面就来了解媒体剪辑的适用范围：

- 制作企业宣传、文体宣传活动等现场播放的演示文稿时，常需要在片头展示一些视频宣传动画。
- 制作轻松活泼的娱乐类演示文稿时，可添加适当的背景音乐与影片，以调节现场的气氛，如企业新年晚会、家庭日志展示短片等。
- 产品展示类幻灯片中有时也需要一些视频内容，以便更直观地展示产品的功能和特点，或在展示产品图片时配以舒缓的轻音乐，增添观众的愉悦感。该种情况同样适用于模特的形象展示、婚庆中的新人成长照片展示等演示文稿中。
- 对于自动循环放映的演示文稿，在没有演讲者的情况下，常需要为幻灯片添加演讲旁白来代替演讲者的口述，这些旁白声音需要自行录制备用。
- 在一些特殊的幻灯片中，有时需要添加一些音效来配合幻灯片中对象的动画。

■新年晚会演示文稿

婚庆展示演示文稿■

10.1.3 使用媒体剪辑的注意事项

在使用媒体剪辑时有一些注意事项要牢记，这将影响到能否顺利地在演示文稿中使用插入的媒体文件。

- 在幻灯片中使用的声音或视频文件需要放置在与演示文稿相同的文件夹中，这是因为在幻灯片中使用这些元素时，其实质只是程序在演示文稿中添加了一个指向实际多媒体文件的链接，通过该链接在放映时调用源文件。因此必须将源文件与演示文稿放于同一文件夹中，否则在使用其他计算机放映幻灯片时，将出现提示找不到文件的错误信息。
- 在演示文稿中并不能使用所有类型的多媒体文件，只能使用与PowerPoint相兼容的文件类型。若确实要使用则需要用户事先通过其他软件对其格式进行转换。

使用技巧：制作企业宣传演示文稿的要点

优秀的企业宣传演示文稿一定要内容充实，文字丰富，图片直观，视频生动，若演示文稿中有解说配音，则需声音悦耳、解说词生动。在企业宣传文稿中应包含的要素有：公司名称、公司成立时间、地点、成立的背景、领导人、经营文化、发展理念、经营原则、长期战略计划、现有业绩、产品展示等。

要点提示：多媒体技术的特点

多媒体技术就是把声、图、文、视频等媒体通过计算机集成在一起的技术。多媒体技术具有以下几项特性：① 信息媒体的多样化和媒体处理方式的多样化；② 集成性；③ 交互性；④ 实时性。

◆ 在PowerPoint的剪辑管理器和Microsoft Office Online网站中也提供了许多小而简单的声音或视频文件，用户也可在这里进行选择。

◆ 要正常播放多媒体文件，需要保证计算机中安装有声卡和扬声器。

10.1.4 转换媒体剪辑的格式

通过网络下载、购买光盘或录制等方法获取的视频剪辑文件的格式，有可能并不符合在PowerPoint软件中制作演示文稿的需求，这时就需要通过一些第三方软件转换媒体剪辑格式。

Step 01 购买或通过网络下载可用于音频、视屏转换的第三方软件。

Step 02 打开转换器软件，在其中单击“新建任务”按钮，在弹出的下拉菜单中选择“导入文件”命令，弹出“打开”对话框，选择需要转换格式的媒体文件，单击“打开”按钮，将其导入到转换软件中。

Step 03 打开“请选择你需要转换的类型”对话框，单击需要转换类型的按钮。通过该操作，可将音频文件与视频文件进行随意转换。

Step 04 在确定了转换类型后，打开“任务列表”对话框，设置输出文件位置等参数，单击“开始转换”按钮，即可将其转换为需要的媒体文件格式。

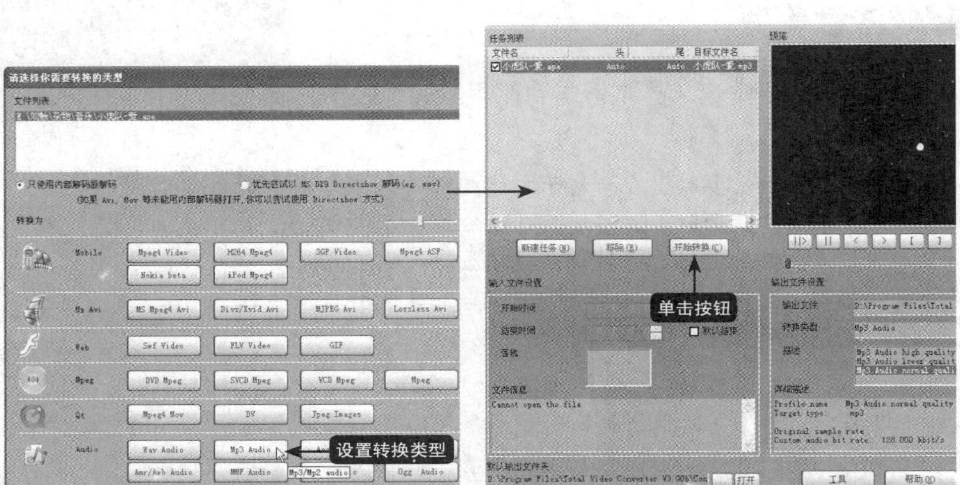

疑难解答：音频、视频转换器下载

问：音频、视频转换软件有哪些？应该到网络中的什么地方下载呢？

答：音频、视频转换软件有全能音频转换器、Xion Audio Player 音频转换、闪电音频转换王、MP3转换小精灵、银星多媒体MP3转换器等多种。

在http://www.skycn.com/index.html等网站中即可下载转换器。

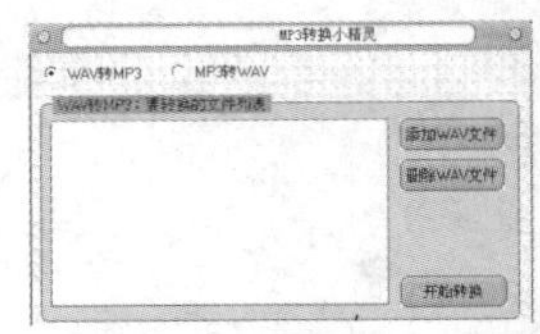

要点提示：选择免费的转换软件

在网络中下载的转换软件有些是需要收费的，只能免费试用有限的次数，甚至有时候试用的用户并不能使用其中的所有功能，因此，在下载时需注意是否是免费软件。这里推荐一款“全能音频转换通”，它支持目前所有流行的媒体文件格式，并能批量转换，甚至能从视频文件中分离出音频流，转换成完整的音频文件，也可截取部分时间段，转换成音频文件，或者将几个不同格式的媒体进行转换并连接成一个文件。

10.2 在幻灯片中插入声音

在演示文稿中使用声音之前，首先需要了解怎样将声音插入到幻灯片中，并对其进行简单操作。插入声音的方法有多种，如插入内部剪辑管理器中的声音，或插入外部下载或制作的声音等，下面分别进行讲解。

10.2.1 插入剪辑管理器中的声音

通过剪辑管理器不仅能插入图片，还可以插入声音文件，在PowerPoint系统中自带了水花声、鼓掌声、开门声、动物叫声以及轻音乐等多种声音效果，这些自带的音效比较简单但种类繁多，能满足用户的部分需求。

通过剪辑管理器插入声音的方法与插入计算机中的剪贴画的方法类似。下面以实例进行介绍。

要点提示：关于MIDI格式

剪辑管理器中提供的声音的格式通常为MIDI。MIDI文件包含一个或更多MIDI块与每个事件的时间信息。它支持歌曲、序列和音轨结构，拍子和拍号信息。音轨名字和其他描述信息也可以与MIDI信息一同存储，该格式支持多条音轨、多个序列，可以允许用户从一个音轨移向另一个音轨。MIDI是一种电子乐器之间以及电子乐器与计算机之间的统一交流协议。很多流行的游戏、娱乐软件中都有不少以MID、RMI为扩展名的MIDI格式音乐文件。

应用案例——插入剪辑管理器中的声音文件

素材 光盘:\素材\第10章\产品展示.pptx

效果 光盘:\效果\第10章\产品展示.pptx

Step 01 打开素材盘中第10章的“产品展示.pptx”演示文稿，对这种展示说明类的演示文稿可插入一段背景音乐，这里选择第一张幻灯片，然后在“插入”选项卡下“媒体剪辑”组中单击“声音”按钮的下拉按钮，在弹出的下拉菜单中选择“剪辑管理器中的声音”命令。

Step 02 在工作界面右侧将出现“剪贴画”任务窗格，并自动设置“结果类型”为“声音”，在“搜索文字”文本框中输入关键字“乐器”，单击“搜索”按钮，系统开始在媒体收藏集以及Office官方网站上搜索，并在列表框中显示搜索结果，将鼠标指针指向某声音文件选项，可查看相关的信息。

Step 03 在列表框中可看到所需声音选项左下角有一个图标，表示该声音来自于Office官方网站，要使用它须先在其上右击，在弹出的快捷菜单中选择“保存以供脱机时使用”命令。

Step 04 在打开的对话框中选择将音乐剪辑复制到某个收藏集，单击“确定”按钮，将该声音保存到计算机中，这样才能保证该声音在本计算机中能随时正常使用。

Step 05 再次以相同关键字搜索音乐剪辑，可看到列表框中出现了一个没有图标的声音选项，单击该选项会出现一个提示对话框。提示在放映到该幻灯片时，现在插入的声音是自动播放还是要单击喇叭图标时才进行播放，直接单击“自动”按钮即可。

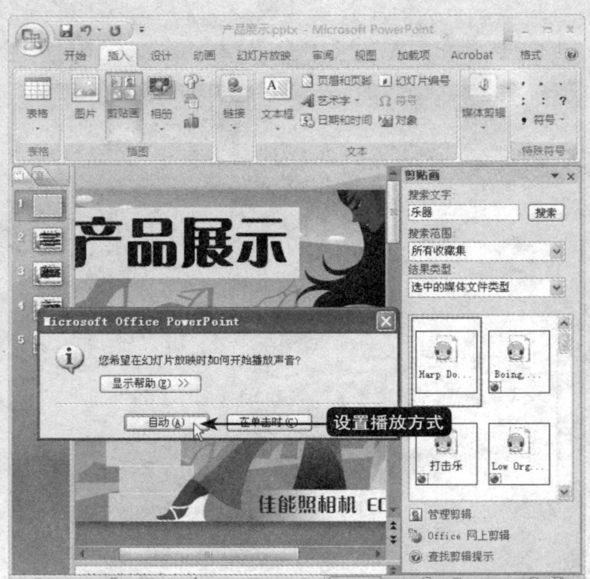

Step 06 此时即可在当前幻灯片中插入该声音文件，并以一个喇叭图标显示，用户可像移动图片对象一样设置其位置，或改变其大小，这里需将图示移动到角落，使其不影响幻灯片中的其他内容。

Step 07 声音图标被插入到幻灯片后，功能区将自动切换到“选项”选项卡，在其中可对当前声音进行多项控制，如预览声音等。

Step 08 此处的声音为自动播放，即播放时不需要进行操作，因此可选中“放映时隐藏”复选框，这样在放映幻灯片时将隐藏声音图标。

10.2.2 插入计算机中存储的声音

剪辑管理器中的声音文件的类别与数量都是有限的，为了满足不同用户的需求，还可将存放在计算机中的音乐文件插入到幻灯片中进行使用，下面以实例介绍其使用方法。

使用技巧：在选择声音时预览效果

若希望预览声音效果，可在“剪贴画”任务窗格下的列表框中右击声音选项，在弹出的快捷菜单中选择“预览/属性”命令，在打开的对话框中即可播放声音效果，甚至切换播放搜索结果中的其他声音，帮助用户进行选择。

应用案例——插入计算机中的声音文件

素材 光盘:\素材\第10章\商务贺卡.pptx、背景音乐.wav

效果 光盘:\效果\第10章\商务贺卡.pptx

Step 01 打开素材盘中第10章的“商务贺卡.pptx”演示文稿，选择第一张幻灯片，然后在“插入”选项卡下“媒体剪辑”组中单击“声音”按钮的下拉按钮，在弹出的下拉菜单中选择“文件中的声音”命令。

Step 02 打开“插入声音”对话框，在“查找范围”下拉列表框中选择计算机中要插入的声音文件的位置，然后在下方的文件列表中单击选择所需要的文件“背景音乐.wav”，最后单击“确定”按钮。

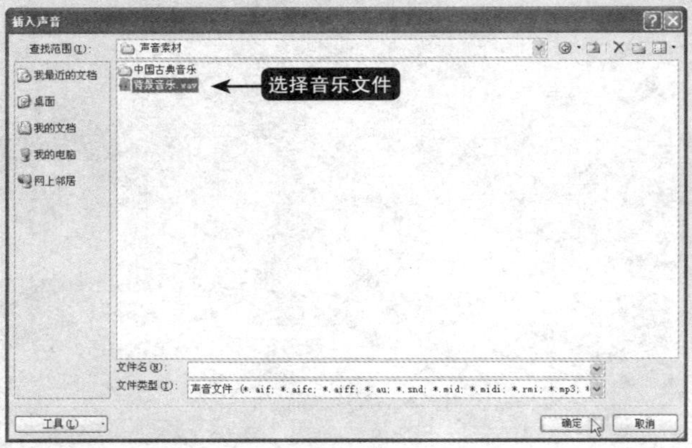

Step 03 此时同样会打开询问如何对其进行播放的对话框，这里单击“自动”按钮，即可看到幻灯片中插入的外部声音以图标的形式展示在幻灯片中。

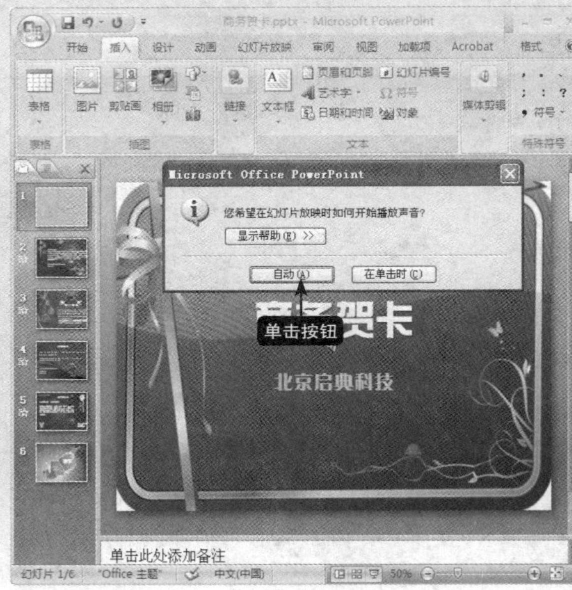

10.2.3 插入CD中的声音

音乐CD光盘是演示文稿中插入的音乐文件的重要来源，通过“插入”选项卡，用户可在幻灯片中插入CD中的音乐，并可在插入过程中随意选择所需的曲目。

Step 01 将CD光盘放入光盘驱动器中，打开需要插入音乐的演示文稿，选择所需幻灯片，在“插入”选项卡下“媒体剪辑”组中单击“声音”按钮的下拉按钮，在弹出的下拉菜单中选择“播放CD乐曲”命令。

Step 02 打开“插入CD乐曲”对话框，在“剪辑选择”选项组的“开始曲目”和“结束曲目”数值框中设置所需曲目等参数。单击“确定”按钮，返回“幻灯片编辑”窗口，即可完成CD声音的插入操作。

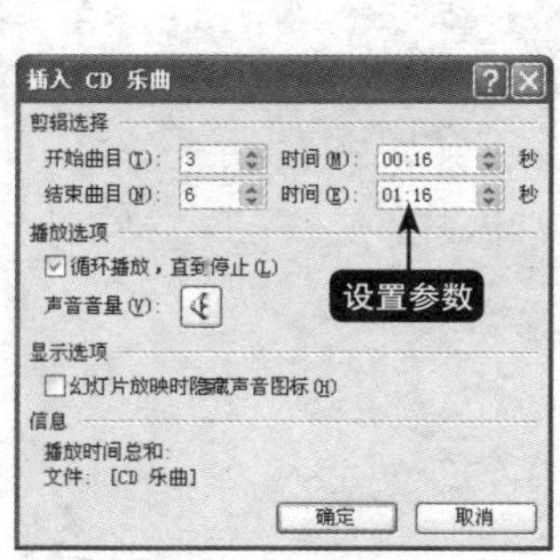

要点提示：关于插入CD曲目的参数设置

在“插入CD乐曲”对话框中可对需要插入的乐曲做详细设置。例如，在“时间”数值框中默认情况下，乐曲的开始时间为0，结束时间为结束曲目的总时间，这里可设置曲目的开始时间和结束时间的具体数值；若只播放一个曲目或一个曲目的一部分，可在“开始曲目”和“结束曲目”数值框中输入相同的编号；若选中“循环播放，直到停止”复选框，可循环播放同一首乐曲，在该对话框中还可调整乐曲音量。

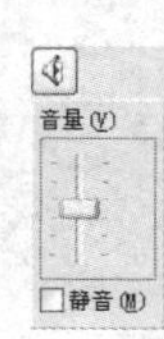

10.2.4 插入录制的声音

在演讲、竞选或解说等场合播放演示文稿时，常需要为演示文稿配置合适的旁白，这时可以在幻灯片中插入录制好的声音，在演示时随着幻灯片的放映同步播放。需注意的是，若要为幻灯片录音，计算机中必须要有声卡与传声器等硬件设施。

1. 使用PowerPoint直接录制声音

在PowerPoint中可直接录制声音，录制的声音文件是嵌入在幻灯片中的，播放演示文稿时无须从外部再插入声音文件。其方法如下。

Step 01 打开需要进行录音的演示文稿，选择所需幻灯片，在“插入”选项卡下“媒体剪辑”组中单击“声音”按钮的下拉按钮，在弹出的下拉菜单中选择“录制声音”命令。

Step 02 打开“录音”对话框，单击“录制”按钮即可开始录制声音，单击“停止”按钮即可停止录制声音，若单击“播放”按钮即可开始播放声音。在“名称”文本框中还可为录制的声音设置名称。

Step 03 单击“确定”按钮，幻灯片中即可出现声音图示表示录制声音成功，按【F5】键放映幻灯片即能听到录制的声音。

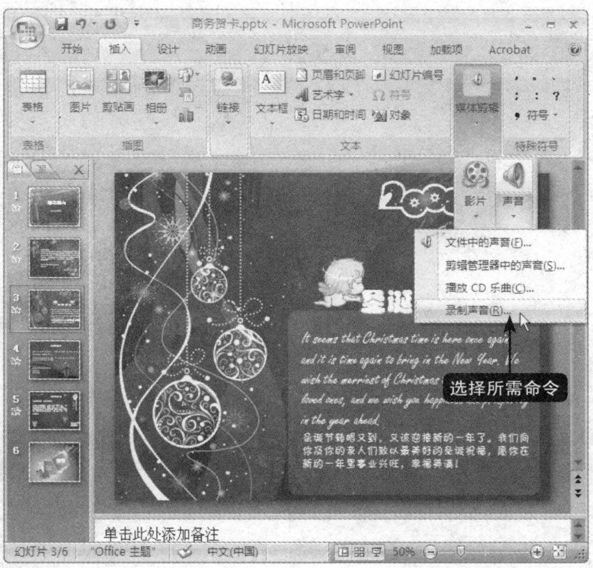

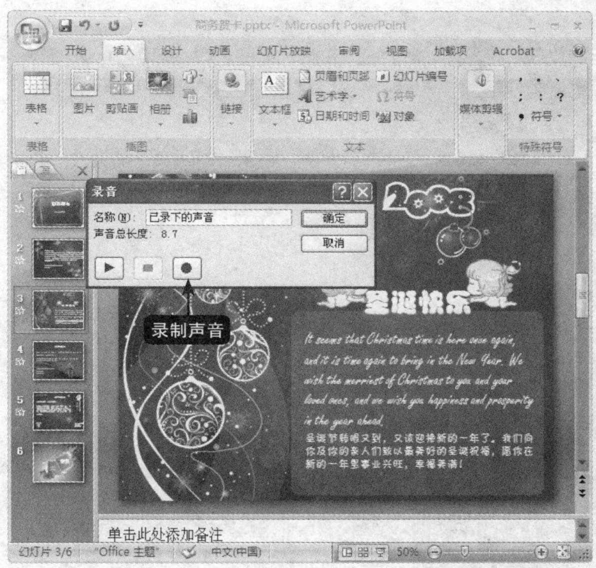

2. 使用录音机程序录制声音

除了在幻灯片中直接录制声音外，用户还可通过Windows操作系统自带的录音机程序轻松录制声音并生成文件，录制成功后，将录制的文件插入到幻灯片中即可进行使用。插入录制声音文件的方法和前文所述相同，这里只介绍如何进行录制操作。

Step 01 确定话筒设备与电脑正确连接后，选择“开始/所有程序/附件/娱乐/录音机”命令，启动录音机程序。

Step 02 打开话筒的开关，然后单击“录音”按钮●，此时使用话筒录制旁白，可看到录音图示中有波形变化，即表示已经在录音。

Step 03 录音完成后单击“停止”按钮■，然后再单击“播放”按钮▶可试听效果，不满意就重录，满意就选择“文件/另存为”命令，然后对声音文件进行保

使用技巧：录音时的注意事项

在选择录音用的麦克风时，应注意其质量，使用专业的录音麦克风。尽量避免使用语音聊天类的简单麦克风进行录音操作。

存。最后再将保存的声音文件插入到幻灯片中使用即可。

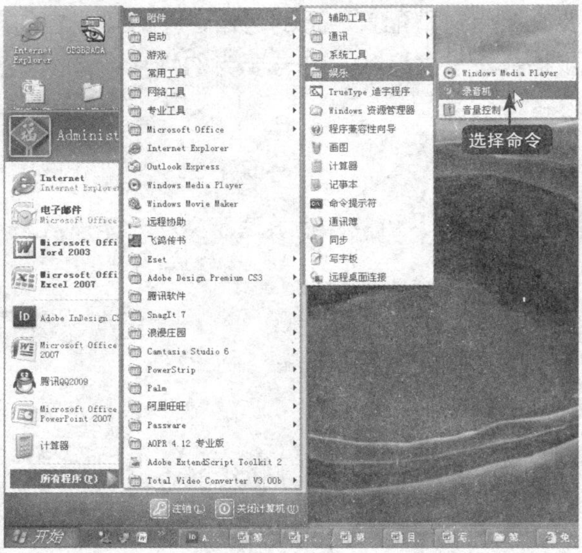

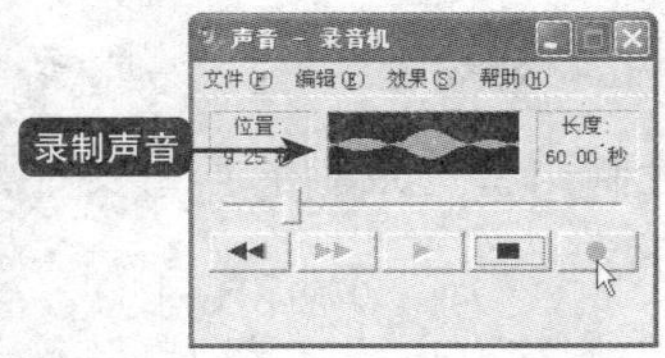

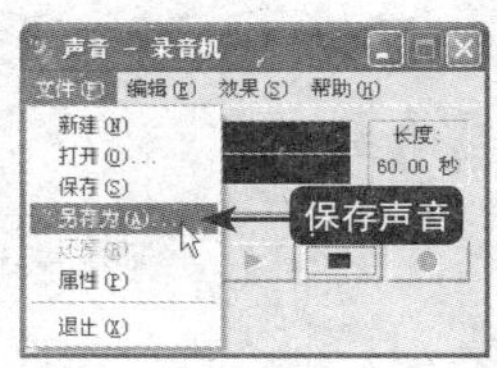

疑难解答：有时不能播放背景音乐

问：为什么我在其他计算机中打开制作好的演示文稿时，不能播放背景音乐呢?

答：在使用外部插入的声音时，声音文件并没有嵌入到演示文稿文件中，而是进行的外部链接。当将演示文稿移动位置时，由于其与外部声音文件的相对位置发生了改变，即可能造成声音不能正常播放。要解决此问题，一是将声音文件与演示文稿放置在同一个文件夹后，再将其插入到幻灯片中使用；二是在移动演示文稿位置时，一定要将包含链接的声音文件的整个文件夹一并移走，保持其相对位置不变，才能正常播放。

10.3 在幻灯片中插入影片

在PowerPoint中，视频和声音同属于多媒体元素，它们虽然表现出来的形式不同，但在幻灯片中插入影片的方法和插入声音文件类似，也有插入剪辑管理器中的影片与插入计算机中存储的影片两种。

10.3.1 插入剪辑管理器中的影片

剪辑管理器是一个非常实用的素材工具库，同声音文件一样，用户可从其中轻松获取视频文件，包括简单的视频效果或GIF格式的动画图片。

要点提示：选择适当的影片

在插入影片时要注意影片的大小是否恰当，过大的影片会影响演示文稿的播放流畅性。

应用案例——插入剪辑管理器中的影片

素材 光盘:\素材\第10章\景点介绍.pptx

效果 光盘:\效果\第10章\景点介绍.pptx

Step 01 打开素材盘中第10章的“景点介绍.pptx”演示文稿，选择第七张幻灯片，在“插入”选项卡下“媒体剪辑”组中单击“影片”按钮的下拉按钮，在弹出的下拉菜单中选择“剪辑管理器中的影片”命令。

Step 02 打开“剪贴画”任务窗格，在其中输入关键字“码头”，单击“搜索”按钮进行搜索。

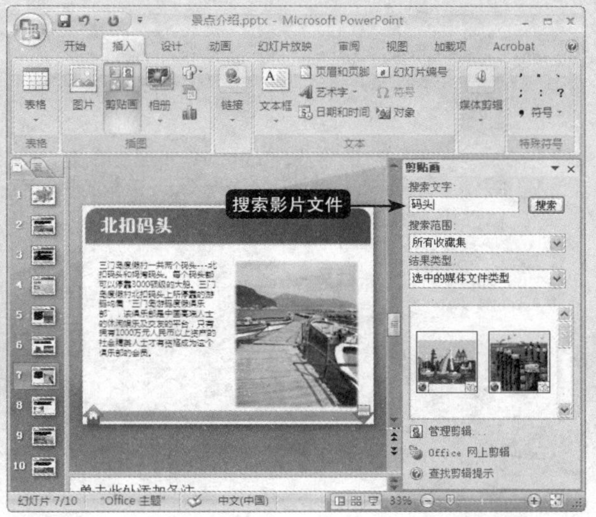

Step 03 搜索后单击所需缩略图选项，即可将该影片（GIF动画）插入到幻灯片中，拖动鼠标光标，调整其大小，并使其放置在幻灯片的合适位置。

10.3.2 插入计算机中存储的影片

若用户需要在幻灯片中插入特殊的、复杂的影片，剪辑管理器中的素材则通常无法满足用户需求，这时就需要插入计算机中存储的影片。

应用案例——插入计算机中存储的影片

素材 光盘:\素材\第10章\景点介绍2.pptx、风景视频.avi

效果 光盘:\效果\第10章\景点介绍2.pptx

> **使用技巧：在网络中寻找所需影片**
>
> 在网络中可通过迅雷下载软件、百度搜索引擎、优酷网等网络工具与网站进行搜索并下载所需影片。
>
> Baidu视频

Step 01 打开素材盘中第10章的“景点介绍2.pptx”演示文稿，选择第八张幻灯片，单击“影片”按钮的下拉按钮，在弹出的下拉菜单中选择“文件中的影片”命令。

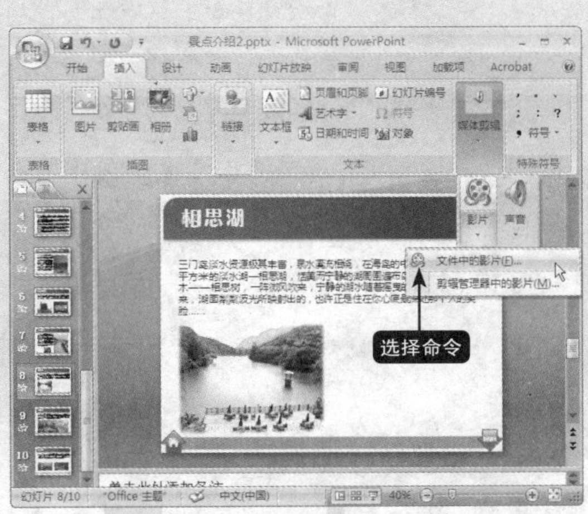

Step 02 打开“插入影片”对话框，在其中找到要使用的视频文件“风景视频.avi”，然后单击“确定”按钮。

Step 03 此时视频即被插入到幻灯片中，同样会弹出提示对话框询问播放方式，这里单击“自动”按钮。

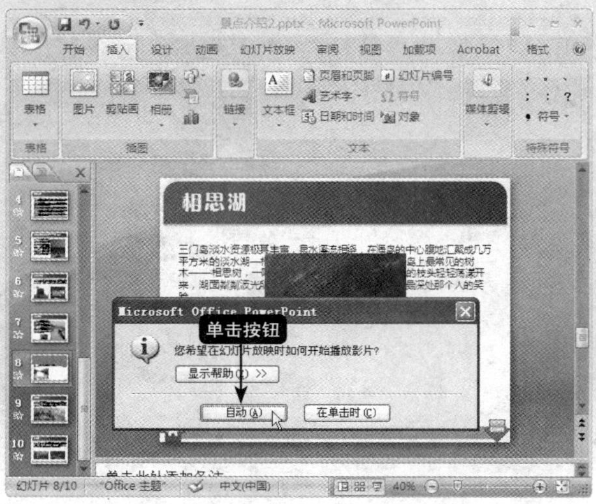

Step 04 插入的视频外观为一张图片，即视频播放的屏幕，拖动调整屏幕的大小使其放置到合适位置，双击即可预览播放的效果。

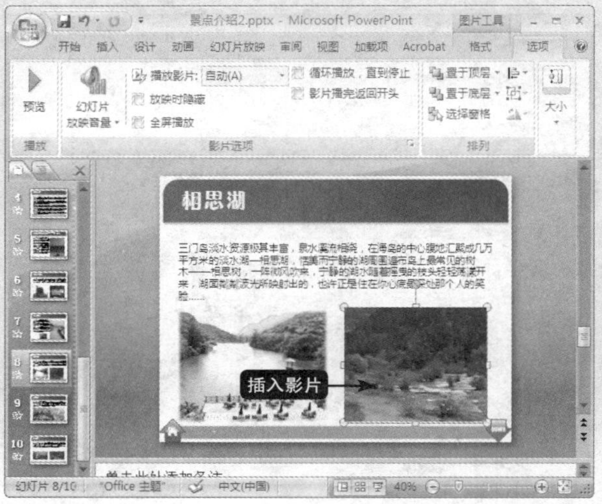

10.4 控制声音播放

在幻灯片中插入声音后，还需对声音的播放进行控制，以保证插入的声音按照用户的需求在演示文稿中流畅播放。

10.4.1 预览声音

插入声音后，将直接切换到“声音工具 选项”选项卡，在该选项卡的左侧有一个“预览”按钮▶，单击该按钮即可预览聆听插入的声音文件。

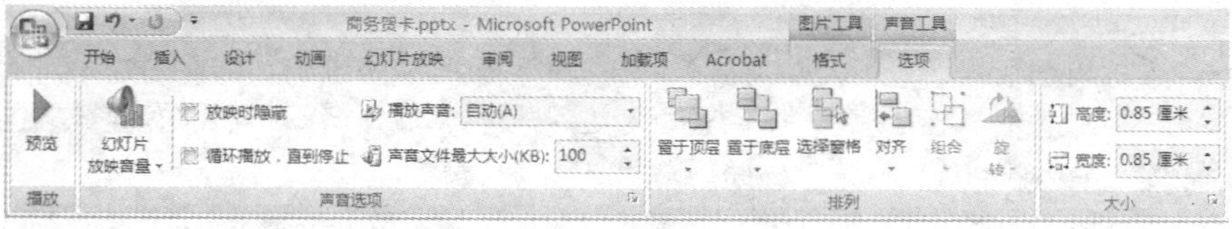

■单击“预览”按钮聆听声音

10.4.2 设置声音播放方式

在前文中简要介绍过，在插入声音文件时会出现一个提示对话框，询问在放映到该幻灯片时，现在插入的声音是设置自动播放还是设置单击喇叭图标时才进行播放，除此之外，用户还可对幻灯片中的声音进行多方面的播放控制，以满足实际演示需要。下面进行详细讲解。

1. 在下一动画开始前循环播放

默认情况下，插入的声音会在下一个动画开始时结束播放，但如果与下

使用技巧：在幻灯片中删除声音与影片

在演示文稿中插入了声音文件后，若不再需要该声音可将其删除，单击包含要删除的声音的幻灯片，单击声音图标或CD图标，然后按【Delete】键即可将其删除。删除影片的方法和删除声音一样，需注意的是，通常影片占用的幻灯片空间比较多，在删除时需注意幻灯片中不能留太多空白。如果影片或动态GIF文件位于幻灯片母版中，需从该幻灯片母版上删除。在“视图”选项卡下“演示文稿视图”组中单击“幻灯片母版”按钮，即可显示母版。

一动画之间的间隔时间很长，而又希望声音在播放完一遍后重复播放，则需要将其设置为循环播放。

Step 01 在幻灯片中选择插入的声音图标，切换到“选项”选项卡。

Step 02 在“声音选项”组中选中“循环播放，直到停止”复选框即可。

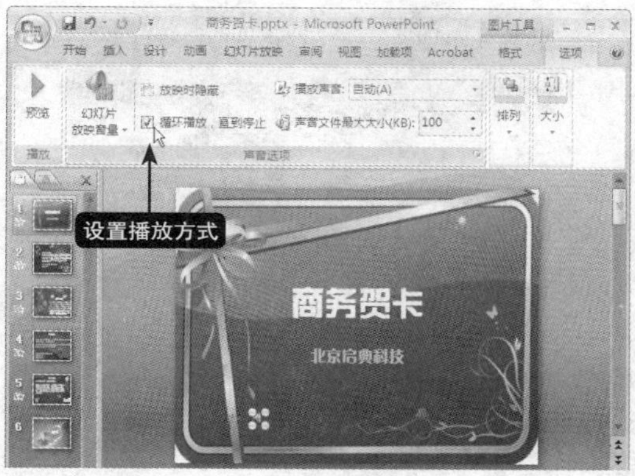

2. 多个声音选择性播放

在制作特殊的演示文稿时，可能会遇到需要在同一张幻灯片中的不同时刻播放不同声音的情况，例如下例“儿童数学”教学演示文稿中有一道算术题，如果答对了就播放鼓掌提示音，如果答错了应播放提示错的音效。这时就需要通过选择来播放声音。

Step 01 将多个声音插入到幻灯片时，在弹出的提示对话框中应单击“在单击时”按钮，即选择在单击时播放。

Step 02 这样在放映演示文稿时，该张幻灯片中会出现多个声音图标，单击某个图标即播放其对应的声音。需注意的是，放映者要自己记住每个图标所对应的声音，建议用备注记下。

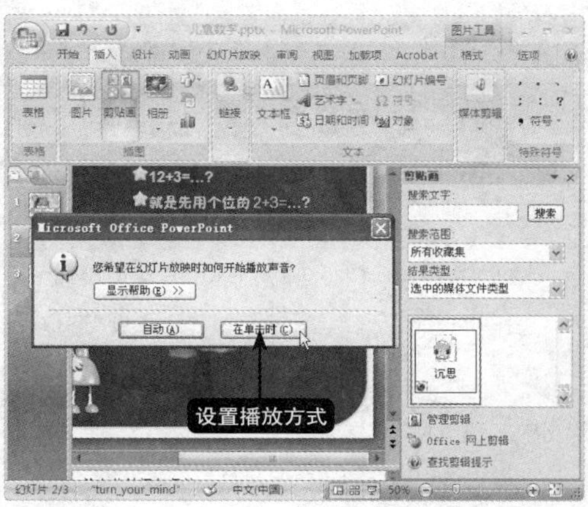

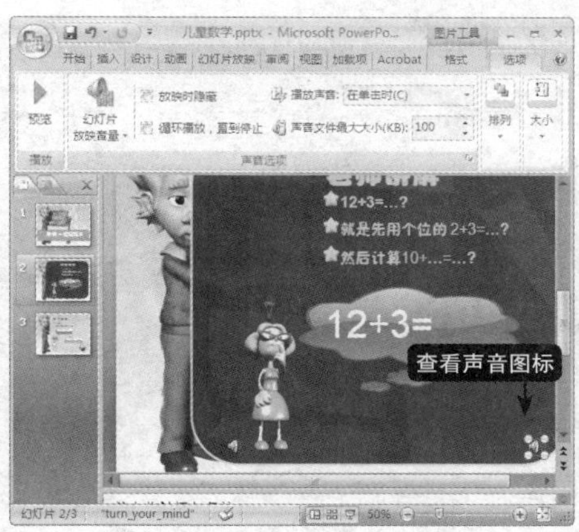

10.4.3 连续播放声音

由于PowerPoint将声音播放视为一个幻灯片动画，因此用户还可按照设置动画效果的方式来进行更复杂的声音播放控制。例如，当需要设置演示文稿背景音乐时，可将声音设置为贯穿整个演示文稿放映过程中的连续播放。

应用案例——设置连续播放的声音

素材 光盘:\素材\第10章\诗词赏析.pptx

效果 光盘:\效果\第10章\诗词赏析.pptx

使用技巧：在其他幻灯片中播放声音

在幻灯片中插入声音后，若需要在非插入声音的当前幻灯片中播放该声音，可在“声音工具 选项”选项卡下“声音选项”组中单击“播放声音”下拉按钮，在弹出的下拉菜单中选择“跨幻灯片播放”命令即可。

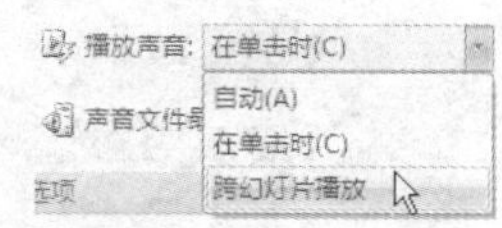

疑难解答：播放声音的注意事项

问：为什么我插入到幻灯片中的音乐不能播放呢?

答：插入了多个彼此重叠的声音，但双击声音时只会播放最上面的声音，此时拖动声音使其彼此分离，然后逐个双击即可播放声音。还有可能是PowerPoint中不支持这种声音文件格式，声音文件可能有与兼容文件格式列表中的某一项相同的文件扩展名，但如果未安装正确版本的编码解码器或该文件未按照Microsoft Windows版本可识别的格式进行编码，则可能无法正确播放此声音文件。

Step 01 打开素材盘中第10章的“诗词赏析.pptx”演示文稿，单击选择第一张幻灯片中的声音图标，切换到“动画”选项卡，单击“动画”下拉按钮，弹出下拉菜单，从中可以看到当前声音是作为动画序列的一部分播放的，因此切换到下一动画时声音会自动停止。

Step 02 在该下拉菜单中选择“跨幻灯片播放”命令即可将声音设置为背景音乐，从菜单名称即可得知，此时该声音的播放不会受动画或幻灯片的切换而中断，会一直播放到所有幻灯片放映结束。

10.4.4 定时播放与停止声音

通过设置幻灯片动画，还可根据需要设置声音在幻灯片放映多长时间之后开始或结束播放等，达到定时播放声音的目的。

要点提示：关于声音的动画设置

此处简单讲解怎样通过“动画”选项卡对插入的声音进行控制操作，更详细的动画设置内容，将在第11章中进行全面讲解。

应用案例——设置定时播放声音

素材 光盘:\素材\第10章\诗词赏析2.pptx

效果 光盘:\效果\第10章\诗词赏析2.pptx

Step 01 打开素材盘中第10章的“诗词赏析2.pptx”演示文稿，单击选择第一张幻灯片中的声音图标，切换到“动画”选项卡，单击“自定义动画”按钮，打开“自定义动画”任务窗格。

Step 02 在打开的“自定义动画”任务窗格的下方列表框中可看到与当前插入声音对应的动画选项，单击该选项右侧的下拉按钮，在弹出的下拉菜单中选择“效果选项”命令。

Step 03 打开“播放 声音”对话框，在“效果”选项卡的“开始播放”选项组中可设置声音开始播放的位置，如设置从“00:03”秒开始播放。在“停止播放”选项组中可设置声音在什么时候停止，如在放映到第7张幻灯片时停止。

Step 04 在“播放 声音”对话框中选择“计时”选项卡，在其中可设置声音在何时开始播放，是单击时还是幻灯片播放之前或之后，还可设置延迟多长时间播放、循环播放的次数以及设置触发器播放等。

Step 05 在“播放 声音”对话框中选择“声音设置”选项卡，在其中可设置声音的音量或是否在幻灯片中显示声音图标，通常如果将声音设置为背景音乐，则可隐藏其声音图标。完成所有自定义后单击“确定”按钮，然后可按【F5】键进行放映预览，了解声音播放效果。

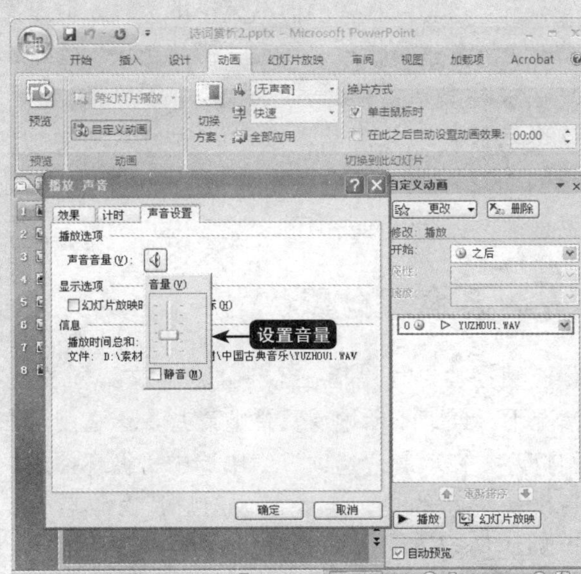

10.5 控制影片播放

同控制声音类似的是，插入到演示文稿中的影片，用户也需对其播放进行控制，以保证插入的影片按照用户的需求在演示文稿中顺利播放。

10.5.1 预览影片

在插入影片后，将直接切换到“影片工具 选项”选项卡，在该选项卡的左侧有一个“预览”按钮▶，单击该按钮即可预览插入的影片文件。

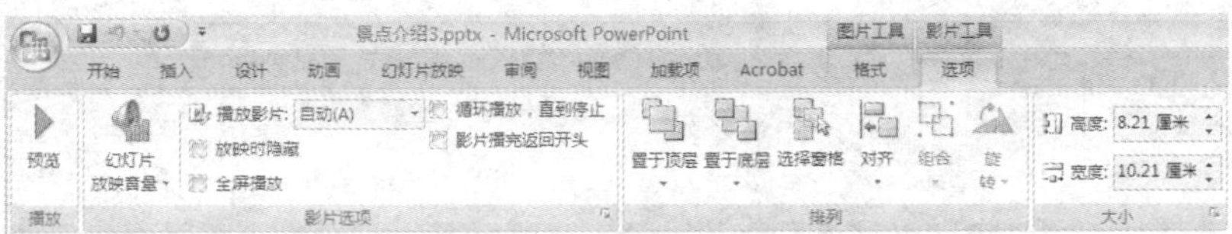

■单击“预览”按钮观看影片

10.5.2 设置影片播放的方式

与声音文件类似的是，影片在何种情况下可以播放也能进行设置。在“影片工具 选项”选项卡中可设置影片的放映方式为“自动”、“在单击时”或“跨幻灯片播放”3种，只需在“影片选项”组中单击“播放影片”下拉按钮，在弹出的下拉菜单中选择相关命令即可。

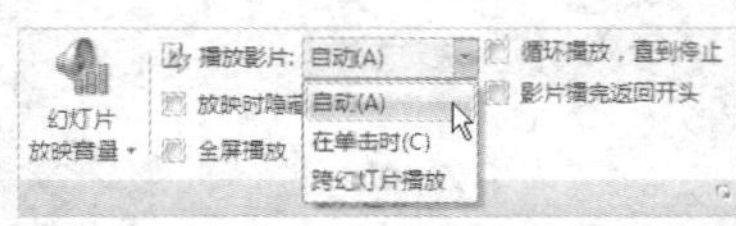

选择影片播放方式■

10.5.3 全屏播放影片

在插入影片时，通常会调整其大小，使其放置在幻灯片的合适位置，默认情况下，该影片在播放时其大小即为插入时设置的大小。若用户需要让影片填满整个屏幕进行播放，可在“影片选项”组中选中“全屏播放”复选框，此后，在放映演示文稿时，放到该幻灯片时，即可全屏放映影片，而不是将其作为演示文稿中的幻灯片的一部分进行播放，这样可获得更直观、更具有冲击力的视觉效果。

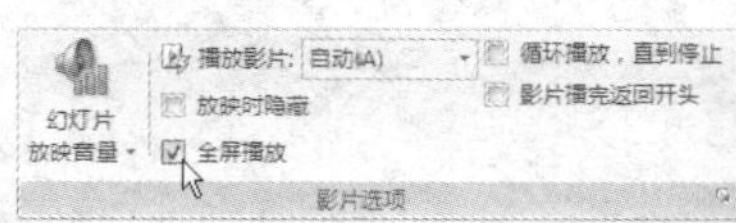

设置影片的全屏播放■

10.5.4 连续播放影片

连续播放影片是指在不停止演示文稿播放或不手动切换到下一张幻灯片的情况下，连续不断地反复播放影片，这适用于在展厅、会场等场合播放介绍类幻灯片。在“影片选项”组中选中“循环播放，直到停止”复选框即可完成设置，需注意的是，连续播放幻灯片时，若不手动切换到下一张幻灯片，程序将反复播放当前幻灯片中的视频，该操作不适用于自动播放演示文稿的场合。

设置影片的连续播放■

使用技巧：在单击时全屏播放影片

若需要全屏播放插入到幻灯片中的影片，建议用户先在“影片工具 选项”选项卡中设置影片的放映方式为“在单击时”，然后选中其下的“全屏播放”复选框，在放映演示文稿时，单击幻灯片中的影片即可全屏播放该文件。若不选择“在单击时”选项，例如选择“自动”选项，放映演示文稿时，一播放到影片所在的幻灯片时就会立刻进入全屏播放影片的状态，观看者甚至来不及看清楚幻灯片中的内容。

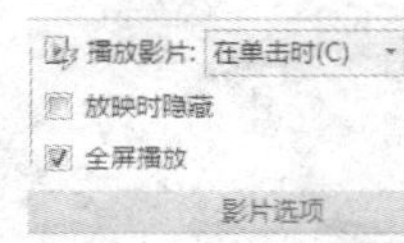

要点提示：注意全屏放映时的影片质量

根据原始影片文件的分辨率的不同，在以全屏模式播放影片时，影片可能会出现变形。因此，最好先对影片进行预览，如果影片出现变形或模糊，则可以撤销全屏选项。

10.5.5 延迟影片开始时间

前文中讲到在全屏播放影片时可将其设置为“在单击时”播放，以避免还没看清幻灯片中的内容就开始全屏播放影片。其实，用户还可以调整影片文件播放时间的设置。例如，在切换到该幻灯片中8秒之后才播放影片，而不是一开始就播放，这样即可按需求自动播放演示文稿并顺利观看其中的影片。

要点提示：设置适当长度的延迟时间

在设置延迟时间时，需进行预览，不能设置的太短，以免观众看不清幻灯片；也不能设置得太长，等待时间太长会消磨掉用户继续观看影片的耐心。

应用案例——延迟影片开始时间

素材 光盘:\素材\第10章\景点介绍3.pptx

效果 光盘:\效果\第10章\景点介绍3.pptx

Step 01 打开素材盘中第10章的“景点介绍3.pptx”演示文稿，单击选择第8张幻灯片中的影片文件，切换到“动画”选项卡，单击“自定义动画”按钮。

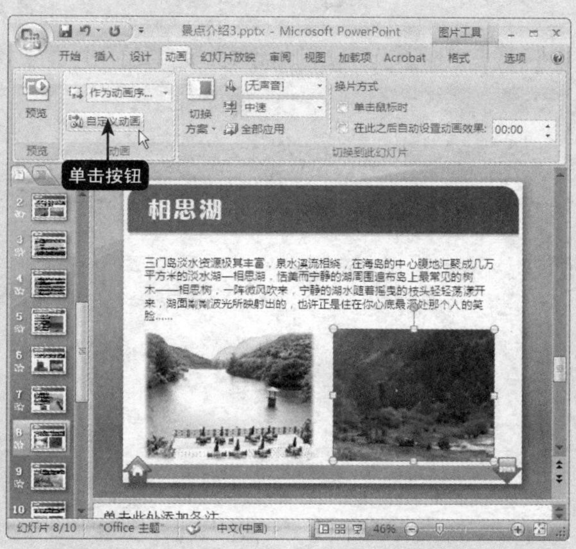

Step 02 在打开的“自定义动画”任务窗格中，单击影片名称右边的下拉按钮，然后在弹出的下拉菜单中选择“效果选项”命令。

Step 03 打开“效果选项”对话框，选择“计时”选项卡，然后在“延迟”数值框中输入要延迟的总秒数“8”，然后单击“确定”按钮，即可完成设置（“自定义动画”任务窗格的位置适宜，尺寸又小，用户可以在使用这些命令的同时查阅幻灯片文件）。

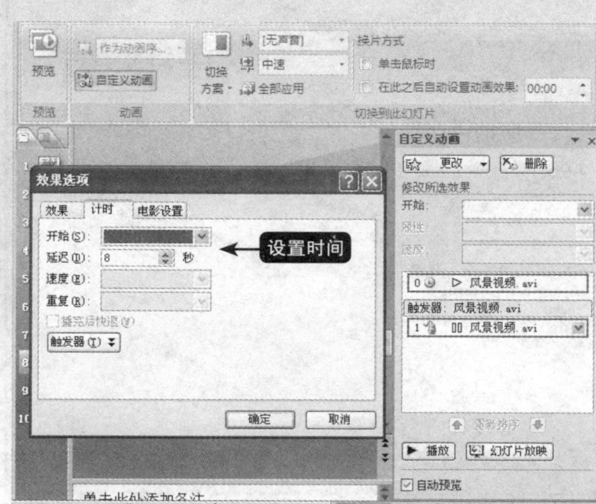

10.5.6 影片播放后倒带

若设置影片倒带时，此影片将自动返回到第一帧并在播放一次以后停止。在插入了幻灯片的演示文稿中单击幻灯片上的影片，打开“影片工具 选项”选项卡，在其中的“影片选项”组中选中“影片播完返回开头”复选框，即可设置影片在播放后自动“倒带”。

设置影片的倒带播放

10.6 使用Flash动画

Flash是一种交互式动画，它可以将音乐、声效、动画以及富有新意的界面融合在一起，展示出高品质的动态效果，由于其制作简单、快捷、文件小、画面新颖美观，被广泛应用于网络广告、网络MTV、产品演示等场合。在幻灯片中也可结合使用Flash动画，它能使演示文稿的展示过程和内容变得更丰富、更生动。

要点提示：设置适当长度的延迟时间

必须在计算机上注册Shockwave Flash Object才能够在演示文稿中播放Flash文件。在“开发工具”选项卡下“控件”组中单击“其他控件”按钮。如果Shockwave Flash Object显示在控件列表中，则表示已注册。如果尚未注册，则需从Adobe网站上下载最新版本的Flash Player软件。安装最新版本的Flash Player可保证动画在计算机中流畅运行。

应用案例——使用Flash动画

素材 光盘:\素材\第10章\公益宣传.pptx
效果 光盘:\效果\第10章\公益宣传.pptx

Step 01 单击Office按钮，单击“PowerPoint 选项”按钮，在打开的“PowerPoint 选项”对话框的“常用”选项卡中选中“在功能区显示‘开发工具’选项卡”复选框，单击“确定”按钮。

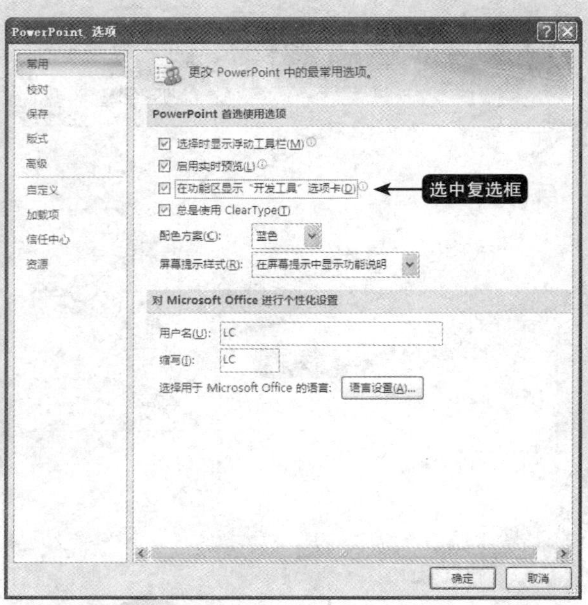

Step 02 打开素材盘中第10章的“公益宣传.pptx”演示文稿，切换到第3张幻灯片，在“开发工具”选项卡下“控件”组中单击“其他控件”按钮。

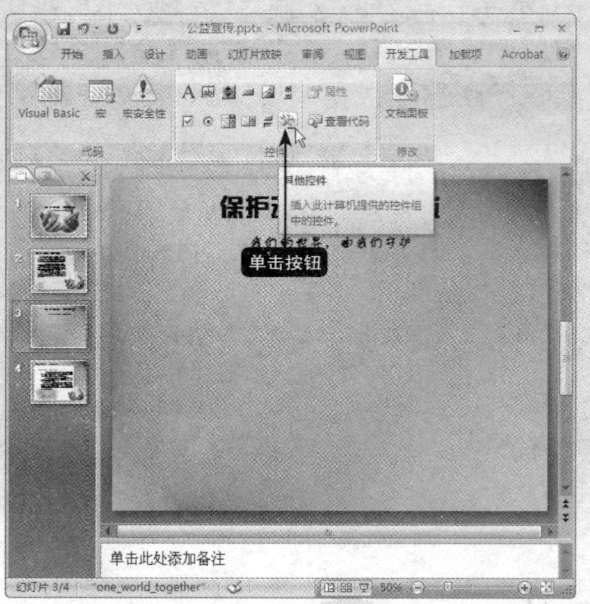

Step 03 在打开对话框的列表框中找到Shockwave Flash Object选项，然后单击“确定”按钮。

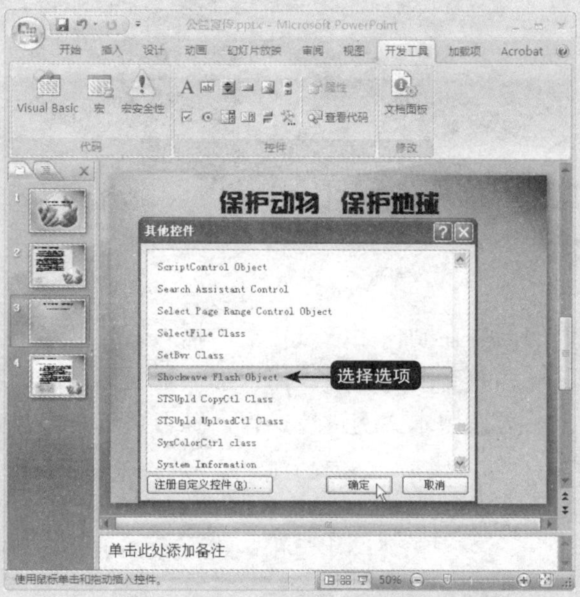

Step 04 此时鼠标变为十字形状，直接在幻灯片中拖动，绘制出Flash动画的播放屏幕位置，类似于一张图片，可调整其大小、形状和位置。

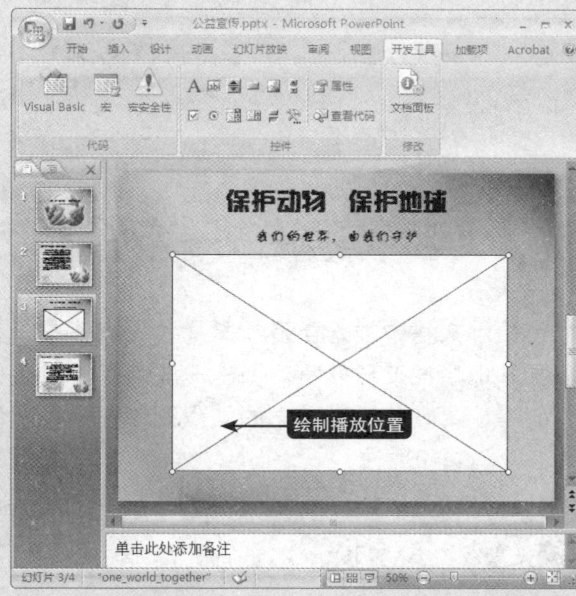

Step 05 选择绘制的叉形图形，单击“控件”组中的“属性”按钮，打开“属性”窗口，其中各选项均用来控制使用的控件，这里只会涉及Movie选项，在其后的文本框中输入将要使用的Flash动画文件名，包括扩展名。

Step 06 关闭“属性”窗口，对当前演示文稿进行保存，然后将其关闭，当再次将该演示文稿打开时可看到第3张幻灯片中插入Flash动画的位置不再是白色的区域，此时显示的是该动画的第一帧也就是最开始的效果。

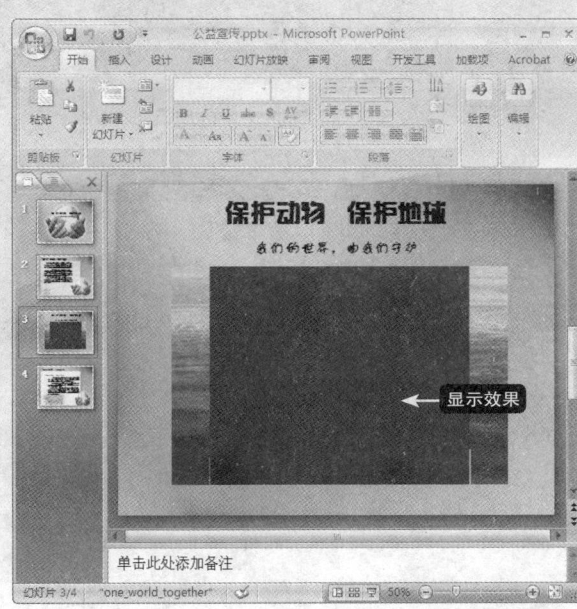

Step 07 按【Shift+F5】组合键直接播放当前幻灯片，此时即可看到Flash动画在幻灯片中播放的效果，默认情况下是切换到幻灯片时自动播放动画，播放完成后按【Esc】键结束。

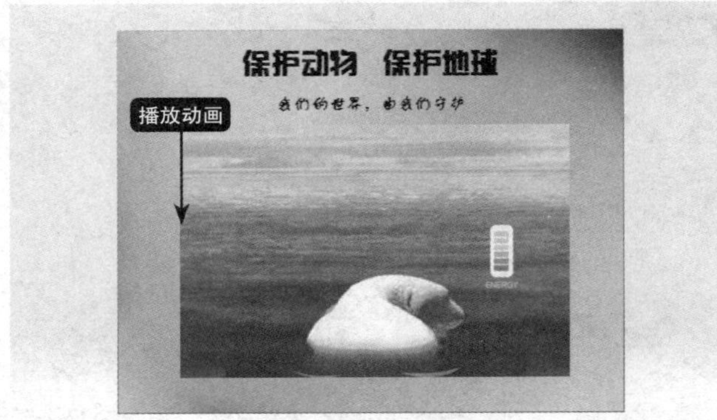

10.7 实战演练——制作春节贺卡

在演示文稿中插入声音和影片，可以使文稿更生动。例如，在制作的节日贺卡中插入适当的音乐，可以更好地烘托节日气氛，而在一些商务演示文稿中，则可插入专业的影片，用以形象地展示商品、宣传企业等。本章将通过所学的知识制作一个春节贺卡，大家可按照本案例进行操作，练习声音、影片文件的插入与编辑方法。

素材 光盘:\素材\第10章\恭贺新禧.pptx、牛年大吉.mid、烟花.avi

效果 光盘:\效果\第10章\恭贺新禧.pptx

■贺卡的最终效果

Step 01 打开素材盘中第10章的“恭贺新禧.pptx”演示文稿，在幻灯片的适当位置输入所需的祝贺文字。选择第一张幻灯片，然后单击“插入”选项卡下“媒体剪辑”组中的“声音”按钮的下拉按钮，在弹出的下拉菜单中选择“文件中的声音”命令。

Step 02 打开“插入声音”对话框，在该对话框中选择计算机中要插入的声音文件“牛年大吉.mid”，单击“确定”按钮。在打开的询问对话框中单击“自动”按钮，可看到幻灯片中插入的外部声音以图标的形式展示在幻灯片中。

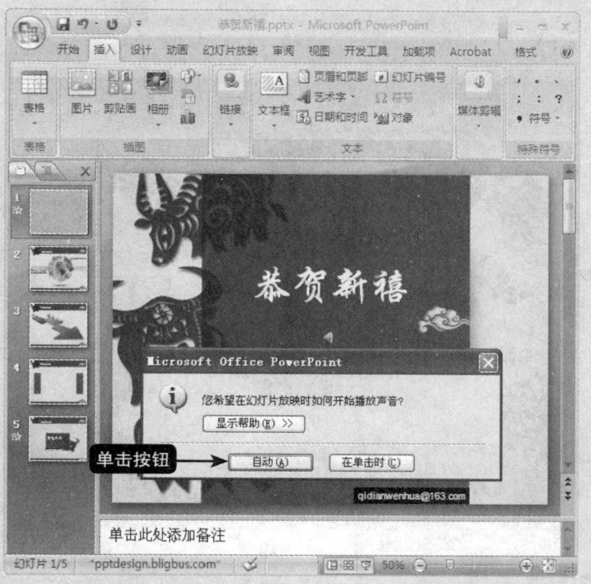

Step 03 将声音图标放置到幻灯片右下角并选中，在“动画”选项卡下“动画”组中单击“自定义动画”按钮，打开“自定义动画”任务窗格，在动画列表中单击声音选项旁的下拉按钮，在弹出的下拉菜单中选择“效果选项”命令。

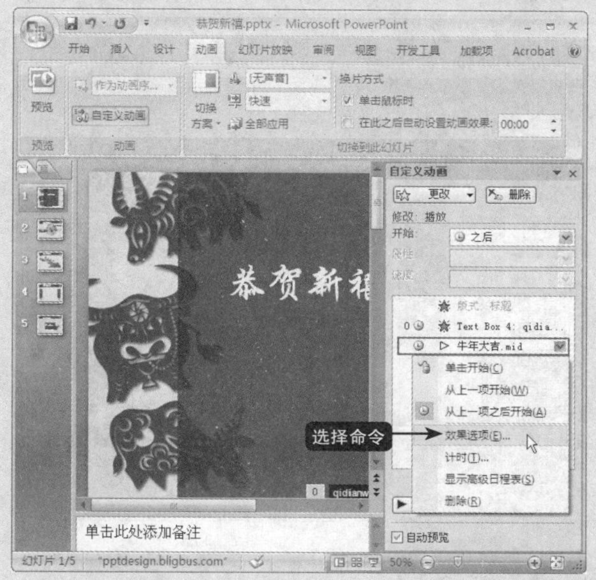

Step 04 打开“播放 声音”对话框，在“效果”选项卡的“开始播放”选项组中设置声音从“00:01”秒开始播放，在“停止播放”选项组中设置声音在第5张幻灯片后停止。在对话框中选择“计时”选项卡，设置循环播放的次数为“3”，然后单击“确定”按钮，完成设置。

Step 05 关闭“自定义动画”任务窗格，选择第4张幻灯片，单击“影片”按钮，在弹出的下拉菜单中选择“文件中的影片”命令。打开“插入影片”对话框，在其中找到要使用的视频文件“烟花.avi”，然后单击“确定”按钮。插入视频时同样会弹出对话框询问开始播放方式，单击“自动”按钮即可。

Step 06 插入视频播放的屏幕后，拖动鼠标调整屏幕的大小，使其放置到合适位置，双击即可预览播放效果。

Step 07 切换到“动画”选项卡，单击“自定义动画”按钮，打开“自定义动画”任务窗格，单击影片名称右边的下拉按钮，在弹出的下拉菜单中选择“效果选项”命令。

Step 08 打开“效果选项”对话框，选择“计时”选项卡，然后在“延迟”数值框中输入要延迟的总秒数“3”，单击“确定”按钮，然后关闭“自定义动画”任务窗格，完成设置。

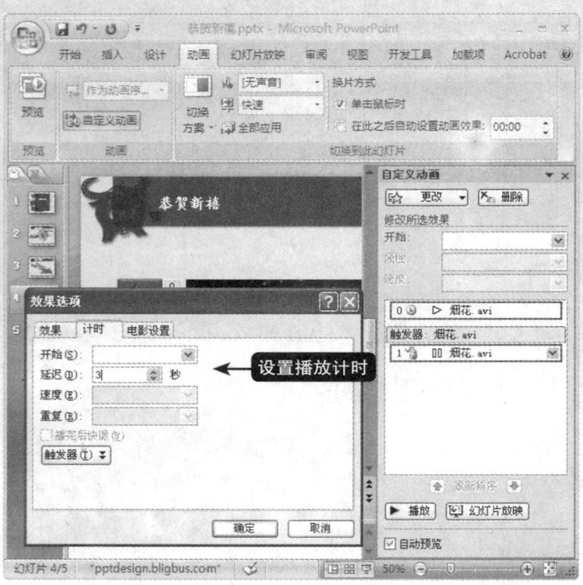

Step 09 按【Shift+F5】组合键直接播放当前幻灯片，此时即可看到插入的影片在幻灯片中播放的效果，播放完成后按【Esc】键结束。

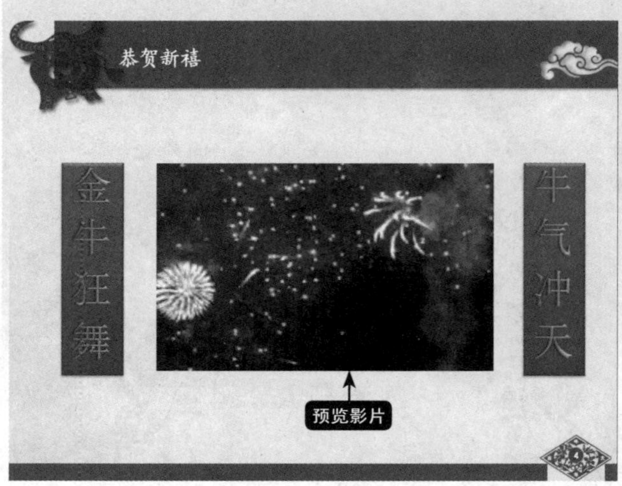

11 Chapter 让PPT轻舞飞扬

READERS' GUIDE

第10章中简单提及了设置声音与影片的动画效果，其实，在演示文稿中可将声音、超链接、文本、图形等多种对象制作成动画，通过设置动画，可给文本或对象添加特殊视觉或声音效果，能更好地突出幻灯片中的重点，或增添演示文稿的趣味性，让PPT灵动飞扬。

MAIN CASES

11.1 为对象添加动画效果

在PowerPoint中提供了多种幻灯片的切换动画方案（如淡出、飞入等），基本可以满足普通用户的需求，若用户需要调整动画使其更符合实际需求，可使用系统提供的对象动画自定义功能，进一步调整动画效果。

11.1.1 添加快捷动画效果

快捷动画效果就是系统自带的动画效果，只需通过简单的选择操作，即可在幻灯片中应用该动画。

1. 了解快捷动画

PowerPoint为幻灯片对象提供了4种类型的自定义快捷动画，下面先进行简要介绍。

- **“进入”类**：在幻灯片放映时文本及对象进入放映界面时的动画效果。
- **“强调”类**：在演示过程中需要强调部分的动画效果。
- **“退出”类**：在幻灯片放映过程中文本及其他对象退出时的动画效果。
- **“动作路径”类**：用于指定幻灯片中某个内容在放映过程中动画所通过的轨迹。

要点提示：设置PPT动画的作用

一个完善的演示文稿需要制作具有动画效果的片头，它就像电影的开场动画一样具有不可忽略的作用。当演示开始时，观众往往需要一个适应期，这时，精美和具有创意的片头能给观众带来视觉上的冲击力，使观众在不知不觉中高度关注演示内容，在商务领域中，这样的片头动画可起到非同凡响的展示效果；普通的幻灯片就像静止的画面，观众常常难以把握重点，而给演示文稿加上动画，可以帮助观众找到重点内容，并被设计者牵引着进行观看。

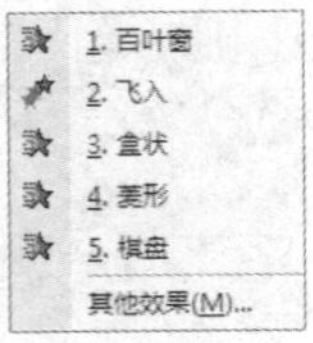

■ “进入”类动画

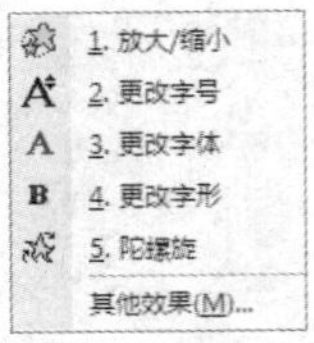

■ “强调”类动画

“退出”类动画■

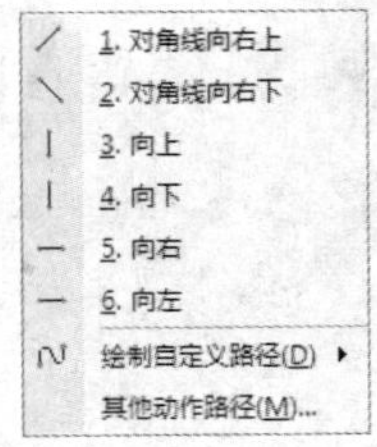

“动作路径”类动画■

每种类型下面还有多种动画细分，选择每个分类最下面的“其他效果”或“其他动作路径”命令，即可打开其对应的对话框，在对话框中用户可自由选择更多动画效果。

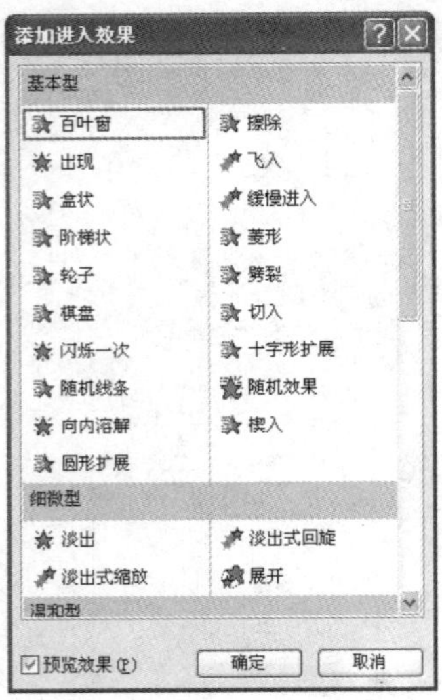

■ “添加进入效果”对话框

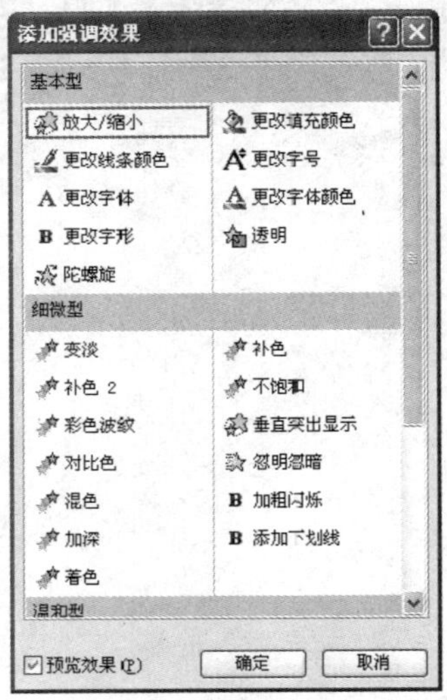

“添加强调效果”对话框■

■ “添加退出效果”对话框

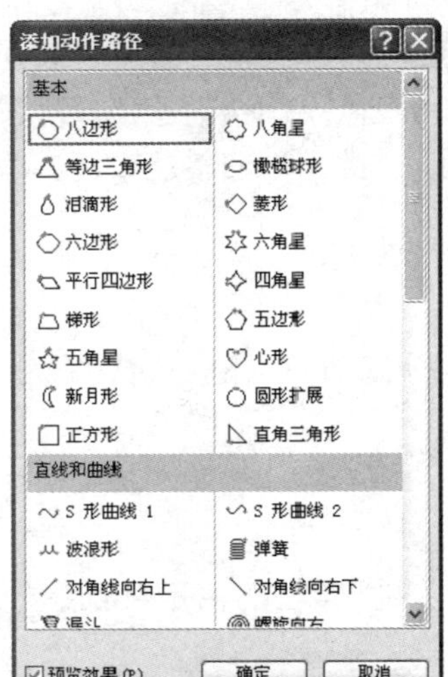

“添加动作路径”对话框■

2. 添加快捷动画

在了解了快捷动画的基本类别和详细种类之后，下面以一个实例讲解快捷动画的添加方法。

要点提示：设置片尾动画的意义

制作精美的片尾动画与片头动画一样有用，它不同于那些正常结束，甚至戛然而止的演示文稿，适当的片尾能强化对演示内容的记忆，使人回味无穷，还可与前面的幻灯片内容前后呼应，使演示文稿更完整，而且就像电影散场的片尾曲一样，演示文稿中的片尾，同样可留给观众一个舒适的散场时间，为整场演讲划上圆满的句号。

使用技巧：PowerPoint 2003中的动画

PowerPoint 2003中的动画设置与PowerPoint 2007中动画设置的方法有所不同，用户须选择“幻灯片放映/动画方案”命令，打开“幻灯片设计”窗格，在该窗格中即可进行相关设置。

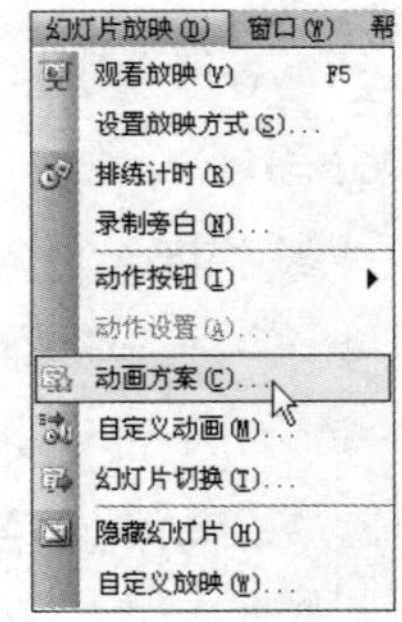

应用案例——在幻灯片中添加快捷动画

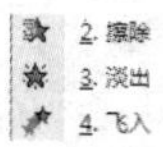

素材 光盘:\素材\第11章\诗词赏析.pptx

效果 光盘:\效果\第11章\诗词赏析.pptx

使用技巧：选择快捷动画的注意事项

在为幻灯片中的对象添加快捷动画时，需根据对象的样式、位置等选择动画类型，为对象量身设置合适的动画，才能增添幻灯片的美感。

Step 01 打开素材盘中第11章的“诗词赏析.pptx”演示文稿，单击“动画”选项卡下“动画”组中的“自定义动画”按钮，打开“自定义动画”任务窗格，选择第1张幻灯片中的标题文本框，准备为其添加自定义动画。

Step 02 单击任务窗格中的“添加效果”按钮，在弹出的下拉菜单中提供了前面介绍过的4类动画效果，选择某一类，在其弹出的子菜单中选择具体的选项，这里选择“进入/飞入”命令。

Step 03 再选择右侧的副标题文本框，为该文本也添加一种动画效果，再次单击“添加效果”按钮，在弹出的下拉菜单中选择“进入/其他效果”命令，在打开的对话框中更详细地设置动画效果。

Step 04 打开“添加进入效果”对话框，其中显示了“进入”类动画中的更多选项，单击各选项即可预览到动画效果。此处选择“细微型”选项组中的“淡出”选项，完成后单击“确定”按钮。

Step 06 在任务窗格的列表框中可看到其中列举了多个选项，这些选项对应于幻灯片中各对象的动画，且幻灯片中各对象前也出现了相应的序号，这些序号按照设置动画的先后顺序依次出现，通过它们可判断对象的动画放映顺序。

Step 05 设置完成后单击任务窗格底部的“播放”按钮，可看到幻灯片中所有对象动画播放时的效果，单击“停止”按钮即可停止播放。

11.1.2 自定义动画效果

自定义动画效果是指在为对象设置了动画效果后，对其进行详细的选项设置，包括修改动画效果、设置动画播放细节以及调整动画播放顺序等。

1. 更改动画效果

在为幻灯片对象设置了动画效果后，若对该效果不满意，还可将其更改为其他效果样式。

Step 01 继续使用上文中插入了动画的演示文稿，在“自定义动画”任务窗格中选择第1张幻灯片中的第1个动画，可看到任务窗格中的“添加效果”按钮变为了“更改”按钮。

Step 02 单击“更改”按钮，在弹出的下拉菜单中选择所需效果样式，即可更改先

要点提示：更改动画时应选中列表中的选项

在更改动画效果时，一定要选中任务窗格里的动画列表中的所需动画，在此基础上单击“更改”按钮进行修改。若只选择幻灯片中的对象，则只能在该对象上再添加动画，而不是更改之前设置的动画。

前的设置，为幻灯片对象应用新的样式效果。

2. 删除动画效果

在为幻灯片对象设置了动画效果后，若不再需要该效果，还可将其从幻灯片中删除。

使用技巧：按快捷键删除动画

选中任务窗格里的动画列表中需要删除的动画，然后按【Delete】键即可将其删除。

应用案例——在幻灯片中删除快捷动画

素材 光盘:\素材\第11章\诗词赏析2.pptx

效果 光盘:\效果\第11章\诗词赏析2.pptx

Step 01 打开素材盘中第11章的“诗词赏析2.pptx”演示文稿，并打开“自定义动画”任务窗格，在窗格列表中选择须删除的动画选项。

Step 02 在“自定义动画”任务窗格中单击其上方的“删除”按钮，即可将当前动画删除。

Step 03 如果要删除同一对象上设置的多个动画效果，一个个删除比较麻烦，这时可在幻灯片中选中该对象。

Step 04 然后在“动画”选项卡的“动画”组中单击“动画”下拉按钮，在弹出的下拉菜单中选择“无动画”选项，可立刻将对象中的所有动画删除，保存文件即可完成所有设置。

3. 设置动画播放细节

在设置了动画效果后，用户还可通过“自定义动画”任务窗格对其播放细节进行自定义设置，如设置动画的播放速度，设置其播放时的声音等。

要点提示：设置播放细节的其他方法

除了可使用任务窗格设置动画的播放细节外，用户还可通过“动画”选项卡中的“切换到此幻灯片”组进行简单设置。

应用案例——设置动画播放细节

素材 光盘:\素材\第11章\诗词赏析3.pptx
效果 光盘:\效果\第11章\诗词赏析3.pptx

Step 01 打开素材盘中第11章的“诗词赏析3.pptx”演示文稿，单击选择第4张幻灯片，切换到“动画”选项卡，单击其中的“自定义动画”按钮，打开“自定义动画”任务窗格。单击“播放”按钮，预览动画播放效果，可看到除标题动画外，其他动画的播放速度都比较快，文字的快速闪出破坏了视觉美感。

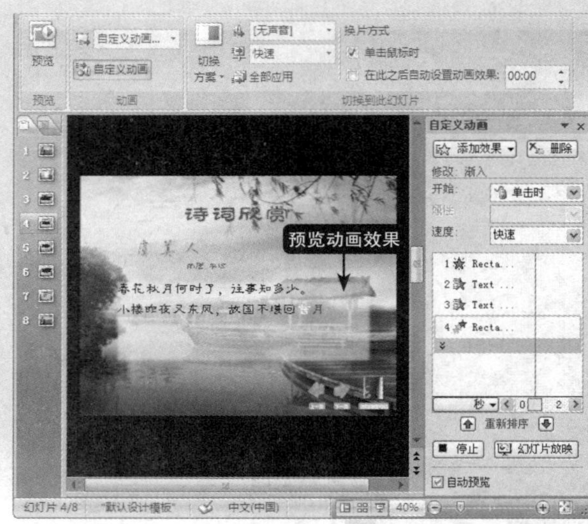

Step 02 选择副标题文本“虞美人”，在“速度”下拉列表框中设置动画展示的速度为“中速”。同样也可减缓作者名文本的显示速度，这里可选择作者名文本，然后在“速度”下拉列表框中选择“慢速”选项。

Step 03 下面的词句正文若直接设置“中速”则速度过慢，设置“快速”有显得过快，切打字颜色并不符合用户需求，可见，这里需要进行更详细的设置，于是在任务窗格中的动画列表框中右击所需动画选项，在弹出的快捷菜单中选择“效果选项”命令。

Step 04 打开一个以动画效果命名的对话框。在其“效果”选项卡中可设置打字时的首选颜色与辅助颜色，然后在“声音”下拉列表框中选择“打字机”选项，为该动画添加声音效果。

Step 05 选择“计时”选项卡，在这里可设置动画的开始方式、延迟时间、速度和重复方式等，此时在“速度”下拉列表框中设置动画播放速度为介于“中速”与“慢速”之间的“1.3”秒，单击“确定”按钮，完成设置。

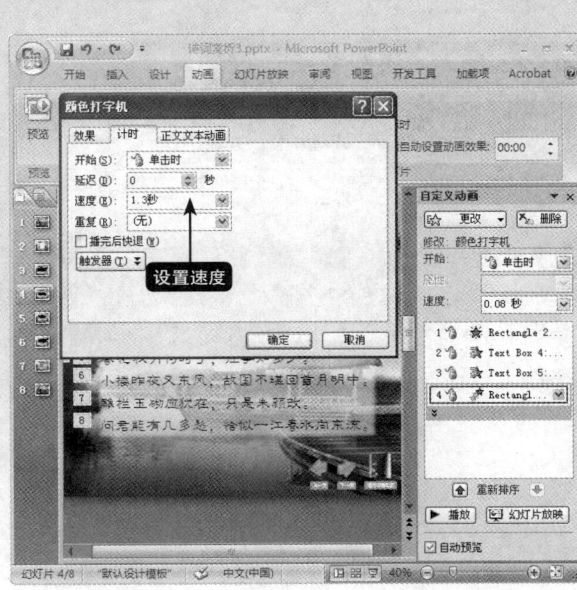

4. 设置动画播放顺序

在为幻灯片中的对象设置了动画后，可能会因为动画顺序不符合需求而导致动画效果不能正常展示，这时就需要调整动画的顺序。

要点提示：设置动画播放顺序的作用

当对同一张幻灯片中的多个对象设置了动画效果后，各个动画能否按照正确的顺序进行播放，是幻灯片是否具有可视性的关键。

应用案例——调整动画播放顺序

素材 光盘:\素材\第11章\诗词赏析4.pptx

效果 光盘:\效果\第11章\诗词赏析4.pptx

Step 01 打开素材盘中第11章的“诗词赏析4.pptx”演示文稿，单击选择第3张幻灯片，切换到“动画”选项卡，单击其中的“自定义动画”按钮，打开“自定义动画”任务窗格。单击窗格中的“播放”按钮，预览动画播放效果，可看到正文文本中设置的“颜色打字机”动画效果并没有进行正常显示。

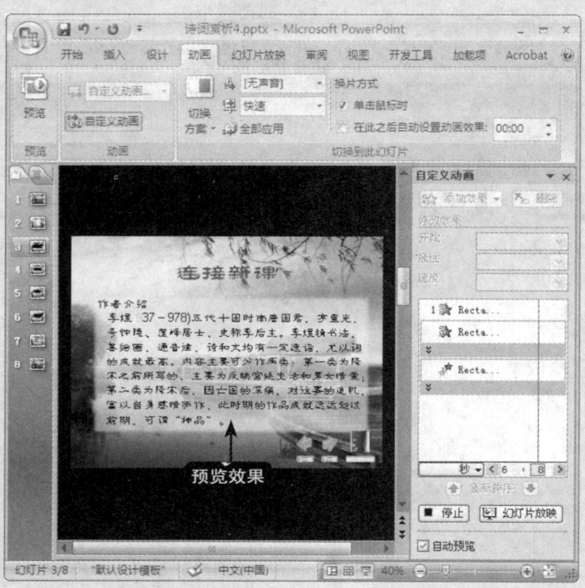

Step 02 这是由于该对象中设置了两个动画效果，先播放的“渐入”动画影响了“颜色打字机”动画的播放，使对象中的文字不能展示一个个被敲打出来的效果。这里在任务窗格中选中需调整顺序的“颜色打字机”动画，然后单击窗格下方的“重新排序”按钮⬆。

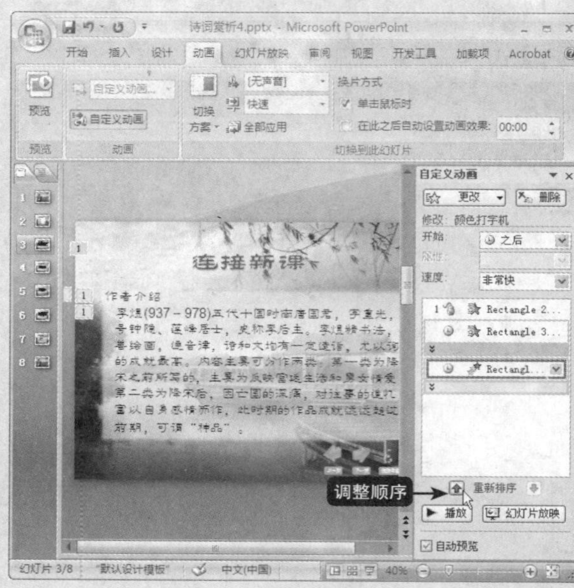

Step 03 单击按钮后即可调整动画的顺序，即将“颜色打字机”动画移动到“渐入”动画之前，再次单击窗格中的“播放”按钮，预览动画播放效果，即可看到正常显示打字机效果。

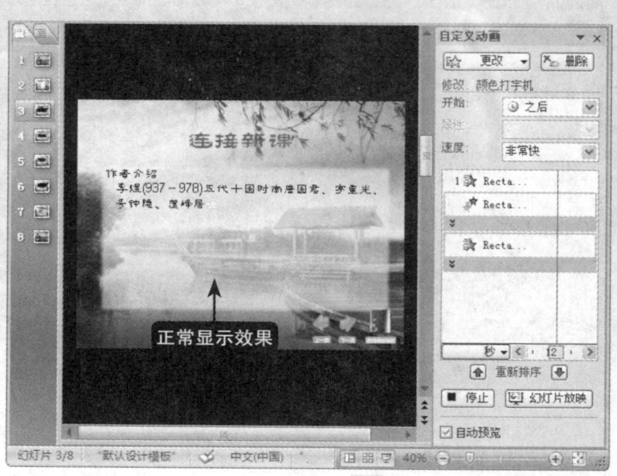

11.2 巧妙控制动画中的对象

前面介绍了添加与设置动画的方法，使用这些方法可对演示文稿中的对象设置常规动画，以满足用户的基本需求。但如果要想制作出更具特色的动画效果，还应对幻灯片中的动画对象进行更巧妙的控制与设置，这样才能使制作的演示文稿别具一格，精彩纷呈。

11.2.1 在同一位置放映多个动画

对于一些图片展示类演示文稿，常会需要在同一位置展示多张图片，即在同一位置上第一张图片显示完后自动消失，并依次显示后面的图片，类似于自动浏览的效果。这时即可使用本节介绍的方法，在同一位置放映多个对象，下面以实例进行介绍。

使用技巧：在同一位置放映动画的注意事项

在同一位置放映多个动画适用于商品展示类的演示文稿。

在设置动画效果时，最好不要选择有位置移动的动画，否则会影响浏览的效果。另外，应尽量保证图片大小和位置上的同一性，从而避免出现不美观的视觉效果。

应用案例——在同一位置放映多个动画

素材 光盘:\素材\第11章\冰淇淋美味坊.pptx、冰淇淋图片

效果 光盘:\效果\第11章\冰淇淋美味坊.pptx

Step 01 打开素材盘中第11章的“冰淇淋美味坊”演示文稿，单击第2张幻灯片，准备在其中心区域处展示多张图片，于是先选择“冰淇淋图片”素材文件夹中的第一张冰淇淋产品图片进行插入，调整其大小和位置，需要时还可进行裁剪，以使图片大小更适合展示区。

Step 02 单击“动画”选项卡下“动画”组中的“自定义动画”按钮，在打开的任务窗格中单击“添加效果”按钮，在弹出的下拉菜单中为该图片对象设置动画效果为“进入/菱形”动画，然后设置其在“单击时”开始播放，方向是“放大”，速度为“中速”。

Step 03 在列表框中的该动画选项上右击，在弹出的快捷菜单中选择“效果选项”命令，在打开对话框中选择“效果”选项卡，在“动画播放后”下拉列表框中选择“播放动画后隐藏”选项，表示该图片播放后会自动隐藏，以便显示同位置上的下一张图片，然后单击“确定”按钮，完成第一张图片的动画制作。

Step 04 在该幻灯片中再插入第二张图片，将其调整到与第一张图片相同的大小和位置处，再为其添加不同的动画效果如“进入/棋盘”，并设置为“之后”播放，方向为“跨越”，速度为“快速”。另外，同样需要使用前面的方法将其设置为“播放动画后隐藏”。

Step 05 在该幻灯片中再插入第三张图片，调整其大小与位置，再为其添加动画效果为“进入/盒状”，并设置为“之后”播放，方向为“缩小”，速度为“中速”。注意，该图片不设置其在“播放动画后隐藏”。

Step 06 在该幻灯片中再插入第四张图片，调整其大小与位置，再为其添加动画效果为“进入/圆形扩展”，并设置为“之后”播放，方向为“缩小”，速度为“中速”。并在“效果”选项卡中设置其在“播放动画后隐藏”

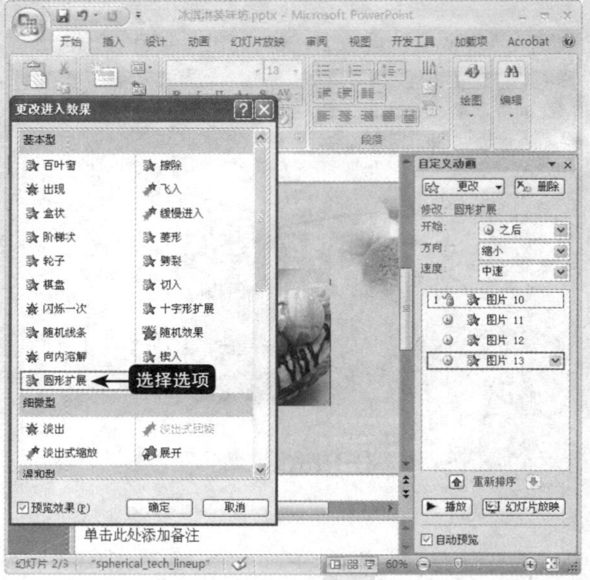

Step 07 插入并设置第五张图片的效果为“进入/轮子”，设置为“之后”播放，方向为“缩小”，辐射状为“4”，并且不设置“播放动画后隐藏”。

Step 08 完成设置后单击任务窗格中的“播放”按钮，预览动画，可看到几张图片分别以不同的效果接连显示，美观实用。

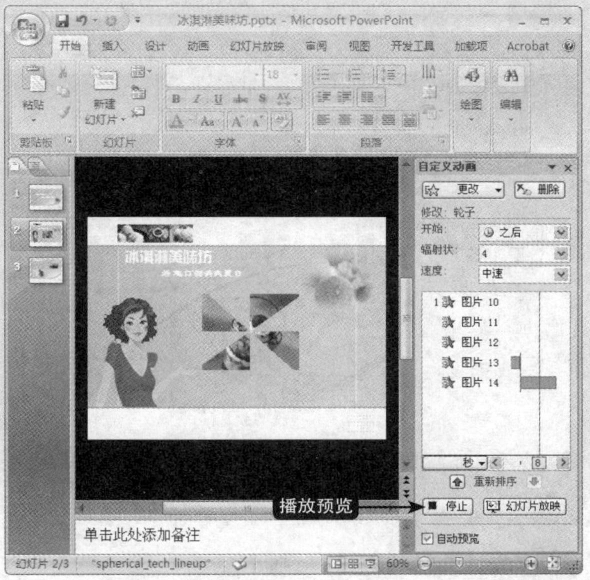

11.2.2 添加不间断播放动画

默认情况下，对象动画播放一次即结束，但在一些特殊情况下设置动画为重复播放多次或者一直不间断播放直到所有幻灯片都播放结束。例如，可在上一例制作的演示文稿中循环播放冰淇淋店的地址和联系电话。为了让不间断播放的动画显示于每张幻灯片中，需要在幻灯片母版中进行设置。

要点提示：循环动画适用范围

循环不间断播放的动画不适合在幻灯片中设置太多，也不能设置得过于复杂，这样会影响观众对内容的关注。这种动画通常用来作为演示文稿要统一表达的动画内容，或一些修饰性动画效果。

应用案例——设置不间断播放动画

素材 光盘:\素材\第11章\冰淇淋美味坊2.pptx
效果 光盘:\效果\第11章\冰淇淋美味坊2.pptx

Step 01 打开素材盘中第11章的“冰淇淋美味坊2”演示文稿，单击“视图”选项卡中的“幻灯片母版”按钮，切换到幻灯片母版视图，选择主母版，切换到“插入”选项卡，在其中单击“形状”按钮，在弹出的下拉列表中选择“圆角矩形”选项，在幻灯片左下角绘制一个圆角矩形，并通过“绘图工具 格式”选项卡将其颜色设置为浅黄绿色。

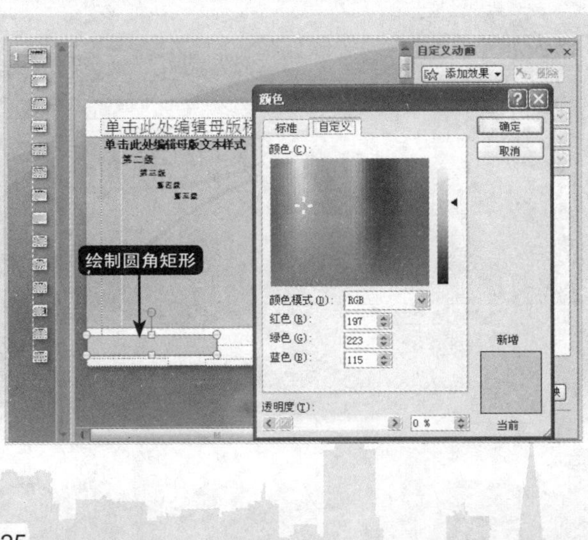

Step 02 在圆角矩形中输入文本并设置文本格式，然后再调整圆角矩形的大小，使其适应文本长度。制作完成后的矩形条就是本例的动画对象，准备让其在所有幻灯片下方左右来回移动。

Step 03 在“自定义动画”任务窗格中单击“添加效果”按钮，在弹出的菜单中选择“动作路径/向右”命令。

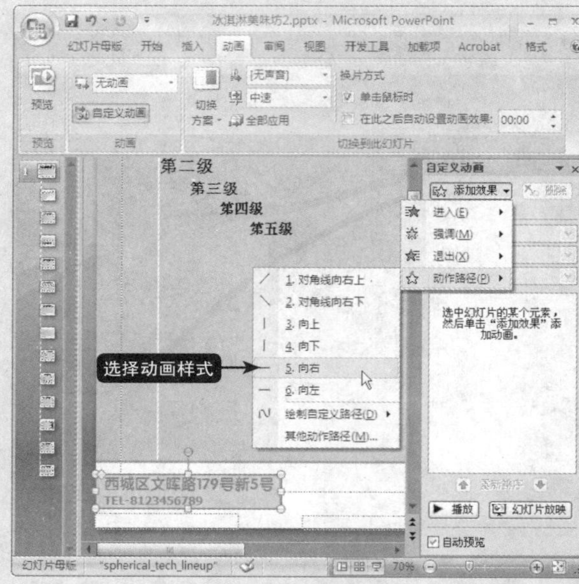

Step 04 此时系统自动绘制出一条向右移动的路径，红色箭头即表示路径的方向，箭头的长度代表了路径的长度，用户可拖动鼠标对该路径的起始和结束点进行调整，这里即延长路径至幻灯片右侧适当位置。

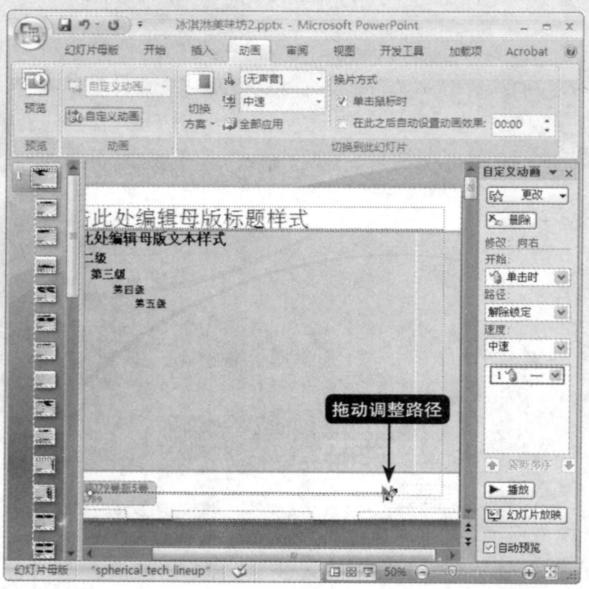

Step 05 然后在“自定义动画”任务窗格中设置该对象动画在“之前”开始播放，速度为“非常慢”，然后右击动画选项，在弹出的快捷菜单中选择“效果选项”命令。

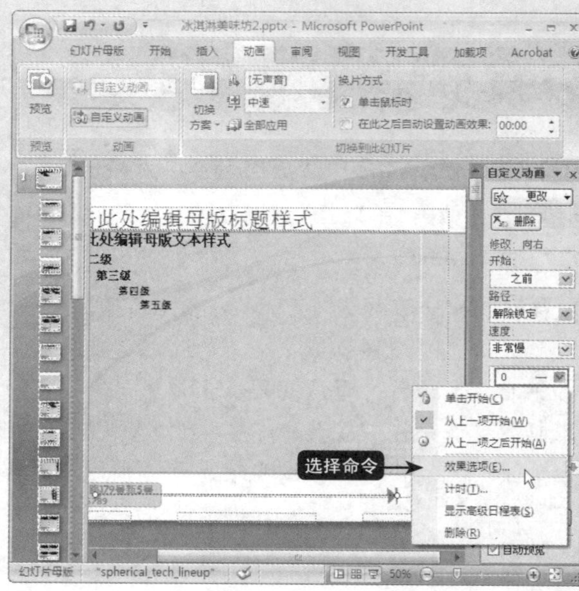

Step 06 在打开对话框的“效果”选项卡下选中“自动翻转”复选框，表示动画在播放完一次后会按路径返回再播放一次。

Step 07 在该对话框中选择“计时”选项卡，在“重复”下拉列表框中选择“直到幻灯片末尾”选项，表示该动画将循环播放直到幻灯片放映结束，完成后单击“确定”按钮。

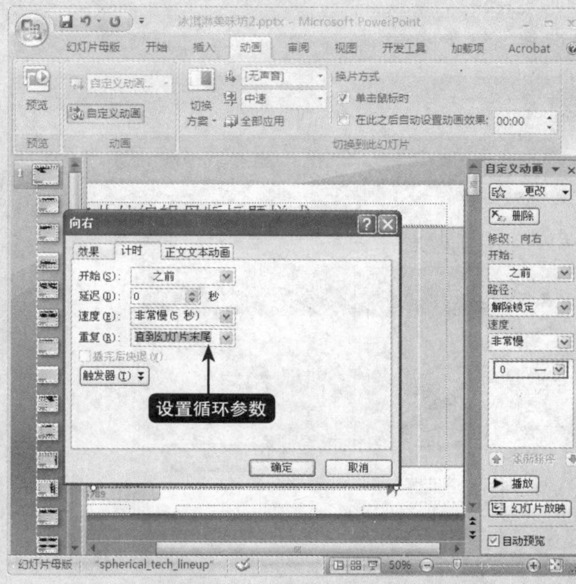

Step 08 在“幻灯片母版”选项卡中单击“关闭母版视图”按钮，关闭幻灯片母版视图，回到演示文稿中可看到每张幻灯片的相同位置都出现了同样的圆角矩形对象，单击“自定义动画”任务窗格中的“幻灯片放映”按钮，可看到该对象在各张幻灯片中循环不间断地播放。

Step 09 在上一例中制作冰淇淋展示图片时，将第一张图片设置为了“单击时”播放，这里为了更流畅地播放整个演示文稿，需将其开始方式设置为“之前”。

11.2.3 为对象添加多个动画

第10章中曾遇到过为同一个对象中的多个动画设置顺序的情况，那么，怎样才能为同样的对象设置多个动画呢？本节中将进行详细讲解。这类设置，通常应用在一些娱乐或教育类演示文稿中。

应用案例——为同一对象添加多个动画

素材 光盘:\素材\第11章\太空遨游.pptx

效果 光盘:\效果\第11章\太空遨游.pptx

Step 01 打开素材盘中第11章的“太空遨游.pptx”演示文稿，在第二张幻灯片中找到本例要添加多个动画的对象“宇航员”，根据其位置可先为其添加一个从下至上的进入动画，然后在进入的同时让其不跳动。这里单击“自定义动画”按钮，打开“自定义动画”任务窗格。

Step 02 在幻灯片中选中“宇航员”对象，单击“添加效果”按钮，为其添加一个“进入/飞入”动画，然后设置其飞入方向为“自左下部”，速度为“非常慢”，其他设置保持不变。

Step 03 在月球上行走，自然需要弹跳，因此这里还需要为图像设置另一个弹跳的动画效果，并且两个动画需先后连续播放，为此，将“飞入”动画的“开始”选项设置为“之前”。

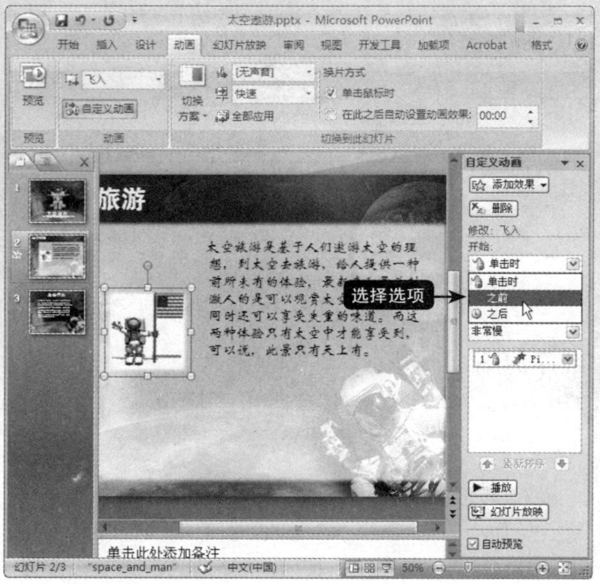

Step 04 再单击“添加效果”按钮，在弹出的菜单中选择“进入/其他效果”命令。

Step 05 打开“添加进入效果”对话框，在“华丽”选项组中选择“弹跳”选项，然后单击“确定”按钮，确认设置，为“宇航员”对象添加一个跳跃动画效果。

Step 06 在“开始”下拉列表框中选择“之后”选项，表示在第一个动画播放之后开始播放此动画，速度设置为“非常慢”。

Step 07 设置完成后单击“播放”按钮，预览效果，发现两个动画之间的转换比较突兀，于是，右击第二个动画，在弹出的快捷菜单中选择“计时”命令，在打开的对话框中设置第二个动画播放的时间为延迟“1”秒。

Step 08 单击“确定”按钮确认设置，返回到幻灯片后单击“播放”按钮，即可看到宇航员从幻灯片左侧缓缓进入画面并活泼地跳动着，至此即完成本例的设置。

11.2.4 为对象自定义动作路径

在PowerPoint系统中，自带有一种“动作路径”动画，通过添加这种动画，能使幻灯片中的对象按照设置的路线在画面中移动。系统中提供的路径是有限的，为使对象按照用户所需移动，可为其自定义设置动作路径。

应用案例——为对象自定义动作路径

素材 光盘:\素材\第11章\太空遨游2.pptx

效果 光盘:\效果\第11章\太空遨游2.pptx

Step 01 打开素材盘中第11章的“太空遨游2.pptx”演示文稿，选择第三张幻灯片，复制其中的宇航员图片，单击“图片工具 格式”选项卡下“排列”组中的“旋转”按钮，在弹出的下拉菜单中选择“水平翻转”命令。将两个宇航员分别放置在幻灯片中其驶入的位置。

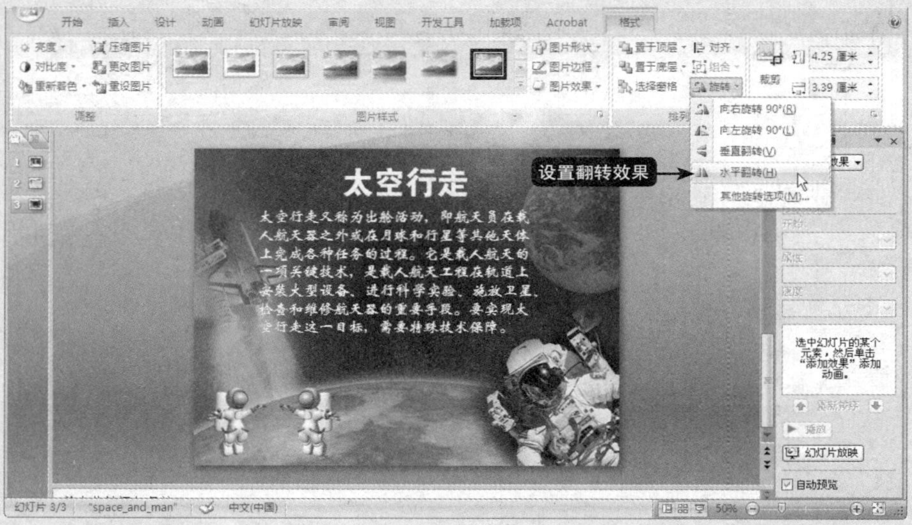

Step 02 选择左下角的宇航员图片，在“自定义动画”任务窗格中单击“添加效果”按钮，选择“动作路径/绘制自定义路径/自由曲线”命令。

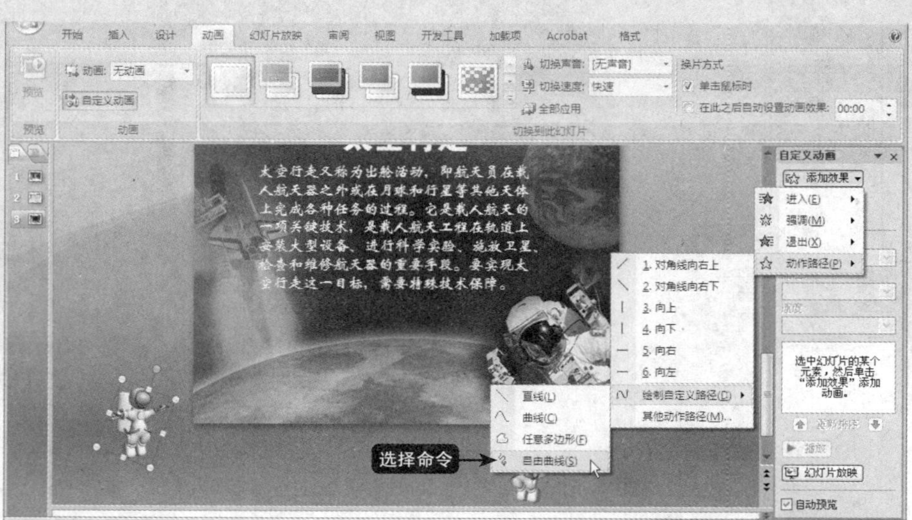

使用技巧：了解“路径”的含义

路径通常指存在于多种计算机图形设计软件中的以贝塞尔曲线为理论基础的区域绘制方式，由一个或多个直线段或曲线段组成。线段的起始点和结束点由锚点标记，就像用于固定线的针。通过编辑路径的锚点，可以改变路径的形状，或调整路径的长度。在Photoshop等图形绘制软件中，可制作复杂路径并进行细微编辑，而PowerPoint中的路径则相对简单，但基本能满足用户的实际需求，若用户需绘制更复杂的动画效果，建议使用Flash等软件绘制完成后再将其插入到幻灯片中。

要点提示：了解本案例的制作目标

本例准备将之前插入的宇航员图片设置为从左下角沿月球边沿缓缓迈入，并从右侧驶出屏幕。然后调头从右下角再驶入至球面左侧。为了使宇航员出现调头返回的效果，需要使用两张图片，第二张图片可通过第一张图水平翻转得到。

Step 03 此时鼠标指针变为✎形状，按住鼠标左键，在幻灯片中拖动绘制出宇航员运动的路线，注意要从幻灯片编辑区左侧外绘制到右侧外，这样在放映时宇航员可实现从幻灯片外走入屏幕，再离开画面的效果。

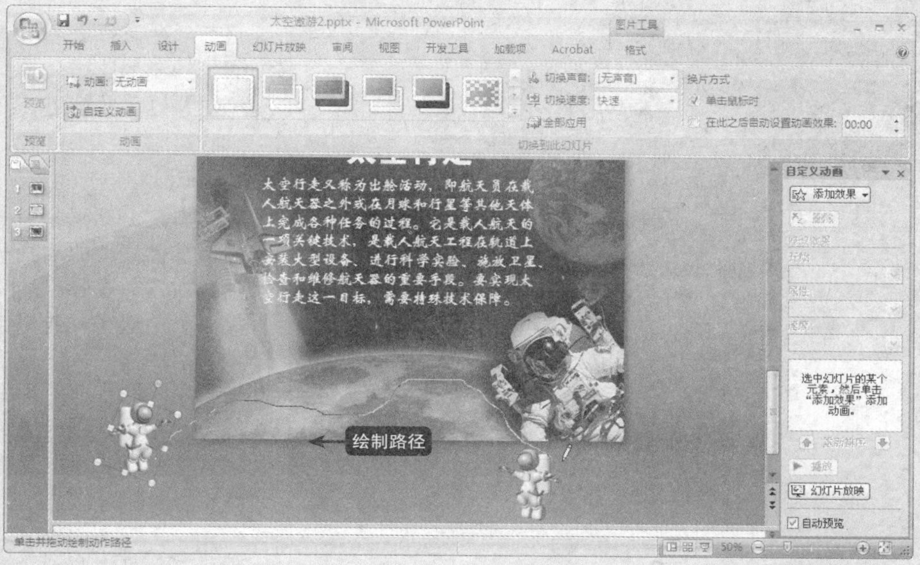

Step 04 释放鼠标完成绘制，可看到任务窗格中显示出了设置的动画选项，在此设置其相关选项，其中开始是在“单击时”，速度为“非常慢”。在幻灯片窗格中可看到，绿色箭头标记为对象运动的起点，红色箭头标记为对象运动的终点。单击“播放”按钮，即可看到圆形对象按路径移动的效果。

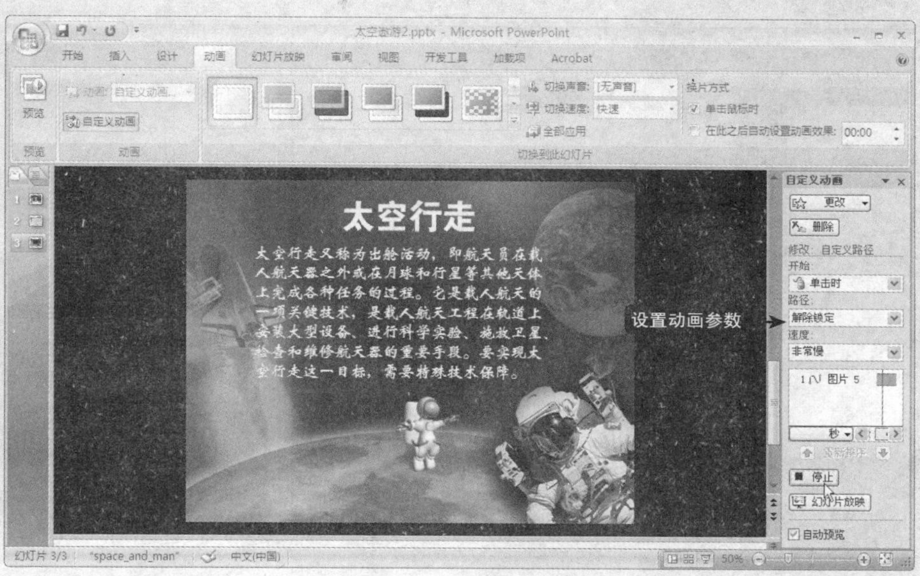

Step 05 下面使用同样的方法，为右侧的第二张宇航员图片绘制动作路径，使其从右侧屏幕外驶入，到左侧球面结束。并设置其开始方式为“之后”，速度同样为“非常慢”。

使用技巧：选择更多动作路径

从上面第二步选择命令的菜单中可以看出，用户可选择绘制各种动作路径，其具体操作都与在幻灯片中绘制各类线条图形一样，直接拖动后绘制，完成后还可对其形状进行调整。另外，若选择“其他动作路径”命令，同样会在打开的对话框中看到系统提供的各种动作路径，可选择的范围更广。

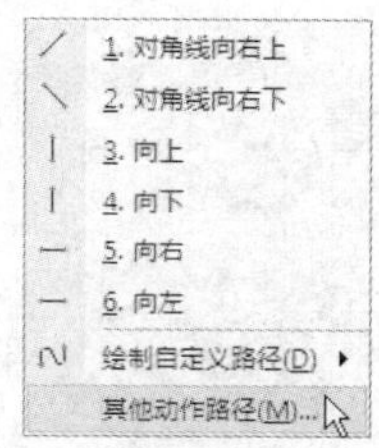

要点提示：让人物图片出现在合适位置

在绘制了路径后，需单击“播放”按钮进行动画预览，查看人物图片是否出现在合适位置，若遇到停止动画后宇航员的头顶依然保留在画面中，未能完全消失或移动中途双腿离开画面等情况，需拖动鼠标调整路径的高度或长度。

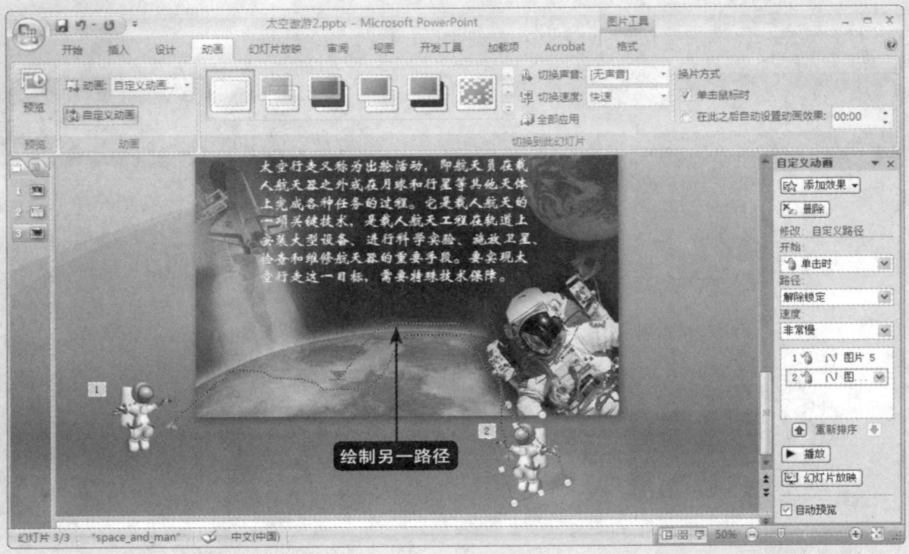

Step 06 然后在第二个动画选项上右击，在弹出的快捷菜单中选择“计时”命令，在打开对话框的“延迟”数值框中设置“1”秒。

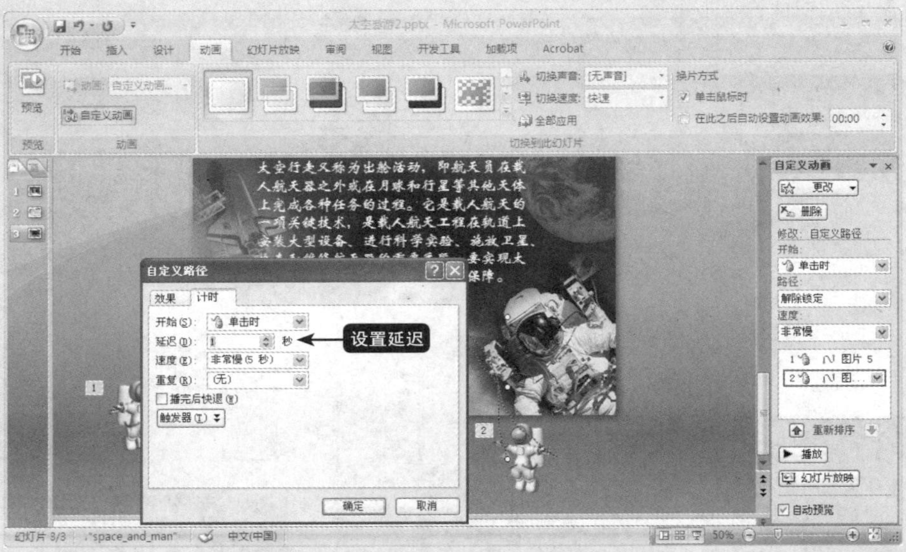

Step 07 设置完成后单击“确定”按钮，然后再单击“播放”按钮，即可看到整个动画过程。

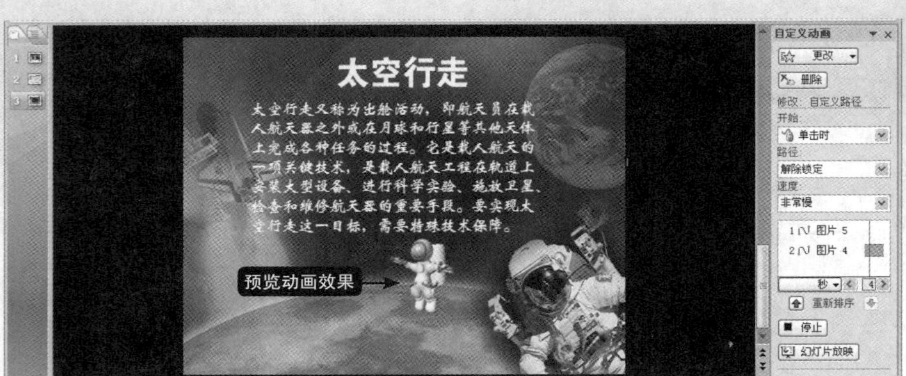

要点提示：设置路径的注意事项

设置动作路径动画效果时，绘制的路径只是标志对象运动的轨迹，在放映幻灯片时不会显示出来。

在“自定义动画”窗格中选择需修改的动画选项并右击，在弹出的快捷菜单中选择“效果选项”命令，在打开的“自定义路径”对话框的“效果”选项卡中可设置路径的平稳度及播放的声音。

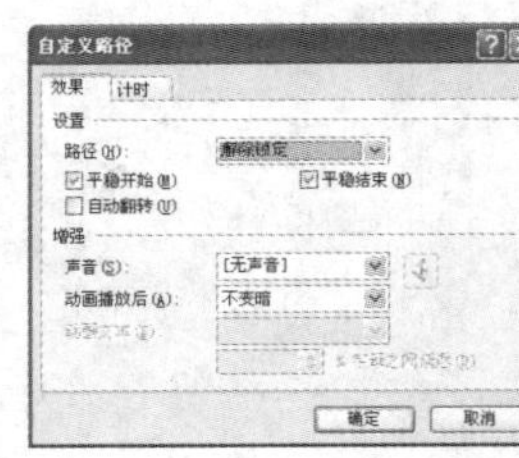

使用技巧：设置第二张图片的计时

用于表示宇航员转回驶入画面时所花费的时间，让两个宇航员的驶入时间产生间隔，增加真实性。

11.2.5 为图表各组成部分分别添加动画

除图片外，用户可为幻灯片中的表格、图表等各种对象设置动画，并且在设置图表中的动画时，还可为其中的各个组成部分分别设置动画特效。

应用案例——为图表中的各部分添加动画

素材 光盘:\素材\第11章\经费明细表.pptx
效果 光盘:\效果\第11章\经费明细表2.pptx

Step 01 打开素材盘中第11章的“经费明细表”演示文稿，打开“自定义动画”任务窗格，选择第三张幻灯片中的图表，为其设置一个“进入/阶梯状”动画，并设置其开始方式为“单击时”，方向为“右上”，速度为“慢速”。

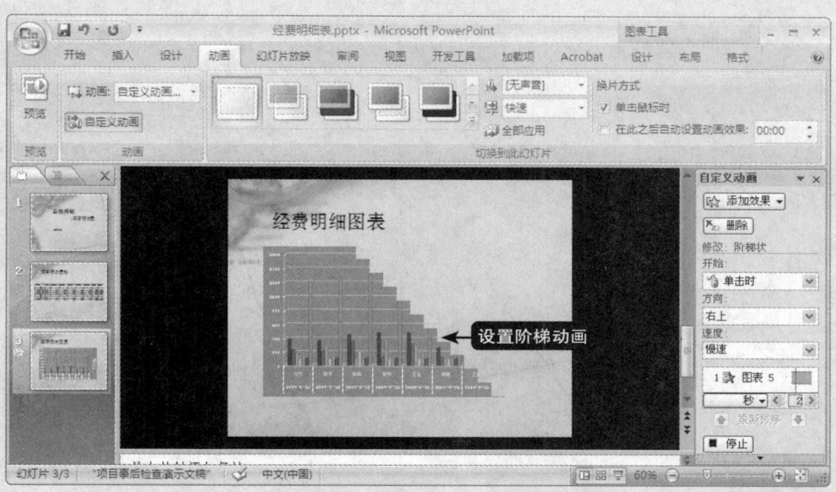

Step 02 再为该图标设置一个“进入/飞入”动画，并设置其开始方式为“之后”，方向为“自底部”，速度为“非常慢”，此时，该图表是整体从下向上升起。

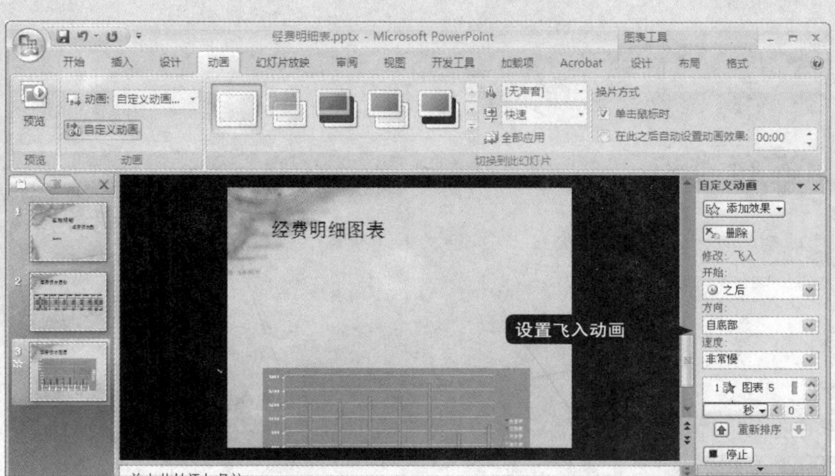

使用技巧：选择适合的图表

在为图表中的对象分别添加动画时，需选择适合的图表样式，某些图表由于其样式的特殊性，并不适合为其中的对象分别添加动画。例如，折线图由于其线条单薄，没有一种清晰、醒目的视觉效果，因此它属于其中一种不合适的类型。

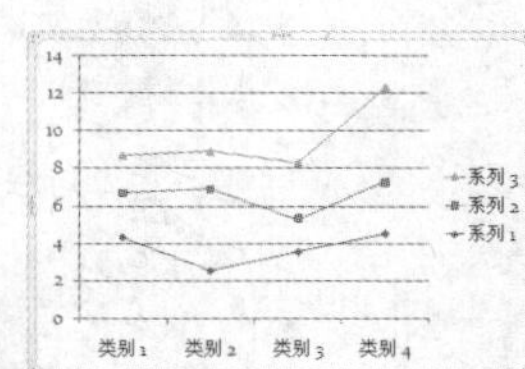

而柱形图、条形图、饼图等图表，由于其中的各个分类为一个个的颜色块，因此，较适合分别添加动画的特殊效果。

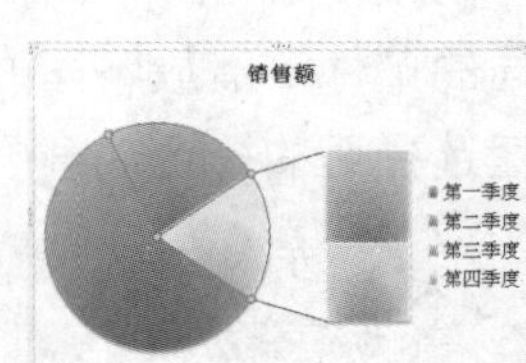

Step 03 选择设置的第二个动画并右击，在弹出的快捷菜单中选择“效果选项”命令，在打开的对话框中选择“图表动画”选项卡，在“组合图表”下拉列表框中选择“按系列中的元素”选项。

Step 04 单击“确定”按钮，确认设置，这时播放动画，可看到动画在进行了“阶梯状”显示后，不再整体从下至上升起，而是图表中的柱形对象，依次一个个升起到画面中，至此便完成所有设置。

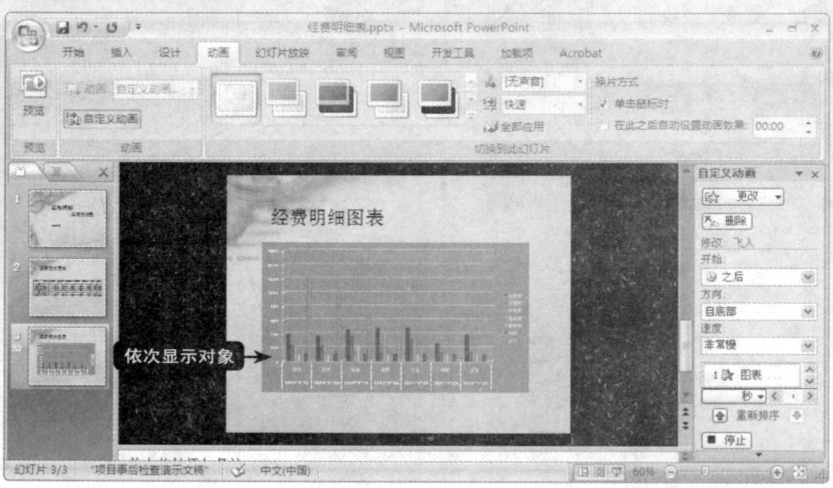

11.2.6 应用触发器设置交互式动画

使用PowerPoint中提供的触发器功能，可以设置交互式动画效果，即在不同的条件下播放不同的动画，常用于测试、教学类演示文稿中，可进行试题答案选择后的提示动画展示。

应用案例——为对象设置交互式动画

素材 光盘:\素材\第11章\能力测试.pptx、正确.ico、错误.ico

效果 光盘:\效果\第11章\能力测试.pptx

使用技巧：了解系列与分类

在本例的柱形图中可看到，所谓的系列即是指图表中的“住宿费”、“交通费”等明细金额项目，分类则是指各个日期与姓名，两者分别对应工作表中的行与列。

日期	姓名	住宿费	交通费
2009-8-13	刘云	480	220
2009-8-16	陈可	360	210
2009-8-25	张峰	450	360
2009-9-11	李明	480	120
2009-9-12	王佳	480	320
2009-9-21	季敏	260	120
2009-9-22	王佳	380	120

要点提示：选择不同分类动画的效果差异

在“组合图表”下拉列表框中选择“按系列”选项，将依次升起系列中的各个圆柱；选择“按分类”选项，将分别按一个个人名升起一组圆柱；选择“按分类中的元素”选项，则是先升起一个分类中的所有系列，然后依次开始升起下一个分类中的所有元素。

使用技巧：了解交互式动画

交互式动画是指在动画作品播放时支持事件响应和交互功能，它提供了观众参与和控制动画播放内容的手段，使观众由被动接受变为主动选择。

Step 01 打开素材盘中第11章的“能力测试.pptx”演示文稿，选择第二张幻灯片，在该幻灯片中制作一个交互式动画，设置选择不同答案后出现对或错的提示图形，因此其中的答案内容必须放置于不同的文本框中，这样才能在触发器中出现各自对应的触发项。

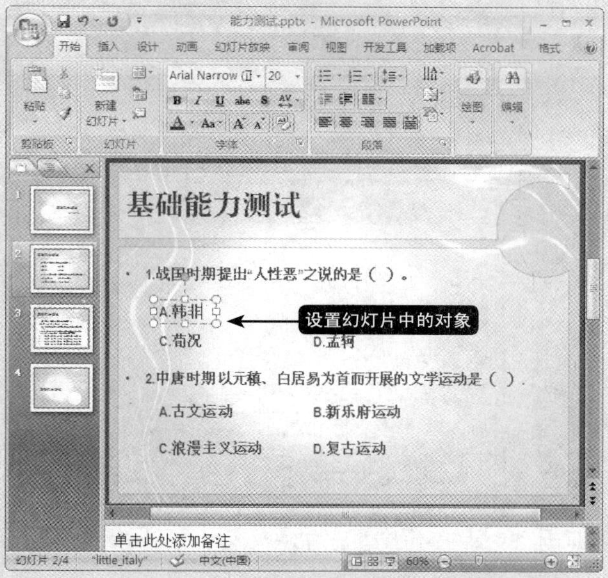

Step 02 对于正确或错误的答案，需分别设置不同的动画图标，并为其设置触发项，因此需要将正确答案与错误答案分别编组，以方便稍后设置触发项时选择对应的对象，于是，右击需编组的文本框，在弹出的快捷菜单中选择“组合/组合”命令。

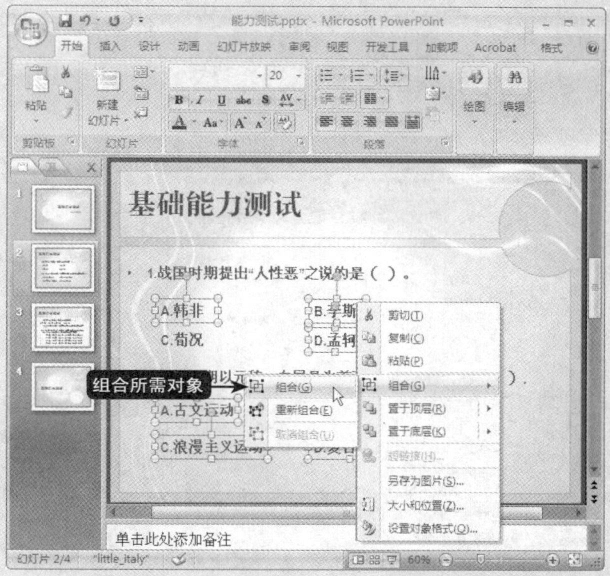

Step 03 完成编组设置后，选择“插入/图片”命令，打开“插入图片”对话框，在该对话框中选择需插入的素材文件“正确.ico”、“错误.ico”图片，将其插入到幻灯片中，并分别设置两张图片的位置与大小。

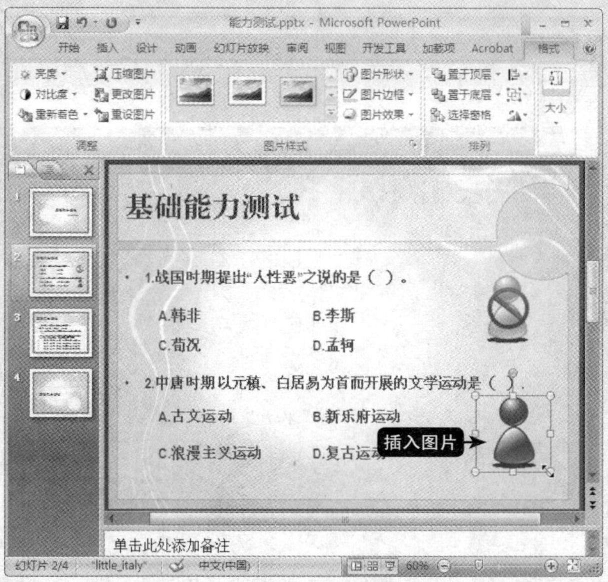

Step 04 选择绿色的“错误”图片，打开“自定义动画”任务窗格，单击“添加效果”按钮，为该图片添加“进入/弹跳”动画，并设置其开始方式为“单击时”，速度为“中速”。

Step 05 右击“错误”图片，在弹出的快捷菜单中选择“效果选项”命令，在打开对话框的“动画播放后”下拉列表框中选择“播放动画后隐藏”选项。

Step 06 选择“计时”选项卡，再单击“触发器”按钮，在展开部分选中“单击下列对象时启动效果”单选按钮，然后在后面的下拉列表框中选中所需组合选项，表示在单击组合的错误答案文本框时将激活此动画进行播放，单击“确定”按钮。

Step 07 选择红色的“正确”图片，为该图片添加“进入/光速”动画，设置其开始方式为“单击时”，速度为“中速”，并设置该动画为“播放动画后隐藏”，然后设置选择所需组合选项，为其触发项。

Step 08 单击“确定”按钮确认设置，返回到幻灯片后单击“幻灯片放映”按钮，当单击到错误答案时即可看到“错误”图片弹跳着进入画面，当单击到正确答案时则是红色的“正确”图片移动着进入画面。

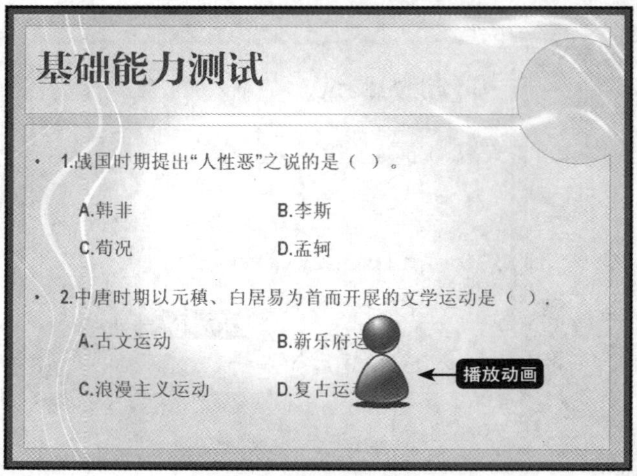

11.2.7 应用触发器控制声音与视频的播放

应用触发器控制声音与视频播放的方法和使用触发器控制动画播放类似，在幻灯片中插入了声音或视频后，打开“自定义动画”任务窗格，在插入的声音或视频动画项目上右击，在弹出的快捷菜单中选择“计时”命令，在打开的“计时”选项卡中单击“触发器”按钮，即可设置声音或视频的触发项。设置完成后，在播放幻灯片时，当进行触发项的操作时，就能即时播放声音或视频文件。

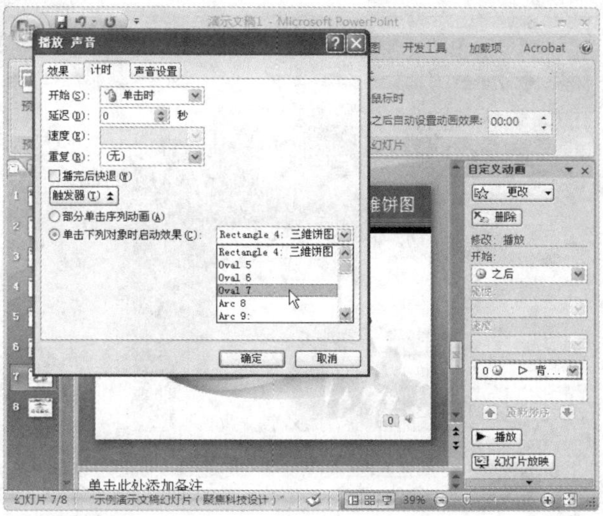

■设置声音文件的触发项

设置视频文件的触发项■

11.3 为切换幻灯片设置动画效果

切换幻灯片的动画效果是指从一张幻灯片过渡到下一张幻灯片时的切换动画，也就是说，为整张幻灯片进入屏幕或离开屏幕时的过程设置动画。通过设置，可使演示文稿的放映过程变得更生动，美观。

11.3.1 应用内置切换效果

系统中提供了淡出和溶解、擦除、推进和覆盖、条纹和横纹以及随机等多种切换动画，用户只需在“切换到此幻灯片”组中选择其中的切换动画方案将其应用在所需幻灯片上，就能制作出具有动感效果的演示文稿。

Step 01 打开演示文稿，选择需设置切换动画的幻灯片，单击“动画”选项卡，在“切换到此幻灯片”组中单击“其他”按钮。

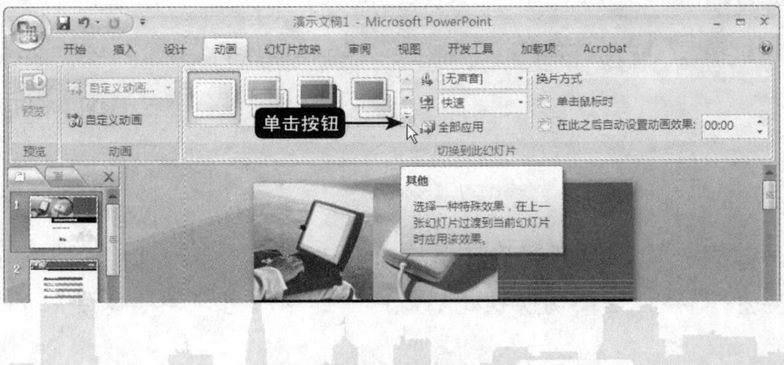

使用技巧：为所有幻灯片应用一种切换动画

这里设置的切换动画方案默认是对当前幻灯片有效，如果用户希望为演示文稿中所有幻灯片应用一种切换动画，则单击“切换到此幻灯片”组中的“全部应用”按钮。但通常情况下为了得到更好的效果，还是最好为不同幻灯片应用不同的动画方案。

Step 02 在弹出的下拉列表中即可看到系统提供的多种切换动画的缩略图。指向某缩略图选项，即可实时预览到当前幻灯片的切换动画效果，本例选择“擦除”类下的“向右揭开”动画选项，单击选择该选项。

Step 03 将切换幻灯片时的动画效果设置为“向右揭开”后，在“自定义动画”任务窗格中单击“播放”按钮即可预览切换效果，并且在“幻灯片”窗格中可看到，设置了切换动画的幻灯片的编号下方出现了一个白色“五角星”标记。

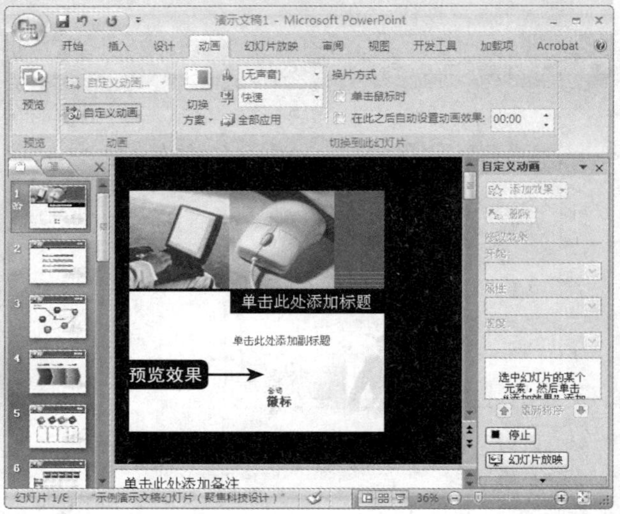

11.3.2 设置切换声音

在为幻灯片设置了切换动画后，还可在其切换的同时设置一个声音特效。单击“动画”选项卡中“切换到此幻灯片”组中的“切换声音”下拉按钮，在弹出的下拉菜单中提供了多种声音特效，选择所需选项就能在切换幻灯片的同时应用声音效果。若需要插入非系统提供的计算机中的声音文件，应在“切换声音”下拉菜单中选择“其他声音”命令，然后在打开的“添加声音”对话框中进行选择。

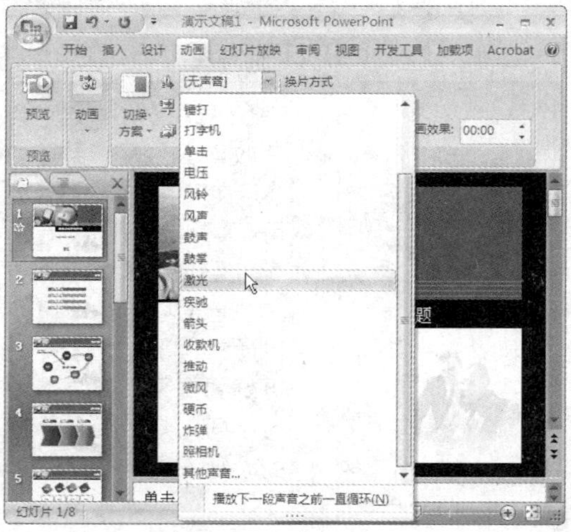

■选择系统提供的切换声音效果

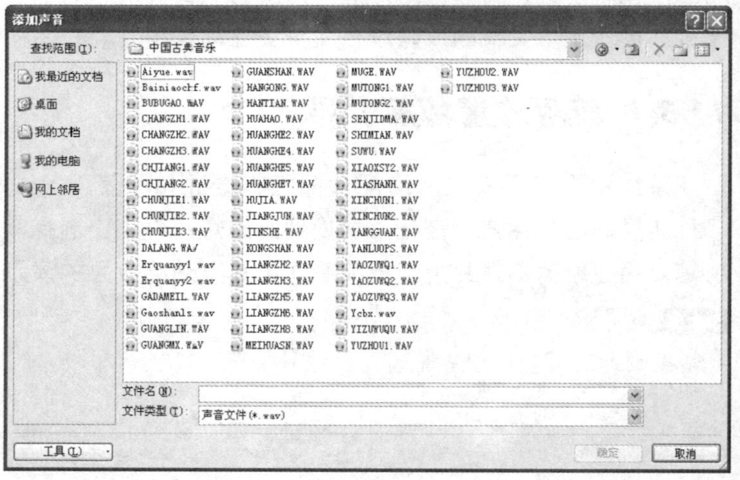

选择计算机中的切换声音文件■

11.3.3 设置切换速度

切换幻灯片动画与其他对象动画效果一样，均可调整其播放速度，只是切换动画可供选择的速度较少，只有“快速”、“中速”和“慢速”3种。在“切换到此幻灯片”组中单击“切换速度”下拉按钮，在弹出的下拉列表中即可进行选择。

■设置切换速度

11.3.4 设置切换方式

在“切换到此幻灯片”组中可设置幻灯片的切换方式，默认选中“单击鼠标时”复选框，即放映者单击鼠标时切换幻灯片，用户还可选中“在此之后自动设置动画效果”复选框，然后在后面的数值框中设置时间，这样在放映时若长时间没有单击鼠标，则在此处设置的时间后自动切换幻灯片。

■设置切换方式

疑难解答：切换动画没声音

问：我设置了幻灯片的切换声音，但在实际放映时，为什么听不到声音呢？

答：首先在桌面右下角的通知区域单击喇叭图标，在弹出的音量设置器中检查音量是不是调到了最小，或设置成了静音，如果没有则可能是计算机硬件原因引起的，如没有安装声卡或音箱设备等。

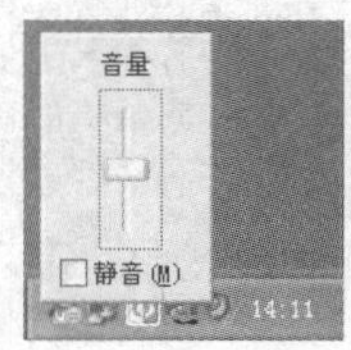

11.4 实战演练——制作企业宣传片头

在演示文稿中为幻灯片中的对象设置动画，可以使文稿更生动。例如，用户可以在制作的企业宣传演示文稿中为其制作一个片头，将企业标志、标语等多种对象应用淡出、劈裂等动画，能使其变成一个极富吸引力的短片。

素材 光盘:\素材\第11章\启典文化

效果 光盘:\效果\第11章\企业宣传.pptx

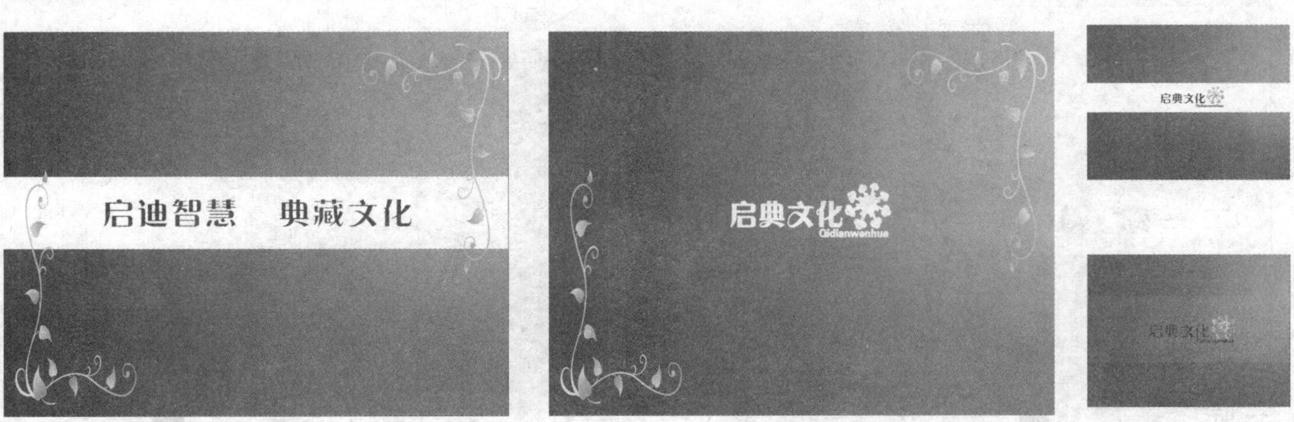

■企业宣传片最终效果

Step 01 新建一个空白演示文稿，将其命名为“企业宣传”并保存到计算机中的合适位置，插入“背景色”图片，使其覆盖于整个幻灯片中，打开“自定义动画”任务窗格，单击“添加效果”按钮，从弹出的菜单中选择“进入/其他效果”命令。

Step 02 在打开的“添加进入效果”对话框中选择“劈裂”选项，单击“确定”按钮，回到“自定义动画”任务窗格，设置该动画的开始方式为“之前”，方向为“上下向中央收缩”，速度为“慢速”。

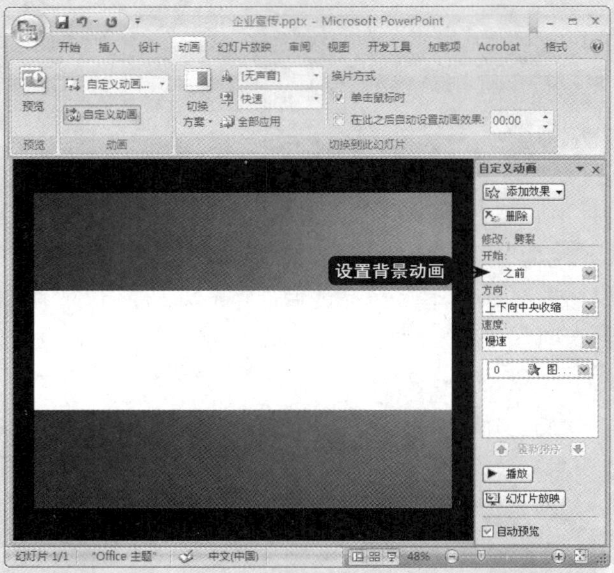

Step 03 插入“白色标志”与“有色标志”两张图片，打开“添加进入效果”对话框，在该对话框中为两张图片设置同样的“进入/淡出”动画，开始方式为“之后”，速度为“慢速”。在任务窗格中选择“有色标志”图片的动画选项并右击，在弹出的快捷菜单中选择“计时”命令，为其设置延迟为“1.8”秒。

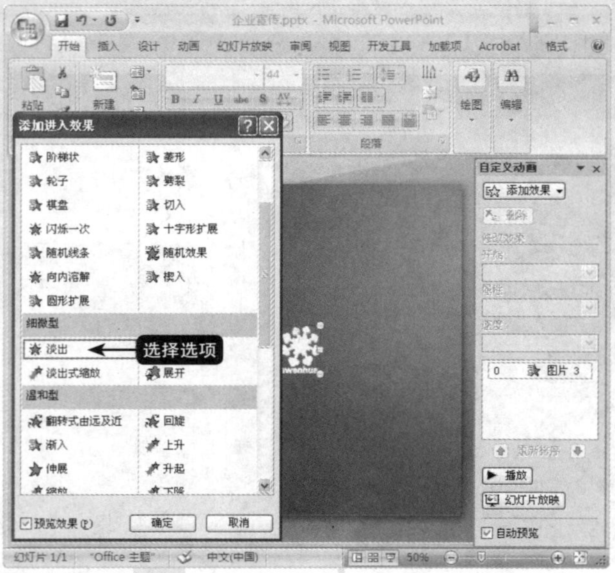

Step 04 移动两张标志图片的位置，使其位于幻灯片中心，然后在“图片工具 格式”选项卡下“排列”组中单击“对齐”按钮，在弹出的下拉列表中选择所需选项，使两张图片居中重叠对齐。

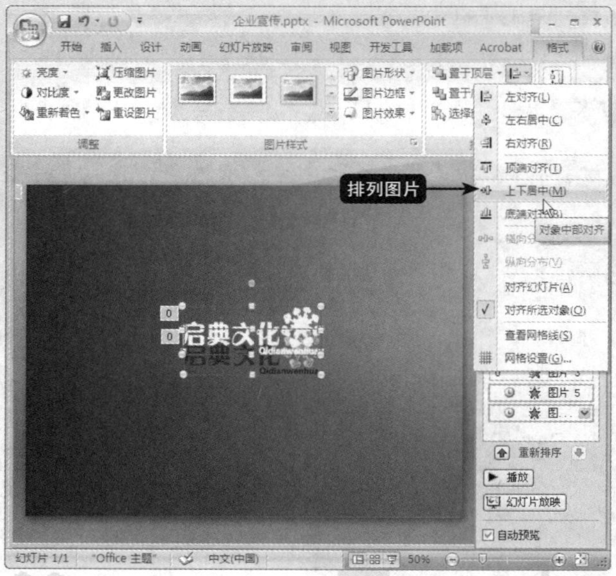

Step 05 在幻灯片中绘制一个无边框的白色矩形，将它放置到幻灯片中心，并使其与标志图片居中对齐，然后调整三者的排列方式，使两张标志图片放置到白色矩形上方，为方便显示，可将有颜色的标志图片放到最前方。为白色矩形设置同样的“进入/淡出”动画，然后设置开始方式为“之前”，即与上一个动画同时播放，速度为“中速”。

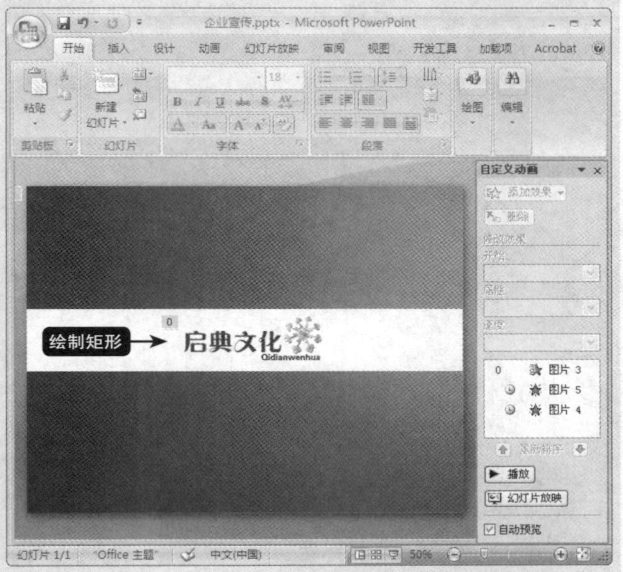

Step 06 制作出3个图片的渐变过渡后，在幻灯片中再次选中“有色标志”图片，为该图片添加“退出/淡出”动画，设置开始方式为“之后”，速度为“中速”，并打开“计时”选项卡，设置其延迟为“1”秒。这样就达到了标志渐渐消失，在幻灯片中只保留白色矩形的效果。

Step 07 在幻灯片中插入“花边”与“标语”两张图片，设置“标志”图片的动画为“进入/淡出”，设置开始方式为“之后”，速度为“中速”。设置“标志”图片的动画为“进入/菱形”，设置开始方式为“之前”，方向为“放大”，速度为“慢速”。

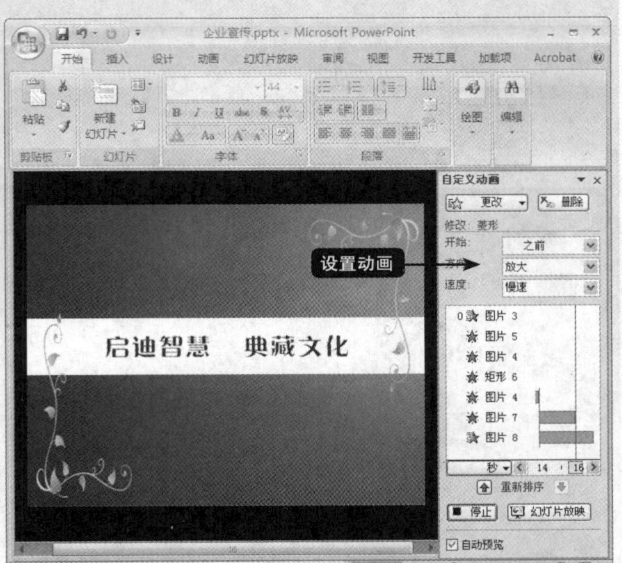

Step 08 然后再为“标语”、白色矩形图片设置退出动画为“退出/淡出”，设置开始方式为“之后”，速度为“中速”，设置完成后两者会渐渐退出幻灯片画面，绿色背景中将只保留白色标志与花边。

Step 09 按【Ctrl+M】组合键添加一张幻灯片，同样插入“背景色”图片，使其覆盖于整个幻灯片中，然后再插入“有底色标志”与“灰色有底色标志”两张图片，使其放置在幻灯片中心位置。为背景色设置“进入/劈裂”动画，并设置开始方式为“之前”，方向为“中央向左右展开”，速度为“慢速”。

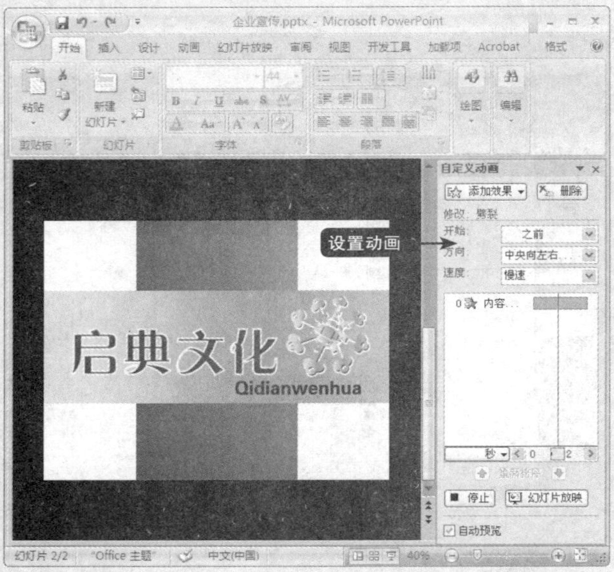

Step 10 为“灰色有底色标志”标志图片设置动画为“进入/随机线条”，开始方式为“之后”，方向为“垂直”，速度为“慢速”，“有底色标志”标志图片设置动画为“进入/淡出”，开始为“之前”，速度为“慢速”，单击“播放”按钮预览动画，发现两张标志图片的播放顺序不符合需求，因此在“自定义动画”任务窗格中单击“重新排序”按钮，调整动画顺序。

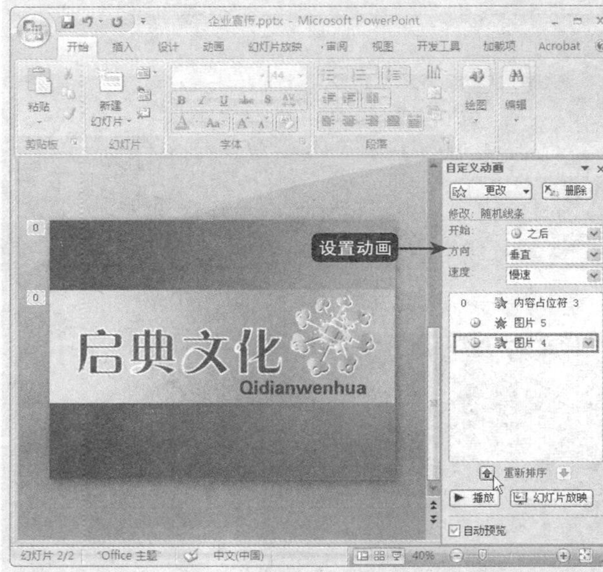

Step 11 再为两张标志图片设置动画为“退出/淡出”，开始方式为“之后”，速度为“慢速”，然后再插入“有色标志”图片，将其放置在幻灯片正中。并调整其大小与位置。

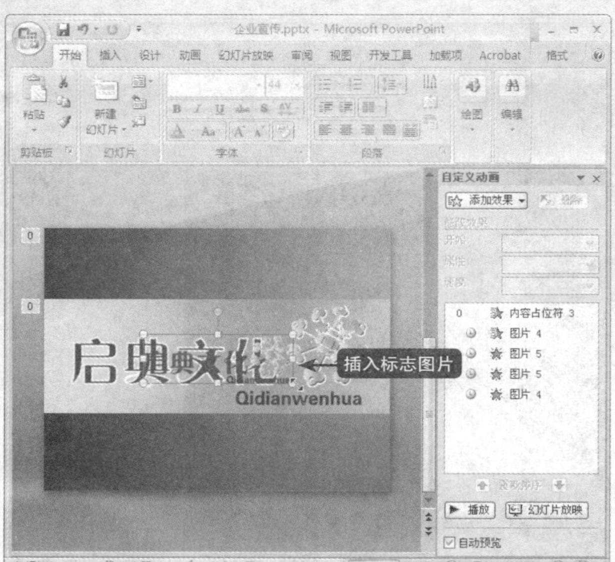

Step 12 为“有色标志”图片设置动画为“进入/随机线条”，开始方式为“之前”，方向为“垂直”，速度为“慢速”，至此，完成本例企业宣传片头制作。

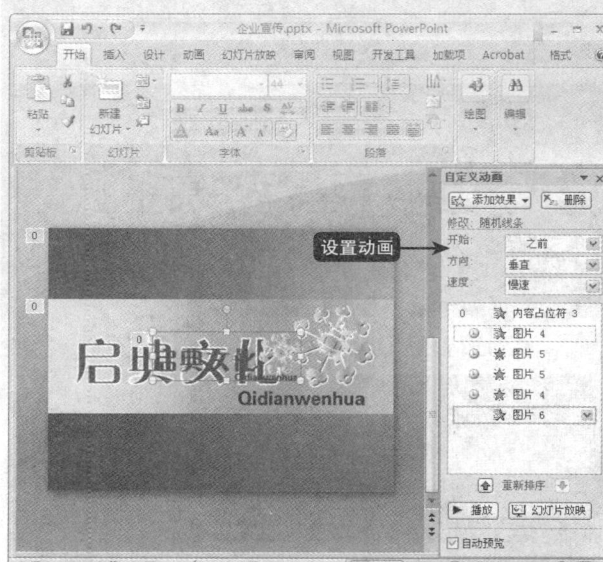

Part 4

展示与输出的关键技术

演示文稿的最终目的是进行放映展示，因此在所有内容制作完成后，便开始进行放映前的设置以及在放映过程中进行各种控制操作，使演示文稿按操作者的意图进行展示。除此之外，还可将演示文稿以其他方式输出，以满足不同观众的需要。

12 Chapter 放映演示文稿

READERS' GUIDE

在制作了精美幻灯片并添加极具吸引力的声音或动画之后，需要放映演示文稿，向观众进行展示，这就是制作幻灯片的最终目的。一场完美的演示文稿放映，并非简单地单击“放映”按钮就能达到目的，放映是需要讲究方法和技巧的，不同环境、不同观众对演示文稿展示方式的要求均不相同，下面就进行详细介绍。

MAIN CASES

12.1 常规幻灯片放映

之前在制作幻灯片时，已经使用单击“幻灯片放映”按钮等方式进行了演示文稿的预览放映，这里再来详细介绍幻灯片的常规放映方法，即从头开始放映、从当前幻灯片开始放映或是用户自定义从某张幻灯片开始放映3种操作。

12.1.1 从头开始放映幻灯片

在“幻灯片放映”选项卡下“开始放映幻灯片”组中单击“从头开始”按钮或按【F5】键，可从第一张幻灯片开始放映。

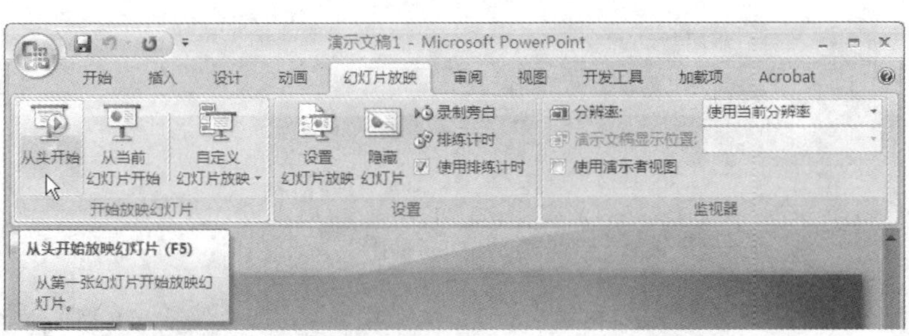

■从头开始放映幻灯片

要点提示：保存为PPSX文件放映幻灯片

如果需要将演示文稿复制到其他安装有PowerPoint的计算机中放映，而操作者对于软件的放映方法不太熟悉，这时可事先将演示文稿保存为PPSX文件，这样直接双击即可开始放映。打开演示文稿，选择“Office/另存为/PowerPoint放映”命令，即可将其保存为PPSX格式。在存放演示文稿的文件夹中可以看到，原PPT文件被保存了一个PPSX副件，在任何安装有PowerPoint的计算机上双击该PPSX文件即可自动进行放映。

12.1.2 从当前幻灯片开始放映

在“幻灯片放映”选项卡下“开始放映幻灯片”组中单击“从当前幻灯片开始”按钮或按【Shift+F5】组合键可从当前幻灯片开始放映。

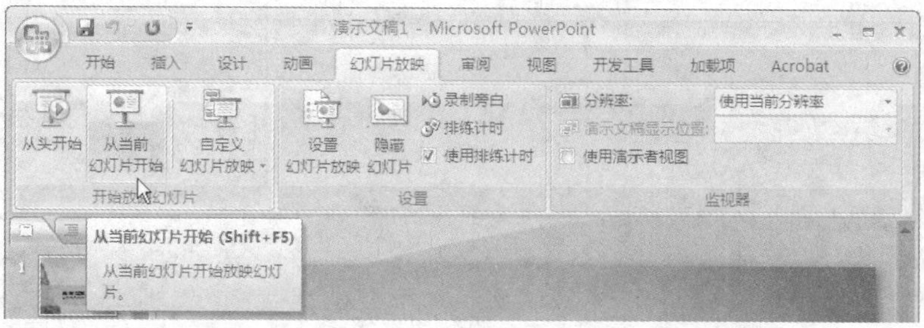

■从当前幻灯片开始放映

使用技巧：借助程序放映PPT文件

如果该计算机中没有安装PowerPoint软件，且不希望因放映幻灯片而进行安装，可以借助PowerPoint Viewer程序进行放映，它由Microsoft在其官方网站上免费提供下载，非常小巧，且能帮助用户轻松放映PPT文件。

12.1.3 自定义幻灯片放映

单击“自定义幻灯片放映”按钮，从弹出的下拉菜单中选择“自定义放映”命令，打开“自定义放映”对话框。根据观众的不同，用户可在该对话框中选择放映该演示文稿的不同部分，以便针对目标观众群体定制最适合的演示文稿放映方案，下面进行详细介绍。

Step 01 打开演示文稿，切换到“幻灯片放映”选项卡，单击“开始放映幻灯片”组中的“自定义幻灯片放映”按钮，从弹出的下拉菜单中选择“自定义放映”命令。

Step 02 打开“自定义放映”对话框，此时在“自定义放映”列表框中无任何内容，表示还未进行自定义放映方案的设置，单击“新建”按钮，打开“定义自定义放映”对话框，在“幻灯片放映名称”文本框中为此次放映方案定义一个名称，然后在左侧“在演示文稿中的幻灯片”列表框中选择一张当前放映方案中需要的幻灯片，单击“添加”按钮，即可将选中的幻灯片添加到右侧的“在自定义放映中的幻灯片”列表框中。

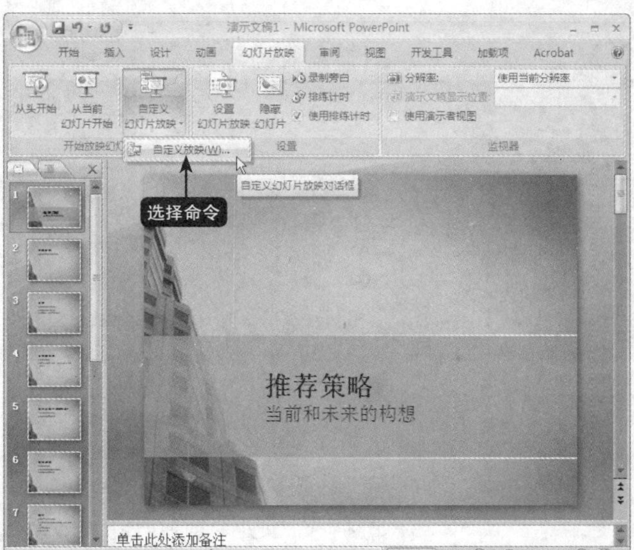

Step 03 继续挑选其他需要放映的幻灯片，使用同样的方法依次添加到右侧列表框中。通过单击“删除”按钮可对添加的幻灯片进行删除，还可通过右侧的⬆、⬇按钮调整幻灯片的播放顺序，完成后单击“确定”按钮。

Step 04 返回到“自定义放映”对话框，这时“自定义放映”列表框中已显示出刚才创建的自定义放映名称，表示已设置了一个自定义放映方案。用户也可使用此方法再创建几个不同的放映方案。通过其中的“编辑”、“删除”和“复制”按钮，还可对方案进行相应的操作。

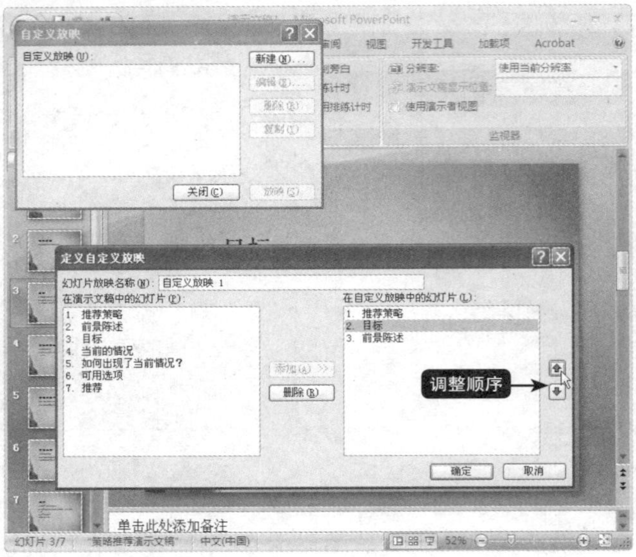

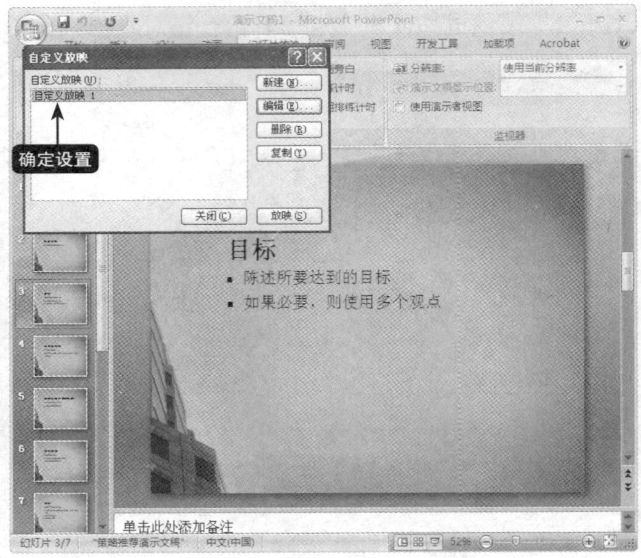

Step 05 方案定义完成后单击“关闭”按钮。在实际放映时单击“开始放映幻灯片”组中的“自定义幻灯片放映”按钮，在弹出的下拉菜单中即可选择需要执行的放映方案。这样即会开始按照自定义的放映方案进行演示文稿的展示。

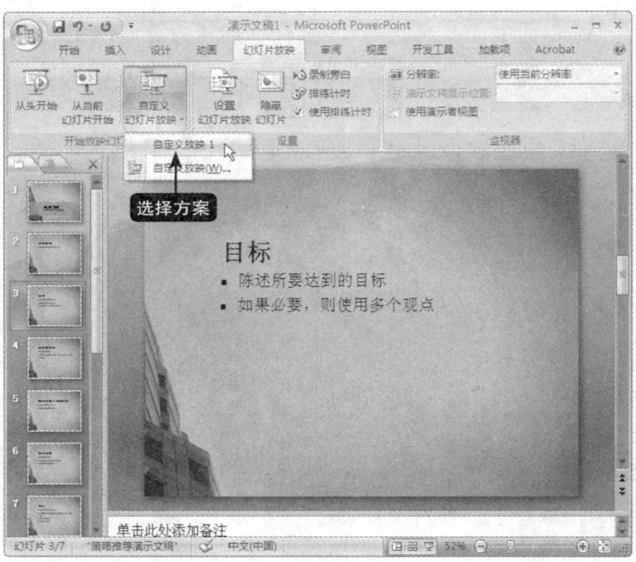

12.2 设置幻灯片放映

在PowerPoint中除了能选择常规放映方法外，还能选择适用于不同场合的具体放映方式，默认情况，演示文稿按照预设的演讲者放映方式进行放映，放映过程中需要手动操作，通过设置放映方式能使其自动播放。而根据放映时的具体要求，还可对演示文稿进行录制旁白、排练计时等其他相关的放映设置，以便达到各种不同的放映效果。

要点提示：删除自定义放映方案

当不再需要设置的自定义方案时，可在打开的“自定义放映”对话框中选择该方案，单击“删除”按钮将其删除。

12.2.1 设置放映方式

PowerPoint为用户提供了3种适应不同场合需求的放映类型，这是在放映前应先确定的，下面对各类型特点进行介绍。

- **演讲者放映**：这是最常用的一种放映方式，即在观众面前全屏演示幻灯片，演讲者对演示过程有完整的控制权，能在演讲的同时进行灵活的放映控制。
- **观众自行浏览**：让观众在带有导航菜单的标准窗口中通过滚动条或方向键自行浏览演示内容，还可打开其他演示文稿，该方式又被称为交互式放映方式，常用于宣传、教学等场合。
- **在展台浏览**：将全屏放映幻灯片，并且演示文稿会循环演示。在此过程中除了能使用鼠标光标选择屏幕对象进行放映外，观众不能对演示文稿进行任何修改，例如不能通过手动切换方式放映幻灯片，但可以通过单击超链接和动作按钮来切换幻灯片，若要终止放映需按【Esc】键。该方式也被称为自动放映方式。

设置放映方式的具体操作如下：

Step 01 打开演示文稿，在“幻灯片放映”选项卡下“设置”组中单击“设置幻灯片放映”按钮。

Step 02 打开“设置放映方式”对话框，在“放映类型”选项组中选中所需单选按钮即可设置幻灯片的放映类型。

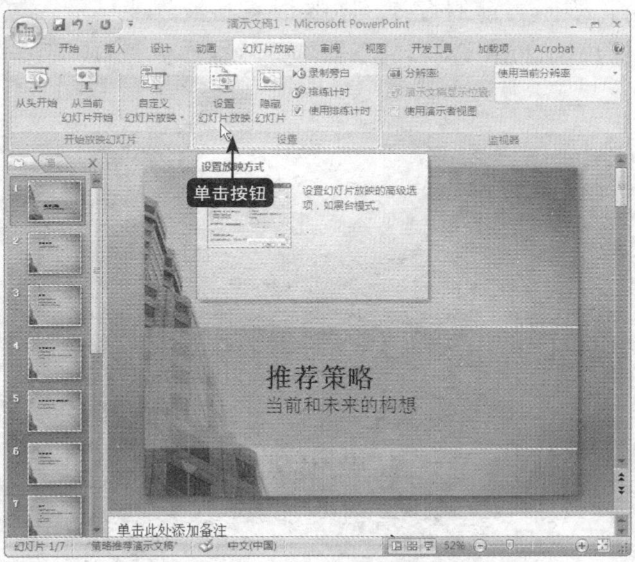

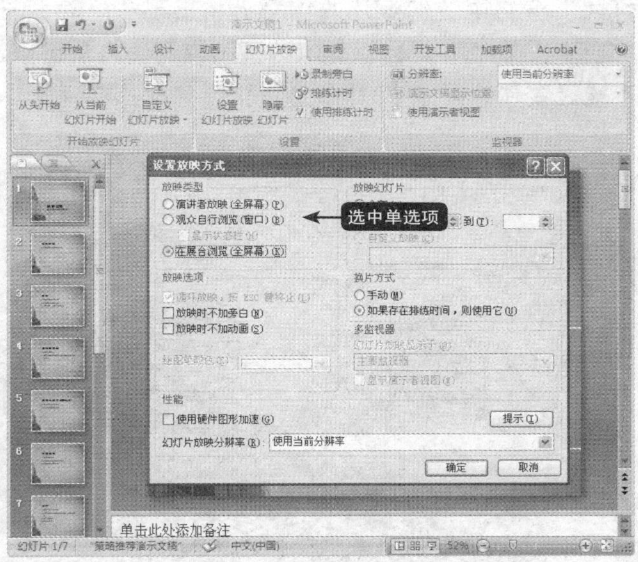

12.2.2 设置放映控制

确定了放映类型后，在“设置放映方式”对话框中的其他几个选项组中，还可对具体的放映效果进行控制，下面分别介绍各选项组中选项的作用。

- **“放映选项”选项组**：选中“循环放映，按ESC键终止”复选框，则演示文稿会不断重复播放直到用户按【Esc】键终止；选中下面两个复选框，则在放映时不播放旁白或动画；而如果要在放映时使用绘图笔功能，则可在下面的“绘图笔颜色”下拉列表框中指定笔迹的颜色。

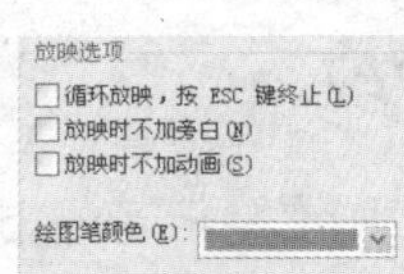

设置放映选项

- **“放映幻灯片”选项组**：在这里设置要参与放映的幻灯片。选中“全部”单选按钮，表示演示文稿中所有幻灯片都进行放映；选中“从”单

使用技巧：放映控制与其他功能的结合使用

有些选项需要结合其他PowerPoint的功能才能达到最终效果，如录制旁白、排练计时、手动指定幻灯片切换时间以及自定义放映等。这些内容也属于幻灯片的放映控制，下文中将分别逐项进行更详细的介绍。

选按钮，在后面的数值框中可以设置参与放映的幻灯片范围；“自定义放映”单选按钮只有在创建了自定义放映时才会被激活，以用于选择不同的自定义放映方案。

设置幻灯片范围■

◆ “换片方式”选项组：在这里设置幻灯片切换时是手动方式还是按照排练时间自动切换。若选择后者则必须保证设置了排练时间或手动指定了幻灯片切换时间。

设置换片方式■

◆ “多监视器”选项组：如果要使用两台或多台显示器进行幻灯片的放映，应在此选项组中选中“显示演示者视图”复选框，并通过上面的复选框设置一台显示器上显示幻灯片放映的内容，一台显示器则显示演讲者备注以及放映进行的时间等。

设置显示器■

要点提示：设置播放细节的其他方法

根据计算机的硬件性能，在这里可设置相应的放映分辨率，分辨率越高效果越清晰，但对计算机性能的要求就越高。不过目前大多数计算机都能满足PowerPoint的放映要求，因此这里一般无须设置。

12.2.3 隐藏/显示幻灯片

在“幻灯片放映”选项卡下“设置”组中单击“隐藏幻灯片”按钮，可将当前幻灯片隐藏，在“幻灯片”窗格中该幻灯片的编号上将出现一个隐藏符号，表示当前幻灯片在放映时将不被放映显示。与“自定义放映”对话框类似的是，使用该方法可以选择放映该演示文稿的不同部分，操作更简单，但是不能设置其他可播放幻灯片的顺序。

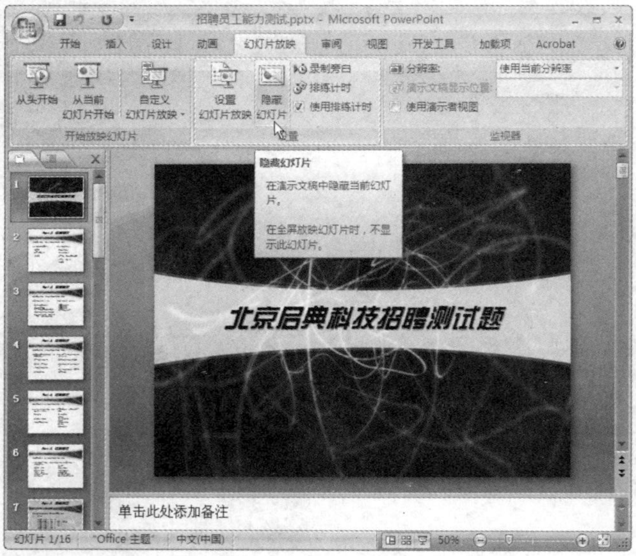

■单击“隐藏幻灯片”按钮

隐藏不需要的幻灯片■

12.2.4 录制幻灯片旁白

在11章中介绍了为幻灯片录制声音的方法，录制旁白则为每张幻灯片都录制讲解内容的方法。它常用于在Web上自动放映演示文稿、展会上自动放映演示文稿以及需要包含某些特定个人解说的演示文稿等情况。

使用技巧：区分录制旁白和录制声音

录制声音仅仅是为幻灯片的播放配乐，录制旁白则可以精确计时，以便在播放幻灯片的同时为其配解说词。

应用案例——在幻灯片中录制旁白

素材 光盘:\素材\第12章\动物保护.pptx

效果 光盘:\效果\第12章\动物保护.pptx

Step 01 确保计算机正常连接了声卡和话筒设备，然后打开演示文稿，切换到要录制旁白的幻灯片，在“幻灯片放映”选项卡下“设置”组中单击“录制旁白”按钮，打开“录制旁白”对话框。

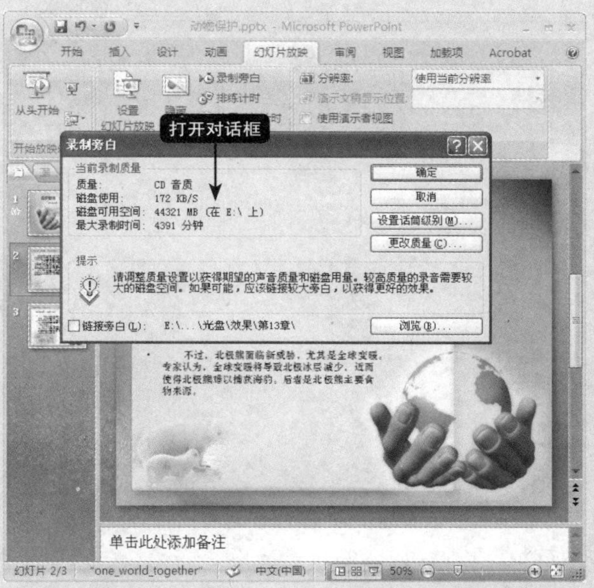

Step 02 在该对话框中可设置将要录制旁白的质量。单击“设置话筒级别”按钮，打开“话筒检查”对话框。打开话筒开关，用正常的音量朗读对话框中提示的内容，系统会自动调整话筒声音大小到合适状态，然后单击“确定”按钮。

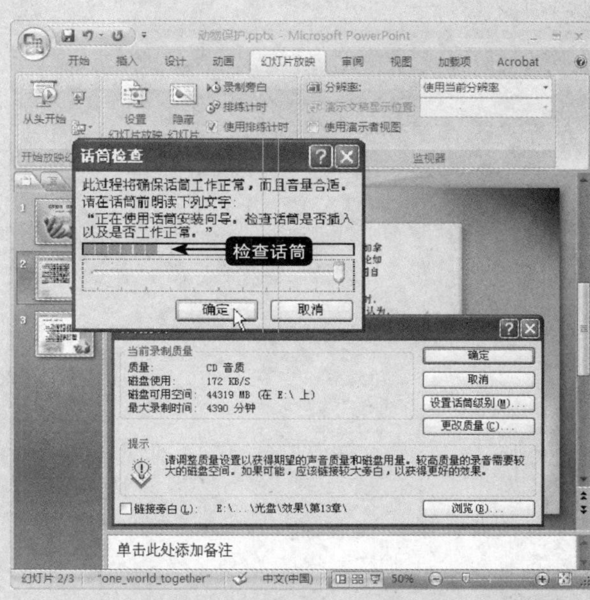

Step 03 返回到“录制旁白”对话框，再单击“更改质量”按钮，打开“声音选定”对话框，在这里设置录制声音的质量，通常选择质量较好的“CD音质”选项，然后单击“确定”按钮。

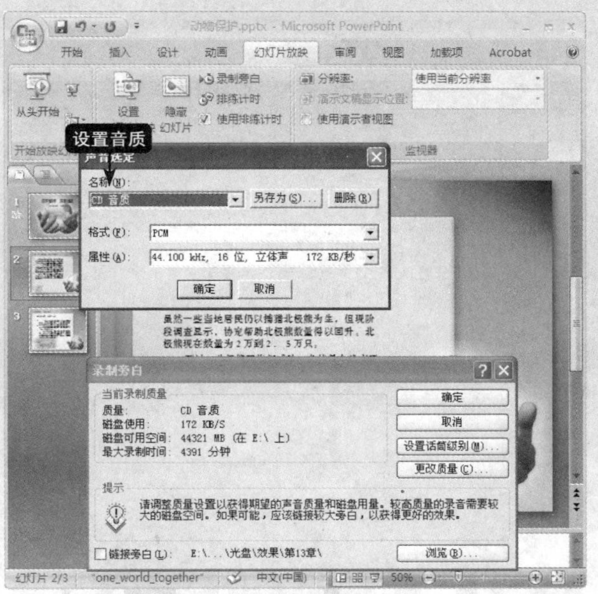

Step 04 再次返回到“录制旁白”对话框，直接单击“确定”按钮，打开“录制旁白”对话框，在这里需要确认是从当前幻灯片开始录制旁白还是从第一张幻灯片开始，这里单击“第一张幻灯片”按钮。

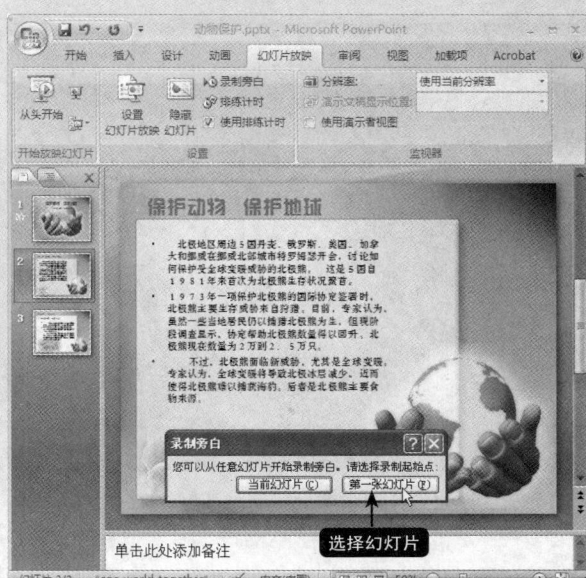

Step 05 此时幻灯片进入到全屏放映状态，演讲者便可开始对着话筒读出要在当前幻灯片中录制的旁白内容。录制完成后单击切换到下一张幻灯片，以同样的方法继续录制旁白内容。

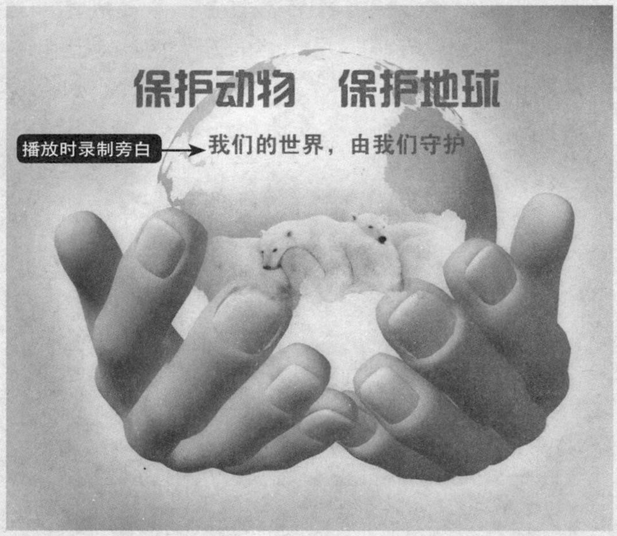

Step 06 当录制完所有旁白后退出播放状态时将自动打开一个对话框，提示旁白已保存在幻灯片中，并询问是否保存此次排练计时，这里单击“保存”按钮，结束旁白录制操作。单击“保存”按钮，提示是否希望为读者展示录制旁白的排练计时功能，若用户在实际操作时不通过此方法来进行排练计时，即可单击“不保存”按钮。

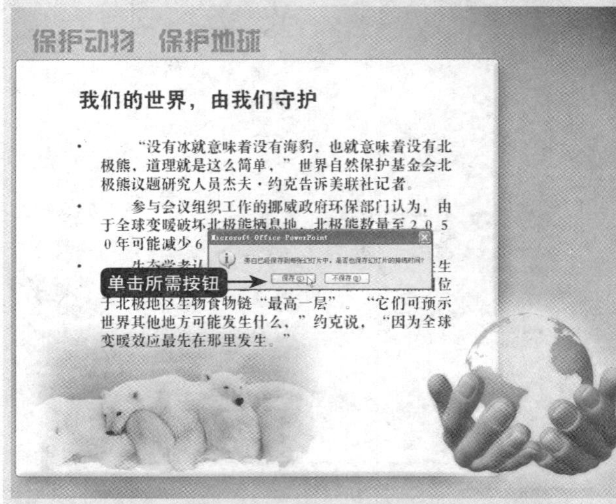

Step 07 此时将显示幻灯片浏览视图，从每张幻灯片缩略图左下角可看到记录下了刚才录制旁白时的切换时间（即排练计时），当到达排练计时时间幻灯片会自动切换，此为排练计时的一种方式，但并不常用。

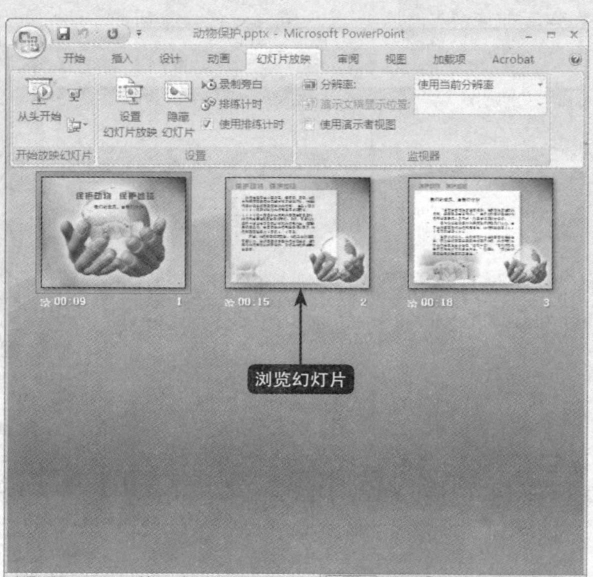

Step 08 双击浏览视图中的任意一张幻灯片，回到幻灯片编辑窗格，在幻灯片右下角可看到出现了声音图标，表示旁白已经添加到了幻灯片中，放映幻灯片时即可听到相应的旁白讲解内容。

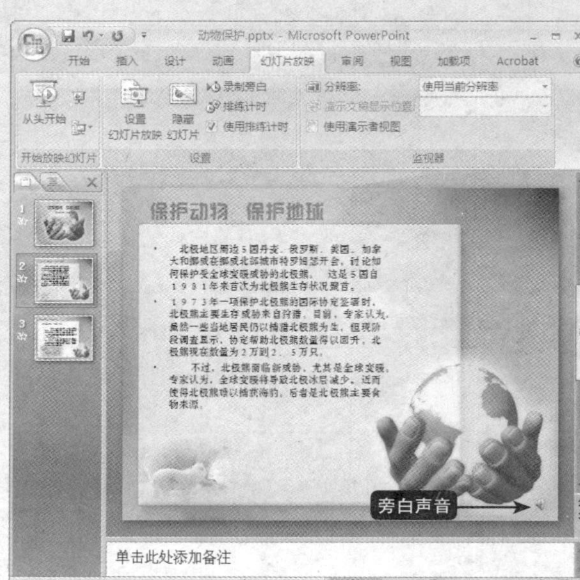

12.2.5 设置幻灯片排练计时

在“幻灯片放映”选项卡下“设置”组中的“录制旁白”按钮下方有一个“使用排练计时”复选框，选中该复选框即可使用排练计时功能。使用该功能用户可通过操作演习记录每张幻灯片的切换时间，在正式放映时，就可在无人操作的情况下按照记录的时间间隔进行自动放映。

单击“排练计时”按钮后，在进行排练计时时会打开一个“预演”工具栏，下面先来认识一下该工具栏中各选项的含义。

- 下一项：单击该按钮将切换到下一张幻灯片。
- 暂停：暂停幻灯片的放映。
- 0:00:04：显示当前幻灯片放映进行的时间。
- 重复：对当前幻灯片从0秒开始重新计时。
- 0:00:19：前面所有幻灯片放映进行的时间。

“预演”工具栏

要点提示：设置播放细节的其他方法

设置了排练计时后，若在“设置放映方式”对话框中的“换片方式”选项组中选中了“如果存在排练时间，则使用它”单选按钮，或在“幻灯片放映”选项卡下“设置”组中选中“使用排练计时”复选框，则不管演示文稿采用的是何种放映类型，在实际放映时幻灯片都将在排练计划到时的情况下自动切换。在操作者可手动进行切换时，两者将共同控制幻灯片的放映。

应用案例——在幻灯片中设置排练计时

素材 光盘:\素材\第12章\企业形象展示.pptx

效果 光盘:\效果\第12章\企业形象展示.pptx

Step 01 打开素材盘中第12章的“企业形象展示.pptx”演示文稿，在“幻灯片放映”选项卡下“设置”组中单击“排练计时”按钮，之后幻灯片将进入全屏放映状态。

Step 02 幻灯片中显示出“预演”工具栏，可看到工具栏中当前放映时间和总放映时间都开始计时，表示排练开始，这时操作者应模拟真实演示所要进行的操作需要花费的时间，决定何时单击按钮切换到下一张幻灯片，此外，通过幻灯片左下角的前进或后退按钮，也可进行幻灯片的切换。

Step 03 切换到下一张幻灯片后，可看到第一项当前幻灯片播放的时间重新开始计时，而第二项演示文稿总的放映时间将继续计时。同样再模拟真实放映过程，确定当前幻灯片的放映时间，在需要时切换到下一张幻灯片。依此类推，当对演示文稿中所有幻灯片都进行了排练计时后，会弹出一个提示对话框。

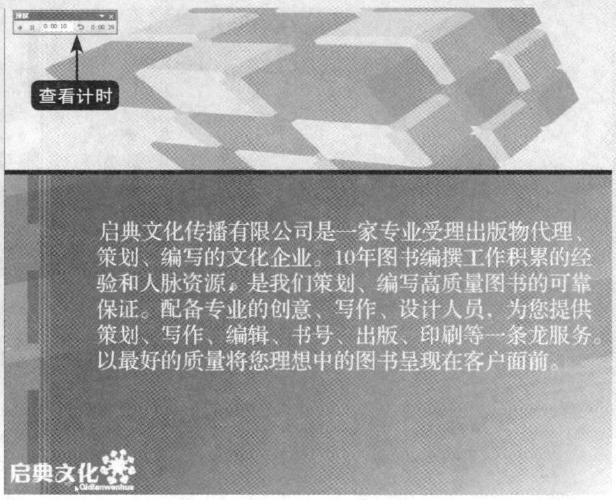

Step 04 对话框中显示了排练计时的总时间，并询问是否保留幻灯片的排练时间，单击“是”按钮，此时幻灯片将自动切换到幻灯片浏览视图下，在每张幻灯片的左下角可看到幻灯片播放时需要的时间。

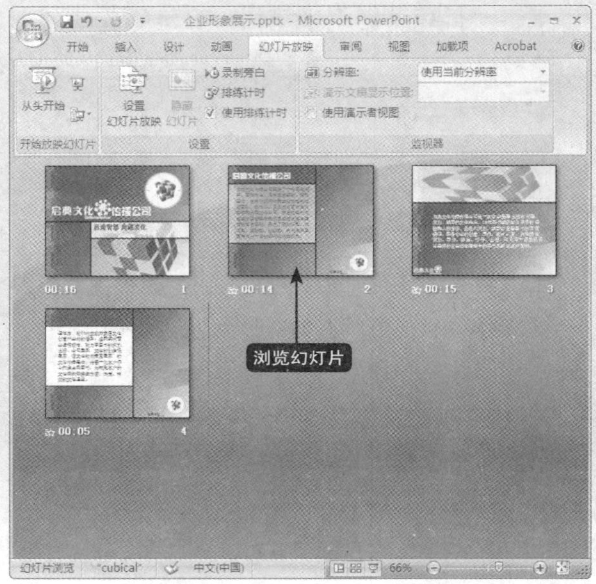

12.3 控制幻灯片放映

在放映过程中通过单击即可将当前幻灯片对象切换到下一张，但这种切换是按幻灯片排列顺序进行的，而在实际应用时，可能会需要根据讲解流程，在不同的幻灯片间进行切换、跳转或反复查看等操作，了解演示文稿放映过程中的幻灯片控制方法。

12.3.1 快速定位幻灯片

在放映演示文稿时，可能会遇到需快速定位到某张幻灯片的情况，如需从第四张幻灯片迅速跳转到第一张幻灯片，此时，可使用幻灯片放映的定位控制功能进行切换。

Step 01 在演示文稿放映状态中，单击“放映控制”按钮区中的▤按钮，可弹出放映控制菜单（在放映区中右击也可弹出该菜单）。

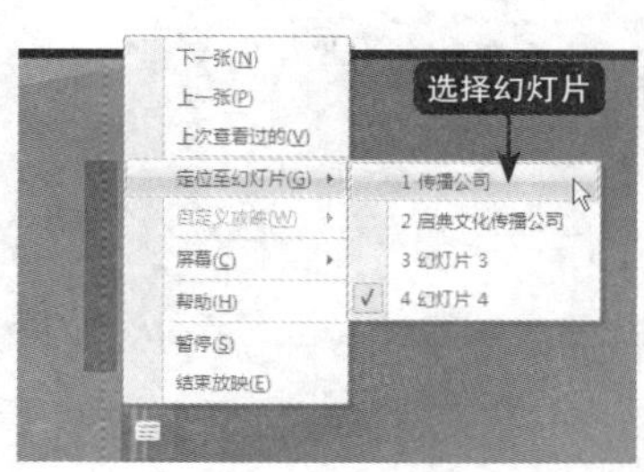

Step 02 在弹出的控制菜单中选择“定位至幻灯片”命令后，可弹出一个子菜单，该子菜单相当于一个包含当前演示文稿中所有幻灯片名称的目录列表，单击所需幻灯片名，即可迅速定位到该幻灯片。

使用技巧：幻灯片的前后切换方法

在放映演示文稿时，通过按【Enter】键，可从当前幻灯片切换到下一张幻灯片，或者通过按小键盘中的【上、下、左、右】键，也可进行幻灯片的前后切换。

12.3.2 通过超链接控制放映

在放映演示文稿时，除了能使用快速定位的方式在不同的幻灯片之间进行切换外，还可以为幻灯片添加链接，通过单击链接直接控制放映到指定目标内容，这样也可任意控制幻灯片的放映流程。

1. 为幻灯片插入超链接

超链接需要有依附的对象，幻灯片中所有对象都可以设置超链接，最常用的是文本或图形。本例将为一张目录幻灯片中的各文本设置超链接，分别指向各自对应的幻灯片内容。

要点提示：使用超链接的意义

在网页中通过单击设置有链接的文字、图片等对象，即可快速打开相应的内容。而这里介绍的在PowerPoint中添加的链接也是如此，单击即可快速跳转到演示文稿中的另一位置。

应用案例——在幻灯片中插入超链接

素材 光盘:\素材\第12章\宝宝睡前故事.pptx

效果 光盘:\效果\第12章\宝宝睡前故事.pptx

Step 01 打开素材盘中第12章的“宝宝睡前故事.pptx”演示文稿，切换到第二张目录幻灯片，选择第一条目录文本，在“插入”选项卡下“链接”组中单击“超链接”按钮。

Step 02 打开“插入超链接”对话框，在左侧的“链接到”选项组中可看到可设置的链接目标类型，这里选择“本文档中的位置”选项。

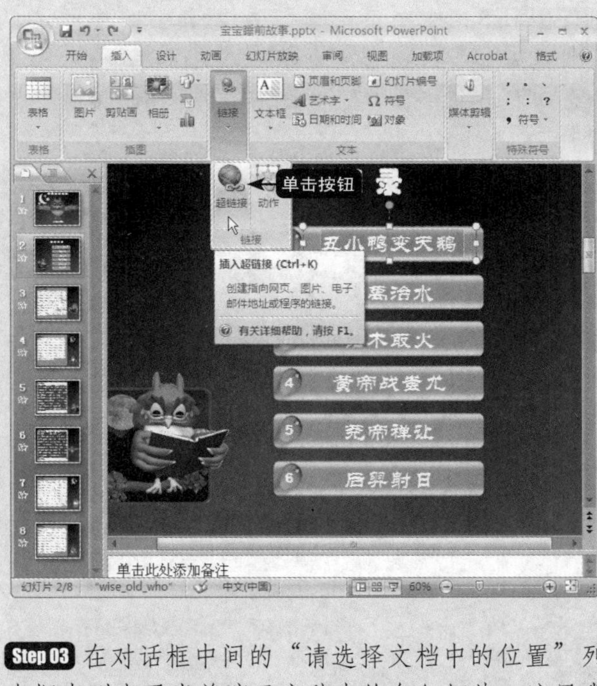

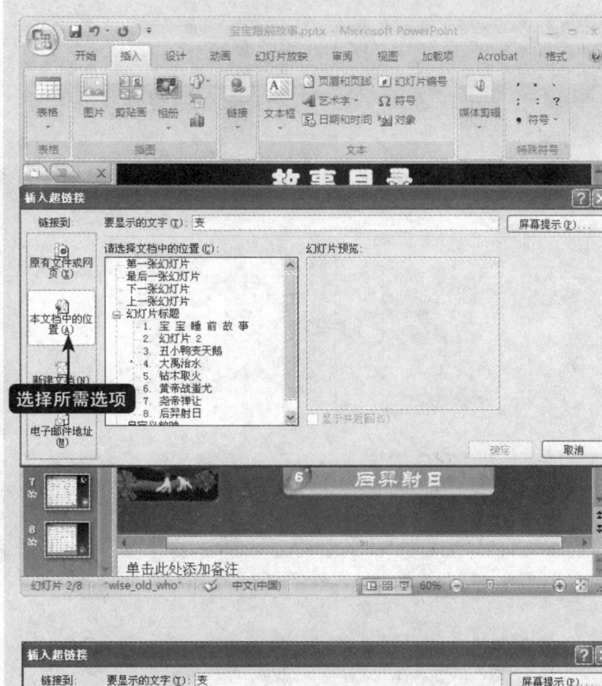

Step 03 在对话框中间的“请选择文档中的位置”列表框中列出了当前演示文稿中的各幻灯片，这里我们选择要链接的目标幻灯片“丑小鸭变天鹅”，然后单击“确定”按钮。

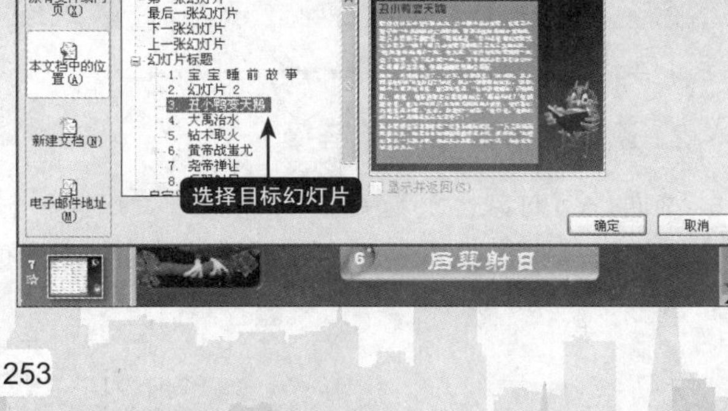

Step 04 此时可看到被设置了超链接的文本下出现了下画线，并且自身的颜色也发生了变化，以示区别。

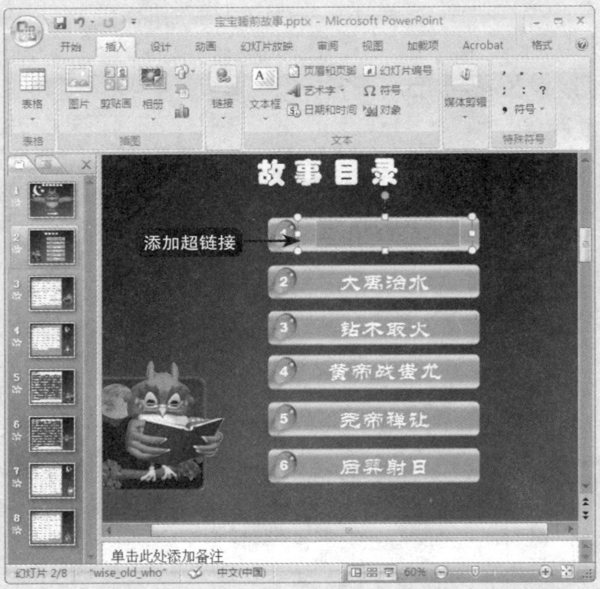

Step 05 返回到第二张目录幻灯片，选择第二条目录文本，单击“超链接”按钮，在对话框中间的列表框中列出了当前演示文稿中选择要链接的目标幻灯片“大禹治水”，再单击“确定”按钮，为其添加超链接。

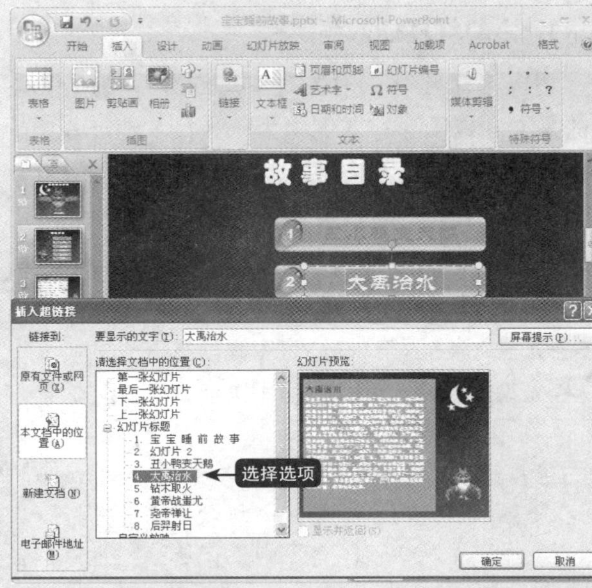

Step 06 返回到第二张目录幻灯片，依次选择目录文本，单击“超链接”按钮，在打开的“插入超链接”对话框中以同样方法为其余幻灯片添加超链接。

Step 07 单击“幻灯片放映”选项卡，在其中单击“从头开始”按钮放映幻灯片，在目录幻灯片中单击故事标题超链接，即会跳转到指定的幻灯片开始放映。

2. 设置幻灯片中的超链接

对插入到对象上的超链接，用户可更改其目标对象，还能设置超链接的颜色，该颜色是由演示文稿的主题中对超链接文本的颜色设置而确定的，需通过新建主题颜色进行设置。

应用案例——在幻灯片中设置超链接

素材 光盘:\素材\第12章\宝宝睡前故事2.pptx

效果 光盘:\效果\第12章\宝宝睡前故事2.pptx

Step 01 对于设置好的超链接，若链接目标需要改变，只需要在链接对象上右击，在弹出的快捷菜单中选择“编辑超链接”命令。

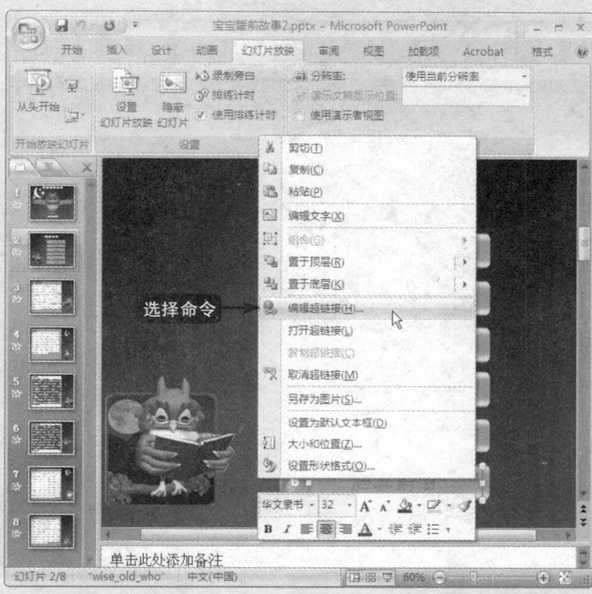

Step 02 “编辑超链接”对话框与“插入超链接”对话框完全相同，用户在其中重新指定链接对象和目标即可完成修改。

Step 03 切换到“设计”选项卡，单击其中的“颜色”按钮，在弹出的下拉列表框中可看到当前演示文稿所应用的主题颜色。

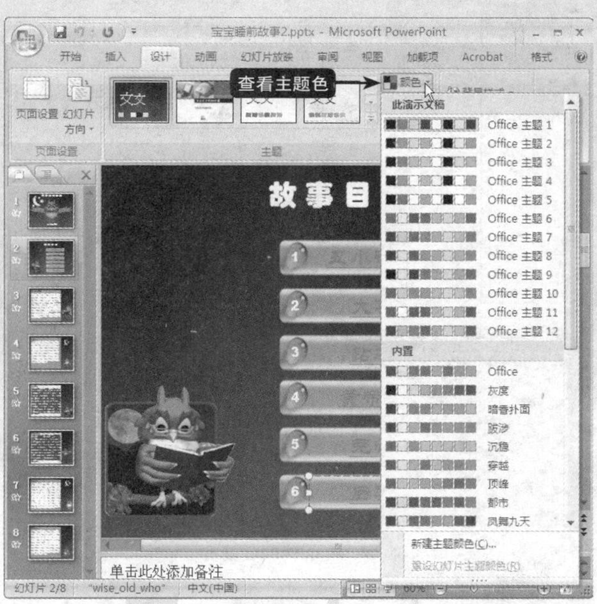

Step 04 选择下拉列表框底部的“新建主题颜色”命令，在打开的对话框中单击“超链接”选项后的颜色设置按钮，在弹出的颜色列表中选择新的颜色，这里选择白色。

Step 05 其他选项的颜色保持不变，在“名称”文本框中为新建的主题颜色命名，完成后单击“保存”按钮。

Step 06 返回到幻灯片中，此时可看到其中所有设置了超链接的文本颜色由蓝色变为了白色，单击“主题”组中的“颜色”按钮，从弹出的下拉列表中也可以看出当前演示文稿应用了新的主题颜色。

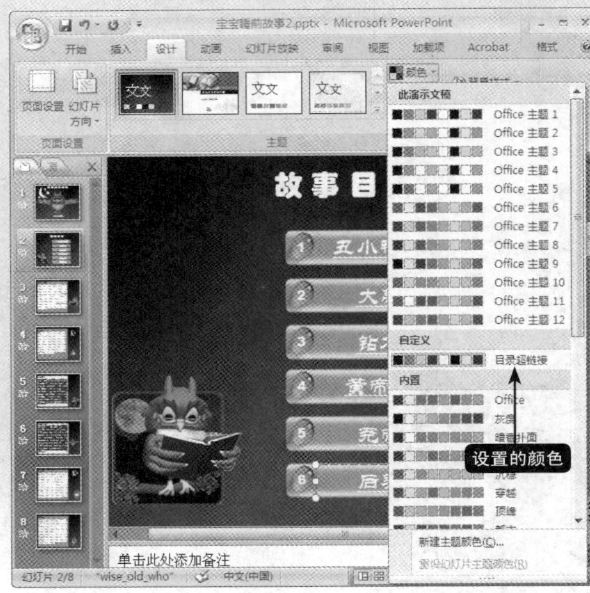

3. 链接到其他对象

除了链接到演示文稿中的幻灯片外，从上面的“插入超链接”对话框中可以看到，还可以链接到其他如网页、文件或电子邮件等对象。设置的方法也与链接到幻灯片类似。

Step 01 选择链接依附的文本等其他对象后打开“插入超链接”对话框，在左侧选择“原有文件或网页”选项，在中间列表框可选择要链接打开的文件，或在下面的“地址”文本框中输入要链接打开的网址。

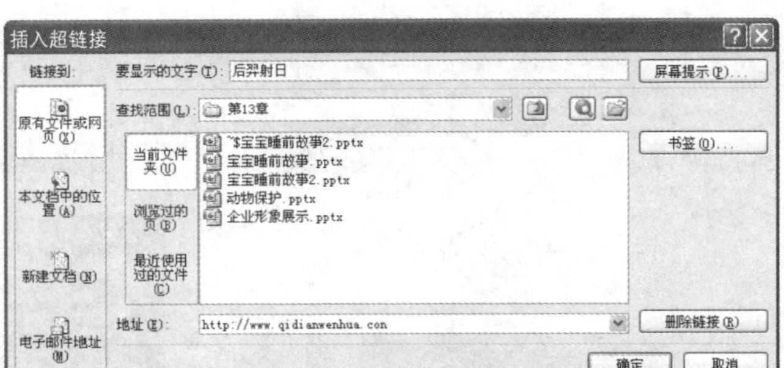

Step 02 若在对话框左侧选择“电子邮件地址”选项，在中间文本框中可分别输入邮箱地址和邮件主题，这样单击该链接时可启动邮件收发软件Outlook并自动填好收件人地址和主题，用户输入邮件正文后即可快速发送邮件。

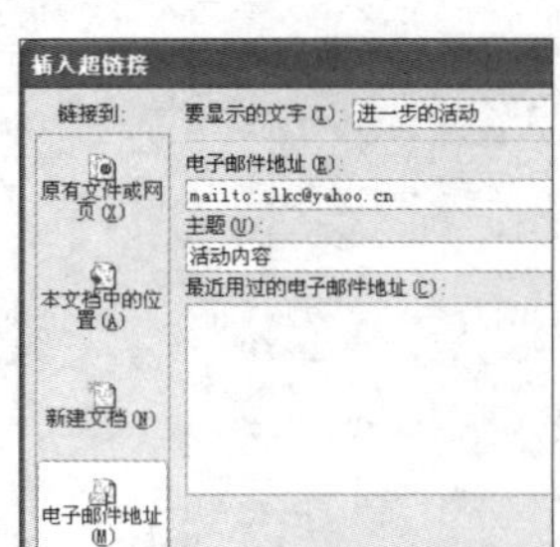

使用技巧：设置超链接的注意事项

在设置超链接到某网页时，一定要输入准确的地址（URL），包括大小写和各种特殊字符，建议读者先在IE中访问到目标网页，然后再将地址栏中的URL复制到对话框的“地址”下拉列表框中，避免手动输入造成错误。另外，在设置超链接到发送邮件时，输入邮箱地址后系统会自动在其前面加上“mailto”文本，它类似于一个语句，其作用是告诉软件这里输入的是目标邮箱地址，单击它才可启动邮件收发程序。所以读者在进行到该步设置时，不要将其删除。

12.3.3 通过动作按钮控制放映

超链接可帮助用户在不同的幻灯片间切换，或实现链接到其他对象。而动作按钮则是依靠系统提供的播放按钮图形对象设置动作，以达到控制幻灯片播放的目的。

1. 了解PowerPoint中的动作按钮

PowerPoint为用户提供了12种动作按钮，通过在“插入”选项卡下“插图”组中单击“形状”按钮，在弹出的下拉列表底部即可找到这些按钮图形，动作按钮的插入方法与绘制其他形状相同，其默认功能如下。

- ◁、▷、|◁、▷|、⌂、↺：这些主要是幻灯片切换按钮，链接的目标分别为上一张、下一张、开始的一张、结束的一张、首张以及切换前的一张幻灯片。
- ⓘ、?：分别指向相关的信息或帮助内容，可以是幻灯片，也可以是网页或其他文件。
- ▭、◁)、▯：分别用于添加视频、声音效果或打开其他文件。
- **自定义按钮**□：系统预留的由用户自行设置动作效果的按钮，可以是前面的任意一种。

2. 为幻灯片插入动作按钮

动作按钮与演示文稿播放界面中的控制按钮类似，因此通常同样的按钮需要出现在多张幻灯片中，对于共有的内容，可在幻灯片母版中添加，下面将以实例介绍如何插入动作按钮。

应用案例——在幻灯片中插入动作按钮

素材 光盘:\素材\第12章\中华故事.pptx
效果 光盘:\效果\第12章\中华故事.pptx

疑难解答：动作与超链接的对比

问：动作按钮与超链接有什么不同呢？

答：其实超链接与动作按钮的实质相同，假如用户自行绘制或从外部插入一些播放按钮的图形或图片，然后再在其上设置链接到其他幻灯片，实现的功能与动作按钮便是相同的。只是通过设置动作可实现更为丰富的播放控制。

要点提示：自定义动作图片的方法

若希望在自行绘制出的按钮或者从外部导入的按钮图片上添加链接或动作功能，其设置方法是选择对象后单击“插入”选项卡下“链接”组中的“超链接”或“动作”按钮，在打开的对话框中即可进行设置。

Step 01 打开素材盘中第12章的“中华故事.pptx”演示文稿，进入幻灯片母版视图，指向左侧的版式母版，可看到主母版样式被“1-7”张所有幻灯片使用，而我们正是要在这些幻灯片中插入动作按钮，于是确定了该母版是本次操作的对象。

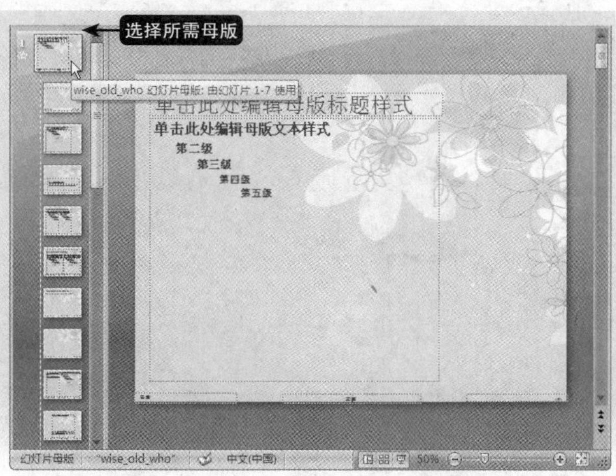

Step 02 为了便于操作，将该版式母版底部的几个占位符删除，然后切换到“插入”选项卡，单击其中的“形状”按钮，在弹出的下拉列表底部选中动作按钮选项。

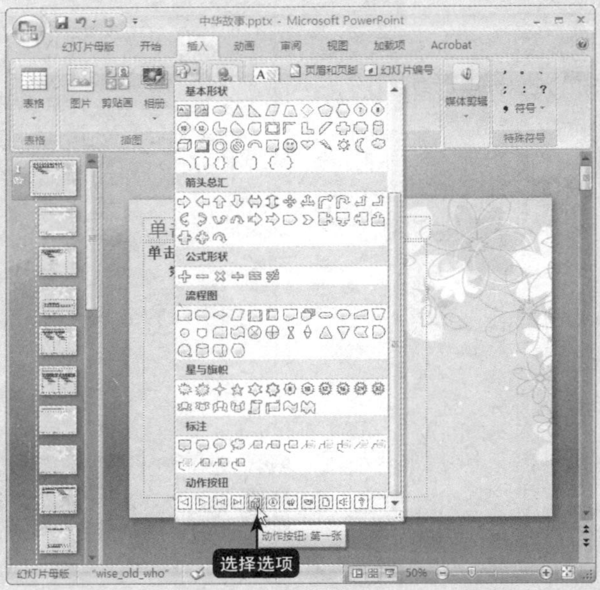

Step 03 此时鼠标指针变为十字形状，直接按住拖动即可在母版中绘制出该动作按钮形状，在拖动鼠标时按住【Shift】键可绘制等比形状动作按钮。绘制完成后释放鼠标的同时，会自动弹出“动作设置”对话框。

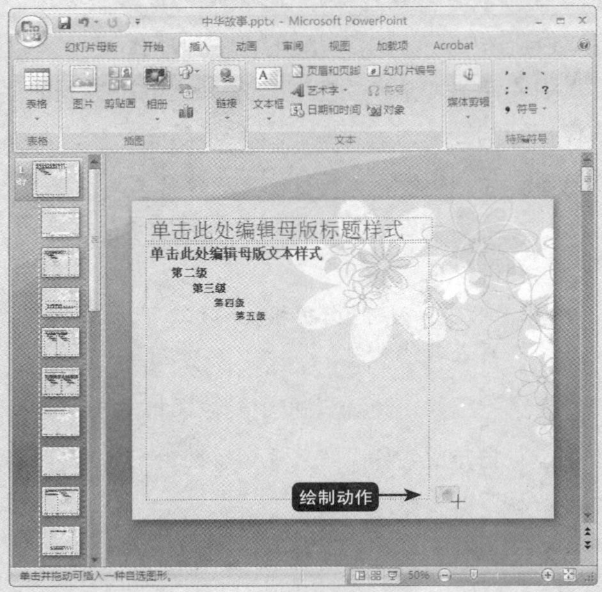

Step 04 在对话框中的“单击鼠标”选项卡中可设置当单击该动作按钮时所发生的动作，如这里绘制的是“首张”按钮，则在对话框中可看到选中了“超链接到”单选按钮，且其下的列表框中选中了“第一张幻灯片”选项，通常情况下用户无须修改，而直接单击“确定”按钮即可。

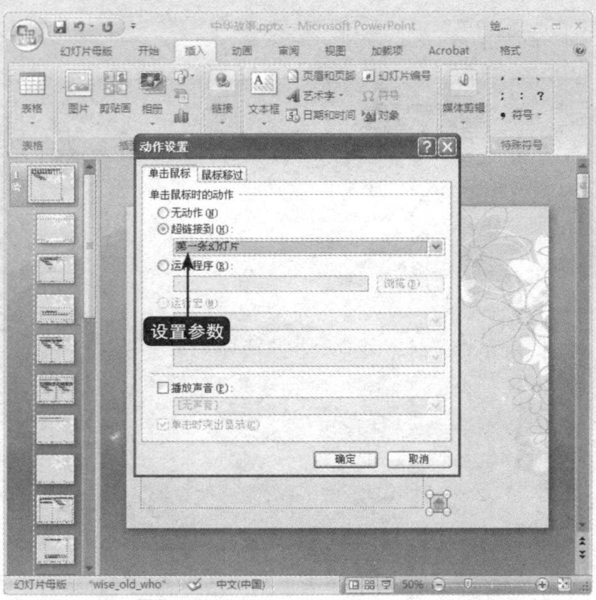

Step 05 使用同样的方法，再分别绘制出、、和按钮，这几个动作按钮是进行幻灯片播放控制时最常使用到的。

Step 06 另外，我们再来添加一个实现自定义功能的按钮，于是在母版中插入□按钮，然后在其弹出的设置对话框中选中“超链接到”单选按钮，在其下拉列表中选择“其他文件”选项。

Step 07 此时将打开“超链接到其他文件”对话框，在其中选择一个文件，单击“确定”按钮，通常此设置即可实现单击该动作按钮时打开一个外部文件的操作，完成后单击“确定”按钮。

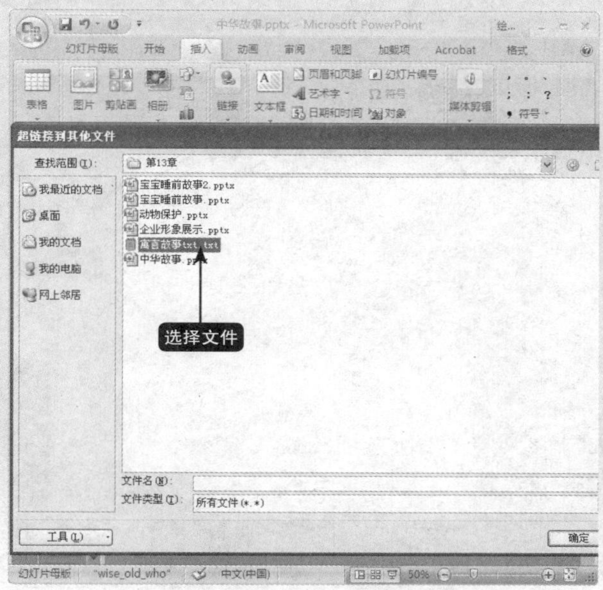

3. 设置幻灯片中的动作按钮

在添加了动作按钮后，其大小或位置可能并不符合用户需求，这时就需要设置各个动作按钮的大小，调整其位置，除此之外，还可修改其功能。

使用技巧：绘制相同大小的动作按钮

在绘制动作按钮之前，可在幻灯片中画出两条辅助线，使之后绘制的按钮依照辅助线上下边沿排列，这样就可绘制大小相同的按钮。

应用案例——设置幻灯片中的动作按钮

素材 光盘:\素材\第12章\中华故事2.pptx

效果 光盘:\效果\第12章\中华故事2.pptx

Step 01 打开素材盘中第12章的“中华故事2.pptx”演示文稿，可看到在上一节中手动绘制的动作按钮位置、大小、间距各不相同，为了更为美观，需要对这些进行调整。于是选中所有动作按钮，切换到“绘图工具 格式”选项卡，在“大小”组中的两个数值框中分别输入统一的宽高值“0.8厘米”。

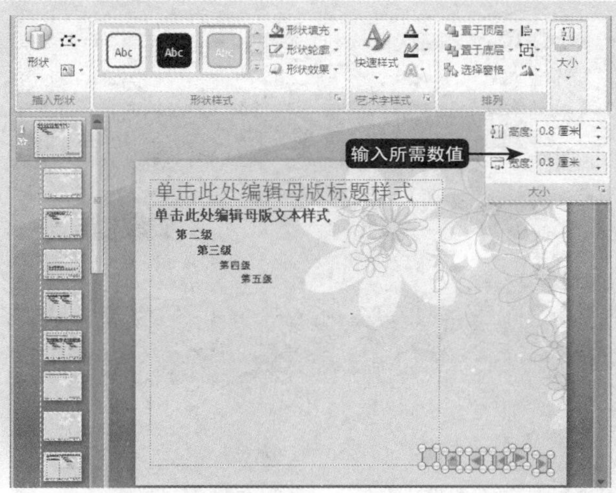

Step 02 此时所有动作按钮统一大小了，但还需要对其进行对齐和设置统一的间距，于是单击“绘图工具 格式”选项卡下“排列”组中的“对齐”按钮，在弹出的下拉列表中选择“底端对齐”选项。

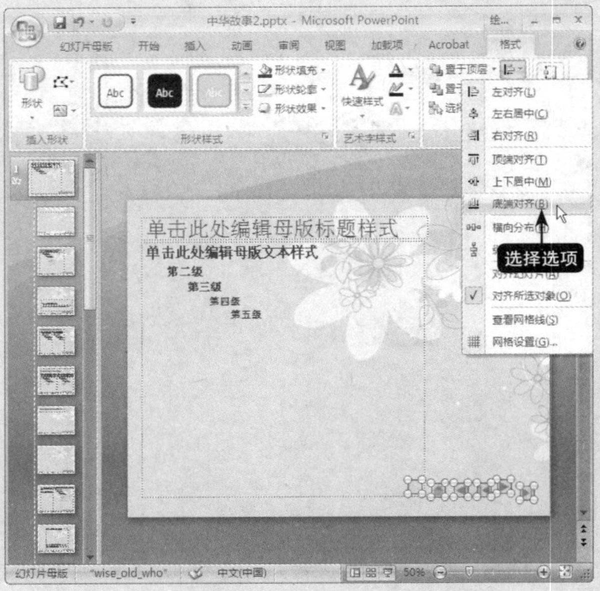

Step 03 然后再次单击“对齐”按钮，在弹出的下拉列表中选择“横向分布”选项，这样所有动作按钮便整齐地排列在了版式母版的底部，这时它们出现在幻灯片中的统一位置。

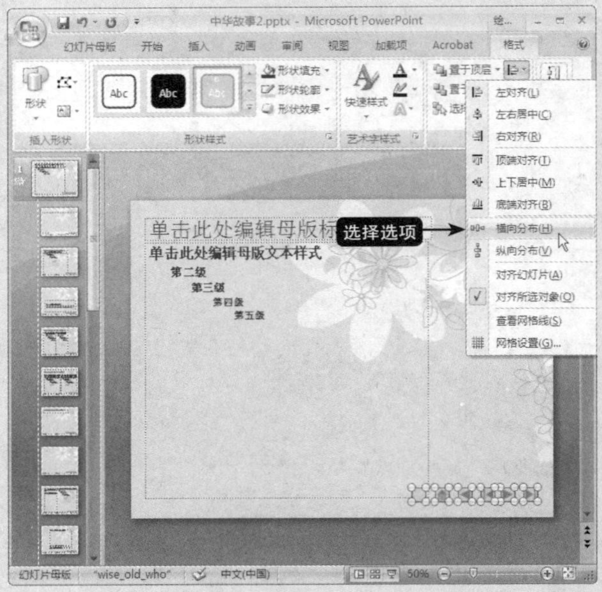

Step 04 保持所有按钮的选中状态，使用键盘中的【上、下、左、右】键移动所有按钮，将其放置到合适位置，至此便完成了所有动作按钮的制作。

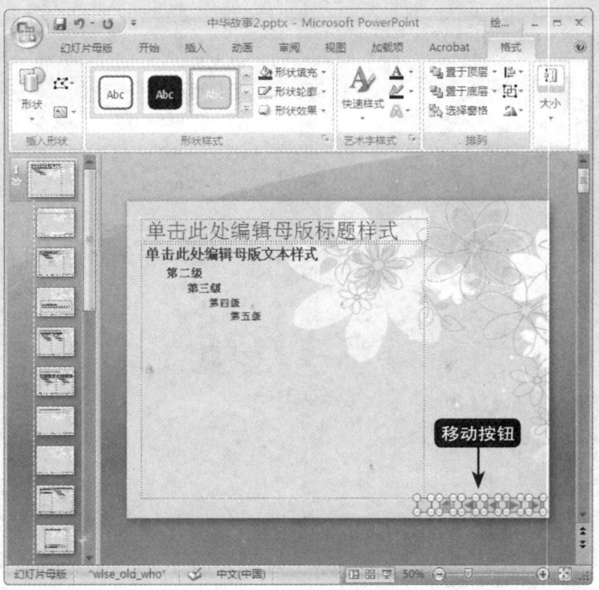

Step 05 在“幻灯片母版”选项卡中单击“关闭母版视图”按钮，退出幻灯片母版视图，可看到所有幻灯片中相同位置出现了插入的动作控制按钮，按【F5】键放映幻灯片，单击这些动作按钮即可实现相应的功能。

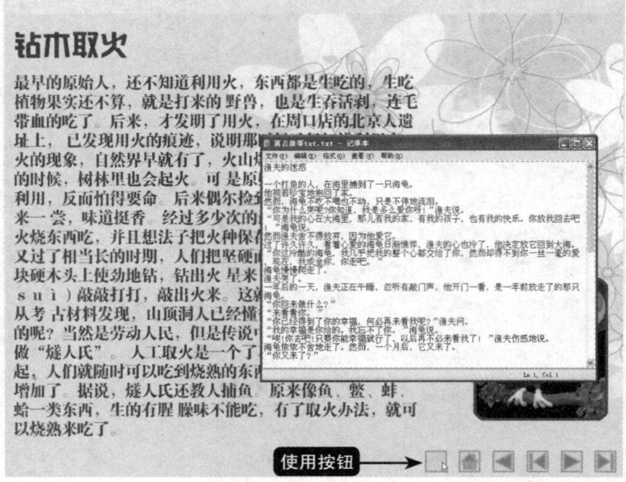

12.4 放映过程中的操作

在放映过程中用户还可进行一些操作以使幻灯片的放映过程更符合自己的需求，例如可在放映过程中查看备注，或对演讲重点进行标注等，下面分别进行介绍。

12.4.1 查看备注

备注窗格用于添加幻灯片的说明内容及注释信息，通常，添加的备注在播放演示文稿时是不可见的，若需要在放映时查看备注，需进行相关操作。

Step 01 在开启计算机并连接投影仪之后，在桌面空白处右击，在弹出的快捷菜单中选择“属性”命令，打开“显示 属性”对话框，选择“设置”选项卡，选择第二个显示器，然后选中“将Windows桌面扩展到该显示器”复选框，同时设置适当的分辨率后单击“应用”按钮，确认设置。

Step 02 打开需进行放映的演示文稿，在“幻灯片放映”选项卡中单击“设置幻灯片放映”按钮，打开“设置放映方式”对话框，在该对话框中的“多监视器”选项组中选择第二个显示器，然后选中“显示演讲者视图”复选框，单击“确定”按钮，确认设置。

Step 03 之后，在播放演示文稿时，演讲者的计算机上可查看带备注的幻灯片窗口，而放映屏幕中则全屏放映演示文稿。

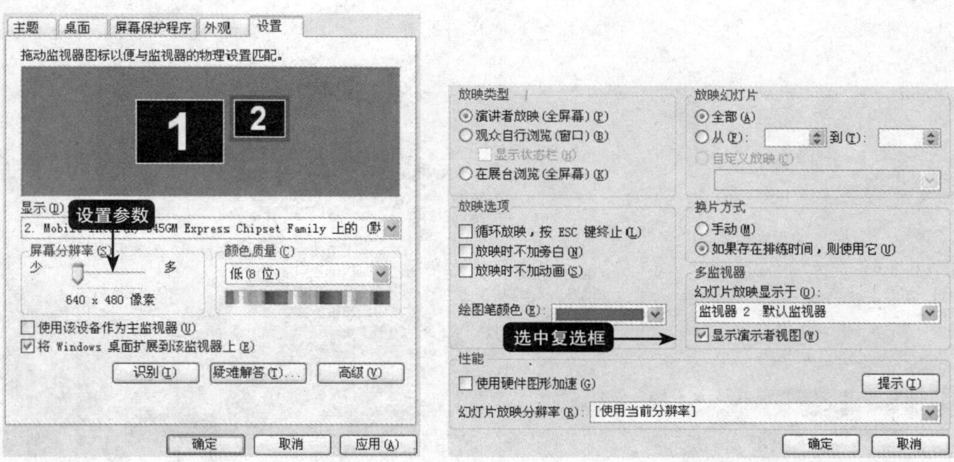

要点提示：备注窗格的妙用

在备注窗格中可简单提炼演讲重点，在使用PowerPoint做报告时，通常需要脱稿进行演讲，但在演讲过程中可能会突然忘记演讲的内容，这时就可打开备注内容进行查看，以避免忘词。

疑难解答：设置多监视器的条件

问：在我的计算机中为什么不能设置多监视器呢？

答：要设置多监视器，需安装投影仪，或有两个显示器。比如在笔记本式计算机上连接投影仪演示PPT文稿。如果是台式计算机通常需要配置两个视频卡才能具备多监视器功能，而笔记本式计算机则内置该功能。

12.4.2 标注演讲重点

如同讲课时需要通过圈点或划横线来突出重要点一样。在放映演示文稿的过程中，演讲者也可在幻灯片中自行绘制圈、线来突出重点，并且在标注重点时，笔触的颜色、粗细等都可进行设置。

应用案例——在幻灯片中标注演讲重点

素材 光盘:\素材\第12章\中华故事3.pptx

效果 光盘:\效果\第12章\无

Step 01 打开素材盘中第12章的“中华故事3.pptx”演示文稿，在需要标注重点的幻灯片中右击，在弹出的快捷菜单中选择“指针选项/墨迹颜色”命令，在其弹出的子菜单中选择绘制线条的颜色为深红色。

Step 02 再次在幻灯片中右击，在弹出的快捷菜单中选择“指针选项”命令，在其弹出的菜单中可选择不同的笔触类型，包括圆珠笔、毡尖笔以及荧光笔等，这里选择“毡尖笔”选项。

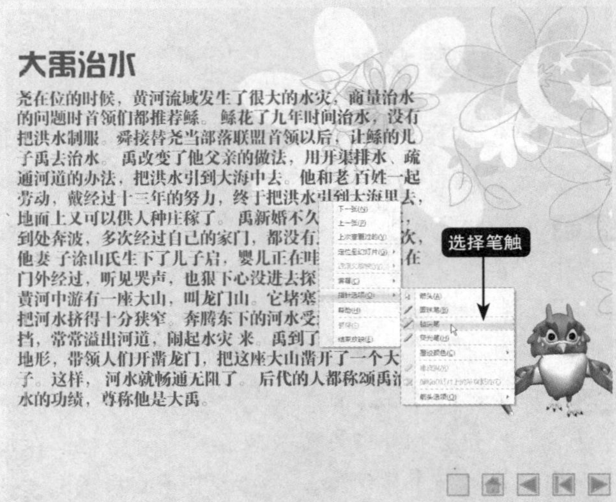

Step 03 在选择笔触类型后，可看到屏幕中的鼠标光标发生变化，按住鼠标左键，就像握住笔在黑板上绘制一样，标注出需要突出的内容，或写出标注文字。

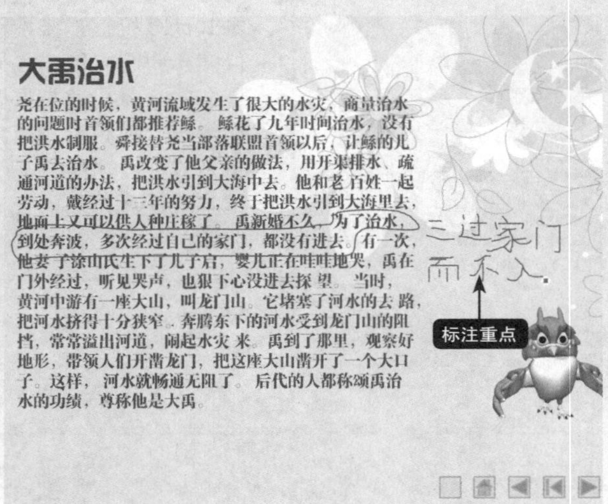

Step 04 右击幻灯片，在弹出的快捷菜单中选择相关命令，还可以随时切换到其他笔触，再继续进行绘制。当需要擦除某条绘制的笔触时，可右击幻灯片，在弹出的快捷菜单中选择“指针选项/橡皮擦”命令。

Step 05 此时鼠标光标变为橡皮擦形状，在幻灯片中单击某条绘制的笔触，即可将其擦去。

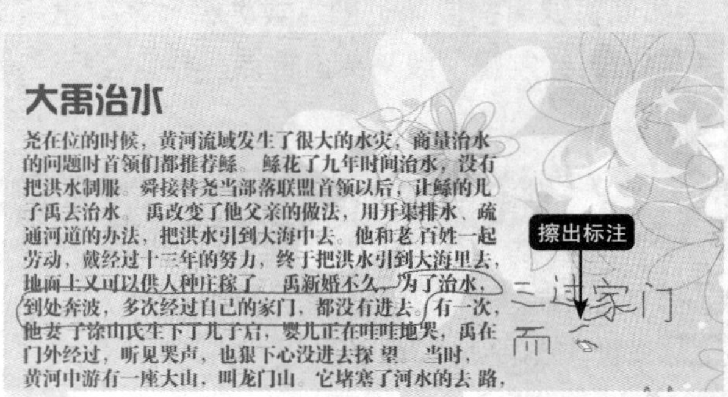

Step 06 若希望一次性擦除幻灯片中所有笔触时，则右击幻灯片，在弹出的快捷菜单中选择“指针选项/擦除幻灯片上的所有墨迹”命令即可。当不再需要笔触效果或橡皮擦工具，而要回到鼠标默认鼠标光标状态时，按【Esc】键即可。

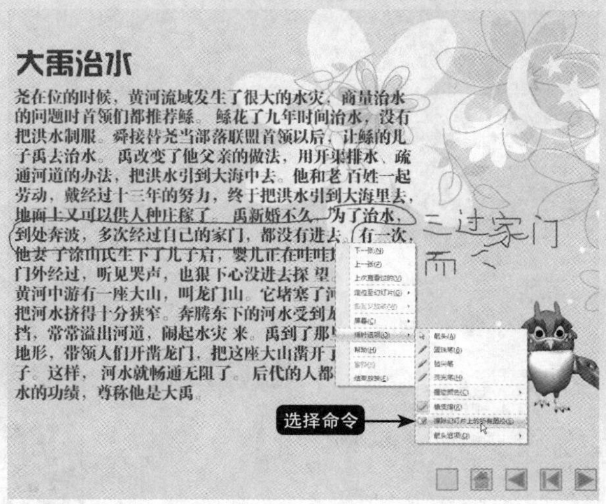

Step 07 继续放映其他幻灯片，当放映结束并准备退出放映状态时，会弹出一个对话框，询问是否在演示文稿中保留刚才绘制出的墨迹。通常不进行保留，于是单击“放弃”按钮即可。若用户在放映期间想中断放映，可直接按【Esc】键，或右击幻灯片，在弹出的快捷菜单中选择“结束放映”命令。

12.5 实战演练——放映公司简介演示文稿

在制作了演示文稿后，需要通过放映演示文稿将精美的幻灯片展示在观众面前，在放映之前可对放映参数进行设置，还可预设放映时间，使其按规定时间自动放映，下面就以一个实例进行介绍。

素材 光盘:\素材\第12章\海运公司简介.pptx

效果 光盘:\效果\第12章\海运公司简介.pptx

■公司简介演示文稿最终效果

要点提示：查阅放映帮助对话框

在放映幻灯片时若按【F1】键，将打开“幻灯片放映帮助”对话框，其中显示了在幻灯片放映过程中可以使用的多个操作快捷键。

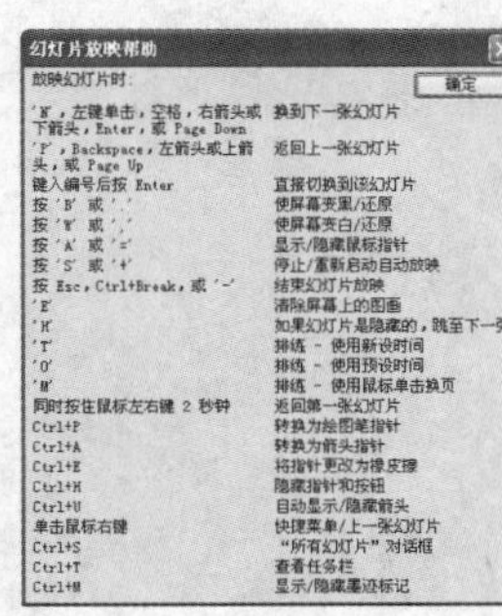

Step 01 打开素材盘中第12章的“海运公司简介.pptx”演示文稿，切换到最后一张幻灯片，在“幻灯片放映”选项卡下“设置”组中单击“隐藏幻灯片”按钮，将当前幻灯片隐藏，在“幻灯片”窗格中该幻灯片的编号上将出现一个隐藏符号，表示当前幻灯片在放映时将不被放映显示。

Step 02 单击“设置幻灯片放映”按钮，打开“设置放映方式”对话框，在“放映类型”选项组中选中“循环放映，按ESC键终止”复选框，则演示文稿会不断重复播放直到用户按【Esc】键终止。

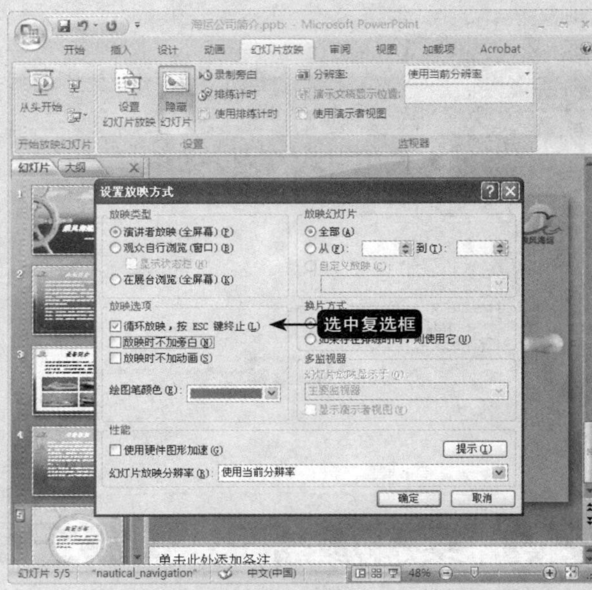

Step 03 单击“确定”按钮，返回到演示文稿窗口中，选择第一张幻灯片，然后在“设置”组中选中“使用排练计时”复选框，单击“排练计时”按钮，之后幻灯片将进入全屏放映状态。

Step 04 幻灯片中显示出“预演”工具栏，可看到工具栏中当前放映时间和总放映时间都开始计时，表示排练开始，这时应模拟真实演示所要进行的操作需要花费的时间，决定何时切换到下一张幻灯片。

Step 05 切换到下一张幻灯片后，可看到第一项当前幻灯片播放的时间重新开始计时，而第二项演示文稿总的放映时间将继续计时。同样再模拟真实放映过程，确定当前幻灯片的放映时间，在需要时切换到下一张幻灯片。依此类推，对演示文稿中所有幻灯片进行排练计时。

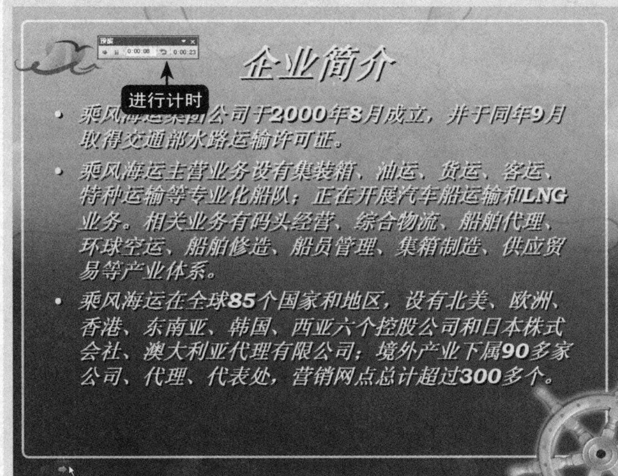

Step 07 当完成所有设置并确定预演的排练计时符合放映要求之后，单击“开始放映幻灯片”组中的“从头开始”按钮，这时即可按照之前的设置放映演示文稿。

Step 08 在放映演示文稿的过程中还可使用鼠标标注幻灯片中的重要内容，当幻灯片放映完毕后，按【Esc】键即可退出放映状态。

Step 06 然后会弹出一个提示对话框，对话框中显示了排练计时的总的时间，并询问是否保留幻灯片的排练时间，单击“是”按钮，此时幻灯片将自动切换到幻灯片浏览视图下，在每张幻灯片的左下角可看到幻灯片播放时需要的时间。

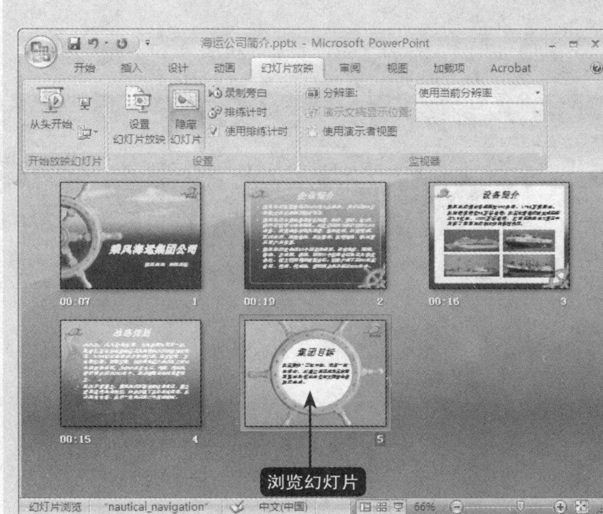

13 Chapter 打印与输出演示文稿

READERS' GUIDE

要让他人了解幻灯片中的内容，除了放映演示文稿之外，还可通过打印、打包以及发布演示文稿的方式，向观众进行展示。这类方法可便于没有安装PowerPoint放映设置的用户了解幻灯片内容。本章将详细介绍这方面的内容。

MAIN CASES

13.1 打印演示文稿

打印演示文稿是指为演示文稿中的内容设置版式后，通过打印机将幻灯片、大纲、备注和观众讲义等内容按需求打印到纸张上。在PowerPoint中可以用彩色、灰度或黑白3种方式进行打印。

13.1.1 打印页面设置

页面设置是指设置幻灯片的大小或方向，通常情况下，在制作幻灯片前就应对页面的设置进行确定，但在打印时，有可能会因纸张大小不合适需再次进行页面设置，其方法如下。

Step 01 打开演示文稿，切换到“设计”选项卡，单击“页面设置”组中的“页面设置”按钮，打开“页面设置”对话框。从“幻灯片大小”下拉列表框中可看到当前幻灯片页面大小，下面的两个数值框中显示了其宽度与高度值。

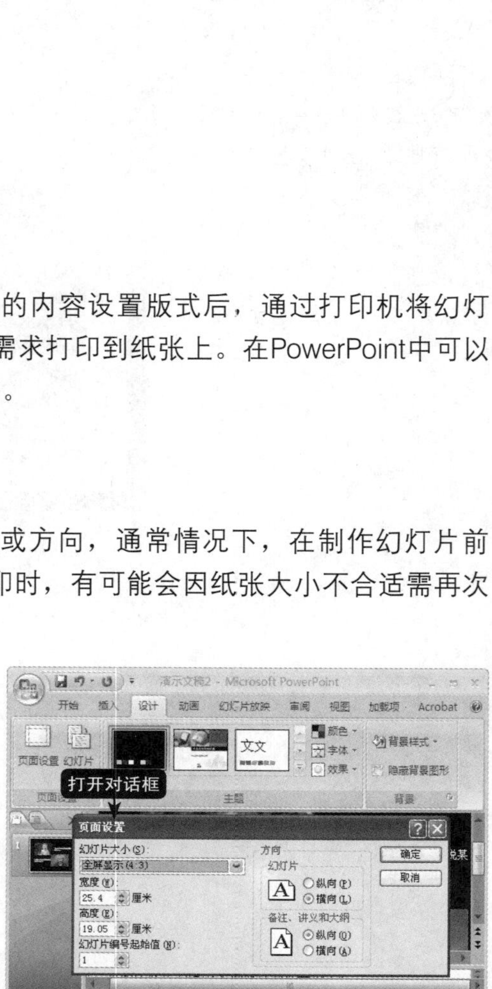

Step 02 在“幻灯片大小”下拉列表框中选择“A3”选项，可看到下面的

要点提示：设置页面后需调整幻灯片

在进行打印页面设置后，幻灯片中的内容会因为页面进行了调整而有所变化，因此在设置了页面后还需调整幻灯片中的内容。

使用技巧：设置放映专用页面大小

如果演示文稿主要是用于放映展示，则在设置幻灯片页面大小时，在“幻灯片大小”下拉列表框中最好选择“投影机”选项。

“宽度”与“高度”数值框中数据发生了变化，用户可通过在这里进行设置来定义各种样式的幻灯片大小。而在“方向”选项组中可设置幻灯片或备注、讲义和大纲的页面方向。

Step 03 设置完成后单击“确定”按钮，可看到演示文稿中幻灯片页面大小发生了变化。

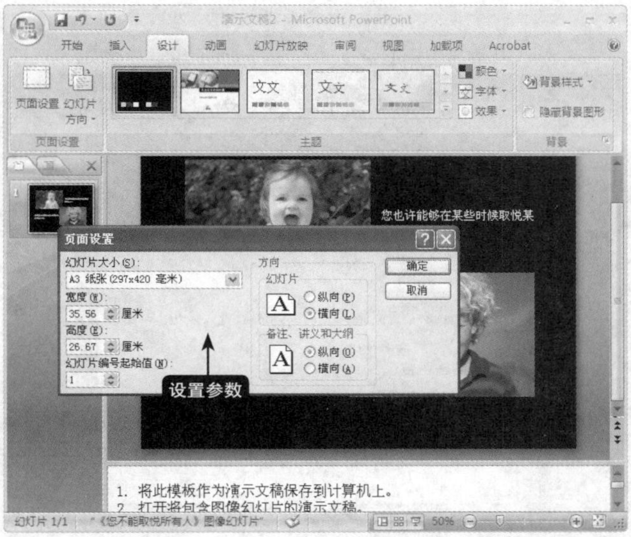

13.1.2 打印选项设置

当确定了演示文稿中的幻灯片打印页面设置后，还需按照实际要求设置打印选项，如选择打印机、确定打印的份数、范围、内容以及效果等，设置打印选项是打印准备工作中最重要的一步，其中的相关选项需在“打印”对话框中进行设置。

Step 01 打开演示文稿，选择“Office/打印/打印”命令，打开“打印”对话框，在“打印机”选项组中的“名称”下拉列表框中选择与计算机连接的打印机。

Step 02 在“打印范围”选项组中设置要打印幻灯片的范围，选中“全部”、“当前幻灯片”或“选定幻灯片”单选按钮即可打印所需范围，若需更详细设置，可选中“幻灯片”单选按钮，手动输入打印范围，此处即选中该单选按钮，设置打印范围为“1-9”页幻灯片。

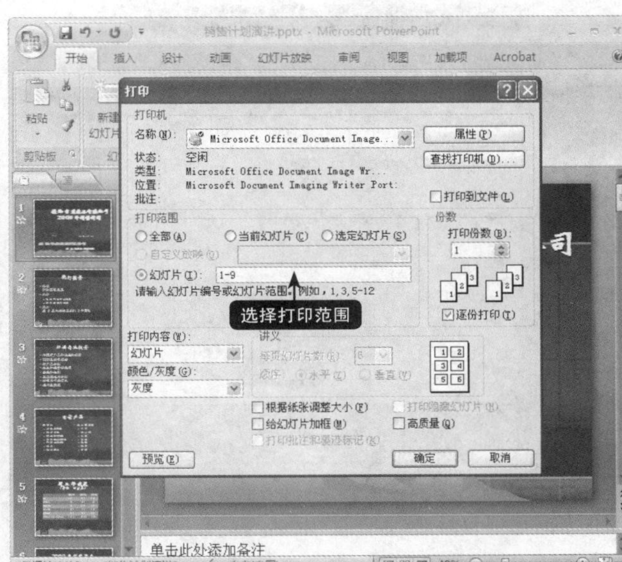

Step 03 在“份数”选项组中的数值框中设置要打印多少份。如果选中“逐份打印”复选框，则会一份打印完后再打印下一份，否则会先将第一页打印多份，再依次将后面的幻灯片打印多份。

Step 04 在“打印内容”下拉列表框中可选择要打印的对象，默认打印的是幻灯片内容，也可打印讲义、备注或大纲的内容。

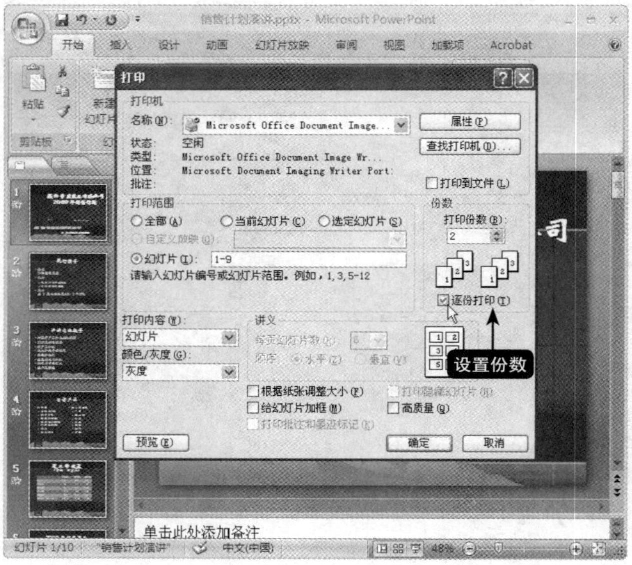

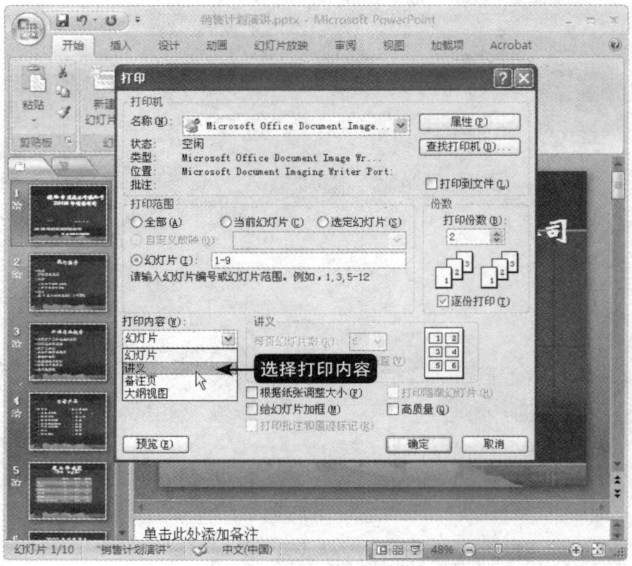

Step 05 在“打印内容”下拉列表框中选择“讲义”选项后，将激活右侧的“讲义”选项组，在该选项组中可设置讲义在打印时的显示方式。

Step 06 在“颜色/灰度”下拉列表框中可选择打印的颜色，默认打印的是灰度，也可选择是否以黑白或彩色方式进行打印。

Step 07 在“打印机”对话框中单击“属性”按钮，在打开的对话框中还可对打印机的选项进行设置，包括打印纸张的布局、打印的页码顺序、每张纸上打印的页数等。不同打印机的属性选项会稍有不同，完成所有设置后单击“确定”按钮即可进行打印。

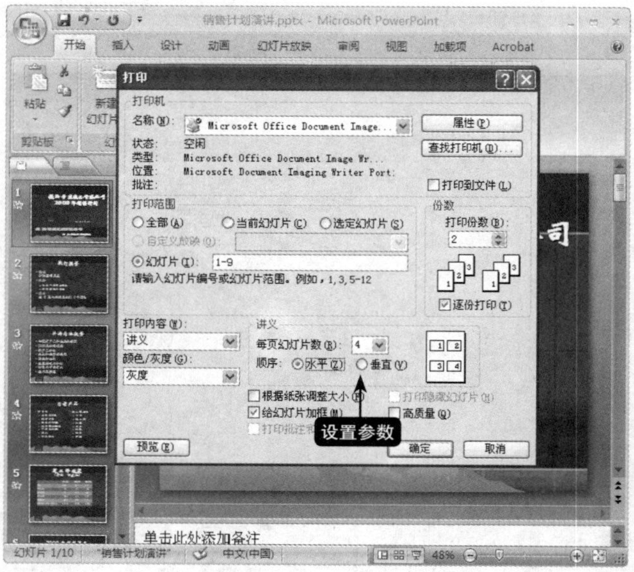

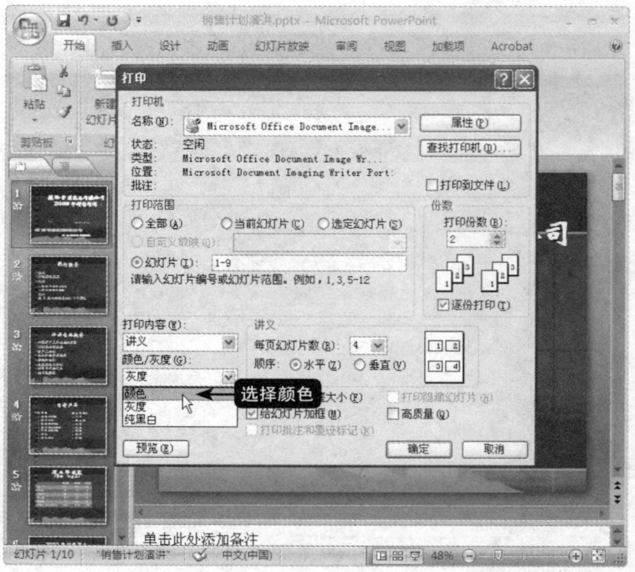

13.1.3 预览设置打印

在进行了相关的设置后，在进行打印之前通常还应进行预览，即将演示文稿切换到打印预览视图下，以确定打印出来的最终效果。

1. 了解打印预览设置

在“打印”对话框中单击左下角的“预览”按钮，即可打开“打印预览”选项卡，进入预览视图查看打印后的效果。

■单击“预览”按钮

进入预览视图■

在该视图下通过“打印预览”选项卡中的命令、按钮等工具，还可进行一些打印的相关设置，下面先来认识该选项卡中各部分选项的含义。

- “上一页”按钮、“下一页”按钮：单击按钮可切换到上一页或下一页查看打印效果。
- “打印”按钮：单击该按钮将打开“打印”对话框。
- “打印内容”下拉列表框：在该下拉列表框中可选择打印的内容，如幻灯片、讲义、备注等。
- “显示比例”按钮：单击该按钮，可在打开的“显示比例”对话框中选择打印预览的显示比例。
- “纸张方向”按钮：单击该按钮，在弹出的下拉列表中显示“横向”按钮和“纵向”按钮，可切换打印纸张是横向或纵向显示。
- “选项”按钮：单击该按钮，在弹出的菜单中可进行一些打印的特殊设置，如设置页眉/页脚、调整打印纸张大小、给幻灯片加框等。
- “关闭”按钮：单击该按钮可退出打印预览视图。

2. 打印预览设置的方法

进入到打印预览视图之后，即可对打印预览的相关参数进行设置，以便使打印出的纸稿更符合用户需求。

Step 01 单击“下一页”按钮，切换到后面的幻灯片预览各张幻灯片打印时的效果。

Step 02 单击“打印内容”下拉列表框右侧的下拉按钮，在弹出的下拉列表中选择打印的内容，这里选择“讲义（每页6张幻灯片）”选项。

使用技巧：进入预览视图的其他方法

打开需打印的演示文稿后，选择“Office/打印/打印预览”命令，即可迅速进入预览视图。

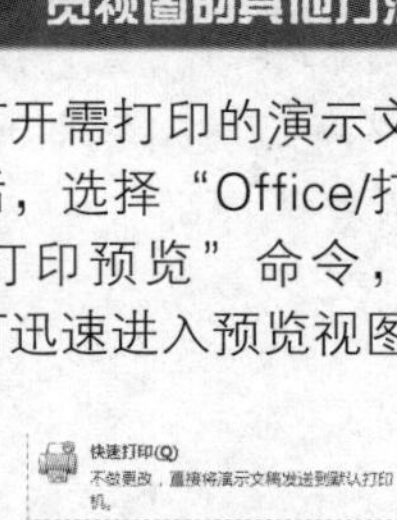

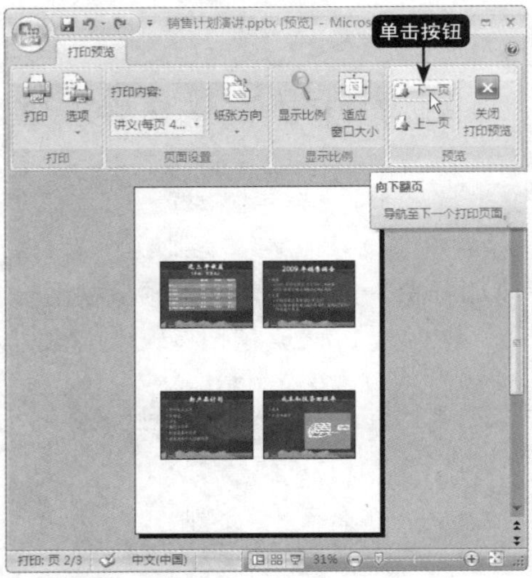

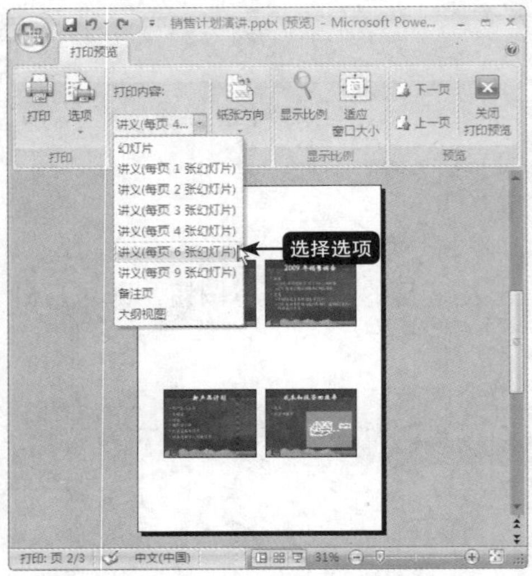

Step 03 为了更好地显示演示文稿，这里单击“纸张方向”按钮，在弹出的下拉列表中单击“横向”按钮，可将打印纸张方向设置为横向，并预览到相应的效果。

Step 04 在“打印”组中单击“选项”按钮，在弹出的下拉菜单中可进行更多更详细的设置，这里选择“打印顺序/垂直”命令，设置幻灯片的打印顺序。

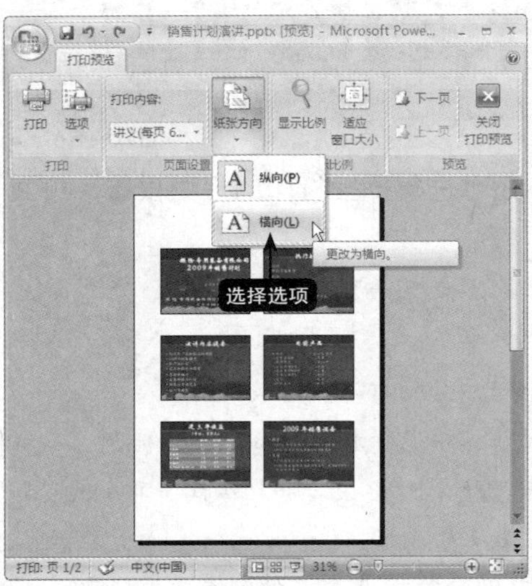

Step 05 预览并调整好打印的最终效果后单击“关闭”按钮可退出预览视图，或直接单击“打印”组中的“打印”按钮，打开“打印”对话框，对话框中的参数已经按照“打印预览”选项卡中的相关设置进行了修改，单击“确定”按钮即可按设置要求打印出需要的内容。

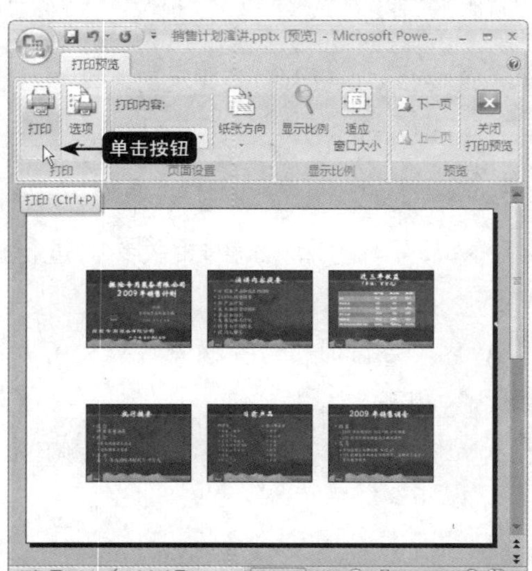

要点提示：快速打印演示文稿

打开需打印的演示文稿后，选择“Office/打印/快速打印”命令，可跳过打印设置过程，将直接打印演示文稿。

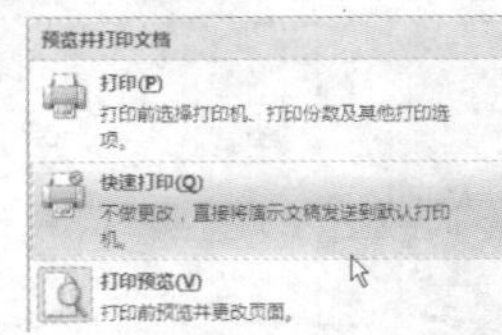

使用技巧：调整页面显示比例

在“打印预览”视图中预览幻灯片时，为了清晰地查看各张幻灯片中的内容，可单击“显示比例”组中的“显示比例”按钮，然后在打开的“显示比例”对话框中选中所需单选按钮，即可调整预览视图中的幻灯片显示比例。

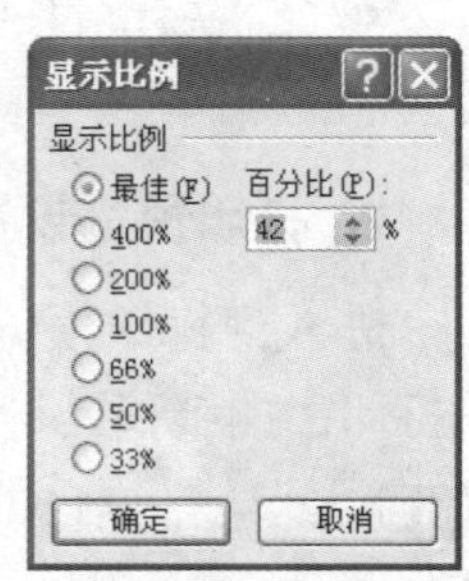

13.2 打包演示文稿

为了在其他没有安装PowerPoint的计算机上播放演示文稿，应对其进行打包操作，在压缩包中将包含PowerPoint播放器，以便进行正常放映。用户只需在目标计算机或网络上将该文件解包即可放映所需演示文稿。

> **要点提示：打包并非压缩**
>
> 我们在日常生活中通常所说的将文件“打包”是指使用压缩软件将文件压缩成一个压缩包，而这里所指的“打包”是指将文件发布为CD压缩包。只有发布为CD压缩包才能在没安装PowerPoint软件的计算机中放映演示文稿。

13.2.1 将演示文稿打包

在制作演示文稿时，通常会使用多种美观字体，插入外部图片或链接一些文件，若要在其他计算机中播放这样的演示文稿，应先将其打包，即将所有相关的字体、文件以及播放器等进行打包，以避免丢失关联文件导致演示文稿无法放映。

应用案例——将演示文稿打包

素材 光盘:\素材\第13章\销售计划演讲.pptx

效果 光盘:\效果\第13章\销售计划演讲

Step 01 打开素材盘中第13章的“销售计划演讲.pptx”演示文稿，选择“Office/发布/CD数据包”命令。（默认情况下，打包后的文件中包含的PowerPoint查看器等文件格式是PowerPoint 2003版本的，因此需进行文件格式的转换）。

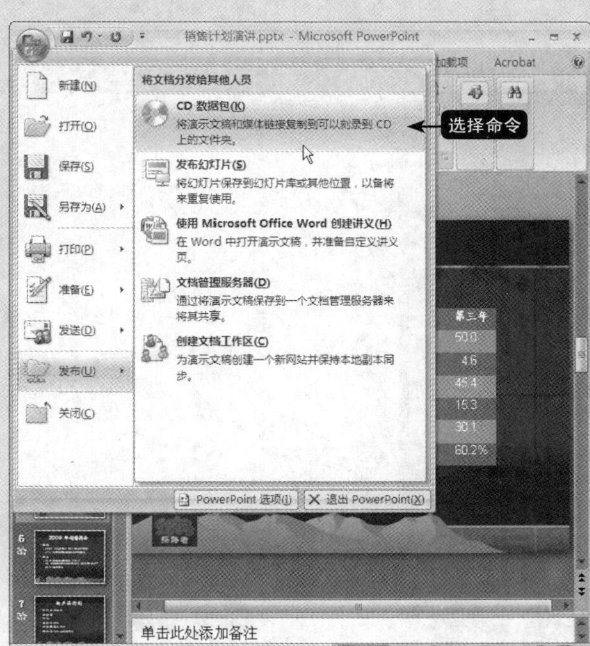

Step 02 系统将自动弹出一个提示对话框，提醒用户将文件中的部分内容更新为适合放映的PowerPoint 2003版本格式，单击“是”按钮，即可打开“打包成CD”对话框，在该对话框中单击“选项”按钮。

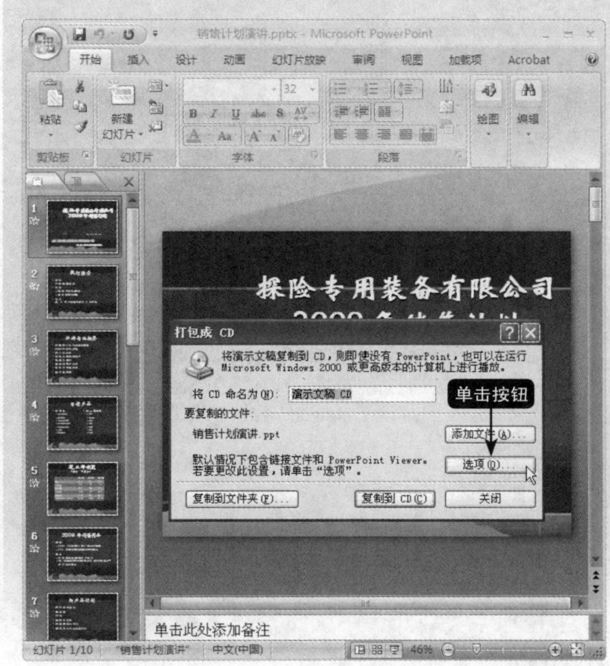

Step 03 打开“选项”对话框，选中其中的“嵌入的TrueType字体”复选框，在“打开每个演示文稿时所用密码”和“修改每个演示文稿时所用密码”文本框中输入密码，然后单击“确定”按钮。

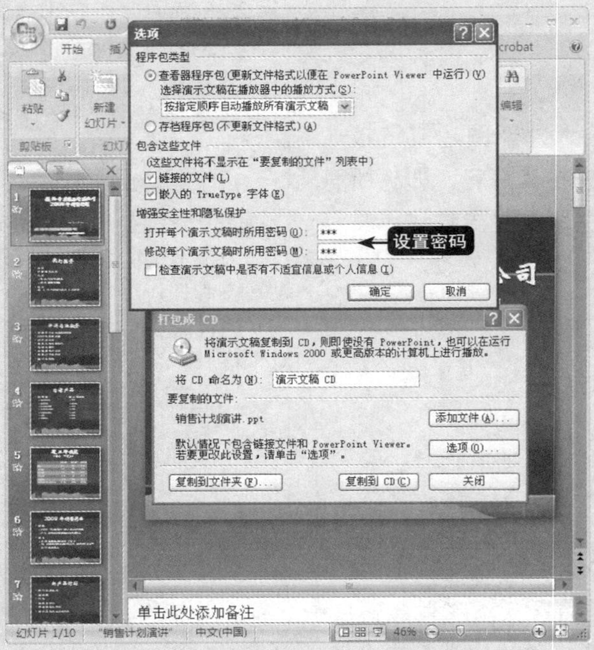

Step 04 在打开的“确认密码”对话框中再次输入密码，单击“确定”按钮，返回到“打包成CD”对话框，单击“复制到文件夹”按钮。

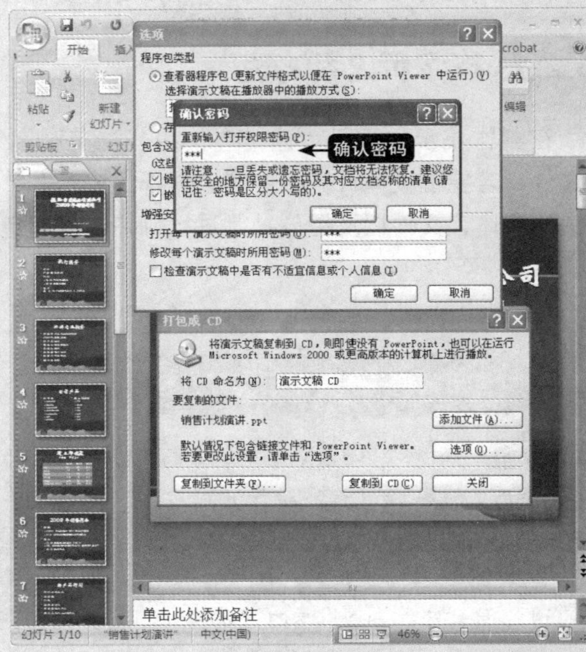

Step 05 打开“复制到文件夹”对话框，在“文件夹名称”文本框中输入“销售计划演讲”，在“位置”文本框中输入“D:\My Documents\”，单击“确定”按钮。

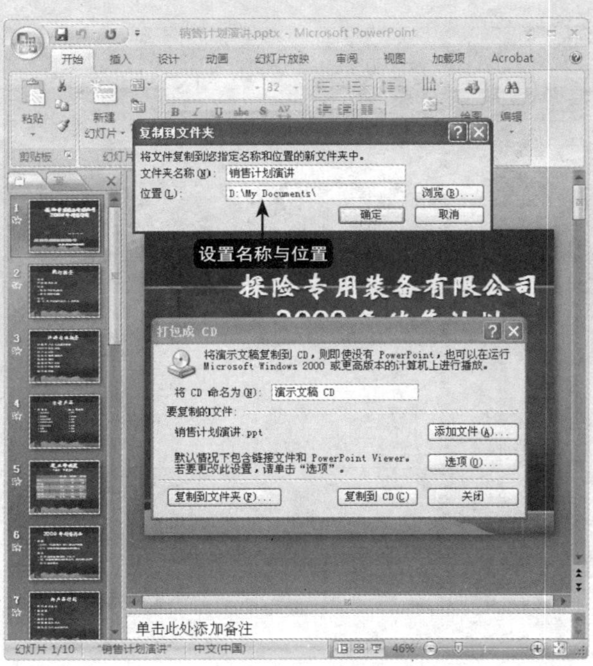

Step 06 在弹出的对话框中提示是否包含链接，单击“是”按钮，系统将自动进行打包，完成后单击“打包成CD”对话框中的“关闭”按钮。然后进入文件打包位置即可查看打包后的演示文稿。

13.2.2 打开打包演示文稿

将演示文稿打包后，可使用移动硬盘、U盘等工具将其复制、粘贴到其他计算机中进行放映，在放映之前，需将打包的演示文稿进行解包操作。

使用技巧：将音乐文件一起进行打包

若在演示文稿中插入了音乐文件，外部链接文件等其他对象，在打包演示文稿时可将其与演示文稿放置在同一个文件夹中，以确保将所有内容都进行打包。

应用案例——打开打包演示文稿

素材 光盘:\素材\第13章\销售计划演讲

效果 光盘:\效果\第13章\无

Step 01 打开素材盘中第13章的“销售计划演讲”文件夹，双击名为“PPTVIEW.EXE”的可执行文件。

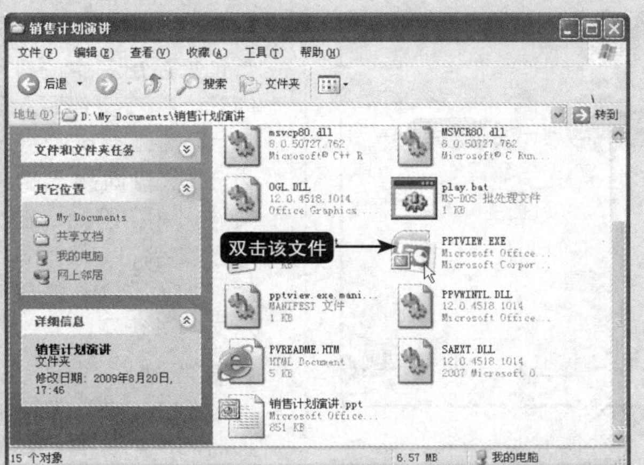

Step 02 第一次打开打包演示文稿时将打开同意协议页面，在该页面中单击“接受”按钮。

Step 03 打开Microsoft Office PowerPoint Viewer对话框，在“查找范围”下拉列表框中选择“销售计划演讲”文件夹，然后选择其中的“销售计划演讲.ppt”文件，单击“打开”按钮。

Step 04 打开“密码”对话框，在“为‘销售计划演讲.ppt’输入密码”文本框中输入打开文件的密码，然后单击“确定”按钮，系统即可开始自动放映该演示文稿。

13.2.3 压缩演示文稿

若需要通过QQ、飞信等即时聊天工具的文件传输功能向他人发送演示文稿，则需将打包后的演示文稿文件夹进行压缩，制作成压缩包才能在大多数即时通信软件中进行传输。

此外，打包的演示文稿有可能因为包含链接文件过多而导致文件过大，不方便存储携带，这时也可使用压缩软件压缩文件大小。

Step 01 使用迅雷等下载工具在网络中下载WinRAR软件，并将其安装到计算机中，在“开始”菜单中选择该程序相关命令启动软件，单击其中的“添加”按钮。

Step 02 打开“压缩文件名和参数”对话框，单击“浏览”按钮，打开“查找压缩文件”对话框，在该对话框中找到需要压缩的打包文件夹，然后单击“打开”按钮。

Step 03 返回到“压缩文件名和参数”对话框中，可看到需压缩的文件被添加到了“压缩文件名”下拉列表框中，在该对话框中设置所需压缩参数后单击“确定”按钮。

Step 04 系统将自动进行文件的压缩操作，稍后压缩的文件包就将出现在打包演示文稿文件夹中。

要点提示：将演示文稿复制到CD

若用户计算机中有CD或DVD刻录光驱，则可将一张空白光盘插入光驱，然后在“打包成CD”对话框中单击“复制到CD”按钮，即可将演示文稿打包并刻录到CD中，刻录过程可能需要几分钟时间，之后将该光盘插入到任意计算机的光驱中，将自动播放演示文稿内容，也可浏览光盘，复制出其中的打包内容。在将文件写入到CD中时，有可能会因为CD质量问题而造成文件损坏，因此，在将演示文稿打包到CD中后，需从CD中播放演示文稿进行测试。

“复制到文件夹”与“复制到CD”并没有本质的区别，只是存储打包文件的媒介不同而已。

使用技巧：快速压缩文件

在计算机中找到需压缩的文件后右击，在弹出的快捷菜单中选择与压缩相关的命令，即可快速进行文件的压缩操作。

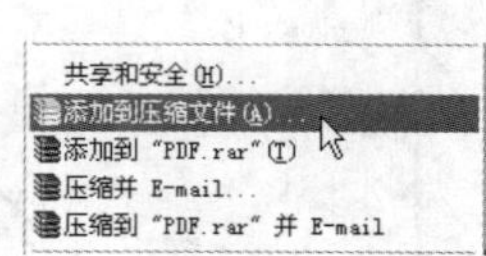

13.3 准备分发演示文稿

用户可将制作完成的演示文稿分发给其他用户观看，但在分发之前通常需要进行一些准备工作，如添加批注、加密演示文稿等，通过进行相关准备工作可将之后的演示文稿发布进行得更完善、顺利、安全。

13.3.1 审阅演示文稿

将某个重要的演示文稿制作完毕后，对其进行审阅操作是一个必不可少的步骤。通过审阅选项卡，用户可在幻灯片中添加批注，以便其他审阅者查看。

1. 添加批注

批注是一种可以附加到幻灯片上的某个字母或词语上或整个幻灯片之上的备注。如果希望演示文稿的阅读者在审阅完该文件后提供反馈，或者在商务办公活动中需要对演示文稿提供修改意见时，可以使用批注的形式进行说明。

应用案例——在幻灯片中添加批注

素材 光盘:\素材\第13章\企业宣传2.pptx
效果 光盘:\效果\第13章\企业宣传2.pptx

疑难解答：怎样将演示文稿发送给他人

问：怎样才能将审阅后的演示文稿发送给他人？

答：PowerPoint允许发送用于审阅的演示文稿，以便其他人能够在他们的演示文稿副本中添加批注并进行任何所需的更改。可以通过使用Outlook或任何其他与邮件应用程序编程接口兼容的32 位电子邮件程序、Microsoft Exchange Server或网络服务器以及磁盘，来发送用于在PowerPoint中审阅的演示文稿。

Step 01 若要对幻灯片中的特定文本等对象添加批注，需选择该对象，然后在“审阅”选项卡的“批注”组中单击“新建批注”按钮。

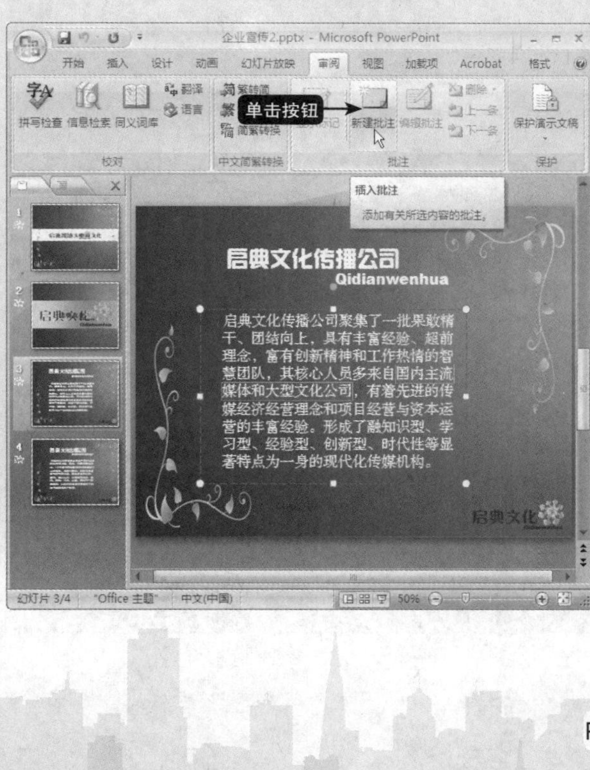

Step 02 自动弹出批注框，并进行批注编号，在批注框中直接输入批注内容后，单击批注框外的任意位置，该批注框将被隐藏，幻灯片中将只出现批注缩略图标。

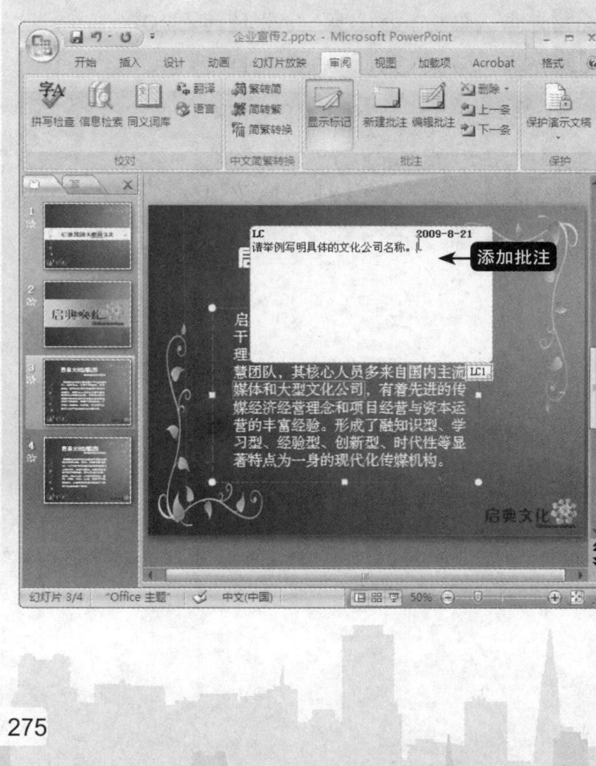

Step 03 若要添加有关幻灯片的一般批注，可单击幻灯片上的任意位置后单击“新建批注”按钮，在弹出的批注框中进行批注的输入。

Step 04 完成批注的输入后，可看到在幻灯片的相关位置出现了批注缩略图标，并且“批注”组中的多个可供审阅者操作的按钮被激活。

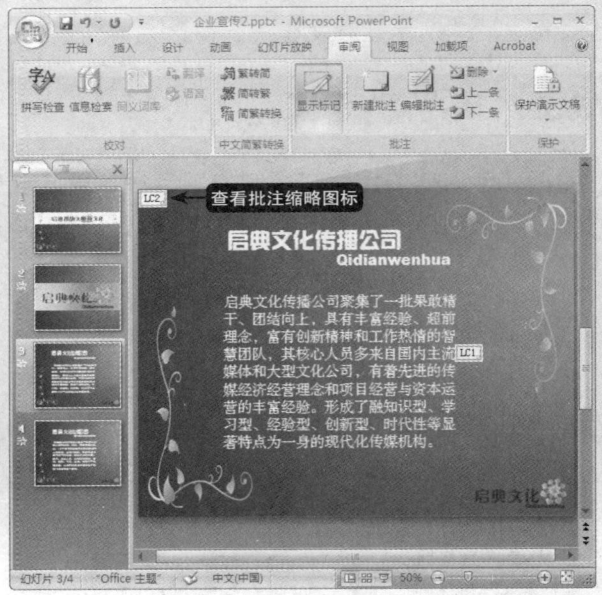

2. 审阅批注

在添加的批注缩略图标中通常包含最初添加批注人员的姓名首字母缩写与批注编号，演示文稿的审阅者可以查看添加到幻灯片中的批注，并且编辑其他审阅者添加的批注，被编辑的批注会更改审阅批注缩略图的颜色并将姓名首字母缩写更改为当前审阅者姓名的首字母缩写。

应用案例——在幻灯片中添加批注

素材 光盘:\素材\第13章\企业宣传2.pptx

效果 光盘:\效果\第13章\企业宣传2.pptx

Step 01 打开添加了批注的演示文稿，在幻灯片中双击需要查看批注内容的批注缩略图标，即可打开批注框进行审阅。

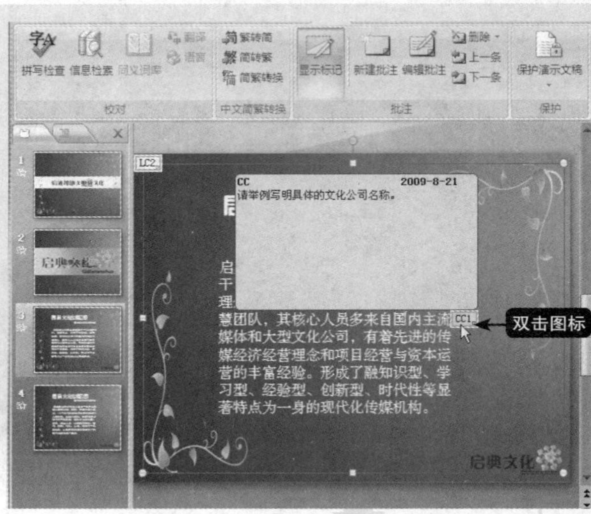

Step 02 在批注框中可输入需修订或补充的内容，可看到，因为审阅人不同，批注框与批注缩略图标的颜色也随着产生了变化，并且批注人的姓名首字母也一同进行了更改。

Step 03 选择需审阅的第二条批注LC2，在“审阅”选项卡下“批注”组中单击“编辑批注”按钮。

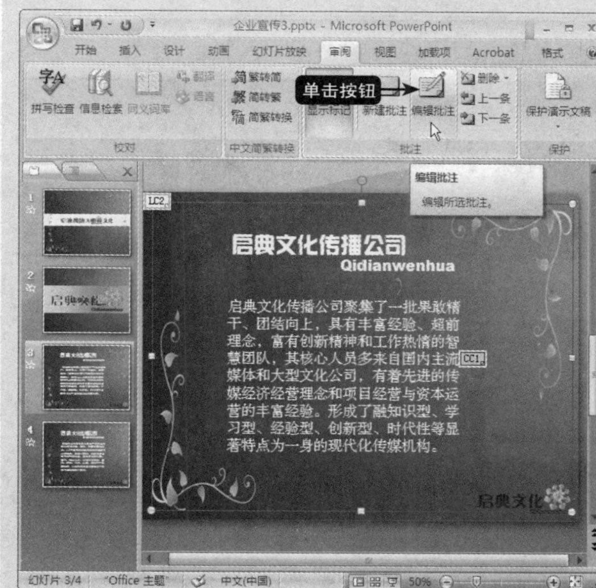

Step 04 打开批注框，在其中输入批注内容，批注框与批注缩略图标的颜色以及批注人的姓名首字母也发生了变化。在“批注”组中单击“上一条”按钮。

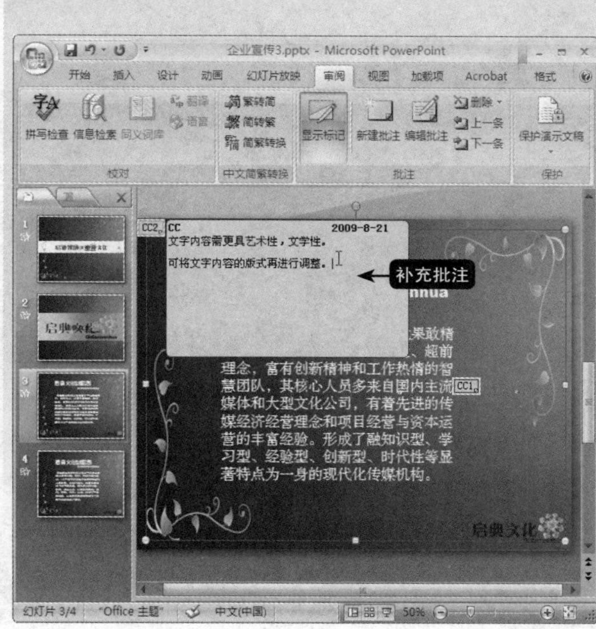

Step 05 这时可转跳到第一条批注中进行审阅，若还想回到第二条批注中，可单击“下一条”按钮。查看完毕后，保存文件，完成审阅操作。

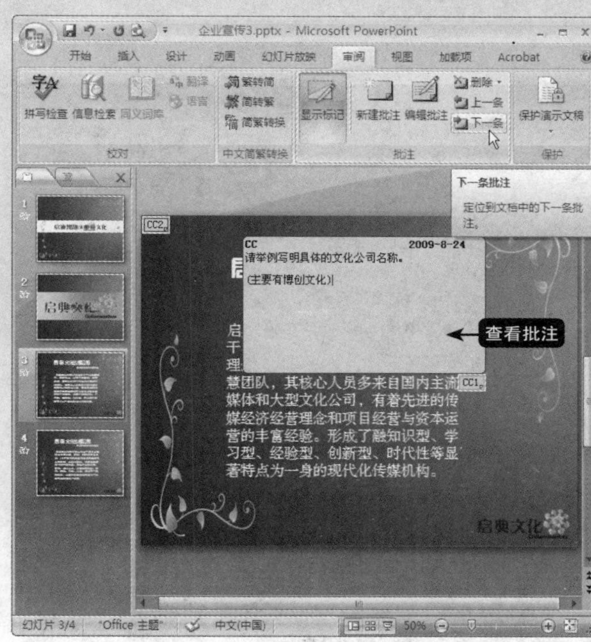

3. 显示与隐藏批注

在演示文稿中添加了批注后，若不希望被他人看到批注或不想因批注影响自己的观看，可在幻灯片中将批注隐藏，当批注缩略图标处于隐藏状态时，也可根据需要将其显示。

Step 01 打开添加了批注的演示文稿，若需要隐藏该演示文稿中的批注缩略图标，可单击“批注”组中的“显示标记”按钮。

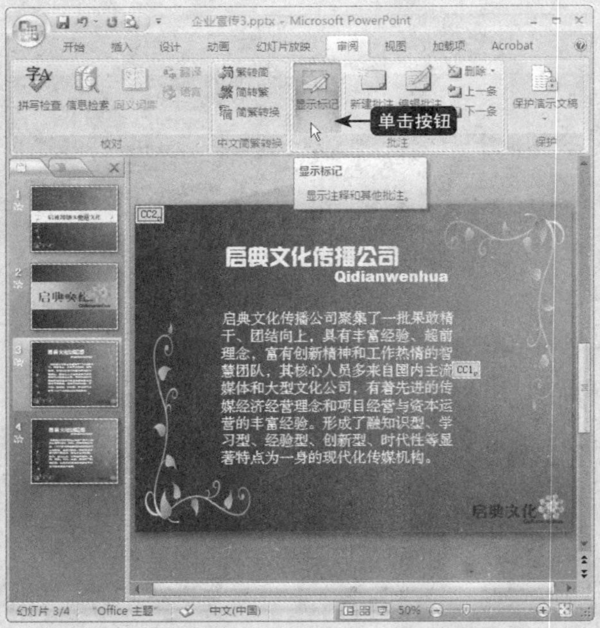

Step 02 可看到幻灯片中的批注缩略图标被隐藏起来，而“显示标记”按钮也将不再处于选中状态。

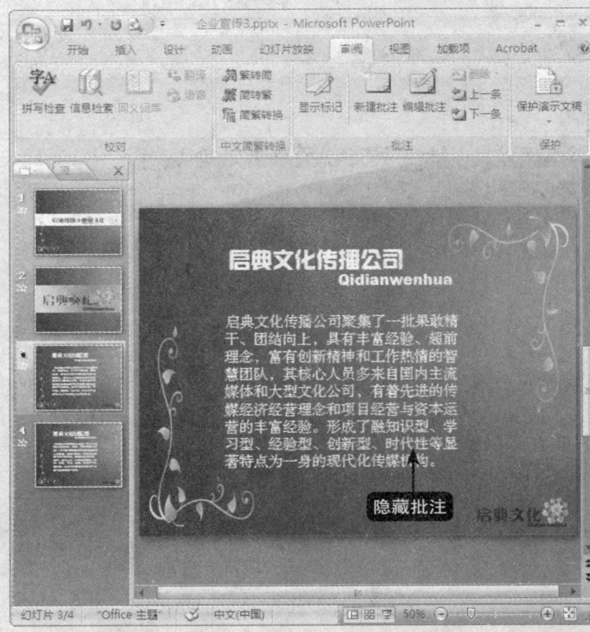

Step 03 若需要将被隐藏的批注缩略图标显示在幻灯片中，只需再次单击“显示标记”按钮。

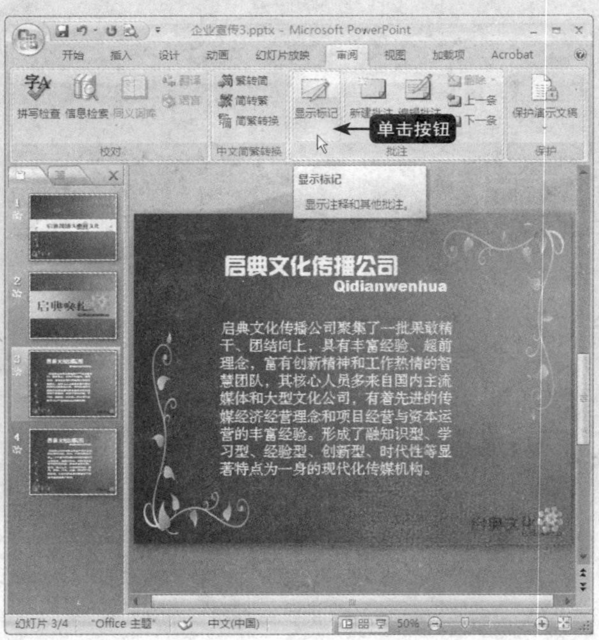

Step 04 可看到批注缩略图标再次显示在幻灯片中，而“显示标记”按钮将保持选中状态。

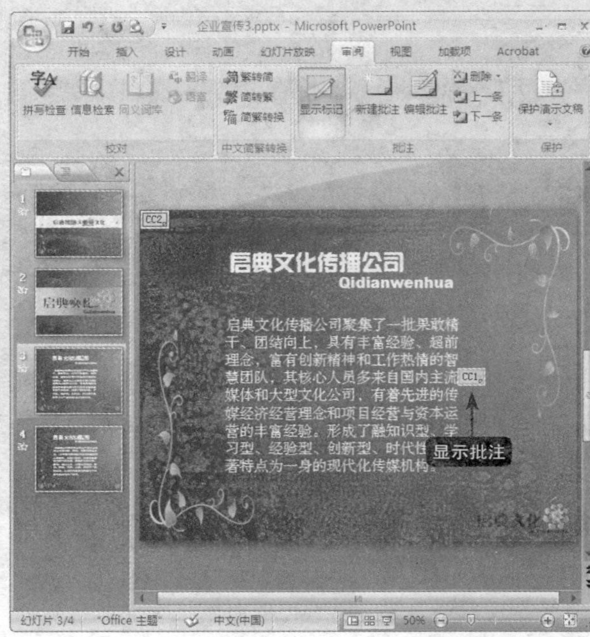

4. 删除批注

当用户不再需要查看批注内容时，可将添加到演示文稿中的批注内容删除，其方法非常简单，下面进行详细介绍。

Step 01 选择幻灯片中的批注缩略图，单击“批注”组中的“删除”按钮，在弹出的下拉列表中选择“删除”命令，或按【Delete】键即可将选中的批注删除。

Step 02 打开批注框，按【BackSpace】键，可删除部分批注文字。

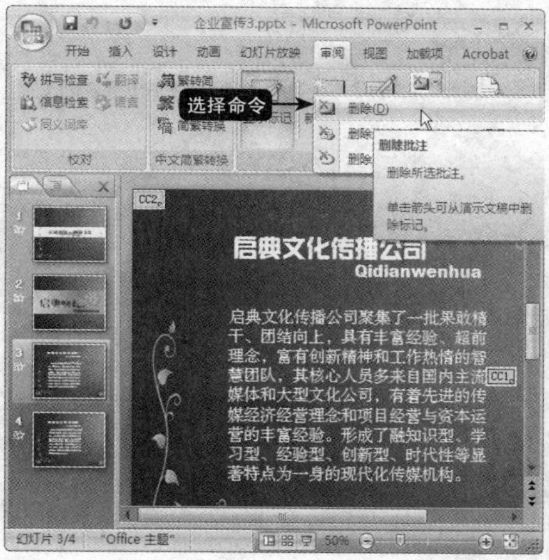

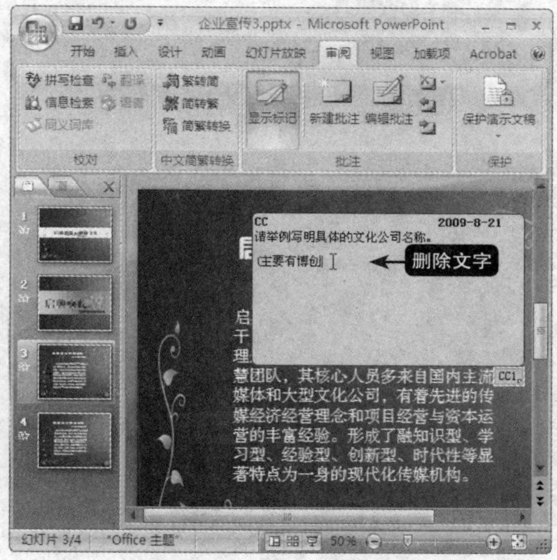

13.3.2 设置演示文稿属性

制作并保存了演示文稿之后，在文件名称上右击，在弹出的快捷菜单中选择“属性”命令，打开“属性”对话框，其中有“常规”、“自定义”和“摘要”3个选项卡，在相关选项卡中显示了文件名称、类型、标题、作者名以及关键字等信息。若要避免在“摘要”中泄露文件重要信息，需对演示文稿的属性进行设置。

应用案例——设置演示文稿属性

素材 光盘:\素材\第13章\爱情祝福.pptx

效果 光盘:\效果\第13章\爱情祝福.pptx

Step 01 打开素材盘中第13章的“爱情祝福.pptx”演示文稿，单击Office按钮，选择“准备/属性”命令。

Step 02 打开演示文稿属性窗格，在该窗格中填写所需文档信息，然后单击“文档属性”按钮，在弹出的菜单中选择“高级属性”命令。

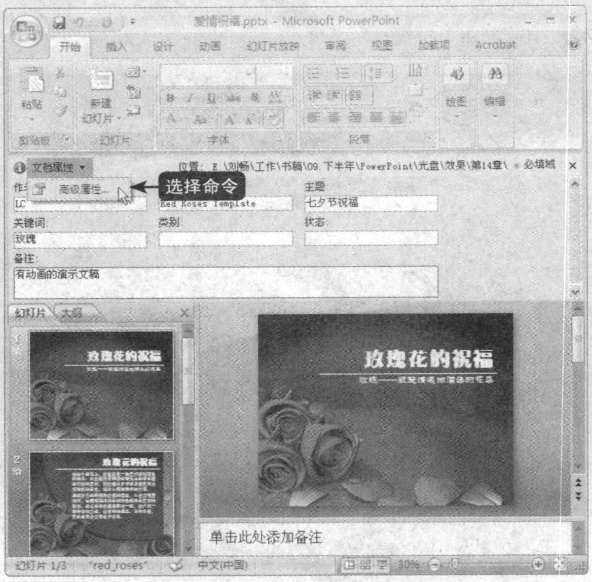

Step 03 打开该演示文稿的“属性”对话框，在其中可查看更详细的信息或进一步进行设置，设置完成后单击“确定”按钮，然后保存演示文稿，在属性窗格中单击其右上角的“关闭”按钮×，关闭窗格。

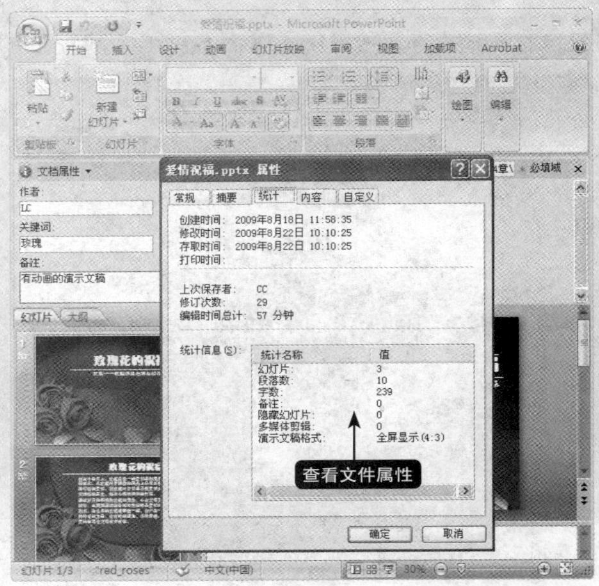

13.3.3 检查演示文稿

在制作了演示文稿并准备将其共享或发布给他人之前，可以使用“文档检查器”查找并删除创建的演示文稿中的隐藏数据和个人信息，以防止泄露隐私。通常，需要对演示文稿另存的副本进行检查，以避免因无法恢复“文档检查器”删除的数据造成不必要的损失。

Step 01 在原始文档的副本中，单击Office按钮，选择“准备/检查文档”命令，打开“文档检查器”对话框，选中相应的复选框以选择要检查的隐藏内容类型，单击“检查”按钮。

Step 02 在“文档检查器”对话框中审阅检查结果，对于要从文档中删除的隐藏内容的类型，单击其检查结果旁边的“全部删除”按钮，即可将其轻松删除，然后单击“关闭”按钮，关闭该对话框。

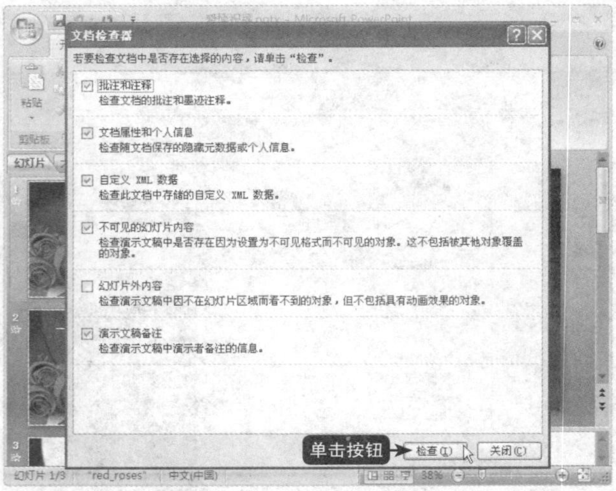

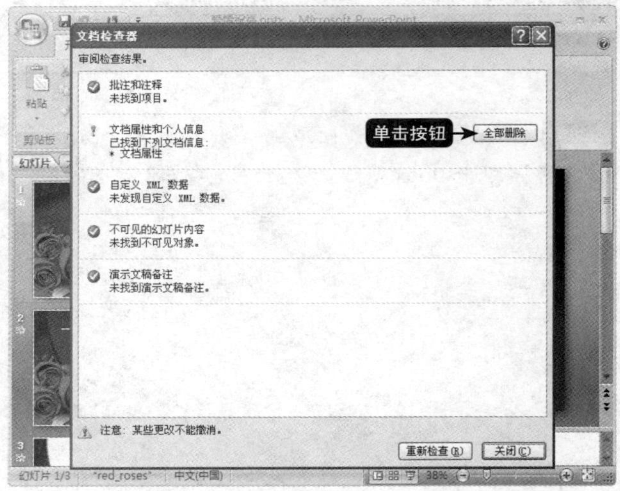

13.3.4 加密演示文稿

将重要的办公文档制作完成后，为了保证文档安全，若不希望他人未经授权就查阅该文件，则需要为制作好的文档设置密码。

Step 01 单击Office按钮，选择“准备/加密文档”命令，打开“加密文档”对话框，在“密码”文本框中输入密码，单击“确定”按钮。

Step 02 打开“确认密码”对话框，在“重新输入密码”文本框中再次输入该密码，单击“确定”按钮即可完成密码设置。

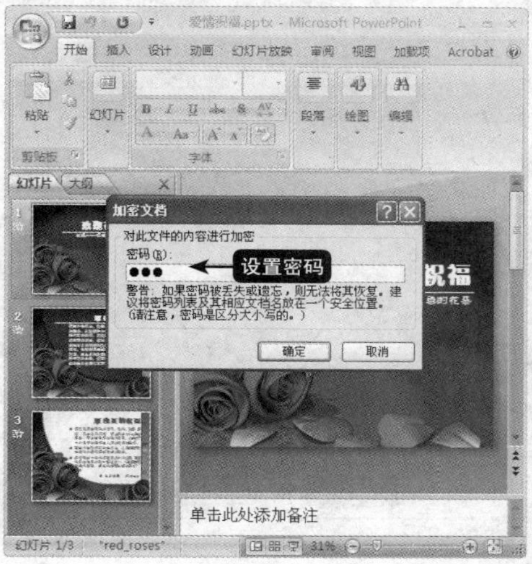

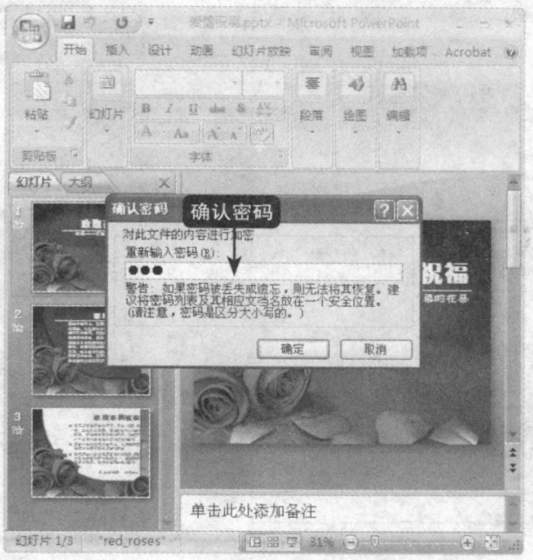

Step 03 进入保存演示文稿的窗口中，可看到设置了密码保护的文件甚至连缩略图也进行了保护，不会被显示出来，双击该文件。

Step 04 启动PowerPoint程序，并弹出“密码”对话框，在该对话框中输入正确密码后单击“确定”按钮，即可打开被保护的演示文稿。

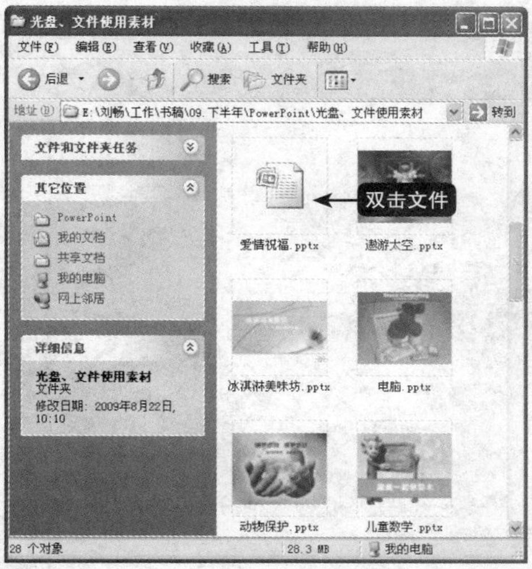

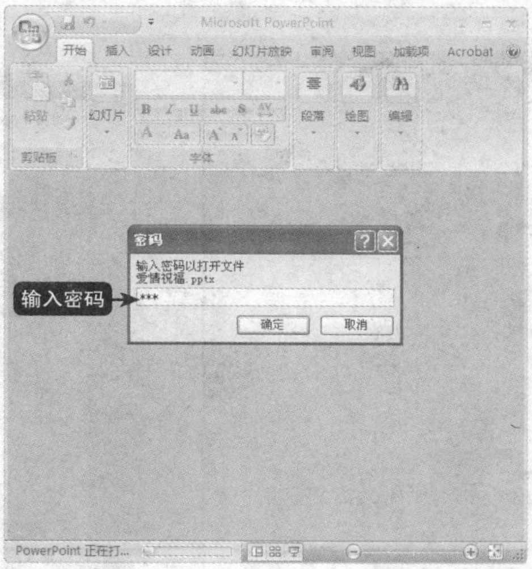

要点提示：设置密码时的注意事项

为保证演示文稿安全，在设置密码时，最好使用由大写字母、小写字母、数字和符号组合而成的密码，密码长度至少应大于6个字符，最好使用包括10个以上或更多字符的密码。还应尽量避免使用生日等特殊日期作为密码。

使用技巧：使用另存文件的方式加密

选择“Office/另存为/PowerPoint演示文稿”命令，打开“另存为”对话框，单击左下角的“工具”按钮，在弹出的菜单中选择“常规选项”命令，打开“常规选项”对话框，在其中也可设置演示文稿保护密码。

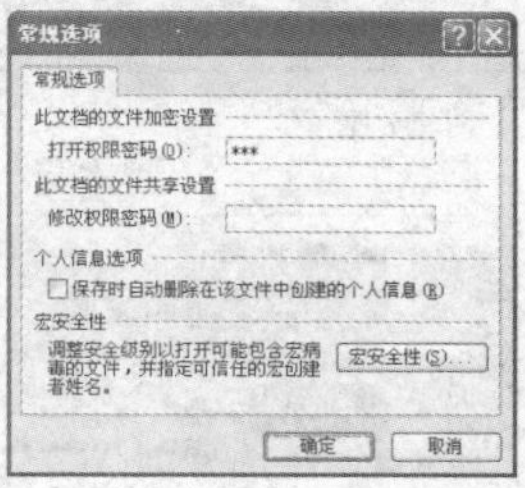

13.3.5 设置演示文稿权限

通过设置限制权限，可授予部分用户访问演示文稿的权利，同时限制其编辑能力。例如，可以赋予某人读取文档但不能对其进行更改的权限，再赋予另一人对文档进行更改的权限，但限制其只能在指定时间内访问此文档等。

Step 01 单击Office按钮，选择“准备/限制权限/限制访问”命令，打开“服务注册”对话框，在该对话框中选中“是，我希望注册使用Microsoft的这一免费试用服务”单选按钮，单击“下一项”按钮。

Step 02 打开信息权限管理配置向导对话框，在该对话框中将询问用户是否有Windows Live ID，此处选中“否，我希望现在注册Windows Live ID”单选按钮。Windows Live ID是一个由微软开发与提供的“统一登入”服务，允许使用者使用一个账号登入许多网站，如Hotmail、MSNBC、所有MSN的服务、Xbox 360的Xbox Live等，这里若要使用PowerPoint中的限制权限功能，也需要Windows Live ID。

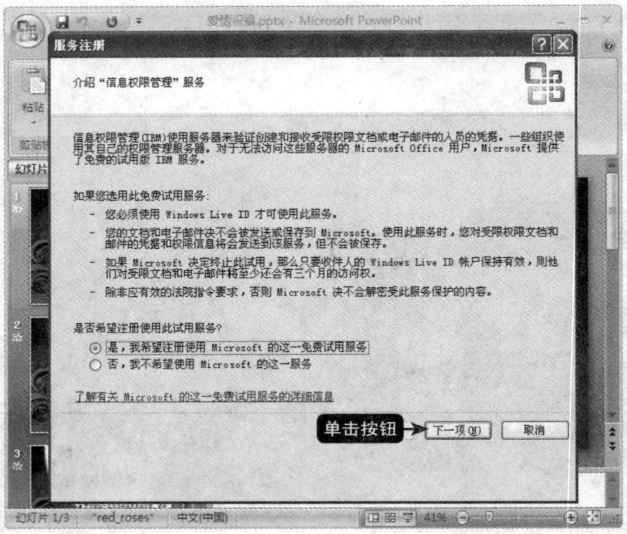

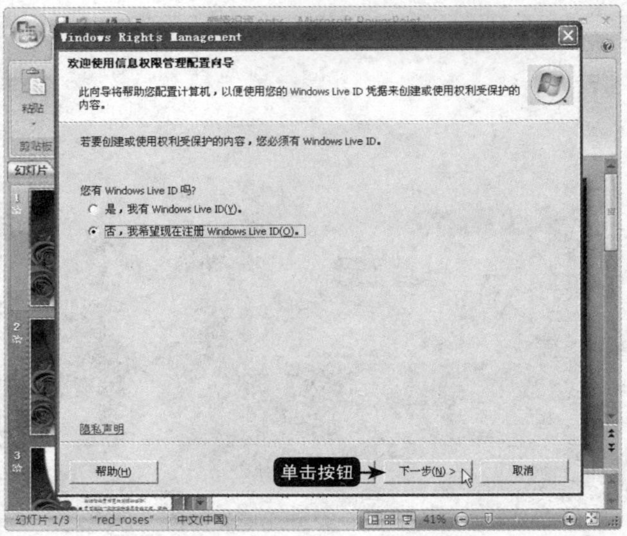

Step 03 自动打开一个注册页面，在此处需填写相关信息，如邮箱用户名、密码、密码提示问题等，填写完成后单击“继续”按钮，在另一页面中完成职业、职位、住址等信息的填写，完成Windows Live ID的注册。

Step 04 注册成功之后，返回到之前的信息权限管理配置向导对话框中，选中“是，我有Windows Live ID”单选按钮，单击“下一步”按钮。打开“登录到Windows Live”对话框，在该对话框中的“登录到IRM”选项组中输入电子邮件的地址与密码，然后单击“登录”按钮。

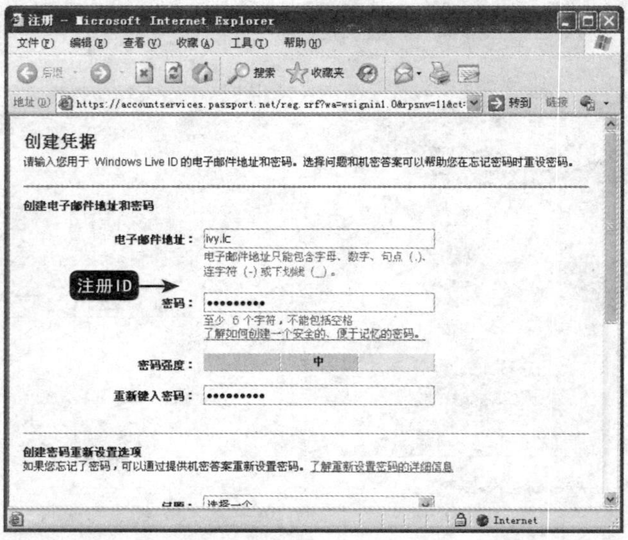

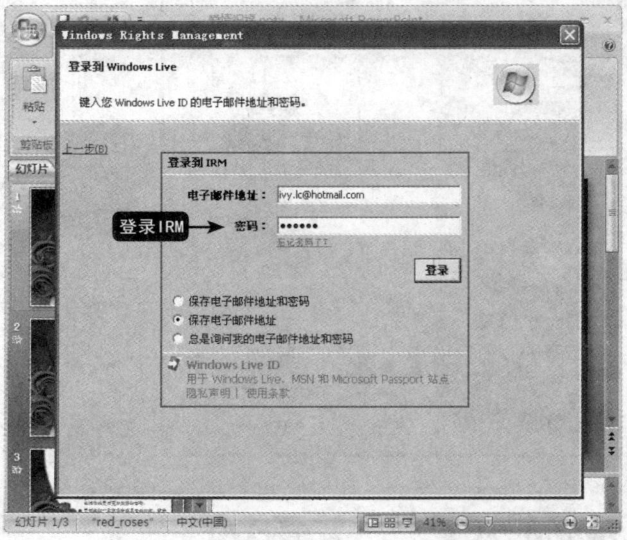

Step 05 打开“选择计算机类型”对话框，在该对话框中需根据用户当前使用计算机的类型进行选择，这里选中“此计算机是私人计算机”单选按钮，查看服务协议后单击“我接受”按钮。

Step 06 打开“正在完成信息权限管理配置向导”对话框，查阅其中的提示信息后单击“完成”按钮，完成权限管理的配置。

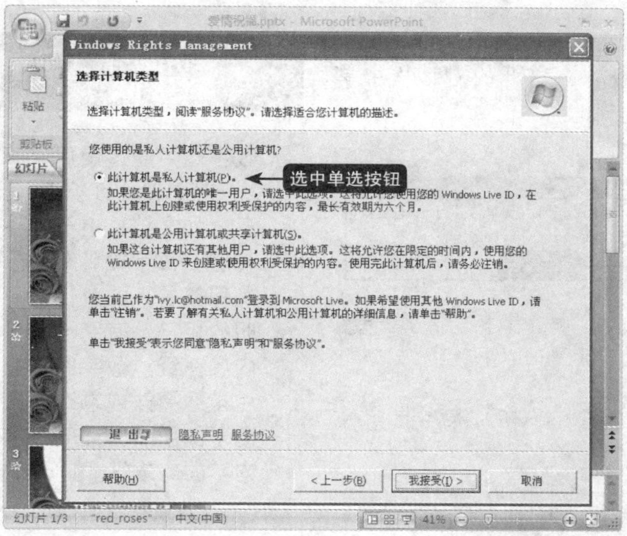

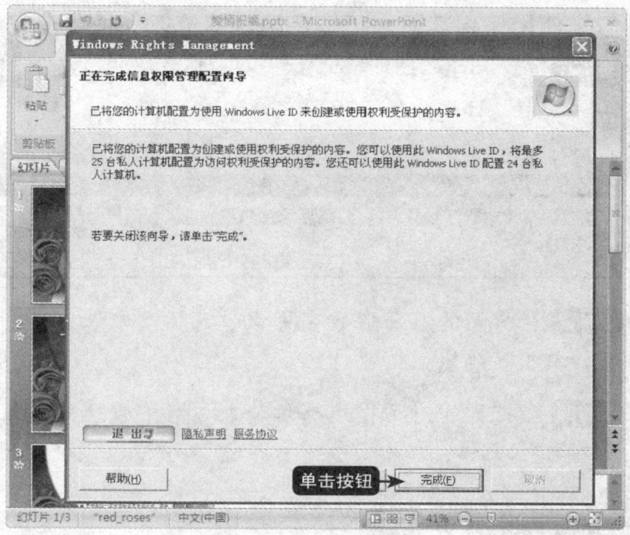

Step 07 之后将自动打开一个“权限”对话框，选中“限制对此演示文稿的权限”复选框，激活下方的设置项，在该对话框中即可分别设置针对不同用户的读取或更改权限。

Step 08 单击“其他选项”按钮，在弹出的对话框中可进行更详细的设置，例如选中“此演示文稿的到期日期为”复选框，可激活其下的下拉列表框，在该文本框中可设置演示文稿的限制使用日期，然后单击“确定”按钮，即可完成限制权限的设置操作。

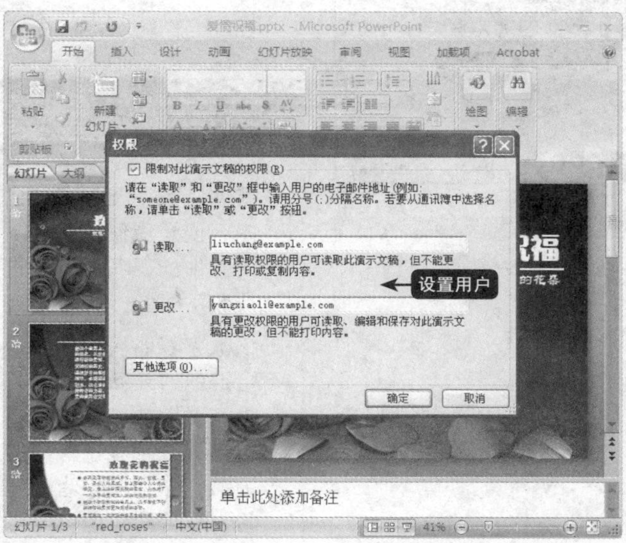

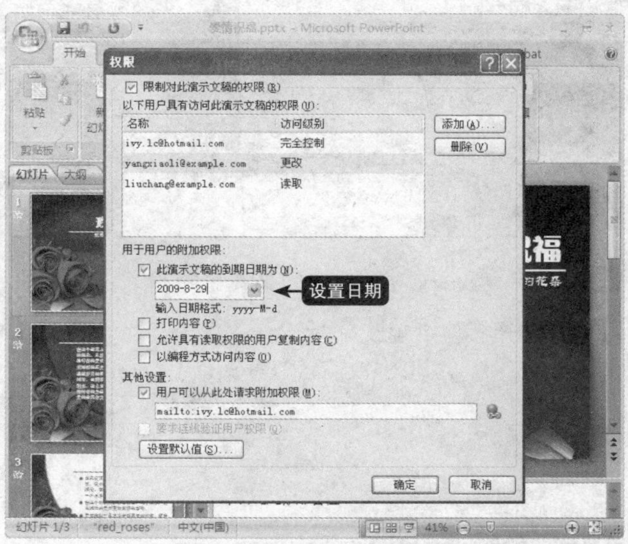

Step 09 在完成限制权限的初次设置操作后，若还需要进行限制权限设置，单击Office按钮，选择“准备/限制权限/限制访问”命令，将不再打开“服务注册”对话框，而是直接打开“权限”对话框，在其中即可进行相关设置。

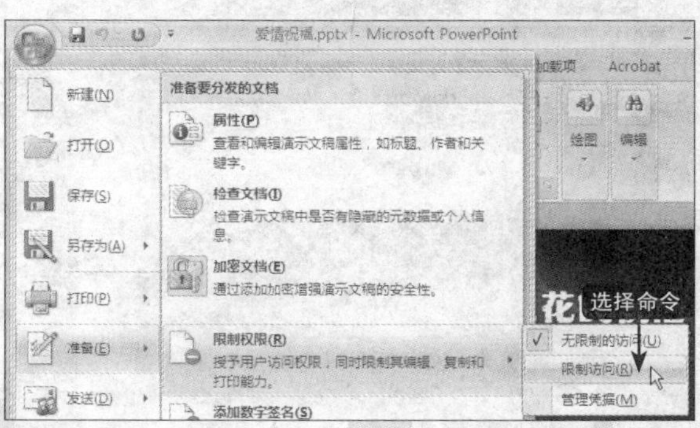

13.3.6 添加数字签名

在PowerPoint程序中，用户还可通过“签名”来进行文档保护，其方法类似于使用信用卡时进行签名确认笔迹以保护账户安全。

Step 01 单击Office按钮，选择“准备/添加数字签名”命令，在打开的对话框中单击“确定”按钮。

Step 02 在打开的“获取数字标识”对话框中选中“创建自己的数字标识”单选按钮，单击“确定”按钮。

Step 03 在打开的对话框中提示输入签名中包含的信息，如在“名称”文本框中输入签名“LC”，单击“创建”按钮。

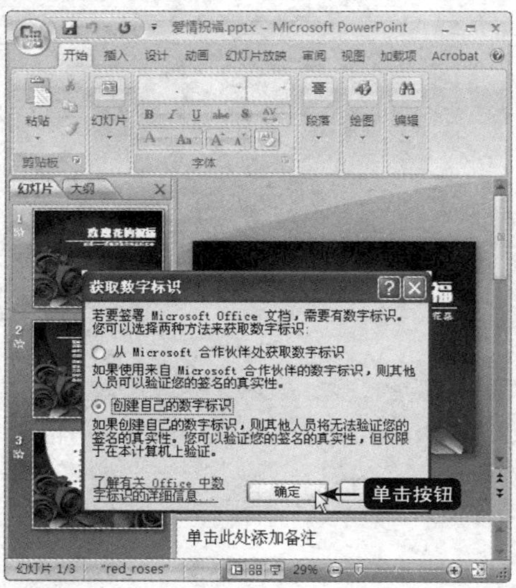

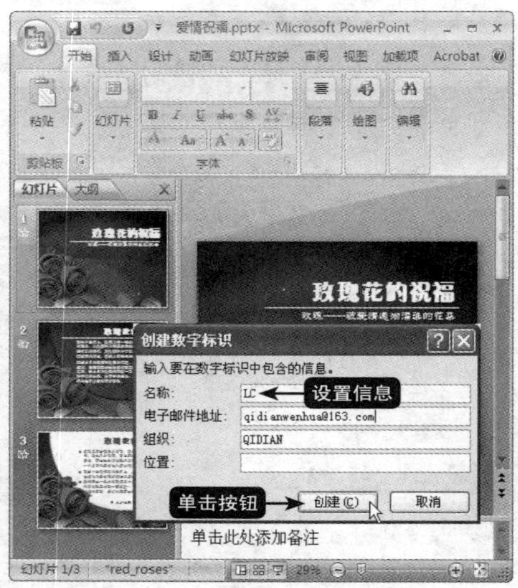

Step 04 在“签名”对话框中的文本框中输入签名目的，单击“签名”按钮。

Step 05 打开“签名确认”对话框，提示已成功添加签名，单击“确定”按钮。

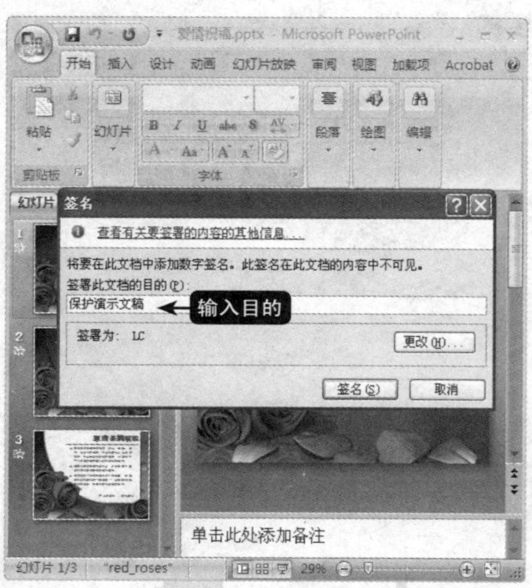

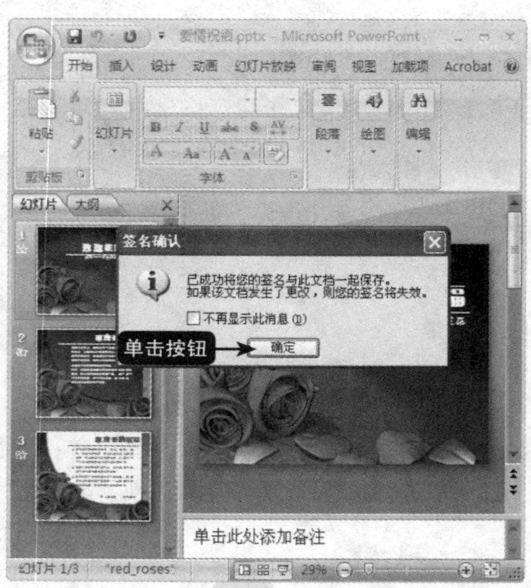

使用技巧：了解数字签名的作用

数字签名通过使用计算机加密来验证数字信息，如文档、电子邮件和宏。数字签名有助于确保签署人的身份与声明的相符；有助于确保内容在经过数字签名之后未经更改或篡改；有助于向所有方证明签署内容的有效性。

要点提示：使用数字签名的条件

要创建数字签名必须由内容创建者使用满足下列条件的签名对内容进行数字签名：

该数字签名有效即它是合法的、最新的，而且没有过期或被吊销；具有与该数字签名关联的证书；作为发布者的签名人或公司可信；与数字签名关联的证书由有声望的证书机构颁发给签名发布者。

Step 06 回到PowerPoint窗口中，其状态栏中将显示标记，表示该文档已被签名，此时功能区与快速访问工具栏中的大多数按钮将呈灰色状态显示，即该功能不可使用。

13.3.7 运行兼容性检查器

要确保PowerPoint 2007演示文稿可以在早期版本的PowerPoint中打开，并最大限度地减少重大的功能损失和保真损失，可以运行兼容性检查器进行检查。

Step 01 单击Office按钮，选择“准备/运行兼容性检查器”命令。

Step 02 在打开的“Microsoft Office PowerPoint 兼容性检查器”对话框中可查看演示文稿是否有兼容性问题，查看完毕后单击“确定”按钮即可。

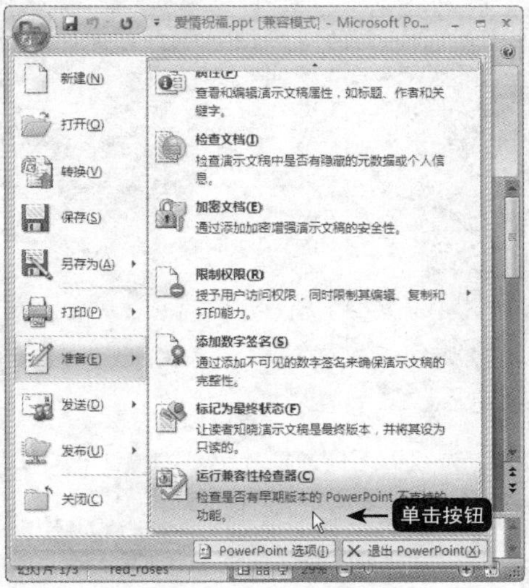

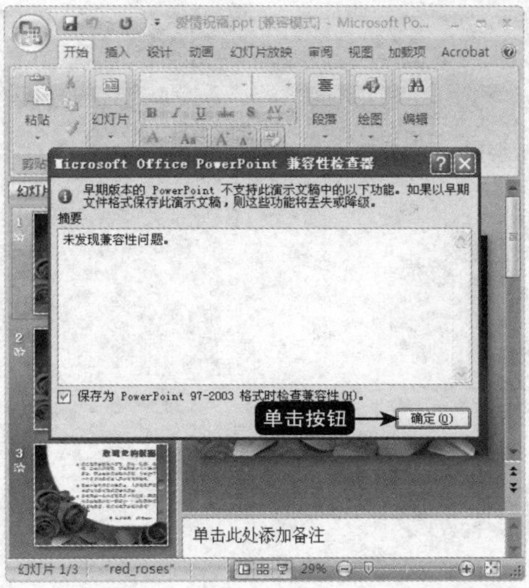

13.3.8 将演示文稿标记为最终状态

用户可以使用“标记为最终状态”命令将演示文稿设置为只读格式，以禁止对演示文稿的最终版本进行更改。在将演示文稿标记为最终状态后，键入、编辑命令以及校对标记都会禁用或关闭。

Step 01 单击Office按钮，选择“准备/标记为最终状态”命令。

使用技巧：需注意的兼容性问题

PowerPoint 2007不支持保存为PowerPoint 95或更早版本的文件格式。兼容性检查器可查找PowerPoint 2007与早期版本的PowerPoint之间可能存在的兼容性问题，并创建一个报告以帮助用户解决问题。

要点提示：标记为最终状态的作用

“标记为最终状态”命令不完全是一项安全功能，对于已标记为最终状态的演示文稿，收到其电子副本的任何人都可以通过取消该演示文稿的“标记为最终状态”命令对其进行编辑。但是，“标记为最终状态”命令有助于让其他人了解您正在共享已完成的文档版本，还可帮助用户防止审阅者或读者无意中更改演示文稿。

Step 02 弹出提示对话框，提示该演示文稿会被标记为最终版本，然后保存，单击“确定”按钮。

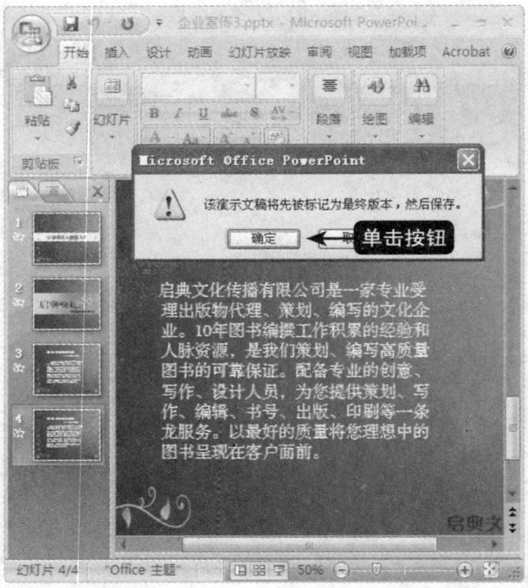

Step 03 弹出确认标记最终状态的提示对话框，单击“确定”按钮，即可将演示文稿标记为最终状态。

Step 04 此时，演示文稿的状态栏中将出现标记图标，功能区中的大多数按钮将呈灰色状态显示，即该功能不可使用。

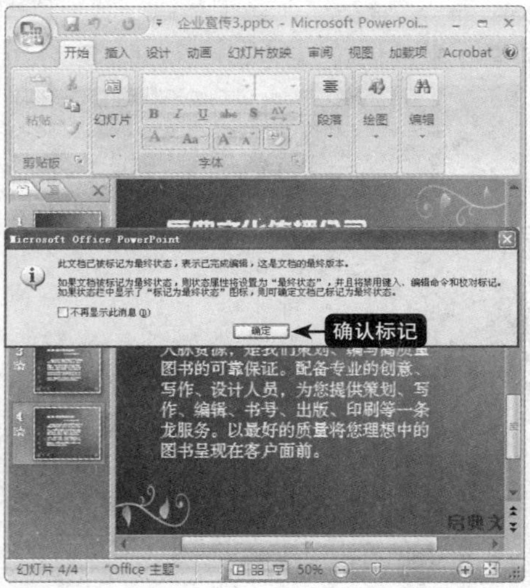

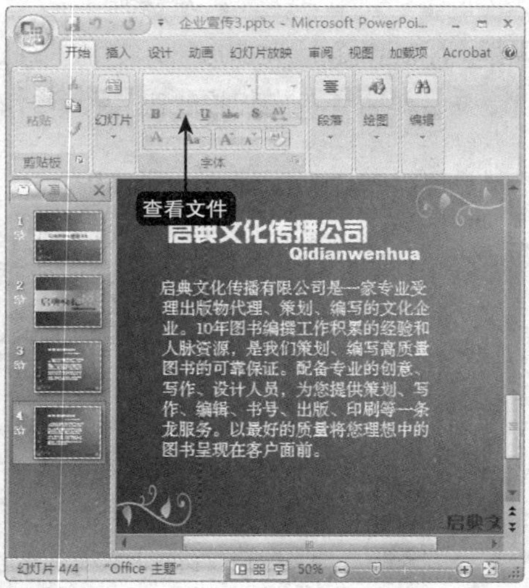

使用技巧：取消标记为最终状态

在标记为最终状态的演示文稿中，除了“查找”、“选择”等个别命令可用外，大多数操作都被禁止，如果办公用户需要再次对标记为最终状态的文档进行编辑操作，可以再次在Office菜单中选择“准备/标记为最终状态”命令，即可取消其标记状态。

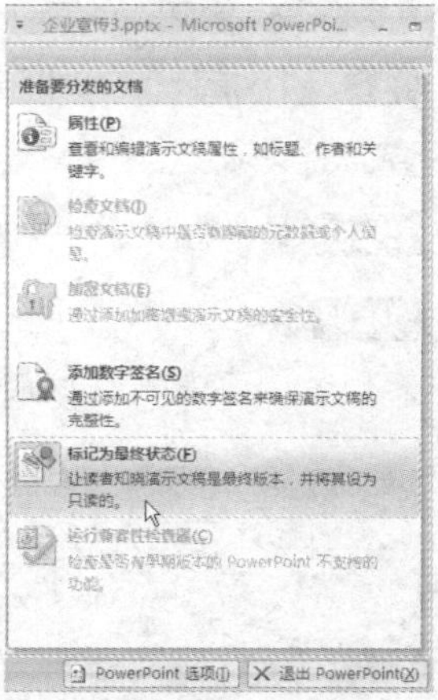

13.4 发布演示文稿

将演示文稿制作完成并设置了一系列保护措施后，自然需要将其发布给他人阅览或使用。因此，可将经常使用的演示文稿发布到幻灯片库中，需要时可以直接调用，还可将其发布成Web网页，然后通过Internet让更多的观众更自由地浏览其中的内容。

13.4.1 将幻灯片发布到幻灯片库中

通过使用PowerPoint 2007，用户可以将幻灯片文件存储到位于服务器中某个位置的幻灯片库中，从而共享并重复使用幻灯片内容。当然用户也可从幻灯片库中添加幻灯片到演示文稿中。

应用案例——发布演示文稿到幻灯片库

素材 光盘:\素材\第13章\销售计划演讲.pptx

效果 光盘:\效果\第13章\我的幻灯片库

Step 01 打开素材盘中第13章的“销售计划演讲.pptx”演示文稿，选择“Office/发布/发布幻灯片”命令。

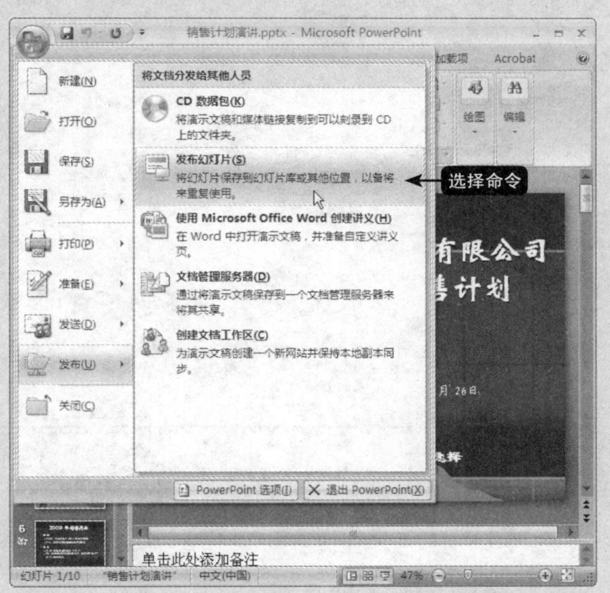

Step 02 打开“发布幻灯片”对话框，在列表框中选中需要发布的幻灯片的复选框，然后选中“只显示选定的幻灯片”复选框，单击“浏览”按钮。

Step 03 打开“选择幻灯片库”对话框，单击“新建文件夹”按钮。在打开的“新建文件夹”对话框的“名称”文本框中输入“销售计划”，单击“确定”按钮，然后在“选择幻灯片库”对话框中单击“选择”按钮。

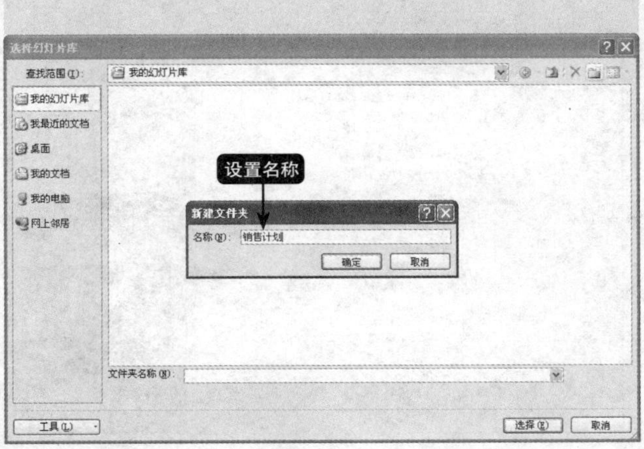

Step 04 返回到“发布幻灯片”对话框，单击“发布”按钮，就能将选择的幻灯片发布到幻灯片库中。

13.4.2 调用幻灯片库中的幻灯片

将幻灯片文件发布到幻灯片库中之后，当需要时还可从库中调用幻灯片。

Step 01 打开需要调用幻灯片的演示文稿，在“开始”选项卡的“幻灯片”组中单击“新建幻灯片”按钮的下拉按钮，在弹出的下拉菜单中选择“幻灯片（从大纲）”命令。

Step 02 打开“插入大纲”对话框，在“查找范围”下拉列表框中选择幻灯片的保存位置，在下方的列表框中选择幻灯片，单击“插入”按钮即可将幻灯片调用到当前演示文稿中。

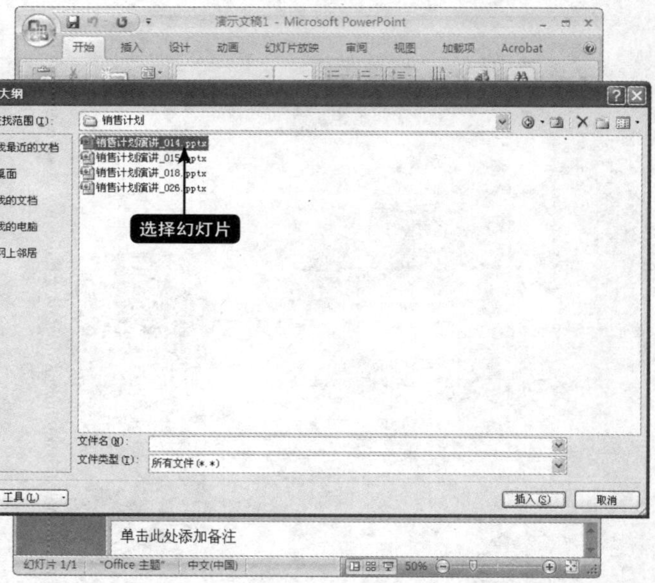

13.4.3 将演示文稿发布为网页

制作完成演示文稿后，可直接将其保存为网页格式，该格式可供更多的用户进行查看。

应用案例——将演示文稿发布为网页

素材 光盘:\素材\第13章\销售计划演讲.pptx

效果 光盘:\效果\第13章\销售计划演讲.htm、销售计划演讲.files

Step 01 打开需要发布为网页的演示文稿，单击Office按钮，然后再单击“PowerPoint选项”按钮，在“自定义”选项卡中选择“所有命令”选项，在快速访问工具栏中添加一个“网页预览”按钮，单击该按钮，预览发布为网页后的效果。然后，选择“Office/另存为/其他格式”命令。

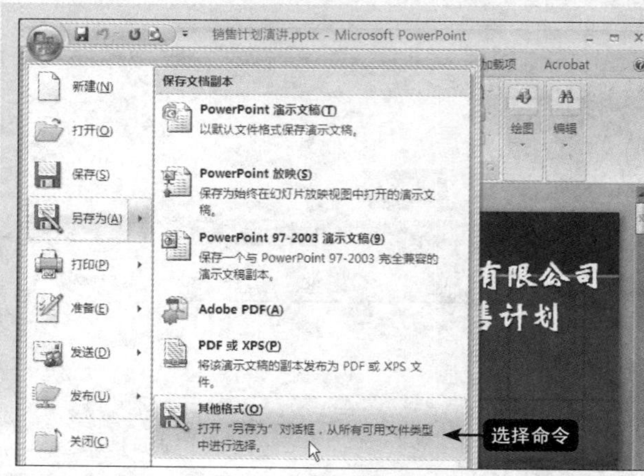

Step 02 在打开的“另存为”对话框中的“保存类型”下拉列表框中选择保存为“网页”类型，单击“更改标题”按钮，在打开的“设置页标题”对话框中设置发布后的网页标题，完成后单击“确定”按钮。

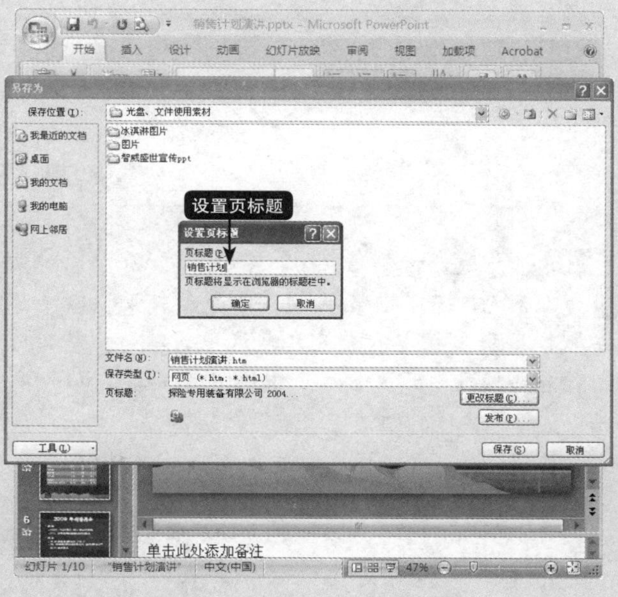

Step 03 单击“发布”按钮，在打开的“发布为网页”对话框中设置发布的内容、浏览器支持选项以及网页标题与网页文件名等。

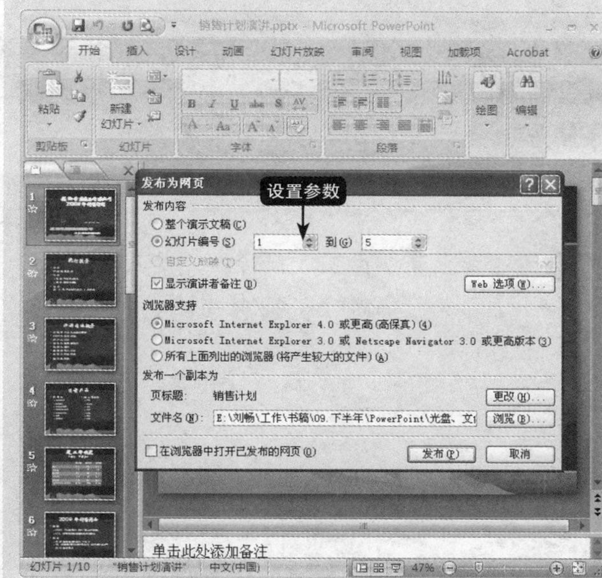

Step 04 确定后单击“发布”按钮，稍后在设置的保存文件夹下即可看到发布生成的网页文件，双击其中的htm文件，并解除Internet Explorer的阻止访问，即可打开网页，显示通过Internet浏览该演示文稿的效果，此效果与前面预览时看到的效果相同。

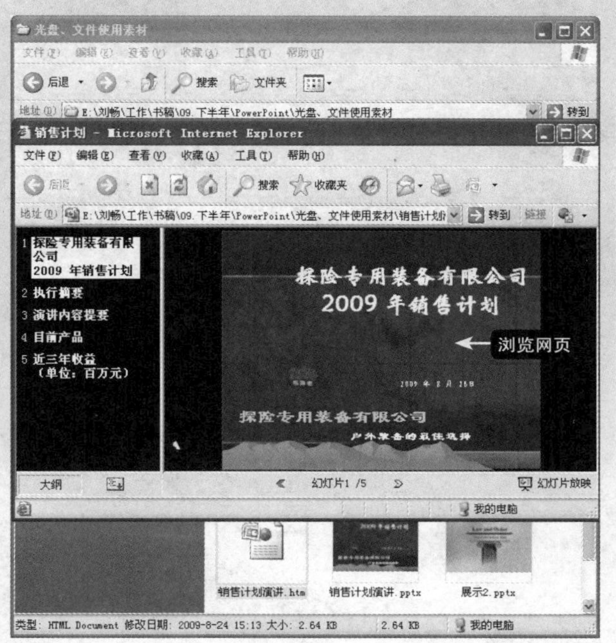

Step 05 启动PowerPoint程序，选择“Office/打开”命令，在打开的“打开”对话框中选择该htm文件，然后单击“打开”按钮，可使用PowerPoint打开该网页文件，在其中像编辑演示文稿一样修改网页文件中的任意内容。

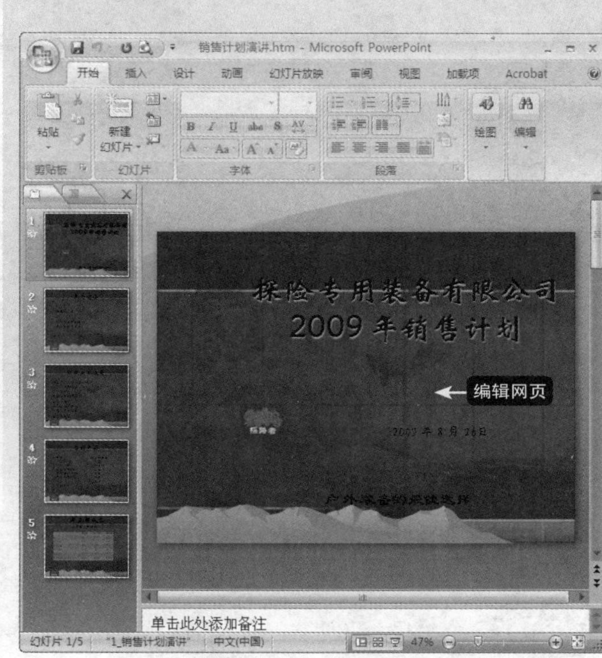

13.4.4 将演示文稿发布为Word格式

制作完成演示文稿后，用户可通过设置打印参数打印幻灯片讲义，以便在进行演讲时作为参考文件使用，若要使打印的讲义具有更妥帖的格式，或想使用文本处理软件编辑讲义，则可将演示文稿发布为Word格式。

应用案例——将演示文稿发布为Word格式

素材 光盘:\素材\第13章\销售计划演讲.pptx

效果 光盘:\效果\第13章\无

Step 01 打开素材盘中第13章的"销售计划演讲.pptx"演示文稿，选择"Office/发布/使用Microsoft Office Word创建讲义"命令。

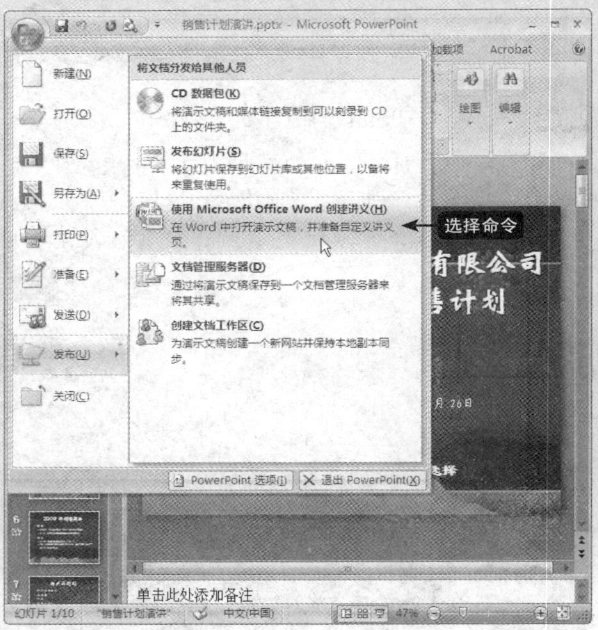

Step 02 打开"发送到 Microsoft Office Word"对话框，在对话框中选择所需的页面布局。要以固定粘贴原始演示文稿中的内容，需选中"粘贴"单选按钮，若要使在演示文稿中所做的修改更新在Word文档中，需选中"粘贴链接"单选按钮，然后单击"确定"按钮，即可将演示文稿发布到Word文档中。

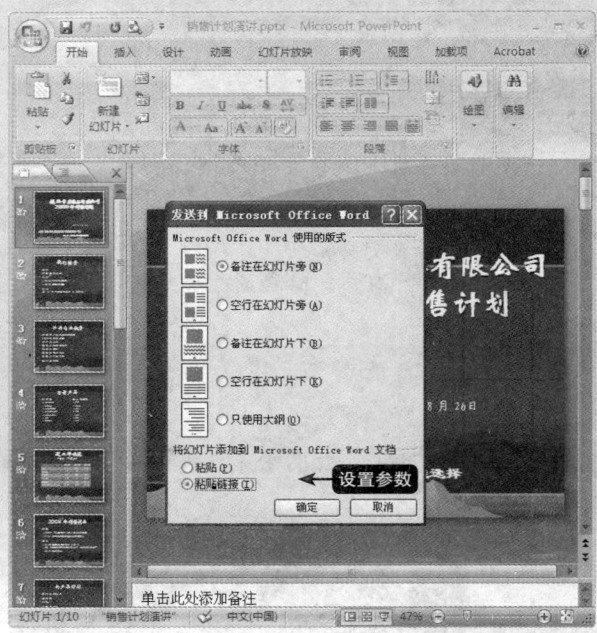

Part 5

深度应用关键技术

除前面介绍的主体内容外，PowerPoint 2007中还有一些功能虽然不常使用，但也有其很重要的作用，如文字检验功能可自动审阅幻灯片中的文字错误，而使用宏功能可实现某些操作的自动化，提高工作效率。本篇将对这些技术进行介绍。

14 Chapter 校验演示文稿中的文字

READERS' GUIDE

制作好的演示文稿通常需要投影到屏幕进行放映，其内容常被放大显示在观众面前，演示文稿中的些许错误都会显露无遗。因此，为了避免在正式场合放映演示文稿时出现纰漏，在制作完成后需对其中的文字内容进行校验，本章即介绍相关内容。

MAIN CASES

14.1 更正文字拼写

当在幻灯片中输入了英文或拼音之后，在将演示文稿交付给他人之前，应检查其中是否存在拼写和语法错误。Microsoft Office 程序提供了拼写检查工具，可帮助用户进行定位检查，并且还能在检查出拼写问题后提供单词的拼写更正建议。

14.1.1 检查单个单词

在幻灯片中输入英文字符后，若字符出现拼写问题，其下方将会出现一条红色波浪线，用户可根据波浪线，检查单个单词。

应用案例——检查演示文稿中的单个单词

素材 光盘:\素材\第14章\微软公司简介.pptx

效果 光盘:\效果\第14章\微软公司简介.pptx

要点提示：自动更正与忽略更正

默认情况下，在幻灯片中输入英文单词后，若单词出现错误，其下方会出现一条红色波浪线，以提示用户更正错误，但某些时候，用户输入拼音文字如公司名称拼音，或者输入程序无法识别的单词时，其下方也会出现波浪线，可单词并没有出错，这时可在单词上方右击，在弹出的快捷菜单中选择“全部忽略”命令，忽略更正提示。

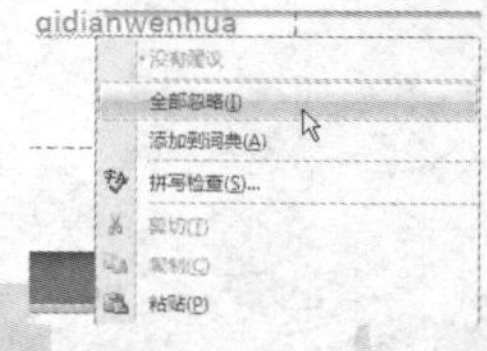

Step 01 打开素材盘中第14章的“微软公司简介.pptx”演示文稿，切换到第二张幻灯片，可看到在该幻灯片中输入的正文文本中的多处英文字符下出现了红色波浪线。

Step 02 将光标定位到“雷德蒙市”文本后的被红色波浪线标记的英文单词Remond之中，然后右击。

Step 03 在弹出的快捷菜单中显示了系统提供的多个针对当前错误单词的更正建议，根据该单词前的中文译音，可猜测到Redmond为其正确拼法，于是选择Redmond命令。

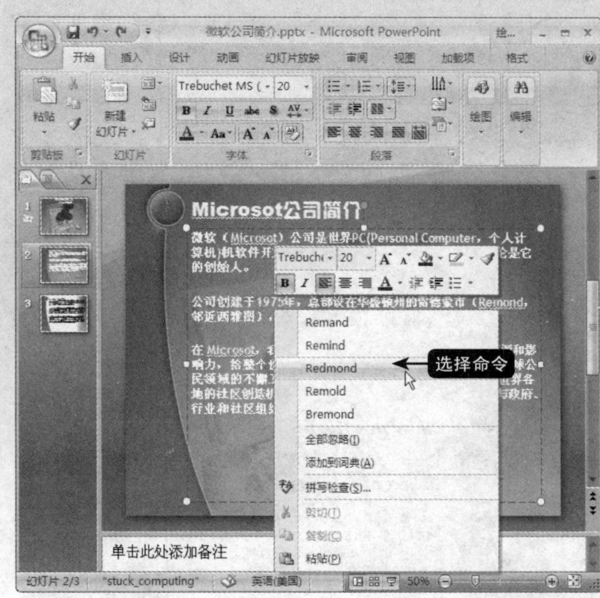

Step 04 即可看到错误的单词Remond被改为了Redmond，保存演示文稿，完成单个单词的检查操作。

14.1.2 检查整个演示文稿

在幻灯片中有可能会输入多个有问题的单词，这时可使用“审阅”选项卡中的相关命令对整个演示文稿进行检查，并能统一更换幻灯片中的错误文本。

应用案例——检查整个演示文稿中的文本

素材 光盘:\素材\第14章\微软公司简介2.pptx

效果 光盘:\效果\第14章\微软公司简介2.pptx

Step 01 打开需要进行拼写检查的素材演示文稿，切换到“审阅”选项卡，单击“校对”组中的“拼写检查”按钮。

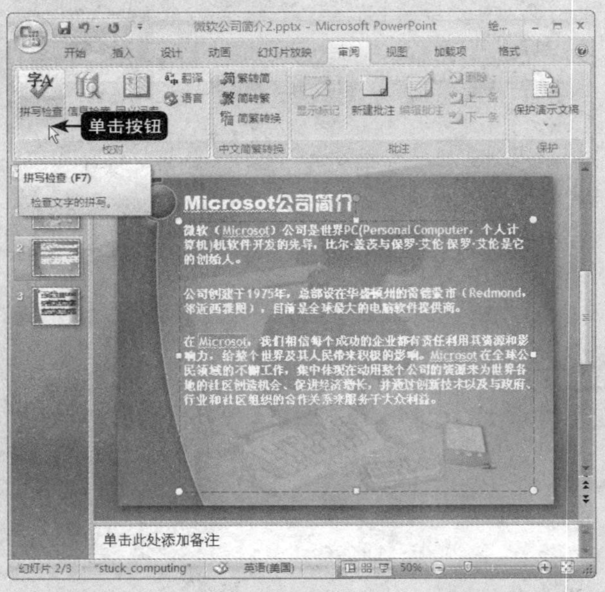

Step 02 打开“拼写检查”对话框，在该对话框中找到了拼写错误的单词，并根据情况提出更改建议。选择更改建议中的正确词汇，单击“更改”按钮。

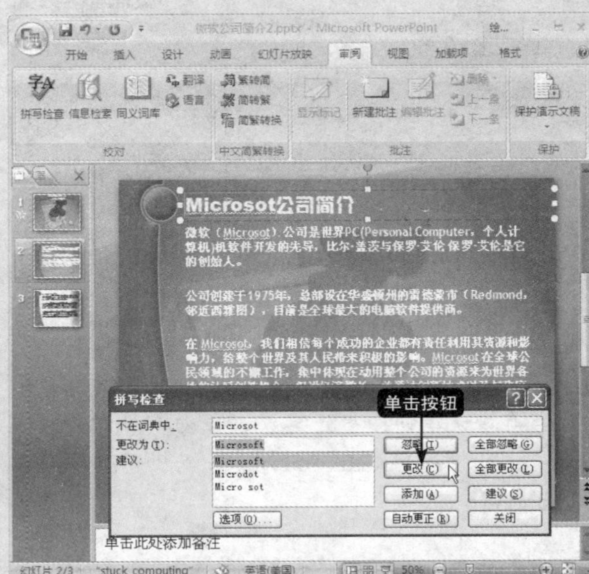

Step 03 单击“更改”按钮后，当前选中错误单词立刻被更改，并将自动选中演示文稿中的下一个错误单词，依次单击“更改”或“自动更正”按钮即可替换。

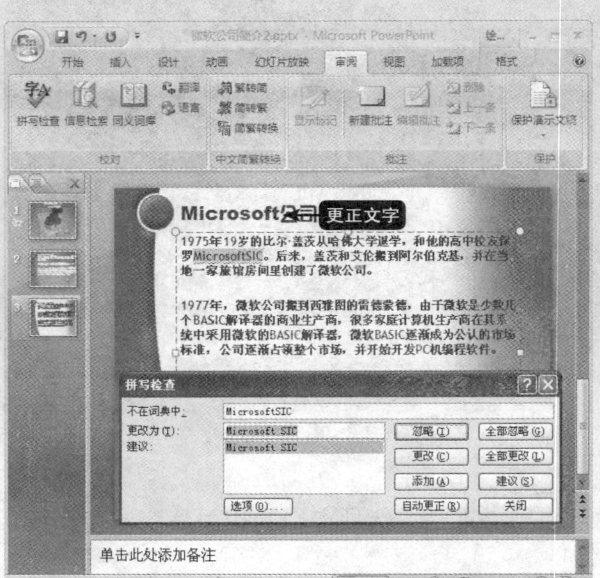

Step 04 当演示文稿中的错误单词全部进行更正之后，将弹出一个提示对话框，提示拼写检查结束，单击“确定”按钮，并保存文件完成检查操作。

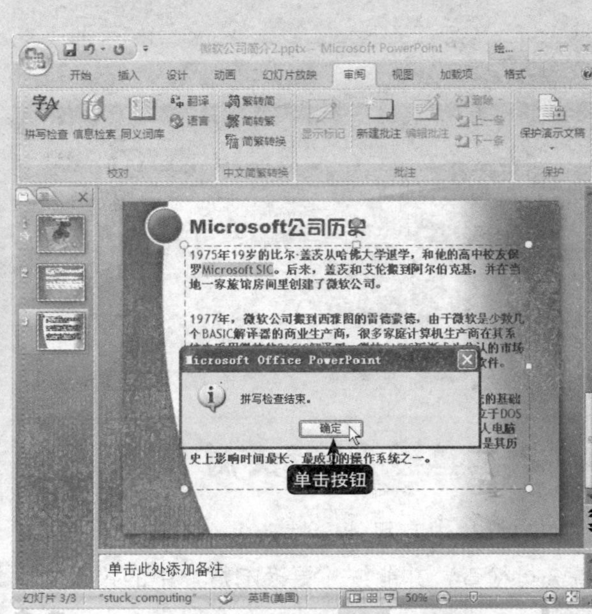

14.1.3 忽略与添加单词

当用户输入拼音文字如公司名称拼音、姓名全称拼音，或者输入某些复杂单词时，系统会因为程序无法识别的原因也在其下划出波浪线以示提醒，这时，用户可为这些特殊的单词设置忽略系统提示，或将其添加到词典中，避免下次使用该单词时再出现更正提示。

使用技巧：一次性更正所有拼写错误

在“拼写检查”对话框中若单击“全部更正”按钮，可一次性更正演示文稿中所有相同格式且错误相同的同一个单词。

应用案例——在幻灯片中忽略与添加单词

素材 光盘:\素材\第14章\企业宣传.pptx

效果 光盘:\效果\第14章\企业宣传.pptx

Step 01 打开素材盘中第14章的“企业宣传.pptx”演示文稿，单击“拼写检查”按钮，打开“拼写检查”对话框，在对话框中单击“忽略”按钮将在本次忽略当前幻灯片中的拼写问题，若单击“全部忽略”按钮将在本次忽略整个演示文稿中的拼写问题。

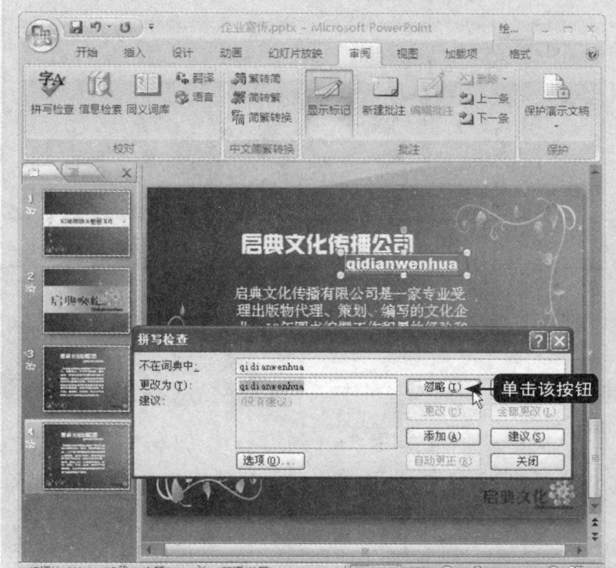

Step 02 在“拼写检查”对话框中单击“添加”按钮，可将该单词保存到词典中，以后再检查拼写时，就会默认该单词是正确的。

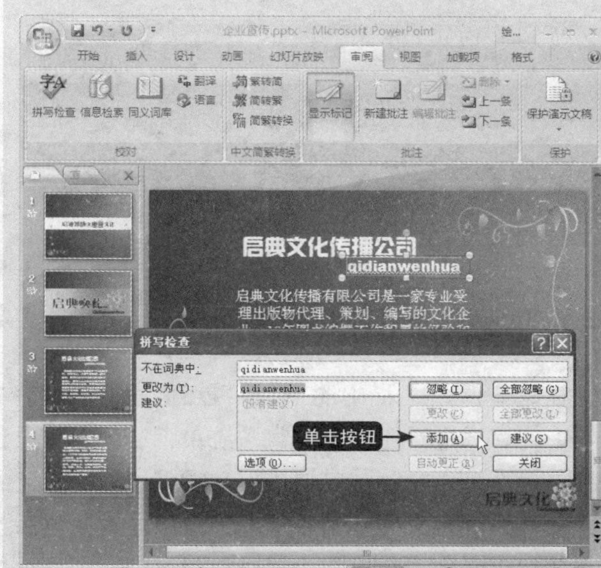

Step 03 完成单词的忽略或添加操作后，将弹出一个提示对话框，提示“拼写检查结束”，在该对话框中单击“确定”按钮并保存演示文稿，即可完成操作。

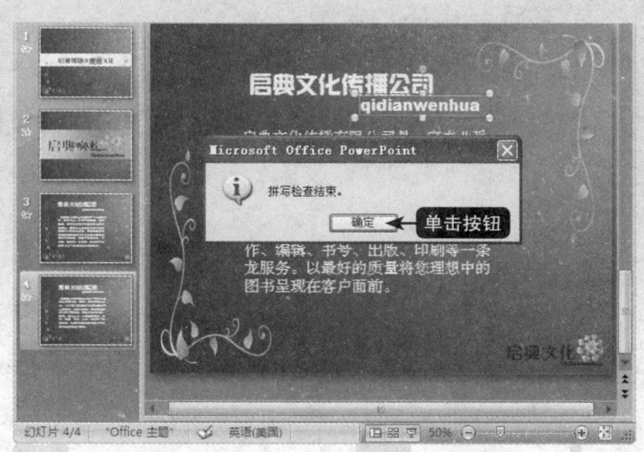

14.1.4 设置拼写检查选项

在系统自动进行拼写检查时，其检查项可能并不符合用户需求，例如某些需要检查的项目没有被自动检查或筛选出了不必要的问题等，这时用户可根据需求，另行设置拼写检查的功能，例如设置忽略文件地址信息等。

Step 01 启动PowerPoint程序，单击Office按钮，在弹出的菜单中单击“PowerPoint选项”按钮。

Step 02 在打开的“PowerPoint选项”对话框中单击“校对”选项卡，在其中的“在Microsoft Office程序中更正拼写时”栏中，用户可通过选中或取消选中其中的复选框来自行设置相应的检查项，完成后单击“确定”按钮，以后系统即可按照设置的选项进行拼写检查。

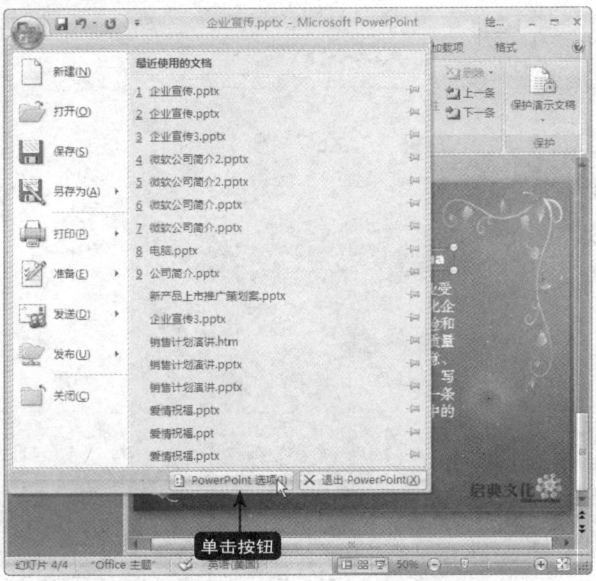

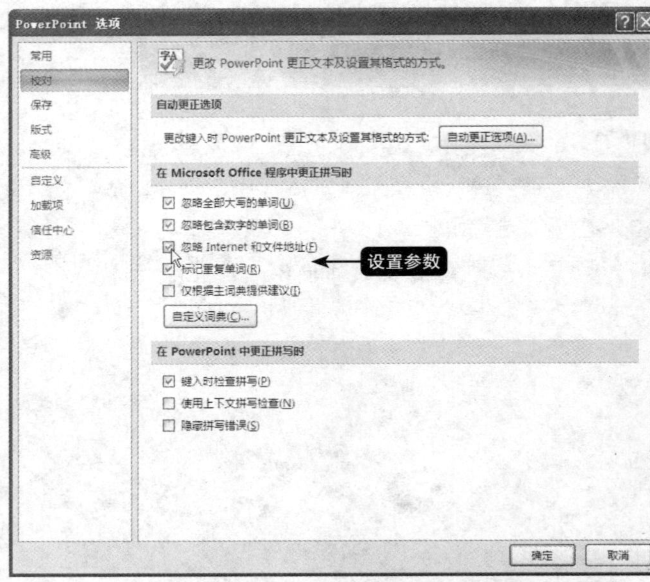

14.1.5 使用自定义词典

在检查演示文稿中的拼写问题时，系统会将文档中的单词与此工具的主词典中的单词进行比较。通常系统自带的词典中只包含常见单词，而一些专有名称、技术术语、缩写或俚语等单词则不包含在内。此外，主词典中有些单词的大小写可能与文档中相应单词的大小写不同。将一些不常见的单词或大写形式添加到自定义词典可防止拼写检查器把它们标记为错误。

1. 在词典中添加单词

在打开的“PowerPoint选项”对话框中单击“校对”选项卡中的“自定义词典”按钮可打开词典设置对话框，通过该对话框即可在词典中添加单词。

Step 01 通过Office菜单打开“PowerPoint选项”对话框，选择“校对”选项卡，在其中的“在Microsoft Office程序中更正拼写时”栏中单击“自定义词典”按钮。

Step 02 打开“自定义词典”对话框，单击该对话框右上角的“编辑单词列表”按钮。

要点提示：设置词典的注意事项

如果在一个Microsoft Office程序中进行任何自定义词典设置，所有其他程序也会受到影响。也就是说，在PowerPoint程序中设置了词典之后，其他的Office程序也会受到相应的影响。

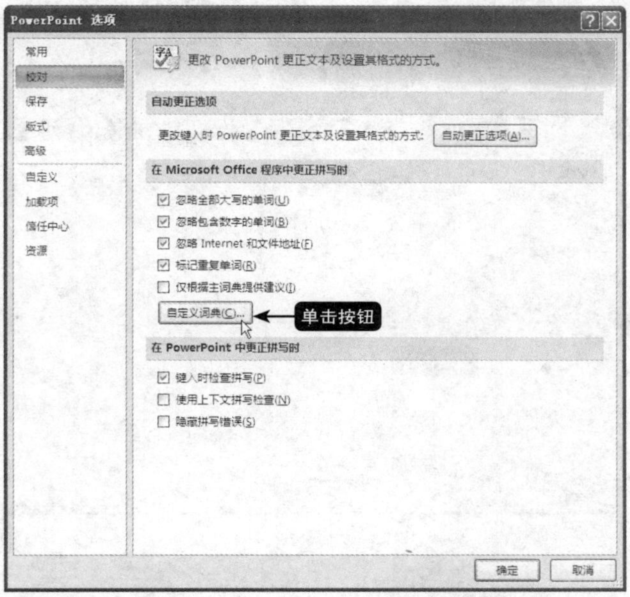

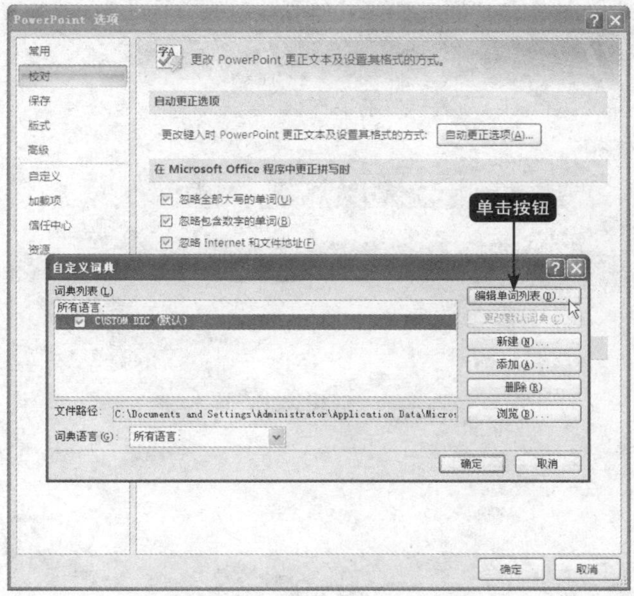

Step 03 打开CUSTOM.DIC对话框，在该对话框中的“单词”文本框中输入需添加到系统词典中的单词hacktivist，然后单击“添加”按钮。

Step 04 该单词即被添加到下方的“词典”列表框中，单击“确定”按钮可返回“自定义词典”对话框，再次单击“确定”按钮，完成单词的添加操作。

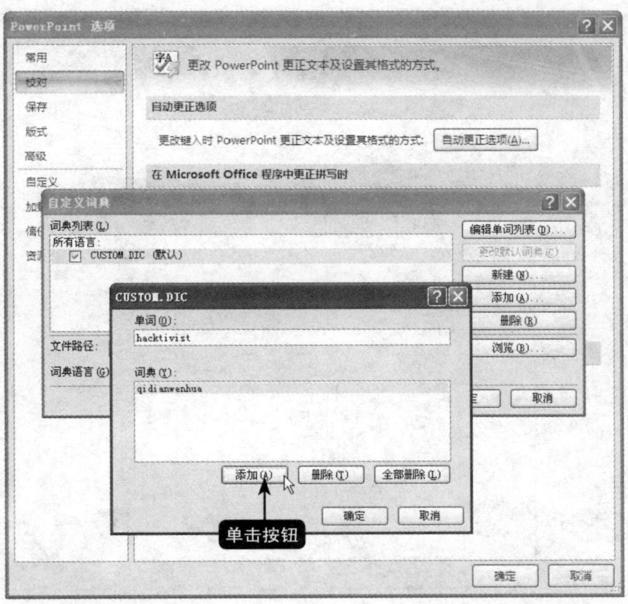

2. 新建词典

若用户不希望将新添加的单词保存到系统自带的词典中，还可新建一个词典，在该词典中添加所需单词。

Step 01 在“PowerPoint选项”对话框的“校对”选项卡中再次单击“自定义词典”按钮，打开“自定义词典”对话框，单击该对话框右上角的“新建”按钮。

Step 02 打开“创建自定义词典”对话框，在该对话框中的“文件名”文本框中输入文件名“英语俚语”，然后单击“保存”按钮。

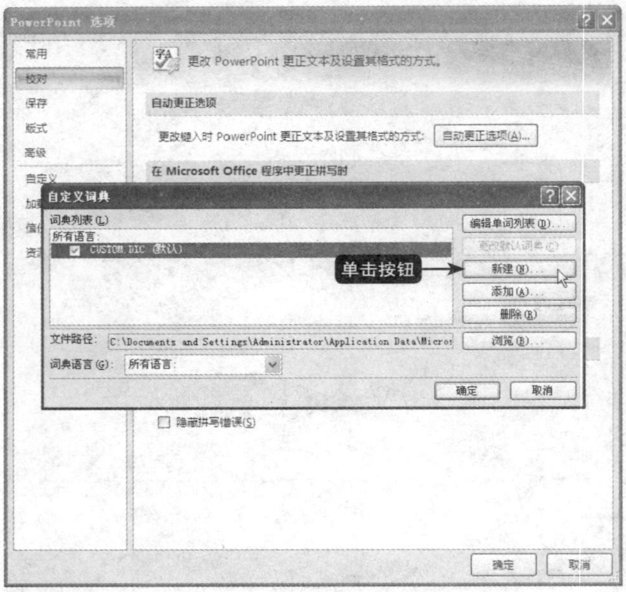

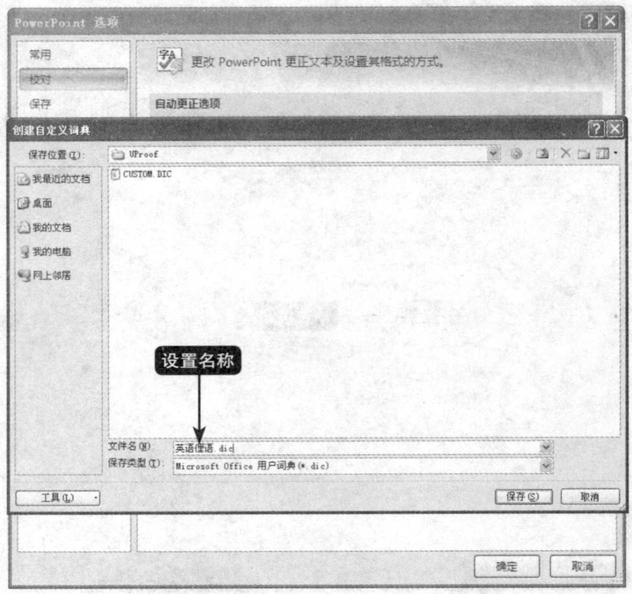

Step 03 在“自定义词典”对话框中选中“英语俚语.dic”选项，单击“编辑单词列表”按钮，打开“英语俚语.dic”对话框，在该对话框中的“单词”文本框中输入需添加到词典中的单词hackenkracks，然后单击“添加”按钮。

Step 04 该单词即被添加到下方的“词典”列表框中，用同样的方法可添加更多单词，单击“确定”按钮，完成单词的添加操作。

3. 删除单词与词典

在自定义添加了单词与词典之后，若不再需要使用该自定义工具，可将其删除以节约磁盘空间，其方法如下：

Step 01 打开“自定义词典”对话框，选择需要修改的词典，然后单击“编辑单词列表”按钮，在打开对话框中的“词典”列表框中选择需删除的单词，单击“删除”按钮，即可将其删除。

Step 02 单击“确定”按钮，返回到“自定义词典”对话框，选择需删除的词典“英语俚语.dic”，然后单击“删除”按钮即可将其删除，单击“确定”按钮回到

使用技巧：添加现有词典

若在“自定义词典”对话框中单击“添加”按钮，可自定义添加现有的第三方词典。

“PowerPoint选项”对话框，再次单击“确定”按钮完成编辑操作。

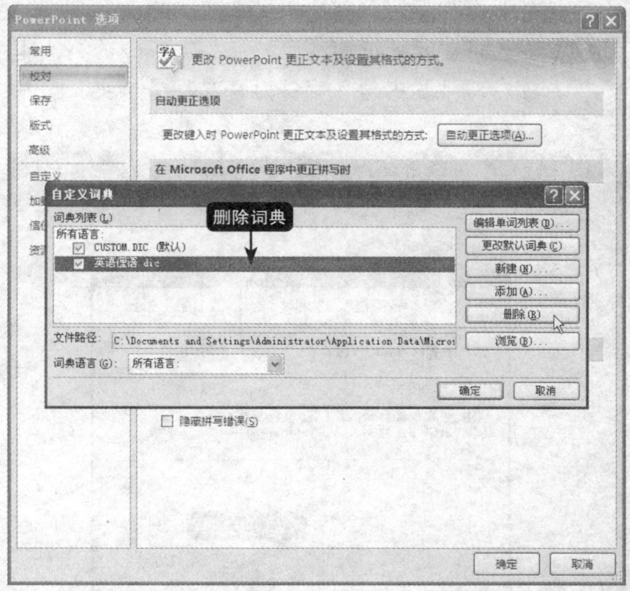

14.2 自动更正幻灯片内容

自动更正是Office办公程序中的一项实用功能。用户通过进行相应设置后，系统会自动更正某些常见错误。另外，对于一些经常要输入的长串术语，也可通过设置自动更正，将其用缩略语代替。

14.2.1 使用自动更正修正常见问题

通过自动更正可修正一些常见问题，例如句首字母大写、英文日期第一个字母大写等，PowerPoint系统提供的默认选项通常适用于大多数用户，但如果有特殊需要，用户还可轻松地自定义自动大写选项。

Step 01 单击Office按钮，在弹出的菜单中单击“PowerPoint 选项”按钮，在打开的“PowerPoint 选项”对话框中切换到“校对”选项卡，然后在“自动更正选项”栏中单击“自动更正选项”按钮。

Step 02 打开“自动更正”对话框，选中其中各个复选框，即可进行相应设置。

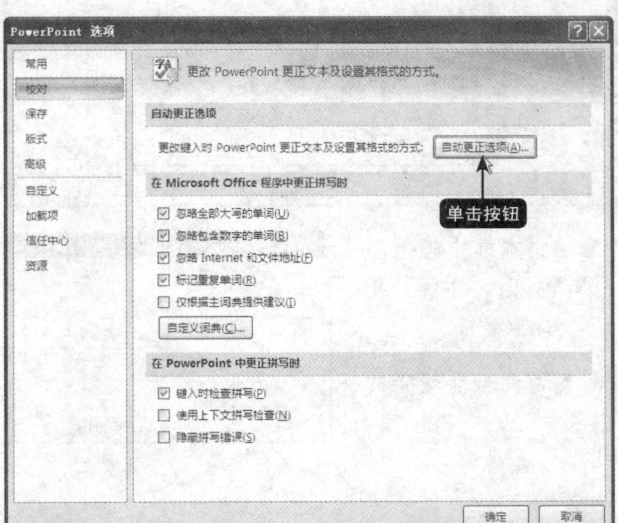

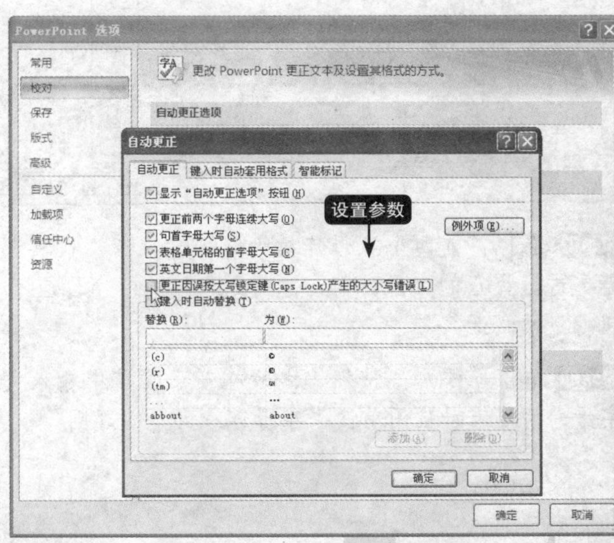

Step 03 选中“键入时自动替换”复选框，然后在“替换”编辑框中输入实际输入的字符，在“替换为”编辑框中输入自动更正后的内容，输入完毕单击“添加”按钮。

Step 04 设置的自动更正选项即被添加到下方的列表框中，完成添加后单击“确定”按钮关闭“自动更正”对话框，之后在幻灯片中输入字符时将自动进行更正替换。

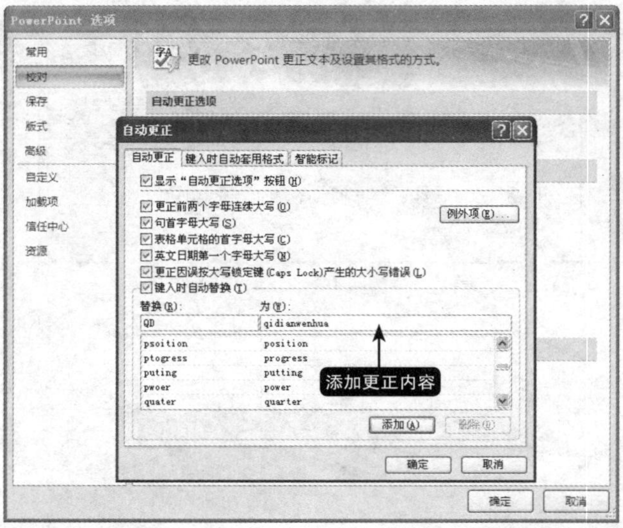

Step 05 在PowerPoint 2007中还可以指定几条大写规则的例外项，在“自动更正”对话框中单击“例外项”按钮，打开“‘自动更正’例外项”对话框，选择“首字母”选项卡。

Step 06 在文本框中输入所需单词，然后单击“添加”按钮，该单词就不会被自动更正为首写字母大写。

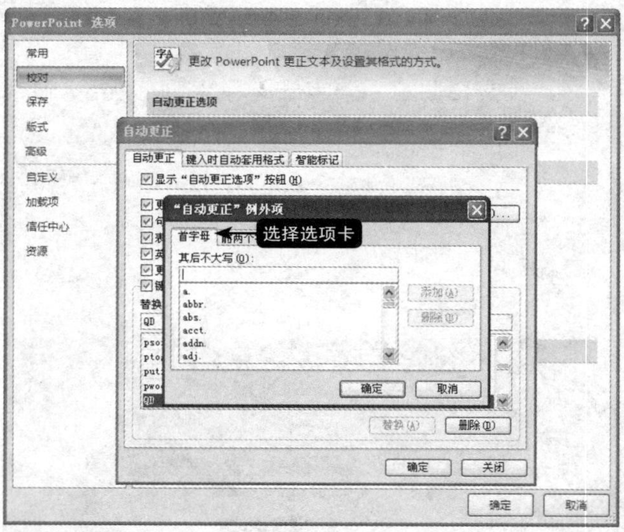

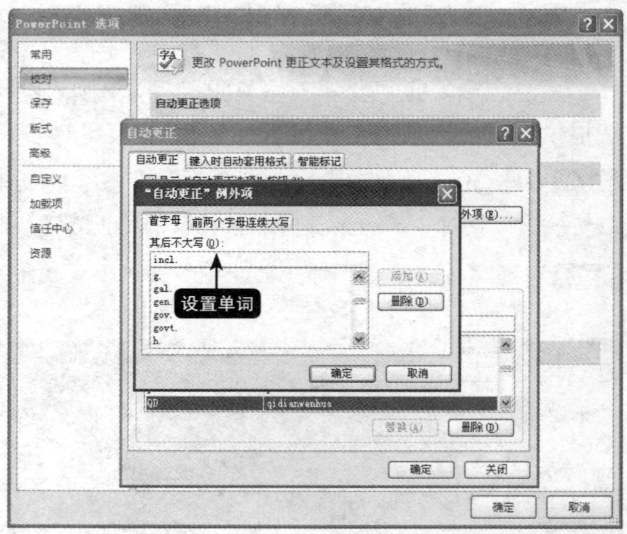

Step 07 选择“前两个字母连续大写”选项卡，在其“不更正”文本框中输入不需要进行更正的字母，需注意的是，输入的字母应不少于3个，否则“添加”按钮将不被激活。

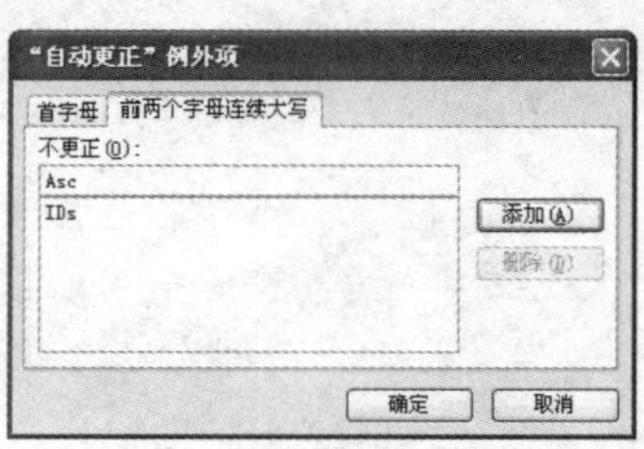

Step 08 单击“添加”按钮，之后在演示文稿中输入文本时，若遇到当前输入的字母，将不自动应用前两个字母连续大写的规则。

14.2.2 键入时自动套用格式

在“自动更正”对话框中选择“键入时自动套用格式”选项卡，在显示的页面中可通过选择或取消选择复选框，设置在幻灯片中键入文本或符号时自动套用的格式。

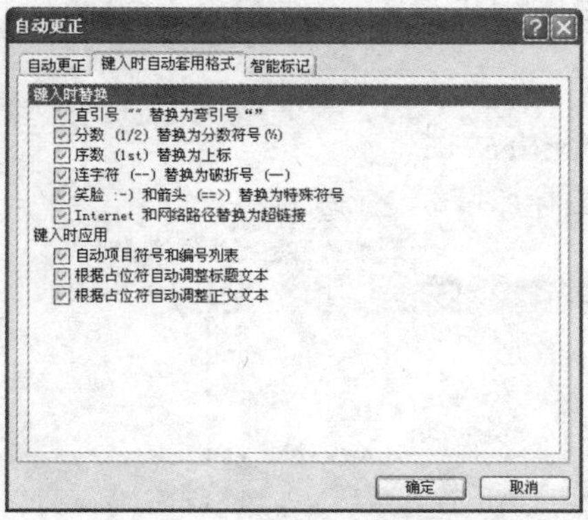

■查看自动套用格式选项

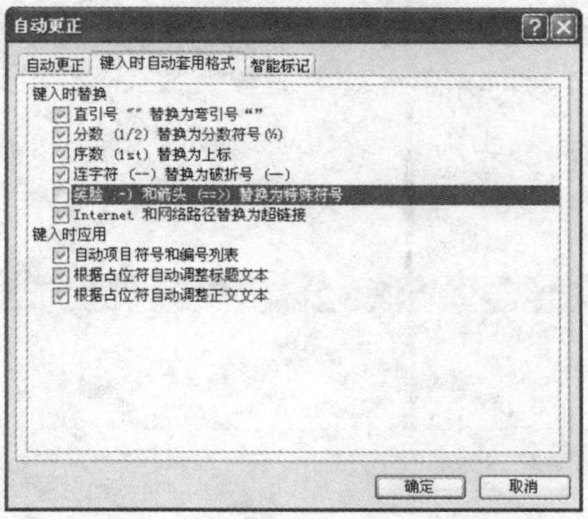

编辑自动套用格式选项■

使用技巧：PowerPoint 2003的自动更正

在PowerPoint 2003文档中选择相应词句，选择“工具/自动更正选项”命令，也可打开“自动更正”对话框进行自动更正选项的设置。

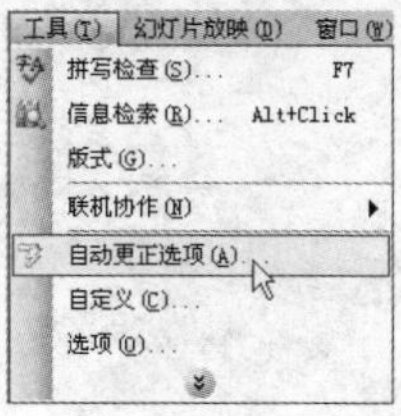

14.2.3 使用智能标记

智能标记是在Microsoft Office XP中开始使用的一项新功能，它提供了一些自动化控制功能，能提高用户的工作效率，当用户将鼠标光标悬停在嵌入了智能标记的文本上时，将会出现一个感叹号形状的智能标记图标ⓘ，单击图标旁的下拉按钮，在弹出的菜单中提供了可对该文本实施的多种操作，选择相应命令即可应用该操作。

在打开的“PowerPoint 选项”对话框中单击“自动更正选项”按钮，然后在打开的“自动更正”对话框中选择“智能标记”选项卡，选中“给文字加上智能标记”复选框以启动智能标记，选中下方的各个选项则表示启用不同的智能标记识别器。下面进行简要介绍。

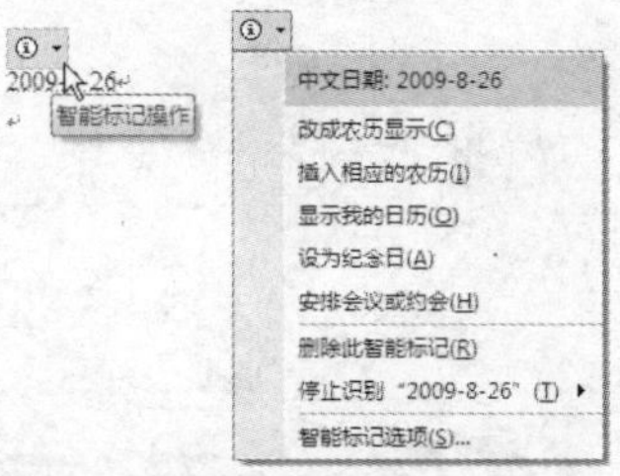

智能标记图标与智能标记菜单■

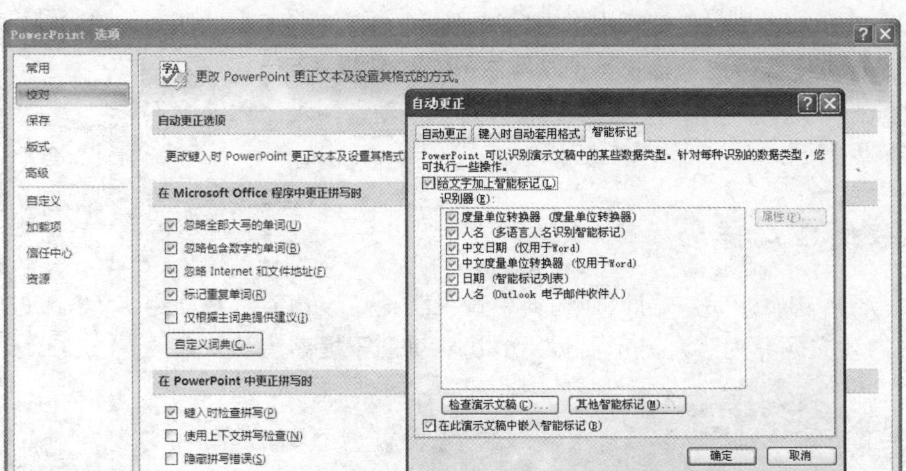

■“智能标记”选项卡

◆ **度量单位转换器**：使用“智能标记”识别度量单位，并提供选项供用户选择转换单位。

- 日期（智能标记列表）：可链接到Outlook软件，帮助用户查看会议安排并打开日历。
- 人名（Outlook电子邮件收件人）：可识别用户在Outlook程序中设置的通讯录列表中的人名，帮助用户迅速向联系人发送邮件；若输入的人名不在Outlook通讯录列表中，还可通过“智能标记”将其迅速插入到列表中。
- 检查演示文稿：单击“检查演示文稿”按钮可搜索演示文稿中的内容，找到与智能标记识别器匹配的文本，然后对其进行“智能标记”，检查演示文稿后将弹出确认智能标记已检查完成的提示对话框，单击“确定”按钮即可完成检查操作。

检查智能标记提示对话框■

- 其他智能标记：单击“其他智能标记”按钮，将打开Microsoft Office Online中的“可用的智能标记”网页，在该网页中提供了多种智能标记供用户下载。

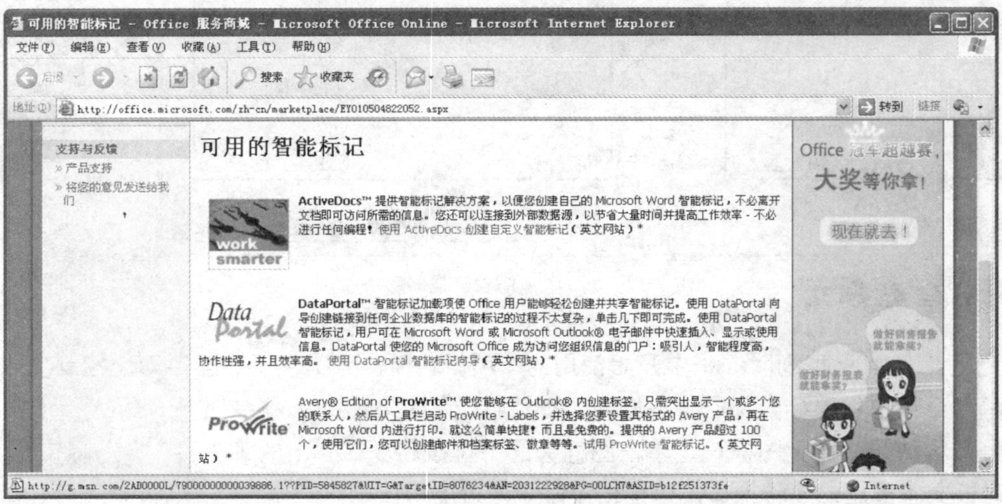

■Microsoft Office Online网页

14.3 使用信息检索工具

Microsoft Office PowerPoint在其新版本中增加了一个“信息检索”功能，用户可使用“信息检索”任务窗格查找单词、搜索同义词或翻译句子。此外，若用户使用的计算机可访问Internet，还能在服务列表中输入网址，以便搜索各种参考信息和扩展资源。

疑难解答：信息检索的含义

问：究竟什么是信息检索？它与网络搜索有什么区别？

答：信息检索是指信息按一定的方式组织起来，并根据用户的需要找出相关信息的过程和技术。网络搜索通常是在浩瀚的网络资源中进行查找，信息检索则是指在已经进行了初步分类的资源库中进行检索。

14.3.1 在词典中查找单词

使用“信息检索”功能，用户可以在词典中查找字词，该功能可帮助用户迅速了解词汇的英文翻译内容，方便而实用的功能有助于提高演示文稿的质量。

Step 01 打开演示文稿，切换到“审阅”选项卡，在“校对”组中单击“信息检索”按钮。

Step 02 打开“信息检索”任务窗格，在“搜索”文本框中输入“祝福”文本，在选择搜索范围下拉列表框中选择“所有参考资料”选项，然后单击“开始搜索”按钮。

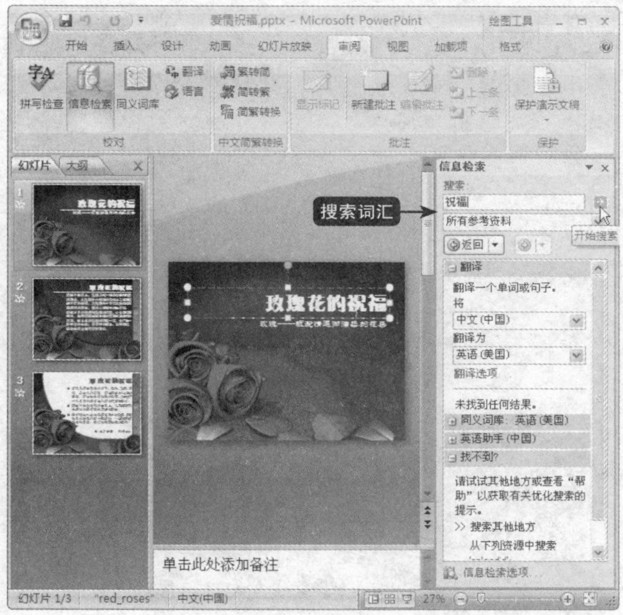

Step 03 系统开始进行查询，在下面的列表框中将显示出相关的信息。

Step 04 在“搜索”文本框中输入英文单词splendid，在选择搜索范围下拉列表框中选择“英语助手（中国）”选项，系统将自动开始搜索该单词的英文翻译内容。

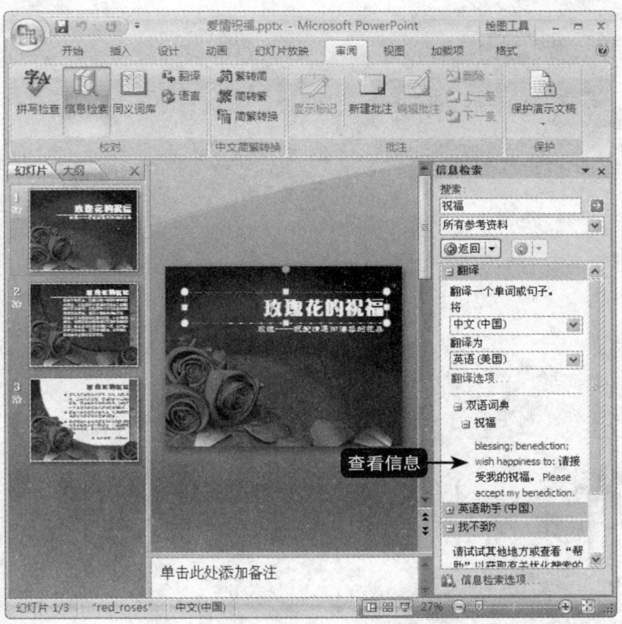

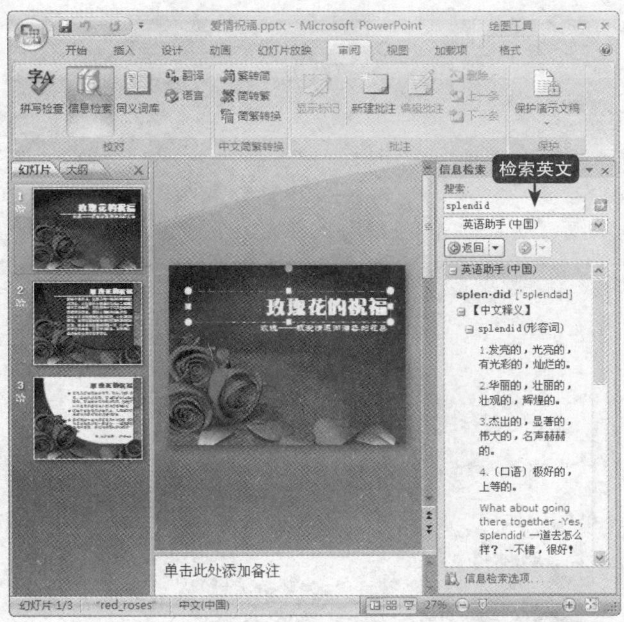

14.3.2 利用同义词库查找同义词和反义词

使用“信息检索”功能，用户可以在同义词库中查找同义词和反义词，Office系统中提供的同义词库类似于一本同义词与反义词的综合词典，可帮助用户随心所欲地使用词汇。

将鼠标光标插入到演示文稿中的文本框中，然后在“审阅”选项卡的“校对”组中单击“同义词库”按钮，打开“信息检索”任务窗格中的同义词资源库，也可直接在上一节中打开的“信息检索”任务窗格中进行操作。

Step 01 在打开的“信息检索”任务窗格的“搜索”文本框中输入单词lucky，在选择搜索范围下拉列表框中选择“同义词库：英语（美国）”选项，然后单击“开始搜索”按钮。

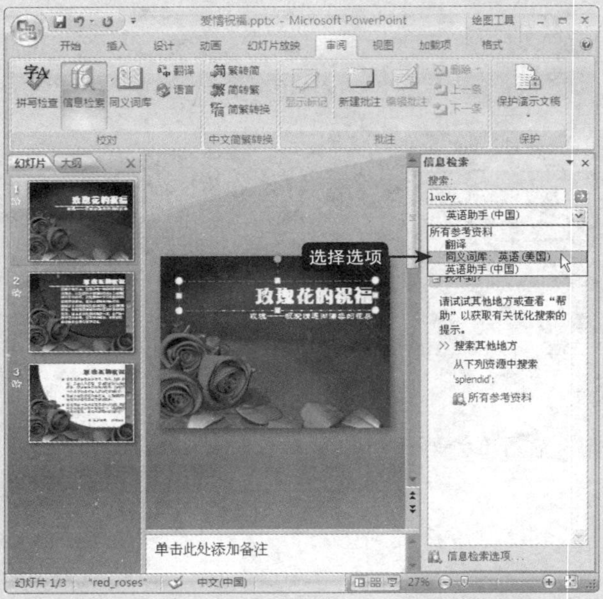

Step 02 系统开始进行查询，在下面的列表框中将显示出单词的多个同义词，在同义词的最下方以“（Antonym）”标示的单词unlucky为其反义词，单击反义词旁的下拉按钮，在弹出的下拉菜单中选择“查阅”命令。

Step 03 系统将继续进行查询，在下面的列表框中将显示出单词unlucky的多个同义词，在同义词的下方同样以“（Antonym）”标示的单词为其反义词。若要了解单词unlucky的翻译信息，需在搜索范围下拉列表框中选择“英语助手（中国）”选项。

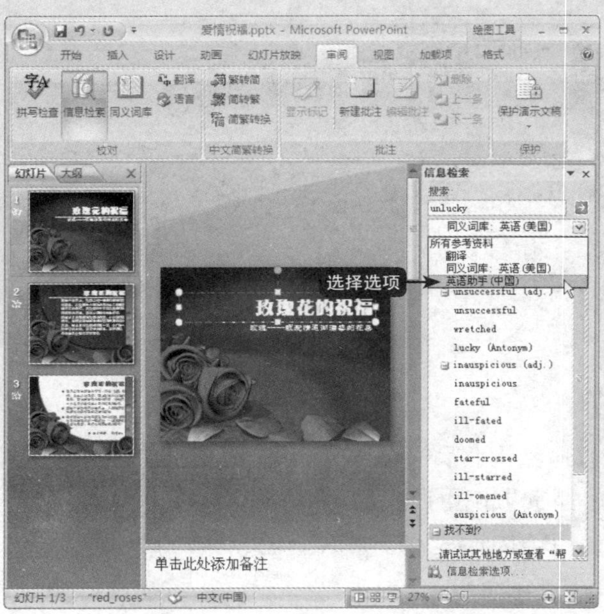

Step 04 系统开始自动进行信息检索查询，稍后在“信息检索”任务窗格下面的列表框中将显示出单词unlucky单词的中文释义以及例句、派生词等内容。

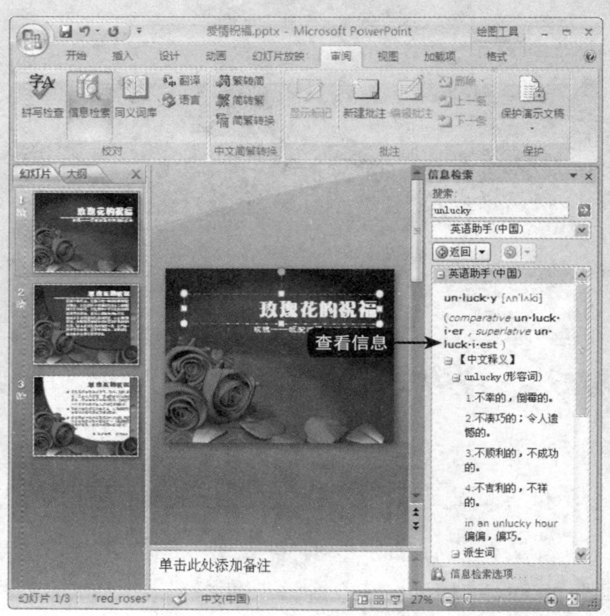

14.3.3 将文字翻译成其他语言

使用系统中提供的“信息检索”任务窗格中的翻译工具，不仅可以将单个词语翻译成英文，还能翻译词组与句子，甚至能将其翻译为法语、西班牙语等其他语言。

使用技巧：系统只能完成简单的翻译

这里只是简单翻译，若要使用严谨的翻译文稿，需请教专业人士。

Step 01 在幻灯片中选择需要翻译的文本，然后单击“校对”组中的“翻译”按钮。

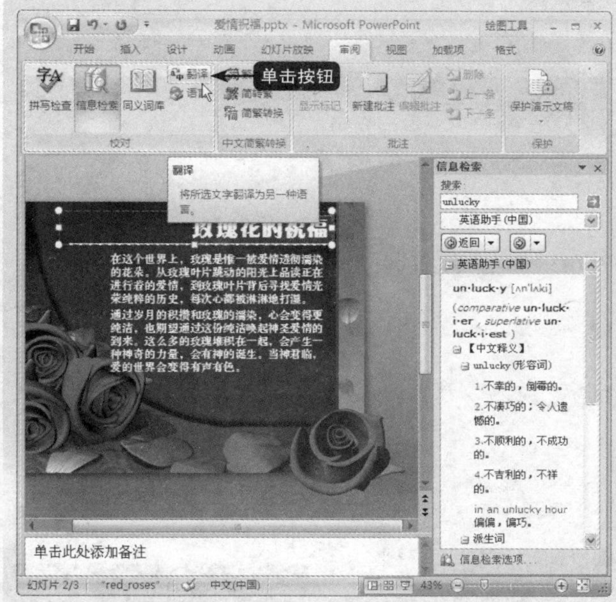

Step 02 系统开始进行查询，在“信息检索”任务窗格下面的列表框中将显示出短语的默认英文翻译，单击“翻译为”下拉按钮，在弹出的下拉列表框中选择需要翻译的语言，这里选择“法语（法国）”选项。

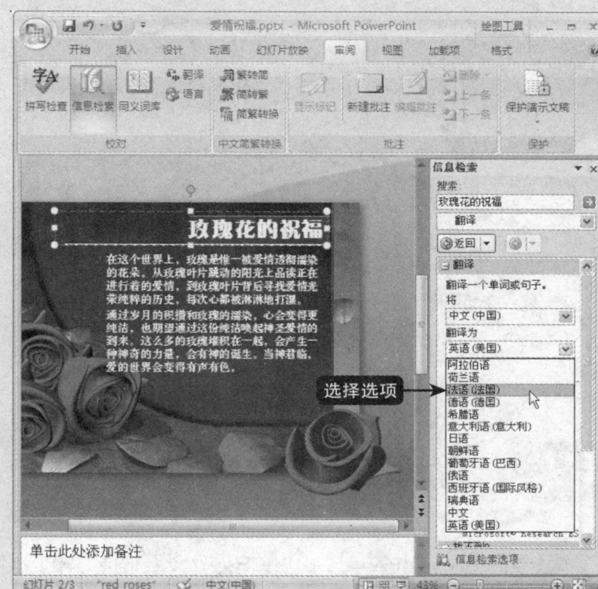

Step 03 系统将继续进行查询，在下面的列表框中将显示出被选择短语的法文翻译短句。

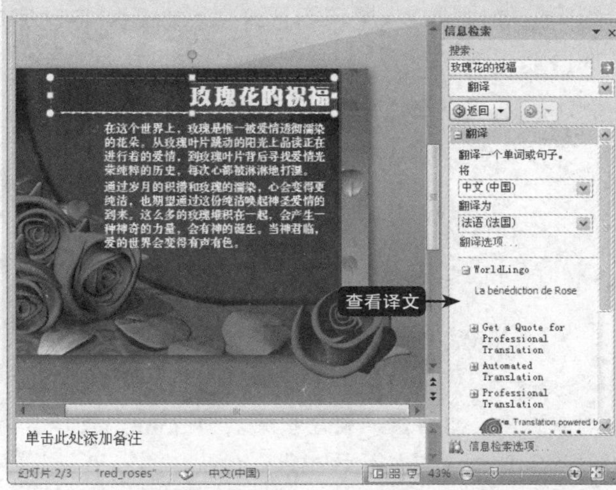

15 Chapter 自定义的命令——宏

READERS' GUIDE

PowerPiont中为用户提供了一种非常实用的工具——宏。当用户要在演示文稿中反复进行某种操作时，可以使用宏命令将多个命令组合成一个自定义命令，运行该命令即可进行演示文稿中的自动化操作，以提高工作效率。

MAIN CASES

15.1 什么是宏？

宏是Microsoft公司为Office办公软件提供的一项特殊功能，它主要是将执行一个操作所包含的一系列的命令和指令保存下来，如果下次需要再次大量执行相同的操作时，只需运行该宏，系统即可自动完成相应的操作，从而实现任务的自动化运行。

PowerPoint中启用宏的文件格式如下：

- PPTM格式：如果文件的扩展名为.pptm，表示其为启用宏的PowerPoint演示文稿。该文件中可以包含VBA代码。

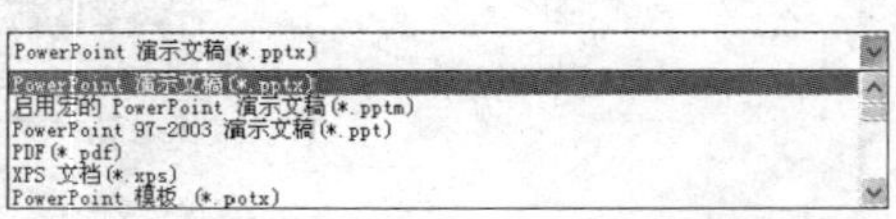

文件的保存格式

- PPSM格式：文件扩展名为.ppsm，表示其为启用宏的PowerPoint放映模式，用户可以在放映演示文稿时运行宏。
- POTM格式：文件扩展名为.potm，表示其为启用宏的PowerPoint模板，该模板中包含预先设置的宏。用户可以将宏添加到模板中，并在演示文稿中使用。适用于整个演示文稿中的所有幻灯片都需用到某个宏的情况下使用。
- PPT格式：若文件扩展名为.ppt，表示这是由PowerPoint的早期版本创建的默认文件格式，无论演示文稿中是否包含宏，其格式均为.ppt。

要点提示：怎样创建宏

Microsoft Office PowerPoint 2007中未提供用于自动执行频繁任务的宏录制器。不过，用户可以使用 Visual Basic for Applications (VBA)（一种Microsoft Visual Basic的宏语言版本，用于编写基于Microsoft Windows 的应用程序，内置于多个Microsoft程序中）来创建或编辑宏。

15.2 使用PowerPoint中的宏

可自动执行命令的宏是一种非常实用的工具，在创建了宏之后，用户只需在其中输入适当的VBA代码，即可运行相应的命令。

15.2.1 创建空白宏

如果要使用PowerPoint中的宏，首先需要创建一个空白宏，其方法如下。

应用案例——在演示文稿中创建空白宏

素材 光盘:\素材\第15章\产品推广策划案.pptx
效果 光盘:\效果\第15章\产品推广策划案.pptm

Step 01 打开素材盘中第15章的“产品推广策划案.pptx”演示文稿，在Office菜单中单击“PowerPoint选项”按钮，在弹出对话框的“常用”选项卡中选中“在功能区显示‘开发工具’选项卡”复选框，然后单击“确定”按钮。

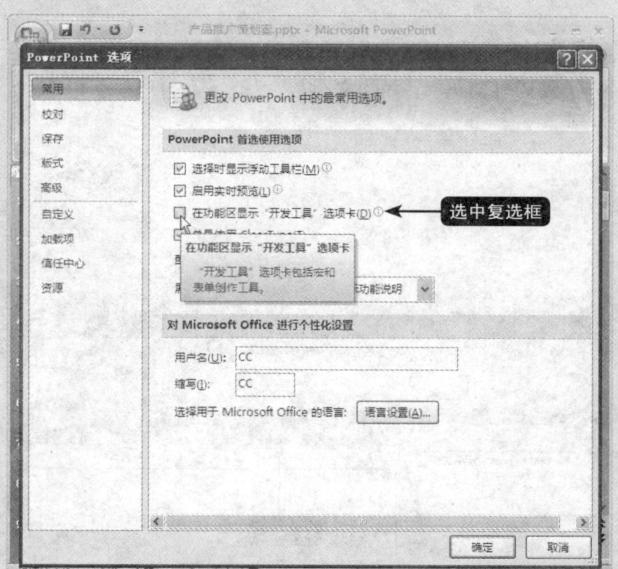

Step 02 设置了在功能区显示“开发工具”选项卡后切换到该选项卡，在其中的“代码”组中单击“宏”按钮。

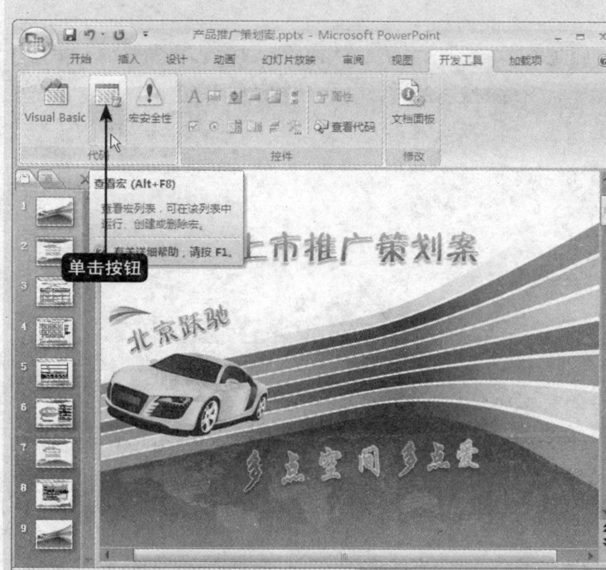

Step 03 打开“宏”对话框，在“宏名”文本框中输入一个用于代表宏功能的名称“设置字体格式”，在“宏作用于”下拉列表框中设置宏运用的范围，然后单击“创建”按钮。

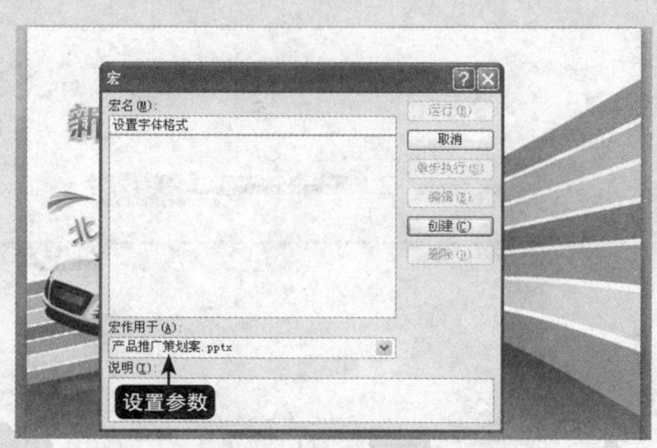

Step 04 打开PowerPoint自带的Microsoft Visual Basic工具，在其中可看到新建了一个以“设置字体格式”命名的宏。

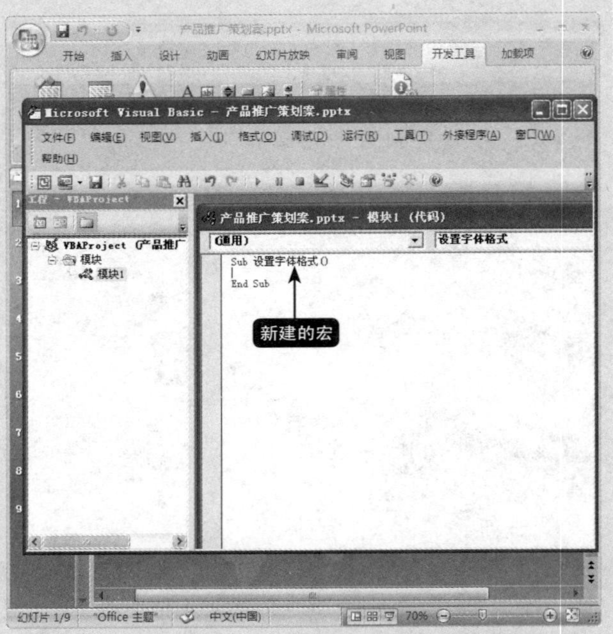

Step 05 单击工具栏中的“保存”按钮，将弹出一个提示对话框，询问是否将文件保存为未启用宏的演示文稿，这里单击“否”按钮。

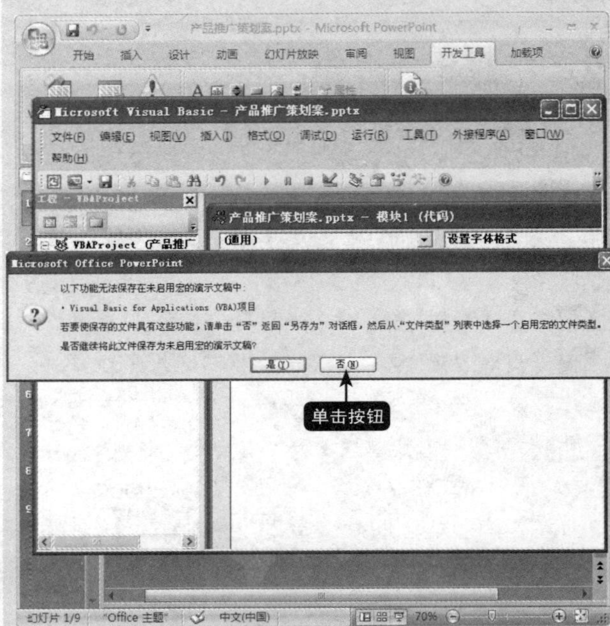

Step 06 打开“另存为”对话框，在该对话框的“保存位置”下拉列表框中设置文件的保存位置，在“保存类型”下拉列表框中选择“启用宏的PowerPoint演示文稿”选项。

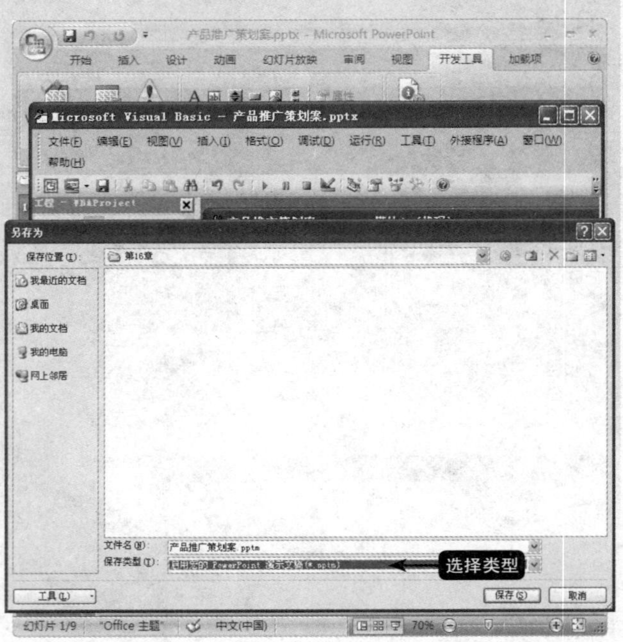

Step 07 在“另存为”对话框中单击“保存”按钮，即可以PPTM格式保存文件，可看到文件标题栏中的文件扩展名发生了相应变化。

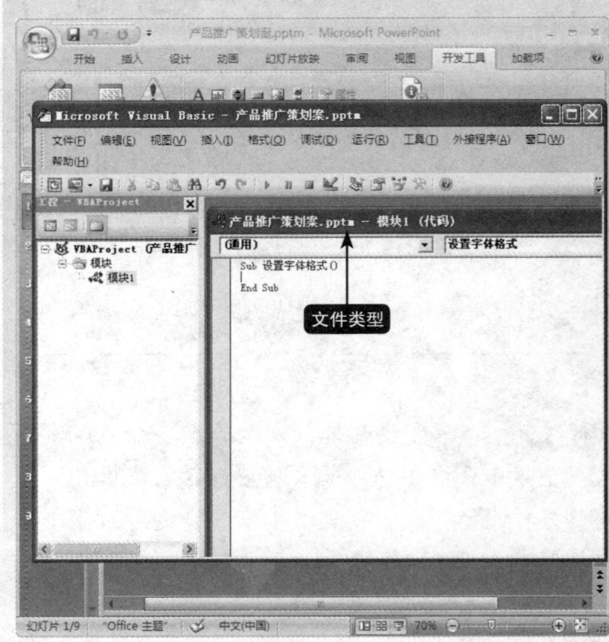

15.2.2 向宏中添加代码

通常宏只能对程序中的简单操作进行控制，对于比较复杂的应用程序的控制和开发，只能通过编写VBA代码来完成。PowerPoint中的宏代码实际也是VBA代码，从功能上来讲，VBA可以实现大部分宏的功能，而宏却不能像VBA那样随意地控制应用程序，因此两者之间存在包含与被包含的关系。

在新建了空白宏之后，在宏中添加适当的代码即可运行宏，使用宏进行演示文稿的编辑操作，这里插入的代码是指宏代码即VBA代码。

使用技巧：了解代码与VBA、VB的含义

代码就是程序员用开发工具所支持的语言写出来的源文件。VBA（Visual Basic for Application）是以Office软件中的各组件为载体，以VB（Visual Basic）语言为基础的一种编程语言。

应用案例——在宏中添加代码

素材 光盘:\素材\第15章\产品推广策划案2.pptm

效果 光盘:\效果\第15章\产品推广策划案2.pptm

Step 01 打开素材盘中第15章的“产品推广策划案2.pptx”演示文稿，可看到在功能区下方出现了一个安全警告栏，单击“选项”按钮，打开“Microsoft Office安全选项”对话框，在其中选中“启用此内容”单选按钮，即可启用宏。

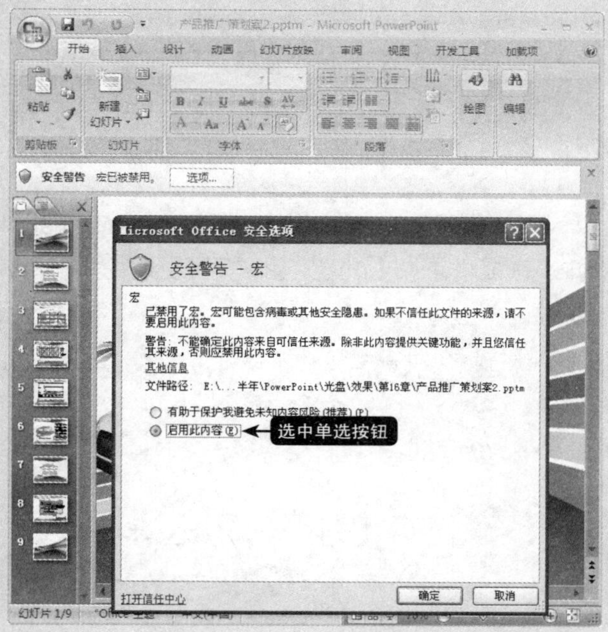

Step 02 启用宏之后，切换到“开发工具”选项卡，在“代码”组中单击“宏”按钮，打开“宏”对话框，在该对话框中单击“编辑”按钮。

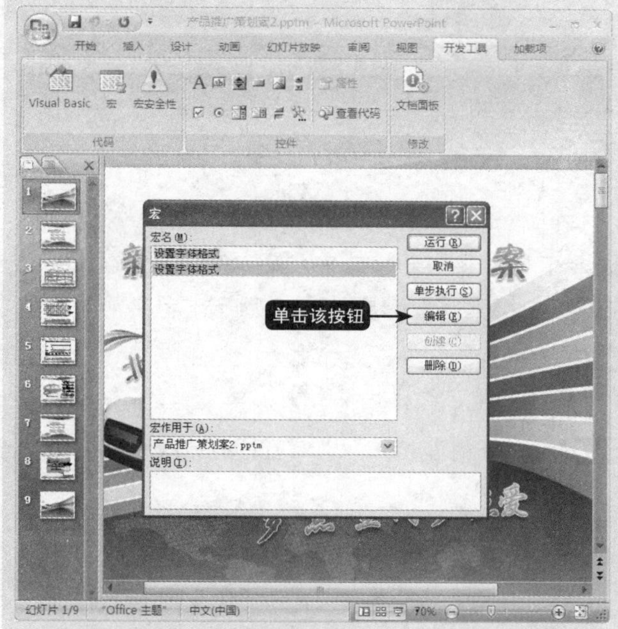

Step 03 打开Microsoft Visual Basic工具窗口，将光标插入点定位到代码窗口中的“Sub 设置字体格式()”文本下方，将准备好的代码复制粘贴到代码窗口中。

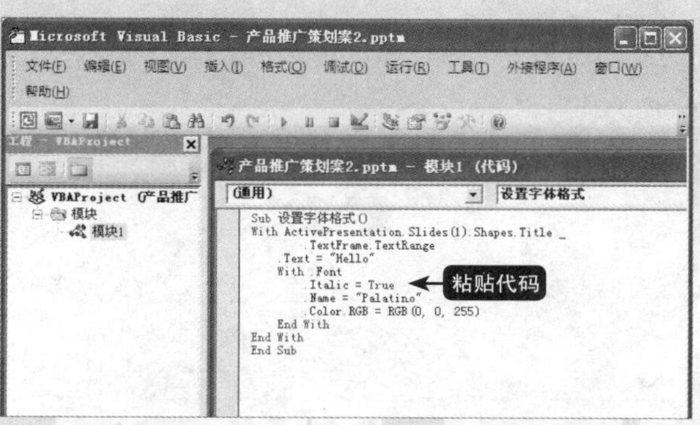

Step 04 在代码窗口中找到“Text='Hello'”文本，等号后的字符代表需要运行宏进行设置的文本，该内容可根据需要自行设置。这里将其替换为“新产品上市推广策划案”。依此类推，代码窗口中等号后的其他内容也可根据需要进行替换。

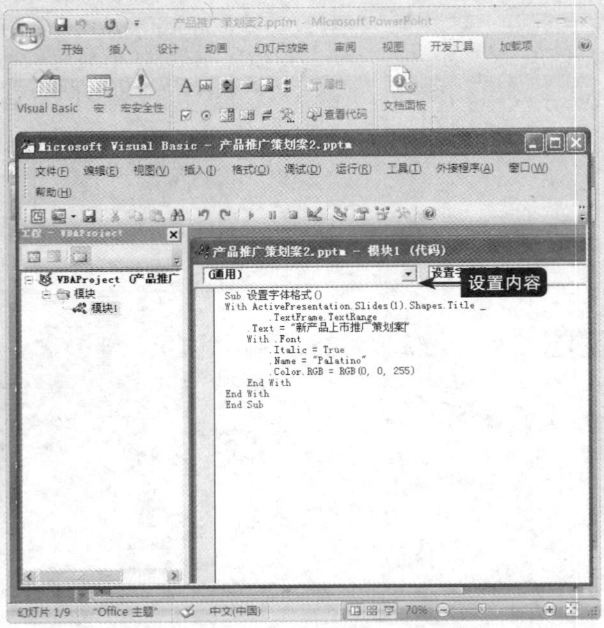

Step 05 设置完成后，单击工具栏中的“保存”按钮，保存添加了代码的宏，然后单击“关闭”按钮，关闭Microsoft Visual Basic工具窗口。

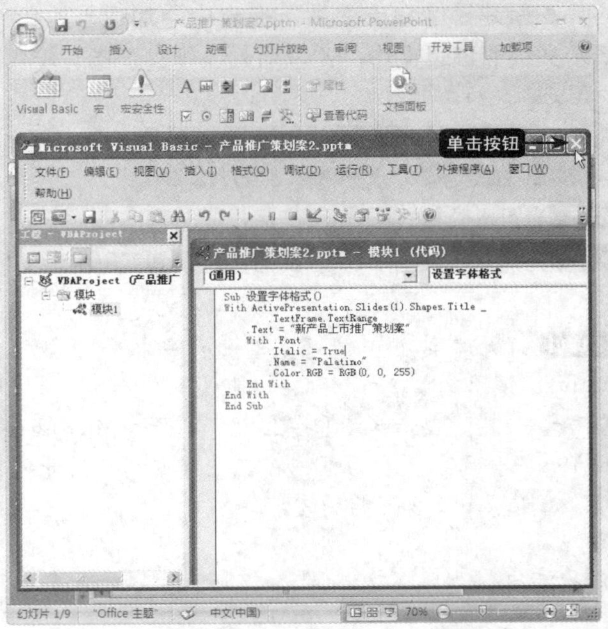

15.2.3 搜索宏中的代码

在PowerPoint 2003中选择“工具/宏/录制新宏”命令，用户可录制宏，与此同时，Microsoft Visual Basic工具中将自动生成宏代码，但在PowerPoint 2007中并没有提供录制宏功能，用户可购买相关书籍或在网络中搜索获取需要的宏代码，或者在帮助文件中进行搜索。

Step 01 打开演示文稿，单击其右上角的“帮助”按钮，打开帮助窗口，单击“搜索”按钮，在弹出的下拉菜单中选择“开发人员参考”命令。

Step 02 在打开的知识点帮助页面中的搜索栏中输入所需代码内容的关键字font，然后单击“搜索”按钮。

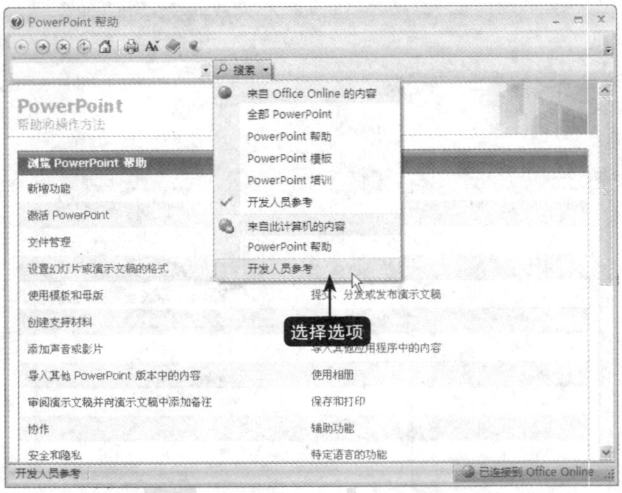

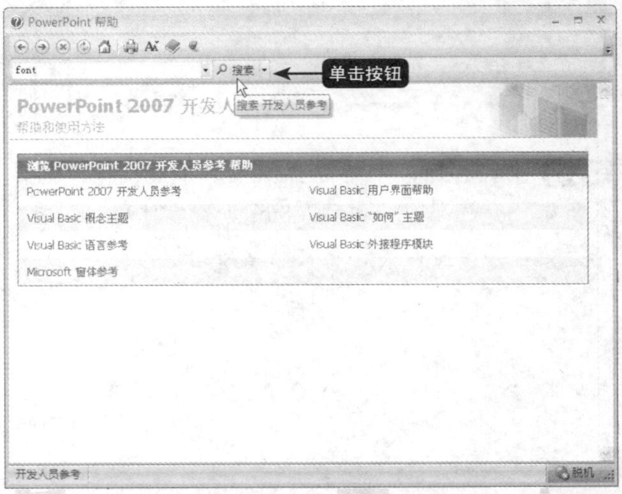

Step 03 在“PowerPoint 2007开发人员参考”页面中将提供一些与搜索的关键词font有关的超链接，单击所需超链接。

Step 04 打开详细知识点介绍页面，在该页面中用户可找到一些可用的宏代码。

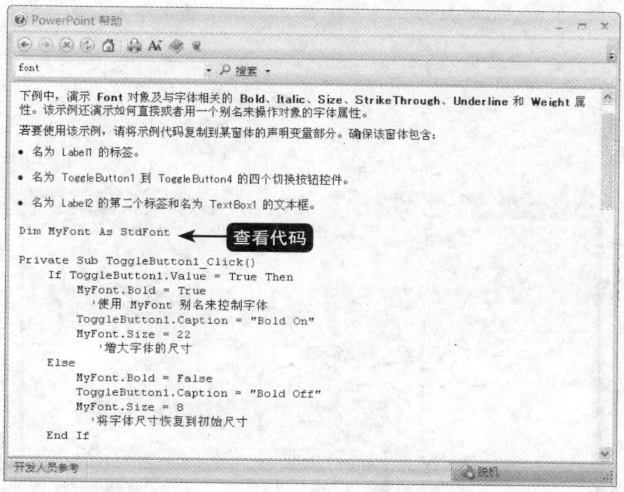

15.2.4 在VB编辑器中创建宏

用户可直接在Visual Basic工具中创建宏，而不需要先在演示文稿中进行任何操作，下面就来讲解其操作方法。

Step 01 打开素材演示文稿，切换到“开发工具”选项卡，单击“代码”组中的Visual Basic按钮，打开Visual Basic工具窗口。

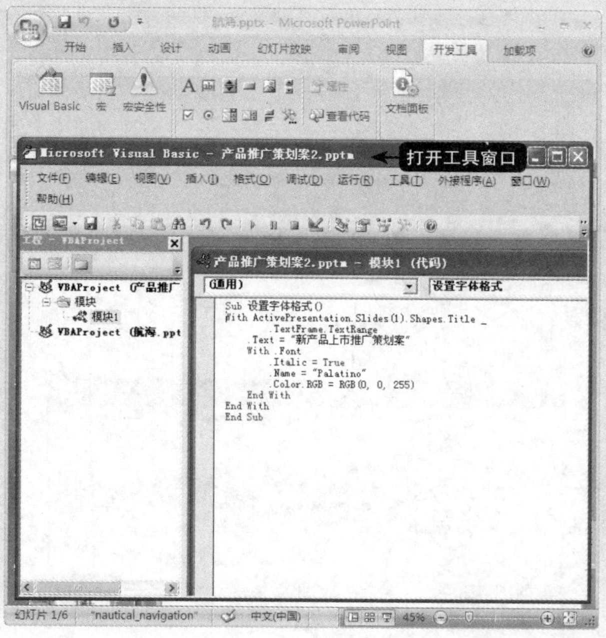

Step 02 在“工程资源管理器”任务窗格中选择当前演示文稿选项，然后选择“插入/模块”命令。

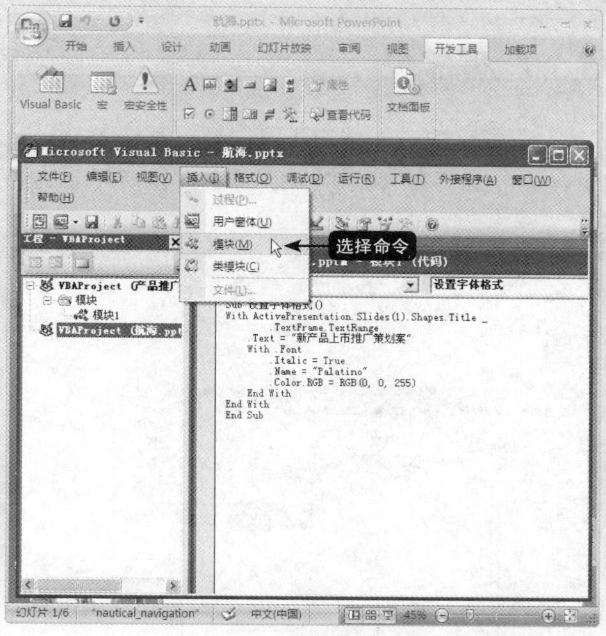

Step 03 打开一个空白模块，用户可在该模块中输入代码，当输入代码后，模块的名称将会根据输入的内容产生相应变化。

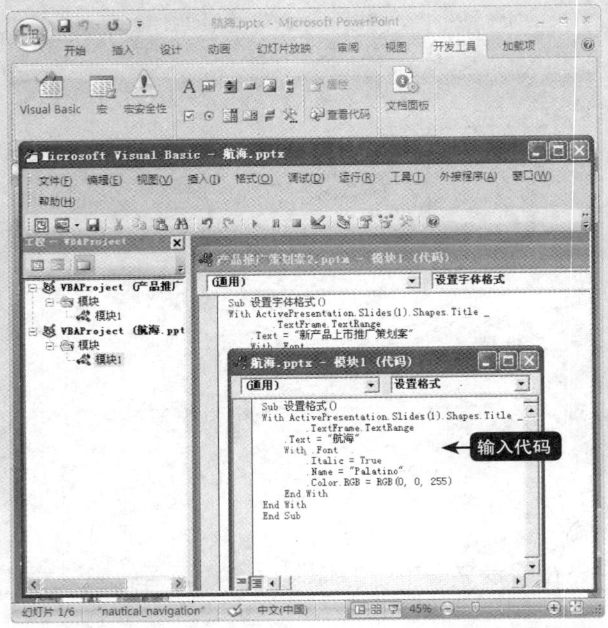

Step 04 当在空白模块中插入了代码之后，可单击工具栏中的“保存”按钮，在弹出的提示对话框中单击“否”按钮，然后根据提示即可保存新建的模块。

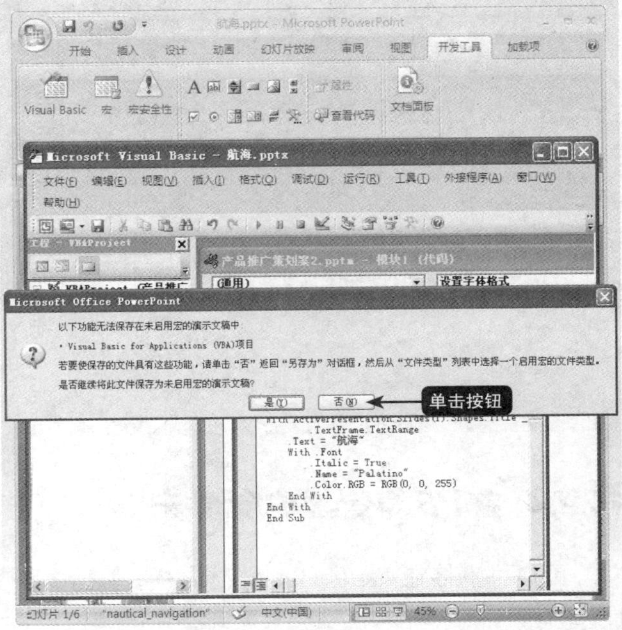

15.3 管理PowerPoint中的宏

在演示文稿中创建了宏之后，根据实际需求用户可对其进行编辑、删除以及运行等管理操作，下面将进行详细讲解。

15.3.1 编辑宏

对于创建的宏，用户还可以根据需要对其进行重新编辑，从而得到一个新宏。

Step 01 启用宏之后，切换到“开发工具”选项卡，在“代码”组中单击“宏”按钮，打开“宏”对话框，在该对话框中单击“编辑”按钮。

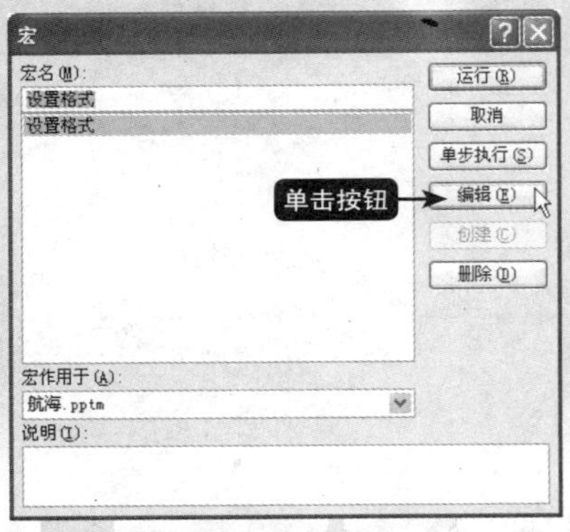

Step 02 打开Visual Basic工具窗口，在代码窗口中对其中的宏代码进行编辑，然后保存所做的编辑操作，即编辑了演示文稿中的宏。

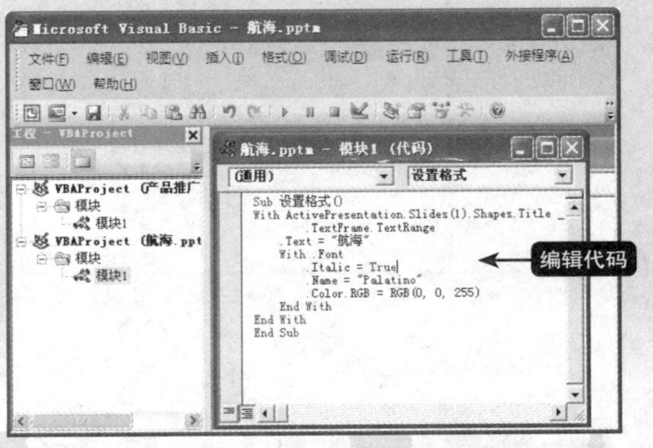

15.3.2 删除宏

当现有的宏已经无法满足需求，需创建新的宏时，可将不再使用的宏删除。删除宏有两种方法，一种是在宏对话框中选择将要删除的宏，然后将其删除；另一种是在工程资源管理器中选择将要删除的宏，然后通过菜单进行删除。

要点提示：不可盲目地删除宏

删除宏的操作是不可恢复的。因此，不能轻易进行该操作，在删除前应进行仔细确认。

Step 01 在演示文稿中打开“宏”对话框，选择将要删除的宏之后，单击“删除”按钮。

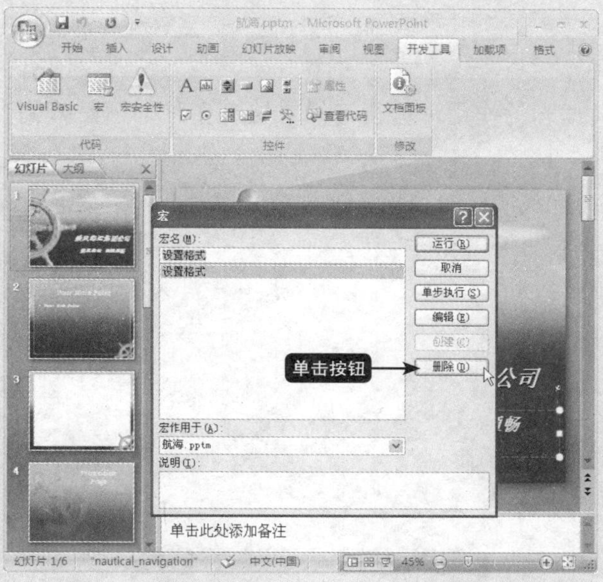

Step 02 打开询问是否删除宏的提示对话框，单击“删除”按钮即可删除宏。

Step 03 在演示文稿中打开“宏”对话框，在该对话框中单击“编辑”按钮。

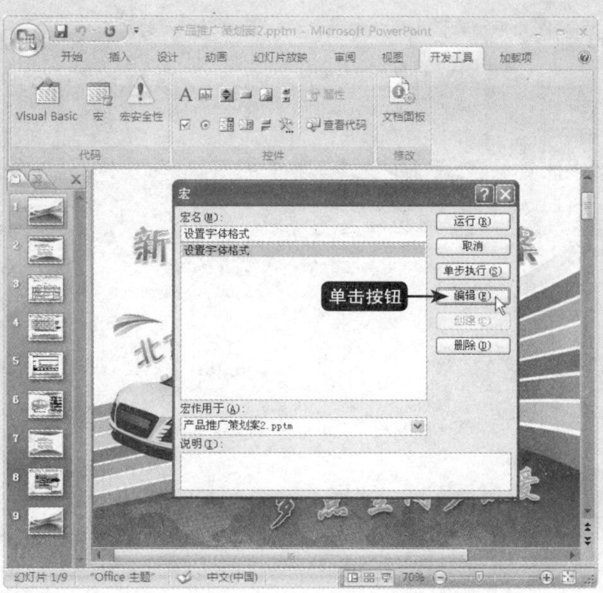

Step 04 在打开的窗口中选择将要删除的宏并右击，在弹出的快捷菜单中选择“移除 模块1”命令。

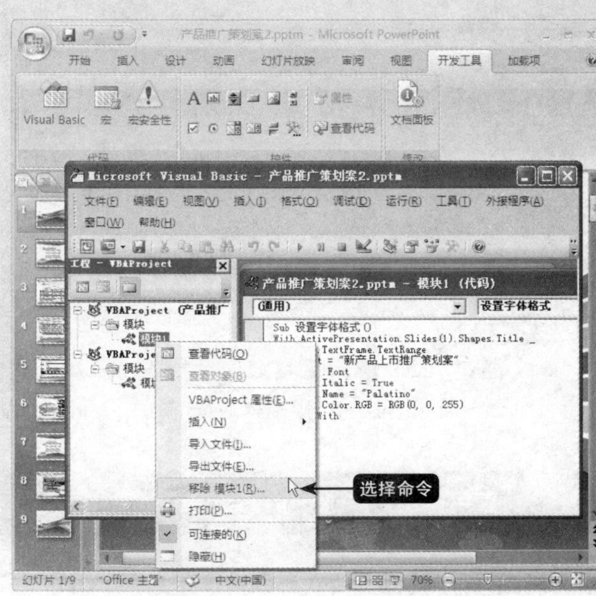

Step 05 打开提示对话框，询问在移除模块之前是否要导出模块，单击“否”按钮即可删除选择的宏。

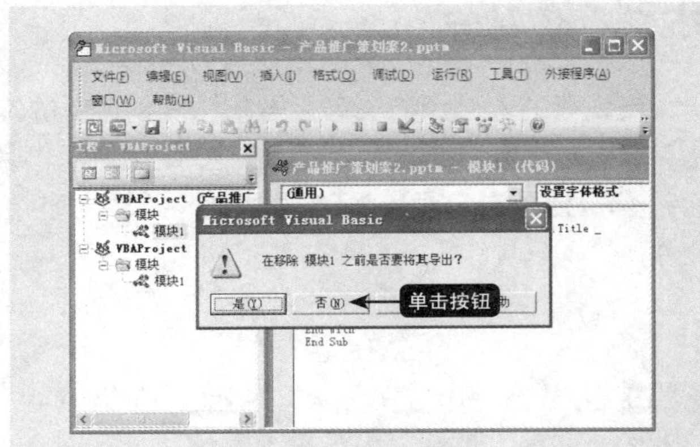

15.3.3 使用常规方法运行宏

在演示文稿中添加了宏之后，需运行宏才能真正发挥宏的作用，运行宏的方法有多种，下面分别介绍常规的运行宏的方法。

- **通过单击按钮运行宏**：在“开发工具”选项卡的“代码”组中单击“宏”按钮，打开“宏”对话框，在该对话框中选择需运行的宏，然后单击“运行”按钮即可运行宏。
- **通过双击选项运行宏**：在打开的“宏”对话框中找到需运行的宏，双击“宏名”列表框中的宏名，即可运行宏。

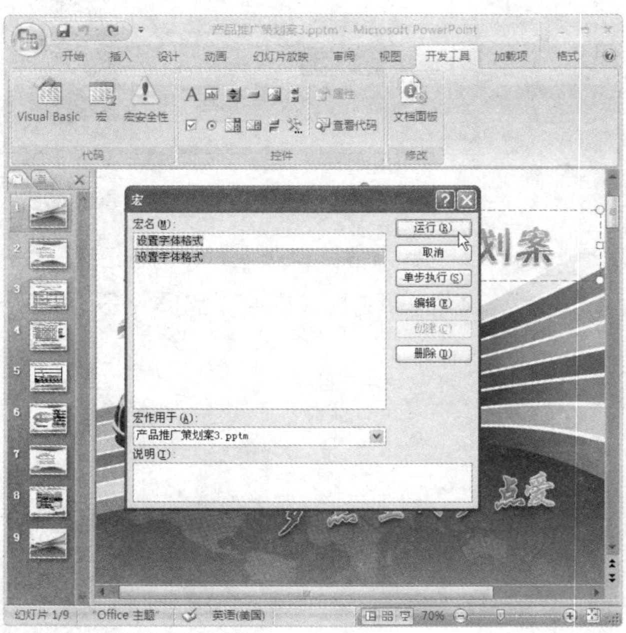

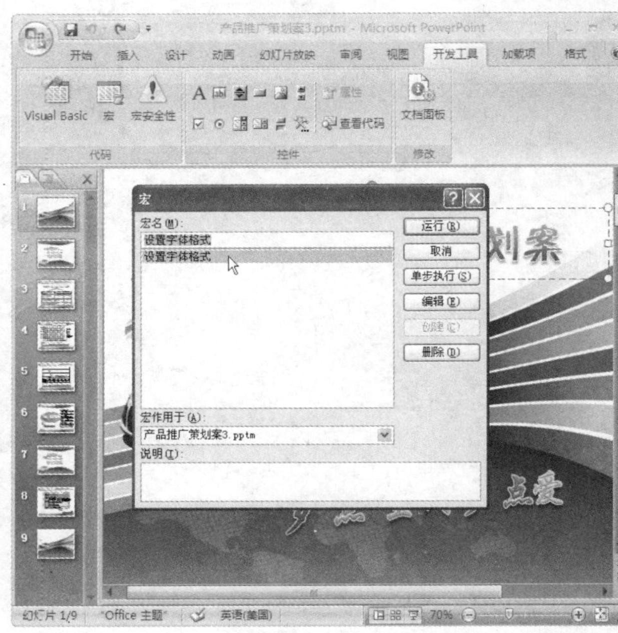

■单击按钮运行宏　　双击选项运行宏■

- **通过Visual Basic工具窗口运行宏**：在“开发工具”选项卡的“代码”组中单击Visual Basic按钮，可通过Visual Basic工具窗口运行宏。下面详细讲解其方法。

应用案例——通过Visual Basic工具窗口运行宏

素材 光盘:\素材\第15章\产品推广策划案3.pptm

效果 光盘:\效果\第15章\产品推广策划案3.pptm

Step 01 打开素材盘中第15章的“产品推广策划案3.pptm”演示文稿，切换到“开发工具”选项卡，单击“代码”组中的Visual Basic按钮。

Step 02 打开Visual Basic工具窗口，然后单击工具栏中的“运行”按钮。

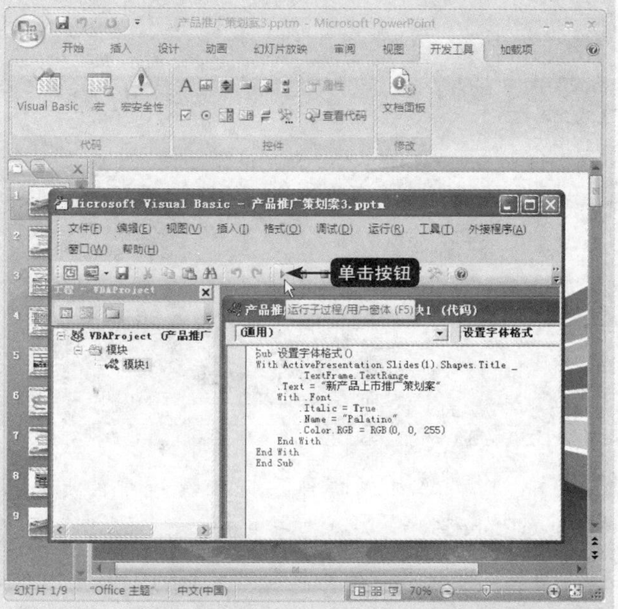

Step 03 系统将自动运行宏，并将代码中所设置的格式应用到特定的文本上。

15.3.4 通过快速访问工具栏运行宏

上一节中介绍的3种运行宏的方法都需要打开相应的对话框或窗口再进行运行操作，经常使用宏工具的用户，可能会觉得这些方法都不够简单、方便，这时可通过在快速访问工具栏中添加运行宏按钮，然后迅速进行宏的运行操作。

Step 01 打开演示文稿，在Office菜单中单击“PowerPoint 选项”按钮，打开“PowerPoint 选项”对话框。

Step 02 切换到“自定义”选项卡，在“从下列位置选择命令”下拉列表框中选择“宏”选项，在其下的自定义宏列表框中选择需要的宏，在“自定义快速访问工具栏”下拉列表框中选择“用于所有文档（默认）”选项，然后单击“添加”按钮，将运行宏命令添加到右侧的列表框中。

要点提示：了解与预防宏病毒

宏可能包含病毒，宏病毒是寄存在文档或模板的宏中的病毒。一旦打开这样的文档，其中的宏就会被执行，于是宏病毒就会被激活，转移到计算机中。预防宏病毒的方法有：在计算机中运行最新的防病毒软件；将宏的安全级别设置为高；使用数字签名等。

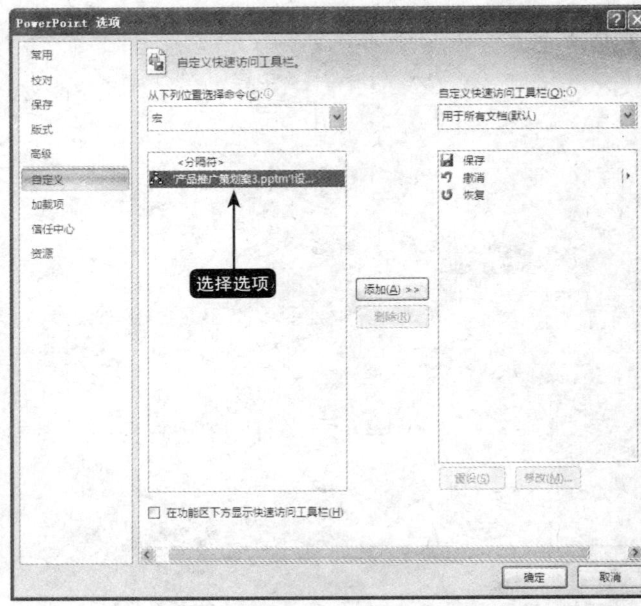

Step 03 这时，添加到快速访问工具栏中的是默认的按钮与名称，若要使其更符合用户的需求，可在“PowerPoint 选项”对话框中单击右下方的“修改”按钮，打开“修改按钮”对话框。

Step 04 在打开的“修改按钮”对话框的“符号”列表框中选择一个合适的符号作为宏的按钮，这里选择▶按钮，然后在“显示名称”文本框中设置宏运行按钮的显示名称“设置字体格式”，然后单击“确定”按钮，回到“PowerPoint 选项”对话框中，单击“确定”按钮。

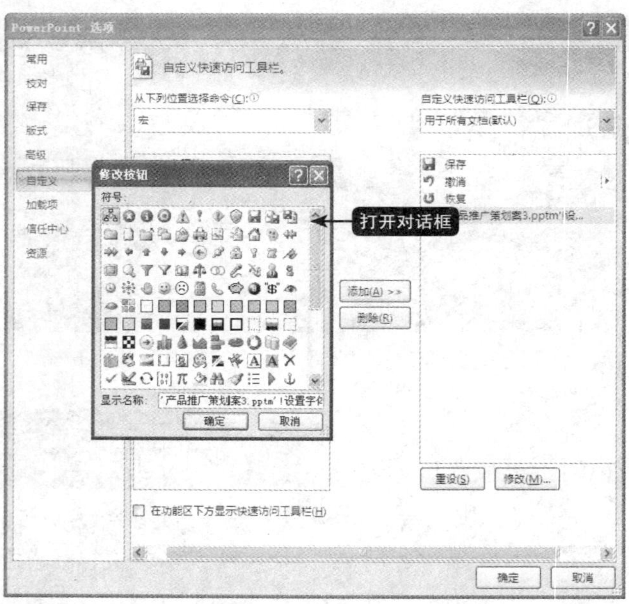

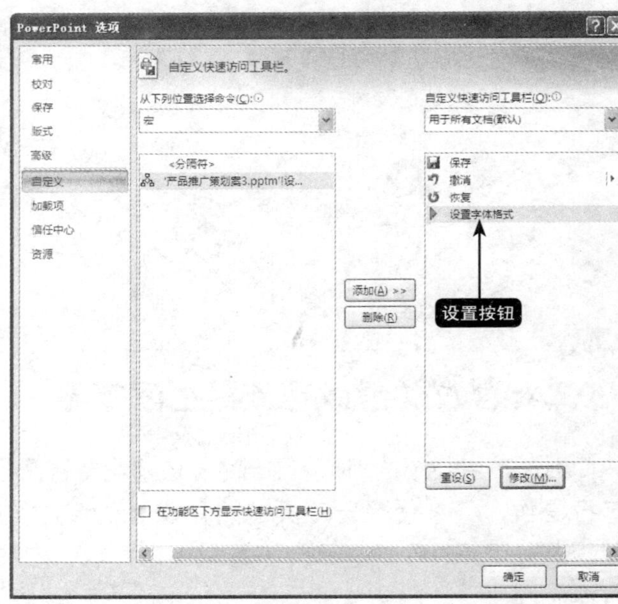

Step 05 回到演示文稿工作界面，可看到在其快速访问工具栏中出现了一个▶按钮，将鼠标光标悬停到按钮上，可看到其下方出现了设置的按钮命令，单击按钮即可运行宏，当不再需要该按钮时，可在快速访问工具栏中右击该按钮，在弹出的快捷菜单中选择“从快速访问工具栏删除”命令即可将其删除。

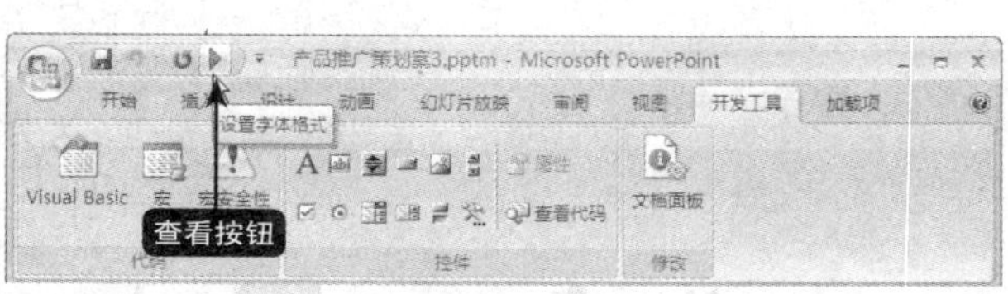

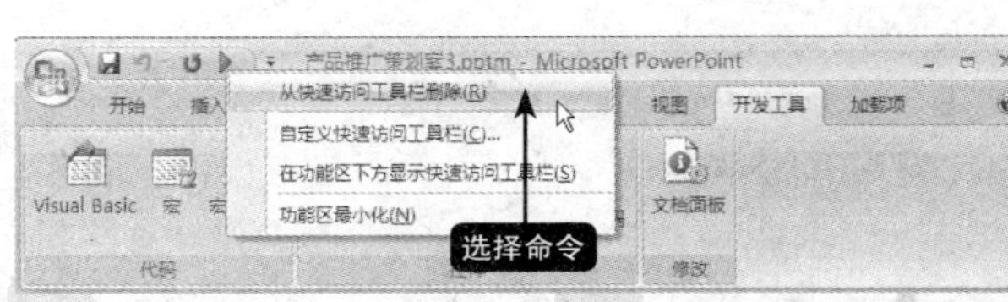

15.3.5 宏的安全性设置

在录制宏的过程中，为了避免感染宏病毒，PowerPoint应用程序在默认情况下将宏的安全性设置为禁用状态，在这种状态下打开带有宏的演示文稿，系统将提示宏禁用的信息，为了方便地使用宏，用户可以手动为宏设置安全性。

1. 了解宏的安全级别

设置宏的安全级别的主要目的是对演示文稿中宏的使用进行约束。宏的安全级别包括如下4种。

- **禁用所有宏，并且不通知：** 在该安全级别下，所有的宏都不可使用。
- **禁用所有宏，并发出通知：** 该安全级别是PowerPoint默认的宏的安全级别，它会提示用户当前打开的演示文稿中的宏已经被禁用，此时可以单击提示信息右侧的“选项”按钮，在打开的“安全警告-宏”对话框中选中“启用此内容”单选按钮，如右图所示，单击“确定”按钮即可使用该演示文稿中被禁用的宏。
- **禁用无数字签署的所有宏：** 对于没有数字签署的带宏的演示文稿，在该安全级别下，当用户运行演示文稿中的宏时，系统会打开一个提示对话框提示演示文稿中的宏被禁用。
- **启用所有宏：** 在该安全级别下，带宏的演示文稿最容易感染宏病毒，因此建议用户不要将PowerPoint应用程序的宏安全级别永久设置为该级别。

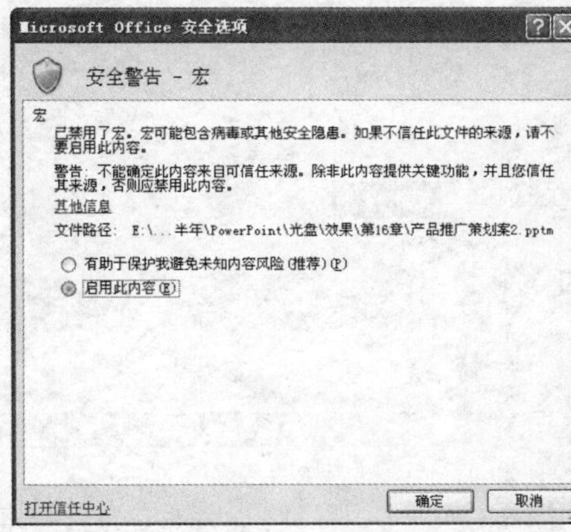

“安全警告-宏”对话框

2. 设置宏的安全级别

在了解了宏的安全级别之后，就可通过系统提供的“信任中心”对话框对宏的安全级别进行设置，下面将进行详细介绍。

Step 01 打开“PowerPoint 选项”对话框，切换到“信任中心”选项卡，在“Microsoft Office PowerPoint信任中心”栏中单击“信任中心设置”按钮。

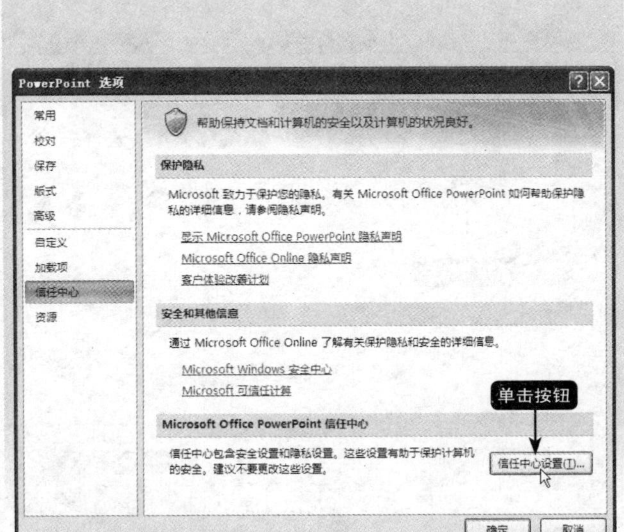

Step 02 在打开的“信任中心”对话框的左侧列表框中选择“宏设置”选项卡，在右侧的“宏设置”栏中选中“禁用无数字签署的所有宏”单选按钮，单击“确定”按钮即可完成设置。

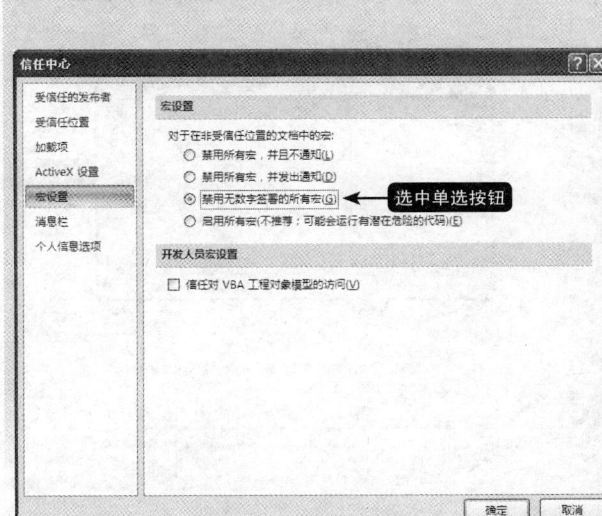

3. 设置受信任位置

对于设置了宏安全级别的演示文稿，每次使用时都需要设置启用宏，这样就使工作变得烦琐，此时可以将经常使用的演示文稿保存到受信任的位置，再次打开演示文稿时将可以使用被禁用的宏。在PowerPoint 2007中，设置受信任的位置也是在“信任中心”对话框中进行的，其操作方法如下。

Step 01 启动PowerPoint 2007，单击“开发工具”选项卡，在“代码”组中单击“宏安全性”按钮。

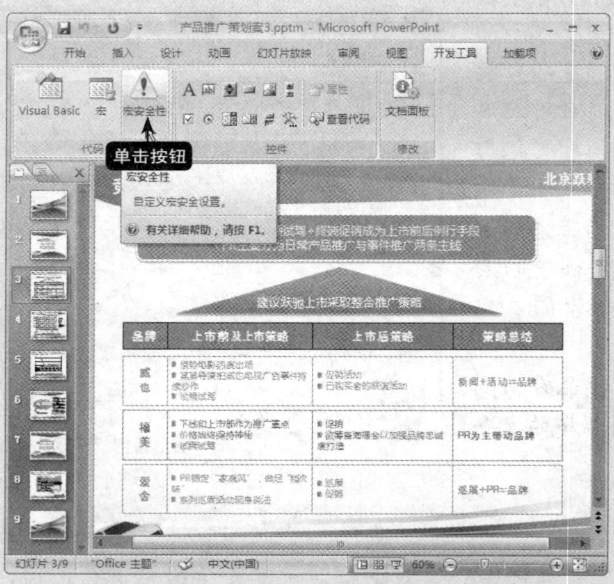

Step 02 在打开的“信任中心”对话框的左侧列表框中选择“受信任位置”选项卡，在右侧的“受信任位置”栏中单击“添加新位置”按钮。

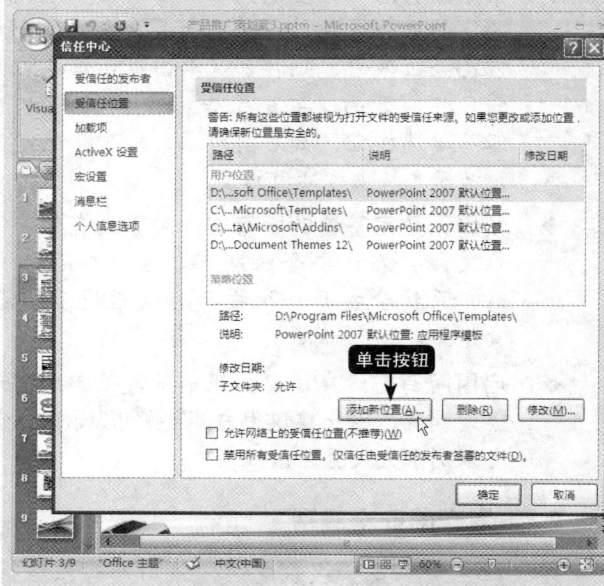

Step 03 在打开的“Microsoft Office受信任位置”对话框中单击“浏览”按钮。

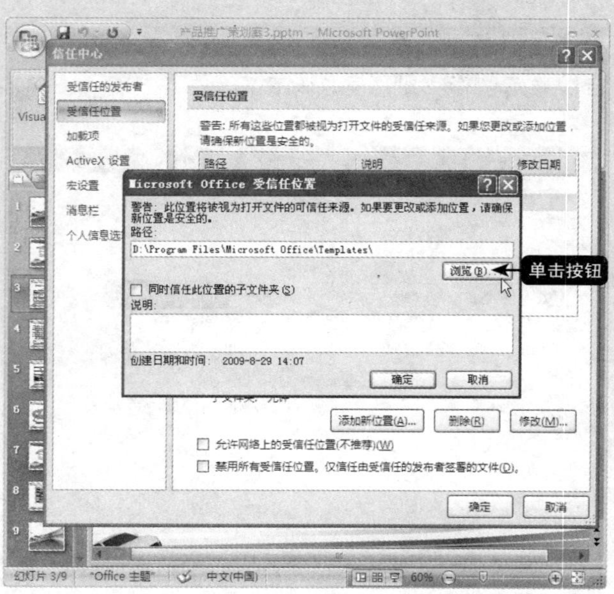

Step 04 打开“浏览”对话框，在“查找范围”下拉列表框中选择路径，在中间的列表框中选择文件夹，单击“确定”按钮。

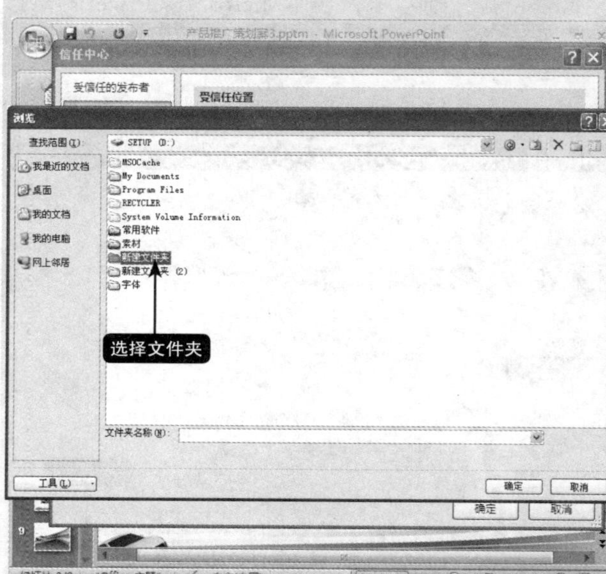

Step 05 返回“Microsoft Office受信任位置”对话框，在“浏览”按钮上方的文本框中可以查看到设置的受信任位置的路径，单击“确定”按钮。

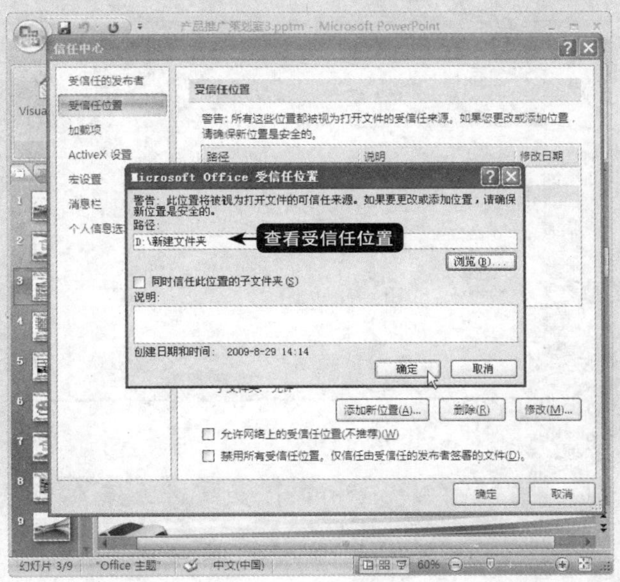

Step 06 返回到“信任中心”对话框，在“受信任位置”栏的列表框中即可查看到添加的信任位置的详细信息，单击“确定”按钮完成操作。

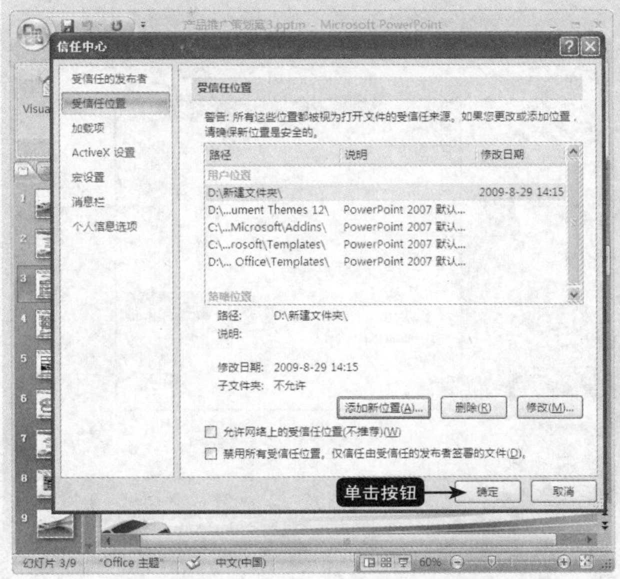

15.4 实战演练——使用宏设置文本格式

在了解了什么是宏，怎样创建宏，如何在宏中编写代码等相关知识之后，下面就以如下图所示的一个实例进行介绍，帮助用户进一步了解在演示文稿中设置宏、运行宏、保存宏的方法。

■设置文本格式最终效果

素材 光盘:\素材\第15章\可行性研究报告.pptx

效果 光盘:\效果\第15章\可行性研究报告.pptm

要点提示：了解与宏相关的知识

为演示文稿设置了宏的安全性级别后，需重新启动PowerPoint应用程序才能使设置生效。

在工程资源管理器中，选择需要查看宏代码的宏并右击，在弹出的快捷菜单中选择“查看代码”命令，也可以打开代码窗口查看相应的宏代码。

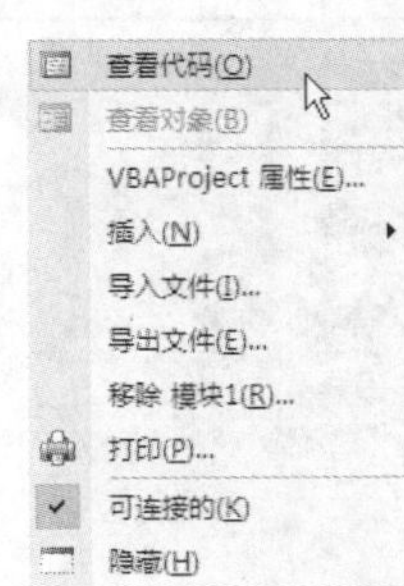

Step 01 打开素材盘中第15章的“可行性研究报告.pptx”演示文稿，在“代码”组中单击“宏”按钮，打开“宏”对话框，设置宏名为“文本设置”，单击“创建”按钮。

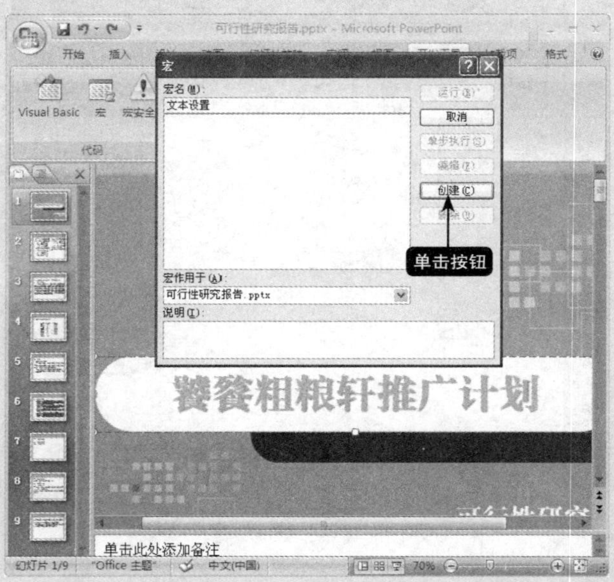

Step 02 打开PowerPoint自带的Microsoft Visual Basic工具窗口，将光标插入点定位到代码窗口中的“Sub 文本设置()”文本下方，将准备好的代码复制粘贴到代码窗口中，然后单击工具栏中的“运行”按钮。

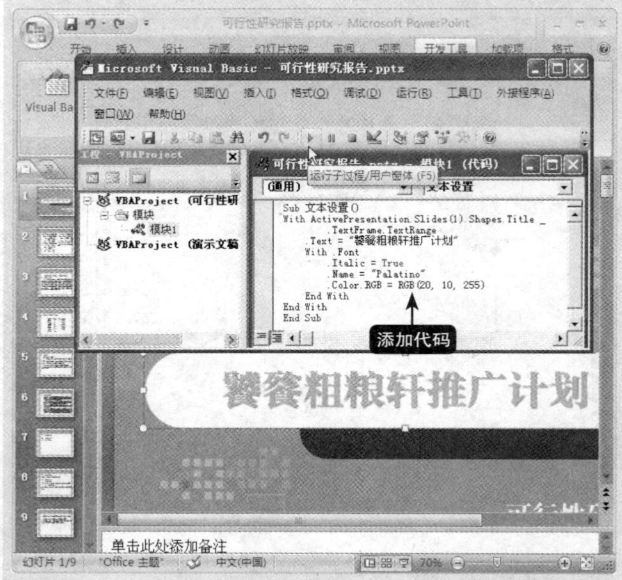

Step 03 系统将自动运行宏，并将代码中所设置的格式应用到特定的文本上，单击工具栏中的“保存”按钮，在弹出的提示对话框中单击“否”按钮，即要将此文件保存为启用宏的演示文稿。

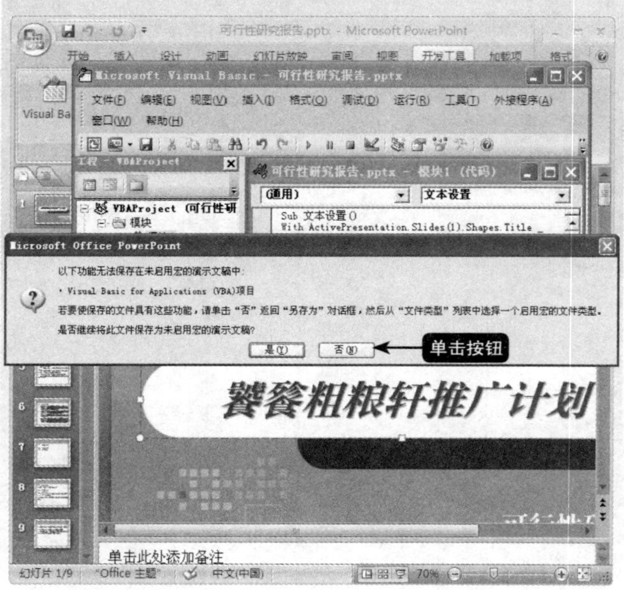

Step 04 在“另存为”对话框中设置文件的保存位置，在“保存类型”下拉列表框中选择“启用宏的PowerPoint演示文稿”选项，单击“保存”按钮，即可以PPTM格式保存文件，演示文稿标题栏中的文件扩展名也会产生相应变化。

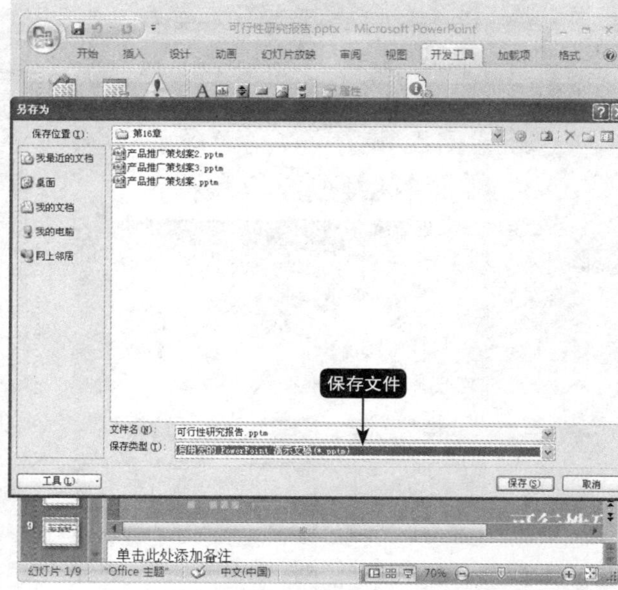

Part 6

关键实例分析演练

在完成所有知识的讲解后，本篇通过对多个实用PowerPoint案例的详细分析与制作，来巩固前面所学内容，并提升实际应用能力。其中包括企业宣传与培训、企业商务会议以及产品推广与销售3个分类下的多个精彩案例。

16 Chapter 企业宣传与培训案例

READERS' GUIDE

借助PowerPoint 2007完善的展示功能，可以详细地向员工介绍企业的各种信息，包括发展与规模、经营理念、相关制度以及进行人员的各方面培训工作。

MAIN CASES

16.1 企业新员工宣传

每当公司招聘一批新员工后，都要对其进行一系列的宣传工作，首先要向他们介绍公司的相关情况，让其了解公司的工作理念、工作原则、经营方式、用人原则等，好让其快速熟悉公司，这样才能有利于后面工作的开展。本节将详细制作一个针对企业内部新员工的简介类演示文稿，其最终效果如下：

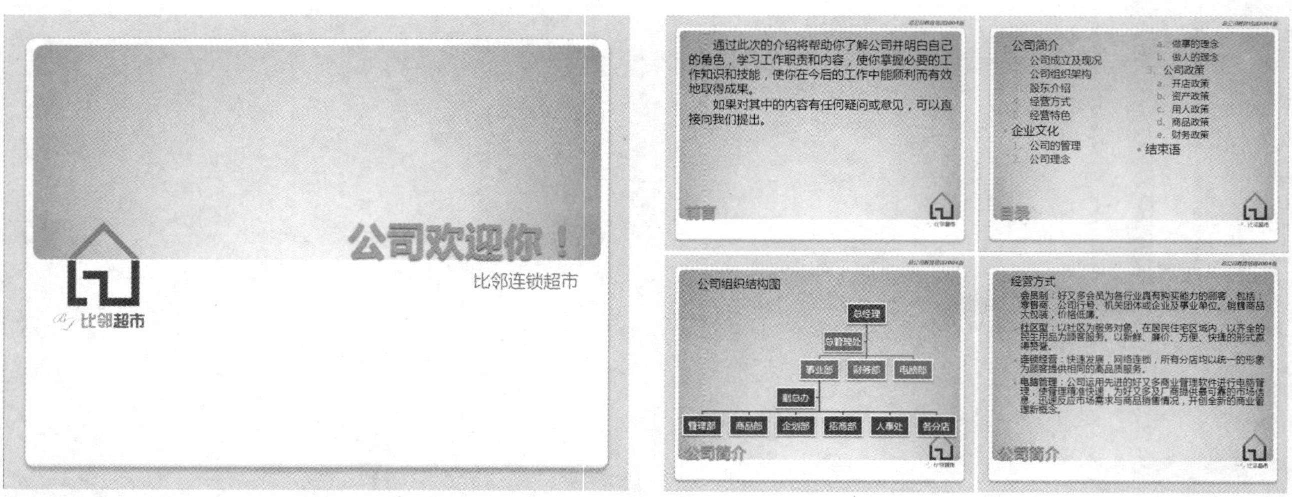

■新员工宣传演示文稿最终效果

16.1.1 案例特点分析

不同类型不同目的的演示文稿，将决定其风格和其中内容的安排，下面将对本例演示文稿的特点进行简要分析。

- 在向新员工进行宣传时，演示文稿代表着公司，因此要体现出公司自身的各种信息或特点，且商务类演示文稿的版式要简洁直观，内容要正式，整体风格要大方得体。
- 新员工宣传演示文稿中的公司介绍部分的目的在于让员工了解公司一些大方面的情况，以及对他们整体的一些要求或规范，这些是需要员工认真掌握和认同的内容，通常可包括以下部分：
  1. 公司的发展历史及现状。
  2. 公司的经营理念或经营特色。
  3. 公司的组织机构设置。
  4. 公司管理方面的原则。
  5. 公司对员工的基本要求。
  6. 公司的各项政策。
  7. 公司对新员工的期许。
- 除了公司简介的内容外，还可在演示文稿中安排各项具体的培训内容，但这些内容通常需要专门开课进行介绍，所以也可将技巧培训方面的内容单独制作成一个演示文稿，其特色与公司简介演示文稿相似。
- 此类公司介绍性质的演示文稿多用文字展示，幻灯片中只列出要介绍的大纲，具体的内容由讲解人口述。

上述这些内容可为读者提供一个参考，具体制作时可对内容进行适当的调整和补充。

16.1.2 案例涉及知识点

在案例的制作过程中，将由浅入深地穿插各种PowerPoint知识点，通过案例的制作也将回顾与巩固前面学习的各项知识，下面将本例演示文稿制作过程中涉及的知识点逐项列出并进行简要说明。

- **根据设计模板创建演示文稿**：快速制作出带有背景、字体与版式的演示文稿，节省了初学者完全自定义所浪费的时间。
- **在母版中添加LOGO等共有内容**：在母版中一次性添加，在所有幻灯片的相同位置均会出现。
- **通过标尺设置段落缩进**：中文段落通常首行缩进两个字符距离，通过标尺可轻松控制。
- **输入多级文本并设置项目符号或编号**：在制作目录幻灯片时，其中会输入各级文本，并通过不同样式的项目符号或编号进行区分。
- **分栏排版**：目录的内容较长，在一张幻灯片中使用通栏排列不下，于是需要将其分成两栏排版。
- **使用SmartArt图形**：快速制作公司组织结构图。
- **使用格式刷**：快速复制已定义的格式。

16.1.3 案例制作详解

经过了前面的相关分析，下面将开始本案例的详细制作，对于其中部分相同或相似的操作将只进行一次详细讲解，其他内容简略带过，以避免重复。

素材 光盘:\素材\第16章\bl.png

效果 光盘:\效果\第16章\公司欢迎你.pptx

Step 01 启动PowerPoint 2007，单击Office按钮，在弹出的菜单中选择“新建”命令，在打开的“新建演示文稿”对话框左侧单击“已安装的主题”选项卡，然后在中间的列表框中选择“视点”主题，再单击“创建”按钮。

Step 02 此时可看到根据所选设计模板新建的演示文稿，默认第一张幻灯片为标题幻灯片，其中的占位符已经设置了相应的字体，整个幻灯片也设置了背景。下面先对其进行保存，再切换到“视图”选项卡，在“演示文稿视图”组中单击“幻灯片母版”按钮。

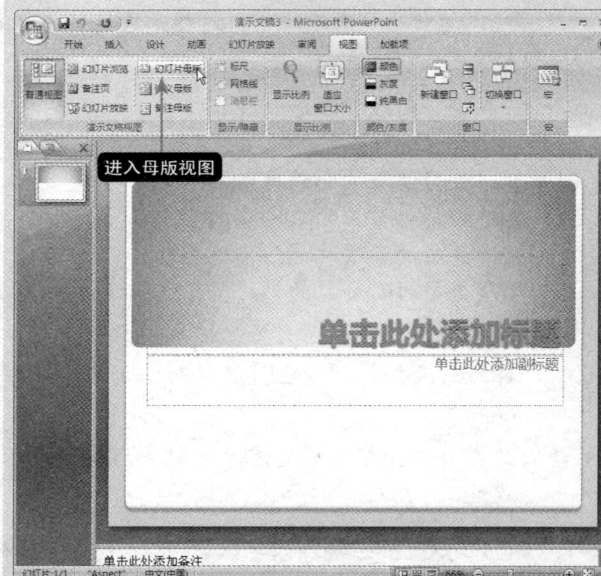

Step 03 进入到幻灯片母版视图，当前选中的是标题幻灯片所应用的版式母版，下面先切换到主母版，然后单击“插入”选项卡下“插图”组中的“图片”按钮。

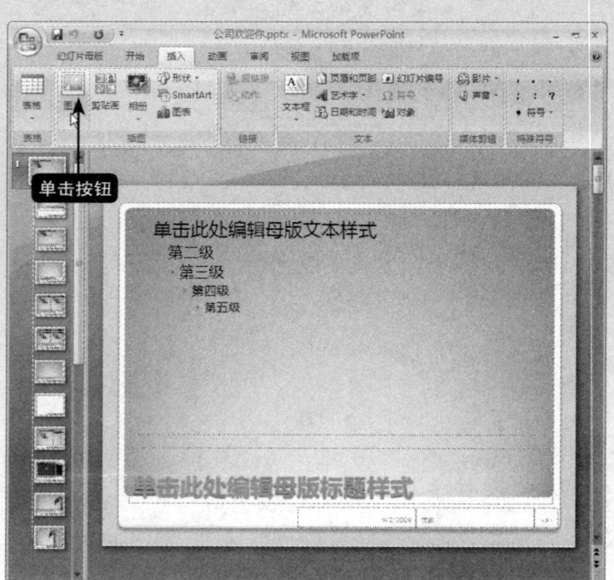

Step 04 在打开的“插入图片”对话框中找到素材中提供的bl.png图片，该图片为公司的LOGO图片，为在演示文稿中表明公司的身份，需要将其放置在所有幻灯片中，选择后单击“插入”按钮。

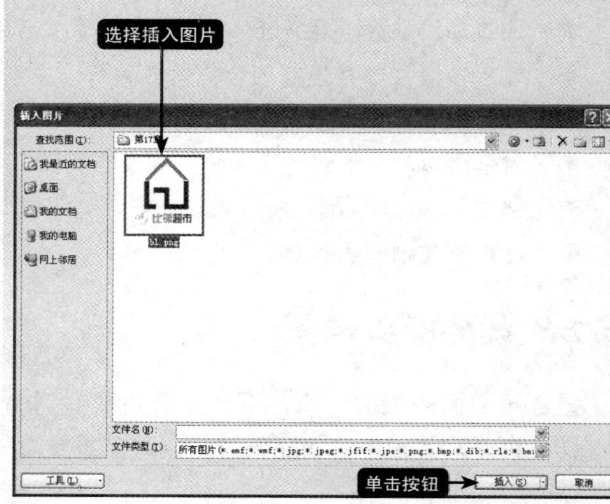

Step 05 插入的LOGO图片将出现在母版中，按住【Shift】键的同时拖动其边框右上角的控点，将其等比例缩小，然后将其拖动到幻灯片右下角的合适位置。

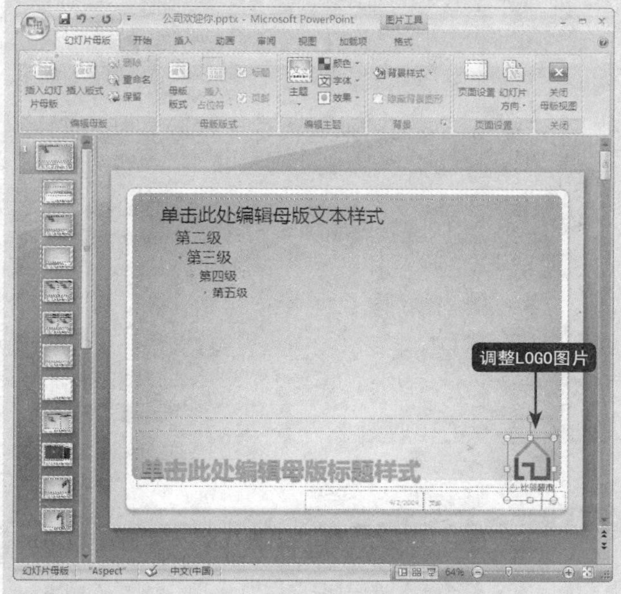

Step 06 切换到其下的其他版式母版中，可看到除部分在LOGO图片位置有白色色块的版式将图片遮挡住外（实际上该图片是存在的），其他版式中相同位置均出现了刚才插入的LOGO图片，由于本例将只使用到“标题幻灯片”和“标题和内容”版式母版，于是下面切换到“标题幻灯片”母版，其中的LOGO图片也被遮挡。

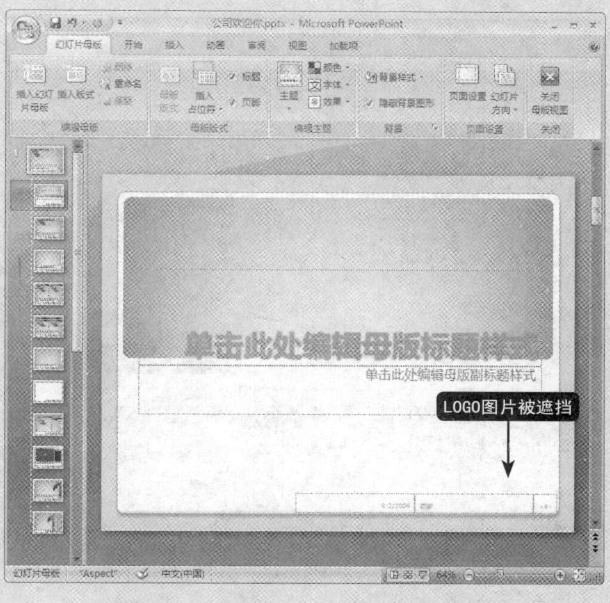

Step 07 因此需要在该版式母版中再插入一次LOGO图片，然后调整其大小，将其放置在版式中合适的位置，该图片将出现在标题幻灯片中。完成LOGO图片的添加。

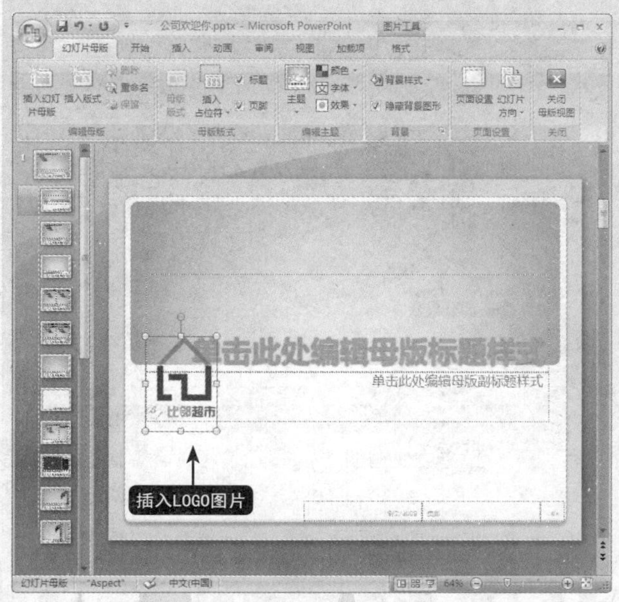

Step 08 下面还将在所有幻灯片顶部添加一段“总公司教育培训2004版”文字，于是在“插入”选项卡下“文本”组中单击“文本框”按钮，在主母版中绘制出一个文本框，再在其中输入需要的文本内容，并通过“开始”选项卡对其格式进行设置，最后拖动放置在主母版的右上角。

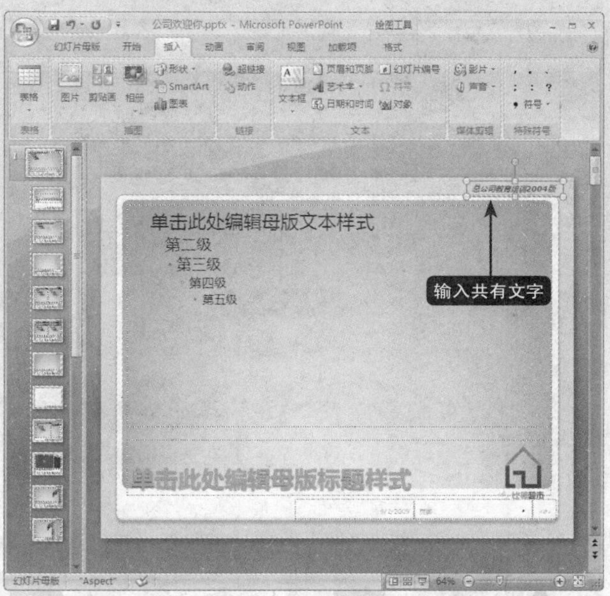

Step 09 完成母版中的设置后退出幻灯片母版视图，回到标题幻灯片中，可看到其中已经出现了前面添加的LOGO图片，下面直接在标题与副标题占位符中输入相应内容即可。

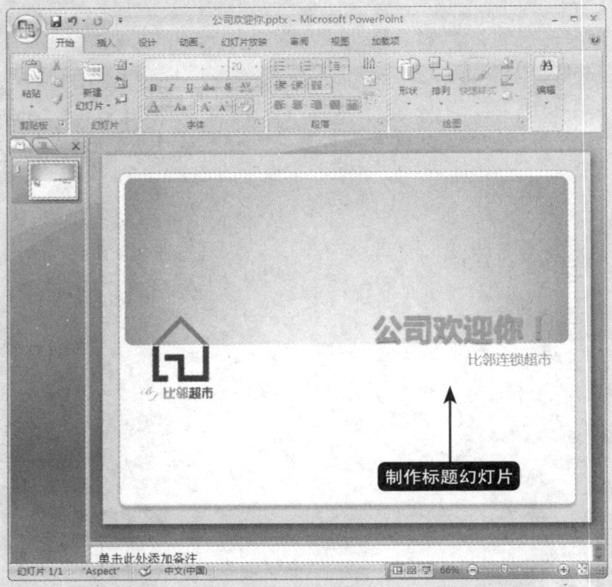

Step 10 下面要新建幻灯片，于是在“开始”选项卡下“幻灯片”组中单击“新建幻灯片”按钮中的按钮，在弹出的下拉菜单中选择新幻灯片所依据的版式母版，这里选择“标题和内容”选项。

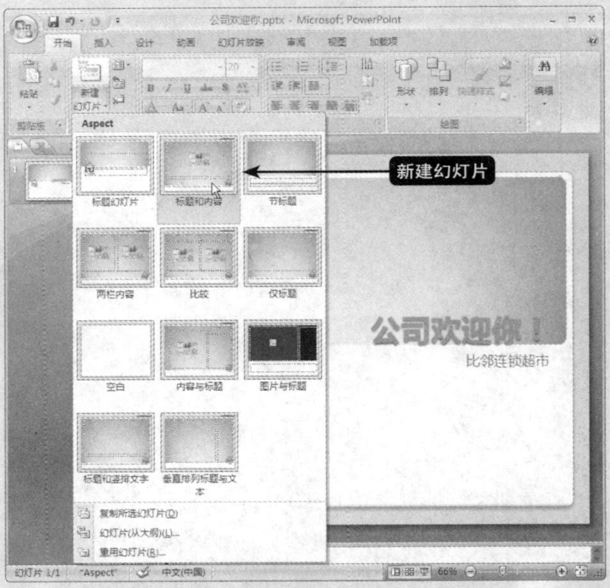

Step 11 在第二张幻灯片中介绍此次演示的主体内容，于是在标题占位符中输入“前言”，在正文占位符中输入相应的内容。

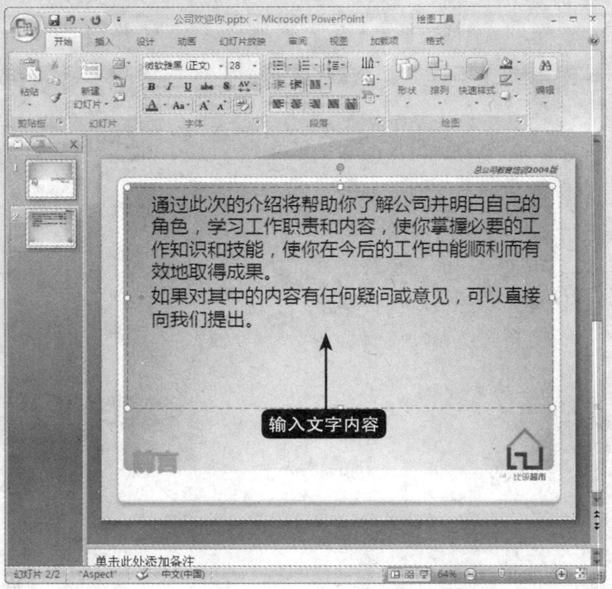

Step 12 默认情况下正文中的内容分段后，每段文本都带有项目符号，而本幻灯片中的前言内容虽然为两段，但它们并没有并列关系，即是普通的段落文本，于是选中两段文本后，单击“开始”选项卡下“段落”组中的“项目符号”按钮，取消两段文本的项目符号。

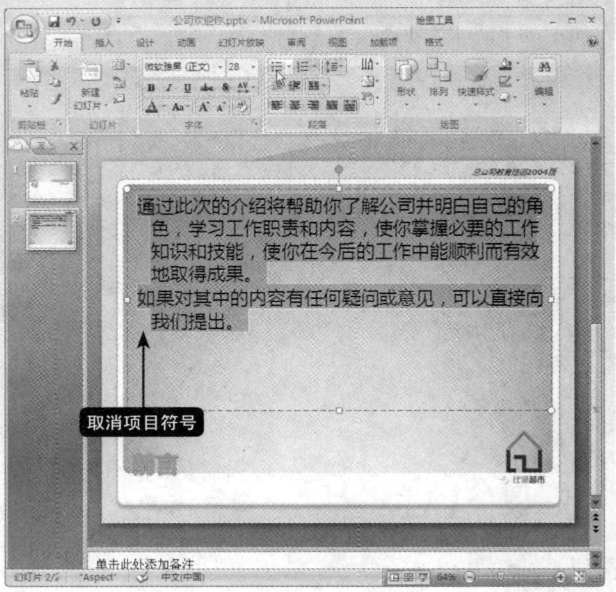

Step 13 段落文本的项目符号被取消后，其段落缩进的格式不太正确，于是先在“视图”选项卡下选中“标尺”复选框显示出标尺，然后拖动标尺中的左缩进按钮和首行缩进按钮，控制段落文本首行缩进两个字符，这是中文段落常用的缩进方式。

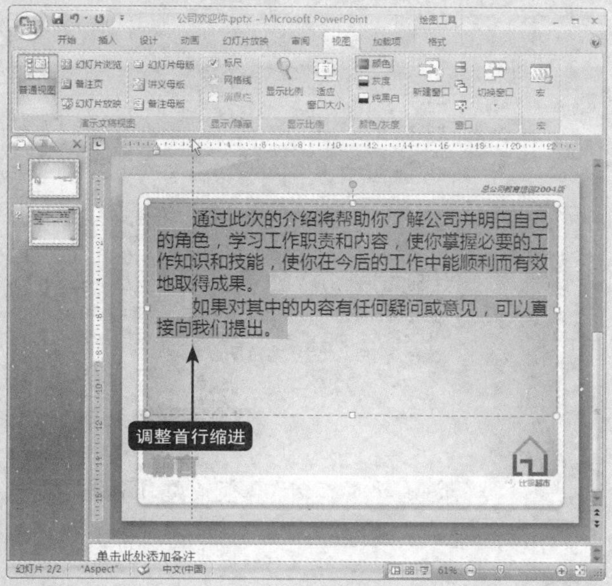

Step 14 再在其后新建一张“标题和内容”版式的幻灯片，该幻灯片用于制作本演示文稿的目录。于是先在标题占位符中输入标题，然后依次输入各目录行内容。但由于目录行过多且每行即为一段，这样全部显示在幻灯片左侧一栏中不太美观，于是选中文本框后单击“段落”组中的“分栏”按钮，在弹出菜单中选择“两列”选项。

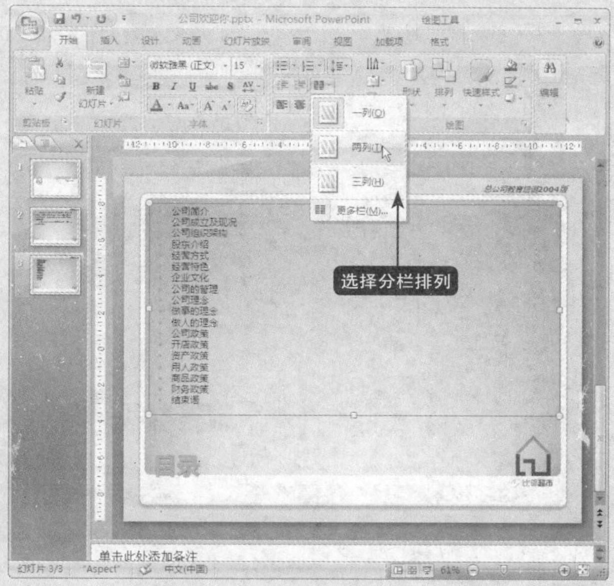

Step 15 段落即自动以两列的形式分布在文本框中，这样段落文本的字号自动变大。由于这里的各段落实际上分属不同的级别，例如下图中选中的第2~6段的内容应属于第一段“公司简介”下的分项内容，于是选中第2~6段后，先单击“段落”组中的“编号”按钮，将其当前的项目符号变为编号。

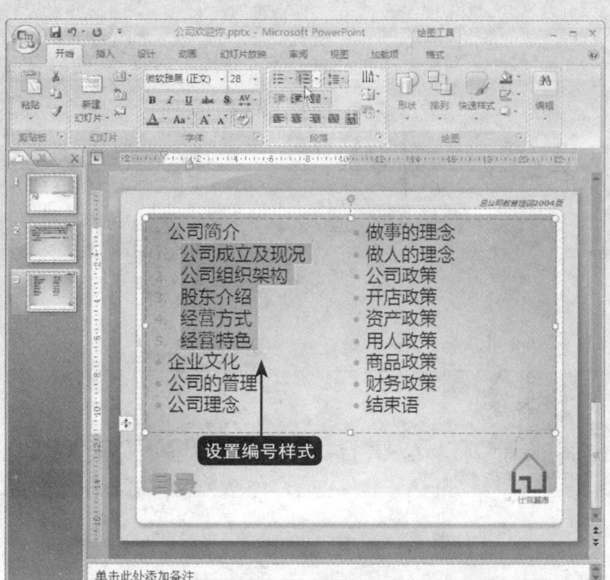

Step 16 下面直接按【Tab】键，或者单击“段落”组中的“提高段落级别”按钮，使第2~6段变为第二级别文本，其段落缩进增加，且字号变小。使用同样的方法将第8~9段和12段内容也设置为二级文本，属于“企业文化”的分项。

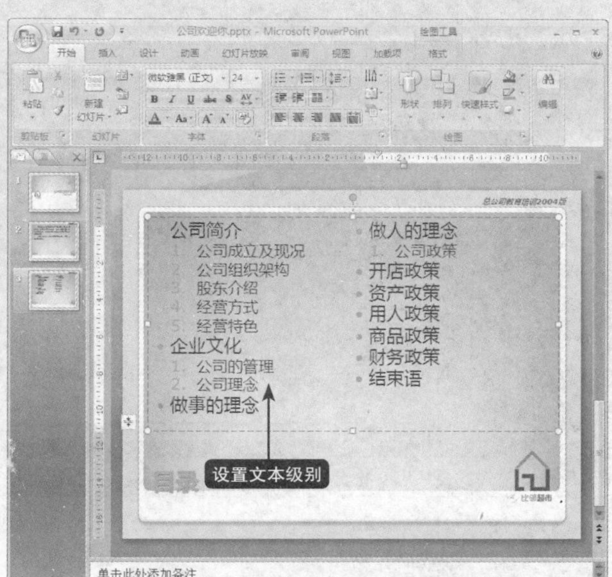

Step 17 目录中第10~11段又属于“公司理念”下的分项内容，第13~17段属于“公司政策”下的内容，于是分别选中各段文本，按两次【Tab】键让其变为第三级正文，然后单击“编号”按钮右侧的·按钮，在弹出的下拉菜单中为其选择另外一种编号样式，得到如下图所示效果，这样即可得到一个结构清楚的目录。

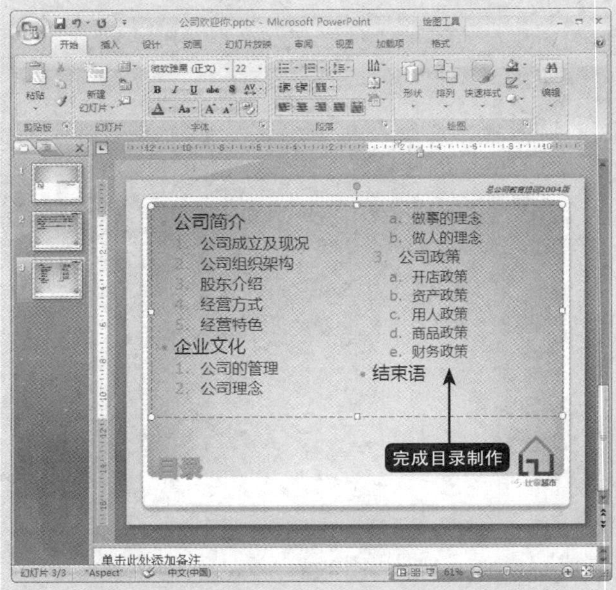

Step 18 在后面再新建一张幻灯片，其中将正式开始介绍本演示文稿的主体内容。即“公司简介”项“公司成立及现状”分项的内容，其中正文内容使用前面介绍的方法首行缩进两个字符，且通过单击“两端对齐”按钮，让正文左右均绝对对齐。

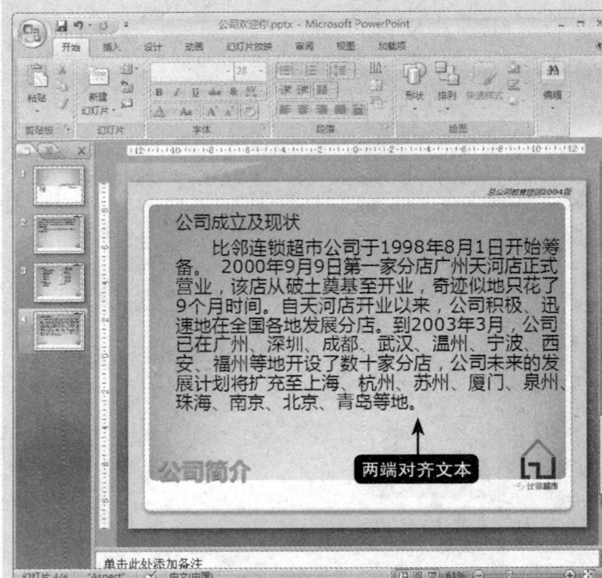

Step 19 继续新建幻灯片，在其中展示“公司简介”项“公司组织结构图”分项内容，在输入相应标题内容后，单击“插入”选项卡下“插图”组中的SmartArt按钮。

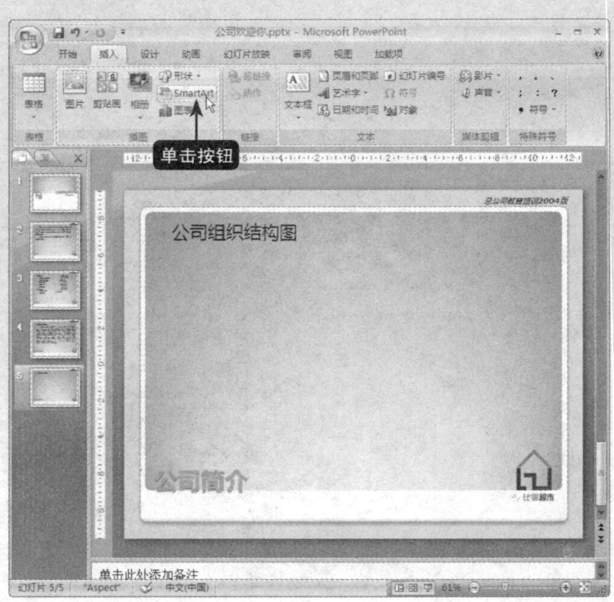

Step 20 打开“选择SmartArt图形”对话框，单击左侧的“层次结构”选项卡，在中间的列表框中选择“组织结构图”选项，再单击“确定”按钮。

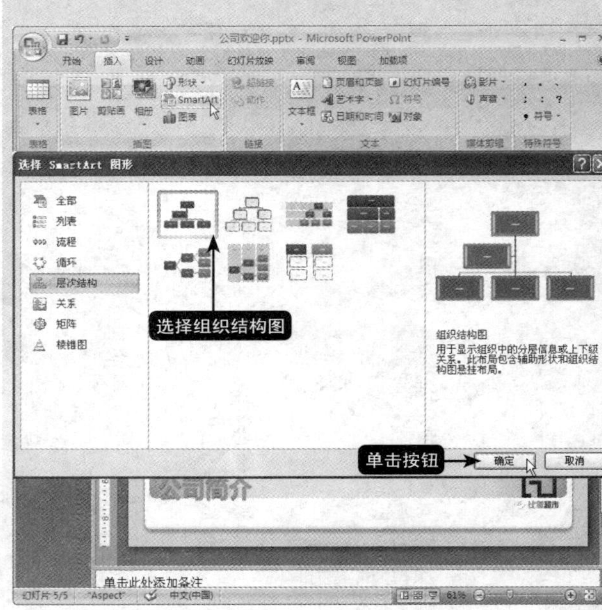

Step 21 在当前幻灯片中插入默认的组织结构图示，拖动其边框调整整体的高宽度和位置后，在各形状中输入相应的内容。

Step 22 根据实际的需要，选中“事业部”形状，然后单击“SmartArt工具 设计”选项卡下“创建图形”组中的“添加形状”按钮下部的 按钮，在弹出菜单中选择“在下面添加形状”命令，为“事业部”添加一个下级形状，使用同样方法共添加6个下级形状。

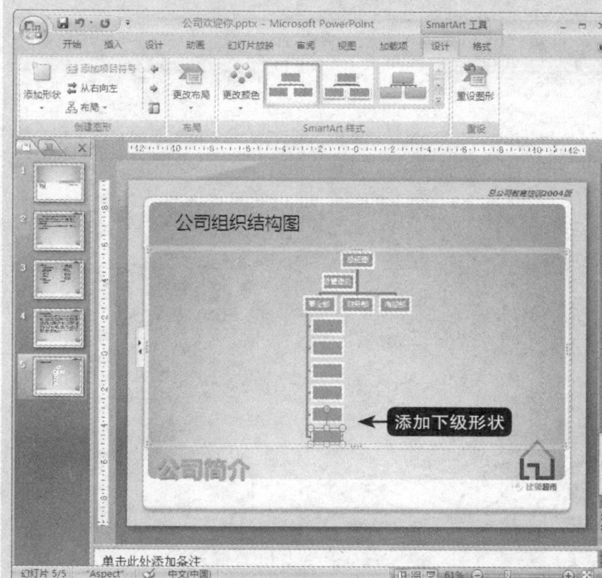

Step 23 新添加的形状呈垂直排列，造成了整个图示在垂直方向上的挤压，文字变得非常小，整个结构也不合理，于是选中“事业部”形状，单击“创建图形”组中的“布局”按钮，在弹出的下拉菜单中选择“标准”命令，下面再为“事业部”添加一个“助理”形状，得到如图所示的效果。

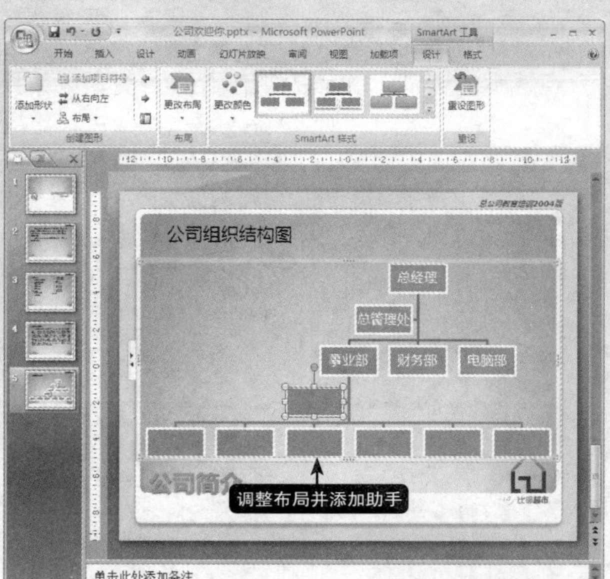

Step 24 依次在新添加的形状中输入文字内容，然后选中整个图示，在“SmartArt工具 设计”选项卡下“SmartArt样式”组中单击“更改颜色”按钮，为图示选择一种颜色效果，再在“SmartArt样式”列表中为图示选择一种整体外观效果，完成图示的制作与美化。

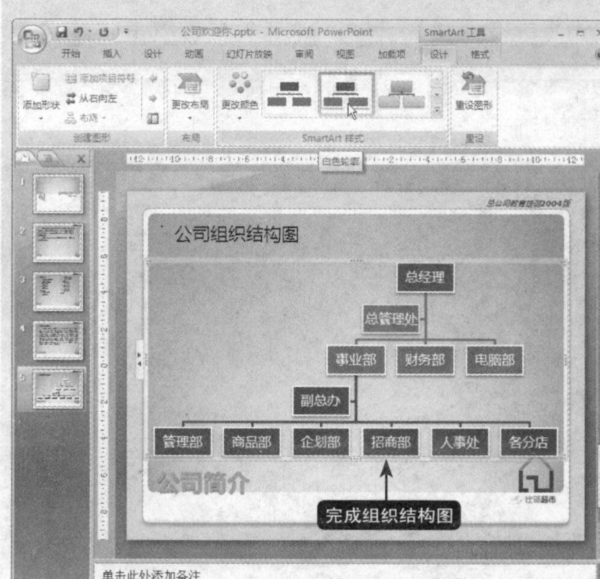

Step 25 由于下一张幻灯片的内容版式与第4张幻灯片相同，于是在“幻灯片/大纲”窗格中按住【Ctrl】键拖动复制第4张幻灯片，生成第6张幻灯片，在其中对相应文字进行修改即可。

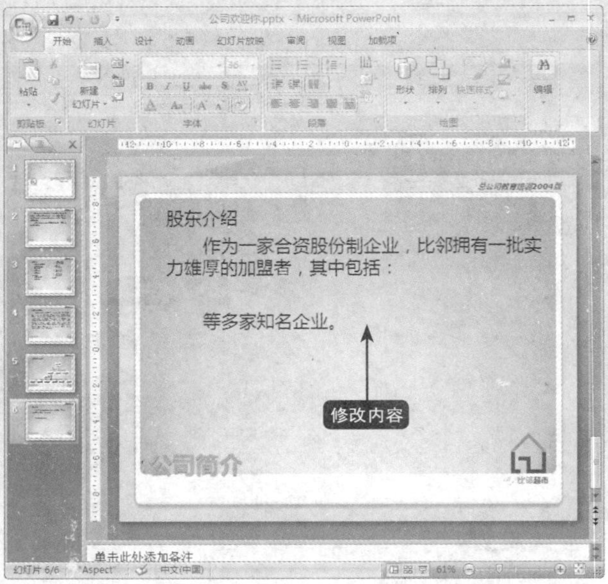

Step 26 继续复制生成下一张幻灯片，在其中使用前面介绍的方法进行制作，需要注意的是在对冒号前的文字设置特别格式后，选中该处格式，再使用“格式刷”复制应用格式。此后的各张幻灯片均采用前面介绍过的方法进行制作即可，本例将不再详细介绍每张幻灯片的制作方法，效果文件中也不提供所有文本内容，读者在使用时根据实际需要填写内容即可。

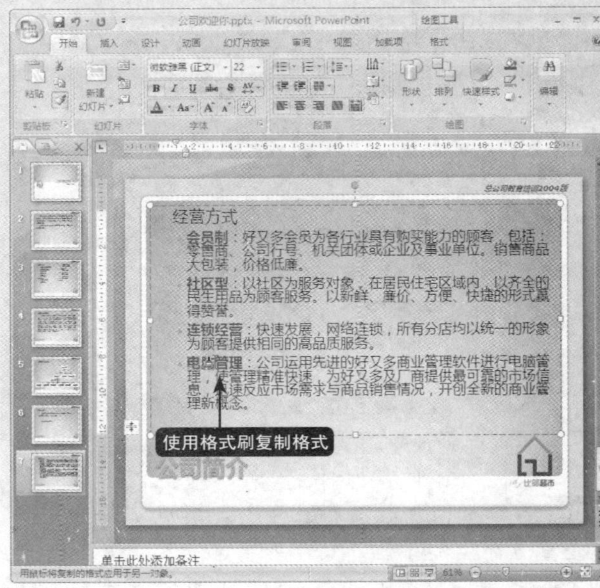

16.2 员工技能培训

对于公司的员工，每隔一段时间都会进行各方面的培训工作，将培训的内容制作成演示文稿，召集相关人员进行统一讲解，既提高了效率也让培训效果更好，大家可以相互探讨与交流。

本节将以一个公司针对销售方面的技能培训为例，介绍这类培训演示文稿的制作方法，其最终效果如下图所示。

■员工技能培训演示文稿最终效果

16.2.1 案例特点分析

根据销售培训类演示文稿的内容安排与其风格，将决定演示文稿的最终效果，下面对本例演示文稿的特点进行简要分析。

- ◆ 销售培训类演示文稿主要是介绍一些销售方面的技巧以及鼓励员工培养销售方面的信心与能力，其中展示的多为一些方法或激励性语言，文字并不会太多。
- ◆ 在文字较少的情况下，需要配合图片或剪贴画，一是充实版面，二是图片可起到活跃内容的作用，让枯燥的内容更形象。
- ◆ 销售培训需要观众在一种活跃轻松的氛围中接受培训内容，因此可为幻灯片设置简单的动画。

当然不同公司由于产品的不同，销售方面的培训在内容上可能会相差很多，本例演示文稿的内容主要是普遍的销售方面的技巧，读者在学习的过程中应将重点放在制作的方法上，具体内容可自行完善。

16.2.2 案例涉及知识点

本例同样会涉及各种PowerPoint知识点，下面逐项列出并进行简要说明。

- ◆ **根据模板创建演示文稿**：PowerPoint 2007为用户提供了培训类模板，根据模板可快速生成需要的演示文稿。
- ◆ **修改主题字体**：对模板中预定义的标题和正文字体可进行修改，这样可统一改变占位符中的字体。
- ◆ **插入外部图片**：将外部图片插入到幻灯片中，作为装饰图使用。
- ◆ **搜索并插入剪贴画**：在培训类演示文稿中，在某些枯燥的文字旁使用抽象的剪贴画，可帮助观众对内容的理解，并加深印象。
- ◆ **绘制自选图形形成图示**：图示不一定非要通过SmartArt才能生成，凭借自己的创意将一些简单的图形组合在一起，也可形成漂亮实用的图示。
- ◆ **设置动画**：为幻灯片添加切换动画，以及为幻灯片中的对象添加各种动画，让幻灯片在放映时更为生动。
- ◆ **将常用演示文稿保存为模板**：如果要经常制作类似的演示文稿，则可将第一次制作完成的演示文稿保存为模板，以后根据该模板再创建新的演示文稿，并在其中修改相应的内容即可。

16.2.3 案例制作详解

经过了前面的相关分析，下面将开始本案例的详细制作，其中部分幻灯片的内容进行了适当省略。

素材 光盘:\素材\第16章\tb1~4.png

效果 光盘:\效果\第16章\销售技能培训.pptx 销售培训.potx

Step 01 在PowerPoint 2007中单击Office按钮，在弹出的菜单中选择“新建”命令，在打开的“新建演示文稿”对话框左侧选择“演示文稿”选项卡，然后在中间的列表框中单击“商务”超链接。

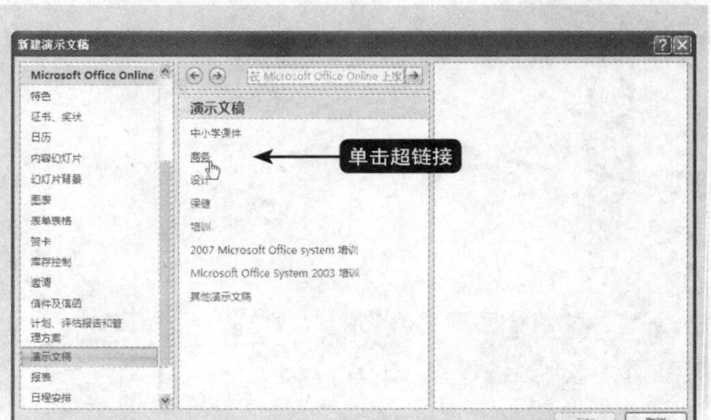

Step 02 于是在中间的列表框中显示出Microsoft官方网站上为PowerPoint用户提供的多种商务类模板，本例选择“团队合作演示文稿”选项，然后单击“下载”按钮。

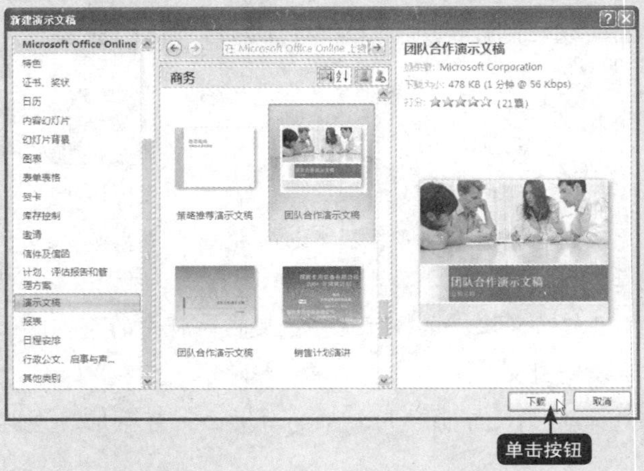

Step 03 系统开始连接Microsoft官方网站并下载选择的模板文件，稍后便会自动新建一个根据该模板创建的演示文稿，其中已经包含了多张幻灯片并有提示性内容。由于本例只需要使用其中的标题幻灯片，以及其他幻灯片的版式，于是选择除第一张幻灯片外的其他幻灯片，将其删除。

Step 04 对演示文稿进行保存后切换到幻灯片母版视图，然后在“幻灯片母版”选项卡下“编辑主题”组中单击“字体”按钮，在弹出的下拉菜单中可选择各种主题字体，本例需要自定义字体，于是选择“新建主题字体”命令。

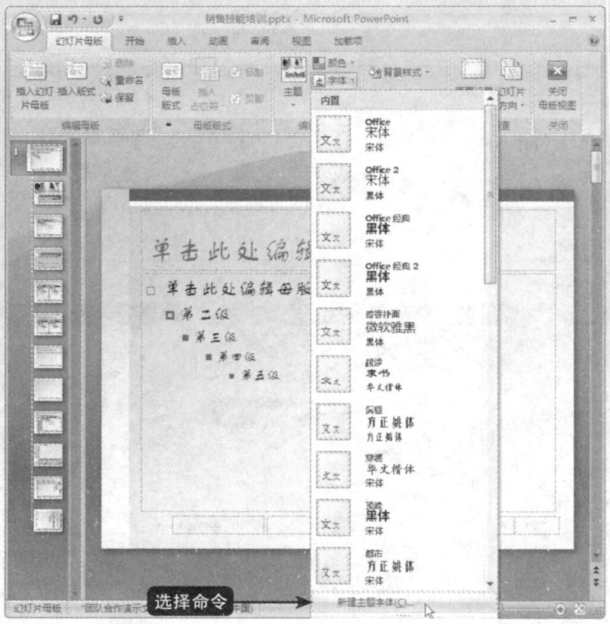

Step 05 打开“新建主题字体”对话框，西文字体可以不用设置，因为本例很少输入英文。在“中文”选项组中设置“标题字体”为“方正大标宋简体”，“正文字体”为“华文新魏”，然后在“名称”文本框中输入新建主题字体的名称，然后单击“保存”按钮。

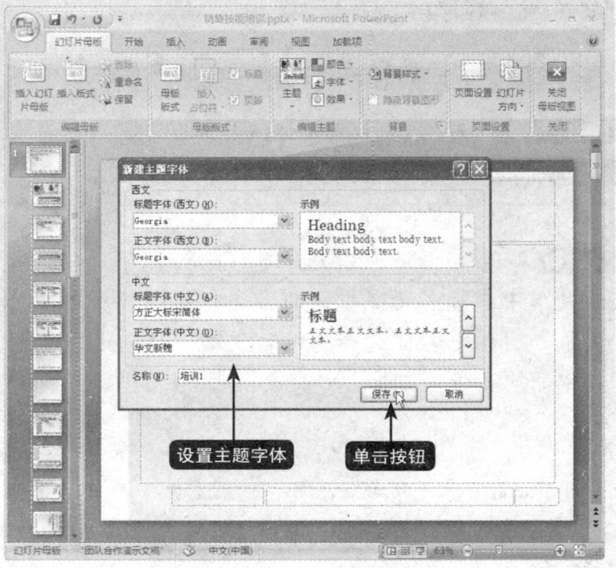

Step 06 返回到母版中，可看到当前主母版和其他版式母版中标题和正文占位符的默认字体发生了变化，即应用了自定义的主题字体。本例不再需要对母版进行设置，于是退出幻灯片母版视图。

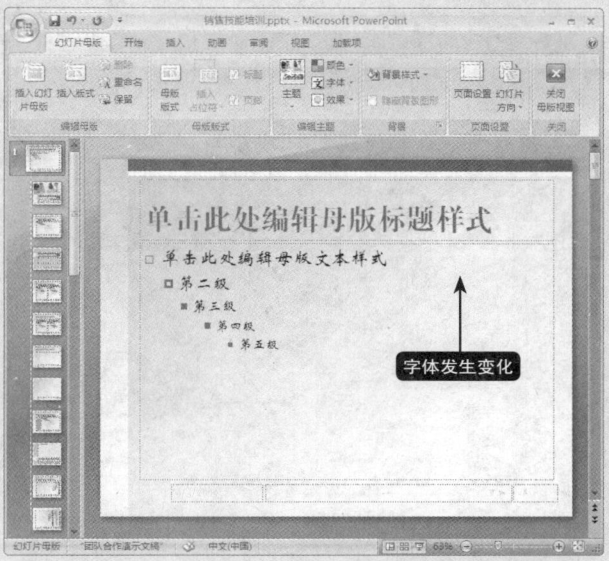

Step 07 返回到幻灯片中，可看到其中标题占位符的字体格式并没有变化，这是因为该模板中的占位符默认并没有使用系统定义的主题字体，而是自行选择的字体，所以当改变主题字体后并没有自动变化，这时只需要在占位符中输入相应内容，再在“字体”下拉列表框中选择相应的字体命令即可。

Step 08 在占位符中输入内容后，首页幻灯片中还需要一个竖排的文字内容，于是在“插入”选项卡下“文本”组中单击“文本框”按钮下侧的▾按钮，在弹出的下拉菜单中选择“垂直文本框”命令，然后在幻灯片中绘制出一个垂直方向的文本框，在其中输入本次培训的期数“第一期”。

Step 09 完成首页幻灯片的制作后，接下来在“开始”选项卡下“幻灯片”组中单击“新建”按钮右侧的▾按钮，在弹出的下拉菜单中选择“节标题”命令，依据该版式新建一张幻灯片，在该幻灯片中输入本次培训前的一些说明性内容。

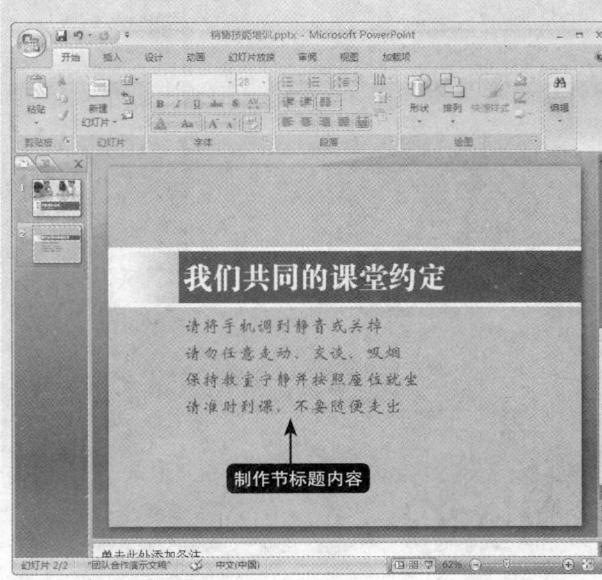

Step 10 选择课堂约定下的4段内容并右击，在弹出的快捷菜单中选择“段落”命令，打开“段落”对话框，在“间距”选项组中设置段前段后均为“10磅”，然后单击“确定”按钮。增加段间距的目的是为了后面在各段旁排列图片更为美观。

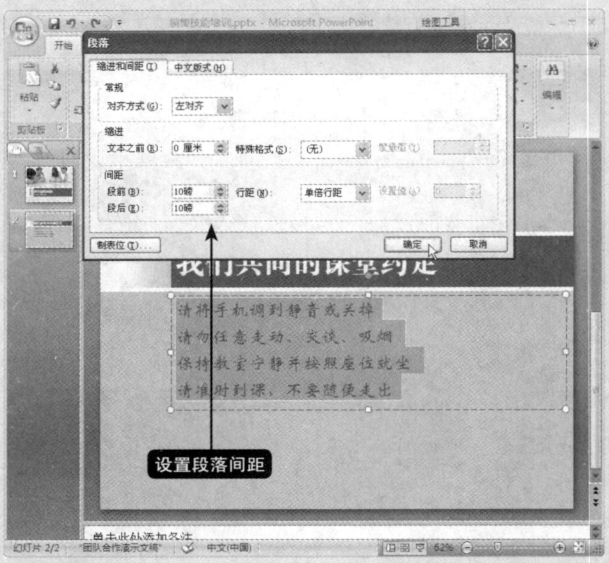

Step 11 返回到幻灯片中，由于放置所选4段内容的文本框高度不够，在增加了段间距后并没有得到效果，这时可单击文本框左下角出现的按钮，在弹出的下拉菜单中选中“停止根据此占位符调整文本”单选按钮。

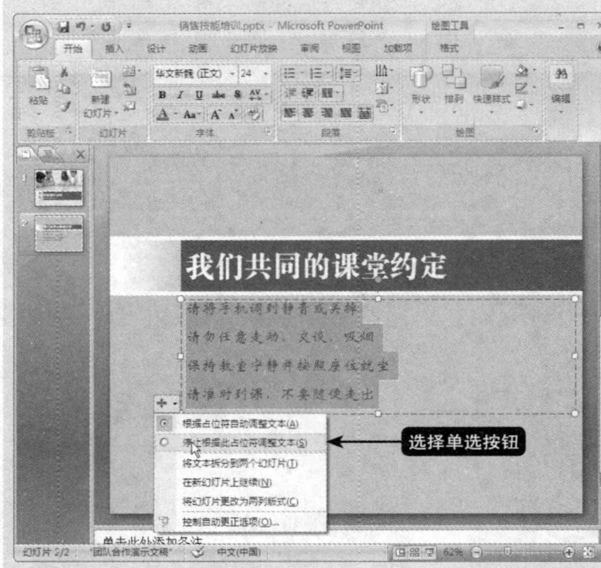

Step 12 这样段落文本将呈现出刚才设置的段间距离。再次选中该4段文本，在“段落”组中单击“项目符号”按钮右侧的按钮，在弹出的下拉列表中选择勾形的项目符号。

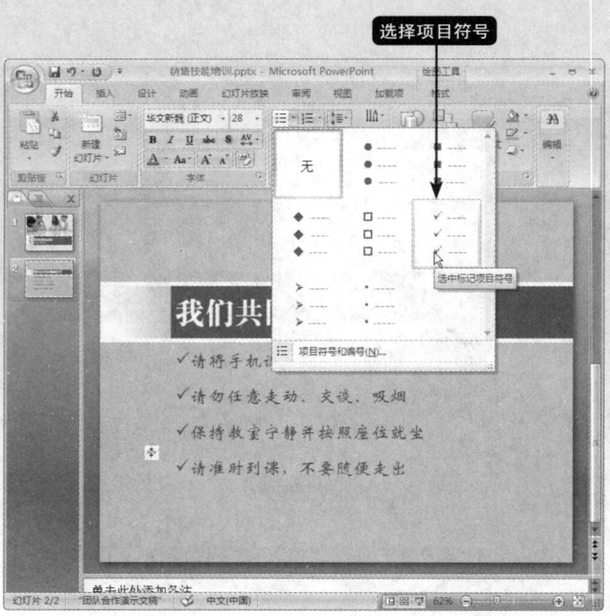

Step 13 稍微调整一下正文文本框的位置，然后在“插入”选项卡下“插图”组中单击“图片”按钮，在打开的对话框中将“tb1~4.png”插入到幻灯片中，在同时选中的4张图片上右击，在弹出的快捷菜单中选择“大小和位置”命令，在打开对话框的“高度”数值框中输入“3厘米”，将4张图片设置为统一高度。

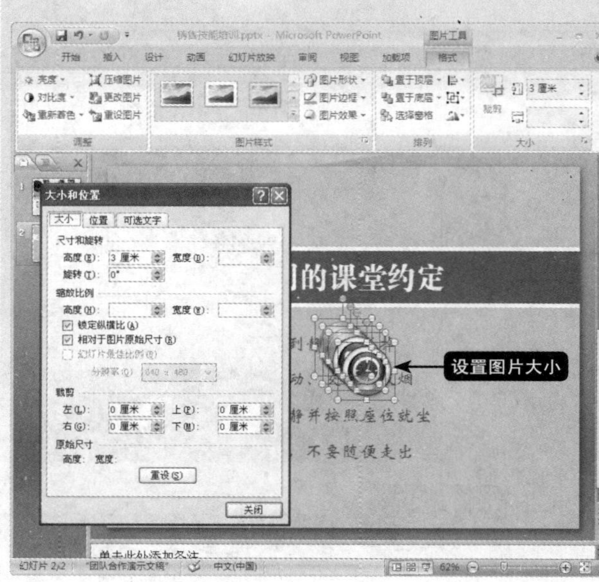

Step 14 完成大小的设置后，将4张圆形图片依次放置在4段课堂约定文本的左右两侧，且各图片之间可通过“图片工具 格式”选项卡的“排列”组中的“对齐”按钮进行彼此之间的对齐操作。

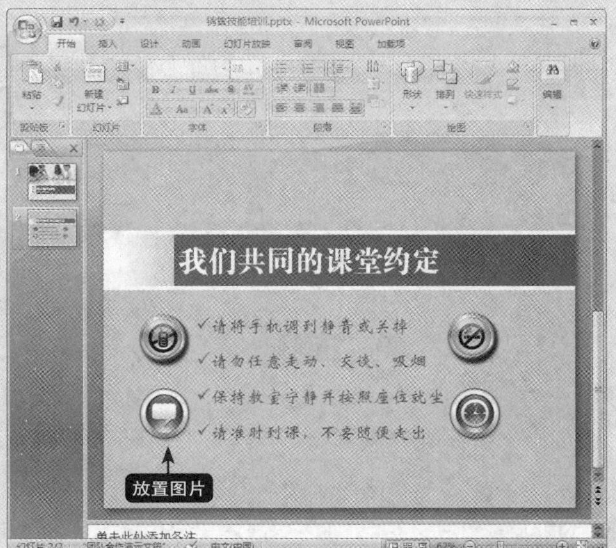

Step 15 在该幻灯片后再新建一张“标题和内容”版式的幻灯片，开始制作本培训的主体内容。由于本例销售培训的内容并不是系统性的知识讲解，所以其中没有安排目录幻灯片。在新建幻灯片中直接输入标题和正文，其中正文取消项目符号并通过标尺控制缩进值，再增大字体和调整文本框形状。

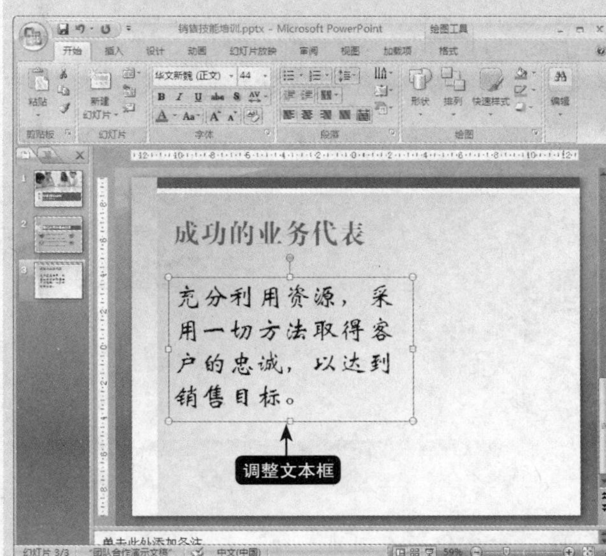

Step 16 之所以将正文字号增大并调整文本框形状，是因为该幻灯片中文字较少，需要在其中插入一张剪贴画，于是单击“插入”选项卡下“插图”组中的“剪贴画”按钮，打开“剪贴画”任务窗格，在其中输入关键字“目标”，单击“搜索”按钮得到相关剪贴画，在需要的缩略图上单击。

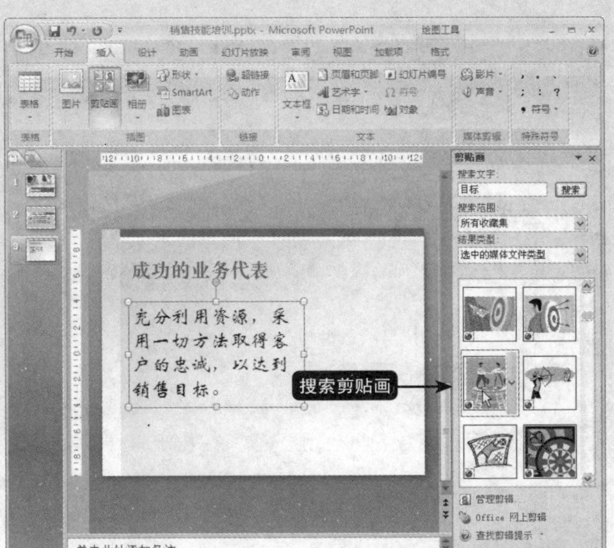

Step 17 即可将剪贴画插入到当前幻灯片中，然后适当调整其大小和位置，完成该幻灯片的制作。

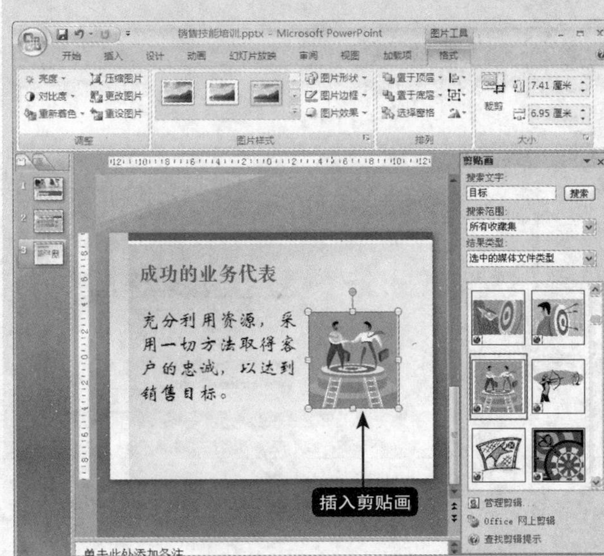

Step18 继续新建幻灯片，在该幻灯片中自行制作一个图示，于是先输入标题内容，再将正文占位符删除，然后在标题右侧插入一个作为装饰的剪贴画，关键字为“方向”。

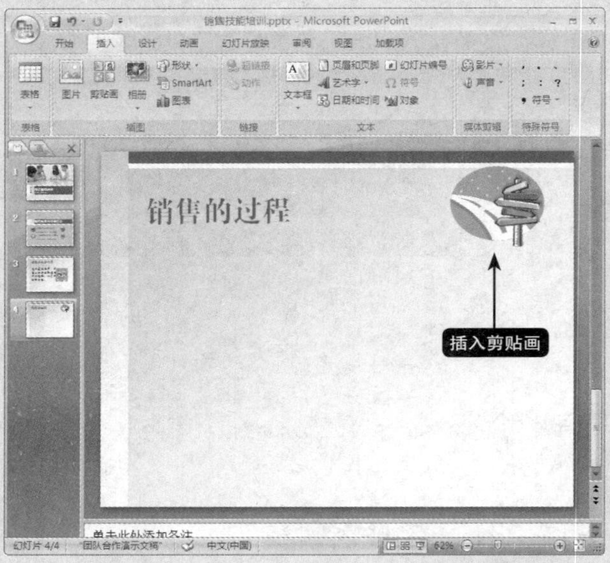

Step19 在“插入”选项卡下“插图”组中单击“形状”按钮，在弹出的列表中选择“右箭头”选项，然后在幻灯片中拖动绘制一个从左至右的长箭头。

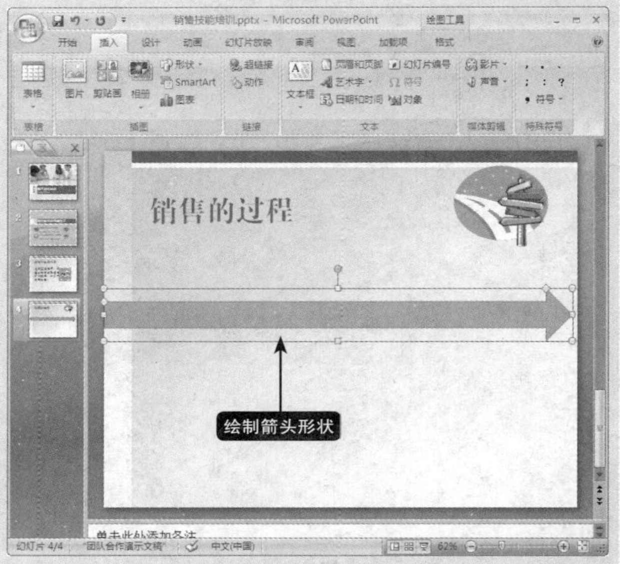

Step20 由于该幻灯片中需要两个箭头，于是直接再复制生成一个箭头，然后在“开始”选项卡下“绘图”组中单击“快速样式”按钮，在弹出的下拉列表中选择一种系统预设的样式，为箭头快速应用两种不同的外观效果。

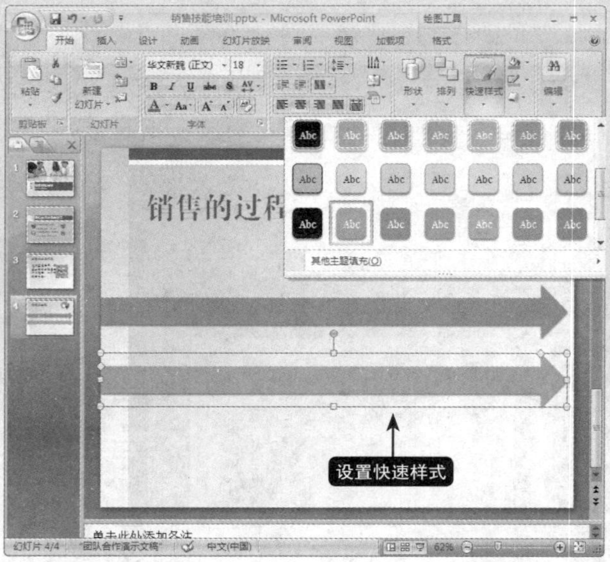

Step21 下面在两个箭头上分别绘制多个文本框，并在其中输入相应的文本内容并设置格式，再在各个文本框之间绘制箭头形状，这样即确定了箭头图示的基本结构和各个环节的内容。

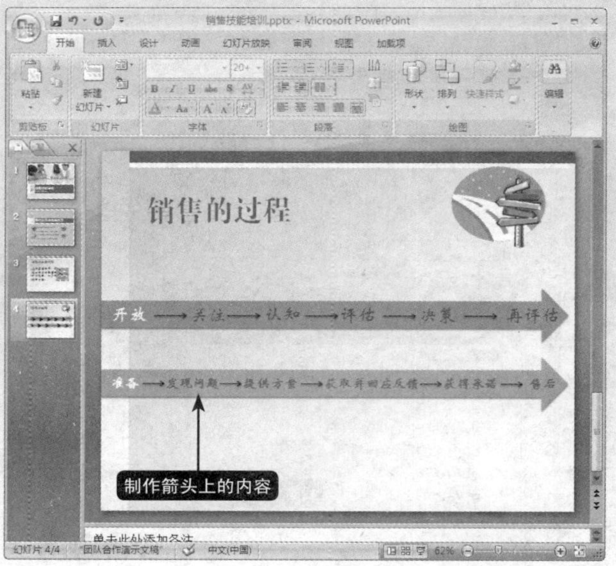

Step 22 下面还需要为箭头流程划分各个阶段，于是在幻灯片中再添加3个文本框和多条直线与箭头组合，得到如下图所示效果。

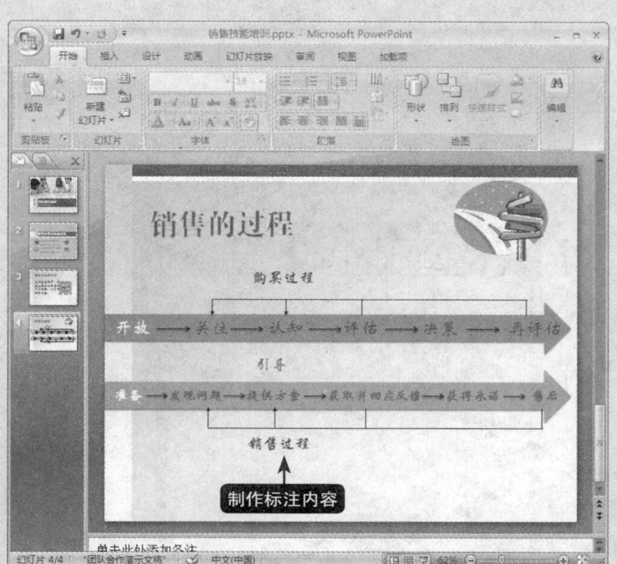

Step 23 再新建一张幻灯片，在其中制作一个购买心态的箭头流程图，与前一张幻灯片相同，在输入标题后插入一张关键字为“放大镜”的剪贴画，然后使用“形状”中的“任意多边形工具”绘制一条梯形箭头图，再同样为其应用一种快速外观样式。

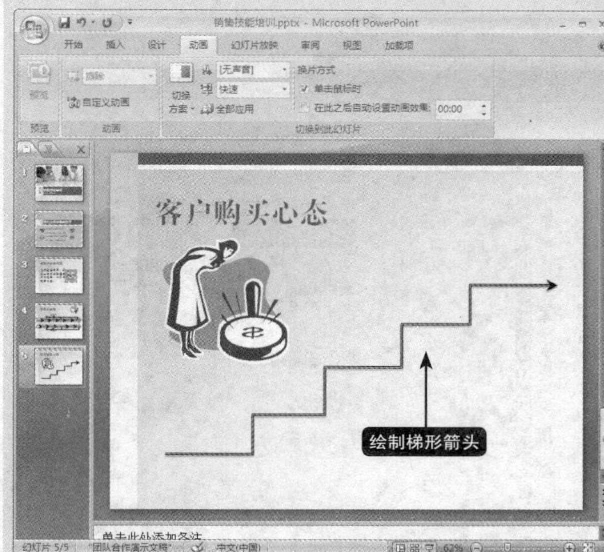

Step 24 再在各阶梯位置添加多个文本框，在其中输入各阶段文本，再在幻灯片右下角绘制一个圆角矩形，在其中输入相应的内容并设置文字格式与形状外观样式。

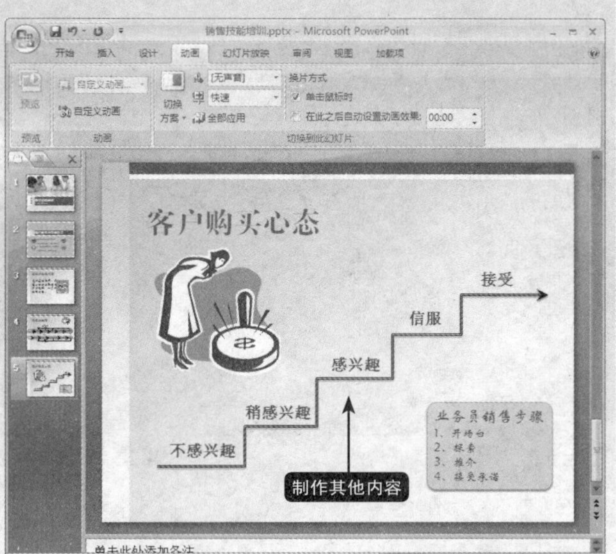

Step 25 使用同样的方法继续制作后面的幻灯片，其中最后一张幻灯片使用“节标题”版式，插入一张关键字为“再见”的剪贴画作为结束。

Step 26 完成各幻灯片的制作后，下面开始对幻灯片和幻灯片中的对象进行动画设置。先选择第二张幻灯片，在“动画”选项卡下“切换到此幻灯片”组的下拉列表框中选择一种“溶解”动画效果，并设置其速度为“中速”。

Step 28 下面要安排4个圆形图片在4段文本出现后再出现，于是选中4个圆形图片后按【Ctrl+G】组合键对其进行组合，再为组合后的对象添加“进入/淡出”动画，并设置其开始方式为“之后”，速度为“中速”。

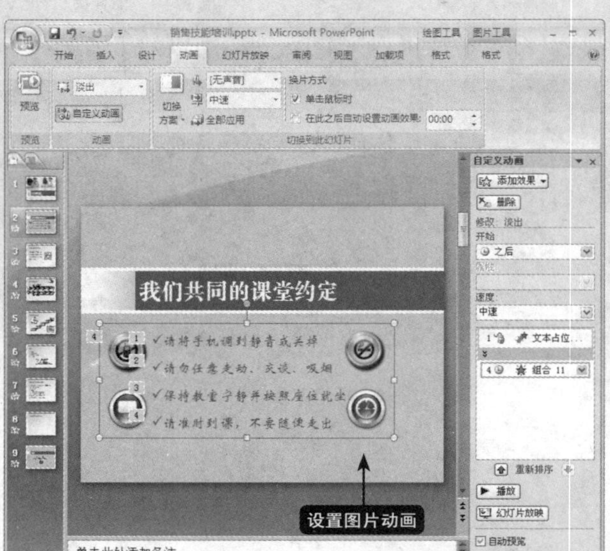

Step 27 使用同样的方法为其他幻灯片应用不同的切换动画效果。再次切换到第二张幻灯片，先单击“动画”组中的“自定义动画”按钮打开“自定义动画”任务窗格，然后选中正文占位符，单击“添加效果”按钮，为其添加“进入/飞入”动画效果，设置动画的方向为“自底部”，速度为“快速”，单击“播放”按钮可看到4段文字依次从底部飞入。

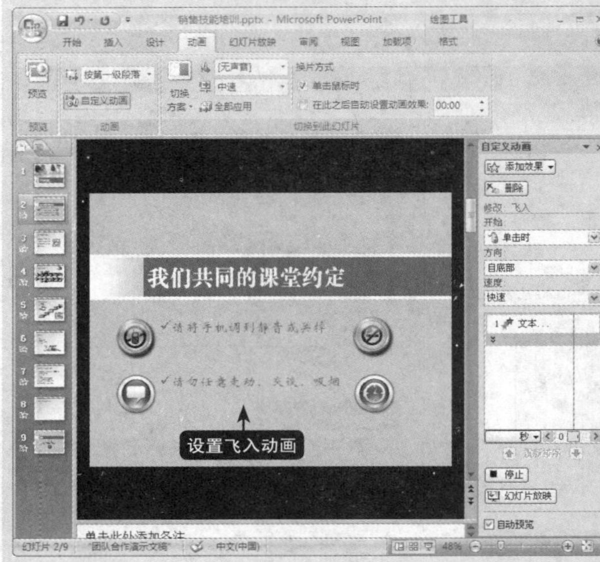

Step 29 切换到第四张幻灯片，先为第一个箭头添加“进入/擦除”动画，再将箭头上的文本框和小箭头组合为一个对象，也为其添加“进入/擦除”动画，再将箭头上的标注文本框和标注直线组合成一个对象并添加“进入/淡出”动画，3个动画的速度都为“中速”，只是后两个动画的开始方式为“之后”，即箭头出现后再出现其上的文字，再出现标注内容。另一个箭头的相关动画与第一处相同。

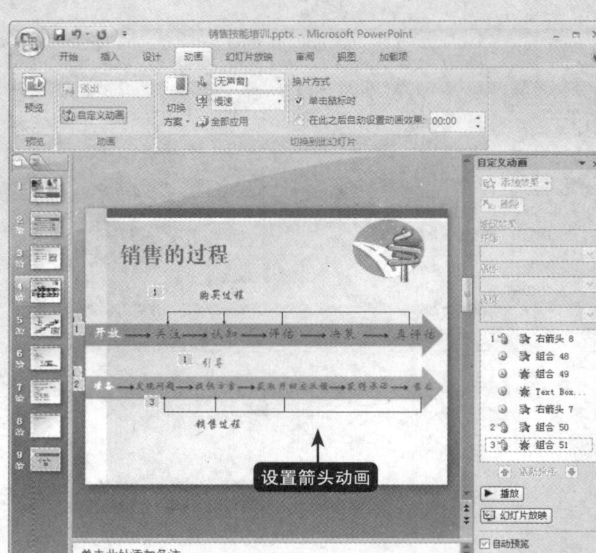

Step 30 切换到第五张幻灯片，使用与第四张幻灯片相同的方法，先为箭头添加从左至右的“进入/擦除”动画，再设置组合后的文本框同样为从左至右的“进入/擦除”动画，注意其开始方式为“之前”，这样箭头与文字将同步出现，最后设置右下角的圆角矩形自底部飞入，开始方式为“之后”。

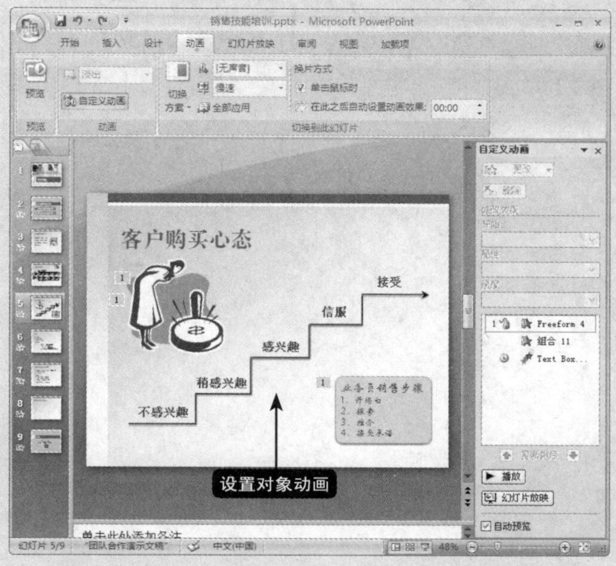

Step 31 切换到最后一张幻灯片，为其中的“再见”剪贴画添加“进入/淡出”动画，再在其动画选项上右击，在弹出的快捷菜单中选择“效果选项”命令，在打开对话框的“效果”选项卡下“声音”下拉列表框中选择“鼓掌”选项，这样在演示文稿结束后，将出现观众鼓掌的效果。

Step 32 至此已经完成了本演示文稿的制作，对其进行保存后，下面再将其保存为模板供以后反复修改使用。单击Office按钮，选择“另存为/其他格式”命令，在打开对话框的“保存类型”下拉列表框中选择“PowerPoint模板”选项，修改名称后将其保存在默认位置。

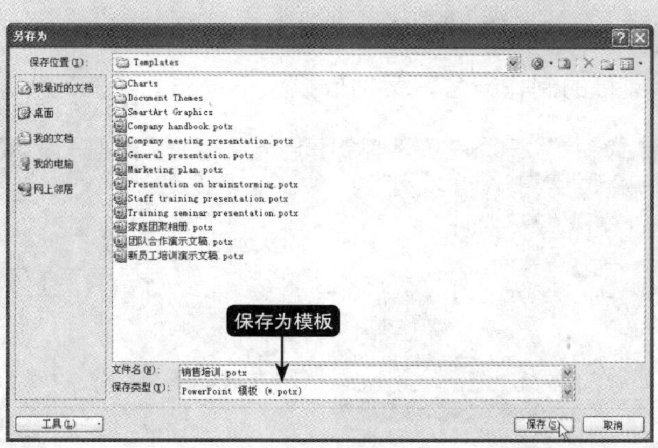

Step 33 这样在以后根据模板新建演示文稿时，在“新建演示文稿”对话框左侧单击“我的模板”链接，在打开对话框中即可找到自己创建的模板并根据它创建新的演示文稿，然后再对其中的内容进行修改编辑即可。

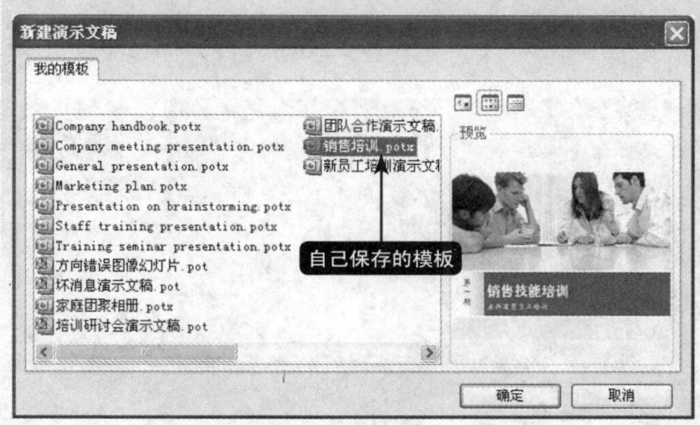

17 Chapter 企业商务会议案例

READERS' GUIDE

一个企业或公司总会召开各种商务会议，在这些会议过程中将主要内容制作成演示文稿并展示给与会人员，可使整个会议过程变得更加生动与轻松，借助PowerPoint的多项展示技术，还可将一些不能在纸张上展示的内容放映在屏幕上，丰富了会议的内容。

MAIN CASES

17.1 部门工作报告

工作报告也称述职报告，是指公司各级干部及其他岗位责任人，在人事考评（职务、职称）或年终总结等会议中，根据职务或职责考核标准，向上级部门、机关、评审组织或本单位的干部职工，陈述自己的任职情况或部门的工作业绩时的汇报材料。按内容可分为个人工作报告、集体工作报告。

本节就将以一个集体工作报告为例，介绍此类演示文稿的制作方法，案例效果如下：

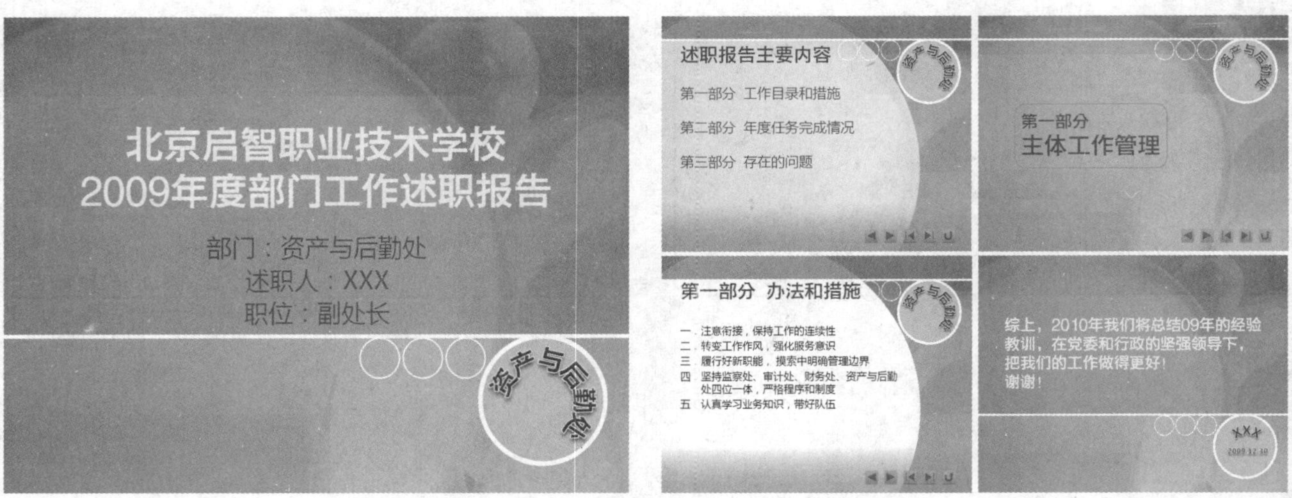

■部门工作报告最终效果

17.1.1 案例特点分析

下面先对工作报告类文书的特点进行分析。

工作报告类文书常具备以下一些作用：

- **对于述职者个人**：可以展示政绩，体现素质。便于总结成绩，找出差距，明确方向和改进工作。
- **对于其他人**：可为上级机关、领导或评委会考察述职者，群众评议干部提供依据。有利于加强对干部的管理，有利于树立和形成民主监督的良好风气。

因行业、岗位或代表的是个人或集体的不同，报告的内容会不一样。但通常都会包括以下几方面的内容：

- **岗位职责描述**：首先要简明扼要地介绍自己所在岗位或所代表部门的基本情况。然后要详细介绍自己岗位的职责范围，即自己分管的工作，任职期间的主要工作目标等。
- **工作绩效报告**：这是述职报告最主要的内容。即要向组织或群众如实地汇报自己或部门所做的主要工作，工作过程中所取得的成绩以及由此带来的经济和社会效益，或者工作中出现的失误以及由此造成的损失等。
- **经验教训总结**：将自身或部门的工作实践概括或总结出一些规律性的认识，包括成功的经验，今后应该如何发扬；失败的教训，今后应该如何防止等。
- **未来展望规划**：对自己或部门将来的工作进行展望，提出后面工作的规划与目标，以及各项措施。

工作报告通常具备以下一些特点：

- 报告要严格按职责范围阐述工作完成情况，有较强的规定性。
- 报告的目的在于考察干部或部门，因此内容应客观地阐述，用工作实绩表明工作成效及履职情况。
- 报告内容侧重在工作实绩上，要求用事实说话，既有定性的分析、又要有定量的证明，以充分体现出报告者所具备的较强的履职能力与素质。
- 工作报告是一项非常正式的会议，因此工作报告演示文稿应以庄重、严肃、正规的方式展示内容，其版式、背景、配色以及字体等都不应过于复杂或花哨，以实用为目的。

17.1.2 案例涉及知识点

在本案例的制作过程中，将涉及如下一些知识点：

- **自定义幻灯片背景**：通过为各张幻灯片分别定义不同的背景来制作演示文稿。
- **制作节标题幻灯片**：在内容较多且需要层次分明的演示文稿中，在各大部分之间可通过节标题幻灯片来进行分隔与提示。
- **变形艺术字**：在幻灯片中添加艺术字并对其形状效果进行设置。
- **制作双标题幻灯片**：由于演示文稿中内容的级别标题较多，为了让结构更清楚，在幻灯片中可同时包括一、二级标题。
- **制作动作按钮**：对于多内容演示文稿，通过添加动作按钮可在放映时方便用户进行切换与控制。

17.1.3 案例制作详解

第16章的两个案例都是通过PowerPoint的模板创建的，本例将由一个空白演示文稿开始，使用事先准备好的4张图片作为幻灯片背景，再根据背景调整幻灯片版式，并添加各项内容，逐步完成案例制作。

素材 光盘:\素材\第17章\bj1~4.jpg

效果 光盘:\效果\第17章\部门工作报告.pptx

Step 01 启动PowerPoint 2007，对默认新建的空白演示文稿进行保存，然后选择首页幻灯片，在“设计”选项卡下“背景”组中单击对话框启动按钮，打开“设置背景格式”对话框，在“填充”选项卡右侧选中“图片或纹理填充”单选按钮，然后单击“文件”按钮。

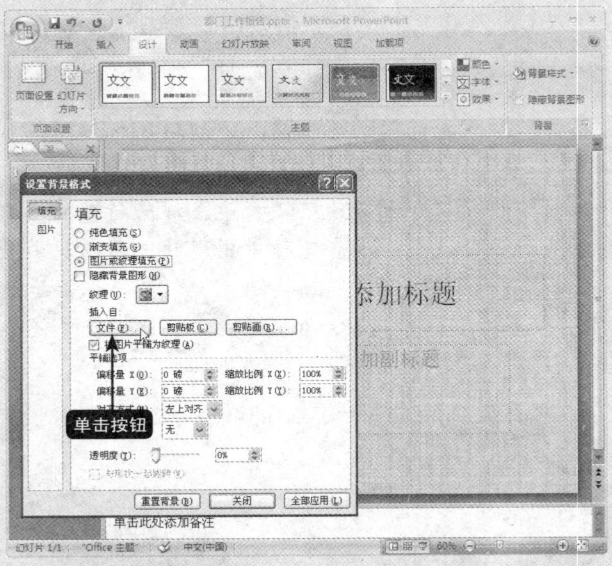

Step 02 打开“插入图片”对话框，在其中选择事先准备好的背景图片，各图片具有统一的风格，但具体效果稍有不同，这里先选择首页幻灯片要使用的背景图片bj1.jpg，然后单击“插入”按钮。

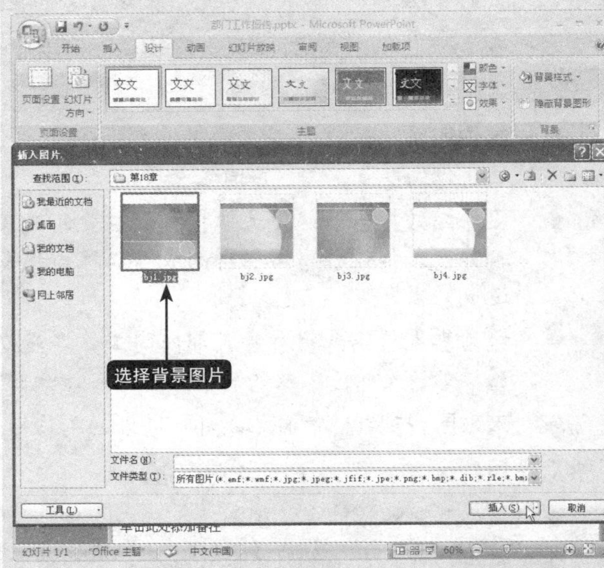

Step 03 返回到“设置背景格式”对话框，如果图片大小的比例与幻灯片尺寸比例相符，则在“平铺选项”选项组中的4个数值框中都显示的为“0%”，否则会有不同的数值，用户可通过调整数值来控制图片作为幻灯片背景时的显示比例，这里直接单击“关闭”按钮返回到幻灯片中，即可看到设置背景后的效果。

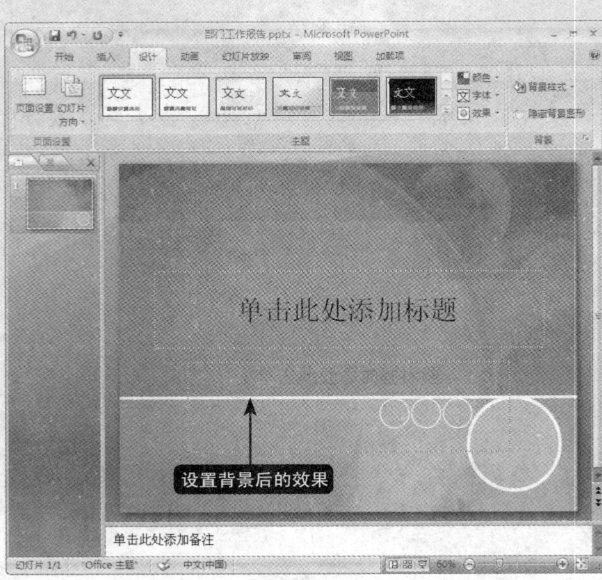

Step 04 完成背景的设置后，为了使演示文稿的字体统一，需要对其设置主题字体，使用前面介绍过的方法，为该演示文稿新建一个自定义主题字体，其中标题的中文字体为“方正韵动中黑简体”，正文的中文字体为“微软雅黑”，单击“保存”按钮。

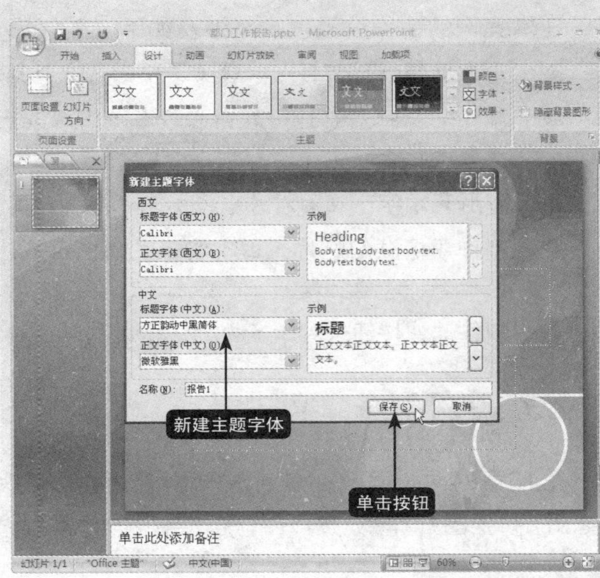

Step 05 下面依次在首页幻灯片中输入标题与副标题内容，然后配合背景图片的效果，为标题设置不同的颜色，让其与背景更为协调。

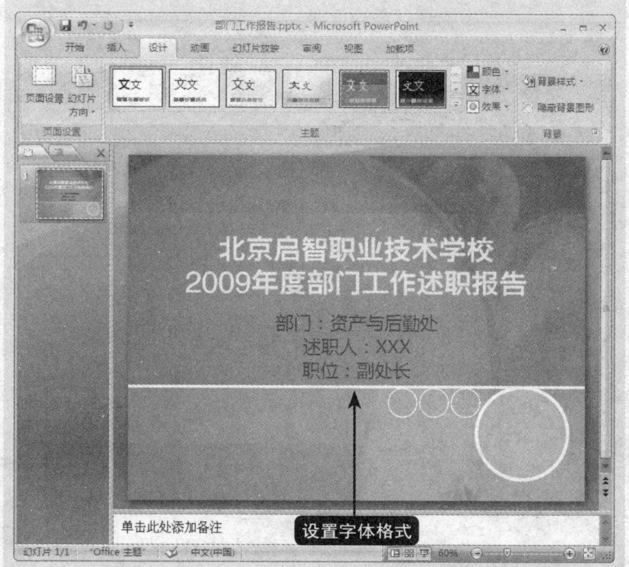

Step 06 完成文字内容的输入后，首页幻灯片基本制作完成，但根据本例首页幻灯片背景图片的特点，准备在其右下角的圆形处制作一个代表报告部门的艺术字，并对其进行变形。于是在“插入”选项卡下“文本”组中单击“艺术字”按钮，在弹出的下拉列表中先选择一种样式。

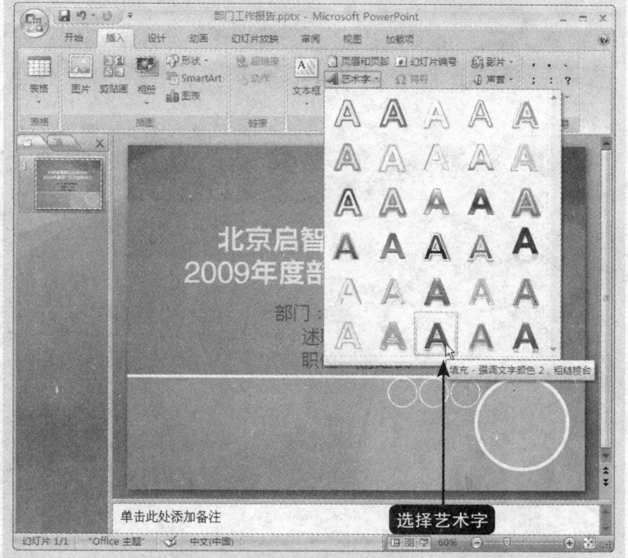

Step 07 在出现的艺术字文本占位符中输入报告部门文本，然后设置其字体大小为28号，并通过“绘图工具 格式”选项卡下“艺术字样式”组中的“文本填充”按钮为艺术字设置更符合背景的填充色。

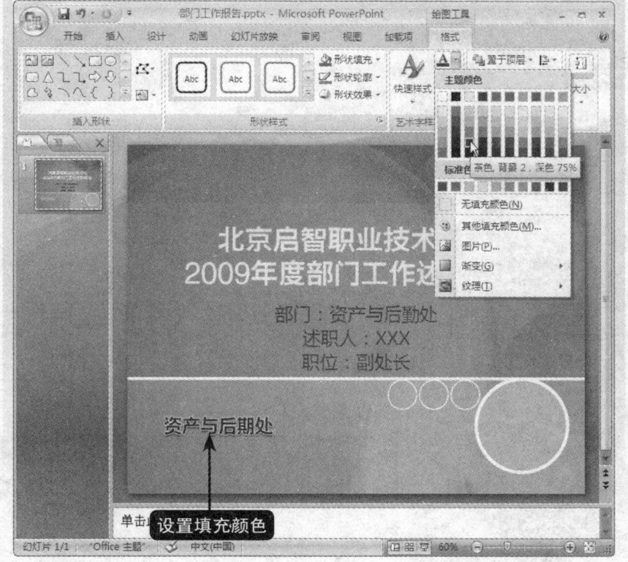

Step 08 为了让艺术字与背景圆形更为配合，本例将对艺术字进行变形，于是选择艺术字后单击“艺术字样式”组中的“文本效果”按钮，在弹出的下拉菜单中选择“转换/上弯弧”命令。

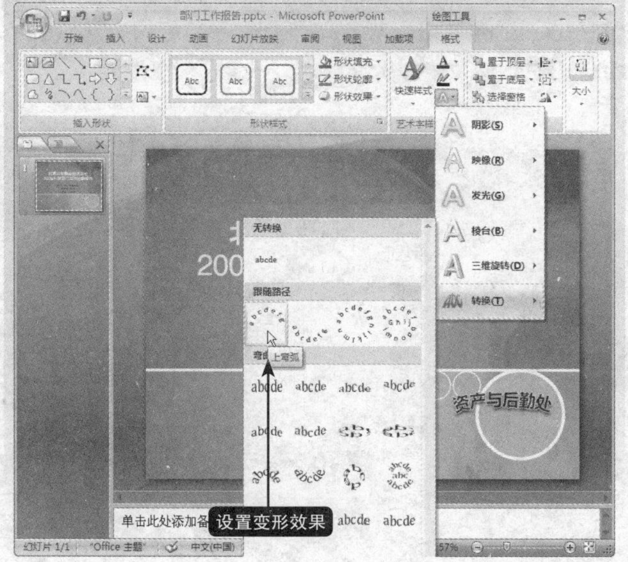

Step 09 此时艺术字已经产生了一定的弧度，但与圆形不够贴合，于是通过拖动控点和文本框的宽高度来调整艺术字的弧度，最后对其进行一定角度的旋转，让其刚好放置在圆形区域，完成首页幻灯片的制作。

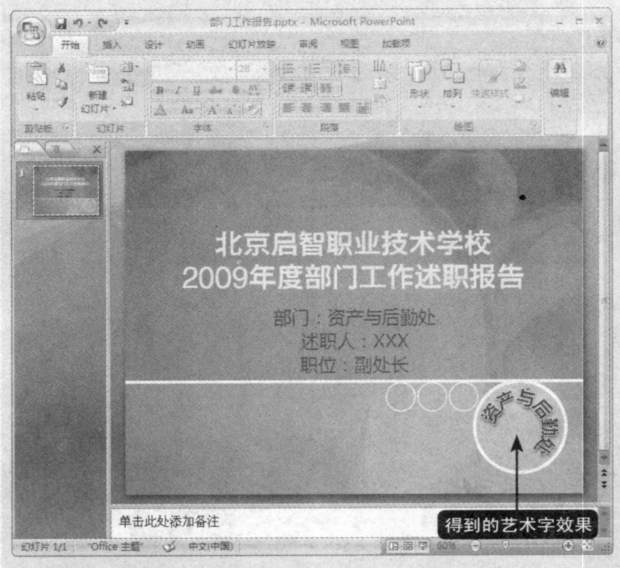

Step 10 新建一张“标题和内容”版式的幻灯片，在其中将列出本次报告的主题内容，于是先为该幻灯片设置背景图片为bj2.jpg，然后在占位符中输入相应内容，设置格式并调整位置，最后从首页幻灯片中复制变形艺术字到第2张幻灯片中，同样将其放置于圆形区域中。

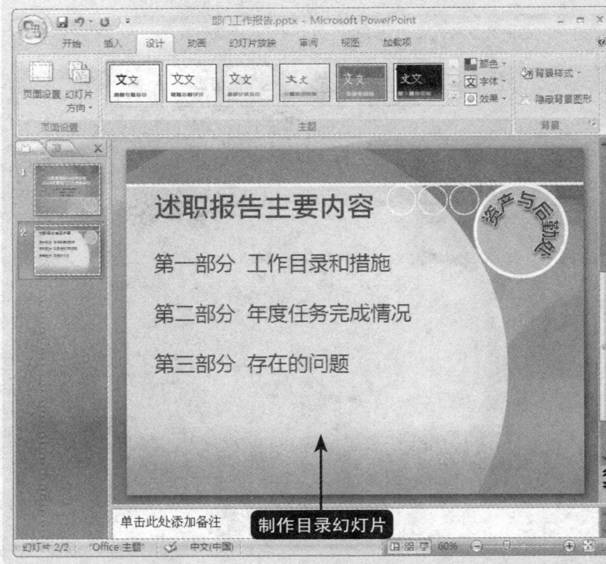

Step 11 再新建一张幻灯片，设置背景图片为bj3.jpg，该幻灯片将用于第一部分的开始提示，即节标题。于是在其中输入内容后，改变占位符的形状为圆角矩形，并设置其边框效果，以突出显示。同样复制第2张幻灯片中的艺术字到第3张幻灯片的相同位置，后面新建的其他幻灯片也同样需要进行此操作，到时将不再重复说明。

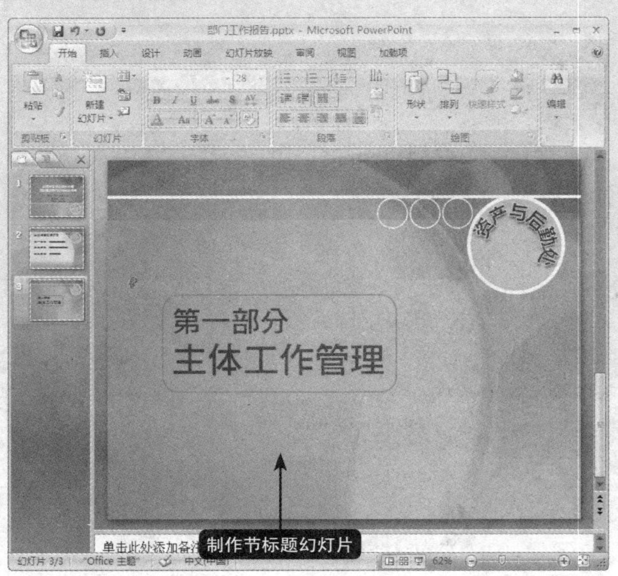

Step 12 继续新建幻灯片，该幻灯片将作为主体正文的展示，为其设置背景图片为bj4.jpg，并在其中输入报告第一部分的主要内容，各标题的具体内容将在后续幻灯片中展示，因此该幻灯片也相当于后面内容的目录幻灯片。

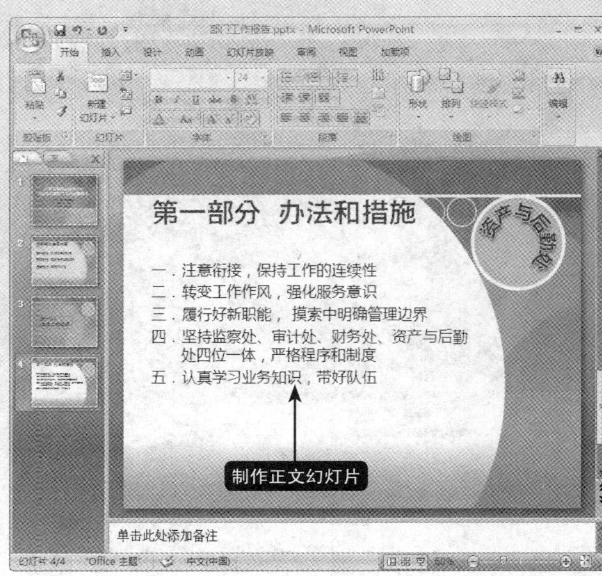

Step 13 复制第4张幻灯片生成第5张幻灯片，在其中将展示报告第一部分第一条的具体内容，为了让观众更清楚地了解幻灯片内容所属第几大部分的第几小点，于是在其中同时展示了一、二级标题，通过设置不同的字体格式进行区分，然后对正文内容进行输入。

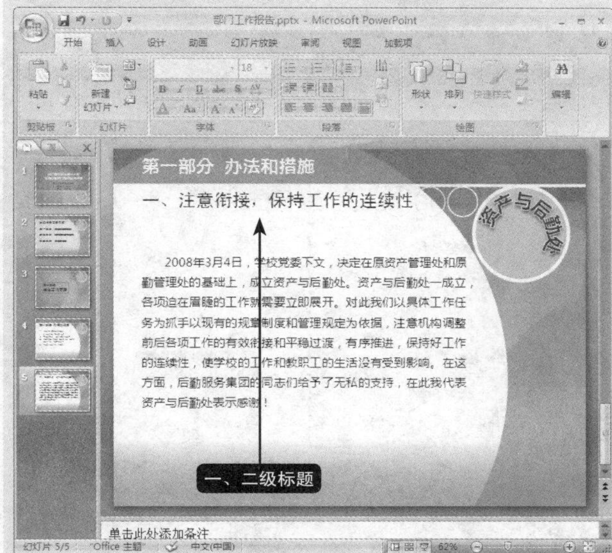

Step 14 复制第5张幻灯片继续制作其后的6~10张幻灯片，它们同属于报告第一部分下的各分项内容。之后再复制第3张幻灯片生成第11张幻灯片，将其修改为报告第二部分的节标题幻灯片。

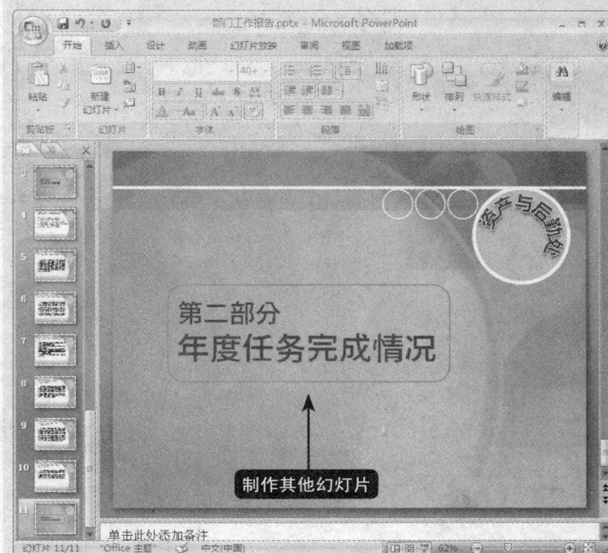

Step 15 后面的其他幻灯片均使用前面介绍的方法进行制作即可，最后一张结束幻灯片则使用“标题幻灯片”版式，并对艺术字的形状稍作修改，完成演示文稿内容的制作。

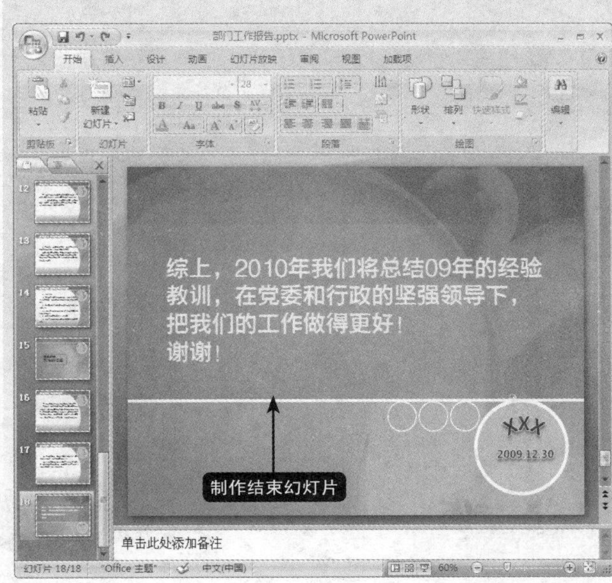

Step 16 为了方便报告人在报告时对演示文稿进行放映控制，即进行幻灯片的切换与跳转，本例将为除首尾幻灯片外的其他幻灯片添加动作按钮，为了一次性完成设置，需要切换到幻灯片母版中。

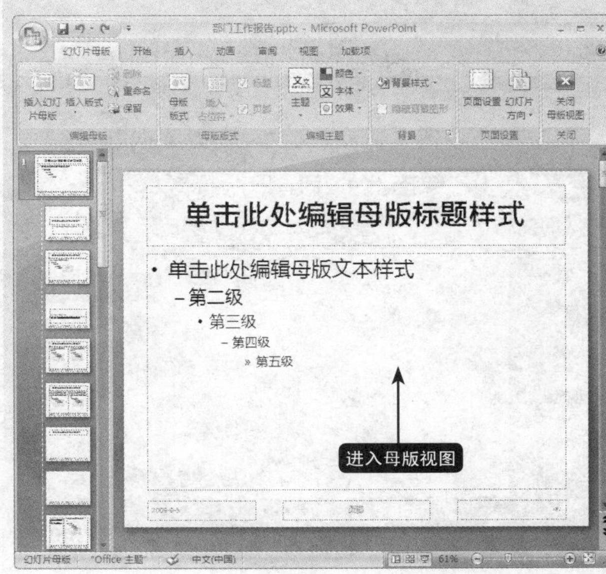

Step 17 选择主母版，单击“插入”选项卡下“插图”组中的“形状”按钮，在弹出的下拉列表中选择“动作按钮”栏第一个“后退”按钮选项◁。

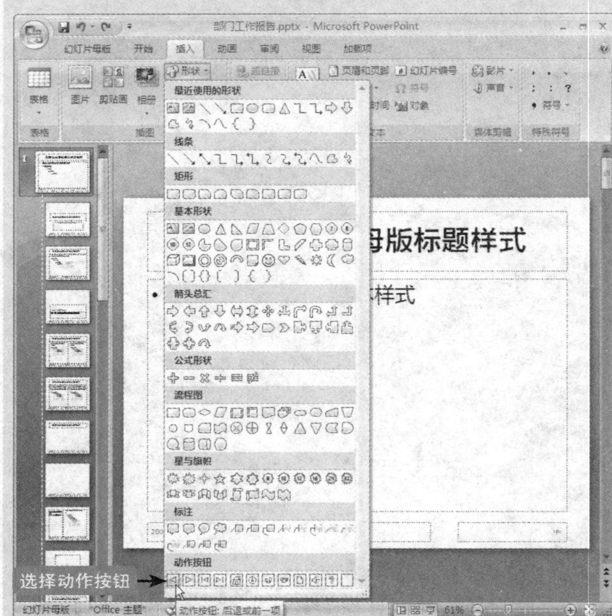

Step 18 按住【Shift】键的同时在母版右下角拖动，绘制出第一个动作按钮，释放鼠标后弹出“动作设置”对话框，保持默认设置，直接单击“确定”按钮。

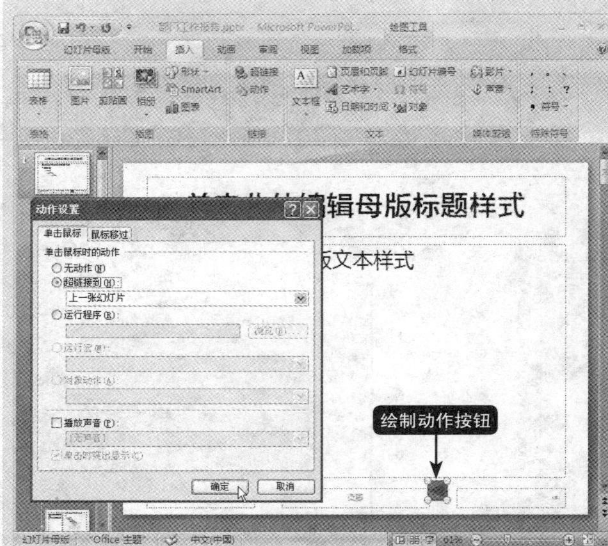

Step 19 使用同样的方法依次绘制“前进”▷、“开始”⏮、“结束”⏭、“上一张”等动作按钮，然后同时选中5个按钮，通过“绘图工具格式”选项卡下“大小”组中的数值框设置各个按钮的宽度和高度均为1厘米。

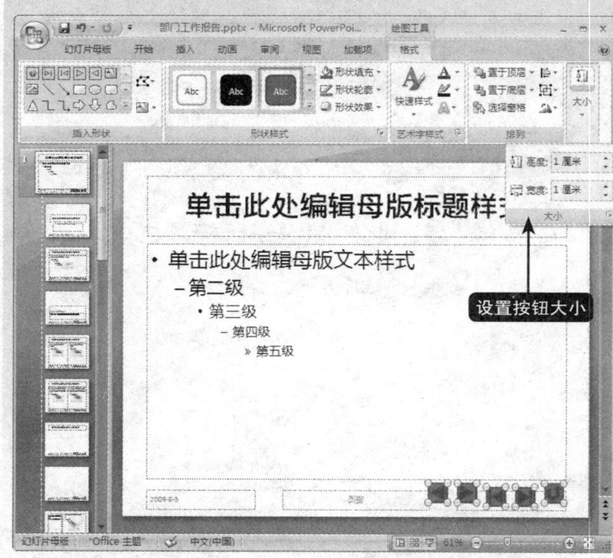

Step 20 保持5个按钮的选中状态，单击“排列”组中的“对齐”按钮，在弹出的下拉列表中分别选择“顶端对齐”和“横向分布”命令，使5个按钮呈水平对齐且均匀分布排列。

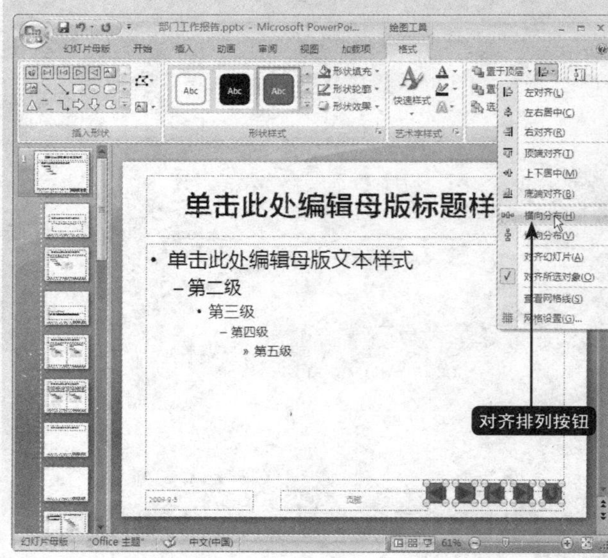

Step 21 默认的按钮样式并不太美观，于是选中5个按钮，通过“绘图工具 格式”选项卡下“形状样式”组中的样式列表，为其统一指定一种外观效果，切换到标题幻灯片版式母版中，对其设置“隐藏背景图片”，完成后退出幻灯片母版视图。

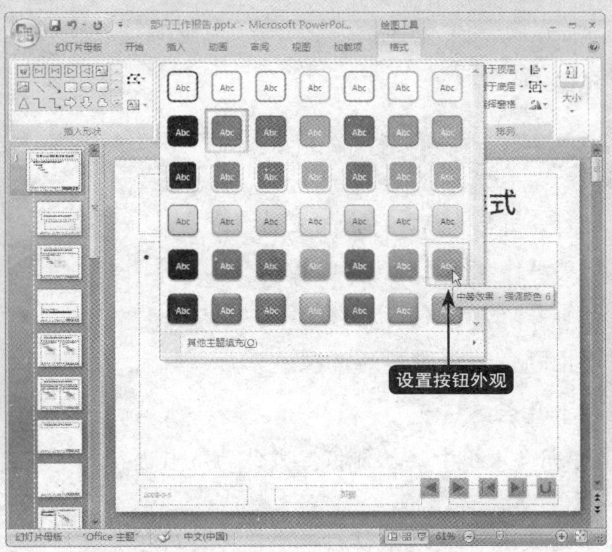

Step 22 返回到幻灯片中，可看到除首尾两张幻灯片外，其他各张幻灯片右下角均出现了刚才绘制的动作按钮，放映时单击按钮即可实现相应的切换功能。至此便完成了本例所有内容的制作。

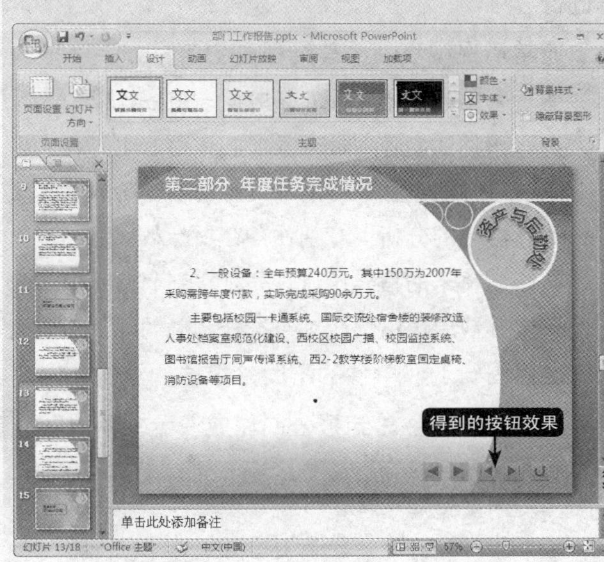

17.2 事件总结报告

当完成一个大项目工作后，常需要对工作的相关情况进行回顾与总结，包括工作的开展与实施情况、工作的成果、经验总结、有什么不足、故障如何解决等，然后通过会议的形式进行报告，向领导汇报情况以及与同事进行交流。

本节将以一个房地产交易会的情况总结报告为例，介绍此类演示文稿的制作方法，案例效果如下：

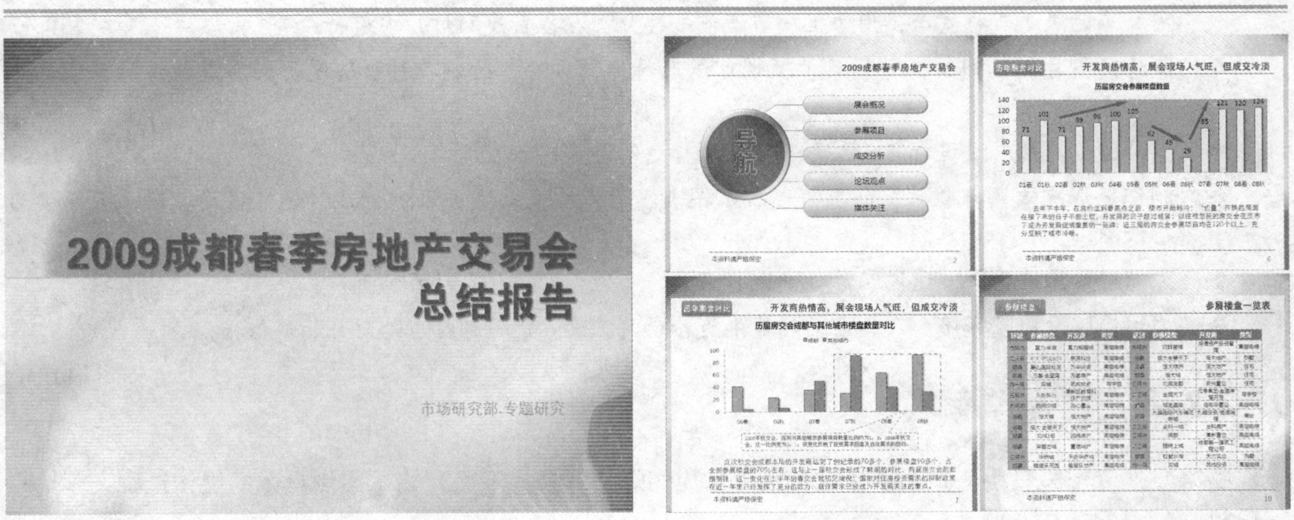

■事件总结报告最终效果

17.2.1 案例特点分析

下面先对此类事件总结报告的特点进行分析。

与上一节介绍的工作报告类似，这里的事件总结报告同样是通过总结来改善自己的工作，只不过这类报告的重点是某个阶段性事件，是以事件发生的各个阶段情况进行总结，而不是对某人或某部门的工作进行总结。

通常情况下事件类总结报告会包括如下一些内容：

- **事件的开始**：如开始时间、地点、参与人员、规模等。
- **事件的内容**：对事件的具体内容进行详细介绍。
- **事件的过程**：对事件进行的各个阶段情况进行描述。
- **结果的分析**：对事件各分项结果或总的成果情况进行分析与总结，得出相应的结论。
- **对将来的指导**：通过分析得到的结果，将来开展同类事件时可进行借鉴与指导。
- **其他周边情况**：对与事件相关的其他周边情况进行简要介绍，也可进行分析。

当然因行业和事件的不同，报告的结构和内容会各不相同，读者应灵活掌握。

另外，将事件总结报告制作成演示文稿时，应注意以下几点：

- 演示文稿的背景、配色、字体等可以不像工作报告那样中规中矩，可根据事件的特点进行一定程度的美化和个性化。
- 事件总结报告以事件为主，因此应通过客观事实说话，避免主观地得出结论，可引用相关数据制作成表格和图表进行分析与对比。
- 在展示事件过程时，可在幻灯片中展示相关照片，更直观和清楚。
- 根据事件的特点，可对演示文稿进行保密提示，或设置一定程度的保密级别，因为报告中涉及重要的数据。

17.2.2 案例涉及知识点

在本案例的制作过程中，将涉及如下一些知识点：

- **为不同版式母版设置背景和样式**：这是演示文稿制作过程中非常重要的一步，将事先准备好的多张图片分别设置为不同幻灯片母版的背景，再在母版中设置文字样式，这样新建的幻灯片即可自动应用相应的版式和样式，不用像上一节案例一样分别在各新建幻灯片中进行设置。
- **制作特殊目录幻灯片**：罗列目录项也可以有特殊的方法，绘制各种自选图形，形成特殊的目录幻灯片版式。
- **节标题幻灯片**：通过自定义图形，突出节标题幻灯片。
- **制作柱形图表**：可将收集的数据制作成图表，设置图表格式并添加标注。还可将某数据系列变换为折线图。
- **为幻灯片添加页码**：通过在母版中进行设置，可为各幻灯片自动添加页码。
- **为目录项设置超链接**：在目录幻灯片中为各项内容设置跳转到对应幻灯片的超链接。

17.2.3 案例制作详解

收集好报告相关资料，然后准备几张图片作为幻灯片背景，下面开始本案例具体的操作过程。

素材 光盘:\素材\第17章\bj5~8.jpg、fjh1~2.jpg

效果 光盘:\效果\第17章\房交会总结报告.pptx

Step 01 新建一个空白演示文稿，对其进行保存后切换到幻灯片母版视图中，选择主母版，在其中空白处右击，在弹出的快捷菜单中选择“设置背景格式”命令。

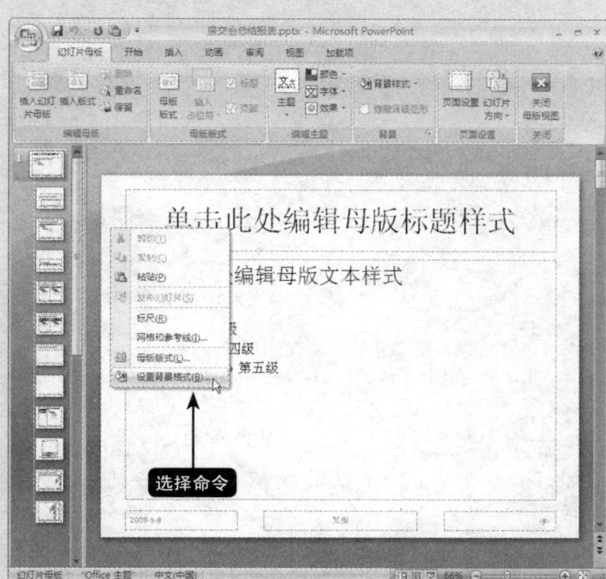

Step 02 在打开对话框的“填充”选项卡右侧选中“图片或纹理填充”单选按钮，然后单击“文件”按钮，在打开对话框中选择bj6.jpg图片，将其设置为主母版的背景图片，完成后关闭对话框。

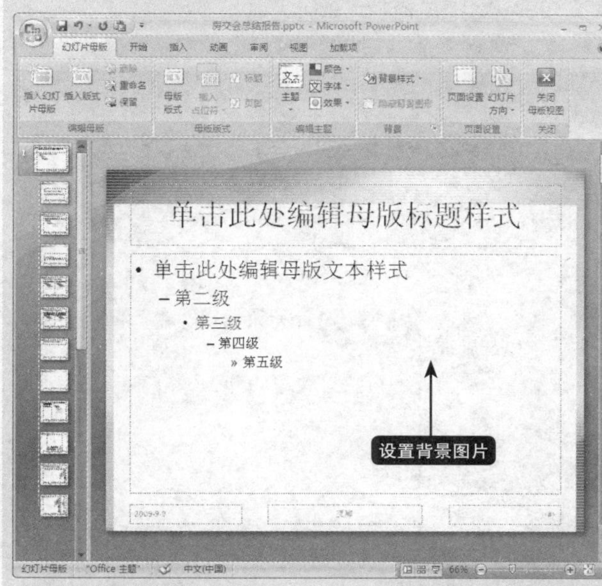

Step 03 选择主母版中的标题占位符，设置其字体为“方正大黑简体”、字号为“22”、颜色为“红色”，然后调整该占位符的位置到幻灯片右下角，设置其中文本在水平方向上靠右对齐，垂直方向上底端对齐，最后在其下绘制一根红色的直线。

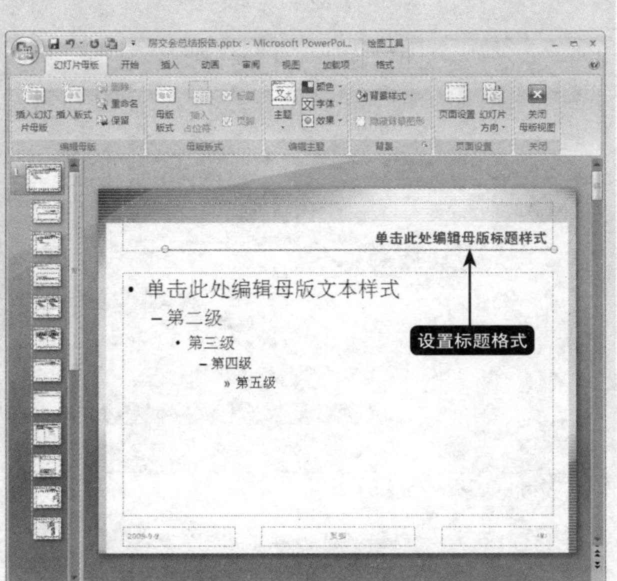

Step 04 完成标题格式的设置后，选择主母版中的一级正文，设置其字体为“华文细黑”，由于其字号往往会在实际制作时根据版面或内容的多少进行调整，因此在母版中没有对正文字号进行设置。下面在该幻灯片中再绘制一根红色直线，将其放置在幻灯片底部，在其左下角添加一个文本框，输入保密提示信息，这些信息将出现在所有正文幻灯片中。

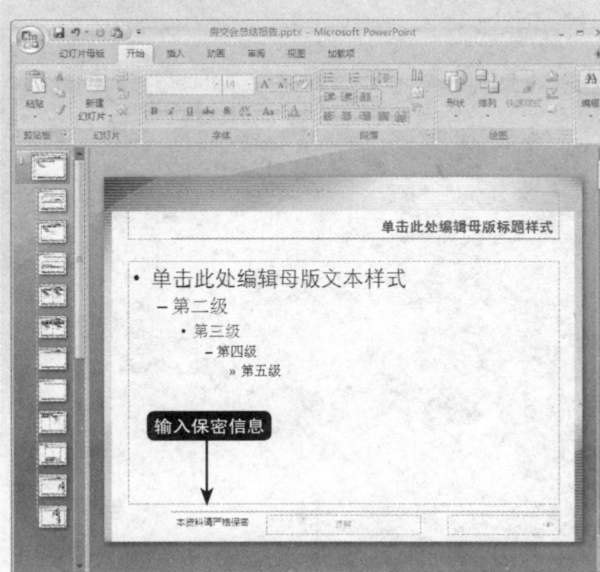

Step 05 本例希望在除首页外的其他幻灯片中依次显示页码，虽然主母版中默认存在页码占位符，但还需要进行设置才能显示，于是单击“插入”选项卡下“文本”组中的“幻灯片编号”按钮，在打开对话框中选中“幻灯片编号”和“标题幻灯片中不显示”复选框，再单击“全部应用”按钮。

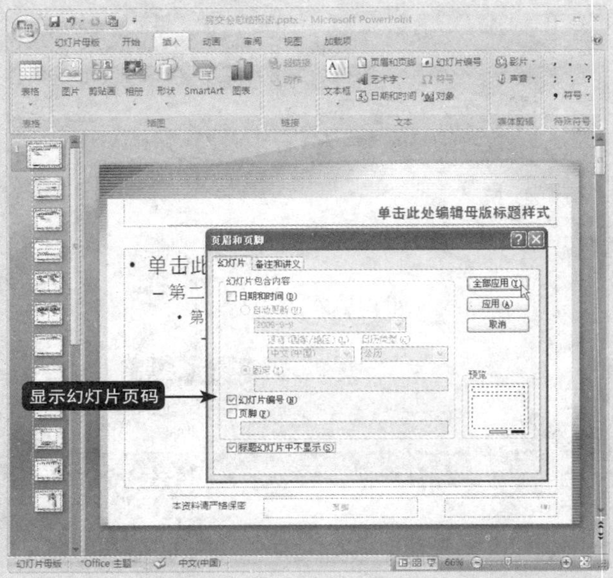

Step 06 返回到主母版中虽然没有任何变化，但页码设置已经起效，这时选中页码占位符中的内容，设置其字体格式并调整位置。完成主母版的设置。

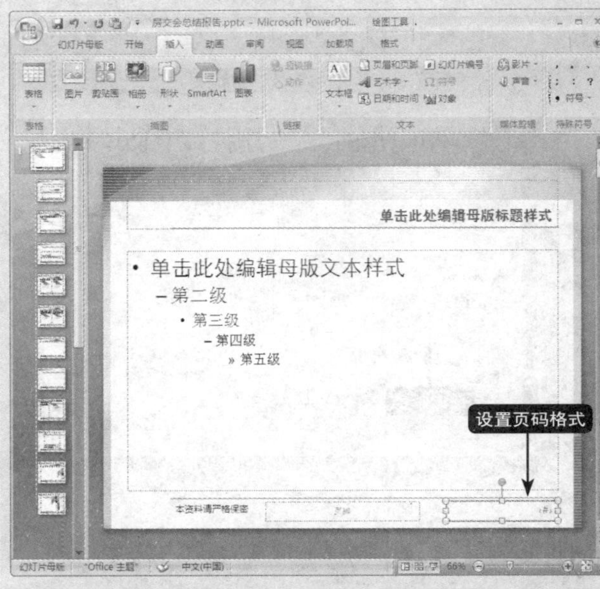

Step 07 切换到标题幻灯片版式母版中，将其背景更换为bj5.jpg图片，由于标题幻灯片的版式与其他幻灯片版式不相同，于是在对应的版式母版中选中“幻灯片母版”选项卡下“背景”组中的“隐藏背景图形”复选框，然后调整标题与副标题占位符的格式和位置，完成标题幻灯片版式母版的制作。

Step 08 主母版的设置已经制作完成，但本例制作了两张不同背景图片的幻灯片，于是需要再新建一个版式母版，在左侧窗格中选中标题和内容版式母版缩略图后按住【Ctrl】键向下拖动，复制出一个新的版式母版，在其上右击，在弹出的快捷菜单中选择“重命名版式”命令，在打开的“重命名版式”对话框中输入“标题和内容2”。

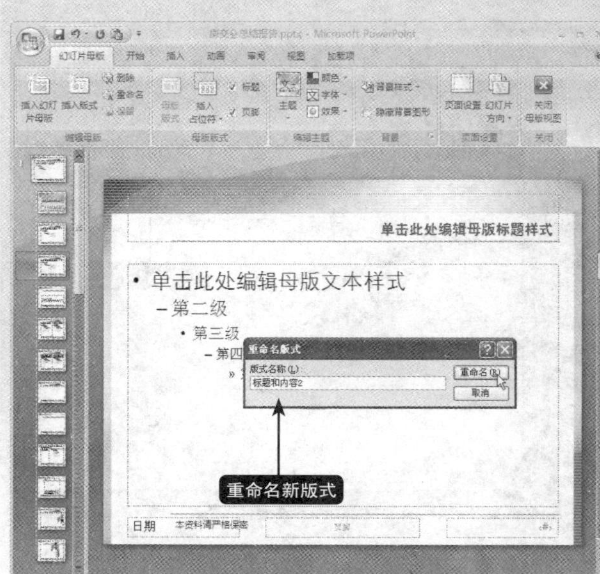

Step 09 对于新建的标题和内容2版式母版，将其背景更换为bj7.jpg图片即可，其他格式均保持与标题和内容版式母版相同。

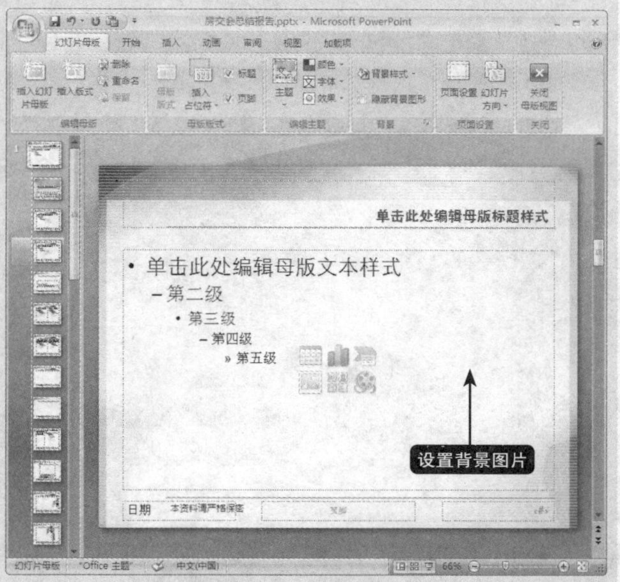

Step 10 本例演示文稿需要制作节标题，于是切换到节标题版式母版中，将其背景设置为bj8.jpg图片即可。

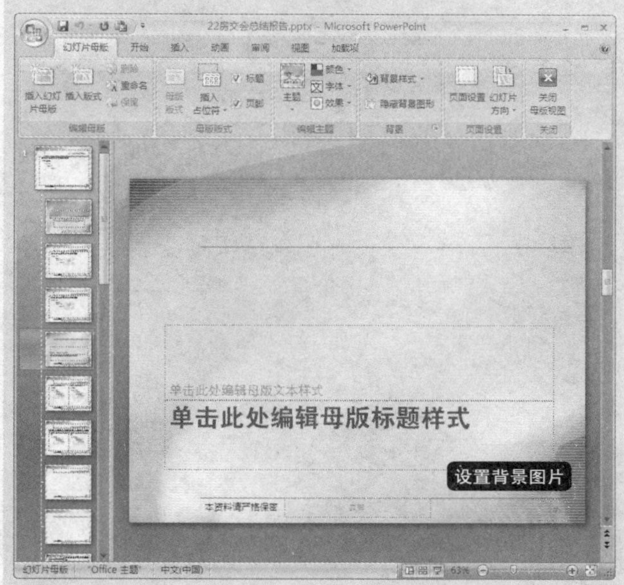

Step 11 在母版中完成设置后退出幻灯片母版视图，回到标题幻灯片中，在其中的占位符中输入相应的内容，完成标题幻灯片的制作。

Step 12 在其后将制作目录幻灯片，于是先根据标题和内容版式新建一张幻灯片，在其中输入标题后，将正文占位符删除，因为这里不需要该占位符。下面通过“插入”选项卡下“插图”组中的“形状”按钮，在幻灯片左侧绘制一个正圆，然后通过“绘图工具 格式”选项卡取消其轮廓，并设置填充为渐变效果。

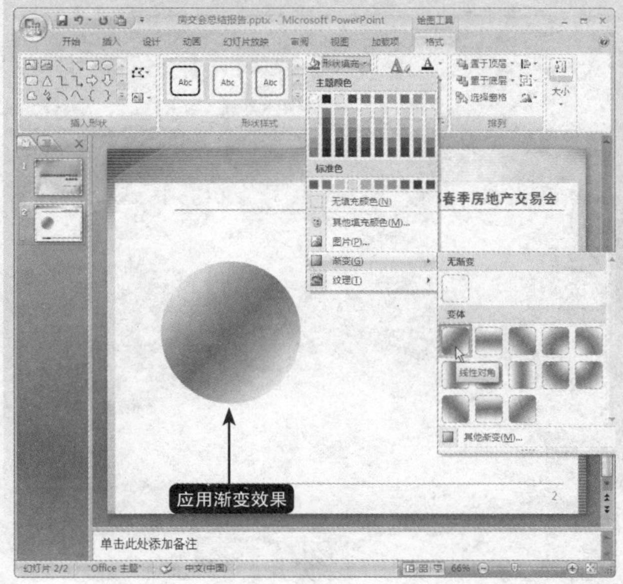

Step 13 再为该圆添加棱台效果，增加其立体感，最后使用同样的方法再在大圆上绘制一个小圆，调整格式后，在幻灯片中插入一个垂直文本框，在其中输入“导航”字样，并应用一种预设艺术字样式。

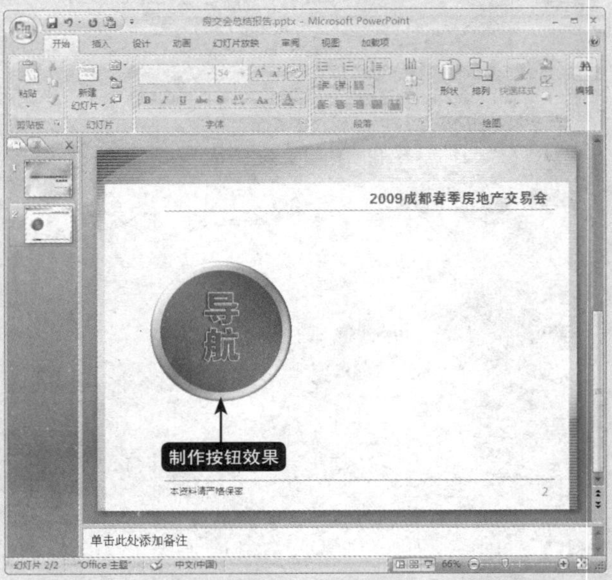

Step 14 下面在幻灯片右侧再绘制一个圆角矩形，并拖动控点调整圆角大小，同样对其设置填充、轮廓和其他效果，得到如图所示效果，然后再向下等间距复制生成同样的4个图形，这些图形将用于输入目录内容。

Step 15 再在圆形与条形之间绘制多条直线，将其连接起来，但由于直线是后绘制的，默认它们处于最上层，为了不让其影响效果，将其全部选中后，在其上右击，在弹出的快捷菜单中，选择“置于底层”命令即可。

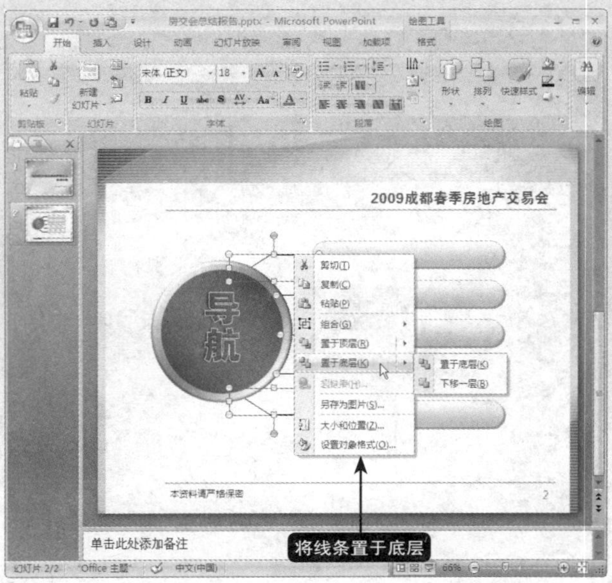

Step 16 最后在各条形上添加文本框，输入各目录项内容并设置格式，完成目录幻灯片的制作。待后面幻灯片制作完成后，再返回该幻灯片为各目录项设置超链接。

Step 17 下面将制作第一张节标题幻灯片，用于提示接下来为主体内容的第一部分。于是根据节标题幻灯片版式新建一张幻灯片，在其中将不会使用到标题和正文占位符，于是将其删除后，在幻灯片中绘制一个圆角矩形，在矩形的上端绘制一个箭头，在箭头内输入序号，然后在矩形下侧添加文本框并输入内容，最后分别设置各对象和文本的格式，如下效果，完成节标题的制作。

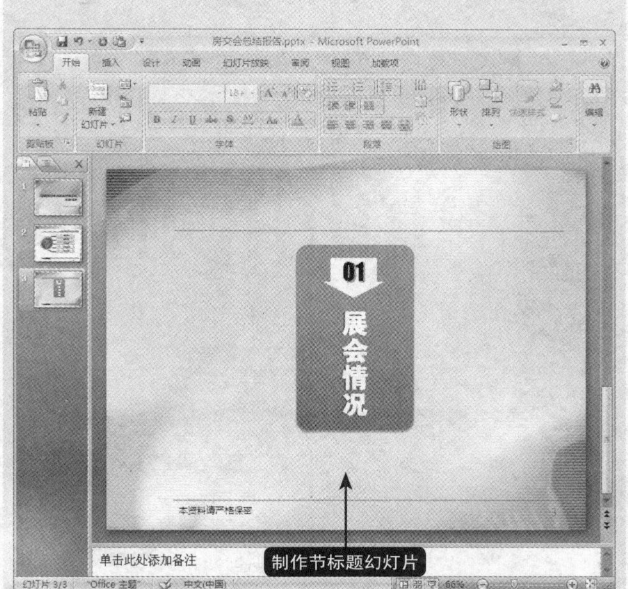

Step 18 在其后根据标题和内容2版式新建一张幻灯片，在其中输入本次房交会的相关信息，为了更加直观，于是将fjh1.jpg图片插入到幻灯片中，并为其应用一种外观样式。另外，为了标明该幻灯片的主要内容，本例在标题左侧再添加一个矩形，应用样式后在其中输入“展会开始”。

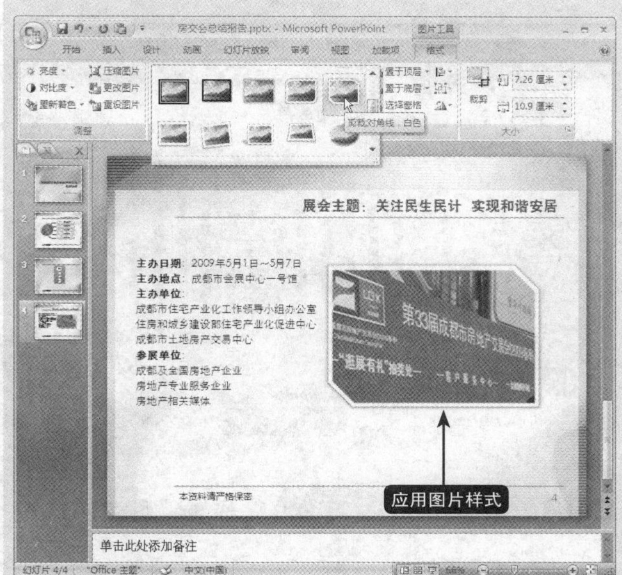

Step 19 由于下一张幻灯片与第4张幻灯片版式结构完全相同，因此直接复制第4张幻灯片生成第5张幻灯片，然后在其中修改各项文本内容，并在图片上右击，在弹出的快捷菜单中选择“更改图片”命令，将图片更换为fjh2.jpg，再为其更换一种外观样式。

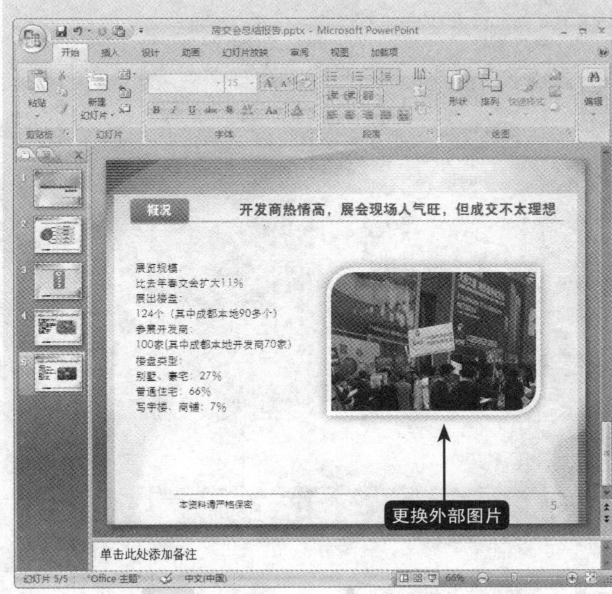

Step 20 下面根据标题和内容版式母版再新建一张幻灯片，输入标题等内容后，单击正文占位符中的“图表”按钮，在打开的对话框中选择“柱形图”分类下的“簇状柱形图”选项，然后单击“确定”按钮，在打开的数据表中输入如图所示的数据。

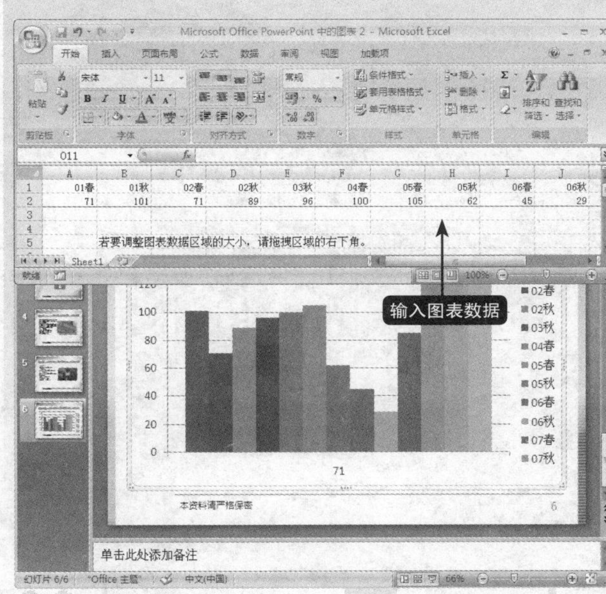

Step 21 在没有关闭数据表的情况下切换到幻灯片中，单击“图表工具 设计”选项卡下“数据”组中的“切换行/列”按钮，交换图表的行列数据，然后关闭数据表，得到图表的初始效果。

Step 22 下面通过“图表工具 布局”选项卡下“标签”组，分别设置不显示图例和网格线，但显示出图表标题，然后输入标题内容，并设置标题和坐标轴字体格式。由于本例还将在图表下侧输入分析内容，于是对图表的高度和位置进行了调整。

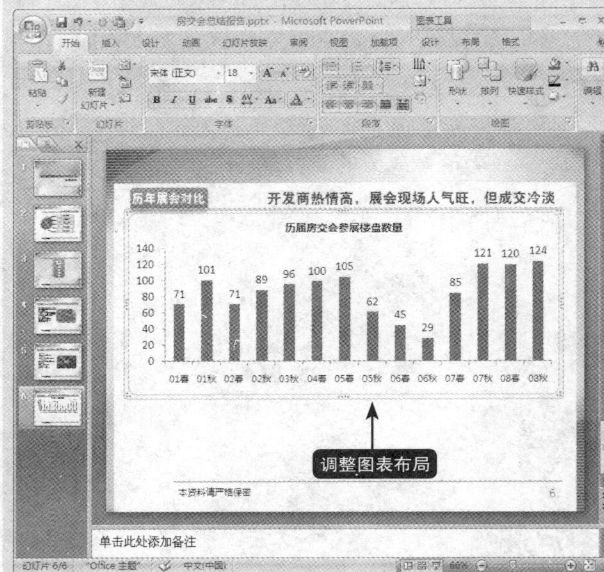

Step 23 下面再对图表进行美化，通过“图表工具 格式”选项卡将绘图区设置为蓝色填充，将数据系列条形设置为白色填充黑色轮廓并带有一定的阴影效果。最后为了突出显示历年房交会参展楼盘数据的变化，手动绘制了3个箭头图形，分别调整其旋转方向并放置在图表的相应位置，让数据变化更为直观。

Step 24 完成图表的制作后，在其下侧添加一个文本框，在其中输入根据图表数据得到的分析结果，最后进行相应的格式设置即可。

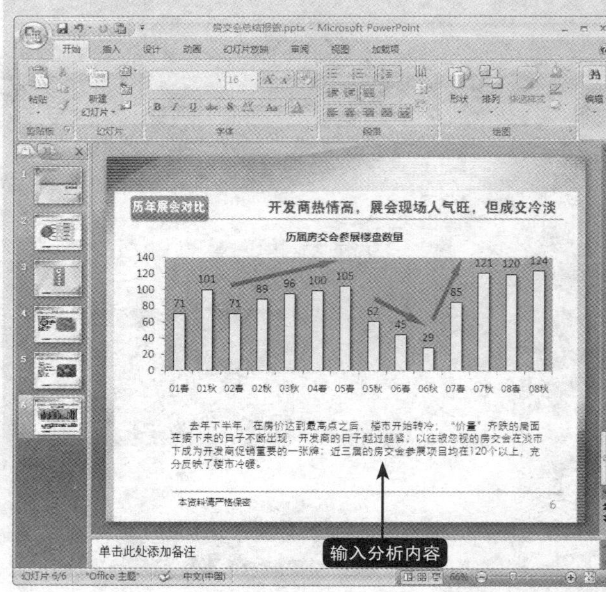

Step 25 在接下来的幻灯片中将继续通过图表来分析问题，于是复制第6张幻灯片生成第7张幻灯片，将其中的图表删除后，再新插入一个柱形图，输入如下数据。

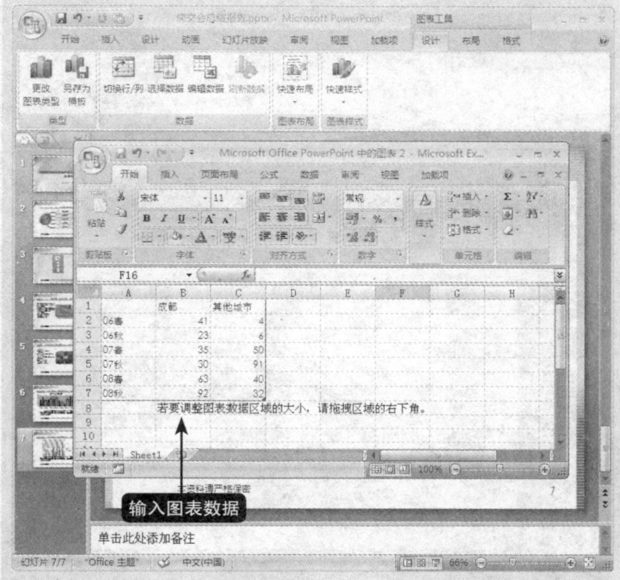

Step 26 同样对图表布局以及格式进行设置，得到如下图所示效果。

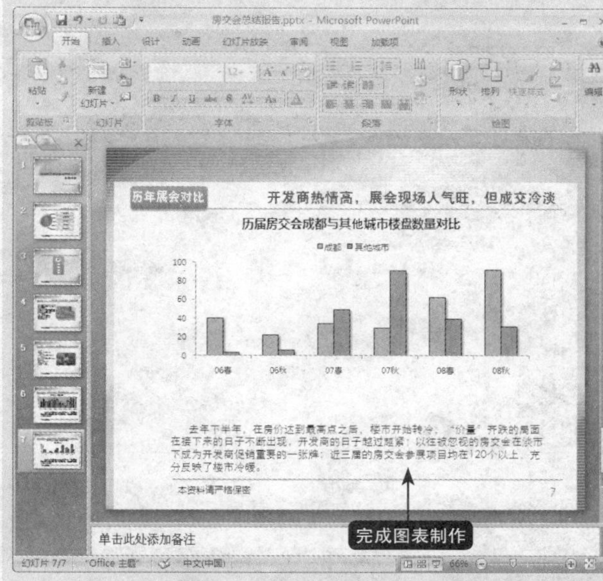

Step 27 下面对图表进行标注说明，在其上绘制虚线框线将要说明的部分突出标明，再绘制一个矩形标注，在其中输入说明内容。最后修改针对图表的分析内容。

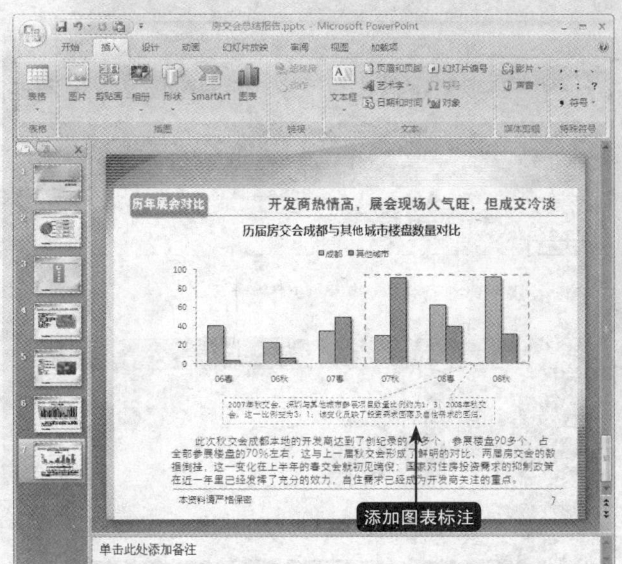

Step 28 完成第一部分幻灯片的制作后，复制前面制作的节标题幻灯片，将其中的内容修改为第二部分的节标题，对部分对象的格式可进行修改以进行区分。

Step 29 继续新建幻灯片，在其中将利用多个饼形图表对房交会的楼盘分布进行分析，由于制作方法与前面相似，这里不再详细介绍，得到的效果如下图所示。

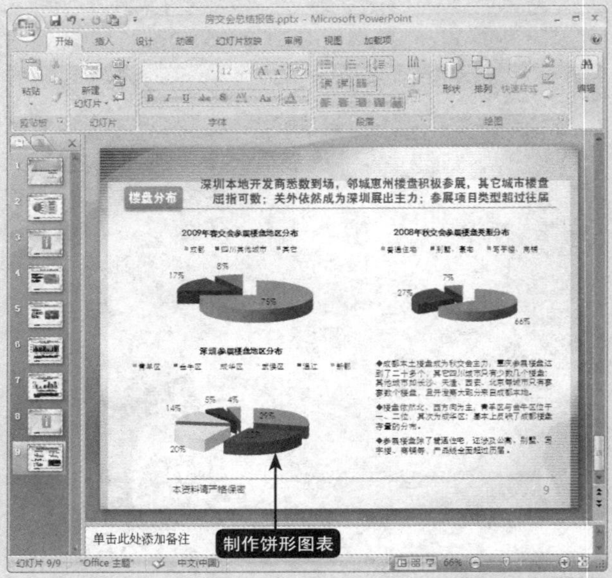

Step 30 新建幻灯片，在其中将利用表格对参展楼盘的详细信息进行介绍，于是在其中先插入一个8列14行的表格，然后在各单元格中输入相应数据，并设置文本格式，最后选中表头行和列，分别设置不同的填充效果。

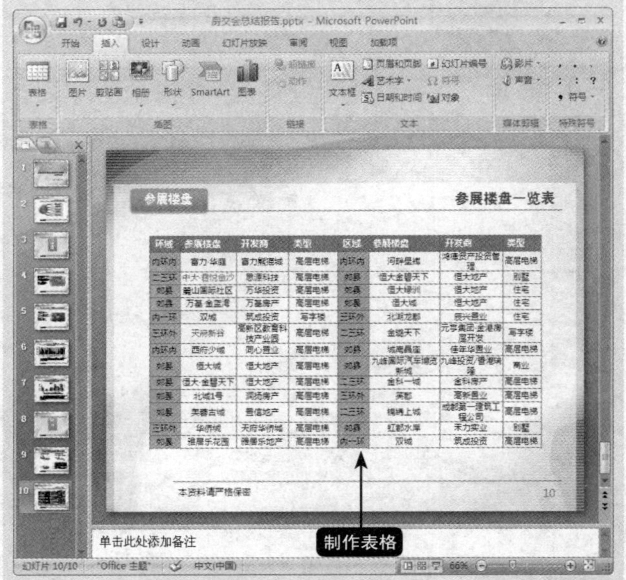

Step 31 复制第10张幻灯片生成第11张幻灯片，在其中同样将通过表格对各楼盘的广告进行介绍。表格为2列14行，在其中输入相应内容并设置格式后，选择整个表格，为其应用一种系统提供的外观样式。

Step 32 继续制作第三部分幻灯片，使用同样的方法制作节标题幻灯片后，在下一张幻灯片中同样制作一个图表对各年房交会成交量进行对比分析，图表的数据如下图所示。

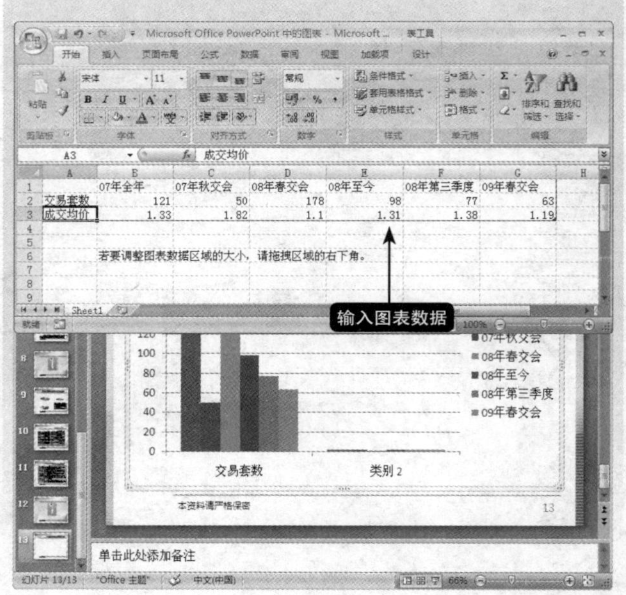

Step 33 对图表行列进行切换，回到幻灯片中，由于“交易套数”与“成交均价”没有可比性，于是选中“成交均价”数据系列，然后单击“图表工具 设计”选项卡下“类型”组中的“更改图表类型”按钮，在打开的对话框中选择“折线图”选项，将该数据系列变为折线图效果，但由于该数据系列的单位与交易套数的单位不相同，所以折线效果非常不明显。

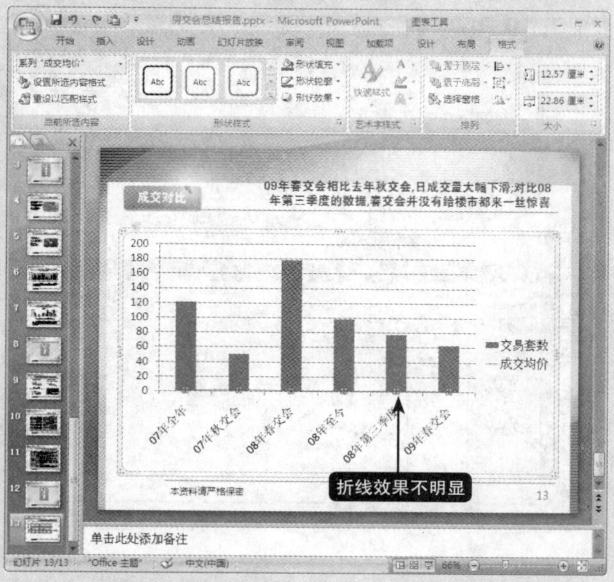

Step 34 因此需要对折线的坐标轴进行调整，选中折线后，在其上右击，在弹出的快捷菜单中选择“设置数据系列格式”命令，在打开对话框的“系列选项”选项卡右侧，选中“次坐标轴”单选按钮，然后单击“关闭”按钮。

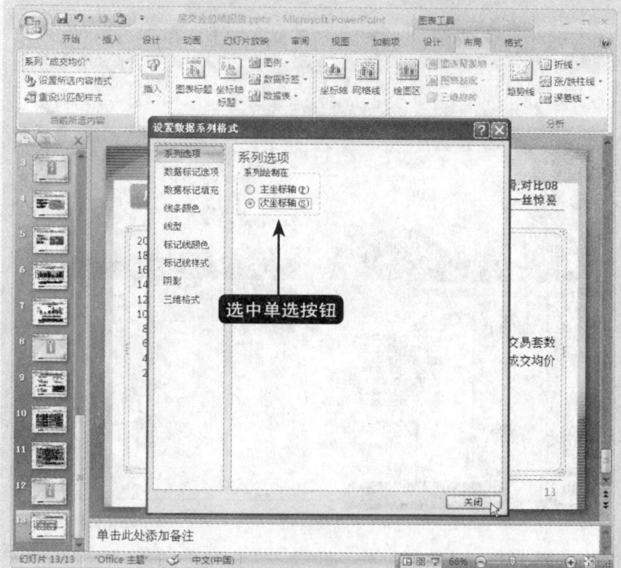

Step 35 返回到幻灯片中，可看到折线自动应用了属于自己的坐标轴，位于图表的右侧，其单位为“万元/平米”，折线的变化效果也更为直观。

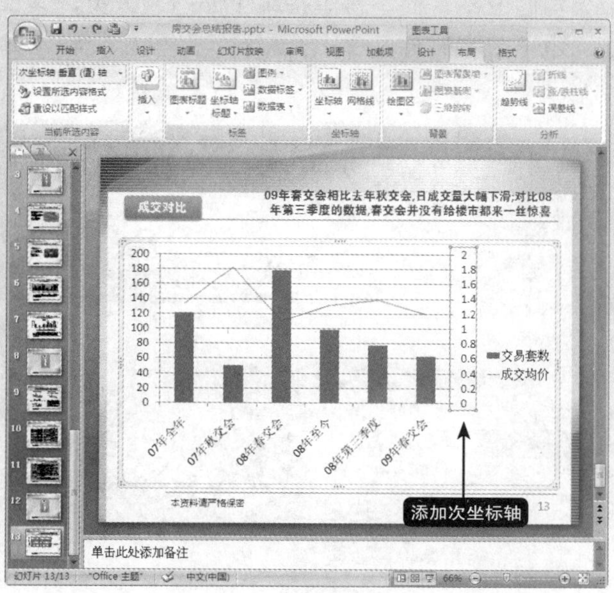

Step 36 下面对图表进行一定的布局与美化设置，包括添加标题、设置颜色和调整大小等，再添加图表分析的内容，得到最终效果如下。后面的幻灯片为本例第四、五部分内容，由于制作方法与前面相似，这里不再详细介绍。

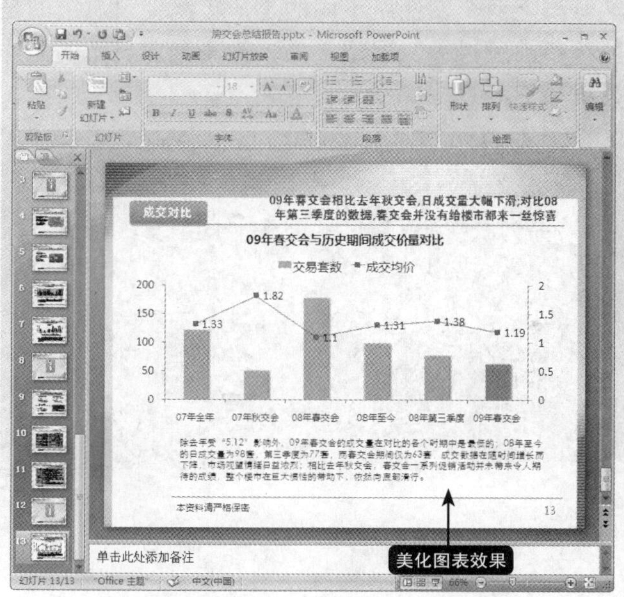

Step 37 完成所有幻灯片的制作后，回到第2张幻灯片，准备对其中目录项进行超链接设置，先选中第一个条形对象上的文本框，单击“插入”选项卡下“链接”组中的“超链接”按钮，在打开的对话框左侧单击“本文档中的位置”选项卡，在中间列表中选择要链接到的目标幻灯片，然后单击“确定”按钮。

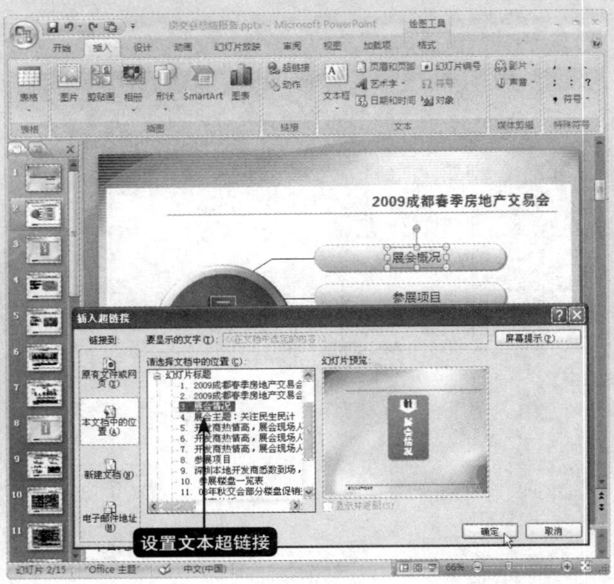

Step 38 这样在放映时鼠标指向文本内容区域即可单击进行切换，但为了增加可单击的区域，再选中第一个条形对象，同样为其添加指向第一个节标题。使用同样方法再分别为其他几个条形对象和文本框设置超链接，完成本例演示文稿的制作。

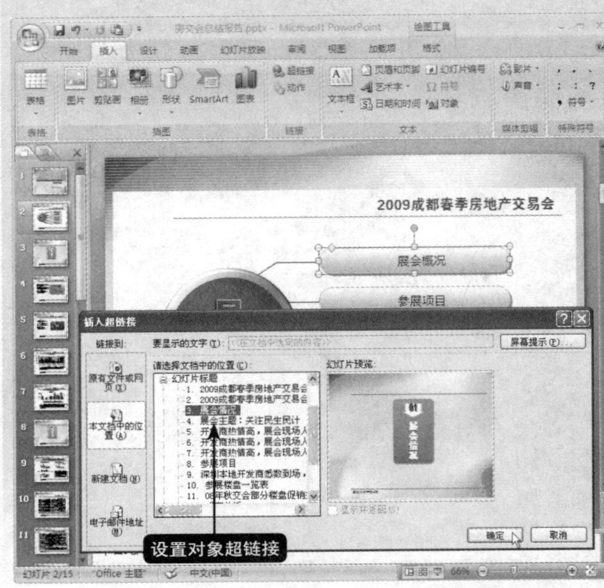

17.3 企业年终报告

除了部门与事件的报告外，对于整个公司而言，一年年终，企业领导都会举行相应的年终总结会议，对过去一年公司各项业绩、经验或不足之处进行总结，另外也会对明年的工作进行规划展望或计划。

与上两个案例所不同的是，年终会议总结的是整个公司的业绩，而不是单指某个部门或人员，其目的就是回顾过去，展望未来，鼓舞企业员工的工作热情。本节就将制作这样一个年终会议演示文稿，其效果如下：

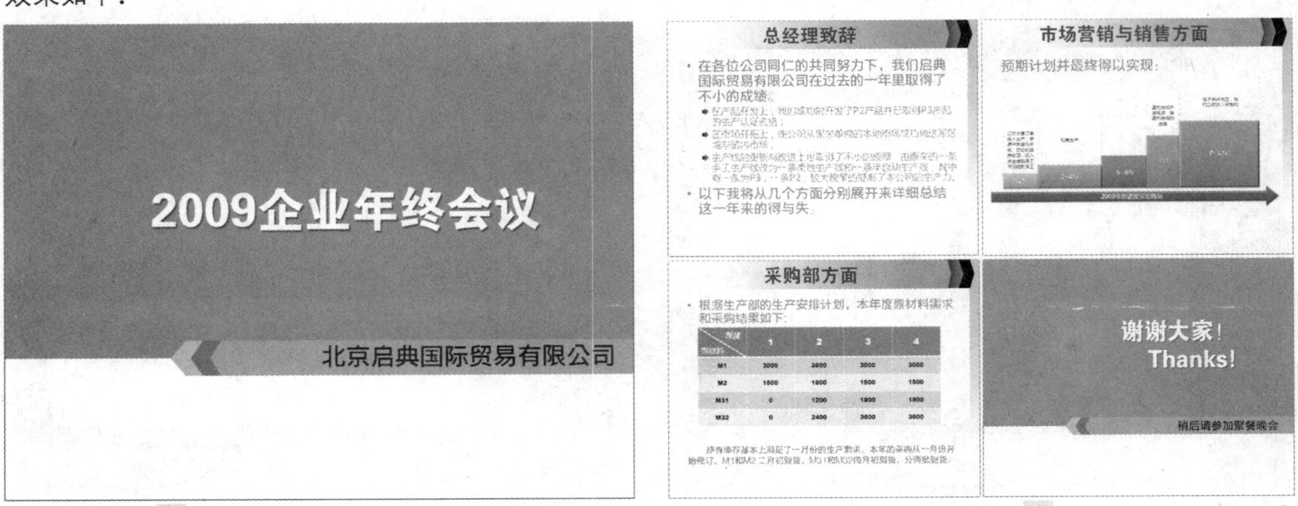

■企业年终报告最终效果

17.3.1 案例特点分析

下面先对此类年终总结报告的特点进行分析。

企业年终总结报告多由企业的领导人作出，因此在语言上要注意正式、严谨，内容上要围绕整个企业在过去一年的所有发展情况，展示的数据要客观公正，不要带个人感情。

此类报告通常包括以下几部分内容：

- **开篇致辞**：一年工作结束，由公司负责人或领导致辞，对公司员工的辛勤工作表示感谢，并说明公司一年来取得的成绩。
- **各项具体成绩**：具体介绍公司的各项成绩。可以以各部门分类进行介绍，也可以按时间顺序进行介绍。
- **经验教训总结**：除了成绩外，对企业发展过程中出现的问题、相关经验教训等进行总结。
- **明年公司规划**：结束了今年的工作，明年的工作准备如何开展，公司有何新的举措或制度等，可进行简要说明。

17.3.2 案例涉及知识点

在本案例的制作过程中，将涉及如下一些知识点：

- **自行绘制幻灯片背景**：如果没能找到合适的图片素材作为幻灯片的背景，用户也可自行绘制图形组合成幻灯片的背景。
- **使用自定义项目符号**：选择剪贴画作为特殊项目符号。
- **绘制生成图示**：图示由各种图形对象组成，用户可发挥自己的创意制作特殊效果图示。
- **制作表格**：制作简单表格，并设置斜线表头。

17.3.3 案例制作详解

前面案例多次使用系统或外部提供的图片作为背景，本例将介绍如何通过自行绘制的图形，制作出简洁的背景和版式效果，下面直接从空白演示文稿开始制作。

效果 光盘:\效果\第17章\企业年终报告.pptx

Step 01 新建一个空白演示文稿，对其进行保存后，切换到幻灯片母版视图中，选择主母版对整体版式进行设计。由于本例要求版式正式简洁，因此准备为幻灯片主区域顶部和右侧添加色块，中间区域直接留空。顶部考虑制作成箭头色块效果，于是先通过“插入”选项卡下“插图”组中的“形状”按钮，使用“任意多边形”工具绘制出一个箭头五边形效果，并取消其轮廓，设置填充为黑色。

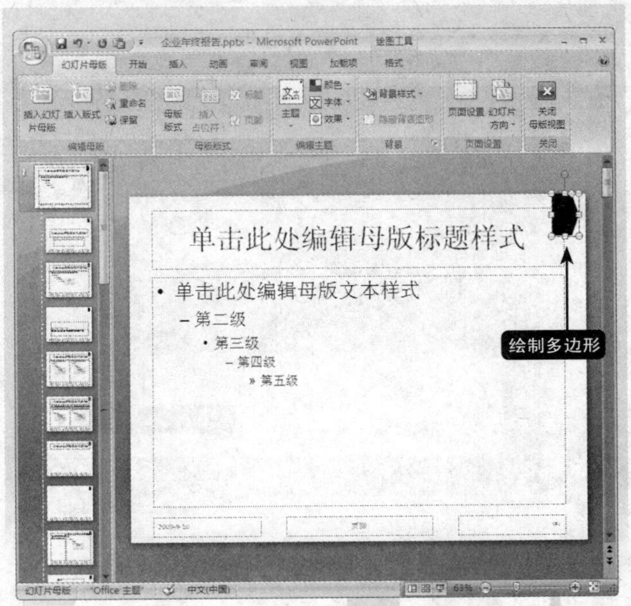

Step 02 一个箭头还不够，于是向左再拖动复制出两个，并分别设置不同的填充颜色。然后再在左侧绘制一个与箭头等高的长条矩形，并设置其从左至右的渐变效果，注意各个对象的颜色也有一定的深浅变化。

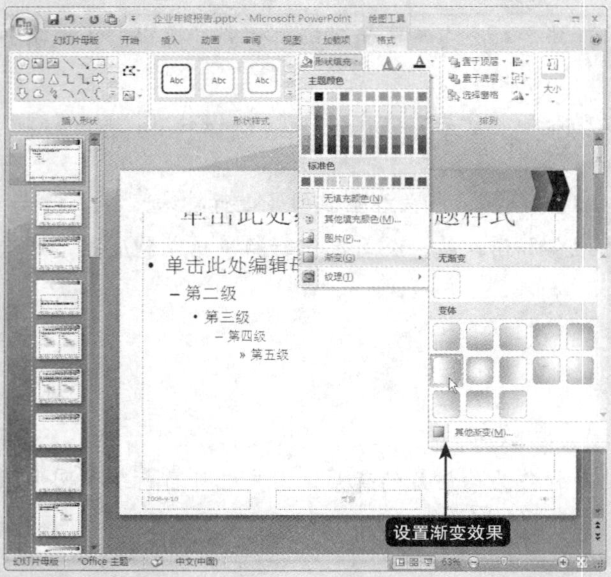

Step 03 将标题占位符置于顶层，然后设置其中文本的格式，完成幻灯片顶部区域的制作。下面再在幻灯片右侧绘制一个窄条形状，同样设置其渐变效果，填充色与顶部区域对应。

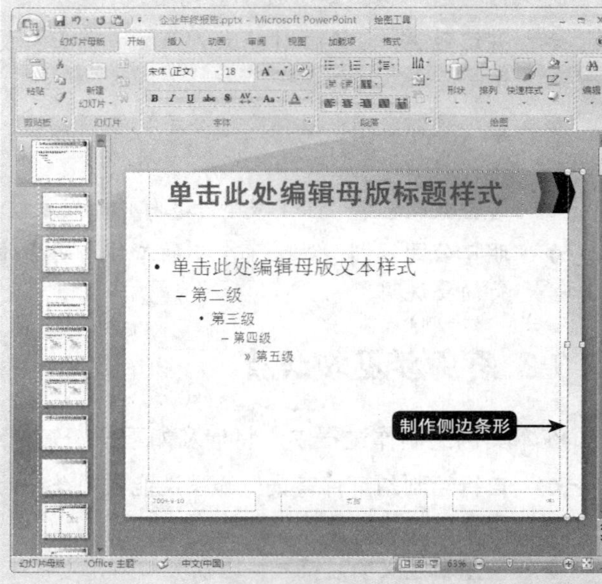

Step 04 对正文占位符中的一、二级文本格式进行设置后，切换到标题幻灯片版式母版中，先选中“隐藏背景图形”复选框将主母版中制作的图形隐藏，然后绘制一个较大的矩形区域，设置其填充色为蓝色后，将其放置在幻灯片上半部作为背景色，再调整标题占位符的格式和位置。

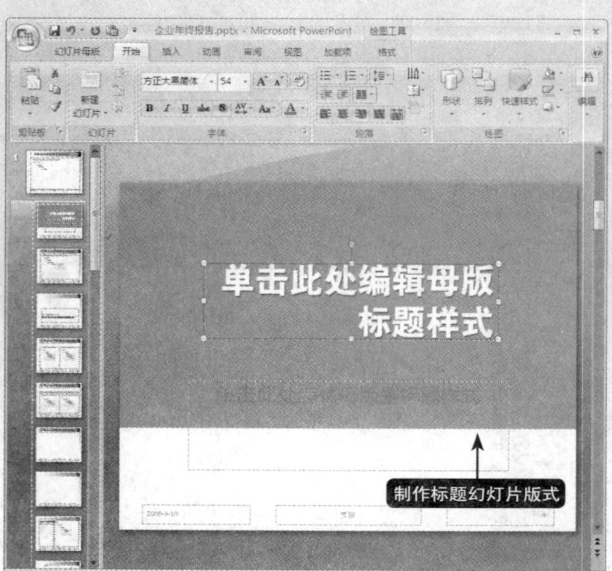

Step 05 只有色块较为单调，于是在蓝白交界处再绘制多个图形组合成类似于主母版标题区的箭头对象，形成呼应，然后对副标题格式进行设置，并将其放置在箭头对象之上，完成标题幻灯片版式的制作。

Step 06 本例不需要太过复杂的版式，于是退出母版视图，在第一张幻灯片中直接输入相应的内容，完成标题幻灯片的制作。

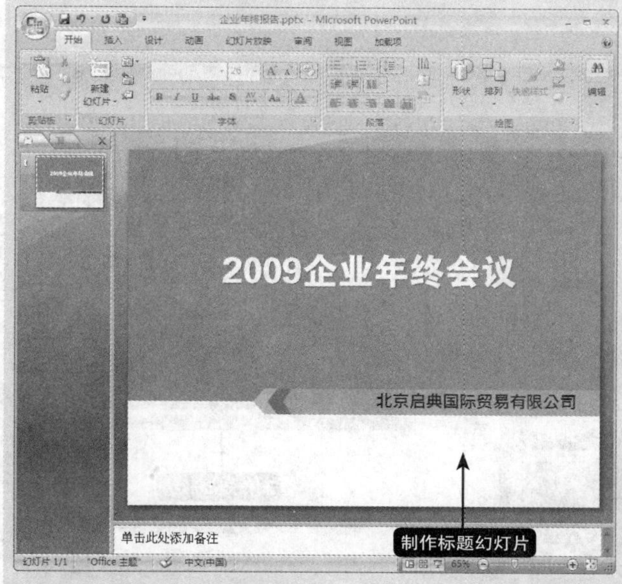

Step 07 本例会议的内容较少，因此不需要目录或节标题幻灯片，直接新建一张幻灯片开始主体内容的展示，在其中输入标题和内容，然后选中第2~4段内容，按【Tab】键将其转换为二级文本，字体变小，缩进增大。

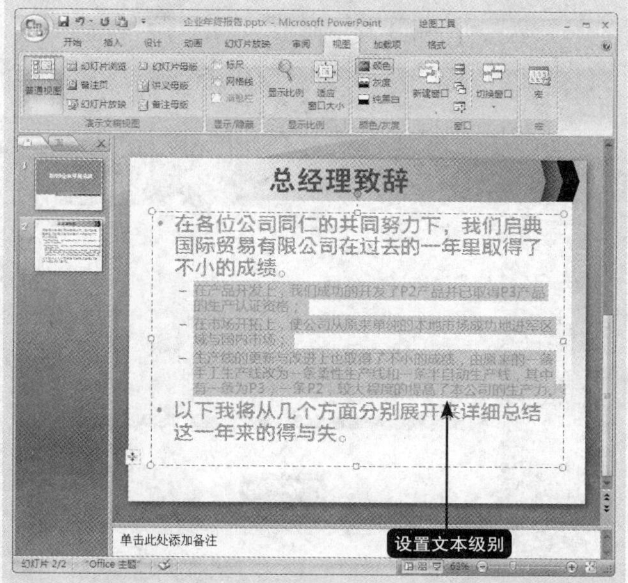

Step 08 保持三段内容的选中状态，在其上右击，在弹出的快捷菜单中选择"项目符号/项目符号和编号"命令，在打开的对话框中单击"图片"按钮，打开"图片项目符号"对话框，拖动选中一种图片项目符号，单击"确定"按钮。

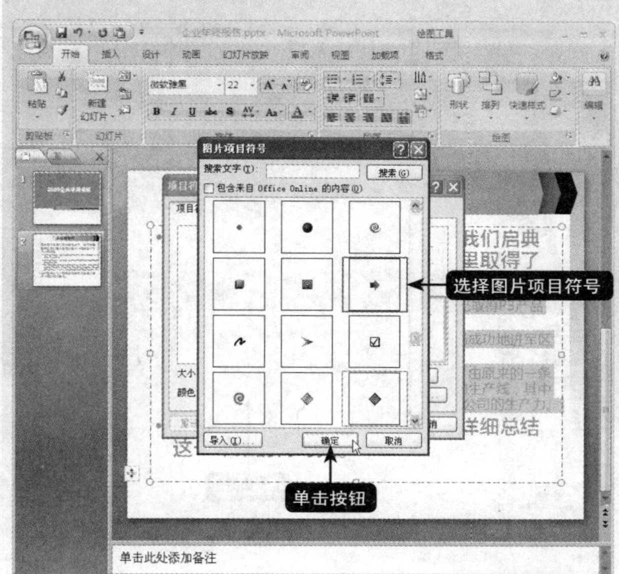

Step 09 返回到幻灯片中，可看到所选段落的项目符号变为了自定义的剪贴画图片。

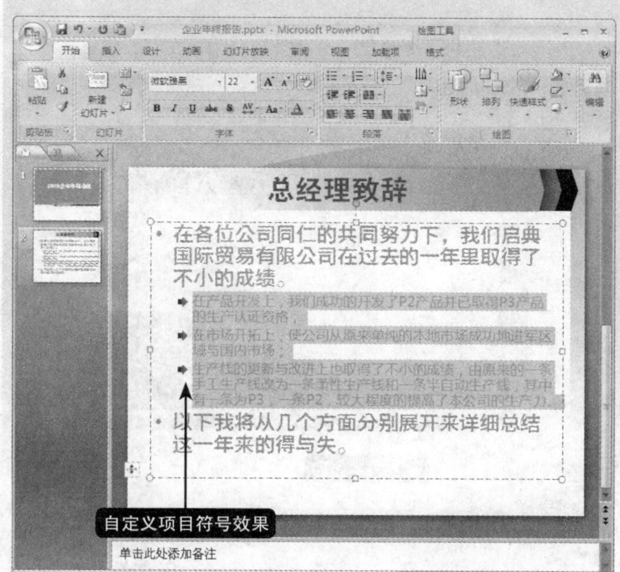

Step 10 继续制作后面的第3、4张幻灯片，由于其中仅为文字内容，这里跳过到第5张幻灯片的制作，在其中将自行绘制一个流程图示，因此先在幻灯片底部绘制一个水平长箭头，作为图示的横坐标轴，然后为其应用样式，并在其上输入内容。

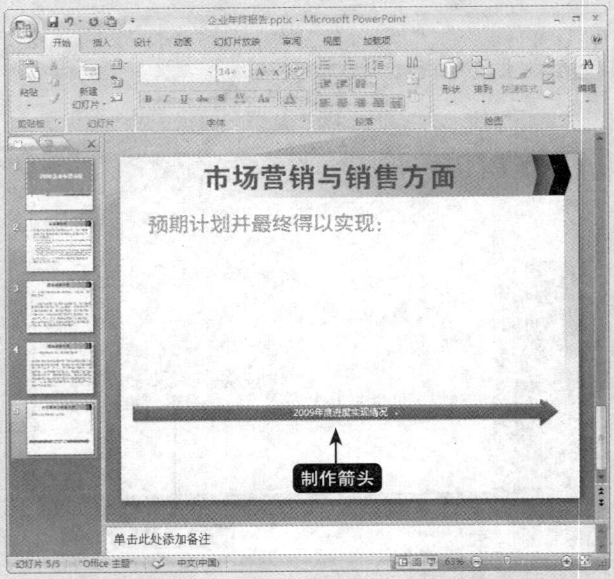

Step 11 本图示将反应公司2009年多个阶段各项计划任务的实施情况。于是绘制多个不同的色块并依次排列，在上面输入内容，形成不同的时间段。

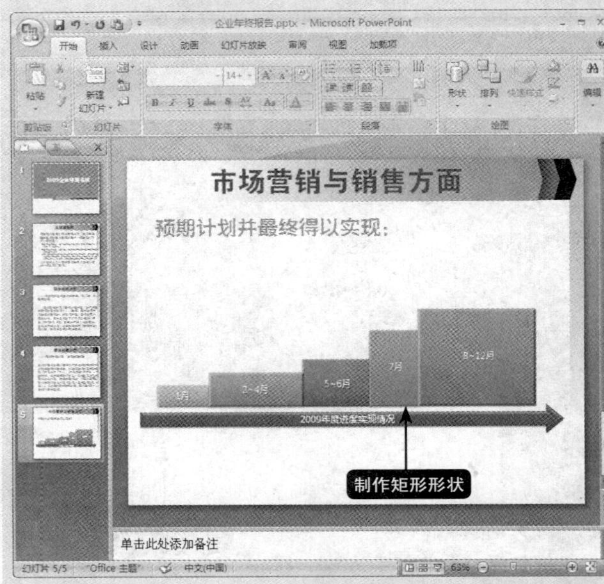

Step 12 下面将在不同时间段矩形上侧添加说明性文字，介绍各项计划的实施情况，为了进行区分，先在矩形之间绘制多条虚线，然后在各个区间分别添加文本框，输入内容并设置格式，完成图示的制作。

Step 13 跳过第6、7张文字内容幻灯片的制作，来到第8张幻灯片，在其中将使用表格来展示各季度原材料的采购情况，于是在输入相关文字内容后，在幻灯片中插入一个5行5列的表格，并应用系统预设外观样式，突出表头行。

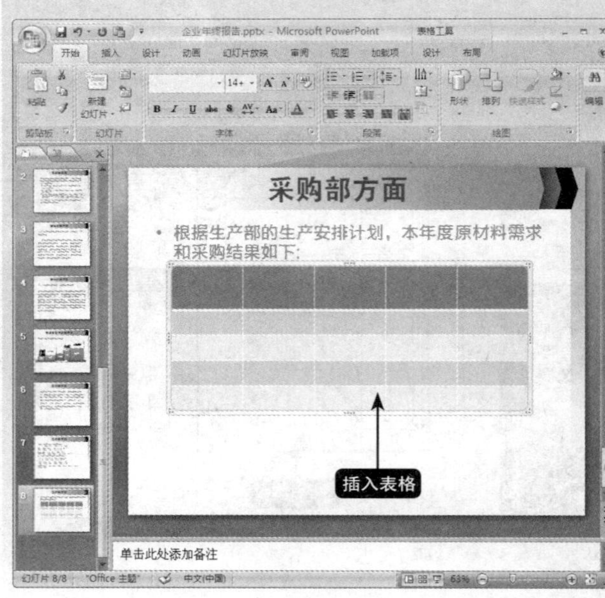

Step 14 在各单元格中输入内容并设置格式后，需要在表头行第一个单元格中输入两项内容，于是在“表格工具 设计”选项卡下“绘图边框”组中先设置线条颜色和粗细，然后单击“绘制表格”按钮，在左上角单元格中拖动绘制出斜线。

Step 15 然后再分别绘制两个文本框，在其中输入相应内容后，分别放置在被分隔的斜线表头单元格中合适位置，完成表格的制作后，在其下侧再添加文本框，输入分析内容。

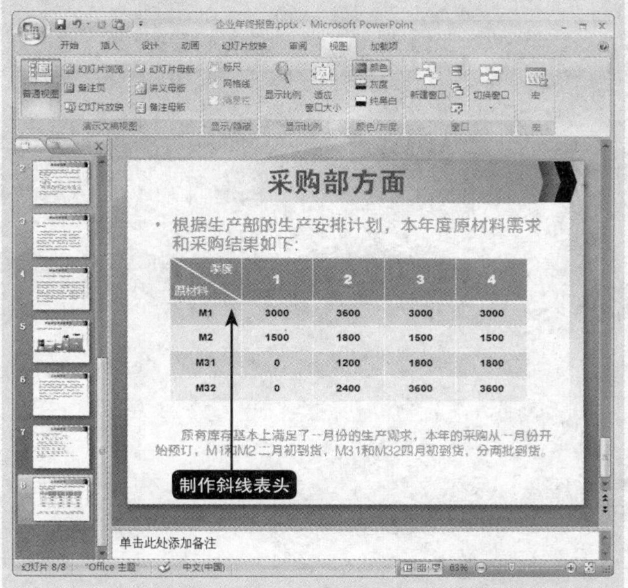

Step 16 继续制作后续幻灯片，最后一张幻灯片则使用标题幻灯片版式，从而与首页幻灯片相呼应，然后在其中输入提示会议结束的文字内容。完成本例演示文稿的制作。

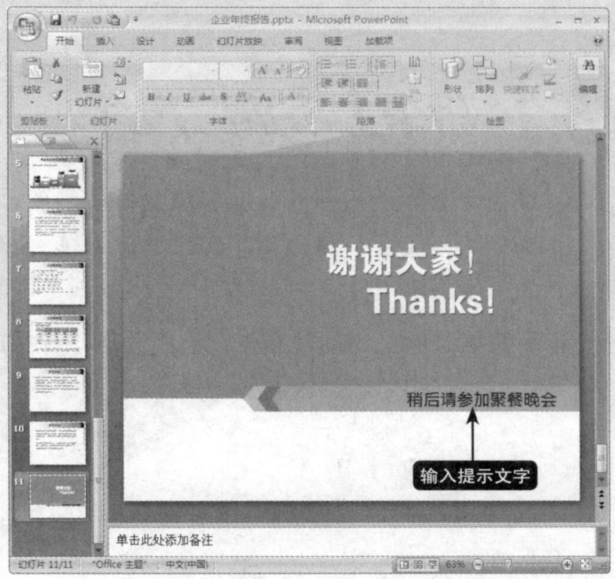

18 Chapter 产品推广与销售

READERS' GUIDE

产品的销售关系着企业的生存与发展，在新产品上市之前可定制各种推广策划方案，从而指导将要进行的销售工作，在产品销售过程中可针对销售数据进行统计与分析，从而帮助调整后面的销售计划与措施。

MAIN CASES

18.1 轿车上市推广方案

一项新产品在上市之前往往要先制订相应的推广与营销策划方案，以确定企业针对该产品将进行何种宣传活动以及采取何种销售手段，并通过该方案来保证各项举措得以顺利实施。这是企业实施产品战略计划的一项重要工作。

本节将以某新上市的轿车推广方案为例，介绍此类演示文稿的制作方法，其最终效果如下：

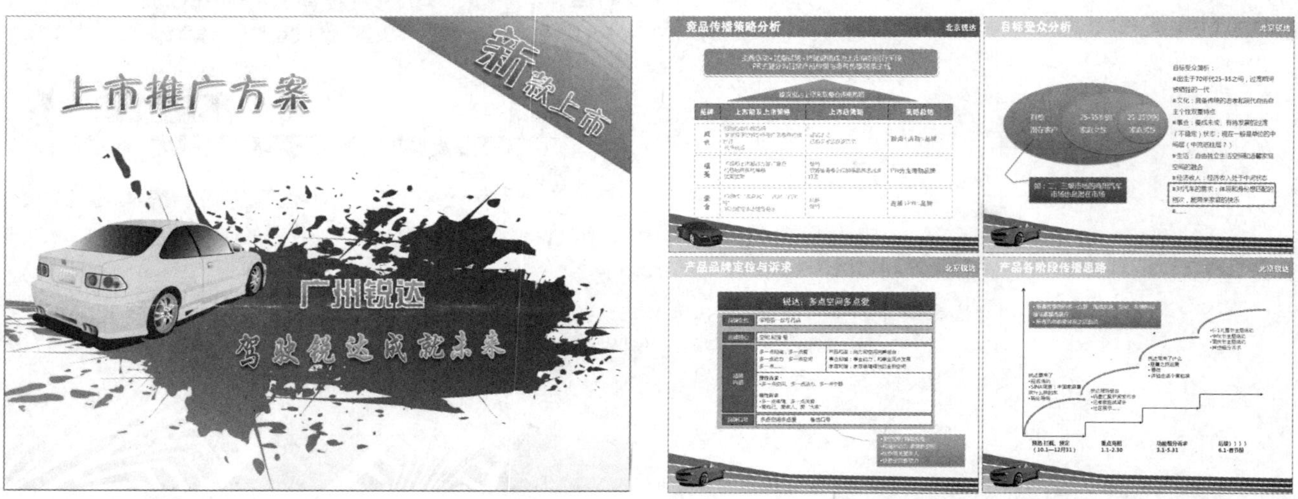

■上市推广方案最终效果

18.1.1 案例特点分析

产品推广或营销策划指导着该产品上市前后的各项宣传与销售手段，影响着产品将来的销售业绩，因此其中各项工作都得非常细致地进行准备，要通过充分的市场调查和对各项数据的仔细分析，经过广泛的研究与讨论，才能得出最恰当的推广方案。

新产品推广或营销策划通常会包括以下几部分：

- **市场调研**：对当前市场上同类产品的推广与营销方案进行调查，得到各项科学的数据。
- **市场分析**：通过对市场调查得到的各项数据进行分析，得出其他产品在推广与营销方面的成功或失败经历，进行经验总结。
- **市场定位**：根据本产品的特点，确定其目标市场或受众定位。
- **推广思路与策略**：阐明针对产品的推广思路和策略。
- **具体推广细则**：制订各阶段详细的推广手段和实施方案，以指导后面的实际工作。
- **其他**：如定价策略、销售目标、售后服务等内容。

18.1.2 案例制作详解

本例的推广策划方案针对的是一款即将上市的家用轿车，因此在背景和版式上要体现产品本身的特点。另外，策划方案的观众是公司管理人员，不用设置过多动画，将策划内容展示清楚即可。

素材 光盘:\素材\第18章\bj1~4.jpg

效果 光盘:\效果\第18章\轿车上市推广方案.pptx

Step 01 新建一个空白演示文稿，对其进行保存后，进入到幻灯片母版视图，将事先准备好的bj3.jpg图片设置为主母版的背景图，然后设置其标题占位符的格式和位置，并在幻灯片右上角添加一个文本框，在其中输入轿车的名称。

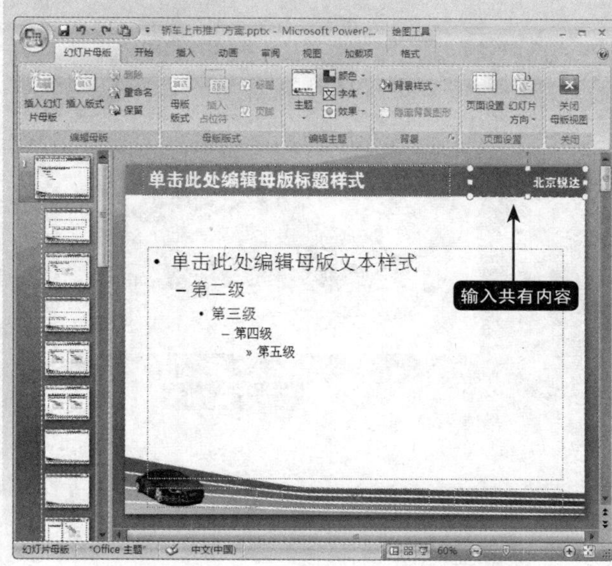

Step 02 选中一级标题占位符，设置其字体格式，然后为其应用一种图片项目符号样式，完成主母版的设置。

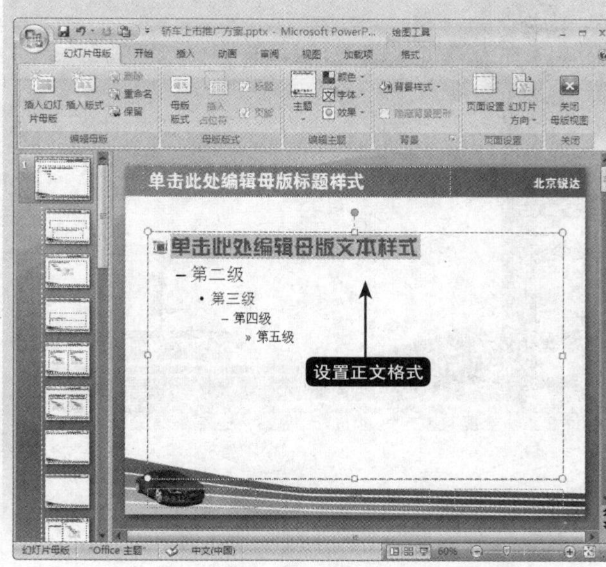

Step 03 切换到标题幻灯片版式母版中，先隐藏背景图形，然后设置“bj1.jpg”图片为其背景，最后将标题占位符设置成一种艺术字格式，再制作3个艺术字，内容分别表示产品名称、宣传口号和新款上市。

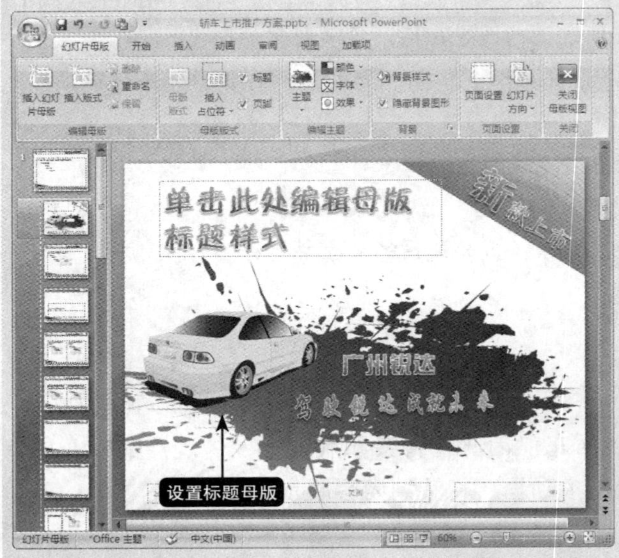

Step 04 复制标题和内容版式母版生成标题和内容2版式母版，并将图片bj4.jpg指定为其背景，制作出两种幻灯片正文版式。

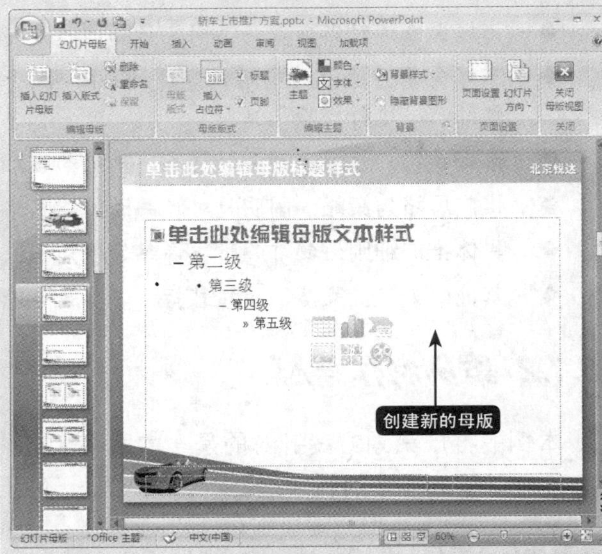

Step 05 切换到节标题版式母版，隐藏背景图形后将图片bj2.jpg设置为其背景，然后设置正文占位符的格式，该版式将用于制作本例演示文稿中的目录幻灯片。

Step 06 完成幻灯片母版的制作后，退出母版视图，在首页幻灯片中输入标题内容，完成该幻灯片的制作。

Step 07 在其后根据“节标题”版式新建一张幻灯片，在其中的文本占位符中输入本策划方案的目录结构，然后将第一项目录文本设置为另外的颜色，并在其左侧添加一个箭头自选图形，以表示接下来的内容为此处所指目录项。

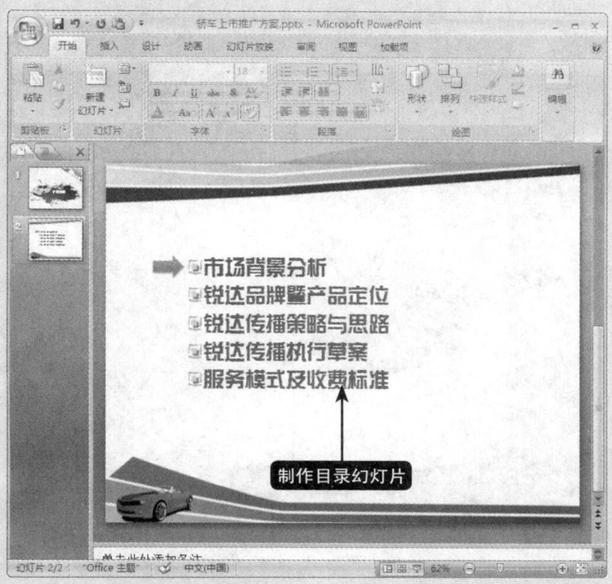

Step 08 在其后根据“标题和内容”版式新建一张幻灯片，用于展示其他同类产品的推广策略，进而得出对于自身的推广建议。在输入标题并删除不需要的占位符后，在幻灯片中手动添加一个圆角矩形和一个三角形，并为其设置外观效果。然后在其上绘制文本框输入相关内容并设置格式。

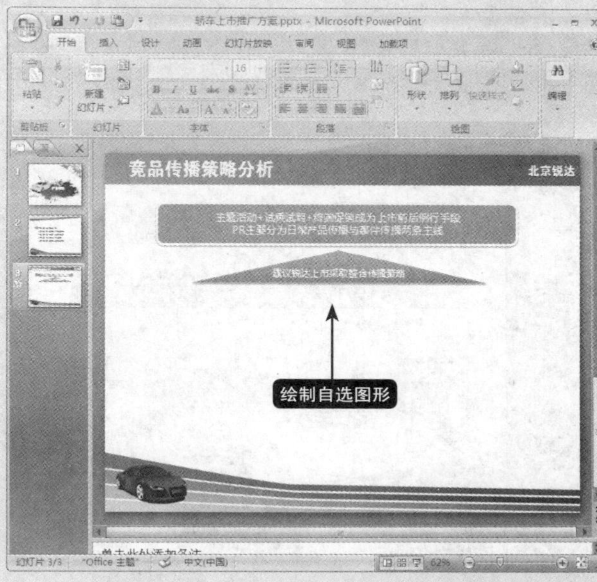

Step 09 下面将制作一个表格，其中归纳了其他同类产品的推广策略。读者可使用前面介绍过的插入表格的方法制作，但本例将介绍另一种制作表格的方法，即直接使用带边框的文本框组合成表格，此方法可设计出结构更自由的表格效果。先在幻灯片中绘制出一个单元格大小的文本框，并通过“格式”选项卡为其设置填充和边框样式，生成第一个表头单元格。

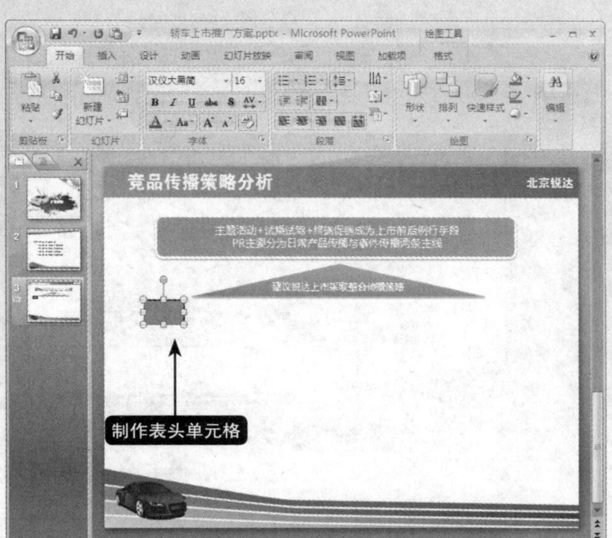

Step 10 按住【Shift+Ctrl】组合键向右拖动，依次水平复制出其他多个表头单元格，并根据其中内容的多少增减单元格的宽度。然后借助“格式”选项卡下的“对齐”按钮，使得多个单元格依次相连，完成表头的制作。

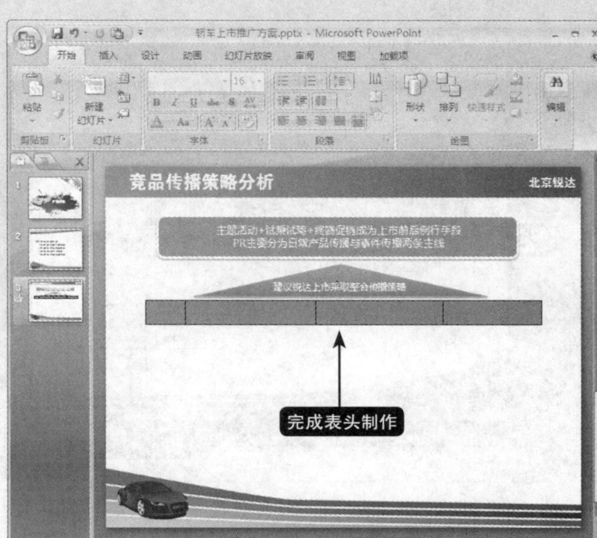

Step 11 通常情况下表头单元格可设置填充颜色，而内容单元格则无须设置填充效果。于是再绘制多个文本框，将其按表格结构并排并列放置，然后为各行单元格分别设置不同的边框颜色，完成表格内容单元格的制作。最后在各文本框单元格中输入相应的内容并分别设置格式，完成本幻灯片的制作。

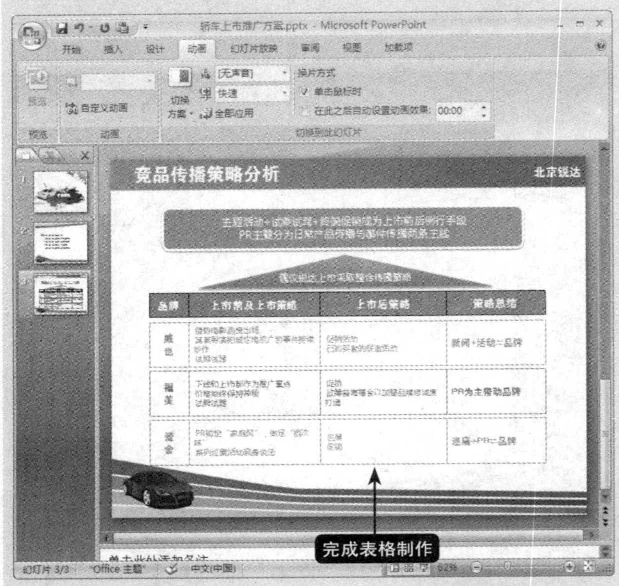

Step 12 在其后根据标题和内容2版式创建一张新幻灯片，用于对本产品的目标受众进行分析，这里先输入标题内容然后删除正文占位符。下面在幻灯片中依次绘制3个不同大小的椭圆，让其在水平方向上居中对齐，并且右侧对齐，设置其各自为一种外观样式，并在其中输入文本，代表不同的受众群体。

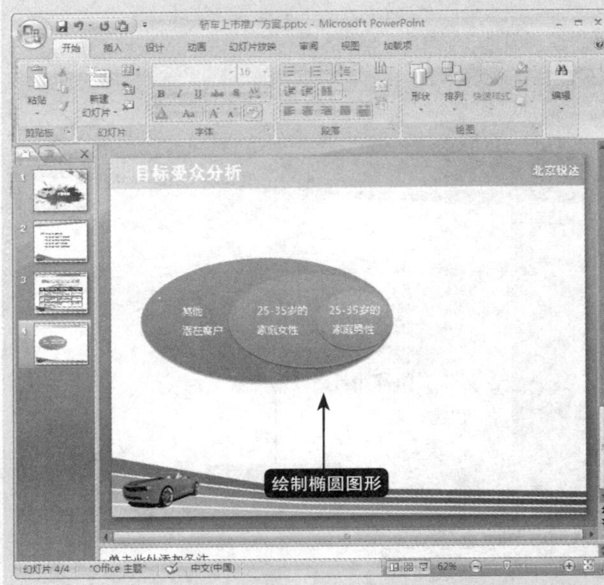

Step 13 在图形右侧添加文本框，输入目标受众分析文本，且为其设置文本格式和项目符号样式。对于其中要突出的内容，可以绘制一个带颜色的矩形框，将其框住。

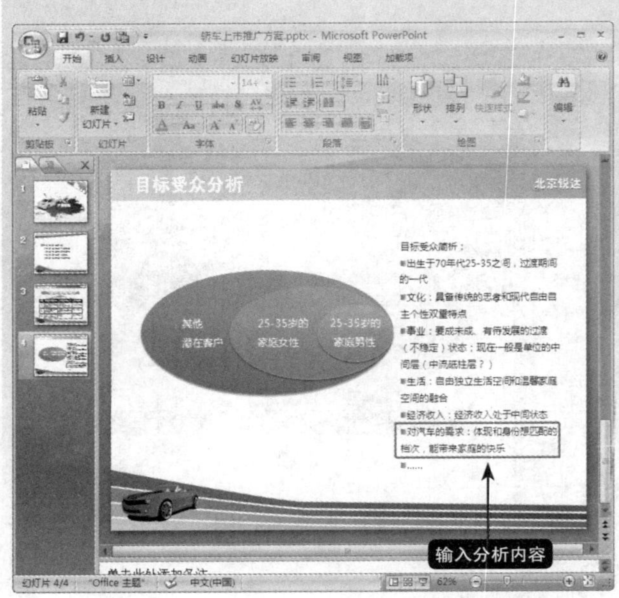

Step 14 这里需要对“潜在客户”项进行说明，于是再添加一个“线形标注3”标注图形，该图形的折线共有4个控制点，可轻松设置其指向目标对象，然后在矩形部分输入说明内容，设置对象外观格式和内容文本格式，完成本幻灯片的制作。

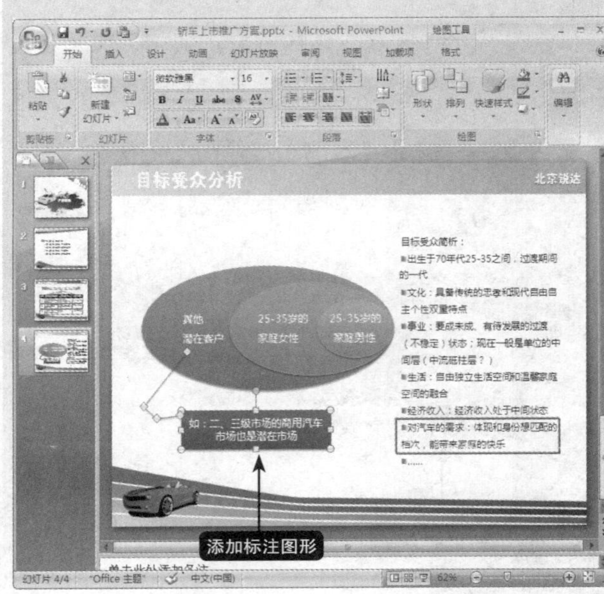

Step 15 复制前面的目录幻灯片生成一张新的幻灯片，在其中将突出显示的目录项设置为第二项，并移动箭头指向该目录，表示接下来的内容为所指的目录项。

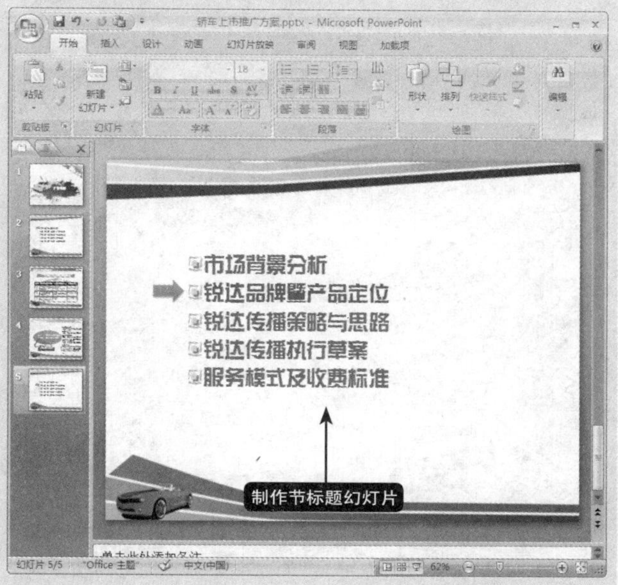

Step 16 在其后根据标题和内容版式2新建一张幻灯片，用于对产品品牌的定位与诉求进行介绍，将使用一些由文本框组成的表格。先在幻灯片中输入标题，然后绘制一个长条矩形，为其设置外观样式，在其中输入文本，作为表格的标题行。

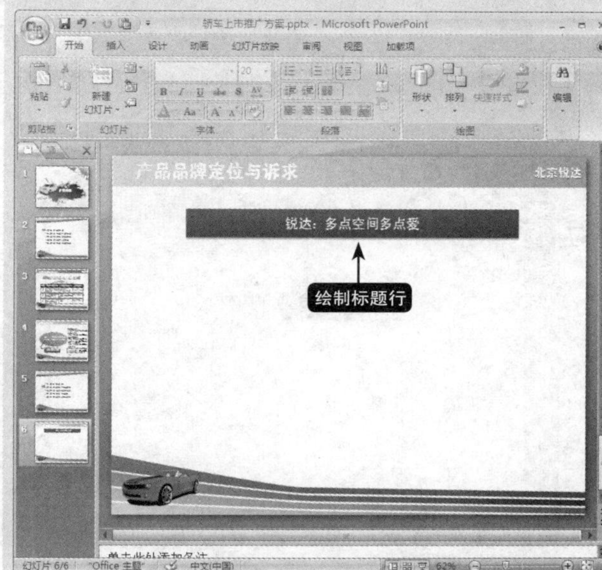

Step 17 在标题行下绘制一个大的矩形，为其设置较淡的渐变填充色，将其作为表格内容的背景。然后在其上根据需要的表格结构绘制多个文本框，并分别设置不同的填充或边框样式，作为表格的单元格。下面在各单元格中输入文本，设置文本格式并使其在文本框中呈上下居中效果。最后在表格右下角添加一个标注对象，输入文本并设置外观，用于对“备选口号”进行说明。

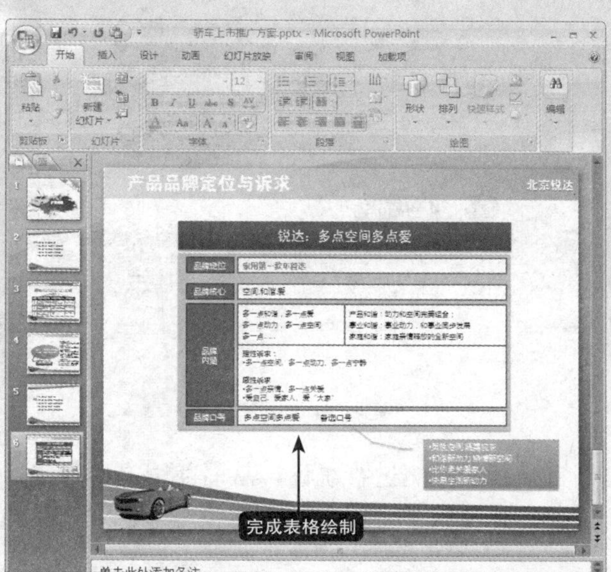

Step 18 在其后根据标题和内容版式新建一张幻灯片，用于对产品的功能诉求进行介绍，将使用一些自选图形组成箭头图示，其制作方法与前面类似。先在幻灯片中输入标题，再绘制需要的矩形或箭头，排列成图示后自定义其外观样式。然后在各矩形对象中输入文本并设置格式，最后在图示右侧添加一个文本框，输入针对产品功能的受众分析，完成本幻灯片的制作。

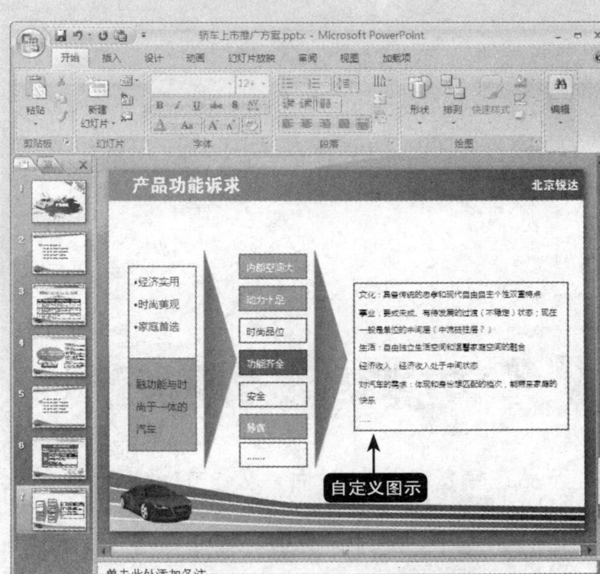

Step 19 继续通过前面介绍的方法制作第三张目录幻灯片，然后在其后新建一张幻灯片，在该幻灯片中将使用一个类似坐标的图示来分析产品在各阶段的传播思路，这里在幻灯片中输入标题后，先绘制多个箭头图形，构成图示的框架。

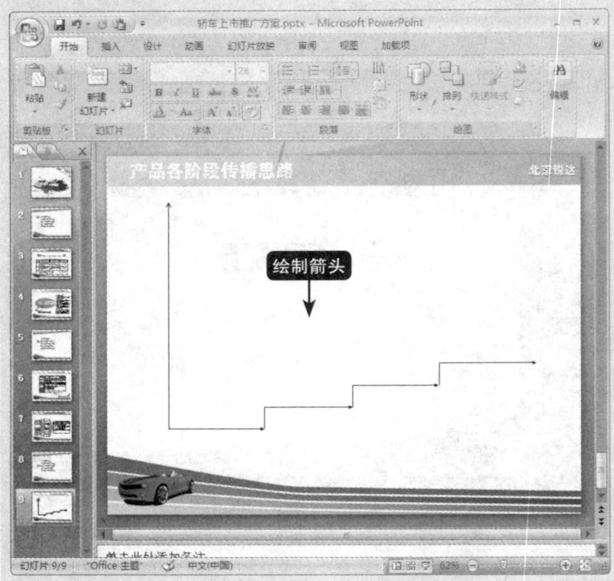

Step 20 水平方向上的箭头即标识了不同的时间阶段，在其下绘制多个文本框，对各阶段进行说明。然后在各箭头上侧分别绘制一段弧形曲线并设置颜色，在其附近再添加文本框，输入在该阶段将进行的传播思路，最后再添加一个矩形条，输入总结性文本，完成本幻灯片的制作。

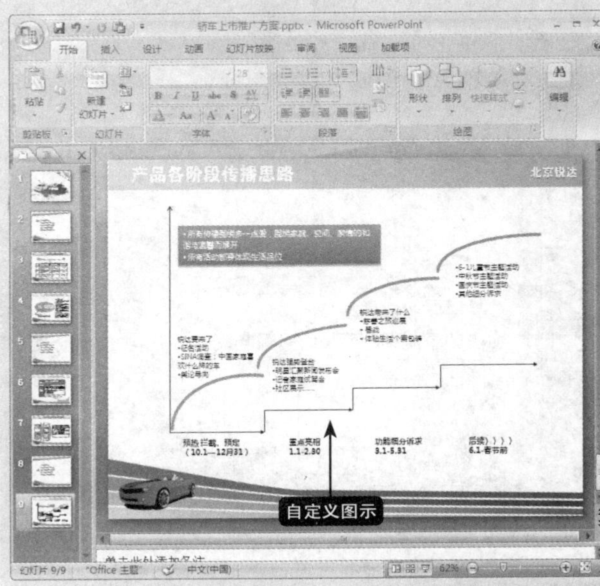

Step 21 本例推广方案从目录上看还有两部分的内容，这里不再进行制作，读者实际使用时再根据前面介绍的方法自行制作即可。最后再创建一张与首页幻灯片相呼应的结束幻灯片，修改部分文字内容后，完成本案例的制作。

18.2 电器销售数据统计

产品在销售一个阶段后，公司的销售部人员应对与销售相关的数据进行统计，从而能很方便地进行分析，得出公司在该阶段销售过程中的整体形势，以及是否需要在销售方式上进行调整，是否对产品的生产量进行调整等。

本节将以某公司电器销售统计为例，介绍在PowerPoint中通过将数据转换为各种图表来进行分析的方法，其中统计的数据并不多，主要是展示不同类型图表的应用，其最终效果如下：

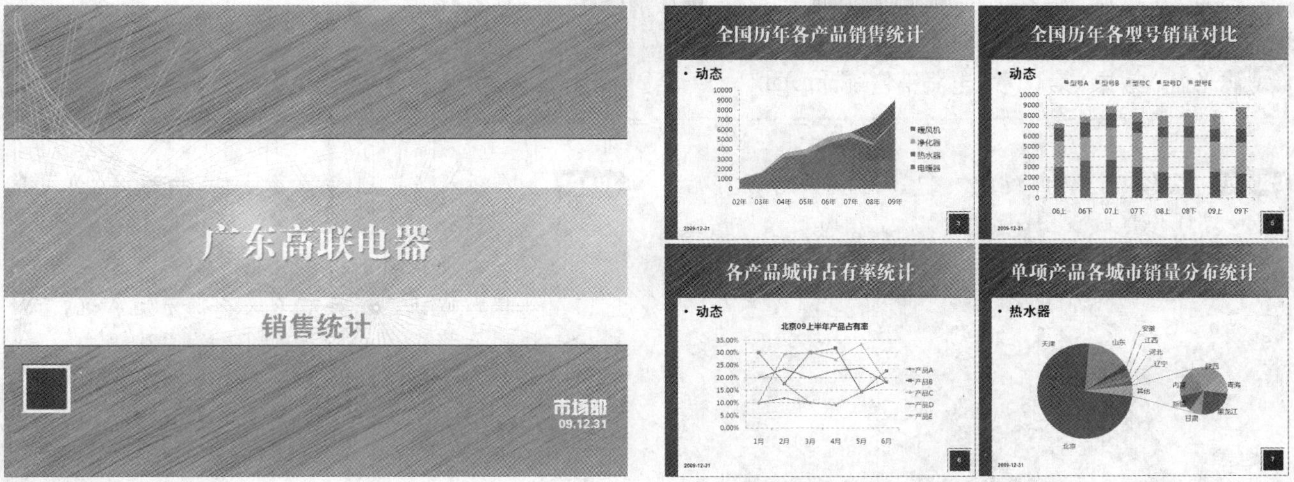

■销售数据统计最终效果

18.2.1 案例特点分析

在幻灯片中进行数据统计，通常有以下一些特点：

- **数据的客观性**：数据统计得到的结论将与公司主要人员进行讨论，用于指导工作或生产，因此其中的数据应真实来源于销售，数据不能有任何虚假。
- **分析的多样性**：得到各项销售数据后，可通过不同的角度不同的方式进行分析或对比，从而能得到不同的观点，如按销量进行对比，按所占比例进行对比、按产品型号进行对比等。
- **借助不同的图表**：PowerPoint为用户提供了多种不同类型的图表，同样的数据选择不同的图表，即可得到不同的分析重点，一些不常使用的图表类型在某些特殊数据的分析上也能起作用，如利用面积图来展示不同产品在几年内的销售走势和整体销量对比。
- **文字展示不是重点**：此类统计报告是以数据说话，因此幻灯片中的文字内容不是展示的重点，必要时展示一些分析内容即可，这些内容也可由展示者口头表达，主要应突出图表或数据的表达。

18.2.2 案例涉及知识点

在本案例的制作过程中，主要会涉及多种图表的应用，下面对不同图表的特点进行简单介绍。

- **面积图**：通过面积图形的上侧边，来展示不同产品在几年内的销售走势，同时也可通过面积的大小来展示总体的销售量。此图表可用于展示动态数据。
- **饼形图**：用于展示不同产品在某一年的销量对比，此时为静态数据的展示。
- **堆积柱形图**：通过柱形可对比各年各型号产品销量总和，而通过某个柱形中的不同部分，可对比当年各型号产品的销量。
- **带数据标记的折线图**：通过折线可了解某产品在一定时间阶段内的销售走势，通过数据标记可准确了解各阶段的数据值。
- **复合饼图**：通过饼图中的各组成部分，可了解某产品在不同城市的销量对比，对于数据较小的部分还可通过第二饼图进行放大展示。

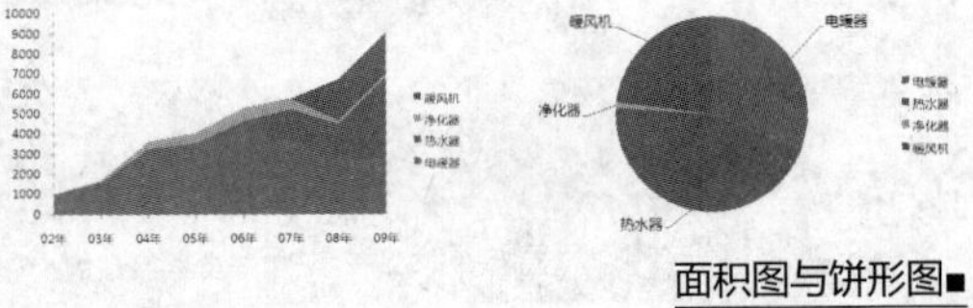

面积图与饼形图■

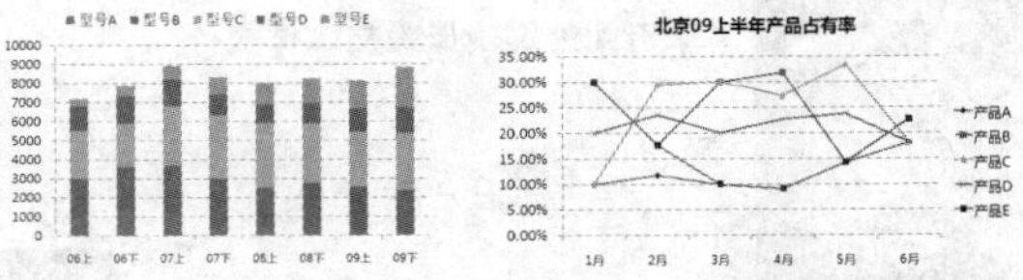

柱形图与折线图■

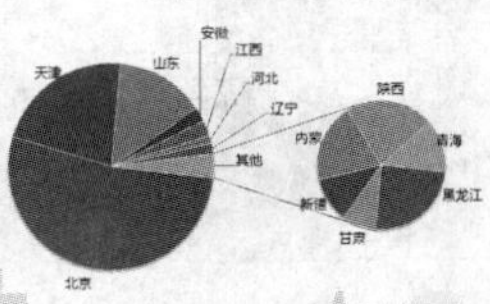

复合饼图■

18.2.3 案例制作详解

收集好相关的销售数据，下面开始本案例具体的操作过程。

素材 光盘:\素材\第18章\bj5~7.jpg

效果 光盘:\效果\第18章\电器销售统计.pptx

Step 01 新建一个空白演示文稿，对其进行保存后进入幻灯片母版视图，为主母版应用bj6.jpg背景图片，然后设置其中占位符的格式。

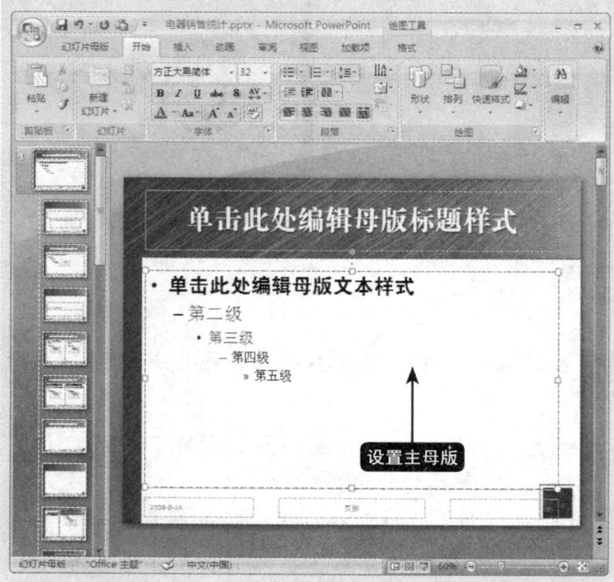

Step 02 在“插入”选项卡下“文本”组中单击“幻灯片编号”按钮，在打开对话框的“幻灯片”选项卡下选中“日期和时间”复选框，然后选中其下的“固定”单选按钮，在其后的文本框中输入统计的时间，该时间将出现在所有幻灯片的页脚区中。最后再选中“幻灯片编号”和“标题幻灯片中不显示”复选框，单击“全部应用”按钮。

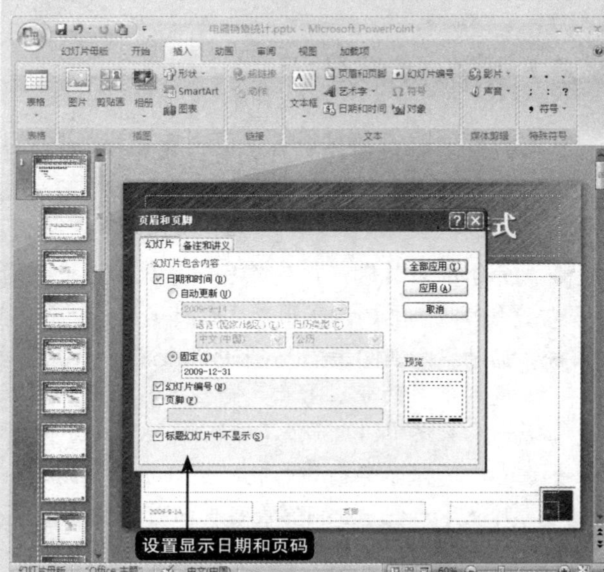

Step 03 回到主母版中，分别选中日期时间占位符和页码占位符，为其设置相应的格式，并调整位置，完成主母版的制作。

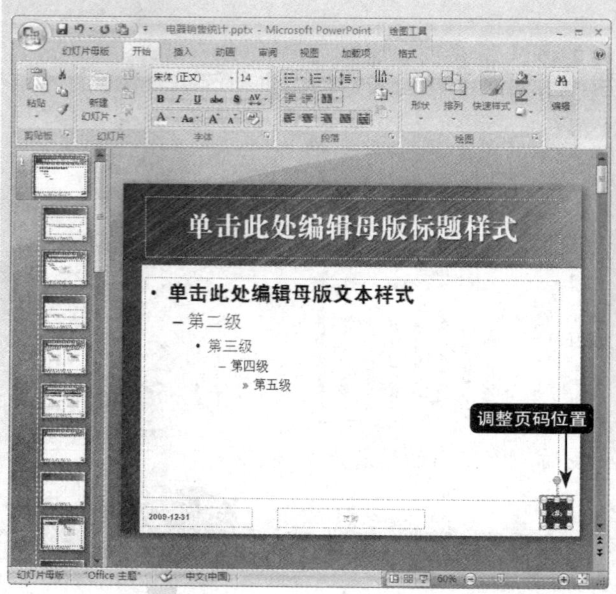

Step 04 切换到标题幻灯片版式母版中，将bj5.jpg设置为其背景图片，然后设置相应占位符的格式。

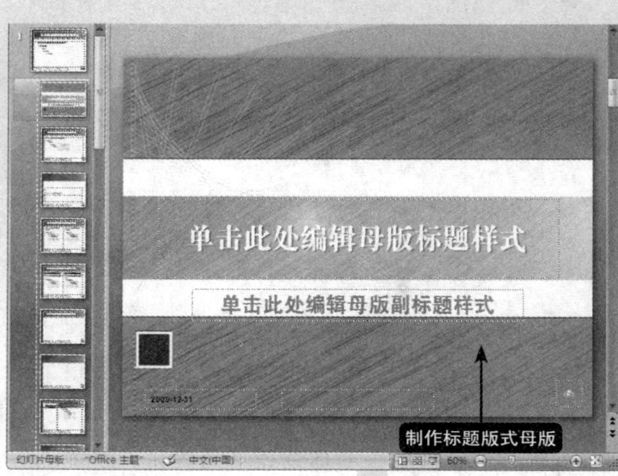

Step 05 再切换到节标题版式母版，将bj7.jpg图片设置为其背景，然后调整页码占位符的位置到左侧方块上，与背景图片更好的配合。完成幻灯片母版的设置后，退出母版视图。

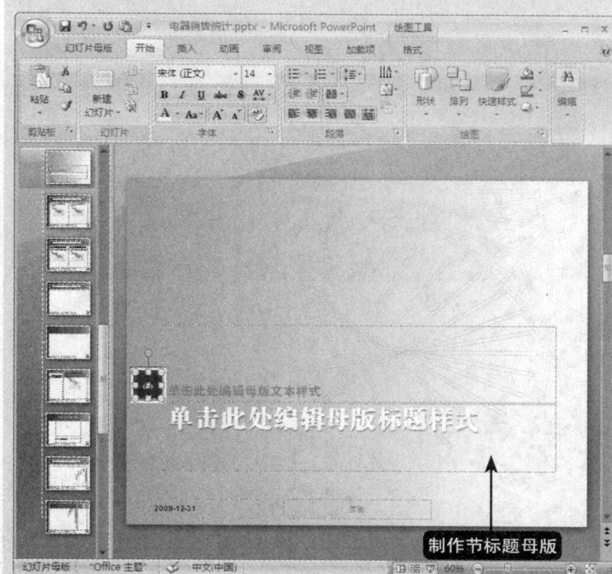

Step 06 回到标题幻灯片中，在其中输入标题和副标题，然后再绘制一个文本框，在其中输入制作此统计报告的部门等信息。

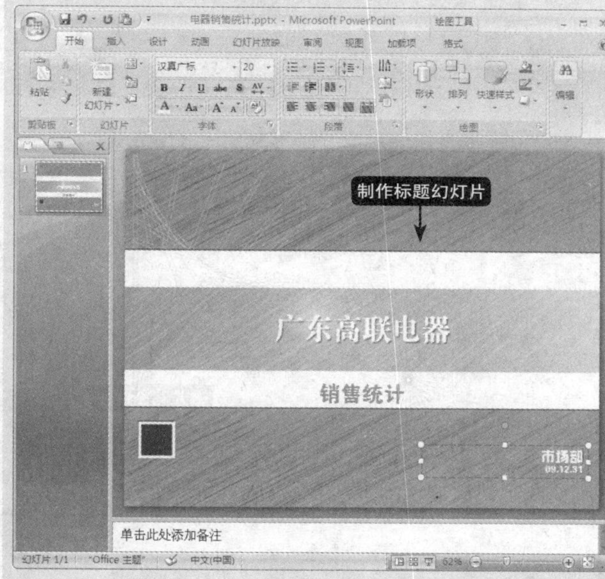

Step 07 根据节标题版式新建一张幻灯片，在其中输入本次演示文稿的目录项。另外，幻灯片页码与时间将自动出现在其中。

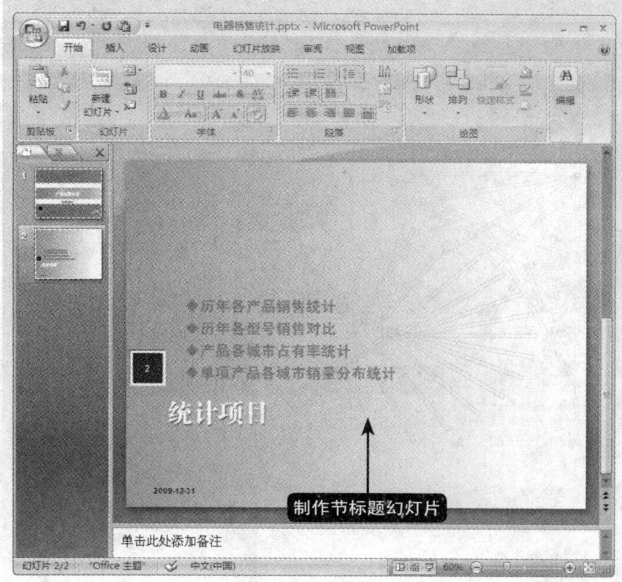

Step 08 再在其后根据标题和内容版式新建一张幻灯片，用于对全国历年各产品销售进行统计，于是先输入标题和副标题，然后在"插入"选项卡下"插图"组中单击"图表"按钮，在打开的对话框中选择"面积图"选项组中的"堆积面积图"选项，单击"确定"按钮。

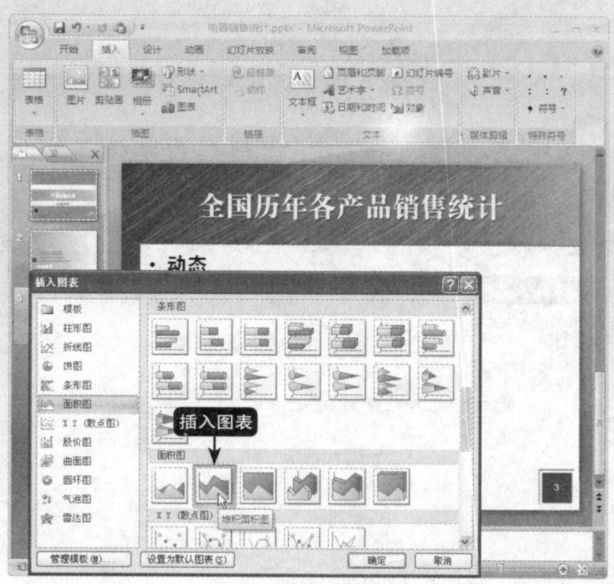

Step 09 在打开的数据表中输入如下图所示的数据。然后在没有关闭数据表的情况下切换到幻灯片中，单击“图表工具 设计”选项卡下“数据”组中的“切换行/列”按钮，对行列数据进行调换，然后关闭数据表。

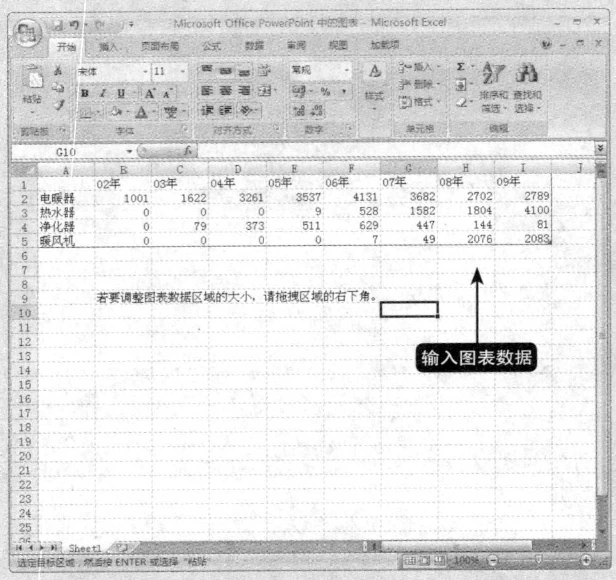

Step 11 在其后再新建一张幻灯片，用于对09年各产品销售额进行统计，于是在输入标题和副标题后，插入一个默认类型的饼图，然后在数据表中输入如下数据。关闭数据表回到幻灯片中，先取消图表标题的显示，并设置图例的字体。

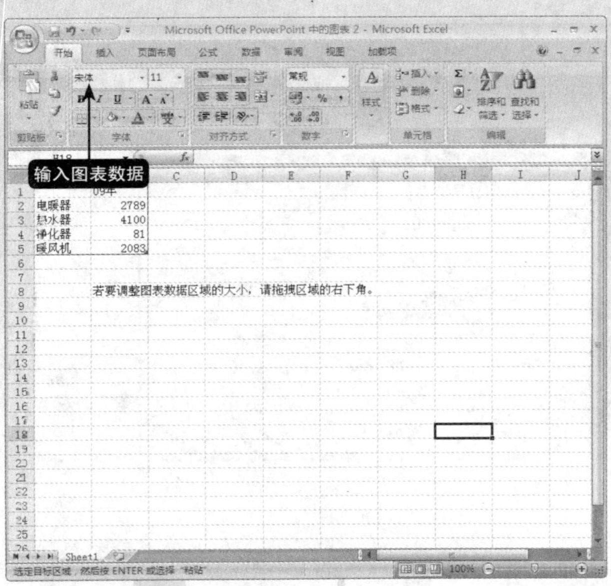

Step 10 返回到幻灯片中，对图示、标题的格式进行设置，然后取消网格线的显示，最后对图表整体大小和位置进行调整，完成图表的制作。

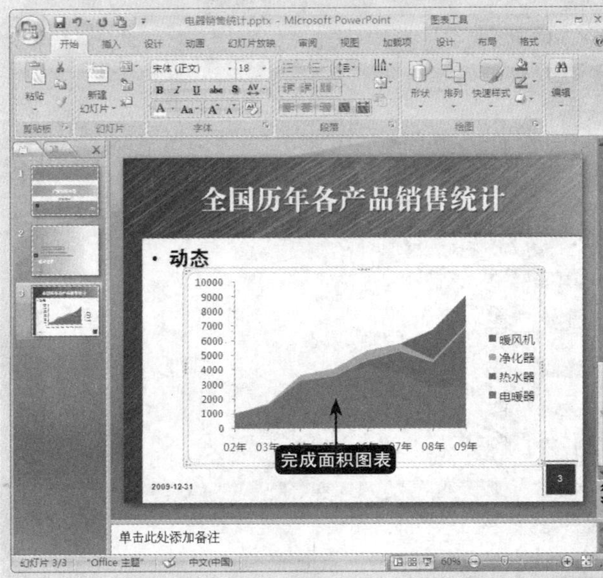

Step 12 然后在饼图上右击，在弹出的快捷菜单中选择“添加数据标签”命令，在饼图各部分上将显示代表数据的标签，选中出现的标签，在其上右击，在弹出的快捷菜单中选择“设置数据标签格式”命令，在打开的对话框中选择“标签选项”选项卡在右侧的“标签包括”选项组中选中“类别名称”、“百分比”和“显示引导线”复选框，然后在“标签位置”选项组中选中“数据标签外”单选按钮，然后单击“关闭”按钮关闭对话框。

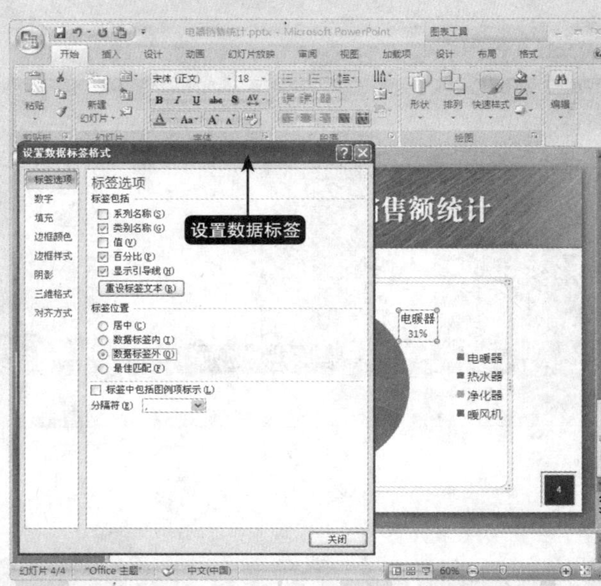

Step 13 对数据标签的格式和位置进行调整，完成该图表的制作。

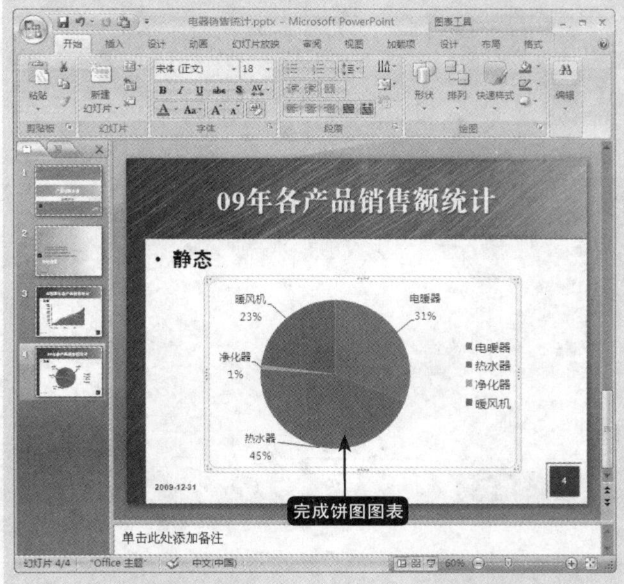

Step 14 继续新建幻灯片，在其中将对全国历年各型号产品销量进行对比，于是在输入标题和副标题后，插入“堆积柱形图”图表，在数据表中输入如下数据。然后切换行/列，再关闭数据表。

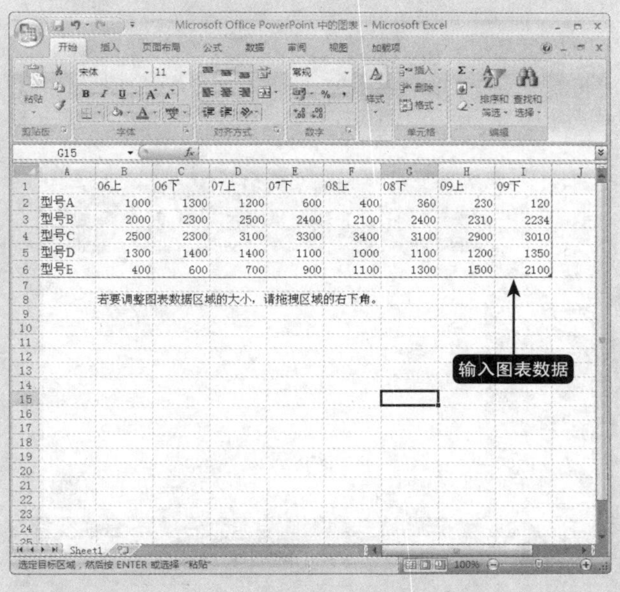

Step 15 设置图例的格式和位置，再调整坐标轴的格式，完成该图表的制作。

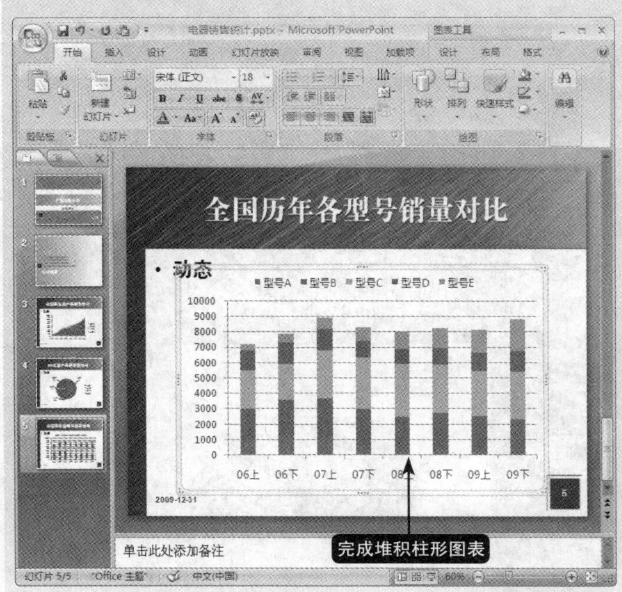

Step 16 再新建一张幻灯片，在其中将对上半年各产品在北京市的占有率进行统计，在输入标题和副标题后插入“带数据标记的折线图”，然后在数据表中输入如下数据，切换行/列后关闭数据表。

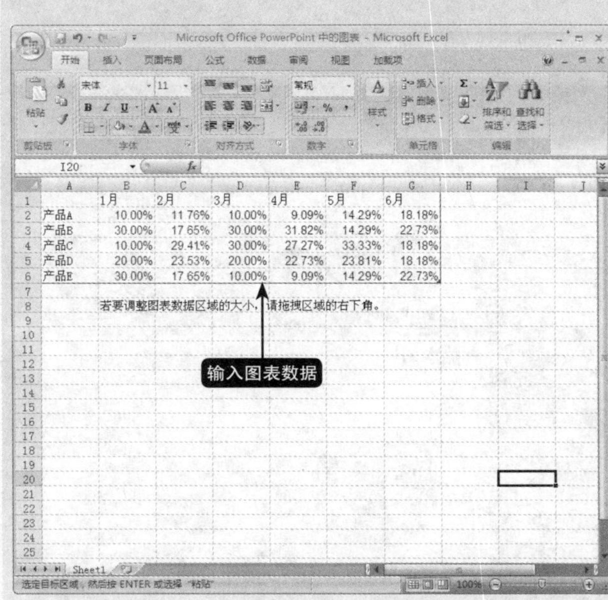

Step 17 返回到幻灯片中，为了让图表表示的内容更明确，则为图表添加标题，并设置格式，再对其他如图示、坐标轴的格式进行设置，完成该图表的制作。

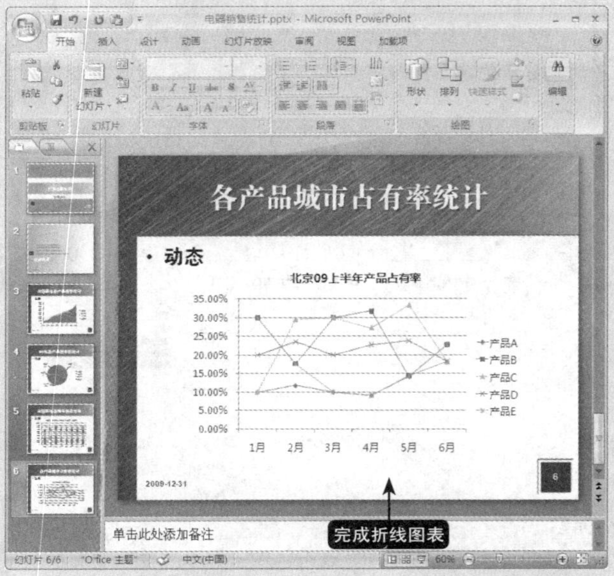

Step 18 新建最后一张幻灯片，在其中将用饼图展示公司的热水器产品在全国各大城市的销量对比，由于涉及的城市较多，为了让对比更明显，选择插入"复合饼图"图表，然后输入如下数据。

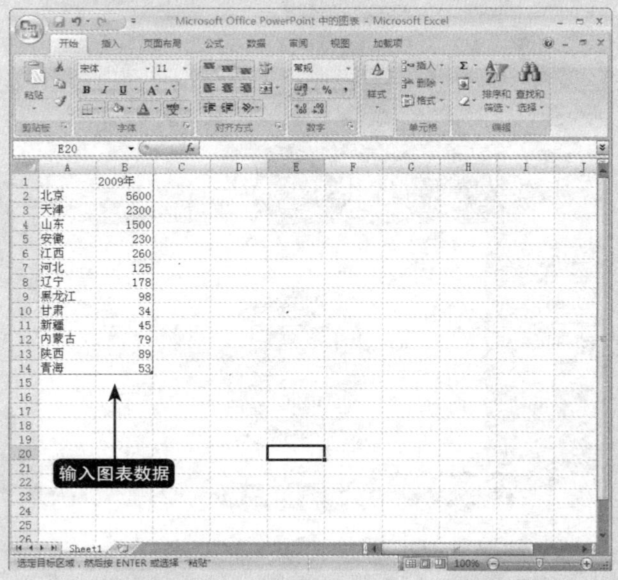

Step 19 返回到幻灯片中，可看到默认的复合饼图，但其中各部分代表的数据并不太明显，于是需要对各部分添加数据标签，并对第一二饼图所表示的数据进行设置。

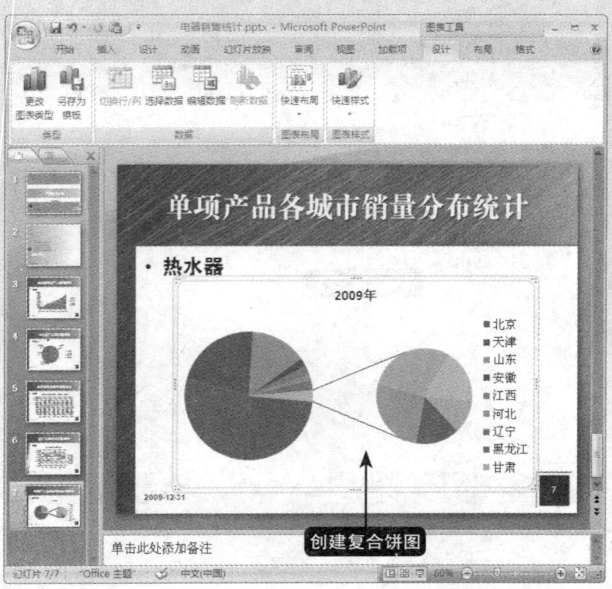

Step 20 先删除图表的标题和图例部分，然后选中数据系列，在其上右击，在弹出的快捷菜单中选择"添加数据标签"命令，默认情况下标签显示的是各部分对应的数据，而这里我们更希望代表各个城市，于是在数据标签上右击，在弹出的快捷菜单中选择"设置数据标签格式"命令。

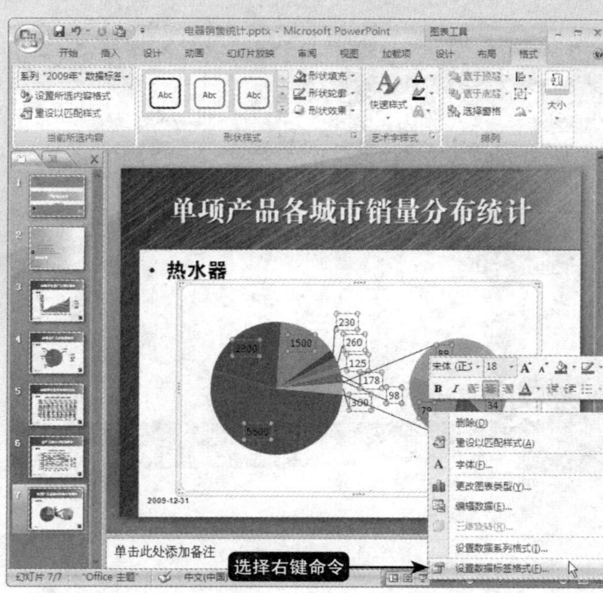

Step 21 在打开的对话框中选择“标签选项”选项卡，在右侧的“标签包括”选项组中选中“类别名称”、“百分比”和“显示引导线”复选框，再在“标签位置”选项组中选中“数据标签外”单选按钮，然后单击“关闭”按钮关闭对话框。

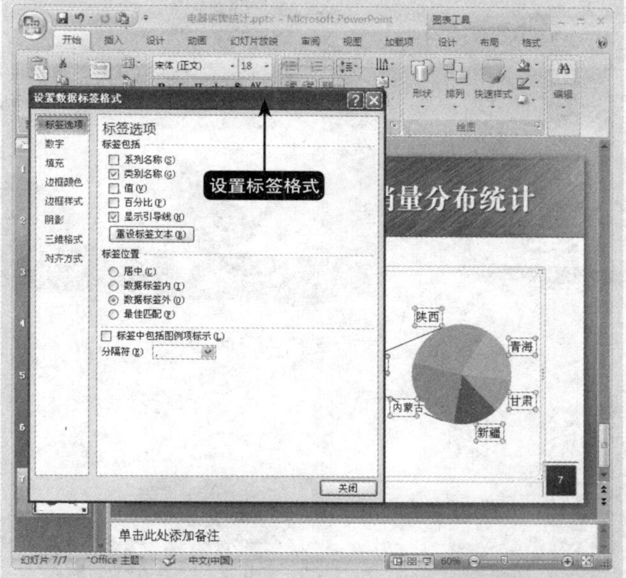

Step 22 再选中数据系列，在其上右击，在弹出的快捷菜单中选择“设置数据系列格式”命令，在打开对话框的“系列选项”选项卡右侧，设置第二绘图区包含最后一个“6”值，然后在“第二绘图区大小”选项组中拖动滑块调节大小为“50%”，然后单击“关闭”按钮关闭对话框。

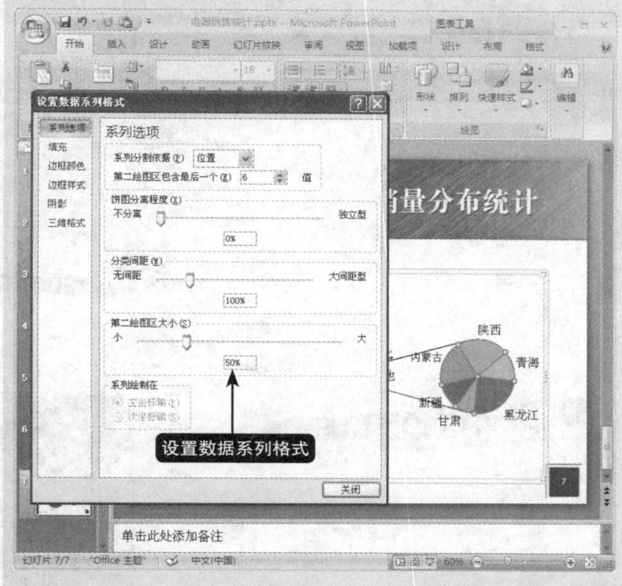

Step 23 返回到幻灯片中，先统一设置数据标签的文字格式，然后单个拖动标签，将其放置在图表中合适位置，完成本图表的制作。本例演示文稿只制作了这几种图表，对于其他常用图表的制作在本书前半部分也基本进行过介绍，没有介绍过的图表读者可借助相同的方法进行尝试使用，了解各类图表最适合表达的数据。

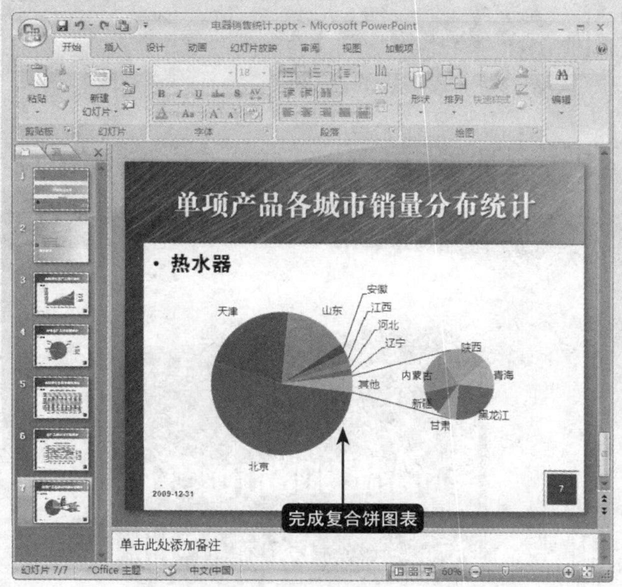

读者意见反馈表

亲爱的读者：

感谢您对中国铁道出版社的支持，您的建议是我们不断改进工作的信息来源，您的需求是我们不断开拓创新的基础。为了更好地服务读者，出版更多的精品图书，希望您能在百忙之中抽出时间填写这份意见反馈表发给我们。随书纸制表格请在填好后剪下寄到：北京市西城区右安门西街8号中国铁道出版社综合编辑部 苏茜 收（邮编：100054）。或者采用传真（010-63549458）方式发送。此外，读者也可以直接通过电子邮件把意见反馈给我们，E-mail地址是：suqian@tqbooks.net。我们将选出意见中肯的热心读者，赠送本社的其他图书作为奖励。同时，我们将充分考虑您的意见和建议，并尽可能地给您满意的答复。谢谢！

所购书名：______________________________

个人资料：

姓名：__________ 性别：__________ 年龄：__________ 文化程度：__________

职业：__________ 电话：__________ E-mail：__________

通信地址：______________________________ 邮编：__________

您是如何得知本书的：

□书店宣传 □网络宣传 □展会促销 □出版社图书目录 □老师指定 □杂志、报纸等的介绍 □别人推荐

□其他（请指明）______________________________

您从何处得到本书的：

□书店 □邮购 □商场、超市等卖场 □图书销售的网站 □培训学校 □其他

影响您购买本书的因素（可多选）：

□内容实用 □价格合理 □装帧设计精美 □带多媒体教学光盘 □优惠促销 □书评广告 □出版社知名度

□作者名气 □工作、生活和学习的需要 □其他

您对本书封面设计的满意程度：

□很满意 □比较满意 □一般 □不满意 □改进建议

您对本书的总体满意程度：

从文字的角度 □很满意 □比较满意 □一般 □不满意

从技术的角度 □很满意 □比较满意 □一般 □不满意

您希望书中图的比例是多少：

□少量的图片辅以大量的文字 □图文比例相当 □大量的图片辅以少量的文字

您希望本书的定价是多少：

本书最令您满意的是：

1.

2.

您在使用本书时遇到哪些困难：

1.

2.

您希望本书在哪些方面进行改进：

1.

2.

您需要购买哪些方面的图书？对我社现有图书有什么好的建议？

您更喜欢阅读哪些类型和层次的计算机书籍（可多选）？

□入门类 □精通类 □综合类 □问答类 □图解类 □查询手册类 □实例教程类

您在学习计算机的过程中有什么困难？

您的其他要求：